Die Kraft der Bilder in der nachhaltigen Entwicklung

Die Fallbeispiele UNESCO Biosphäre Entlebuch und UNESCO Weltnaturerbe Jungfrau-Aletsch-Bietschhorn

Die Kraft der Bilder in der nachhaltigen Entwicklung

Die Fallbeispiele UNESCO Biosphäre Entlebuch und UNESCO Weltnaturerbe Jungfrau-Aletsch-Bietschhorn

Forschungsbericht im Rahmen des Nationalen Forschungsprogramms NFP 48 «Landschaften und Lebensräume der Alpen» des Schweizerischen Nationalfonds

Urs Müller

vdf
vdf Hochschulverlag AG an der ETH Zürich

Dissertation zur Erlangung der naturwissenschaftlichen Doktorwürde (Dr. sc. nat.)
Vorgelegt der Mathematisch-naturwissenschaftlichen Fakultät der Universität Zürich

Promotionskomitee:
Prof. Dr. Ulrike Müller-Böker (Vorsitz, Leitung der Dissertation)
Prof. Dr. Hans Elsasser
PD Dr. Norman Backhaus

Publiziert mit Unterstützung des Schweizerischen Nationalfonds
zur Förderung der wissenschaftlichen Forschung

Bibliografische Information der Deutschen Nationalbibliothek
Die Deutsche Nationalbibliothek verzeichnet diese Publikation in der Deutschen
Nationalbibliografie; detaillierte bibliografische Daten sind im Internet über
http://dnb.d-nb.de abrufbar.

ISBN 3-7281-3141-6

© 2007, vdf Hochschulverlag AG an der ETH Zürich

Das Werk einschliesslich aller seiner Teile ist urheberrechtlich geschützt.
Jede Verwertung ausserhalb der engen Grenzen des Urheberrechtsgesetzes
ist ohne Zustimmung des Verlages unzulässig und strafbar. Das gilt
besonders für Vervielfältigungen, Übersetzungen, Mikroverfilmungen und
die Einspeicherung und Verarbeitung in elektronischen Systemen.

Zusammenfassung

In der vorliegenden Arbeit wird untersucht, wie die *UNESCO Biosphäre Entlebuch* (UBE) und das *UNESCO Weltnaturerbe Jungfrau-Aletsch-Bietschhorn* (JAB) visuell und verbal kommuniziert wurden. Bei beiden Vorhaben handelt es sich um *Modellregionen für eine nachhaltige Entwicklung*, denen die jeweiligen Bevölkerungen in Volksbefragungen zustimmten. Die Analyse der Informationen zu den Vorhaben lässt erkennen, welche Vorstellungen die an der Bildproduktion beteiligten Akteure mit nachhaltiger Entwicklung verbinden. Konkret wird dabei aus humangeografischem Blickwinkel analysiert, welche Raumnutzungen oder *Raumaneignungen* gemäss den Bild gewordenen Vorstellungen unterschiedlicher Bildproduzierender in einer sich nachhaltig entwickelnden Region erwünscht sind. Weil die Informationen und Illustrationen Mehrheiten der jeweiligen Bevölkerungen zur Zustimmung bewegen konnten, lässt sich vermuten, dass die Präsentationen der Vorhaben auch den Vorstellungen der Bildkonsumierenden entsprechen. Indem neben den Informationen vor den Volksbefragungen auch frühere und spätere Präsentationen betrachtet wurden, konnte eruiert werden, ob und wie sich die Sichten wandeln. Die Gegenüberstellung der regionsintern produzierten Publikationen mit solchen, die von Aussenstehenden für ein auswärtiges Zielpublikum hergestellt wurden, legte unterschiedliche Sichtweisen offen.

Die Auseinandersetzung mit in kommunikativer Absicht erzeugten visuellen wie auch sprachlichen Bildern muss berücksichtigen, dass die Bildbedeutung in einem dreiseitig strukturierten Prozess generiert wird. Die *mentalen Bilder* bestimmter Bildproduzierender äussern sich – mehr oder weniger intendiert – in *materiellen Bildern*. Diese werden in der Regel produziert, um die mentalen Bilder anderer Handelnder zu beeinflussen oder handlungswirksam an diese zu appellieren. Wie die materiellen Bilder wahrgenommen werden bzw. wirken, hängt von den bereits verinnerlichten mentalen Bildern der Rezipierenden ab. Von funktionierender Kommunikation lässt sich dann sprechen, wenn Bildproduzierende und Bildrezipierende annähernd gleiche Bedeutungen wahrnehmen, d.h. über kollektiv geteilte Interpretationsschemata (*soziale Bilder*) verfügen. Jede der drei Seiten der Bildbedeutung – intendierte, inhärente und rezipierte Bedeutung – erfordert einen je eigenen methodischen Zugang, wobei sich das umfassende Verständnis visueller Kommunikation aus der Synthese der Ansätze ergibt. Im Sinne einer *Methodentriangulation* (vgl. Backhaus 2001) wird in dieser Arbeit die dreiseitige Konstitution der Bildbedeutungen aus verschiedenen Blickwinkeln mit unterschiedlichen Methoden angegangen. Der methodische Ausgangs- und Schwerpunkt wird auf die Analyse der materiellen Bilder gelegt, wobei auf die visuellen Bilder fokussiert wird. Aus den visuellen Bildern sollen die sozialen Bilder, die kollektiv geteilten Bedeutungssetzungen bzw. Aneignungsweisen der beiden Fallbeispielregionen – und damit die Werte, mit welchen nachhaltige Entwicklung verbunden wird – ermittelt werden.

Eine Arbeit, die nach der ‹Kraft der Bilder in der nachhaltigen Entwicklung› fragt, muss aus zwei Gründen auf unterschiedliche Verständnisse nachhaltiger Entwicklung

Zusammenfassung

eingehen. Erstens ist die Art und Weise, wie nachhaltige Entwicklung kommuniziert wird, d.h. mit welchen Inhalten, Wertungen und Assoziationen der Begriff vermittelt wird, bestimmt dadurch, wie der Begriff *verstanden wird*. Jedes Verständnis nachhaltiger Entwicklung basiert auf bestimmten Werten, an die die visuelle Kommunikation appellieren kann. Nachhaltige Entwicklung verstanden als Generationengerechtigkeit liesse sich beispielsweise mit positiv wirkenden Bildern von Kindern kommunizieren, während nachhaltige Entwicklung verstanden als Naturschutz mit Naturbildern den Wert Natur anzusprechen versuchen wird. In der Umweltkommunikation oder in Spendensammelaktionen verbreitet ist die Strategie der negativen Emotionalisierung, bei welcher mit Bildern gearbeitet wird, in denen die zentralen Werte des Zielpublikums einer Bedrohung ausgesetzt werden (Bilder von Naturkatastrophen, Umweltzerstörung, hungernden Kindern usw.).

Zweitens bedarf die Interpretation der konkret verwendeten Visualisierungen nachhaltiger Entwicklung einer Vorstellung davon, wie nachhaltige Entwicklung *verstanden werden soll*. Aufgrund des in dieser Arbeit vertretenen konstruktivistischen Wirklichkeitsverständnisses, wonach keine unvermittelte Wahrnehmung so genannter Tatsachen möglich ist, die Realität also nicht einfach abgebildet, sondern vor dem Hintergrund bestehender Bedeutungssetzungen bzw. Interessen konstruiert wird, gilt es ein diskursethisches bzw. deliberatives Verständnis nachhaltiger Entwicklung als Massstab zu vertreten (Habermas 1999). Nachhaltige Entwicklung ist als langfristiger Such-, Lern- und Gestaltungsprozess zu verstehen, bei welchem die inhaltlichen Ziele im gemeinsamen gesellschaftlichen Dialog ausgehandelt werden. Die (visuelle) Kommunikation nachhaltiger Entwicklung sollte somit einladend statt ausgrenzend erfolgen mit dem Ziel, möglichst viele Personen für das Vorhaben zu gewinnen und sie in ihrem Handeln zu befähigen. Schreckensszenarien, die Gefühle der Hilflosigkeit verbreiten, sind folglich ebenso wenig dienlich wie plakative, einseitige Auslegungen nachhaltiger Entwicklung, welche die Gesellschaft polarisieren.

In dieser Studie wurden rund 530 visuelle Bilder (insbesondere Fotografien) aus acht Medien (u.a. Informationsbroschüren und die Artikel der beiden zentralen Regionalzeitungen) untersucht. Inserate oder Abstimmungsplakate traten in beiden Vorhaben im Untersuchungszeitraum keine auf. Um zu sehen, welche Vorstellungen der Regionen bzw. ihrer nachhaltigen Entwicklung durch die Vielzahl an Einzelbildern transportiert wurden, mussten die Bilder inhaltsanalytisch ausgewertet werden. Mittels Abduktion (Scheff 1990) wurden dem Forschungsinteresse entsprechende Kategorien der Raumaneignung entwickelt, die über die Berücksichtigung der Bildverankerungen und den Beizug begleitender verbaler Bilder den kontextspezifischen Bedeutungssetzungen angenähert werden konnten. Die ausführliche Aufarbeitung der jeweiligen Geschichten der Entstehung und der Charakteristiken der Vorhaben selbst ermöglichte, die aus den Bildanalysen gewonnenen Erkenntnisse einzuordnen und damit die ‹Kraft der Bilder› zu verstehen. Die Inhaltsanalyse ergänzend wurden ausgewählte visuelle Bilder einer struktural-hermeneutischen Symbolanalyse (Müller-Doohm 1997) unterzogen.

Die Bildanalysen der Medien offenbarten frappante Unterschiede in den Präsentationsweisen der Vorhaben bzw. nachhaltiger Entwicklung. Im Falle der UBE fällt der ausgeprägte Kontrast zwischen der Innen- und der Aussensicht wie auch zwischen Publikationen von vor und nach den Volksbefragungen auf. Die Aussensicht auf die UBE bleibt bis auf wenige Ausnahmen den Klischees eines natürlichen, idyllischen und traditionellen Entlebuchs verhaftet. Mit der gewählten Veranschaulichung werden Eindrücke aus der Modellregion für nachhaltige Entwicklung vermittelt, die die Vorstellung der BildkonsumentInnen dahingehend prägen, dass nachhaltige Entwicklung primär Naturschutz bzw. Musealisierung kulturlandschaftlicher Juwelen bedeutet. Die umfassende multidimensionale Bedeutung nachhaltiger Entwicklung wird ausgeblendet, die Modellhaftigkeit der regionalen Entwicklungsbestrebungen vereinseitigt, andere Interessen als jene der Konservation ausgegrenzt.

Aus dem Entlebuch selbst wurde das Biosphärenvorhaben dagegen als moderner Lebens- und Wirtschaftsraum gezeigt, die Naturschönheiten wurden praktisch vollständig ausgeblendet. Einen bedeutenden Anteil an den Bildflächen nahmen Identifikationsfiguren ein. Dabei handelt es sich um Personen, die vorzeigten, wie nachhaltige Entwicklung konkret umgesetzt werden kann. Gleichzeitig gelang es den Initiatoren der UBE, praktisch sämtliche ‹Opinion Leaders› für das Vorhaben zu gewinnen. Aufgrund des Kontextes, in welchem die Biosphäre zustande kam, lässt sich diese Innensicht verstehen. Zu betonen ist insbesondere die Bedeutung der Rothenthurm-Initiative von 1987, die dazu führte, dass die für die späteren Kernzonen nötigen Naturschutzgebiete bereits ausgewiesen waren, womit es sich beim Vorhaben nicht um ein Naturschutzvorhaben handelt und es auch nicht als solches zu präsentieren war.

Die Differenz in den Perspektiven von innen und aussen ist deutlich, aber ebenso deutlich lässt sich seit der Anerkennung der UBE ein Wandel sowohl in der Innen- als auch der Aussensicht erkennen. Dabei übernimmt die Aussensicht tendenziell die Innenperspektive und vice versa. Zwei Jahre nach den erfolgten Abstimmungen präsentiert die UBE bereits deutlich ihre ‹Naturschätze›, denn einerseits soll mit der Publikation ein Zielpublikum ausserhalb der Region angesprochen werden, deren Werten Rechnung zu tragen ist, andererseits wird die Absicht verfolgt, die Schönheiten des Entlebuchs auch der einheimischen Bevölkerung bekannt zu machen. Die Aussensicht beginnt sich dagegen für den Aufschwung im Entlebuch und die ihn ermöglichenden innovativen Personen zu interessieren und nimmt damit ein neues, die klischierte Sicht aufbrechendes Bild der Bergbevölkerung und ein umfassenderes Verständnis nachhaltiger Entwicklung nach aussen.

Verglichen mit der UBE wurde das JAB in einer auffallend anderen Art von Bildern präsentiert. Es handelt sich um meist ästhetische, professionelle Landschaftsaufnahmen, wobei die Bildikone Aletschgletscher das Gesamtbild auch in der Innensicht dominiert. Die Region Aletsch wird deutlich natürlicher und traditioneller gezeigt als das Entlebuch, als ob es sich beim Zielpublikum nicht um die betroffene Bevölkerung, sondern um auswärtige TouristInnen handelte. Die ständige Wiederholung der ‹bilderbuchschönen› Landschaftsimpressionen traten wie «Visiotype» (Pörksen 1997) auf, umgeben von einem starken Assoziationshof von Gefühlen und Wertungen. Die ästhetischen Bilder sollten positiv emotionalisieren und damit zur Unterstützung des Vorhabens motivieren. Teile der direkt betroffenen Bevölkerung beklagten allerdings einen Mangel an Information, denn sie wollten wissen, was das WNE im Guten wie im Schlechten bringt, ob es zu Einschränkungen führt bzw. welchen Nutzen es hat. Das JAB wurde visuell als Naturschutzvorlage präsentiert, welches die auf den wirtschaftlichen Bedürfnissen basierenden Werte nicht ansprechen konnte. Anders als im Entlebuch traten keine Bilder von Personen auf, die innovative Wege in eine nachhaltige

Zusammenfassung

Zukunft aufzeigten. Überhaupt fand das Thema nachhaltige Entwicklung während des untersuchten Zeitraums (bis zur Anerkennung durch die UNESCO) praktisch keinen Eingang in die öffentlichen Diskussionen.

Mit dieser Arbeit konnte exemplarisch gezeigt werden, dass Bildanalysen einen Zugang zu den (soziokulturell beeinflussten) mentalen Bildern, d.h. den meist unreflektierten, routinemässig wirkenden Wertstrukturen und Bedeutungssetzungen der Bildproduzierenden und -rezipierenden eröffnen. Aus der Sicht der Strukturationstheorie stellen diese die eigentlichen Handlungsmotivationen dar (Giddens 1984). Die entwickelten Raumaneignungskategorien ermöglichen es, bildreiche Präsentationen von ‹Räumen› in ein übersichtliches Gesamtbild ähnlich einer ‹Arealstatistik› zu übersetzen und so unterschiedliche, evtl. in Konflikt zueinander stehende Vorstellungen hinsichtlich der Aneignung des Raumes herauszuarbeiten.

Über die Kontextgebundenheit der ‹Kraft der Bilder› hinaus lassen die aus den Fallbeispielen gewonnen Erkenntnisse Schlussfolgerungen zu hinsichtlicher weiterer Versuche, Handelnde in Richtung nachhaltiger Entwicklung zu bewegen. Dabei ist gerade angesichts der anhaltenden Bedeutung und folglich Zunahme von Visualisierungen für die Kommunikation allgemein eine Reflexion der die Bildverwendung leitenden Gewohnheiten angebracht. Im Besonderen sind die Fremd- bzw. Aussenwahrnehmungen der ländlichen Regionen zu hinterfragen. Der jeweilige Bildeinsatz sollte an Kriterien orientiert sein, die der Vielfalt existierender Perspektiven gerecht wird. Das in dieser Arbeit entwickelte System, Bilder zu ordnen, kann bezogen auf Raumpräsentationen als Grundlage für die Auswahl von Bildern dienen.

Die Sicherung der Perspektivenvielfalt in der Art und Weise, wie nachhaltige Entwicklung visualisiert wird, stellt darüber hinaus eine einladende Strategie dar, unterschiedliche Bevölkerungsgruppen und Individuen mit ihren jeweiligen Werten und Interessen anzusprechen und somit für den partizipativen Prozess gewinnen zu können. Weil das Handeln anderer Personen ein bedeutender Aspekt für die Beeinflussung unseres Handelns ist, kommt Bildern von Personen, die davon zeugen, dass sich nachhaltige Produkte erfolgreich produzieren und vermarkten lassen, eine zentrale Rolle in der Etablierung nachhaltiger Entwicklung zu. Es gibt im Prinzip keinen anderen Weg, als durch Beispiele gelungener Praxis weitere Personen zum Umsteigen zu bewegen.

Abschliessend ist festzuhalten, dass Bilder zwar einen Diskurs unterstützen können, sie ihn aber keinesfalls ersetzen. Genauso wie Bilder den Diskurs fördern können, können sie bzw. ihre emotionale Wirkung ihn auch hemmen oder blockieren. Folglich sollte der Gebrauch von Bildern in den Medien kritisier- und diskutierbar sein. Kritische, aber faire Regionalzeitungen als Foren für unterschiedliche Perspektiven sind diesbezüglich ein zentrales Medium partizipativer nachhaltiger Entwicklung, denn sie ermöglichen eine adressatengerechte, alltagsnahe Kommunikation. Neben der Kulturlandschaft im engeren Sinne sollte deshalb auch die Medienlandschaft gepflegt werden.

Die Kraft der Bilder in der nachhaltigen Entwicklung

Vorwort

*«Denn die einen sind im Dunkeln
Und die andern sind im Licht.
Und man siehet die im Lichte
Die im Dunkeln sieht man nicht.»
Bertold Brecht, 1930*

Eine Arbeit über die ‹Kraft der Bilder› handelt von Emotionen, In- und Exklusionen. Sie untersucht, was gezeigt wird, was Aufmerksamkeit erhält und weshalb Bilder Emotionen wecken. Dass bestimmte Bilder emotional wirken, erleben wir tagtäglich. Seltener machen wir die Erfahrung, dass auch das Nichtzeigen, das im Schatten Belassene zu bewegen vermag. Denn in der Regel können wir nicht beurteilen, ob uns Wichtiges vorenthalten wird. Dafür sind wir zu weit von den meisten Ereignissen entfernt. Gehören wir hingegen zu den Beteiligten und sind Zeugen von Ereignissen, kann uns die Tatsache, dass Wichtiges ausgeblendet wird, in Rage versetzen.

Zum Gelingen dieser Arbeit haben sehr viele Personen beigetragen und es ist nicht einfach, sich all dieser zu vergegenwärtigen, geschweige denn eine faire Grenze zwischen Erwähnung und Nichterwähnung zu ziehen. Zahlreiche Heinzelmännchen und -frauchen, die im Hintergrund wichtige Arbeiten leisteten, die mal hier, mal da einen kleinen, aber vielleicht wegweisenden Beitrag zusteuerten, werde ich in der folgenden Danksagung übersehen. Dafür bitte ich um Entschuldigung. Als Trost kann ich nur versichern, dass diese Arbeit gerade jenen gewidmet ist, die mehr Aufmerksamkeit verdient hätten als viele, die ständig im (medialen) Rampenlicht stehen.

Die vorliegende Arbeit hätte ohne Norman Backhaus und Ulrike Müller-Böker nicht entstehen können. Mit der Einreichung des Forschungsprojekts ‹The Power of Images› beim Schweizerischen Nationalfonds legten sie die Basis für diese Untersuchung und trugen dank ihrer Unterstützung und ihrem Vertrauen massgeblich zu ihrem Gelingen bei. Danken möchte ich auch dem dritten Mitglied des Promotionskomitees, Hans Elsasser, dem es aufmerksam gelang, mich je nach meiner Verfassung mit forschungsrelevanten oder aufmunternden Informationen zu versorgen.

Grosser Dank geht an den Schweizerischen Nationalfonds, der im Rahmen des Nationalen Forschungsprogrammes 48 «Landschaften und Lebensräume der Alpen» diese Forschung finanzierte. Iwar Werlen und Erwin Stucki vom NFP 48 waren mir darüber hinaus auch inhaltlich mit ihren konstruktiv-kritischen Fragen eine wichtige Quelle für Anregungen. Für bereichernde Horizonterweiterungen bedanke ich mich bei den Mitwirkenden des NCCR Nord-Süd, in welches diese Arbeit partnerschaftlich eingebunden ist.

Die Veröffentlichung dieser Dissertation wäre ohne den Publikationsbeitrag des Schweizerischen Nationalfonds und die Unterstützung des vdf Hochschulverlags, namentlich von Bernd Knappmann, nicht möglich gewesen. Merci!

Matthias Buschle, Nina Gorgus und Trinidad Moreno, mit denen Norman Backhaus und ich die Ausstellung ‹Macht und Kraft der Bilder. Wie für Nachhaltigkeit argumen-

Vorwort

tiert wird› durchführten, wurden zu Freunden, mit denen zu diskutieren weit über meine Forschung hinaus äusserst fruchtbar war. In guter Erinnerung werden natürlich auch die Studierenden des Seminars für Kulturwissenschaft und Europäische Ethnologie der Universität Basel bleiben, die an der Ausstellung mitwirkten.

Thomas Scheurer und Matthias Stremlow verdanke ich inhaltliche und motivierende Unterstützung. Mit wissenschaftlichem Rat standen mir Manfred Max Bergmann, Bernard Debarbieux, Ludwig Fischer, Susanne Grieder, Marcel Hunziker, Walter Leimgruber, Jon Mathieu, Martin Seger, Gerhard Strohmeier und Urs Wiesmann grosszügig bei. Letzterem gilt zusammen mit Karina Liechti, Beat Ruppen und Ulla Schüpbach, welche gemeinsam das Management des Weltnaturerbes JAB leiten, auch Dank für die Zusammenarbeit und Unterstützung. Laudo Albrecht vom Pro Natura Zentrum Aletsch und sein Team machten Forschungsaufenthalte im JAB zu einem Erlebnis.

Auf Seiten der Biosphäre Entlebuch waren mir vorweg Engelbert Ruoss, Annette Schmid, Bruno Schmid und Theo Schnider behilflich. Im Entlebuch wie im Oberwallis wären aber noch viele weitere Personen zu nennen, die zu interessanten Gesprächen bereit waren.

Bei den Teams des «Walliser Boten» und des «Entlebucher Anzeigers» bedanke ich mich, dass sie mir freundlich ihre Archive zur Verfügung stellten. Josef Küng vom «Entlebucher Anzeiger» gebührt ein spezieller Dank für die offenen und spannenden Diskussionen.

Lucia Degonda, Stefan Kölliker und Silvio Maraini führten mich in die Geheimnisse der Fotografie ein, während die Studierenden des Seminars «Regionalisierungen durch Bilder» am Geographischen Institut der Universität Zürich (GIUZ) und jenen der Museumsübung am Institut für Volkskunde und Europäische Ethnologie der Universität Basel ästhetische und andere Bildkategorisierungen mit Ausdauer testeten. An die Teilnehmenden des Forschungskolloquiums «Landschaft und sozialer Raum», des Forschungsforums der Abteilung Humangeographie, des Kolloquiums der Doktorierenden der Humangeographie, des Kolloquiums «Soziales Kapital» und den am PhD-Seminar teilnehmenden Doktorierenden des GIUZ verdanke ich anregende Auseinandersetzungen.

Die gemeinsam mit Norman Backhaus betreuten DiplomandInnen Tanja Affentranger, Marco Corti, Maria-Pia Gennaio, Ksenija Jurinak, Florian Kuprecht und Claude Schwank trugen mit ihren Arbeiten viel zur Klärung der ‹Kraft der Bilder› in unterschiedlichen Zusammenhängen bei.

Meinen KollegInnen am GIUZ, insbesondere natürlich jenen der Abteilung Humangeografie verdanke ich sehr viel. Sie sind immer zur Stelle, wenn man sie benötigt, sei es für angenehme Ablenkung, den Austausch von Erfahrungen oder für intensive Spezialdiskurse. Vieles wäre ohne diese Unterstützung im Rücken – für Susan Thieme gilt das wortwörtlich – nicht so leicht gegangen.

Und natürlich geht mein herzlicher Dank an meine Eltern Lisbeth und Albert, meinen Bruder Beat, Christine und viele Verwandte, Freundinnen und Freunde für ihren unschätzbar wichtigen Beistand.

Urs Müller, Juni 2007

Inhalt

Zusammenfassung I

Vorwort V

Inhalt VII

Abbildungen XI

Abkürzungen XVI

I **Einleitung** 1

II **Wirklichkeiten** 7
    1 Gesellschaft als Strukturierungsprozess 8
        1.1 Dualität von Struktur 8
        1.2 Bewusstseinsebenen 10
        1.3 Beabsichtigte und unbeabsichtigte Handlungsfolgen 13
        1.4 Abduktives Verstehen 13
    2 Drei-Welten-Modell 15
    3 Wahrnehmen 17
        3.1 Freie Sicht? 18
        3.2 Durch Wände sehen? 19
    4 Sprechen 22
    5 Perspektivenvielfalt 24
    6 Diskurse 26
        6.1 Gegenseitige Anerkennung 26
        6.2 Systematische Verkennung 27
    7 Bedeutende Räume 31
        7.1 Raumaneignungen 31
        7.2 Regionalisierungen 34

III **Bilder verstehen** 39
    1 Was ist ein Bild? 40
        1.1 Ein theoretischer Bildbegriff? 41
        1.2 Ein empirischer Bildbegriff 42
        1.3 Materielle Bilder 43
        1.4 Mentale Bilder 44
        1.5 Soziale Bilder 45
        1.6 Verbale Bilder 48

Inhalt

2 Visuelle Bilder 50
2.1 Die Macht des Analogen 50
2.2 Semiotische Grundbegriffe 52
2.3 Semiotik visueller Bilder 54
2.4 Die Kontextabhängigkeit der Bildwirkung 56

3 Emotionale Wirkung 60
3.1 Was sind Emotionen? 61
3.2 Aufmerksamkeit 63

4 Dreiseitige Struktur der Bildbedeutung 65
4.1 Inhärente Bildbedeutung 66
4.2 Intendierte Bildbedeutung 67
4.3 Rezipierte Bildbedeutung 67
4.4 Konsequenzen für die Bildanalyse 67

IV Nachhaltige Entwicklung 69

1 Rundblick 70
1.1 Ursprünge 70
1.2 Sparen oder Investieren? 72
1.3 Ein-, Drei-, Multidimensionalität 75
1.4 Hybrid 77
1.5 Such-, Lern- und Gestaltungsprozess 78
1.6 Fremdbestimmung 79
1.7 Wertewandel 80
1.8 Glück, Zufriedenheit, Lebensqualität 80
1.9 Gerechtigkeit 81
1.10 Leerformel oder Chance? 82

2 Visuelle Kommunikation nachhaltiger Entwicklung 83
2.1 Emotionalisierung 83
2.2 Einladende Bilder 89
2.3 Illustration und Information 90
2.4 Leit- und Identifikationsfiguren 90
2.5 Adressatengerechte und alltagsnahe Kommunikation 91

3 Zwischenfazit 93

V Methodik 97

1 Forschungsfrage und Datenauswahl 98

2 Stand der Bildforschung 101

3 Berücksichtigung der Kontextabhängigkeit 104
3.1 Berücksichtigung der Verankerung 104
3.2 Berücksichtigung des soziohistorischen Kontextes 105
3.3 Berücksichtigung individueller Kontextvariationen 105

4 Bildanalyse konkret 106
4.1 Intendierte Bedeutung 106
4.2 Rezipierte Bedeutung 110
4.3 Inhärente Bedeutung 112

		5	Inhaltsanalyse visueller Bilder	112
		6	Inhaltliche Bildanalysekategorien	115
			6.1 Kategorien der Raumaneignung	115
			6.2 Anleitung zur Kategorisierung	118
			6.3 Erläuterung der einzelnen Kategorien	119
		7	Formale Bildanalysekategorien	126
			7.1 Kapitalintensität	127
		8	Auswertung	127
		9	Interpretation der Analyseergebnisse	128
VI	**UNESCO Biosphäre Entlebuch**			**131**
		1	Biosphärenreservate allgemein	131
		2	UNESCO Biosphäre Entlebuch (UBE)	133
			2.1 Sozioökonomische Situation	133
			2.2 Sichten auf das Entlebuch und seine Bevölkerung	134
			2.3 Abstimmungsverhalten allgemein	137
			2.4 Rothenthurm-Initiative und die Folgen	138
			2.5 Hauptphase der UBE	143
			2.6 Die Volksbefragungen	151
			2.7 Nach den Abstimmungen	153
			2.8 Anerkennung der UBE	155
			2.9 Nach der Anerkennung	156
		3	Verbale Bilder	159
		4	Visuelle Bilder	166
			4.1 Abstimmungsbeilage	166
			4.2 Aktualisierte Abstimmungsbeilage	170
			4.3 Artikel im «Entlebucher Anzeiger» (EA)	172
			4.4 Die Aussensicht: Artikel in der «Schweizer Familie»	180
			4.5 «Revue Schweiz»	183
VII	**UNESCO Weltnaturerbe Jungfrau-Aletsch-Bietschhorn**			**187**
		1	Welterbe allgemein	187
		2	Weltnaturerbe Jungfrau-Aletsch-Bietschhorn	192
			2.1 Sozioökonomische Situation	192
			2.2 Abstimmungsverhalten allgemein	193
			2.3 Vorphase des JAB	194
			2.4 Hauptphase des JAB	196
			2.5 Beispiel Ried-Mörel	199
			2.6 Beispiel Naters	203
			2.7 Der Entscheid von Ried-Mörel und Naters	204
			2.8 Von der Kandidatur zur Anerkennung	207
			2.9 Nach der Anerkennung	210
		3	Verbale Bilder	213

Inhalt

	4	Visuelle Bilder	222
		4.1 «Walliser Bote» (WB)	222
		4.2 Broschüre «Jungfrau – Aletsch – Bietschhorn – Kandidat UNESCO Weltnaturerbe» (KUW)	227
		4.3 «Revue Schweiz» – Aletschregion	230
VIII		**Schlussbetrachtung**	233
	1	Fazit zu den Bildanalysen	234
		1.1 UNESCO Biosphäre Entlebuch	235
		1.2 UNESCO Weltnaturerbe JAB	245
	2	Fazit zur Methode	249
	3	Ausblick: Die ‹Kraft der Bilder› in der nachhaltigen Entwicklung	252
IX		**Literatur**	259
X		**Anhang**	281
	1	Leitfaden für Einzelbildanalysen	281
	2	Charta vom Konkordiaplatz	285

Abbildungen

Abb. 1:
Impression aus der Wanderausstellung ‹Macht und Kraft der Bilder. Wie für Nachhaltigkeit argumentiert wird› vom 27. Juli 2005 auf dem Vorplatz der Villa Cassel, Riederfurka (Bild: Trinidad Moreno). 5

Abb. 2:
Drei-Welten-Modell (Graphik U. M.). 15

Abb. 3:
Luftverschmutzung macht uns das Angebot, die Luft nicht einzuatmen (Bild: IHDP Newsletter). 21

Abb. 4:
Wird der Standpunkt gewechselt, nimmt das Objekt der Betrachtung die gegenteilige Bedeutung ein
(Markus Raetz, Crossing, 2002). 24

Abb. 5:
Diese Graphik erscheint jeweils in den Ferienprospekten der Region Entlebuch (hier aus: Eine neue
Ferienwelt – Angebote Sommer/Herbst 2002). 38

Abb. 6:
Was ‹sehen› Sie beim Lesen dieses Zitats? (Zitat aus Funk-Salami 2004: 25). 45

Abb. 7:
Inserat der UBE, erschienen in der Ausstellungsbeilage ‹Ansichtssache› im EA vom 28.9.2004. 47

Abb. 8:
Abwägen zwischen Natur und Kultur. 49

Abb. 9:
Um erkennen zu können, dass dieses Bild einen Gletscher und im Speziellen den Grossen Aletschgletscher zeigt, muss das entsprechende Wissen erworben worden sein (Bild: Walliser Bote). 54

Abb. 10:
BesucherInnen der Ausstellung ‹Macht und Kraft der Bilder› in Basel (Bild: Norman Backhaus). 64

Abb. 11:
Dreiseitige Struktur der Bildbedeutung (Graphik: U. M.). 65

Abb. 12:
Die ‹Ikone unserer Zeit›: «The Blue Marble». 69

Abb. 13:
Oberberghauptmann Hannss Carl von Carlowitz (Bild: Carlowitz 2000). 71

Abb. 14:
Kinderorientierte Visualisierung des «ökologischen Fussabdrucks (Hannig 2002: 19). 76

Abb. 15:
«Mit der Angst auf Stimmenfang» (Bild: Blick online, 5.4.2005). 86

Abb. 16:
Der Aletschgletscher, das mythisch-erotische ‹New-age-Erlebnis›? (Bild: Aletschtourismus o.J.). 87

Abbildungen

Abb. 17:
Aus der Sicht der Naturschutzseite ist die Biosphäre Entlebuch vor allem ein Naturjuwel. 99

Abb. 18:
Das Layout des «Entlebucher Anzeigers» zum Zeitpunkt der Untersuchung. 100

Abb. 19:
Das Layout des «Walliser Boten» (hier die Ausgabe vom 21.2.1998, S. 1). 101

Abb. 20:
Modell der Bildanalyse, das die drei Zugänge zur dreiseitig strukturierten Bildbedeutung veranschaulicht. Die Analysen der intendierten und der rezipierten Bedeutungen müssen ebenfalls über
die materielle Welt ansetzen, weshalb die beiden Pfeile gestrichelt dargestellt sind (Graphik: U. M.). 106

Abb. 21:
Impression aus der Wanderausstellung ‹Macht und Kraft der Bilder. Wie für Nachhaltigkeit
argumentiert wird› vom 10. Januar im Lichthof der Universität Zürich-Irchel (Bild: Trinidad Moreno). 111

Abb. 22:
Vereinfachte Darstellung der abduktiven Kategorienbildung, die sich zwischen den normativtheoretischen Überlegungen und den deskriptiven Beobachtungen hin und her bewegt. Die Auslassungspunkte verweisen auf die schier endlosen Möglichkeiten, die Kategorien weiter auszu-
differenzieren (Graphik: U. M.). 117

Abb. 23:
Übersicht der Raumaneignungskategorien (Graphik: U. M.). 118

Abb. 24:
Rechts: Erholungsraum und Aussichtsraum mit Naturraum nebensächlich. Links: Naturraum vorrangig. 118

Abb. 25:
Von links nach rechts: Bilder der Kapitalintensität nicht kodierbar, gering, mittel und hoch.
(Bildquellen: Management WNE JAB, Management UBE, EA und Stephan Kölliker). 127

Abb. 26:
Schema des Auswertungsprozederes: Von der flächenproportionalen Kategorisierung der Einzelbilder
zu den gewichteten Gesamtübersichten (Graphik: U. M.). 128

Abb. 27:
Karte der zonierten UBE (Quelle: Biosphärenmanagement UBE / Kanton Luzern, Geoinformation;
Januar 2004). 133

Tab. 1:
Beschäftigtenstruktur des Entlebuchs (Quellen: Schmid 2004; AfS 2004: 579). 134

Abb. 28:
«Entlebuch – voll krass!» Wunschbild oder Realität? Comic von Esther Ambühl. 136

Abb. 29:
«Und Schybi liess alle erzittern...». Christen Schybi, Entlebucher Freiheitsheld zu Zeiten des Bauernkrieges von 1653, Sinnbild für den Entlebucher «Drang nach Selbständigkeit». 137

Abb. 30:
Plakat des Pro-Kommitees zur Rothenthurm-Initiative vom 6. Dezember 1987 (Quelle: Sammlung
Schweizerisches Sozialarchiv, Zürich). 139

Abb. 31:
Das Logo zum ‹Projekt Biosphärenreservat Entlebuch› symbolisiert prägende Merkmale des Entlebuchs: die zwei Flüsse, die Hügellandschaft und die Sonne (Quelle: Biosphäre Entlebuch). 144

Abb. 32:
Informationsveranstaltung mit Ballonflugwettbewerb vom 4.Oktober 1997 in Escholzmatt
(Bild: Analies Studer, EA, 7.10.1997, S. 3). 146

Abb. 33:
Illustration zum Konflikt um die künstliche Beschneiung von Skipisten. 147

Abb. 34:
Die «heikelste Situation» für die UBE (Bild: Edi Zihlmann, EA, 8.1.2000, S. 9). 150

Tab. 2:
Resultate der Gemeindeabstimmungen (Quelle: Ruoss et al. 2002: 45; eigene Berechnungen). 153

Abb. 36:
Das Label ‹echt entlebuch› nach den Anpassungen vom Mai 2003. 157

Abb. 37:
«Finde die 10 Unterschiede!». Provozierende Interpretation des BR-Projektes durch die Pro
Natura (Quelle: Pro Natura Magazin 1/2000, S. 38). 161

Abb. 38:
Titelblatt der Abstimmungsbeilage vom September 2000. 166

Abb. 39:
Das ‹Projekt Biosphärenreservat Entlebuch› «Für eilige Leserinnen und Leser»: Auf den Seiten 2
und 3 der Abstimmungsbeilage vermitteln vier grossflächige Fotografien einen Eindruck vom
geplanten BR (Bilder: Edi Zihlmann und Edi Stalder). 167

Abb. 40:
Das ‹Bild des Entlebuchs› in der Abstimmungsinformationsbroschüre «Das Entlebuch, ein Biosphärenreservat» vom September 2000. Die Bilder wurden hinsichtlich der vorrangig sichtbaren
Raumaneignungen analysiert (Graphik: U. M.). 168

Abb. 41:
Titelblatt der 2002 aktualisierten Abstimmungs-Informationsbroschüre. 170

Abb. 42:
Das ‹Projekt Biosphärenreservat Entlebuch› «Für eilige Leserinnen und Leser» zwei Jahre nach
Anerkennung der UBE: gleicher Text, aber neue ‹Einsichten› (Bilder: Edi Zihlmann und Edi Stalder). 170

Abb. 43:
Das Bild des Entlebuchs in der 2002 aktualisierten Abstimmungsbeilage «Biosphärenreservat
Entlebuch Schweiz – Erhalten und Entwickeln». Bildanalyse nach vorrangig sichtbaren Raumaneignungen (Graphik: U. M.). 171

Abb. 44:
Auf Seite 6 der aktualisierten Abstimmungsbeilage präsentiert sich die UBE in neuen, bunten Bildern.
Drei davon zeigen die UBE als Naturraum. 172

Abb. 45:
Übersicht aller im untersuchten Zeitraum in der Regionalzeitung EA zum Biosphärenvorhaben
erschienenen Artikel. Die Ordinate gibt die Fläche der im Artikel vorhandenen Bilder an. Wichtige
Diskursereignisse sind durch schattierte Balken hervorgehoben (Graphik U. M.). 173

Abb. 46:
Das Gesamtbild der UBE, wie es sich in den Artikeln des EA von der Lancierung der BR-Idee am
19. April 1997 bis zu den Gemeindeabstimmungen im September 2000 präsentiert (Graphik U. M.). 174

Abbildungen

Abb. 47:
Die Aufschlüsselung der Kategorie Identifikationsraum i.e.S. (25,5 % Anteil an der Gesamtbildfläche) zeigt die Dominanz (männlicher) Identifikationsfiguren (Graphik: U. M.). 175

Abb. 48:
Das erste Bild, das im EA zum BR-Vorhaben publiziert wurde (Bild: Edi Zihlmann, EA, 19.4.1997, S. 1). 177

Abb. 49:
Ein Bild, ebenfalls mit Kindern, aber einen radikal anderen Eindruck von der UBE hinterlassend als Abb. 48 (Bild: Biosphäre Entlebuch). 179

Abb. 50:
Ein ähnliches Bild mit glücklichen Kindern in ‹der Natur› begleitete die Kampagne für die Landschaftsschutzinitiative im Kanton Zürich (Quelle: WWF magazin 1/05, Region Zürich). 180

Abb. 51:
Das Entlebuch ein Ort der Wildnis? Die Repräsentation der UBE im Artikel «In der Natur liegt die Zukunft» der «Schweizer Familie», Nr. 37, 2001, S. 22–28, unterscheidet sich frappant von der vorgängig betrachteten regionalen Sicht (Graphik: U. M.). 181

Abb. 52:
Titelseite der Revue Schweiz zum Entlebuch 183

Abb. 53:
Das Bild der UBE im Tourismusmagazin «Revue Schweiz» (Graphik: U. M.). 184

Abb. 54:
Die Aufschlüsselung der 11,5 % Identifikationsraum-Bildfläche zeigt die Dominanz religiöser Identifikationszeichen (Graphik: U. M.). 185

Abb. 55:
Karte des JAB mit dem Perimeter, wie er sich nach der Anerkennung 2001 darbot, und der angestrebten Erweiterung des Weltnaturerbes, die sich im Verlauf der Ausarbeitung des Managementplans ergab und einzig noch der Ende 2005 erwarteten Zustimmung der UNESCO bedarf (Quelle: CDE & Trägerschaft WNE JAB). 192

Abb. 56:
Ausschnitte aus dem Flugblatt der «Überparteilichen Bürgerbewegung gegen das UNESCO-Schutzgebiet Aletsch» vom März 2000. 201

Abb. 57:
Eine Karikatur, die, würde sie als Ausdruck der Angst vor Nutzungseinschränkungen interpretiert, von den Gegnern der JAB-Idee stammen könnte (Quelle: Le Nouvelliste, 14.12.2001, S. 1). 209

Abb. 58:
«Weltnaturerbe oder Weltfunpark?» (Quelle: Pro Natura Magazin 5/2004, S. 24–25) 215

Abb. 59:
Übersicht der während der Hauptphase der JAB-Diskussion im «Walliser Boten» erschienenen Artikel. Die Ordinate gibt die Fläche der im Artikel vorhandenen Bilder an (Artikel ohne Bild befinden sich auf der Höhe 0). Die wichtigsten Diskursereignisse sind mit den beschrifteten Balken hervorgehoben (Graphik U. M.). 222

Abb. 60:
Das Bild des «Walliser Boten». Bildanalyse der Artikel im Walliser Boten von 1998 bis zur Anerkennung des JAB durch die UNESCO am 13. Dezember 2001 (Graphik: U. M.). 223

Abb. 61:
Das Bild des Weltnaturerbes aus der Kaffeerahmdeckel-Serie 4109 aus dem Jahr 2004. 224

Abb. 62:
Harmonieraum par excellence – aber wie sieht wohl die Bettmeralp links und rechts von diesem Bildausschnitt aus? (Bild: WB, 10.3.1998, S. 1). 225

Abb. 63:
Die Titelseite der Broschüre «Jungfrau – Aletsch – Bietschhorn – Kandidat UNESCO Weltnaturerbe». 227

Abb. 64:
Das Bild des JAB, wie es sich im Informationsprospekt «Jungfrau – Aletsch – Bietschhorn – Kandidat UNESCO Weltnaturerbe» präsentiert. Bildanalyse nach vorrangig sichtbaren Raumaneignungen (Graphik: U. M.). 228

Abb. 65:
Das Titelblatt der «Revue Schweiz» vom 5/1996, welche von der Aletschregion handelte. 230

Abb. 66:
Das Bild der Aletschregion in der «Revue Schweiz«, Nr. 5, 1996. Bildanalyse nach vorrangig sichtbaren Raumaneignungen (Graphik: U. M.). 231

Abb. 67:
«Oft lohnt es sich einfach nur hinzuschauen, abzuschalten und ein Glas Wein zu trinken…». Der «Wilde Westen von Luzern» setzt sich mehr und mehr ästhetisch in Szene (Quelle: Journal UNESCO Biosphäre Entlebuch 2005; S. 68f.). 237

Abb. 68:
Vergleich der Bilder der untersuchten Publikationen nach dem Grad der Kapitalintensität (Graphik: U. M.). 239

Abb. 69:
Das Entlebuch: Offenbar nicht der Reise und somit auch nicht der Nennung wert. 240

Abb. 70:
Die Aussensicht: Naturraum und idyllische Kulturlandschaft Entlebuch. 241

Abb. 71:
Die neue Aussensicht auf die UBE: Eine Region lauter «WegbereiterInnnen»?. 242

Abb. 72:
Der Grosse Aletschgletscher: früher wie heute die gleiche Anziehungskraft. 245

Abb. 73:
Vergleich der Bilder der untersuchten Publikationen nach den Anteilen Naturraum vorrangig und nebensächlich. (Graphik: U. M.). 247

Abb. 74:
Zur Veranschaulichung der komplexen Einflussfaktoren auf die Bildwirkung sei die dreiseitige Struktur der Bildbedeutung, die im Kap. ‹III Bilder verstehen› eingeführt wurde, in Erinnerung gerufen (Graphik: U. M.). 249

Abb. 75:
Empörung auslösender Fingerzeig auf unhaltbare Zustände in der UBE in FACTS, 19.2.2004, S. 24 und FACTS, 14.10.2004, S. 11. 256

Abkürzungen

BLN	Bundesinventar der Landschaften und Naturdenkmäler von nationaler Bedeutung gemäss Verordnung vom 10. August 1977 (SR 451.11)
BR	Biosphärenreservat
BUWAL	Bundesamt für Umwelt, Wald und Landschaft (seit 2006 ins Bundesamt für Umwelt, BAFU, integriert)
EA	Entlebucher Anzeiger
JAB	UNESCO Weltnaturerbe Jungfrau-Aletsch-Bietschhorn
KUW	Broschüre «Jungfrau – Aletsch – Bietschhorn – Kandidat UNESCO Weltnaturerbe»
NFP 48	Nationales Forschungsprogramm 48 «Landschaften und Lebensräume der Alpen»
NHG	Bundesgesetz vom 1. Juli 1966 über den Natur- und Heimatschutz (SR 451)
NZZ	Neue Zürcher Zeitung
RZ	Regional Zeitung – Anzeiger für die Agglomeration Brig-Glis, Naters, Visp und Umgebung
SBN	Schweizerischer Bund für Naturschutz (seit Mai 1997: Pro Natura)
SL	Stiftung Landschaftsschutz Schweiz
TA	Tages Anzeiger der Stadt Zürich
UBE	UNESCO Biosphäre Entlebuch
UNESCO	United Nations Educational, Scientific and Cultural Organization (Organisation der Vereinten Nationen für Bildung, Wissenschaft, Kultur und Kommunikation)
WB	Walliser Bote
WNE	Weltnaturerbe

I Einleitung

«Die Massen können nur in Bildern denken und lassen sich nur durch Bilder beeinflussen. Nur diese schrecken oder verführen sie und werden zu Ursachen ihrer Taten.» (Le Bon 1982: 44)

«Nicht der Schrift-, sondern der Photographieunkundige wird ... der Analphabet der Zukunft sein.» (Walter Benjamin zit. in Haubl 1992a: 27)

«Als die ersten Photographien geschaffen wurden, entdeckte das Publikum eine unbekannte Welt, die ebenso sehr überraschte wie später die ersten Aufnahmen von den Erdpolen oder vom Mond» (Charles-Henri Favrod zit. in: Foch 1990: 84, Bildnotiz 77).

Bilder prägen unsere Idee von ‹der Wirklichkeit›, lassen Vorstellungen von ‹der Vergangenheit›, ‹der Gegenwart› und ‹der Zukunft› entstehen (Reiche 2003: 16). Bilder machen Abstraktes anschaulich, Unbekanntes bekannt, wobei sie bestimmte Eigenschaften beleuchten, andere ausblenden. Erfolgt der Zugang zur Wirklichkeit, wie dies in mediatisierten Gesellschaften der Fall ist, praktisch ausschliesslich über das Bild, verschwindet ‹die Wirklichkeit› zwangsläufig hinter dem Medium oder im Medium des Bildes (Hamann 2001: 4). Es kann uns dann eigentlich wenig erstaunen, wenn SchülerInnen einer Berliner Schulklasse Kühe lila zeichnen (Reiche 2003: 10), ist es doch für Grossstadtjugendliche keine Selbstverständlichkeit mehr, ‹richtige› Kühe gesehen zu haben. Vielleicht ist für besagte SchülerInnen die Milka-Kuh Realität, während die anderen Kühe Fiktionen sind. Bilder zeigen Ausschnitte aus der Wirklichkeit, sie können diese auch verfälschen, neu erfinden. Fokussiert man auf diesen selektiven bis manipulativen Gehalt der Bilder, zeigt sich, dass Bilder mehr aussagen über das Wirklichkeitsverständnis der BildproduzentInnen als über die Wirklichkeit an sich. Bleiben solche partikularen Wirklichkeitsdarstellungen unwidersprochen, können sie von den BildkonsumentInnen nichtsdestotrotz für *die* Wirklichkeit gehalten werden.

Das Bild, das wir von der Welt haben, beeinflusst, wie wir die Welt im alltäglichen Handeln mitgestalten. Unterschiedliche Vorstellungen führen zu unterschiedlichen, mitunter konfligierenden Handlungen. Gerade die Vorstellungen über die Art und Weise, wie Regionen sich entwickeln sollen, bewegen sich in einem durch die verschiedenen Interessen vorgegebenen Spannungsfeld. Geht es dann zudem um nachhaltige Regionalentwicklung, kommen die gegenläufigsten Interpretationen dieser «Zauberformel» (Brand 2000: 21) ins Spiel: Wer mit Nachhaltigkeit primär Umweltschutz verbindet, wird bestimmte Regionen anders aneignen wollen, als jemand, der auf nachhaltiges Wirtschaftswachstum setzt. Solche variierenden Vorstellungen schlagen sich in der Kommunikation nachhaltiger Entwicklung nieder, beispielsweise in der Art und Weise, wie nachhaltige Entwicklung illustriert wird. Von diesen Bild gewordenen Raumvorstellungen und ihren Interpretationen handelt diese Untersuchung.

Die vorliegende Arbeit ist das Resultat eines vom Schweizerischen Nationalfonds unterstützten Forschungsprojektes[1], welches im Rahmen des Nationalen Forschungsprogrammes 48 (NFP 48) «Landschaften und Lebensräume der Alpen» durchgeführt wer-

Einleitung

den konnte. In den Zielen des NFP 48 heisst es: «Ein lebensfähiger und lebenswerter Alpenraum ist für die Schweiz – und Europa – von grosser gesellschaftlicher Bedeutung. Das NFP unterstützt die Diskussion über die Zukunft dieses Lebensraums und die aktive Gestaltung von Prozessen, die eine nachhaltige Nutzung dieser Ressource ermöglichen.»[2] Durch die Auseinandersetzung mit der ‹Kraft der Bilder in der nachhaltigen Entwicklung› will diese Arbeit an die Zielsetzung des NFP 48 beitragen.

In den letzten Jahren gewann die Frage, wie nachhaltige Entwicklung erfolgreich kommuniziert werden kann, deutlich an Bedeutung (vgl. u.a. Bittencourt et al. 2003; Häberli et al. 2002; Hauptmann 2001; Michelsen & Godemann 2005; Lucas & Matys 2003; Oxenfarth 2001; Rat für Nachhaltige Entwicklung 2002). Dies ist wenig erstaunlich, schliesslich haben wir es auf der einen Seite mit zunehmenden Umweltbelastungen und sozioökonomischen Disparitäten zu tun, während auf der anderen Seite Werbung immer gegenwärtiger und offenbar auch einflussreicher auf unsere (Konsum-) Gewohnheiten ist. Ein Durchbruch im Marketing nachhaltiger Lebensstile ist allerdings noch nicht auszumachen.

Wir haben also gute Gründe, uns ausführlicher mit Beispielen auseinanderzusetzen, in denen nachhaltige Entwicklung *erfolgreich* kommuniziert wurde. Im Entlebuch sprach sich im Herbst 2000 eine Mehrheit der Bevölkerung für eine nachhaltige Entwicklung im Rahmen eines Biosphärenreservates aus; 2001 konnte das Jungfrau-Aletsch-Bietschhorn-Gebiet von der UNESCO als Weltnaturerbe – das ebenfalls eine nachhaltige Entwicklung anzustreben hat – anerkannt werden, dies nachdem auch hier die Bevölkerungen der damals 15 beteiligten Gemeinden mehrheitlich überzeugt werden konnten. Was machte diese Erfolge möglich? Wieso lassen sich zwei Regionen, deren ProtagonistInnen bislang nicht durch ökologisches oder naturnahes Verhalten auffielen, auf eine nachhaltige Entwicklung ein? Welche Bilder nachhaltiger Entwicklung fanden Anklang?

Ein Verständnis der Funktionsweise visueller Kommunikation verlangt eine Klärung des Bildbegriffs: Ein ‹Bild› kann eine Vorstellung sein (mentales Bild), eine visuelle oder sprachliche Materialisierung der Vorstellung (materielles Bild) wie auch eine kollektiv geteilte Bedeutungs- oder Wertsetzung (soziales Bild). An der ‹Kraft der Bilder› sind sämtliche drei Bildwelten beteiligt: Bildproduzierende stellen aufgrund ihrer mentalen Bilder, ihrer oft nicht-reflektierten *individuellen* Bedeutungs- und Wertsetzungen, materielle Bilder her, die die mentalen Bilder der Bildrezipierenden beeinflussen sollen, bei ihnen auf Anklang oder Ablehnung stossen. Die sozialen Bilder, die *geteilten* Bedeutungs- und Wertsetzung, bedeuten die Klammer, welche die Kommunikation überhaupt möglich macht. Angesichts des Stellenwerts, den das Visuelle in der gegenwärtigen Kommunikation einnimmt, überrascht der Mangel an (wissenschaftlicher) Reflexion der Wirkungsweisen der Bilder. Neben dem Beitrag an eine nachhaltige Entwicklung ist das zweite Ziel dieser Arbeit deshalb, einen Beitrag zur Bewusstmachung von (nicht-intentionalen) Prozessen der Bildproduktion und ihrer Folgen zu liefern.

Visuelle Bilder – insbesondere Fotografien – treten als zweidimensionales visuelles Double der Realität auf und werden deshalb auch *analog* der Realität wahrgenommen.

---

1 «The power of Images – their Creation, Reproduction and Strategic Use in the Shaping of Alpine Future» unter der Leitung von Norman Backhaus und Ulrike Müller-Böker.
2 http://www.nfp48.ch/programm/Ziele_allgemein.html, 17.11.2005.

Visuelle Bilder wirken weitgehend unmittelbar, indem sie auf schnellstem und leichtestem Wege konkrete Vorstellungen von Sachen, Ereignissen etc. geben. Ihre Wahrnehmung verläuft – im Gegensatz zur Sprache – höchst routiniert, ohne diskursive Aufmerksamkeit. Während das Verstehen von Text einer Übersetzungsleistung bedarf, werden visuelle Bilder weitgehend automatisch und ohne gedankliche Anstrengung verarbeitet. Weil wir Fotografien wie die Realität selbst wahrnehmen, tendieren wir dazu, sie für eine objektive Tatsache zu halten, obwohl uns die Möglichkeiten des Retuschierens oder der digitalen Bildbearbeitung bewusst sind. Die Eingängigkeit und (geglaubte) Objektivität der Fotografien sind die formalen Säulen ihrer emotionalen Wirkung, d.h. ihrer sprichwörtlichen Macht. Spricht uns das Dargestellte auch inhaltlich an, d.h. vermag es an unsere Werte und Bedeutungssetzungen zu appellieren, versetzen uns Fotografien mitunter buchstäblich in Bewegung. Die Wirkung visueller Bilder ist deshalb immer im soziohistorischen Kontext geteilter Werte begründet, wobei die individuellen Biographien der Handelnden und ihre situativen Haltungen und Stimmungen zu ausgeprägten Variationen führen können.

Wir können visuelle Bilder somit als ein Mittel verwenden, um die Werte (Mythen, Klischees etc.) ihrer ProduzentInnen zu erschliessen. Dies ist allerdings nicht einfach, insbesondere wenn eine grosse Anzahl an Bildern zu bewältigen ist. Die semiotische Dichte der visuellen Bilder muss in ein überschaubares Mass an Kategorien übersetzt werden, die fruchtbar für die Beantwortung der Fragestellung sind (vgl. Rose 2001: 60). Aus dem humangeografischen Blickwinkel dieser Arbeit gilt es Kategorien zu entwickeln, die die Raumwirksamkeit der visuellen Bilder zu erfassen vermögen und damit über den üblicherweise deskriptiven Charakter inhaltsanalytischer Kategorien hinausgehen. Mit Kategorien der Raumaneignung werden die in den Bildern materialisierten Bedeutungszuweisungen an den Raum analysiert und damit die (wahrscheinlichen) Interpretationen der Bildrezeptierenden herausgearbeitet. Die Kategorien der Raumaneignung erfassen die Art und Weise, wie Handelnde gemäss den visuellen Bildern mit einem sich nachhaltig entwickelnden Raum umgehen können. Aus Publikationen unterschiedlicher Akteure lassen sich so allenfalls divergierende Vorstellungen bezüglich der Raumnutzung bzw. -entwicklung bestimmen.

Die Biosphäre Entlebuch und das Weltnaturerbe Jungfrau-Aletsch-Bietschhorn sind erfolgreiche Beispiele der Kommunikation nachhaltiger Entwicklung: In beiden Regionen haben Mehrheiten der Bevölkerungen den präsentierten Vorstellungen nachhaltiger Entwicklung zugestimmt. Indem wir betrachten, wie nachhaltige Entwicklung in den meinungsbildenden Publikationen visualisiert wurde, wird sich auch zeigen, ob aus den beiden Modellregionen Empfehlungen hinsichtlich der Visualisierung nachhaltiger Entwicklung gewonnen werden können.

Aufbau der Arbeit

Die folgenden Kapiteln bereiten einerseits einen theoretisch fundierten Weg, wie die ‹Kraft der Bilder in der nachhaltigen Entwicklung› aus einem humangeografischen Blickwinkel betrachtet werden kann. Andererseits wird die hergeleitete Methode an zwei Fallbeispielen konkret angewendet. Die Kapitel sind dabei weitgehend in sich geschlossen gestaltet, sodass sie auch aus dem Gesamtwerk herausgegriffen werden können. Wer sich also beispielsweise nur für die Geschichte des Weltnaturerbes Jungfrau-Aletsch-Bietschhorn interessiert, kann diese im entsprechenden Kapitel nachlesen, ohne sich vorgängig zwingend mit dem theoretischen Aufbau der Arbeit vertraut gemacht zu haben. Die nachstehende Inhaltsübersicht zeigt auf, worum es in den einzelnen Kapiteln geht und worin ihr Zusammenhang liegt.

In Kapitel ‹II Wirklichkeiten› wird das theoretische Fundament der Arbeit gelegt: Die Strukturationstheorie von Anthony Giddens (1984) wird als Vorschlag eingeführt, wie soziales Handeln aufgefasst werden kann. Giddens Theorie bietet plausible Erklärungen für so wichtige Phänomene wie unbeabsichtigte Handlungsfolgen und den Stellenwert von unreflektierten Gewohnheiten im alltäglichen Handeln. Der zentrale Gedanke seiner Theorie – die Dualität von Handeln und Struktur – erlaubt uns, Persistenz *und* Wandelbarkeit von Wissen über die Welt zu verstehen. Die Vermittlung zwischen konkretem Handeln und strukturellem Wissen beschreiben wir als Abduktion, d.h. als Alternation von Induktion und Deduktion (Scheff 1990), und bereiten damit den Weg, wie die Kategorien der Raumaneignung kontextgerecht entwickelt werden können.

Der Rekurs auf das Drei-Welten-Modell (Popper 1973; Werlen 1988) lässt uns die Zusammenhänge der mentalen Welt eines Individuums, der gemeinsamen sozialen Welt von mehreren Individuen und der materiellen Welt, zu der unter anderem die Körper der Individuen zu zählen sind, erkennen. Davon ausgehend können wir die Beziehung zwischen der mentalen und der materiellen Welt thematisieren und uns fragen, wie frei Handelnde ihre Umwelt konstruieren können bzw. ob es ‹die richtige Sicht› der Wirklichkeit gibt. Wir werden sehen, dass sich unsere Weltbilder nicht auf ‹die Natur der Dinge› zurückführen lassen. Die richtige Sicht kann folglich nur eine diskursethisch legitimierte sein – was das vertretbare Verständnis nachhaltiger Entwicklung entscheidend prägen wird.

Kapitel ‹II Wirklichkeiten› abschliessend wird das erarbeitete Wirklichkeitsverständnis auf ‹den Raum› übertragen und erklärt, wie die ausgedehnte materielle Welt angeeignet wird. Auf der Basis des Konzepts der Raumaneignung werden später die Kategorien für die Bildinhaltsanalysen entworfen.

In Kapitel ‹III Bilder verstehen› wird geklärt, was überhaupt unter Bild zu verstehen ist. Anhand des Drei-Welten-Modells wird Ordnung in die Vielfalt intuitiv als Bilder bezeichneter Phänomene gebracht, sodass wir die ‹Kraft der Bilder› im Zusammenspiel von materiellen (verbalen und visuellen), mentalen und sozialen Bildern verorten können. Da der Fokus dieser Arbeit auf der visuellen Kommunikation liegt, werden die Besonderheiten von visuellen Bildern (insbesondere von Fotografien) ausführlich dargestellt. Zum Schluss des Kapitels wird das hergeleitete Bildverständnis über das Bild an sich hinaus erweitert und der Anteil thematisiert, den die Bildproduzierenden und die Bildrezipierenden an der Konstruktion der Bildbedeutung haben. Die sich ergebende dreiseitige Struktur der Bildbedeutung verweist auf drei unabhängige, aber sich ergänzende Forschungsansätze.

In Kapitel ‹IV Nachhaltige Entwicklung› folgt eine Darstellung unterschiedlicher Verständnisse nachhaltiger Entwicklung. Darauf aufbauend lässt sich einerseits überlegen, wie nachhaltige Entwicklung *kommuniziert werden könnte*, d.h. mit welchen Inhalten, Wertungen und Assoziationen der Begriff zu vermitteln ist. Für uns wichtiger ist darüber hinaus, dass die Interpretation der Art und Weise, wie nachhaltige Entwicklung in den beiden Fallbeispielen visualisiert wurde, einer Vorstellung bedarf, wie nachhaltige Entwicklung *verstanden werden soll*. Dem in dieser Arbeit vertretenen partizipativen Verständnis nachhaltiger Entwicklung ist nicht jede Art von Bildern dienlich.

In Kapitel ‹V Methodik› werden die Forschungsfrage und die Datenauswahl präzisiert, damit eine adäquate Methode der Bildanalyse entwickelt werden kann. Das Schwergewicht liegt dabei auf den Definitionen der inhaltsanalytischen Kategorien der Raumaneignung, während auf weitere Analysekategorien, die Methode der vertieften Einzelbildanalyse und die methodischen Zugänge zur Bildwirkungsforschung bzw. zur Ermittlung der Absichten der Bildproduzierenden vergleichsweise marginal eingegangen wird.

Die Kapitel ‹VI UNESCO Biosphäre Entlebuch› und ‹VII UNESCO Weltnaturerbe Jungfrau-Aletsch-Bietschhorn› sind den beiden Erfolgsbeispielen gewidmet. Damit sich die Art und Weise der verbalen und visuellen Kommunikation verstehen lässt, werden die Besonderheiten der Vorhaben und ihre Geschichten ausführlich dargestellt. Im Kapitel ‹VIII Schlussbetrachtung› folgt die umfassende und beide Fallbeispiele vergleichende Interpretation der ‹Kraft der Bilder› in der Kommunikation nachhaltiger Entwicklung. Im Weiteren wird die in dieser Arbeit angewandte Methodik einer kritischen Betrachtung unterzogen, um abschliessend die gewonnenen Erkenntnisse – unter Berücksichtigung ihrer Kontextabhängigkeit – in Richtung allgemeiner Praxisempfehlungen hin auszulegen.

‹Macht und Kraft der Bilder. Wie für Nachhaltigkeit argumentiert wird›

Abb. 1: Impression aus der Wanderausstellung ‹Macht und Kraft der Bilder. Wie für Nachhaltigkeit argumentiert wird› vom 27. Juli 2005 auf dem Vorplatz der Villa Cassel, Riederfurka (Bild: Trinidad Moreno).

Jede Wissenschaftlerin und jeder Wissenschaftler wünscht sich, dass die geleistete Arbeit nicht einfach in Schubladen oder auf Regalen verstaubt. Die gewonnenen Erkenntnisse sollen ihr Publikum finden, doch ist dies aus verschiedenen Gründen nicht immer möglich. Dass Teile dieser Arbeit in Form einer Wanderausstellung einer breiten Öffentlichkeit präsentiert werden konnten, ist deshalb ein enormer Glücksfall: Zwischen Oktober 2004 und August 2006 konnten AusstellungsbesucherInnen in den Orten Schüpfheim, Brig, Zürich, Basel, Riederfurka und Bern die ‹Kraft der Bilder› erleben. Unter dem Namen ‹Macht und Kraft der Bilder. Wie für Nachhaltigkeit argumentiert wird›[3] wurden die wichtigsten Erkenntnisse dieser Forschung präsentiert.

Die Forschungsresultate der Bildanalysen wurden in ein Entscheidungsspiel umgesetzt, in welchem die Ausstellungsbesuchenden ausgehend vom Startwegweiser einen Weg durch den Bilderwald beschreiben konnten. Die 108 zur Auswahl stehenden Bilder entstammten dem untersuchten Bildkorpus und waren somit jene, die den jeweili-

Einleitung

gen Bevölkerungen tatsächlich zur Meinungsbildung vorlagen. Der von den Besuchenden gewählte Weg offenbarte ihre Bildpräferenzen, die den Kategorien der Raumaneignung entsprechend vereinfacht zwischen natur- und kulturlandschaftlichem Lebensraum variieren konnten. Die Ausstellung wies damit einen spielerisch umgesetzten ‹aufklärerischen› Charakter auf: Indem die unterschiedlichen Vorstellungen zu Wegwahlen führten, die sich physisch diametral auseinander bewegten, setzte die Ausstellung das Spannungsfeld von Schützen und Nutzen, Naturromantik und alltäglichem Wirtschaften um. Ein Wechsel der ‹Brille›, die Übernahme einer fremden, zwar fiktiven, aber realistischen Perspektive regte die Besuchenden zur wichtigen Reflexion über andere Vorstellungen nachhaltiger Regionalentwicklung an. Ein Austausch des ‹Standpunkts›, d.h. eine Betrachtung der Bilder hinsichtlich einer anderen Fragestellung (Wie soll meine Wohnregion aussehen? oder: Wo möchte ich Ferien machen? etc.), führte zu unterschiedlichen Bewertungen der Präsentation einer Region durch dieselbe Person. Die Besuchenden wurden durch die Ausstellung angeregt, sich mit der Wirkung, die visuelle Bilder in den diversen Medien- und Verkaufserzeugnissen auf sie ausüben, auseinanderzusetzen und so die eigenen Sehgewohnheiten zu hinterfragen. Die in dieser Arbeit abstrakt begründete Forderung nach einer Perspektivenvielfalt konnte somit in der Ausstellung konkret erlebt werden.

---

3 Am Gelingen der Ausstellung beteiligt waren Norman Backhaus, Matthias Buschle, Nina Gorgus, Trinidad Moreno, Urs Müller, Walter Leimgruber, Ulrike Müller-Böker und Studierende des Seminars für Kulturwissenschaft und Europäische Ethnologie der Universität Basel: Mathias Barmettler, Barbara Curti, Lea Mani, Sabina Mauron, Michele Merzaghi, Celine Schlup, Domenico Sposato und Monique Weber.
Auf die Vernissage in Schüpfheim hin (1. Oktober 2004), dem ersten Ausstellungsort, wurde eine Zeitungsbeilage veröffentlicht, in welcher die Idee der Ausstellung nachzulesen ist (Müller, Backhaus & Müller-Böker 2004). Ausführlich dokumentiert ist die Ausstellung in Backhaus, Buschle, Gorgus, Müller & Moreno (2006).
Der Ausstellung und der dahinter stehenden Forschungsarbeit wurde im November 2006 der von der GEBERT RÜF STIFTUNG ermöglichte und von den Akademien der Wissenschaft Schweiz verliehene «Swiss Transdisciplinarity Award 2006» für «die vorbildliche Zusammenarbeit verschiedener Disziplinen und den innovativen Einbezug der Öffentlichkeit» überreicht (http://www.transdisciplinarity.ch/award/award06/Pressem_06_d.pdf).

II Wirklichkeiten

Sozialwissenschaftliche Forschung ist mit dem Problem konfrontiert, dass es sich bei den weitaus meisten ihrer Untersuchungsgegenstände um vordergründig banale, alltägliche Handlungen handelt, die sich aber bei genauerer Betrachtung als hoch komplex herausstellen. Es zeigt sich an unscheinbaren Tätigkeiten, dass Handelnde Experten der Gesellschaft sind, bloss wissen sie das nicht explizit. Machen wir uns zur Veranschaulichung einmal bewusst, welche ‹metaphysische Last› (Searle 1997: 12), schwerelos und unsichtbar, das Vorhaben einer Person begleitet, aus den Winterferien Postkarten an ihre Freunde und Bekannte zu verschicken. Da wären grundsätzliche Fragen zu stellen wie: Wie kommt es, dass Menschen unseres Kulturkreises Ferien machen? Wieso wählen sie einen bestimmten Ferienort und nicht einen anderen? Weshalb versenden sie Postkarten an Verwandte und Bekannte? Schliesslich liegt dem eigentlichen ‹Postkartenkaufen› ein enormes, grösstenteils implizites Wissen zu Grunde: Wissen, wo sich Postkarten kaufen lassen, Öffnungszeiten, Verkehrsregeln und ‹Überleben im Verkehr›, Konventionen bezüglich der Kleidung (man geht nicht nackt in einen Laden), Verwendung von Geld usw. usf. Die Person hat schliesslich bestimmte Vorstellungen einer idealen Postkarte, denen der Postkartenkauf entsprechen soll. Ob sie ihr Ideal findet, hängt vom Angebot an Karten ab.

Nun handelt diese Arbeit zwar nicht von Postkarten und ihrem Gebrauch (zu Ansichtskarten vgl. Békési & Winiwater 1997; Markwick 2001), das Beispiel macht aber vorzüglich auf die komplexen Mechanismen aufmerksam, die die ‹Kraft der Bilder›, ihre Bedingungen und Folgen, ausmachen und die deshalb in diesem und dem folgenden Kapitel unter einen theoretischen Blick genommen werden sollen. Die Praxis des Postkartenversendens veranschaulicht, dass zumindest in unserer Zivilisationsform jedes Handeln in irgendeiner Weise auf überindividuelle soziale Rahmenbedingungen zurückgreift und diese in diesem Rückgriff fortpflanzt oder verändert. Unsere Denkweisen (Wieso verschickt die Person Postkarten?), Wahrnehmungsweisen (Wie erkennt die Person eine Postkarte?), Bewertungsweisen (Welche Karte findet sie schön?) und Umsetzungen (Wie kann sie diese erwerben und gebrauchen?) sind durch das Wissen vorstrukturiert, welches die Person im Verlauf ihres bisherigen gesellschaftlichen Lebens erworben hat (Sozialisation). Die Handlung des Postkartenkaufs hat sich zudem zwangsläufig an den aktuellen Manifestationen des Wissens anderer Handelnden (beispielsweise das bereitliegende Angebot an Karten, das die soziohistorisch relativen Schönheitsideale widerspiegelt) zu orientieren.

Wenn auch kein Handeln frei von sozialen Einflüssen ist, so sind Handelnde ebenso wenig von Systemen oder Strukturen gesteuerte Spielbälle. Die ‹Nachfrage› nach einer bestimmten Postkarte übt beispielsweise Einfluss auf den Verlauf der Angebotsentwicklung aus, das Versenden der Karte prägt die Vorstellungen der Adressaten von der entsprechenden Ferienregion. Dieser gegenseitigen Abhängigkeit von Handeln und Struktur wegen darf bei der Analyse sozialen Handelns keine der beiden Seiten vernachlässigt, aber auch keine überbetont werden. Weder die strukturellen Einflüsse

(‹Das Sein bestimmt das Bewusstsein›) noch die Kreativität und Individualität der Handelnden (‹Jeder ist seines Glücks Schmied›) können Handeln je alleine erklären (Heidenreich 1998: 231). Weil, wie wir im Folgenden anhand der Theorie der Strukturierung von Anthony Giddens – auch Strukturationstheorie genannt – ausführen werden, die sozialen Strukturen keine freischwebende Existenz aufweisen, sie vielmehr nur im (grösstenteils nicht diskursiven) Bewusstsein der Individuen lokalisiert sind, existiert die so gross und stabil erscheinende ‹Gesellschaftlichkeit›, die ‹metaphysische Last› der sozialen Strukturen, gewissermassen nur, weil die Individuen *glauben*, dass sie existiert (Searle 1997: 11). Und diese soziale Wirklichkeit existiert nur solange, wie sie in den kognitiven Schemata und den strukturierten, routinemässig ablaufenden Praktiken sozialer Akteure vorkommt (Heidenreich 1998: 233). Wenn der Brauch des Postkartenversendens nicht mehr praktiziert wird und mit der Zeit völlig vergessen geht, hat sich dieser Teil der sozialen Strukturen aufgelöst.

Menschen bestehen nicht nur aus (strukturiertem) Geist, sondern verfügen wesentlich über einen physischen Körper (Bourdieu 1991: 26), der Handeln physisch (raum-)wirksam macht, indem er beabsichtigte und unbeabsichtigte materielle Folgen zeitigt. Den Zusammenhang von materieller, mentaler und sozialer Welt gilt es in einem Drei-Welten-Modell herzustellen (vgl. Werlen 1995), um davon ausgehend die wirklichkeitskonstituierende Kraft des Wahrnehmens und Sprechens behandeln zu können und damit das für die Thematisierung der Macht visueller und verbaler Bilder (siehe Teil ‹III Bilder verstehen›) nötige erkenntnistheoretische Fundament zu legen. Da Wirklichkeit weitgehend als Konstruktion ausgewiesen wird, werden wir die im Hinblick auf das Kapitel ‹IV Nachhaltige Entwicklung› wichtigen normativen Fragen nach ‹richtigen› Wirklichkeitsverständnissen miteinbeziehen müssen (siehe unten Kap. ‹Diskurse›). Abschliessend sollen die hergeleiteten Beziehungen auf den ‹Raum› übertragen und die hinsichtlich der Methodik der Bildanalyse zentralen Konzepte der Raumaneignung bzw. Regionalisierung eingeführt werden.

1 Gesellschaft als Strukturierungsprozess

Anthony Giddens formuliert Gesellschaft als dynamischen Strukturierungs*prozess*, der sich über die Interdependenz von individuellem Handeln und strukturellen Gegebenheiten fortsetzt (Giddens 1984; vgl. Reichert 1993, Craib 1992). ‹Gesellschaft› bezeichnet in seinem Modell weder eine Summe von Menschen noch konkrete Manifestationen sozialer Errungenschaften wie Familie, Universität oder Rechtsordnung. Gesellschaft besteht durch den rekursiven Prozess sozialer Praxis, «das heisst in einer ständigen Bewegung, in der sich menschliches Handeln und sein sozialer Hintergrund gegenseitig bilden und aufrechterhalten» (Reichert 1993: 23). Die folgende Darstellung der Strukturationstheorie muss hier auf die hinsichtlich der ‹Kraft der Bilder› wichtigsten Punkte beschränkt bleiben.

1.1 Dualität von Struktur

Der zentrale Gedanke der Strukturationstheorie ist die Dualität des sozialen und des individuellen Anteils an sozialem Handeln: die Dualität von Struktur und Handeln. Mit dem Ausdruck ‹Dualität› grenzt sich Giddens von dualistischen Gesellschaftsverständnissen ab, die Strukturen und Handlungen als getrennte Phänomene auffassen[4]. Giddens geht davon aus, dass zwischen Strukturen und Handlungen eine gegenseitige Beeinflussung besteht, eine Interdependenz. Es gibt demnach keine Struktur ohne Handlung und keine Handlung ohne Struktur, beide haben für sich genommen keine Existenz, sondern bestehen nur in Beziehung zu einander (Münch 2004a: 477). Handeln verläuft nicht als bedingungslose Ad-hoc-Kreation, als Schöpfung aus dem Nichts, sondern ist an bestehenden, aus früherem Handeln hervorgegangenen Strukturen orientiert. Kommunikation wäre beispielsweise nicht möglich, würde jedes Individuum eine eigene Sprachkreation verwenden. Sie kann erst gelingen, wenn Handelnde auf einen gemeinsamen Wortschatz und eine gemeinsame Grammatik (eine gemeinsame Struktur) zurückgreifen können. Die Sprache selbst hat dabei vom Handeln losgelöst im Prinzip keine Existenz: Sie lebt nur solange fort, wie sie auch tatsächlich gesprochen (in die Handlung einbezogen) wird bzw. im Bewusstsein der Handelnden auf eine Weise präsent ist, die sie jederzeit anwenden lässt (vgl. Giddens 1997: 77). Insofern ist die Existenzweise der sozialen Strukturen ‹virtuell›, d.h. sie sind nicht ‹real› und lassen sich folglich auch nicht unvermittelt wahrnehmen, sondern sind im Sinne von Möglichkeiten zu verstehen, die über Handlungen und als mentale und materielle ‹Erinnerungsspuren› in Erscheinung treten und damit erst real und beobachtbar werden. Die virtuellen Strukturen manifestieren sich im Verlauf konkreter Handlungen, die im Prinzip durch die Strukturen produziert (Sprechen ohne Bezug auf Sprache ist nicht möglich) und wodurch die Strukturen selbst reproduziert werden (Sprachen, die nicht gesprochen werden, ‹sterben aus›) – Strukturen und Handeln bedingen sich gegenseitig (Giddens 1997: 77).

Anhand des Beispiels Sprache lässt sich eine weitere Eigenschaft der Dualität von Handeln und Struktur veranschaulichen: Wie gezeigt, *ermöglicht* eine gemeinsam geteilte Sprache die Verständigung zwischen den Handelnden, sie *schränkt* sie aber gleichzeitig auf die strukturell vorgegebenen Ausdrucksmöglichkeiten *ein*[5]. Allgemein betrachtet ist die Beziehung zwischen Handeln und Struktur weder in die subjektive Richtung, die den freien Willen der Akteure überbetont, noch in die objektive Richtung, die von der Determination durch das ‹System› ausgeht, zu vereinseitigen. Struktur ist objektiv (sie steht über dem konkreten Handeln) *und* subjektiv (äussert sich aber nur im konkreten Handeln der Subjekte) und wirkt zugleich einschränkend *sowie* Möglichkeiten eröffnend (Münch 2004a: 489).

Regeln und Ressourcen

Giddens zerlegt ‹Strukturen› in Regeln und Ressourcen. *Regeln* sind Techniken oder verallgemeinerbare Verfahren, die im sozialen Handeln angewendet werden (Giddens 1997: 73), «allgemeine Wahrnehmungs- und Verhaltensmuster» (Heidenreich 1998). Sie reichen von klar formulierten, abstrakten Regeln wie Gesetzen bis zu informellen, scheinbar trivialen Weisen des sich ‹richtig› Verhaltens. *Ressourcen* ihrerseits sind

---

4 Der Unterschied zwischen Dualität und Dualismus ist wichtig, um Giddens Theorie zu verstehen: Begriffspaare oder Dimensionen, die eine Dualität bilden, sind Bestandteile ein und derselben Wirklichkeit, zwei Seiten eines Ganzen. Dualismus heisst dagegen, dass die Elemente eines Paares nebeneinander stehen ohne gegenseitige Beziehung. Wer in Dualismen denkt, trennt Begriffspaare durch ein *Oder*, während die Dualität das verbindende *Und* betont (vgl. Boff 1998: 72).

5 Vgl.: «Grönländern fehlen die Worte – Wegen des Klimawandels gibt es jetzt auch Wespen und Gewitter auf Grönland. In der Sprache der Einheimischen fehlen die Wörter für solche Phänomene.» In: Tages Anzeiger, 24.11.2004, http://www.tagi.ch/dyn/news/print/vermischtes/439999.html, 24.11.2004. Das Beispiel veranschaulicht auch, dass strukturelle Gegebenheiten wie die Sprache wandelbar sind bzw. sein müssen.

Wirklichkeiten

nicht im Sinne physischer Güter (‹natürliche Ressourcen›) zu verstehen, sondern als Handlungsvermögen, sowohl in sozialen Beziehungen als auch in Beziehung zur Umwelt. Erstere nennt Giddens autoritative, letztere allokative Ressourcen. Die Möglichkeiten der Handelnden, Ressourcen zu mobilisieren, bestimmen ihre Handlungsmacht, d.h. die Fähigkeit, in Ereignisse eingreifen zu können und einen Unterschied herzustellen. Macht im Sinne Giddens ist «nicht ein an sich schädliches Phänomen, nicht einfach die Fähigkeit, ‹nein zu sagen›; auch kann Herrschaft nicht in irgendeiner vermeintlichen Zukunftsgesellschaft ‹überwunden werden›, wie es die charakteristische Sehnsucht zumindest einiger Strömungen des sozialistischen Denkens war und ist» (Giddens 1997: 85). Macht liegt jedem Handeln zu Grunde, insofern immer auch anders oder nicht gehandelt werden kann. Als relationale Kategorie ist Macht jeder sozialen Beziehung immanent. Folglich gibt es für Giddens keine absolut machtlosen Menschen. Auch die Abhängigsten und Geknechtetsten können noch Ressourcen zur Kontrolle ihrer Situation und der Reproduktion ihrer sozialen Beziehungen zu den Unterdrückern mobilisieren (Joas 1997: 17). Freilich gilt es genau zu ermitteln, wer über welche Ressourcen verfügt, denn die Realisierung von Handlungschancen hängt von den in einer Beziehung und Situation zur Verfügung stehenden – faktisch ungleich verteilten – Ressourcen ab.

1.2 Bewusstseinsebenen

Die Fähigkeit der Handelnden, *Wissen* zu erwerben und einzusetzen, ist die zentrale Vermittlung zwischen Handeln und Struktur (Münch 2004a: 478). Die sozialen Strukturen wirken sich nicht direkt auf das Handeln der Individuen aus, dieses wird vielmehr durch das, was die Handelnden über die strukturellen Gegebenheiten wissen, also vermittelt durch ihr Bewusstsein, geleitet; verändertes Wissen führt entsprechend zu veränderten Praktiken. Münch illustriert dies anhand der klassischen Kapitalismusdiskussion: «Heute werden Verlauf und Ergebnis eines Verhandlungsprozesses zwischen Gewerkschaften und Industrie nicht so sehr von der historisch etablierten Struktur der Beziehung zwischen Kapital und Arbeit bestimmt, sondern von ihrem Wissen über die Situation, ihre Beziehung zu Bedingungen und Ergebnissen, ihrem Wissen über einander und ihrem Wissen über die Kenntnisse des jeweils anderen Partners. Dieses Wissen prägt die Strategien und Taktiken, die über Erfolg oder Misserfolg entscheiden, was wiederum das Ergebnis und die daraus resultierende Fortführung oder Transformation der Struktur von Kapital und Arbeit bestimmt. Ein momentaner Nachteil im Wissen kann dauerhafte Auswirkungen haben. Deshalb beeinflusst die Fähigkeit des Menschen zu wissen die Fortführung oder Transformation von Strukturen und somit die Reproduktion von sozialen Systemen direkt» (Münch 2004a: 480). Menschen handeln auf der Basis ihres Wissens, also bewusst (Giddens 1997: 336). Den Grad der Bewusstheit gilt es aber in *drei unterschiedliche Bewusstseinsebenen* zu differenzieren: diskursives Bewusstsein, praktisches Bewusstsein und unbewusste Motive/Wahrnehmung.

Diskursives Bewusstsein

Diskursiv bewusstes Handeln basiert auf Überlegungen, welche die Handelnden verbal äussern können. Es ist ihnen diskursiv bewusst, was sie tun und weshalb sie es tun, sie bestimmen ihre Handlungsabsichten und -gründe explizit (Giddens 1997: 95). Reflexivität stellt bezogen auf den Handlungsentwurf die entsprechende Fähigkeit dar, überlegt das eigene Handeln zu steuern. Der Stellenwert reflektierter, absichtsvoller Handlungen bezogen auf das gesamte Handeln wird jedoch überschätzt. Die Problematik der sich verschlechternden Umweltbedingungen beispielsweise lässt sich immer weniger auf grosse, augenfällige, rücksichtslos bis böswillig handelnde Umweltverschmutzer zurückführen. Sie ist mehr und mehr eine Folge unreflektiert reproduzierter sozialer Strukturen (politische Rahmenbedingungen, Konsumverhalten etc.). Denn der grösste Teil unseres alltäglichen Handelns vollzieht sich gewohnheitsmässig, d.h. in Form von Routinen, die von keiner reflexiven Aufmerksamkeit begleitet sind, sondern schlicht vollführen, «what is characteristically simply done» (Giddens 1984: 7). Damit der Strom alltäglichen Handelns aufrechterhalten werden kann, ist ein ständiges Reflektieren seiner Grundlagen auch gar nicht möglich, dies wäre zu aufwändig. Es ist vielmehr anzunehmen, dass diskursiv völlig bewusstes Handeln unmöglich ist: Jede noch so explizit gefasste Handlungsabsicht baut auf unreflektierten Gewohnheiten (beispielsweise auf stereotypen Weltbildern) auf. Laut Giddens sind Handelnde zwar üblicherweise in der Lage, ihr Tun ex post zu reflektieren und die Gründe des Handelns zu erläutern, diskursiv zu machen. Ein solcher Transfer von praktisch bewusstem Handlungswissen (siehe unten) auf die Ebene des diskursiven Bewusstseins dürfte im Falle von ‹tief sitzenden› Überzeugungen jedoch nicht einfach sein. Zudem ist umstritten, wie treffend Ex-post-Handlungsbegründungen die tatsächlichen Handlungsgründe wiedergeben (hinsichtlich der Grenzen der Befragung von Bildproduzierenden und Bildkonsumierenden ist auf dieses Problem im Kapitel ‹V Methodik› zurückzukommen).

Praktisches Bewusstsein

Ein Grossteil des Handelns und seiner Folgen kann nur verstanden werden, wenn die Rolle von Routinen im Handeln berücksichtigt wird (Joas 1997: 13). Das Wissen, auf das solches Routinehandeln rekurriert, bleibt im Allgemeinen implizit. Diesen Grad der Bewusstheit nennt Giddens praktisches Bewusstsein. Es ermöglicht den Akteuren eine kompetente Anwendung von Regeln im alltäglichen Leben und dies bei geringem mentalen Aufwand. Dem Konzept routinemässigen Handelns und dem praktischen Bewusstsein kommt in der Theorie der Strukturierung – und auch in dieser Arbeit – eine zentrale Rolle zu. Denn sowohl die kontinuierliche Reproduktion der Persönlichkeitsstrukturen der Akteure wie auch die Persistenz der sozialen Strukturen – und zu diesen gehören u.a. auch unsere Vorstellungen, d.h. sozialen Bilder von ‹Natur›, ‹Landschaft›, ‹Region›, ‹Nachhaltigkeit› usf. (vgl. Hard 1995: 17; Kap. ‹Soziale Bilder› im Teil ‹III Bilder verstehen›) – verdankt sich grösstenteils routinemässigem Alltagshandeln (Giddens 1997: 112). Solange das Routinehandeln keine problematischen Folgen zeitigt, wissen sich die Handelnden in Sicherheit und «Seinsgewissheit» (Giddens 1997: 101). Sie haben folglich keinen Anlass, ihr ‹Weltbild›, ihre Überzeugungen, Wünschen, Hoffnungen, Bedürfnissen, Kenntnissen, Bedeutungen, Neigungen, Gewohnheiten usw. zu hinterfragen. Die Routinen erhalten erst in kritischen Situationen, die dem verinnerlichten Selbst- und Weltverständnis zuwiderlaufen, reflexive Aufmerksamkeit.

Die Konzeptualisierung praktisch bewusster Routinen und Gewohnheiten rückt den Zielbereich der Ethik (und somit u.a. der nachhaltigen Entwicklung) in ein erhellendes Licht. Das griechische Wort ‹Ethos› bedeutet in seiner Grundbedeutung ja gerade Gewohnheit oder Sitte. «Gewohnheiten, Sitten sind Verhaltensweisen, die sich einschlei-

Wirklichkeiten

fen, nicht ständig neu begründet, nicht immer wieder legitimiert werden müssen. Vielmehr: So ist das bei uns. So macht man das jetzt» (Linz 2000: 35). Im praktischen Bewusstsein ist somit der überwiegende Teil der handlungsrelevanten Werte und Normen angesiedelt. Werte sind dabei als die Bedeutungssetzungen, Gewichtungen zu verstehen[6], die – oft über den Weg der Emotionen – das Handeln leiten, den Blick richten usw. (vgl. Kap. ‹Emotionale Wirkung› im Teil ‹III Bilder verstehen›), während Normen als ‹Vorschriften› betrachtet werden können, die, sich an Wertvorstellungen orientierend, bestehen, um bestimmte Werte im Handeln umzusetzen. Normen bestimmen in einem klassifizierenden Sinne, was jeweils als normal bzw. abnormal betrachtet wird (vgl. Gruen 1990). Indem kollektiv geteilte Normen und Werte letztlich Teil der sozialen Strukturen sind, können und dürfen sie nicht als etwas Absolutes betrachtet werden. Aufgabe der Ethik ist es, Gewohnheiten, die zu Krisen führen, zu hinterfragen und nach neuen Normen, Richtwerten und Leitsätzen zu suchen. Es gilt somit, praktisch bewusstes Wissen explizit zu machen, diskursiv zu verhandeln und die ausgehandelten Werte zu neuen Gewohnheiten werden zu lassen, an denen sich das Handeln der Individuen wieder mit dem erwünscht geringen Aufwand orientieren kann. Eine Ethik, die annimmt, Individuen handeln immer und einzig reflektiert, und folglich versucht, mit Argumenten auf Verhaltensänderungen hinzuwirken, verfehlt die Kraft der Gewohnheiten und die Bedeutung daraus resultierender unbeabsichtigter Handlungsfolgen (siehe unten ‹Beabsichtigte und unbeabsichtigte Handlungsfolgen›).

Unbewusstes

Zwischen dem praktischen und dem diskursiven Bewusstsein besteht keine undurchlässige Schranke, hingegen gibt es laut Giddens Barrieren zwischen den ersten beiden Bewusstseinsebenen und dem Unbewussten, «die auf Verdrängungsmechanismen beruhen» (Giddens 1997: 57). Auf der Ebene des Unbewussten lokalisiert Giddens die Handlungsmotive, die die Individuen nicht verbal artikulieren können. «Motives are seen as the actor's ‹wants›, and they refer to potential for action rather than action itself» (Craib 1992: 37). Aus dem Unbewussten entstammen Motive, die dem Handeln grundsätzliche Richtungen weisen, ohne das Handeln völlig zu bestimmen. Jäger (2001: 115) bringt Motive in Verbindung mit Bedürfnissen, z.B. das Bedürfnis nach Wärme und Schutz vor der Witterung, welches zu einer Zielsetzung führt (z.B. Haus bauen) mit den entsprechenden Handlungen als Folge. Das Bedürfnis nach einem ‹Dach über dem Kopf› kann als treibende Kraft gesehen werden, die jedoch nichts über die Art der entstehenden Behausung (das konkrete Handeln) aussagt. Die jeweils typischen Stile, in denen Unterkünfte gebaut werden, dürften im Sinne von Gewohnheiten dem Wissen des praktischen Bewusstseins zuzuordnen sein, während die Abweichungen vom Gewöhnlichen, die gesuchten ‹Handschriften› der Architekten, als Folgen diskursiv bewusster Reflexion bezeichnet werden können. Freilich deckt das skizzierte

---

6   Werte im hier vertretenen Sinne bestimmen, was wertvoll ist, was Bedeutung hat, und sind damit Grundlage jeder noch so banalen, alltäglichen Handlung. Werte lassen sich als verinnerlichter ‹Massstab› vorstellen, an dem Handelnde Gegenstände (im weitesten Sinne) messen. Das Verständnis von Werten als ‹die höchsten Güter› (Tugenden etc.), wie es im ethischen Diskurs vertreten wird, ist als Spezialfall zu betrachten, der von der (diskursiv bewussten) Suche nach normativen Fundamenten herrührt. Ein solcher moralischer Wert ist beispielsweise ‹Nächstenliebe›, den die meisten Handelnden wohl auch (diskursiv) als einen Wert bezeichnen würden, der ihnen wichtig ist. Dennoch können genau diese Personen im Alltag ‹menschenverachtend› handeln, z.B. gegenüber ‹Fremden›. Handlungswirksam sind dann nicht die ‹hohen› Werte, sondern die Wert- und Bedeutungssetzungen, die in Form praktisch bewusster Bilder (im Beispiel das Bild der Fremden) verinnerlicht sind. Werden die Bilder problematisch, gilt es zu versuchen, sie diskursiv bewusst zu machen und durch neue zu ersetzen.

Beispiel das Spektrum der Motive und die Bedeutung des Unbewussten bei weitem nicht ab. Weil aber einerseits Giddens eigene Bestimmung des Unbewussten reichlich diffus und wenig hilfreich daherkommt, andererseits der breite psychologische Diskurs über das Unbewusste in dieser Arbeit nicht aufgearbeitet werden kann, wird für das Folgende angenommen, das praktische Bewusstsein sei der für die unreflektierten sozialen Bilder relevante Ort. Folglich ist – solange keine Evidenzen für das Gegenteil vorliegen – im Prinzip davon auszugehen, die routinemässige Reproduktion dieser könne diskursiv bewusst gemacht werden.

1.3 Beabsichtigte und unbeabsichtigte Handlungsfolgen

Mit Handeln werden Ereignisse bezeichnet, die durch ein Individuum ausgelöst werden, das im Prinzip immer auch anders hätte handeln können. Wie bereits erwähnt, impliziert Handeln deshalb notwendig Macht. Nun ist es aber nicht so, dass aus einer Handlung immer und ausschliesslich das beabsichtigte Resultat hervorgeht. «Ich bin der Urheber vieler Dinge, die ich nicht zu tun beabsichtige und vielleicht nicht hervorbringen möchte, die ich aber nichtsdestotrotz *tue*. Umgekehrt kann es Umstände geben, in denen ich etwas zu erreichen beabsichtige und es erreiche, obwohl es nicht direkt durch mein Handeln erreicht wird» (Giddens 1997: 58). Mit der Thematisierung unbeabsichtigter Handlungsfolgen muss folglich die Frage, was ein Handelnder konkret tut und zu welchen Folgen dies führt, von der Frage, was er beabsichtigt (hat), getrennt werden. Die soziale Wirklichkeit und ihre Materialisierungen sind in vielen Hinsichten nicht das intentionale Produkt der AkteurInnen. Gerade im Bereich der ‹Mensch-Umwelt-Probleme› kommt nicht-intendierten Folgen routinemässigen Handelns eine grosse Bedeutung zu (vgl. Reichert 1993: 27). Es bezweckt wohl niemand, durch sein Mobilitätsverhalten die Umwelt zu schädigen, durch sein Rauchen absichtsvoll die Mitmenschen zu gefährden usw., dennoch sind dies die Folgen der Handlungen. Ebenso, um wieder in die Nähe der ‹Kraft der Bilder› zu gelangen, sind die durch Werbungen erzeugten Folgen der (Re-) Produktion z.B. von Frauenbildern wohl in den seltensten Fällen beabsichtigt: Die soziohistorisch relativen Idealvorstellungen des (weiblichen) Körpers werden der flächendeckenden Verbreitung wegen zu ‹objektiven› Massstäben für das Aussehen, zu Skalen des eigenen Selbstwerts (vgl. Berger 1998).

1.4 Abduktives Verstehen

Mit der Dualität von Handeln und Struktur wurde implizit ein ‹Hin und Her› oder ‹Auf und Ab› zwischen der konkreten Ebene des Handelns und der abstrakten Ebene der Strukturen eingeführt. Die Aneignung und Artikulation von strukturellem Wissen im Handeln wurde in Kapitel ‹Bewusstseinsebenen› als zentrale Vermittlung zwischen diesen Ebenen angesprochen, ohne aber Anhaltspunkte gewonnen zu haben, wie sich diese Vermittlung konkret vorstellen lässt. Mit dem Prozess der Abduktion soll nun eine Möglichkeit präsentiert werden, diese Lücke zu schliessen.

Die Art und Weise, wie Handelnde in der Regel routinemässig Wissen erwerben und anwenden, lässt sich laut Scheff (1990) als Abduktion bezeichnen. Damit ist die Methode des schnellen (in Millisekunden), diskursiv nicht bewussten, insofern frei von Anstrengung verlaufenden ‹Auf und Ab› zwischen individuellem Verstehen und strukturellem Umfeld gemeint (Scheff 1990: 190), die das beinahe unvorstellbar komplizierte Verstehen von Bedeutung *im Kontext* ermöglicht. Denn die nicht zu unterschät-

Wirklichkeiten

zende Leistung der Individuen besteht darin, aus der grundsätzlichen Mehrdeutigkeit von Handlungen (insbesondere von Äusserungen) die kontextuell angemessene Bedeutung erkennen zu können. Dazu alternieren die Handelnden zwischen beobachten und vorstellen, d.h. zwischen der ihnen äusseren und der inneren Welt, zwischen Induktion und Deduktion, womit sie Abduktion praktizieren. Sie *beobachten* die Zeichen des Gegenübers (Induktion), z.B. seine Worte, Gesten etc., und *stellen sich vor* (Deduktion), was diese bedeuten könnten, formulieren eine Bedeutungshypothese. Auf der deduktiven Seite fliesst der Kontext aller je gemachten Erfahrungen in die Bedeutungshypothese ein, d.h. die Gesamtheit des verinnerlichten strukturellen Wissens. Die Resultate der Deduktion werden laufend und blitzschnell an den tatsächlichen Beobachtungen überprüft. Dieses Auf und Ab zwischen Beobachtung und Wissen wird, vorausgesetzt, dass Verständnis angestrebt wird, fortgesetzt, bis die Handelnden sich sicher wähnen, dass sie ihr Gegenüber verstanden haben.

Wollen die Sozialwissenschaften Handeln adäquat verstehen, müssen folglich auch sie abduktiv vorgehen, d.h. zwischen Beobachtung (Induktion) und Vorstellung (Deduktion) pendeln. Die gängige Trennung in entweder Induktion oder Deduktion, quantitative oder qualitative Forschung wird damit in ein ‹dialektisches› Sowohl-als-auch überführt. Um beispielsweise ein Gespräch verstehen zu können, reicht es nicht aus, nur einen konkreten Diskursinhalt – dieser ist auf der Mikroebene des Handelns lokalisiert – zu berücksichtigen. Der Diskursinhalt wird erst im Vergleich zu anderen Diskursen, zu antizipierten Reaktionen und zu weiteren kontextuellen Bedingungen wirklich verständlich. Derart wird ersichtlich, dass das Produzieren wie das Verstehen von Diskursinhalten nicht ohne den Einbezug relationaler und struktureller Bedingungen des umfassenden Kontextes gelingen kann. Ohne sich auf Abduktion zu beziehen, formuliert Zierhofer (2002: 247f.) anschaulich: «Wenn wir verstehen wollen, worum es in einer Kommunikation auf einem Bauernhof geht, dann müssen wir uns dem Kontext Bauernhof widmen. Konstitutiv für einen Bauernhof sind die Produktionsmöglichkeiten, also seine Lage, das Klima, die Jahreszeiten, der Boden, die Nutzpflanzen, das Vieh, die mechanischen, chemischen, pharmazeutischen Hilfsmittel, der rechtliche Rahmen, die Kreditbedingungen, die Absatzmärkte, die Agrarpolitik, das Ansehen des Standes, die beruflichen Träume der nachfolgenden Generation usw. [...]. Es gibt nichts, was wir aus solchen Beziehungsnetzen a priori ausschliessen könnten. Alles könnte unter bestimmten Umständen oder hinsichtlich besonderer Fragen relevant werden». In jeder sozialen Interaktion (und damit auch in jedem Diskurs) ist die ganze Sozialstruktur präsent (Bourdieu 1990: 46), was exemplarisch bedeutet: «Wenn also ein Franzose mit einem Algerier spricht, so sind das letzten Endes nicht zwei Leute, die miteinander reden, sondern es ist Frankreich, das mit Algerien spricht, es sind zwei Geschichten, die miteinander sprechen, es ist die ganze Kolonisation, die ganze Geschichte eines zugleich ökonomischen, kulturellen Herrschaftsverhältnisses» (Bourdieu 1989: 18).

Die Betonung abduktiven Verstehens hat Konsequenzen für die Analyse der ‹Kraft der Bilder›: Erstens hängt die Art und Weise, wie Bilder auf die Rezipierenden wirken notwendig vom Kontext ab, in welchem die Handelnden wie auch die Bilder stehen, denn die sinnliche Erfahrung des Bildes (Induktion) ist nur die eine Seite des Verstehensprozesses. Das Bild erhält seine Bedeutung zwangsläufig im Rückgriff auf den erweiterten Kontext – den es folglich zu kennen gilt, wollen Bildanalysen bedeutungsvoll sein (siehe Kap. ‹Berücksichtigung der Kontextabhängigkeit› im Teil ‹V Methodik›). Zweitens

Die Kraft der Bilder in der nachhaltigen Entwicklung

lässt sich die Gültigkeit einer durch Abduktion gewonnenen Interpretation einer Bildanalyse nicht einfach durch Erfragung der Intentionen der Urheber des Bildes bewerten, läuft doch vieles Handeln routiniert und nicht diskursiv bewusst ab: «The failure of agreement between an interpretation and a speaker's intentions would not necessarily disqualify an interpretation, however, since the speaker may have been unaware of some of the meaning of his or her own words and gestures. In the event of disagreement, it might be necessary for the researcher to use a panel of judges to decide the issue» (Scheff 1990: 41). Während die Abduktion den Forschenden Bedeutungs*hypothesen* liefert, ist deren Validität letztlich nur intersubjektiv zu bestimmen (vgl. unten Kap. ‹Perspektivenvielfalt›).

2 Drei-Welten-Modell

Gemäss Giddens Theorie der Strukturierung weisen Handlungen immer eine strukturelle sozial-kulturelle und eine subjektive Komponente auf. Im Folgenden sollen diese zwei Welten des Handlungsbezugs um eine dritte Welt, die physisch-materielle ergänzt werden (vgl. Werlen 1995: 45, 66ff.; Abb. 2).

Unter *sozialer Welt* soll dabei gefasst werden, was Giddens als soziale Strukturen bezeichnet: Es ist die Welt der überindividuell bedeutsamen Regeln und Ressourcen, Werte und Normen, der sozialen Institutionen und Traditionen. Sie ist ein Produkt der intersubjektiven Konstitutionsleistungen (Werlen 1988: 88). Analog den sozialen Strukturen ist die soziale Welt als virtuell und folglich unsichtbar (Searle 1997: 12) aufzufassen, weshalb sie in Abb. 2 mit unterbrochenen Umrisslinien dargestellt ist. Erst durch das Handeln tritt die soziale Welt in Erscheinung und findet beispielsweise bezogen auf die soziale Institution Sprache als geschriebenes oder gesprochenes Wort Ausdruck in der materiellen Welt. Sprechendes Handeln, d.h. sowohl die *Artikulation* als auch die *Aneignung* von Sprache im und durch das Lesen oder Hören, kann dabei nur über die mentale Welt stattfinden. Es besteht keine direkte Beziehung zwischen sozialer und materieller Welt.

Abb. 2: Drei-Welten-Modell (Graphik U. M.).

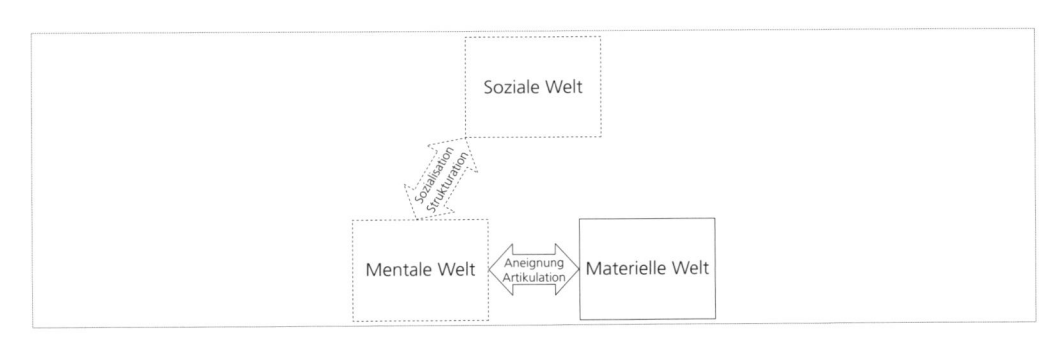

Popper, von dem Werlen das Drei-Welten-Modell übernommen hat, thematisiert die soziale Welt als – zwar nicht zwingend beabsichtigte – Schöpfung des menschlichen Geistes, die aber unabhängig davon in objektiver Weise weiter existiert (vgl. Werlen 1988: 33). Er veranschaulicht die Objektivität der sozialen Welt anhand zweier Experimente: «Experiment 1: Alle unsere Maschinen und Werkzeuge werden zerstört, ebenso unser ganzes subjektives Wissen einschliesslich unserer subjektiven Kenntnis der Maschinen und Werkzeuge und ihres Gebrauchs. Doch die Bibliotheken bleiben erhalten sowie unsere Fähigkeit, aus ihnen zu lernen. Es ist klar, dass unsere Welt nach vielen Widrigkeiten wieder in Gang kommen kann» (Popper 1973: 125). Im zweiten Gedankenexperiment werden auch alle Bibliotheken zerstört, sodass die Fähigkeit, aus Büchern zu lernen, nutzlos wird. In diesem zweiten Fall «wird unsere Zivilisation jahrhundertelang nicht wieder erstehen» (ebd.). Zurecht fügt Werlen ein drittes Experiment hinzu: «Zusätzlich zu [Experiment] (1) werden nicht die Bibliotheken vernichtet, sondern unsere Fähigkeit, aus Büchern zu lernen (Gehirnwäsche oder durch andere Prozesse). In diesem Fall dürfte offensichtlich werden, dass ... [die soziale Welt] wohl unabhängig ist, aber sozial bedeutungslos bleibt, wenn nicht mindestens ein Teil davon in das Bewusstsein der Handelnden gelangt bzw. vom Handelnden in irgendeiner Perspektive erkannt, erfahren wird» (Werlen 1988: 34, Fn. 56). Wenn sich kein Mensch mehr an die Regeln vergessener Sprachen erinnert, wird ihre Rekonstruktion zu einem referenzlosen Ratespiel, das zu logisch plausiblen Interpretationen führen kann, die nichtsdestotrotz die ursprünglichen Bedeutungen vollständig verfehlen können. Die soziale Welt soll hier als abhängig vom Wissen der Subjekte, von ihren mentalen Welten gesehen werden, mit denen es in einer wechselseitigen Beziehung steht. Sie ist weder nur objektiv noch nur subjektiv, sondern objektiv *und* subjektiv zugleich. Zur sozialen Welt wird folglich kein Wissen gezählt, welches nicht von jemandem erdacht (mentale Welt) und artikuliert wird (materielle Welt), sodass es von weiteren Personen angeeignet wird (mentale Welt) und so ihre gemeinsame soziale Welt ausmacht.

Die *mentale Welt* umfasst den je individuellen mentalen Wirklichkeitsbereich, die Welt der Bewusstseinszustände (vgl. oben Kap. ‹Bewusstseinsebenen›), der Gegenstände des Denkens, des im Gefolge der je spezifischen biografischen Ausprägungen subjektiv verinnerlichten Wissens von den sozialen Strukturen (vgl. Werlen 1988: 88). Die soziale Welt schlägt sich über den lebenslang anhaltenden Prozess der *Sozialisation* in der mentalen Welt nieder, während umgekehrt die der mentalen Welt entspringenden Handlungen die soziale Welt *strukturieren*, die sozialen Strukturen produzieren und reproduzieren. Sozialisation bzw. Strukturation verlaufen über die Prozesse der Aneignung bzw. Artikulation und somit notwendig vermittelt über die materielle Welt. Da sich dieser ‹Umweg› über die materielle Welt in der Dreiecksgraphik nicht visualisieren lässt, ist der Doppelpfeil der Sozialisation/Strukturation unterbrochen dargestellt. Wie die soziale ist auch die mentale Welt – von aussen betrachtet – nur ‹virtuell› existent, was ebenfalls mittels unterbrochener Umrisslinie gekennzeichnet ist. Sicht- und erforschbar ist letztlich einzig die *materielle Welt*, der physisch-materielle Wirklichkeitsbereich, die materiellen Gegebenheiten der äusseren Welt, inklusive des Körpers und der materiellen Grundlage des Geistes der Handelnden (Werlen 1988: 88).

Die drei skizzierten Welten weisen einen je besonderen ontologischen Status auf und lassen sich nicht aufeinander reduzieren. Die materiellen Gegebenheiten sind als rohe Tatsachen existent, unabhängig davon, ob Menschen über sie nachdenken und welche Funktion sie ihnen zuweisen (vgl. Searle 1997). Obwohl die mentale Welt auf materiellen Grundlagen beruht, lässt sie sich nicht auf die materielle reduzieren und folglich auch nicht rein physikalisch erfassen (Zierhofer 2002: 52). Die soziale Welt ihrerseits geht aus der mentalen hervor, gewinnt aber eine Eigenständigkeit, die sie dem direkte Einfluss individuellen Handelns entzieht. Der Kreis der drei Welten schliesst sich, wenn Handelnde sich der materiellen Welt widmen, indem sie sie beispielsweise wahrnehmen oder über sie sprechen, d.h. sie ins mentale Bewusstsein aufnehmen, und dabei kraft der Dualität von Handeln und Struktur die materielle Welt notwendig sozial strukturieren (vgl. unten Kap. ‹Wahrnehmen›). Weiter unten wird auf die Prozesse der Aneignung und Artikulation von Bedeutungen an ‹Raum› zurückzukommen sein. Im Hinblick auf die ‹Kraft der Bilder› bleibt zunächst zu klären, wie wir uns die besondere Beziehung zwischen physischer und mentaler Welt, die als Wahrnehmen bezeichnet wird, vorzustellen haben.

3 Wahrnehmen

Wir werden im Folgenden Wahrnehmen als eine Handlung auffassen, mittels derer Individuen die materielle Umwelt in Beziehung zu ihrer mentalen Welt setzen: Wahrnehmung ist durch die Sinnesorgane und mentale Schemata vermittelte Präsentation der materiellen Welt (inklusive des eigenen Körpers) im Bewusstsein. Im Begriff ‹Wahrnehmung› ist dabei eine Ambivalenz angelegt, die auf zwei gegensätzliche Möglichkeiten verweist, die Beziehung zwischen innen und aussen, zwischen materieller und mentaler Welt zu erfassen: ‹Für wahr nehmen› drückt je nach Betonung sowohl die Überzeugung aus, dass das Wahrgenommene ‹wahr› ist, d.h. realitätsgetreu ins Bewusstsein abgebildet wird, als auch die Vorstellung, dass das Wahrgenommene nur ‹für wahr genommen wird›, d.h. konstruiert wird und tatsächlich gar nicht ‹wahr› zu sein braucht (Stadler 1999: 1722). Von diesen erkenntnistheoretischen Polen – Realismus auf der einen, Konstruktivismus auf der anderen Seite – soll im Folgenden die konstruktivistische Sicht näher vorgestellt und im Prinzip als Basis der weiteren Arbeit ausgewiesen werden. Weil aber die angemessene Thematisierung der physischen Welt, der *realen* Sachverhalte ein ernst zu nehmendes Anliegen vorwiegend der ökologieorientierten Theoriekonzeptionen der Geographie ist (vgl. Zierhofer 1993; Reichert 1993), soll der konstruktivistische Ansatz an einem realistischen gespiegelt und Letzterer auf seine Bedingungen und Möglichkeiten hin befragt werden. Es ist zu diskutieren, ob mentale Konstruktionen der Wirklichkeit beliebig vor sich gehen können oder ob sie in Bahnen verlaufen, die von ‹der Realität› vorgegeben bzw. angeboten sind. Eine solche Hinwendung zu einem realistischen Wahrnehmungsverständnis hat umweltpolitische Konsequenzen: Wenn angenommen wird, dass Wahrnehmung sich stärker an der Wirklichkeit orientiert, als dass sie sie konstruiert, ist es ein kurzer Schritt zur Forderung nach einer Gestaltung von Produkten und Infrastrukturen, die das Wahrnehmen ökologischer Handlungsoptionen und ein umweltverträgliches Handeln begünstigen. So ist mittlerweile anerkannt, dass die Gestaltung von Strassen das Fahrverhalten beeinflusst: Eine gerade, übersichtliche Strasse stellt für Autofahrerinnen und Autofahrer ein Angebot für schnelles Fahren dar, während physische und optische Gestaltungselemente zu einer Reduktion der Fahrgeschwindigkeit führen, ohne dass Geschwindigkeitsvorschriften erlassen werden müssen (Kaufmann-Hayoz 2001: 40). Wie sich in den späteren Kapiteln zeigen wird, ist der eher realistische Wahrnehmungsansatz auch in Bezug auf methodische Fragen der Bildanalyse von grosser Relevanz: Bildbeschreibungen machen überhaupt erst Sinn, wenn vorausgesetzt wird, dass verschiedene Bildbetrachtende ein Bild – zumindest auf der Ebene basaler, d.h. nicht-symbolischer Wahrnehmung (siehe unten) – mehr oder weniger gleich sehen wie die Analysierenden, wenn also Wahrnehmung zu einem gewissen Grade realistisch verstanden werden kann. Weil wir dem strukturationstheoretischen Gesellschaftsverständnis folgend von sozialisierten Individuen ausgehen müssen, wird allerdings der

Wirklichkeiten

Stellenwert der unvermittelten Wahrnehmung gegenüber der soziokulturell vermittelten symbolischen Wahrnehmung als gering aufzufassen sein, womit gesichert ist, dass das Einbiegen in die Bahnen des Realismus nicht auf das Abstellgleis elitärer Auffassungen einer ‹wahren› bzw. ‹richtigen› Wahrnehmung führt. Das Gewicht soziokultureller bis politischer Bestandteile der Wahrnehmung (vgl. Foerster 1990: 434) erlaubt uns zudem, psychologische, physiologische oder neurologische Mechanismen der Wahrnehmung (vgl. hierzu Lester 2003: 3–61; Barlow 1990; Hoffmann 2001) im Hintergrund belassen zu können.

3.1 Freie Sicht?

Auf der Grundlage des konstruktivistischen Wahrnehmungsverständnisses wird bestritten, dass ‹die Realität› durch unser Wahrnehmungs- und Erkenntnissystem *abgebildet* wird. Sie ist nie objektiv, d.h. so, wie sie *an sich* ist, in den Köpfen der Wahrnehmenden vorhanden, sondern die wahrgenommenen Tatsachen sind *Konstrukte*. Wenn auch eine materielle Welt unabhängig von der menschlichen Wahrnehmung existieren mag (vgl. Searle 1997), kann nie auf diese direkt und unvermittelt zugegriffen werden. Die wahrgenommene Realität ist in unserem und durch unser Bewusstsein (mentale Welt) produziert, insofern unser Handeln aber in die soziale Welt eingebunden ist, ist Wahrnehmung vermittelt und geprägt durch soziale Strukturen, d.h. durch – meist implizite – Vereinbarungen darüber, was gesehen wird und wie es zu sehen ist (Krieg 1997: 2f.). Die soziokulturelle Prägung der Wahrnehmungs- oder Interpretationsmuster macht diese soziohistorisch relativ: Verschiedene Epochen, Kulturen, Berufsgruppen, Generationen konstruieren sich jeweils ihr Bild der Welt, leben in eigenen (Lebens-) Welten (Siebert 2000: 21; vgl. Békési & Winiwater 1997: 57). Wahrnehmung und (soziale) Konstruktion bzw. Interpretation bilden eine unauflösbare Einheit.

Aus dem konstruktivistischen Wirklichkeitsverständnis folgt, dass die mentalen (Re-) Präsentationen sich nicht an ‹der Realität› selbst überprüfen lassen. Die Daten, die unsere Sinne aufnehmen, werden im Prozess der Wahrnehmung geordnet und geformt, sodass die Gegenstände der Erfahrung überhaupt erst durch diesen Konstruktionsprozess entstehen (Shurmer-Smith 2002: 11). Was Handelnde als Inbegriff von Realität ansehen, ist somit das Resultat dessen, was ihr Denken in die Objekte der Erfahrung projiziert (Graeser 2000: 88). Für die Wissenschaften bedeutet dies, dass der Versuch einer strikt empirischen, d.h. theoriefreien Bewahrheitung von Sätzen an der Wirklichkeit sich als Chimäre herausstellt: Jede Bezugnahme auf Beobachtungsgegenstände vollzieht sich durch Begriffe *vermittelt*. ‹Tatsachen› entpuppen sich so bereits als Bestandteile von Theorien, in deren Licht über die Wirklichkeit nachgedacht wird. Vermeintlich rohe Daten sind in der Erfahrung bereits mit Sinn und Bedeutung durchtränkt. Das Sinnliche ist also nicht bloss Eindruck, sondern immer auch *Ausdruck*. Sowohl bezogen auf die Wissenschaften als auch auf problematisch gewordene alltägliche Routinehandlungen gilt es folglich, die jedem Handeln inhärenten, oft nur implizit gegenwärtigen Theorien zu reflektieren und sich bewusst zu machen, auf welche Weise und aufgrund welcher Selbstverständlichkeiten Handelnde die Welt erschliessen.

Das konstruktivistische Weltverständnis widersetzt sich offenbar dem Common sense. Im alltäglichen Handeln sind die Akteure von der Vorstellung durchdrungen, ‹die

Wirklichkeit› stehe ihnen «in eigenem Recht und Titel» gegenüber und warte bloss darauf, adäquat verstanden zu werden (Graeser 2000: 86). Doch dieser (Irr-) Glaube ist zu interpretieren als eine Folge der Gewöhnung daran, dass die Konstrukte ‹der Wirklichkeit› eine taugliche Präsentation der Realität sind. Die jeweiligen Weltinterpretationen haben sich bewährt bzw. nur die bewährten leben fort. Solange der normale Alltagsfluss nicht durch ‹Krisensituationen› (vgl. Giddens 1984: 81) gestört wird, vertrauen wir den erprobten, zur Routine gewordenen Interpretationen ‹der Wirklichkeit›. Derart wird die eigentlich komplex konstruierte, folglich ‹künstliche› Welt als selbstverständlich und ‹natürlich› erlebt (Haubl 1992b: 73). Die von den Handelnden hergestellten Bausteine ‹der Wirklichkeit› scheinen den Dingen selbst gleichsam anzuhaften und zu ihrer Natur geworden zu sein (Graeser 2000: 86). Die soziale Strukturierung ‹der Wirklichkeit› wird über diesen Prozess der Naturalisierung zu einer natürlichen, objektiven Ordnung verklärt.

3.2 Durch Wände sehen?

Offensichtlich können Menschen Dinge wahrnehmen, ‹die es nicht gibt›, man denke an Wolkenformationen, in denen konkrete Darstellungen gesehen werden, oder an optische Täuschungen. Es ist aber genauso offensichtlich, dass Objekte nicht völlig beliebig (um-) konstruiert werden können, dass Menschen solide Backsteinwände nicht plötzlich als durchsichtig konstruieren, dass sie nicht mühelos einen Hang hinaufrollen, dass sie giftige Abgase nicht wie frische Luft atmen können oder – um das alte Beispiel im Streit zwischen Konstruktivisten und Realisten zu nennen (Latour 2001: 71) – dass ein Konstruktivist sich nicht ohne Weiteres unbeschadet aus einem Fenster in der fünfzehnten Etage eines Gebäudes stürzen kann, weil ihm zufolge die Naturgesetze ja nur in den Köpfen der Realisten existieren. Der Interaktionszusammenhang zwischen Handelnden und der materiellen Welt hängt nicht nur von den Handelnden ab, sondern ebenso davon, wie die Physis ‹ist›. Eine Backsteinwand *ist* für die menschliche Wahrnehmung nicht durchsichtig, verseuchtes Wasser *ist* nicht bekömmlich, eine Wüste *ist* für Pflanzen mit grossem Wasserbedarf nicht fruchtbar usw. Wie aber soll mit der Realität umgegangen werden, ohne einem unplausiblen naiven Realismus zu verfallen?

Einen diesbezüglich interessanten Vorschlag liefert James J. Gibson (1950; 1986). Er gilt als Begründer einer ökologischen Wahrnehmungstheorie, die den Umgang von Menschen und Tieren mit ihrer Umwelt, ihren Möglichkeiten und Einschränkungen für das jeweilige Überleben thematisiert. Bezogen auf Menschen bestreitet Gibson nun nicht, dass sie die Bedeutungen der Dinge interessegeleitet konstruieren. «Men of different training, interests, and convictions do not, as we say, see the same world» (Gibson 1950: 205). Ein Mediziner nimmt den menschlichen Körper anders wahr, als Laien es tun; ein Geldstück ist für ein Kleinkind etwas anderes als für einen Erwachsenen. Diese kultur- und individuumsrelative Wahrnehmung kommt jedoch nur auf der Ebene schematischer oder symbolischer Wahrnehmung zum Tragen, die über sozialisierte Typisierungen verläuft. Symbolische Bedeutungen sind soziokulturell relativ und müssen gelernt werden. Um sie verstehen zu können, ist folglich Wissen wichtiger als der blosse Akt der Wahrnehmung. Die symbolische Ebene der Wahrnehmung darf laut Gibson jedoch nicht überbewertet werden: «It is easy, however, to misinterpret all the evidence for a schematic trend in perception. It is tempting to conclude that all appre-

Wirklichkeiten

hension is selective and distorted; that perception is inevitably a constructive process-which creates the world to suit the perceiver; that we see things not as they are but as we are. Any such general conclusion is unwarranted, for it neglects the existence of what we shall call ... literal perception» (Gibson 1950: 210).

Jedes ‹Ding› weist neben symbolischen Bedeutungen auch unanzweifelbare, mehr oder weniger direkt wahrnehmbare Bedeutungen auf. Diese ‹wörtlichen Bedeutungen› bzw. ‹Affordanzen›[7] müssen im Gegensatz zu den symbolischen nicht gelernt werden (Gibson 1950: 207), sie sind nicht soziokulturell vermittelt. Während die symbolische Bedeutung eines Geldscheins, ein Zahlungsmittel zu sein, gelernt sein muss, ist *offensichtlich*, dass Geldscheine nicht essbar, auch nicht bedrohlich, aber dafür vielleicht als Brennmaterial verwendbar sind. Auch ein Kind, das noch nicht in den Geldgebrauch sozialisiert ist, kann diese Bedeutungen durch betrachten, tasten, riechen, schmecken *entdecken* (vgl. Gibson 1950: 198ff.). Es ist folglich nicht die gesamte Wahrnehmung durch mentale, soziokulturell beeinflusste Interpretationsschemas vermittelt, sondern die Umwelt, die ökologische Realität bestehend aus den für das Überleben relevanten Objekten, hält für die Handelnden vielmehr Affordanzen bereit, die *direkt* und *unvermittelt* wahrnehmbar sind. Eine offene, leere Landschaft ermöglicht beispielsweise Bewegung in alle Richtungen, wogegen eine angereicherte Landschaft (z.B. mit Wald, Bächen, Felsen etc.) Bewegung nur in die unverstellten Richtungen gewährt. Ein Hindernis anerbietet Zusammenstoss und möglicherweise Verletzung. Eine Felskante ‹ermöglicht› einen Absturz und ebenfalls Verletzung. Ein greifbares Objekt mit fester scharfer Kante gewährt Schneiden und Schaben, wogegen ein spitzes Objekt sich zum stechen anbietet. Eine kniehohe stabile flache horizontale Oberfläche von einer genügend grossen Ausdehnung bietet sich einem Menschen als Sitzfläche an. Verbrennungsabgase (von z.B. fossilen Energieträgern) anerbieten sich nicht, eingeatmet zu werden. Dabei sind Affordanzen immer relativ zum Individuum (Gibson 1986: 129): Im erstgenannten Beispiel ist kniehoch bezogen auf Kinder nicht das Gleiche wie im Falle von Erwachsenen, folglich kann ein Objekt einem Erwachsenen das Sitzen ermöglichen, nicht aber einem Kind. Obwohl Gibson die Bezeichnung ‹relational› nicht verwendet, dürfte damit die Existenzweise der Affordanzen am treffendsten umschrieben sein: Die Art des Angebots, die ein Objekt macht, ist bestimmt durch das Objekt *und* das Subjekt bzw. durch die Beziehung zwischen Subjekt und Objekt.

Das Konzept der Affordanzen verweist auf die Grenzen des konstruktivistischen Wirklichkeitsverständnisses: Die materielle Umwelt (inklusive der Körper der Handelnden) ist nicht beliebig wahrnehmbar, der Umgang mit ihr bewegt sich vielmehr im Rahmen der von ihnen eröffneten Möglichkeiten (Affordanzen). Die Objekte unserer Umwelt machen uns aufgrund ihrer und unserer Eigenarten gewisse Angebote, welche bestimmte Handlungen (Aneignungsweisen) ermöglichen. Die ökologische Wahrnehmungstheorie bietet einen Weg, die Ökologie des Menschen, die Wechselbeziehungen seines Organismus mit der Umwelt, angemessen zu berücksichtigen, die ‹realen› Grundlagen des Zusammenlebens und der Funktionszuweisungen nicht zu übersehen. Damit können die drei Welten – die materielle, mentale und soziale – verwoben wer-

---

7   «The affordances of the environment are what it offers the animal, what it provides or furnishes, either for good or ill» (Gibson 1986: 127). In Anlehnung an gestalttheoretische Ansätze charakterisiert Gibson Affordanzen als das, was ein Objekt ‹sagt›, wozu es gut ist. Der im Deutschen nicht existierende Begriff ‹Affordanz› bzw. das im Englischen von Gibson erfundene ‹affordance› lässt sich mit Aufforderung, Angebot oder Bereitstellung übersetzen. Im Folgenden wird die Begriffskreation ‹Affordanz› oder die Übersetzungsvariante ‹Angebot› verwendet.

den. Zudem lässt sich aus der ökologischen Wahrnehmungstheorie herleiten, in welchen Bereichen Menschen die Wirklichkeit mehrheitlich kongruent wahrnehmen: Die wörtlichen Bedeutungen der Gegenstände der Wahrnehmung, die Affordanzen weisen offenbar eine gewisse Objektivität auf, weshalb wir davon ausgehen können, dass die Welt auf dieser Ebene bedingt durch die beträchtlichen Übereinstimmungen im Wahrnehmungsapparat der Handelnden weitgehend gleich aufgefasst wird – eine Annahme, die plausibel, aber freilich nicht unbestritten ist (vgl. Sukale & Rehkämper 1999: 1000ff.). Wir können folglich annehmen, dass sich Bilder auf dieser direkten Ebene ‹objektiv› wahrnehmen lassen, was aber eben nicht heisst, dass das Wahrgenommene auch in gleiche Worte gefasst, also ‹objektiv› vermittelt werden kann. Auf diesen wichtigen Punkt wird ausführlich im Teil ‹III Bilder verstehen› bei der Behandlung der denotativen und konnotativen Bildbedeutungen eingegangen.

Abb. 3: Luftverschmutzung macht uns das Angebot, die Luft nicht einzuatmen (Bild: IHDP Newsletter 4/2004, S. 1).

Nun darf die Tragweite der Affordanztheorie nicht überschätzt werden: Der in Gemeinschaft lebende Mensch zeichnet sich – im Unterschied zu instinktgeleiteten Tieren – gerade dadurch aus, dass sein Weltverständnis soziokulturell geprägt ist. Der Stellenwert der direkten Wahrnehmung muss folglich als gering eingestuft werden, denn die gelernten symbolischen Bedeutungen verfügen über grössere Handlungsrelevanz als die Affordanzen. Dies bedeutet nicht, dass es die Affordanzen nicht gäbe, sondern dass diese nicht wahrgenommen werden, weil die symbolischen Bedeutungen im sozialen Leben bedeutsamer sind. Gehen also die für die menschliche Ökologie wichtigen Wahrnehmungsfähigkeiten erst im Verlauf der Sozialisation verloren? Lernen Menschen quasi geradezu, in unwirtlichen Lebensräumen zu leben, ungesunde Luft nicht als solche wahrzunehmen, schädlichen Lärm zu überhören? Wäre das so, gäbe es zwei Wege zur direkten, ‹richtigen› Wahrnehmung: Der erste Weg verliefe über Entsozialisierung, eine Entzivilisierung, die für manche ‹Aussteiger› eine Option sein kann, für die grosse Mehrheit der Gesellschaftsmitglieder aber ausser Frage steht. Auf dem zweiten Weg brauchen die Subjekte die Gesellschaft nicht zu verlassen, sondern direkte Wahrnehmung würde als zu lernendes Thema vermittelt und sozialisiert. Die Gesellschaftsmitglieder würden ihrer ökologischen Einbettung wieder bewusst (gemacht) und könnten diese mit genügend Zeit, Aufmerksamkeit und Geduld (Gibson 1986: 142) auch erfahren. Allerdings, sofern die Gefahr elitärer Sichtweisen gemindert werden soll, wären ‹richtige› Wahrnehmungen dann nicht mehr als Perspektiven unter anderen. Im Endeffekt müsste sich die realistische Affordanztheorie wieder dem konstruktivistischen Postulat der Perspektivenvielfalt unterordnen. Denn letztlich liesse sich nicht objektiv entscheiden, ob eine als ‹richtige› Wahrnehmung proklamierte

Wirklichkeiten

Sicht nicht doch eine zur Erreichung bestimmter Interessen konstruierte Perspektive ist. Der Übergang von der Wahrnehmung zum akzeptierten kognitiven Weltbild muss demokratisch legitimiert sein (vgl. Latour 2001; 2005). Auf den Ansatz der Perspektivenvielfalt, die Diskursethik und Konsensfindung wird genauer eingegangen, nachdem der Begriff der Bedeutung im Zusammenhang mit dem Sprechen genauer geklärt wurde.

4   Sprechen

Die soziokulturell geteilten symbolischen Bedeutungen[8], die Dinge für uns haben, sind vorwiegend verbal bestimmt als Resultat kommunikativer Prozesse (Herdin & Luger 2001). In und durch Kommunikation wird Sinn in Materie (Laute, Schriftzeichen, Gesten) und Materie in Sinn übersetzt (Zierhofer 2002: 75; vgl. Körner & Pilgrim 1998: 96)). Wie bereits angedeutet kann dabei von einer Gleichsetzung von Bedeutung und Gegenstand in keiner natürlichen Sprache die Rede sein. Die Bedeutung macht allererst ‹sichtbar›, was innerhalb einer Sprachgemeinschaft als Gegenstand gelten darf und wie dieser aufzufassen ist. Das heisst, dass die Sprache (als Teil der sozialen Welt) für die Menschen eine gegenstandskonstitutive Kraft erweist[9], die Sprache zieht die Gegenstände in die spezifische Sehweise bestimmter Kulturen hinein, zeigt, wie sie zu begreifen, zu gliedern und zu beurteilen sind (Gipper 1971: 758). Solche Bedeutungssetzungen sind den Handelnden hauptsächlich praktisch bewusst, sie sind eingebettet in den Strom der routinemässigen Alltagsaktivitäten und haben sich an der Bewältigung dieser zu bewähren. Ins diskursive Bewusstsein treten sie, wenn der kommunikative Bedeutungsaustausch nicht mehr selbstverständlich gelingt, wenn das abduktive Verstehen der Bedeutungen im Verlaufe der Interaktionen auf Widerspruch stösst. Der soziokulturellen Fundiertheit der Bedeutungen wegen tritt dies insbesondere dann auf, wenn der soziokulturelle Hintergrund der Kommunikationsteilnehmer unterschiedlich ist wie beispielsweise im Falle interkultureller Kommunikation (Herdin & Luger 2001: 6; zum begrifflichen Relativismus unterschiedliche Kulturen vgl. Sapir 1972).

Ein Beispiel einer Äusserung, die Einfluss auf das Handeln anderer Individuen ausüben will, soll die eigentliche, uns jedoch nicht bewusste Komplexität von (verbaler und nonverbaler) Kommunikation veranschaulichen: Ruft in einer Informationsveranstaltung zum Biosphärenvorhaben Entlebuch jemand aus dem Publikum in den Saal: «Eine Biosphäre ist doch das Gleiche wie ein Indianerreservat!», ist den Anwesenden

---

8   ‹Bedeutung› ist zugleich *der* Grundbegriff der Sprachphilosophie und darauf aufbauender Sozialwissenschaften wie auch einer der schwierigsten, weil mehrdeutigsten wissenschaftlichen Termini überhaupt (Demmerling 1999: 111). In dieser Arbeit wird ‹Bedeutung› in Kombination zweier Bedeutungen von ‹Bedeutung› verwendet: Zunächst als Bezeichnung für das, was Zeichen (Worte, Bilder, Objekte, Menschen etc.) ausdrücken, was derjenige, der die Zeichen verwendet, damit zu verstehen geben will bzw. was diejenige, die die Zeichen wahrnimmt, damit verbindet. Diese semantische Auffassung von ‹Bedeutung› soll mit dem alltagssprachlichen Verständnis von ‹Bedeutung› im Sinne von ‹Wichtigkeit› oder ‹Sinn› kombiniert werden: Es wird davon ausgegangen, dass die Vorstellungen, die Zeichen in den Handelnden erwecken, von der Wichtigkeit abhängen, die etwas für sie hat. Die Bedeutung eines Dinges (im weitesten Sinne) ist derart das, worauf dieses Ding verweist bzw. an was es denken lässt (und zu welchen Handlungen es führt), was nichts anderes als der Wert ist, den das Ding für einen Handelnden hat (vgl. hierzu unten Kap. ‹Bedeutende Räume›).

9   Mit der sinngemässen Aussage, dass Bedeutung und Sehen nicht zu trennen sind, weil wir das, was uns nichts bedeutet, auch nicht sehen (Aldous Huxley: «The more you know, the more you see»), sollen nicht die vorher behandelten Affordanzen, d.h. die unvermittelten Bedeutungen widerlegt werden. Die Ebene des Sprechens ist jene der vermittelten Bedeutungen, denn kein Wort, kein Begriff lässt sich direkt auf die Realität zurückführen.

klar, dass die Behauptung in jener speziellen Situation die anderen Anwesenden zur Ablehnung des Biosphärenvorhabens bewegen soll. Als Befürworter den Rufer in eine Diskussion einbinden wollen, erhebt er sich von seinem Stuhl und verlässt den Saal, eine Geste, die Zeugen der Situation selbstverständlich als Diskussionsverweigerung interpretieren werden. Wieso aber schliessen die Anwesenden aufgrund der Äusserung «Eine Biosphäre ist doch das Gleiche wie ein Indianerreservat!» auf eine ablehnende Haltung gegenüber dem Biosphärenvorhaben und wieso stellt das Verlassen der Versammlung eine Diskussionsverweigerung und nicht einfach ein Auf-die-Toilette-gehen dar?

Die Bedeutungen der Sprechakte (wie der Handlungen allgemein) erschliessen sich aus dem Verwendungszusammenhang, für welchen jeweils bestimmte Regeln und Normen typisch sind. Eine solche Regel verbietet beispielsweise, dass Teilnehmende einer Diskussion einfach (unentschuldigt) davonlaufen. Das Davonlaufen symbolisiert in unserem soziokulturellen Kontext Diskussionsverweigerung. Ebenso gilt es, den soziokulturellen Kontext zu betrachten, um den Ausdruck «Eine Biosphäre ist doch das Gleiche wie ein Indianerreservat!» adäquat verstehen zu können: Die Bedeutung, die die VersammlungsteilnehmerInnen mit ‹Indianerreservat› verbinden, hängt von den verinnerlichten sozialen, d.h. stereotypischen, überindividuell geltenden Bildern ab. Für die Erforschung des Verständnisses von Ausdrücken ist dabei entscheidend, dass die jeweilig relevanten Bedeutungen nicht mit den lexikalisch definierten übereinzustimmen brauchen. Schlägt man nämlich ‹Reservat› in einem Wörterbuch nach, stösst man auf die Bedeutungen eines 1) bildungssprachlichen Ausdrucks für vorbehaltenes Recht, Sonderrecht; 2) eines geografischen Gebiets, in dem bestimmte Lebensgemeinschaften, Tier- und/oder Pflanzenarten vor der Ausrottung durch den Menschen geschützt sind und 3) der völkerkundlich allgemeinsprachlichen Bezeichnung für Reservation, z.B. Indianerreservation[10]. Folglich bedeutet ‹Indianerreservat› soviel wie ein Gebiet, welches aufgrund von Sonderrechten für Indianer zurück- oder vorbehalten (reserviert) ist. Hat der Versammlungssprecher diese Bedeutung gemeint? Nicht direkt, denn im (deutschschweizerischen) Kontext des Naturschutzes hat sich für ‹Indianerreservat› die auf den Menschen ausgedehnte lexikalische Bedeutung 2) des Begriffs ‹Reservat› eingebürgert: Ein Schutzgebiet, ein ‹Grossraumgehege›, zum Schutz bestimmter seltener Natur- *und* Kulturgüter, das auch die ‹Eingeborenen› einbezieht, die ‹Indianer› eben. Der Begriff ‹Indianerreservat› lässt an ausgedehnte Gebiete denken, die zum Schutze der dort existierenden Lebensgemeinschaften vor unerwünschten, bedrohenden Einflüssen der Idee nach unter eine Glasglocke gestellt, musealisiert werden. Man kann nun dem Rufer vorwerfen, es mangle ihm an lexikalischer Kompetenz, doch aus sprachpragmatischer Sicht ist dies nicht relevant. Entscheidend ist, dass der Begriff ‹Indianerreservat› offensichtlich von den anderen KommunikationsteilnehmerInnen so verstanden wird wie vom Sprecher beabsichtigt, sodass die lexikalisch ‹falsche Bedeutung› kontextuell wirksam ist. Dieser soziokulturellen Einbettung wegen müssen Bedeutungen immer im Kontext des Gebrauchs (abduktiv) betrachtet und verstanden werden. «Using and understanding ordinary language requires lightning-quick intuitive understanding of the meaning of expressions *in context*. By the time we are adults, we have so much experience with this process, and we are so adept at it, that it becomes invisible» (Scheff 1990: 10; Hervorhebung im Orig.). Um die Leistung ab-

---

[10] Brockhaus – Die Enzyklopädie: in 24 Bänden. 20., neu bearbeitete Auflage. Leipzig, Mannheim: F.A. Brockhaus 1996–99. Aktualisierte Online-Ausgabe auf: http://lexika.tanto.de, 29.4.2005.

Wirklichkeiten

duktiven Verstehens würdigen zu können, sei ein Vergleich angefügt: Auch heute noch sind die stärksten und schnellsten Computer nicht in der Lage, die Bedeutung einfacher Sätze zu erkennen.

Als Teil der sozialen Strukturen weisen kollektiv geteilte Bedeutungen wie ‹Indianerreservat› zwar eine gewisse Persistenz auf, bleiben aber trotzdem grundsätzlich veränderbar. Bedeutungen, die keinen Gebrauch mehr finden, verschwinden aus dem Wortschatz. Neue (konnotative, metaphorische) Bedeutungen finden Eingang in die Wörterbücher und werden zu lexikalischen Bedeutungen (zu toten Metaphern). Die handlungsleitenden Konnotationen von Begriffen können über die Medien wirksam besetzt und verändert werden. Werden Begriffe (z.B. Personennamen, Regionsbezeichnungen usw.) in neuen Bildern präsentiert, ändern sich auch die Bedeutungen, die diese Begriffe bei den Handelnden haben. Denn: «Was uns Dinge bedeuten, hängt vom verfügbaren Wissensvorrat ab» (Werlen 2000:17).

5 Perspektivenvielfalt

Seit Menschen über Sprache i.w.S. verfügen, artikulieren sie ihr Verständnis von Welt und produzieren Bilder der Wirklichkeit. Die getätigten Klassifikationen liegen dabei nicht in der Natur der Dinge begründet, sondern entspringen den soziokulturell beeinflussten Interessen der Handelnden. Weltbilder sagen mehr über die Bedürfnisse, Werte und Glaubenssysteme derer aus, die der Wirklichkeit auf diese oder andere Weise Sinn abzugewinnen suchen und dabei einige Elemente besonders gewichten, während andere ausgeblendet werden, als über ‹die Realität› an sich (Graeser 2000: 298). Aus der Existenz unterschiedlicher Interessen resultiert eine Konkurrenz differenter Weltbilder, deren jeweilige Überzeugungskraft wächst oder schrumpft, je nachdem, «wie ihre Elemente zu einander zu passen scheinen und sich zu dem fügen, was wir sonst aus welchen Gründen auch immer zu glauben bereit sind» (Graeser 2000: 297). Die Suche nach einem übergeordneten Standpunkt, einem gottgleichen «archimedischen Punkt» (Arendt 1998: 329ff.), von dem aus sich das ‹richtige› Weltbild zeigt, hat sich als Traum erwiesen (vgl. oben Kap. ‹Wahrnehmen›). Wie aber lässt sich dann beurteilen, welche Bilder passend oder unpassend, vollständig oder unvollständig, überzeugend oder unplausibel sind?

Abb. 4:
Wird der Standpunkt gewechselt, nimmt das Objekt der Betrachtung die gegenteilige Bedeutung ein (Markus Raetz, Crossing, 2002)[11].

Wenn es keinen direkten Zugang zur Wirklichkeit gibt, kann niemand per se beanspruchen, einen Gegenstand richtiger zu sehen als jemand anders. Über das Konzept der ‹Perspektivenvielfalt› und der damit implizierten visuellen Metaphorik kann veranschaulicht werden, dass und wie sich Gegenstände aus der Gesamtheit unterschiedli-

---

11 Quelle: http://www.artnet.de/artwork/424037235/_Markus_Raetz_Crossing.html, 15.3.05.

cher Perspektiven konstituieren (vgl. Mitchell 1990: 49). Der Begriff ‹Perspektive› selbst stammt ursprünglich aus den Naturwissenschaften, insbesondere der Optik, wird aber vor allem in der darstellenden Geometrie und den bildenden Künsten verwendet. Das spätlateinische Wort ‹perspectivus› meinte durchblickend und bezeichnete allgemein die Wissenschaft von der Sehkraft, die sich mit dem richtigen Sehen, seinen Gesetzen und den Problemen der optischen Täuschung befasst. Umgangssprachlich bezeichnet ‹Perspektive› die Betrachtungsweise oder Betrachtungsmöglichkeit von einem bestimmten Standpunkt aus, den Blickwinkel, in einem übertragenen Sinne aber auch die Aussicht bzw. Erwartung an die Zukunft. (Sukale & Rehkämper 1999: 998ff.)

Unterschiedliche Sichtweisen der Wirklichkeit lassen sich über den Begriff der ‹Perspektive› als abhängig von zwei Variablen konzeptualisieren. Die Perspektive, die sich den Betrachtenden bietet, ist im Wesentlichen bestimmt durch deren *Standpunkt* und ihre *Distanz* zum Betrachteten (vgl. Fischer & Hasse 2001). Die Distanz lässt sich vereinfacht in nah und fern unterscheiden: Ein Gegenstand aus der Nähe wahrgenommen kann sich stark vom gleichen Gegenstand wahrgenommen aus der Ferne unterscheiden. Wird Nähe bzw. Ferne auch in einem metaphorischen Sinne aufgefasst, ist die Art, wie ein bestimmtes Objekt gesehen wird, als abhängig von der emotionalen Verbundenheit mit ihm zu verstehen. «Distance determines not only how precisely we perceive something, at a mundane level, it also determines how we are involved in an environment atmospherically and how it affects us, emotionally» (Fischer & Hasse 2001: 77). Die emotionale Verbundenheit hängt, wie wir in Kapitel ‹Emotionale Wirkung› (im Teil ‹III Bilder verstehen›) sehen werden, von den verinnerlichten Werten der Handelnden ab. Der Standpunkt der Betrachtenden seinerseits bestimmt, welche Seiten eines Objekts ins Blickfeld geraten (Abb. 4 veranschaulicht prägnant, dass die Interpretation eines Objektes entscheidend vom Standpunkt abhängt). Im übertragenen Sinne lässt sich der Standpunkt als Position der Akteure in der sozialen Welt auslegen, der den soziokulturellen Anteil ihrer Wahrnehmungs- und Interpretationsmuster bestimmt. Der Standpunkt kann darüber hinaus je nach Situation, in welcher sich die Individuen befinden, variieren.

Um die Sichtweisen einzelner Akteure verstehen und gegebenenfalls die verschiedenen Perspektiven aushandeln zu können, müssen folglich die Standpunkte der Akteure (ihre Position, kontextuelle Einbettung) und ihre Nähe oder Ferne zum Gegenstand (ihre Interessen, Betroffenheit) betrachtet werden. Das Verstehen der verschiedenen Perspektiven kann als Perspektivenübernahme bezeichnet werden: «Perspektivenübernahme bezeichnet einen geistigen Vorgang, bei der sich eine Person virtuell in die Lage einer anderen versetzt, um deren Perspektive von einem Ereignis oder einer Angelegenheit zu erfahren. Bei diesem die Planung von menschlichen Handlungen beeinflussenden Prozess handelt es sich nicht um einen blossen ‹Wechsel› der Perspektive, sondern um ein Hereinnehmen der anderen Perspektive in den Reflexionsvorgang in Abgleichung mit der eigenen Perspektive. Diese Verdoppelung des Standpunktes zeigt, dass der zunächst eingenommene Blickwinkel nicht der allein mögliche ist, sondern dass es von derselben Sache mehrere Ansichten gibt» (Nünning 2004). Die Theorie der Perspektivenvielfalt ist laut Gibson in der alltäglichen Wahrnehmung (bezogen auf die Wahrnehmung von Objekten) etwas Selbstverständliches: «…we look around, walk up to something interesting and move around it so as to see it from all sides, and go from one vista to another. That is natural vision…» (Gibson 1986: 1). Aber genau so selbstverständlich sind uns bestimmte, vertraut gewordene eindimensionale Sicht-

Wirklichkeiten

weisen, die den Status von ‹Wahrheiten› einnehmen, obwohl sie nur partielle Perspektiven, *konstruierte* ‹Tatsachen› sind: «Wenn ein Forscherteam, eine wissenschaftliche Gemeinschaft, eine Öffentlichkeit, eine ganze Epoche in Blickrichtung und Blickweise derart übereingekommen sind, dass sie einen Gegenstand auf die gleiche Weise sehen, erhält dieser den Status einer *Tatsache*» (Pörksen 1997: 104). Im Folgenden Kapitel soll gezeigt werden, dass eine legitimierte Gesamtsicht der Wirklichkeit nur erreicht werden kann, wenn die verschiedenen, im Prinzip gleichberechtigten Perspektiven in einen diskursiven Aushandlungs- oder Abstimmungsprozess gebracht werden (vgl. Zaugg Stern 2006) – es soll aber ebenso auf die Schwierigkeiten hingewiesen werden, mit denen unorthodoxe Perspektiven konfrontiert sind, wenn sie sich in den Diskurs einzubringen versuchen.

6 Diskurse

Auf die wirklichkeitskonstituierende Kraft von Diskursen im Sinne von Gesprächen oder Unterhaltungen sind wir oben im Kapitel ‹Sprechen› eingegangen. In diesem Kapitel soll nun betrachtet werden, wie Diskurse verlaufen sollen bzw. wie sie tatsächlich verlaufen. Auf der einen Seite wird das Konzept des idealen Diskurses von Jürgen Habermas vorgestellt, wonach der Diskurs der Schauplatz kommunikativer Rationalität ist, d.h. der *Prozess der fairen Aushandlung unterschiedlicher Perspektiven* mit dem Ergebnis vernünftiger und einsichtiger Resultate. Die beste (und einzige) Versicherung für ‹wahre› Erkenntnisse, richtige Normen und wahrhafte Gefühle ist dieser Ansicht nach der herrschaftsfreie Diskurs. Dem steht auf der anderen Seite das nüchterne Verständnis von Diskursen als *Medium der Reproduktion sozialer Ungleichheiten* gegenüber, wie es von Pierre Bourdieu vertreten wird. Ihm zufolge werden Sichtweisen, die dem orthodoxen Diskurs der Mächtigen nicht entsprechen, systematisch verkannt, weshalb es nie zu einer Perspektivenvielfalt kommen kann. Wie sich zeigen wird, ist eine Kombination dieser beiden Positionen sinnvoll, denn Diskurse sind einerseits empirische Phänomene, die die realen Machtverhältnisse abbilden. Sie müssen aber gerade im Zusammenhang mit nachhaltiger Entwicklung auch als ein anzustrebender Idealzustand gesehen werden, der die umfassendste Annäherung an die ‹Wahrheit› und Richtigkeit sozial relevanten Wissens verbürgt und nachhaltige Entwicklung in diesem Sinne zu einem partizipativen Such-, Lern- und Gestaltungsprozess werden lässt (vgl. Teil ‹IV Nachhaltige Entwicklung›).

6.1 Gegenseitige Anerkennung

Wenn Handelnde Sprechakte äussern, erheben sie den Anspruch, dass die gemachten Aussagen gelten, sie erheben Geltungsansprüche, die sich natürlich kritisieren lassen (Zierhofer 2002: 99). Im idealen Diskurs treten die Diskursteilnehmenden ein in das ‹Spiel um bessere Gründe› (Zierhofer 2002: 111). Argumente, die nicht überzeugen können, werden den berechtigteren Gründen unterliegen, die überzeugenden Argumente werden sich durchsetzen und dank der Fähigkeit der Diskursteilnehmenden, das Überzeugende einzusehen, von allen mitgetragen werden. Die konkrete Umsetzung einer solchen auf Begründung fundierten Entscheidungsfindung strebt Habermas unter dem Begriff der ‹deliberativen Demokratie› an (vgl. Habermas 1999: 283ff.). In normativer Absicht erarbeitet er jene Prozeduren, «bei deren Einhaltung eine Entscheidung berechtigterweise als demokratisch gelten kann» (Reese-Schäfer 2001: 103). Sie basieren auf der kontrafaktischen Idee der idealen Sprechsituation, welche zum Gelingen eines konsensorientierten Diskurses vier Bedingungen erfüllen muss (vgl. Habermas 1995: 177f.). Es sind dies: *Öffentlichkeit* (keine Einschränkung der Teilnahme, Bestehen der Möglichkeit, jederzeit Diskurse zu eröffnen, Fragen zu stellen und Antworten zu geben), *Gleichverteilung der Kommunikationsrechte*, «sodass keine Vormeinung auf Dauer der Thematisierung und der Kritik entzogen bleibt» (ebd: 177), *Chancengleichheit bezüglich der Möglichkeit, Einstellungen, Gefühle und Wünsche auszudrücken* und schliesslich *Reziprozität der Verhaltenserwartungen*, die «die Privilegierungen im Sinne einseitig verpflichtender Handlungs- und Bewertungsnormen ausschliessen» (ebd.: 178). Die vier Punkte lassen sich im Wesentlichen zusammenfassen auf die Bedingungen, dass alle Gesprächspartner anerkannt und ihre Argumente ernst genommen werden. Anweisungen in Bezug auf die Diskurs*inhalte* gibt Habermas Diskursethik keine vor, sie legt einzig die prozeduralen Bedingungen idealer Diskurse fest, deliberative Demokratie wird folglich als *Verfahren* begriffen.

Damit ideale Diskurse nicht zum Stress der Dauerkommunikation über Kleinigkeiten des Alltags werden, wie dies oft befürchtet wird, sucht Habermas die Ausgewogenheit zwischen der positiven kommunikativen und der negativen privaten Freiheit. Der Einzelne hat im Prinzip das Recht, auch «einmal *nicht* Rede und Antwort stehen zu müssen, einmal *nicht* öffentlich akzeptable Gründe für sein Handeln angeben zu müssen» (Reese-Schäfer 2001: 96). Habermas will nicht die rechtsstaatlichen Errungenschaften aufs Spiel setzen, sondern die demokratische Öffentlichkeit parallel dazu stärken. In den Worten Barbers lässt sich diese Absicht charakterisieren als: «…der kluge Demokrat reformiert, indem er dem Verfassungsrezept partizipatorische Zutaten beigibt, nicht indem er repräsentative Bestandteile entfernt» (Barber 1994: 292). Die Praktikabilität der Idee der idealen Diskurse soll durch pragmatische Lösungen hergestellt werden, z.B. in der Politik durch das Mehrheitsprinzip (Reese-Schäfer 2001: 30). Weil die Systeme der traditionellen Politik wie auch der Wirtschaft von sich aus keine Eigeninitiative Richtung deliberative Demokratie entwickeln werden, setzt Habermas auf die Zivilgesellschaft, auf Demonstrationen und Versammlungen. Meines Erachtens sollte jedoch wo immer möglich versucht werden, politische wie wirtschaftliche Institutionen deliberativer zu gestalten, das Ideal konsensorientierter Diskurse umzusetzen. Die deliberative Demokratie bzw. die ideale Sprechsituation erhält so den Status eines Leitbildes, «welches schwer zu erreichen, aber anzustreben ist» (Reuter 2000: 4). Verfahren deliberativer Problemlösung und Entscheidungsfindung sollen wenn immer möglich institutionalisiert und kritisch begleitet werden (vgl. Müller & Kollmair 2004: 45). Gerade die Sozialwissenschaften sollten es sich zur Aufgabe machen, den Verlauf der Deliberationen daraufhin zu beobachten, «ob hier wirkliche Gleichheit der Teilnehmer gewährleistet ist, oder ob es sich um vermachtete Strukturen handelt, die so weit gehen können, dass die Beratung nur noch zum Schein stattfindet, während die wirklichen Entscheidungen längst hinter den Kulissen gefallen sind» (Reese-Schäfer 2001: 102).

6.2 Systematische Verkennung

Der Habermasschen Diskursethik lassen sich Defizite im Erkennen von und in der Kritik an den tatsächlichen Machtverhältnissen vorwerfen, deren ungleiche Verteilung zu verzerrten Diskursen führt. Die Offenlegung der Mechanismen der systematischen Verkennung unorthodoxer Sichtweisen stellt nun Pierre Bourdieu ins Zentrum seiner Forschungen. Wir werden im Folgenden auf Bourdieus Konzept des Habitus eingehen und seine Bedeutung für das Sprechen und Gehörtwerden darstellen.

Der Habitus (lat. Haltung, Habe, Gehabe) eines Handelnden ist seine bestimmte Art, die Welt zu betrachten und darin situativ zu handeln. In Form einer «intentionslosen Intentionalität» (vgl. Köhler 2001: 101) legt der Habitus fest, was eine Person für ‹natürlich› und selbstverständlich hält. Übertragen auf die Begrifflichkeit von Giddens lässt er sich als routinemässig angewandte, nicht-diskursiv bewusste Denk-, Wahrnehmungs- und Beurteilungsschemata verstehen. Der Habitus bildet – analog dem praktisch bewussten Wissen bei Giddens – das vermittelnde Bindeglied zwischen Struktur und Handeln, sodass die Ebene der Strukturen keinen direkten (mechanischen) Zwang auf das Handeln ausübt und umgekehrt das Handeln nie völlig voluntaristisch ablaufen kann. Als Resultat der verinnerlichten sozialen Strukturen, der Sozialisation, ist der Habitus das Produkt der Geschichte aller sozialen Interaktionen eines Individuums. Er wird durch die ‹objektiven›, d.h. nicht zwangsläufig diskursiv bewussten Existenzbedingungen der Individuen hervorgebracht, d.h. durch die ihnen im sozialen Raum zugewiesenen Positionen, die sich – «gleich Trümpfen in einem Kartenspiel» (Bourdieu 1995a: 10) – durch Umfang, Zusammensetzung und zeitliche Entwicklung der unterschiedlichen Ausstattung mit im Wesentlichen ökonomischem, kulturellem und sozialem Kapital bestimmen. Gruppen von Akteuren mit ähnlichen Stellungen im sozialem Raum weisen ihrer «ähnlichen Konditionen und ähnlichen Konditionierungen» wegen mit grosser Wahrscheinlichkeit ähnliche Dispositionen (d.h. verinnerlichte Wahrnehmungsschemas) und Interessen auf, die zu ähnlichen Praktiken und politisch-ideologischen Positionen führen (Bourdieu 1995a: 12). Beispielsweise lassen sich innerhalb der Gruppe der einfachen Arbeitnehmenden ähnliche Konsum-, Ess- und Lebensgewohnheiten wie Fernsehgewohnheiten und das Interesse am Sport finden, wie auch die Bereitschaft, den eingeschränkten Lebensstandard als etwas zu akzeptieren, das für ihre Stellung normal ist (Münch 2004b: 422).

In den Sprachgewohnheiten der Individuen kommt der ganze Habitus zum Vorschein, damit also die Position des Akteurs im sozialen Raum (Bourdieu 1990: 62). Die Stellung im sozialen Raum, die ungleich verteilten Kapitalien, schlägt sich einerseits auf subtile Weise in der Art nieder, wie die Handelnden denken, andererseits ist die soziale Position entscheidend, ob jemand gehört (und gesehen) wird. Öffentliche Diskurse sind folglich *systematisch* verzerrt, die Idee des herrschaftsfreien Diskurses stellt sich als Fiktion heraus oder schlimmer: als eine (ideologische) Verklärung der gesellschaftlichen Realität.

Betrachten wir zunächst den Einfluss des Habitus auf die persönliche Meinung. In ‹Die feinen Unterschiede› belegt Bourdieu empirisch (1999: 620ff.), dass man diejenigen, die zu den mit Kapitalien aller Art defizitär Ausgestatteten gehören, bei quantitativen Erhebungen daran erkennt, dass sie häufiger als der Durchschnitt *nicht* antworten. Folglich irrt die Medien- und Öffentlichkeitsforschung, wenn sie den Menschen zu allen Fragen eine ‹persönliche Meinung›, ein Recht auf ein Urteil und die entsprechende Urteilsfähigkeit, unterstellt (Bourdieu 1999: 622). Die Annahme einer solchen allen Menschen zukommenden, universellen Veranlagung, ‹richtig› zu urteilen, das Gute vom Bösen und das Wahre vom Falschen unterscheiden zu können, ist eine Erfindung des 18. Jahrhunderts und spiegelt von Anbeginn die Interessen der Intellektuellen wieder. Tatsächlich hängt die Wahrscheinlichkeit einer Antwort auf Meinungsumfragen oder Abstimmungen «immer ab von der Beziehung zwischen einer Frage (oder allgemeiner: Situation) und einem Akteur (oder einer Gruppe von Akteuren) mit einer bestimmten Kompetenz, deren inhaltliche Fassung selbst wieder abhängt von der Wahrscheinlichkeit ihrer effektiven praktischen Realisierung. Man würde das ‹Interesse› wie das ‹Desinteresse an Politik› besser verstehen, wäre man nur in der Lage zu erkennen, dass die Neigung, ein politisches ‹Vermögen› zu gebrauchen (zu wählen, ‹politisch zu argumentieren› oder ‹Politik zu treiben›), sich bemisst an der Realisierung dieses Vermögens oder, wenn man will, dass Gleichgültigkeit nur ein anderer Ausdruck für Ohnmacht ist» (Bourdieu 1999: 632). Zwar haben in den demokratischen Gesellschaften alle BürgerInnen eine Stimme, was einen technokratischen Aristokratismus *scheinbar* in Grenzen hält, *faktisch* werden aber jene, «welche ohnehin durch die technokratische Auslese am Eintritt gehindert werden, dazu gebracht ..., sich auch noch ‹aus freien Stücken› aus dem Demokratiespiel auszuschliessen» (Bourdieu 1999: 632). Die Meinungslosigkeit kommt einer Selbstzensur der Betroffenen gleich, indem sie politische Kompetenz nur in dem Masse besitzen, wie sie sich berechtigt fühlen, sie zu besitzen (Bourdieu 1999: 641). Das Recht oder die Pflicht, eine persönliche Meinung zu politischen Fragen zu haben oder nicht zu haben, als kompetente Personen öffentlich relevant zu sein oder eben nicht, wird als selbstverständlich und natürlich empfunden, als «intentionslose Intention» eingeschrieben in den Habitus. Desinteresse und Abneigung der machtlosen Klassen gegenüber den meisten politischen Fragen sind folglich nicht einfach auf subjektive Vorlieben zurückzuführen – wie dies in der Meinungsforschung getan wird –, «sondern auf Phänomene des Selbstausschlusses derjenigen, die strukturell ohnehin ausgeschlossen sind» (Köhler 2001: 116). Äussert sich das im Habitus verinnerlichte Selbstbild auf emotionale Weise, kann der Selbstausschluss aus dem öffentlichen Diskurs eine verstärkte und verklärende Dimension annehmen (zu emotionalen Wirkungen vgl. Kapitel ‹Emotionale Wirkung› im Teil ‹III Bilder verstehen›). Laut Scheff (1990: 131) leiden die Unterdrückten an einem verinnerlichten tiefen Selbstwert, dessen sie sich schämen, und damit verbunden einer idealisierten Überbewertung der ‹Obrigen›. Medien, aber auch Märchen, Geschichten, Legenden etc., tragen ihren Teil zu dieser emotionalen Segregation bei, indem Prinzen, Helden, Politiker u.a. überhöht dargestellt werden. Scham über sich selbst und Idealisierung der Eliteklasse führen dazu, dass ein Auflehnen gegen die bzw. nur schon eine Diskussion der ungerechten Zustände blockiert wird. Ungerechtigkeiten werden in Kauf genommen, um die (vermeintlichen) sozialen Bindungen, das Gefühl des Dazugehörens nicht zu gefährden. Die klassischen Konflikttheorien (zur Anwendung dieser vgl. Wallner 2005), die sich auf isolierte Individuen und ihre verbalen Äusserungen beziehen, verfehlen genau diese (emotionale) Macht der sozialen Beziehungen (Scheff 1990: 11).

Die Kehrseite des habituellen Selbstausschlusses ist das Gefühl, zur Benennung legitimiert zu sein und damit die Welt strukturiert mitzustrukturieren. «Über die Strukturierung der Wahrnehmung, die die sozialen Akteure von der sozialen Welt haben, trägt das Benennen zur Strukturierung dieser Welt selbst bei, und zwar umso grundlegender, je allgemeiner es anerkannt, das heisst autorisiert ist» (Bourdieu 1990: 71). Die Benennungsmacht eines Akteurs bemisst sich an seinem symbolischen Kapital, d.h. anhand der Anerkennung innerhalb der jeweiligen sozialen Gruppe. Sprechakte sind zum

Wirklichkeiten

Scheitern verurteilt, wenn die Personen, die sie aussprechen, nicht auch die Macht haben, sie auszusprechen, oder allgemeiner: wenn die jeweiligen Personen oder Umstände nicht ‹die richtigen› sind, um einen betreffenden Vorgang einzuleiten (Bourdieu 1990: 15). Im Zusammenhang mit Naturschutzvorhaben sind die (oft medial geschürten) Abneigungen der lokal Betroffenen gegen Einmischungen von aussen, gegen die Zugewanderten etc. bekannt (vgl. Müller & Kollmair 2004: 50). Sprechen die ‹falschen Personen› für ein unter Umständen an sich konfliktfreies Vorhaben, kann dies über Erfolg oder Misserfolg des Vorhabens entscheiden – unabhängig vom Inhalt des Gesprochenen. Denn im Gegensatz zu Habermas' Vorstellung diskursiver Praktiken bemisst sich die Relevanz einer öffentlichen Thematik gemäss Bourdieu nicht an sprachinternen Geltungsgründen, sondern am Habitus, sei es, auf Seiten der Sprecher, an ihrer strategisch-manipulativen Durchsetzungsfähigkeit (Köhler 2001: 117) oder, auf Seiten der Hörer, an ihren Dispositionen. Bourdieu vertritt damit ein «1:1-Modell von Vision und Position» (Köhler 2001: 120), wonach Stellungnahmen entsprechend der Position im sozialen Raum wahrgenommen oder ignoriert werden. Überzeugungen entstehen somit nicht durch die rationale Anerkennung eines Geltungsanspruches, sondern durch die symbolische Macht des Ausdrucks, des Gewichts an Bedeutsamkeit und Glaubwürdigkeit. Das Gesagte muss dabei von den Anerkennenden nicht einmal verstanden werden: «Zur Herstellung von Anerkennung genügt es, wenn der Anspruch aus einer übermächtigen Position heraus artikuliert wird. Geltungsansprüche werden nicht als Inhalte, zu denen affirmativ oder kritisch Stellung genommen werden kann, vorgebracht, sondern als Form, die durch ein relationales Bezugssystem, welches die Legitimität oder Illegitimität aller Propositionen einordnet, ihre Wertschätzung erhält» (Köhler 2001: 142).

Wenn Bourdieus Analyse richtig ist, wenn die Produktionsbedingungen von Öffentlichkeit tatsächlich als Reproduktionsbedingungen struktureller Gewalt, d.h. herrschaftlich geschichteter sozialer Beziehungen funktionieren, dann lässt sich nicht mehr von einer vernünftigen Willensbildung bzw. dem vernünftigen Diskurs in einer ‹nicht vermachteten Öffentlichkeit› ausgehen (Köhler 2001: 113). Andererseits, wenn es stimmt, was Bourdieu sagt, anerkennen wir ihn dann nur aufgrund seiner Macht oder nicht auch aufgrund seiner Argumente? Überredet uns Bourdieu oder überzeugt er uns? Zitieren wir hier seine Gedanken, weil er es kraft seines Kapitals geschafft hat, ins Licht der wissenschaftlichen Öffentlichkeit zu treten und dabei andere Stimmen in seinen Schatten zu verweisen? Wachsamkeit für permanente symbolische Gewalt ist für eine Forschungspraktik in kritischer Absicht unverzichtbar, Verständigung kann aber nicht völlig von inhaltlichen Aspekten getrennt werden. Es empfiehlt sich folglich, die Modelle von Bourdieu und Habermas zu kombinieren, um sowohl (anstrebenswerte aber kontrafaktische) Anerkennung als auch (faktisch gegebene) Verkennung berücksichtigen zu können. In der Kombination kann die von Habermas ausgehende Überbewertung verständigungsorientierter Potenziale der Kommunikation korrigiert werden durch Bourdieus Modell latenter struktureller Gewalt und umgekehrt Habermas' normatives Leitbild einen Ausweg aus der desillusionierenden Perspektive von Bourdieu weisen (vgl. Köhler 2001: 125). Für diese Arbeit bedeutet dies, das normative Kommunikationsmodell als Kern nachhaltiger Entwicklung anzunehmen (vgl. Teil ‹IV Nachhaltige Entwicklung›). Die ‹Kraft der Bilder› lässt sich dann dahingehend untersuchen, ob und wie sie faire Diskurse unterstützen bzw. behindern. Die Orientierung an einer idealen Öffentlichkeit führt dazu, dass die Analyse der verwendeten

Bilder nicht nur offenlegt, was gezeigt wird, wer ins Bild kommt etc., sondern versucht, die blinden Flecken der Visualisierung, die ausgeschlossenen Perspektiven einzufangen. Die Erarbeitung der Analysekategorien wird folglich nicht nur induktiv erfolgen können, d.h. sich nicht nur auf das tatsächlich Gezeigte abstützen können, weil derart nicht erfassbar ist, was nicht gezeigt wird. Theoretische Überlegungen hinsichtlich potenzieller Raumaneignungsweisen (vgl. nachstehend und Teil ‹V Methodik›) und Möglichkeiten der Visualisierung nachhaltiger Entwicklung (‹IV Nachhaltige Entwicklung›) werden die induktive Kategorienbildung ergänzen müssen (vgl. Teil ‹V Methodik›).

7 Bedeutende Räume

Das ausgeführte Wirklichkeitsverständnis gilt es abschliessend auf die Konstitution bedeutungsvoller ‹Räume› zu übertragen. Dem Drei-Welten-Modell folgend werden wir fragen, wie sozial strukturierte mentale Bedeutungssetzungen auf die materielle Welt, im Besonderen auf durch physische Objekte gebildete und anhand dieser abgegrenzte Flächen übertragen werden, wie also Räume angeeignet werden (vgl. Bourdieu 1991). Wie wir sehen werden, können dabei auch bloss vorgestellte Objekte bzw. Flächen Gegenstand der Aneignung sein, Räume, die nur in der Vorstellung existieren. Entscheidend ist, dass die Objekte, Räume etc. erst durch die Aneignung ‹existent› weil bedeutsam werden. Insofern die aneignenden Individuen in die soziale Welt eingebettet sind, lässt sich Raum nicht losgelöst von der Dualität von Handeln und Struktur betrachten. Absolute Raumvorstellungen, die Raum als eigene Existenzform verstehen, in welchem sich Handeln abspielt, können das konstruktivistische Moment menschlichen Handelns nicht integrieren und verfehlen folglich die Möglichkeit, dass einer bestimmten Ausdehnung durch verschiedene Akteure je besondere Bedeutungen zugewiesen werden können, dass also «mehrere Räume an einem Ort» (Löw 2001: 131) konstituierbar sind.

7.1 Raumaneignungen

Menschen sind in der Lage, ‹Dingen› Bedeutungen zuzuweisen, d.h. die Wirklichkeit bedeutend zu machen. Durch die Bedeutungszuweisung werden die ‹Dinge› *für uns* erst wirklich zu Dingen. Einer grossen flachen Steinplatte kann entsprechend ihrer Affordanz (vgl. oben Kap. ‹Durch Wände sehen?›) die Bedeutung ‹Tisch› zugewiesen und darauf die Wanderverpflegung ausgebreitet werden, die Platte kann aber auch in der Bedeutung ‹Stein› verbleiben, die ihrerseits bereits eine Aneignungsweise darstellt. Etwas, dem keine Bedeutung zugewiesen wurde, verbleibt für die Handelnden völlig diffus, unsichtbar und folglich nicht existent. «Alle bedeutende Wirklichkeit ist deshalb für uns vorhanden, weil wir sie bedeutend machen, oder auch weil sie von unseren Vorfahren oder unseren Nachbarn Bedeutung erhalten, zugewiesen bekommen hat, die für uns noch wichtig ist» (Jäger o.J.).

Jäger führt das angesprochene Konzept der Aneignung auf die marxistische Gesellschaftstheorie insbesondere der kulturhistorischen Schule der sowjetischen Psychologie zurück, als deren bekanntester Vertreter Alexejew N. Leontjew gilt (Jäger 2001: 78–111). Leontjews materialistische Tätigkeitstheorie versucht eine Vermittlung zwischen der subjektiven mentalen Welt und der objektiven materiellen Welt zu erreichen.

Wirklichkeiten

Kerngedanke ist dabei, dass sich einerseits Bedeutungen durch das Tätigsein der Menschen vergegenständlichen, was wir im Drei-Welten-Modell mit ‹Artikulation› bezeichneten, dass andererseits – wiederum durch das Tätigsein – die Menschen sich im umgekehrten Prozess der Vergegenständlichung die Bedeutungen der sie umgebenden materiellen Welt aneignen. Im Verlaufe der Sozialisation interiorisieren die Handelnden so aktiv die Bedeutungen der materiellen Welt. Sie orientieren sich an verinnerlichten Bedeutungssetzungen anderer Handelnder, lernen gewissermassen von diesen. Bedeutungsstrukturen werden auf diese Weise reproduziert.

Das allgemeine Konzept der Aneignung soll hier auf den Spezialfall der Raumaneignung angewandt werden. Die konstruktivistischen Grundannahmen, wonach symbolische Bedeutungen den Dingen nicht immanent sind (vgl. oben Kap. ‹Wahrnehmen›), machen es dabei unmöglich, den Begriff ‹Raumaneignung› in dem Sinne misszuverstehen, als ob die Individuen einen gegebenen äusserlichen Raum aneignend verinnerlichen. Das hier vertretene Konzept der Raumaneignung setzt keinen a priori existierenden Raum voraus, wie dies in den essentialistischen Container-Raum-Vorstellungen der Fall ist. Raum entsteht erst in der Dualität der Raumaneignung, die sich aus der Zuweisung an (Produktion) und Verinnerlichung von vorgängig strukturierten Bedeutungen (Reproduktion) zusammensetzt. Der grosse Stellenwert der routinemässigen Reproduktion sozialer Raumvorstellungen bzw. Raumbilder (Ipsen 1997) im alltäglichen Handeln lässt Raumaneignung jedoch als Aneignung von (im Alltag als Container-Räumen interpretierten) Räumen erscheinen. Die konstruierten Raumbedeutungen scheinen den Objekten gleichsam anzuhaften, zu ihrer Natur zu gehören.

Die Tätigkeit der Raumaneignung kann in mentale und physische Formen ausdifferenziert werden: Raumaneignungen, die im Kopf vor sich gehen, werden hier *mentale Raumaneignungen* genannt, auf die wir gleich zurückkommen. Ihnen steht eine physische Entsprechung beiseite, insoweit Raumaneignung auch als physische Inbesitznahme des Raumes respektive Kontrolle über den physischen Raum verstanden werden kann. *Physische Raumaneignung* verweist darauf, dass Handelnde sich einen Raumausschnitt *zu eigen machen* können – bis hin zu ihrem *Eigentum*. Ein im physischen Sinne angeeigneter Raum zeichnet sich dadurch aus, dass die Handelnden die Möglichkeit haben, sich in ihm «frei zu bewegen, sich entspannen, in besitzen zu können, [...] etwas den eigenen Wünschen, Ansprüchen, Erwartungen und konkreten Vorstellungen Gemässes tun und hervorbringen zu können» (Chombart de Lauwe in Weichhart 1990: 38f.; vgl. Scheller 1995: 92). Dies kann bedeuten, dass die Handelnden sich passiv in eine bestehende Raumstruktur einfügen, sich darin wohl fühlen, Raumaneignung kann aber ebenso zur aktiven Umgestaltung materieller Objekte führen, die beispielsweise umgeordnet werden (z.B. Hindernisse wie Mauern errichten oder entfernen, Berge ‹versetzen› bzw. durchbohren etc.) und dadurch bestimmte Handlungsangebote gemacht bzw. genommen werden. Mauern und Tunnels zeigen, dass die Möglichkeiten der Raumaneignungen von den Angeboten der Objekte abhängen (vgl. oben Kap. ‹Durch Wände sehen?›), die symbolischen Bedeutungen der Objekte sind jedoch oft handlungswirksamer als ihr unvermitteltes Sein. Die Regionalisierung des Strassenverkehrs beispielsweise geschieht mehrheitlich über materielle Objekte, deren Wirkung nur kraft ihrer Symbolik besteht wie im Falle von Verkehrsampeln, die die Autofahrer nicht physisch am Weiterfahren hindern, sondern symbolisch (vgl. Löw 2001: 153f.).[12]

Das Beispiel Strassenverkehr führt uns zur Kehrseite der eigentlichen Raumaneignung, welche durch Handlungsfreiheit charakterisiert ist, nämlich zur Raumenteignung und der Raumentfremdung. *Raumenteignung* meint das Verbot, sich einen bestimmten Raum auf eine bestimmte Weise aneignen zu dürfen. Autobahnen sind für Fahrrad- und MofafahrerInnen, FussgängerInnen u.a.m. verboten. Ein anderes Beispiel sind klassische Naturschutzvorhaben, auf die weiter unten im Kapitel Regionalisierungen zurückgekommen wird. Raumenteignung braucht weder zwingend einer physischen Durchsetzung in Form von Mauern oder Wächtern noch muss das Verbot explizit auferlegt sein. Die Möglichkeit, einen Raum physisch anzueignen, kann auch durch mentale Barrieren eingeschränkt sein, indem man zum Beispiel glaubt, ein gewisser Raum sei nicht zu betreten oder man sich darin deplatziert fühlen würde (Giddens 1996; Bourdieu 1991). *Raumentfremdung* ist eine schwächere Form der Einschränkungen der Handlungsfreiheiten als Raumaneignung. Der aus der marxistischen Tradition stammende Begriff ‹Entfremdung› drückt dabei aus, dass der Raum von den Handelnden nicht ihren Bedürfnissen entsprechend angeeignet werden kann. Die herrschenden Normen, Regeln und Werte erlauben den Handelnden nicht, frei ihren Wünschen nach zu handeln. Wird die Handlungsfreiheit dennoch vollzogen, werden die Akteure wegen des abweichenden Verhaltens (‹nonkonforme Aneignung›) als sozial auffällig oder delinquent bezeichnet. Sofern möglich, werden sich die Handelnden aus den ‹normalen› Strukturen zurückziehen und sich subkulturelle Räume relativer Handlungsfreiheit schaffen (Reutlinger 2003).

Die Rede von *gewünschten* Raumaneignungen leitet über zu den mentalen Formen der Raumaneignung und zur Beziehung, in welcher sie mit den physischen Formen der Raumaneignung steht. Die physische Aneignung eines Raumes in einer mehr oder weniger gewünschten Form setzt voraus, dass die Handelnden über Vorstellungen bezüglich der Art der Raumaneignung, also über *mentale Raumaneignungen* verfügen. Als mentale Raumaneignung wird hier die Deutung räumlich ausgedehnter physisch-materieller Gegenständen oder Konstruktion von Räumen verstanden. So ist sowohl die Reflexion, die Handelnde bei der Planung ihrer Ferien über ein Bild des Aletschgletschers machen, welches in ihrem Ferienprospekt abgebildet ist, eine mentale Raumaneignung, denn dabei wird ein Raumbild der Aletschregion konstruiert. Die Wahrnehmung und Interpretation der Aletschregion durch die TouristInnen vor Ort ist ebenfalls eine Raumaneignung, deren Deutungen die vorgängig gemachten ‹Vorurteile› übertreffen, bestätigten oder enttäuschen können. Mentale Raumaneignung ist wie Regionalisierung eine Art, mit dem Raum in Beziehung zu treten, also eine Art der Welterfassung. Das Resultat sind Vorstellungen von der Welt (bzw. von Ausschnitten) darüber, was diese bedeuten, was von ihnen zu erwarten ist und wie man sich zu ihnen verhalten soll und kann (Topitsch in Thabe 2002: 96).

Der Verweis auf die Ferienprospekte hat bereits veranschaulicht, dass mentale Raumaneignung keiner physischen Präsenz im betreffenden Raum bedarf. Der grösste Teil der Raumbilder, wie die Vorstellung von einem Kuba als Paradies, «das ganze Ge-

---

12 In Anlehnung an die demokratietheoretische Unterscheidung eines positiven von einem negativen Freiheitsverständnisses (vgl. Barber 1994) liesse sich die physische Raumaneignung ebenfalls in positive und negative unterscheiden: Ein im Sinne negativer Freiheit angeeigneter Raum würde sich durch maximale individuelle Handlungsfreiheit auszeichnen, während die positive Entsprechung die Vorteile kollektiver Gestaltung betont. Verkehrsregeln stellen derart sowohl eine Einschränkung der negativen physischen Raumaneignung dar, weil sich die Verkehrsteilnehmenden an die Vorschriften halten müssen, aber auch eine Erleichterung des kollektiven Verkehrsflusses und damit, sofern sie demokratisch legitimiert sind, eine Erhöhung der positiven Freiheiten.

nerationen mit der Seele suchten» (Hard 1994: 55), entstammen den Medien oder anderen Vermittlungen und brauchen wenig mit ‹der Realität› gemein zu haben. Mentale Raumaneignung bedarf im Prinzip nicht einmal eines ‹tatsächlichen› Raums als Ingredienz ihrer Vorstellungen. «Utopia» von Morus (1979) hat keinen realen Bezug, ist vielmehr ein Nicht-(existierender-)Ort, dennoch können die entwickelten Vorstellungen materiell handlungswirksam werden – der Kreis der Drei-Welten schliesst sich. Physische Raumaneignung setzt dagegen – mit der Ausnahme unbewusster (z.B. bewusstloser) oder unbeabsichtigter Raumbesetzung – eine mentale voraus, ist gewissermassen das Resultat dieser. Das physische Wandern in einem bestimmten Gebiet ist das Resultat der mentalen Aneignung dieses Raums als (besuchenswertes) Wandergebiet. Die umgekehrte Beziehung ist hingegen nicht gegeben: Die mentale Raumaneignung braucht nicht zwingend in einer physischen zu resultieren. Raumdeutungen können im Kopf der Handelnden bleiben, ohne je in die materielle Welt zu gelangen. Als soziale Wesen haben unsere mentalen Raumaneignungen aber meistens Konsequenzen für andere Handelnde, beispielsweise dann, wenn eine Person sich dazu entscheidet, aufgrund ihrer mentalen Vorstellung *nicht* ins Entlebuch wandern zu gehen («dort regnet es eh») und mehr noch, wenn sie andere davon zu überzeugen versucht, es ihr gleich zu tun.

Es wird ersichtlich, dass mentale Raumaneignung nicht zwingend eine affirmative Beziehung zu einem Raum sein muss, sondern diesen auch abschlägig deuten kann. Trotz der negativen Deutung kann es zu einer physischen Aneignung des Raumes kommen (beispielsweise durch Zwang oder Alternativenlosigkeit), dann allerdings in ablehnender Stimmung, was wiederum die mentale Aneignung des betreffenden Raumes prägen dürfte. So individuell nun Raumaneignungen auch sein mögen, ihnen liegen soziale Strukturen und somit auch Machtbeziehungen zu Grunde, welche die Aneignungsmöglichkeiten regeln, sei dies durch Gesetze zum Landerwerb oder durch Konventionen darüber, was als schön und ästhetisch gilt. Solche konventionalisierten Bedeutungszuweisungen können – analog zur sozialen Welt – als *soziale Raumaneignungen* bezeichnet werden. Verschiedene Gruppen werden kraft ihres Habitus Räume ganz unterschiedlich aneignen, was spätestens dann, wenn die Raumaneignungen physisch präsent werden, zu Konflikten führen kann.

7.2 Regionalisierungen

Im Hinblick auf die Untersuchung der visuellen Präsentation der Fallbeispiel*regionen* soll der Raumaneignung eng verwandte Begriff der ‹Regionalisierung› eingeführt werden. Sowohl die Tätigkeit der Raumaneignung wie jene des Regionalisierens lassen sich als Prozesse der Sinn- bzw. Bedeutungsstiftung an räumliche Ausschnitte bezeichnen (vgl. Daum & Werlen 2002: 6). Der Unterschied und Gebrauchsvorzug von ‹Regionalisierung› liegt dabei in der Betonung des Produkts ‹Region›, ein Begriff, den es im Folgenden zu klären gilt, während mit Raumaneignung der Schwerpunkt auf den Akt der Bedeutungszuweisung gelegt wird.

Giddens versteht unter Region «einen sozial angeeigneten, über symbolische Markierungen begrenzten Ausschnitt der Situation bzw. des Handlungskontextes, der an physisch-materiellen Gegebenheiten (Wänden, Linien, Flüssen, Tälern usw.) festgemacht werden kann» (Giddens in Werlen 1999: 256). Regionen sind sinnhafte Konstrukte, die durch strukturiertes und strukturierendes Handeln (re-) produziert werden, ein

Handeln, das als Regionalisieren bezeichnet werden kann (Hard 1994: 54). Regionalisierungen stellen entsprechend den Raumaneignungen ‹Welt-Bindungen› dar, in denen Handelnde die Welt auf sich beziehen und in materieller und symbolischer Hinsicht über ihr «Geographie-Machen» gestalten (Werlen 1997: 212). Als strukturierte und strukturierende Praxis bringen Regionalisierungen zum Ausdruck, unter welchen sozialen Bedingungen bzw. Strukturen räumliche Gliederungen entstehen. In ihrer strukturierenden Wirkung prägen sie die Bedeutungen, entwerfen sie neu oder pflanzen sie fort, die sich für die verschiedenen Akteure für jeweils spezifische Handlungen infolge der Regionalisierungen ergeben. Regionen als Momentausdruck von Regionalisierungen sind derart im Sinne von Handlungskontexten bzw. -situationen aufzufassen, die verbunden sind mit Bedeutungen, von vagen Vorstellungen bis zu sanktionierten Rechten und Pflichten. Dabei dienen Regionalisierungen oft der Beherrschung der räumlichen Bezüge zur Steuerung des Tuns und der Praxis anderer (Werlen 1999: 264; vgl. Werlen 1998: 35f.), die analog den Raumaneignungen direkt materiell (Wände, Türen etc.), symbolisch vermittelt (Wegweiser etc.) oder rein mental (‹Angsträume› etc.) handlungsleitend wirken können. Auf der mentalen Ebene bedeutet Regionalisieren «Begriffe und Bilder von Regionen herzustellen und diese mit mehr oder weniger Erfolg in die soziale Kommunikation einzufädeln» (Hard 1994: 54), um so die sozialen Bilder, die die Handelnden von bestimmten Raumausschnitten haben, zu beeinflussen. Touristische Marketingkampagnen, politisch-ökonomische Standortpreisungen etc. zeugen von solchen Regionalisierungen.

Regionalisierungen als Komplexitätsreduktionsstrategien

Wie die Bedeutungszuweisung allgemein beruht auch die Bildung von Regionen darauf, dass – in Abgrenzung zu anderen Gegebenheiten – bestimmte Erscheinungen (respektive deren Interpretationen) als räumlich *zusammengehörig* beurteilt werden und deshalb als *Einheit* bestehen sollen. Regionalisierungen fassen Ähnliches zusammen und grenzen von Andersartigem ab. Abstraktionen dieser Art haben für die Handelnden die Funktion, die an sich überaus komplexe und unübersichtliche konkrete Welt überschau- und bewältigbar zu machen. In diesem Sinne sind (mentale) Regionalisierungen «Weltkomplexitätsreduktionsstrategien» (Hard 1994: 54), bei denen komplexe Gebilde auf möglichst einfache Figuren und Bilder reduziert werden. Jede Wirklichkeit bietet unendlich viele Möglichkeiten der Regionalisierung, die sich aufgrund der unterschiedlichsten Merkmale wie Sprache, Wohnformen, Art der Landwirtschaft, Bodentypen, Klima usw. konstruieren lassen. Die Art der Regionalisierung bestimmt sich in erster Linie durch die Interessen der Handelnden: «…hinter Regionen und Regionalisierungen stecken Interessen und Programme» (Hard 1994: 54). ‹Objektive› Kriterien, die für eine ‹natürliche› Klassifizierung ‹natürlicher›, durch ‹natürliche› Grenzen getrennter Regionen sprechen, sind nur bedingt vorhanden und auch dies immer nur in bestimmten Teilbereichen, in denen die getroffene Gliederung mehr oder weniger ‹realitätsgerecht› erscheint, je nach dem, ob die Ähnlichkeiten der zusammengefassten Elemente mehr oder weniger zahlreich und mehr oder weniger stark sind (Bourdieu 1990: 96). Die ‹Realität› von Regionen in ihrer Gesamtheit ist letztlich «durch und durch sozial» (ebd.), sodass auch die ‹natürlichsten› Klassifizierungen auf willkürlichen Festlegungen basieren, die die Folge des Stands der Machtverhältnisse im symbolischen Kampffeld und somit der Interessen und ihrer Durchsetzbarkeit sind.

Wirklichkeiten

Auseinandersetzungen um regionale oder ethnische Einheiten sind Machtkämpfe um Ein- und Ausschluss. Es geht «um die Macht, Prinzipien der sozialen Gliederung (*division*) und mit ihnen eine bestimmte Vorstellung (*vision*) von der sozialen Welt durchzusetzen, die, wenn sie für eine ganze soziale Gruppe verbindlich werden, ihr einen Sinn und jenen Konsens über den Sinn und vor allem über die Identität und Einheit der Gruppe geben können, der die Realität dieser Gruppeneinheit und -identität ausmacht» (Bourdieu 1990: 95). Regionalistische Diskurse wollen Grenzen neu definieren und auf diese Weise Regionen als Ausdruck raumbezogener Identitäten zur Kenntlichkeit und Anerkennung verhelfen. Die regionalen Kategorisierungsakte gelingen freilich nur, wenn jene, die sie vollziehen wollen, über die (symbolische) Macht verfügen ihre Vorstellungen (*vision*) auch durchzusetzen (soziostrukturelle *division*) und in Form von Grenzen zu materialisieren (objektivierte *division*). Die Wirkung regionaler Diskurse ist dieses Machtaspekts wegen so gross, wie die Autorität derer, die sprechen, eine Autorität, die einerseits gegen aussen, aber auch gegen innen, gegenüber der Gruppe selber vorhanden sein muss. Jeder Versuch der Institutionalisierung einer neuen sozialen Gliederung dürfte dabei auf den Widerstand derer treffen, die die aktuellen Herrschaftspositionen inne haben und deshalb interessiert sind an der Aufrechterhaltung des Status quo, der gegenwärtigen Sicht auf die Welt, die sie als die ‹natürliche Ordnung› darstellen (Bourdieu 1990: 101). Auch die Wissenschaften sind nicht davor gefeit, dass ihre Diskurse über Regionen in die Klassifizierungskämpfe einfliessen: «...noch die neutralsten Urteile der Wissenschaft tragen zur Veränderung des Objekts der Wissenschaft bei: ... jede Aussage zur Region [wirkt] als *Argument*, das sich günstig oder ungünstig auf die Erlangung von Anerkennung, und damit von Existenz, für diese Region auswirken kann» (Bourdieu 1990: 101).[13]

Regionale Identität

In den letzten Jahren scheint sich der Begriff ‹Region› selbst in die Reihe emotionalisierter Regionalisierungen wie ‹Heimat›, ‹Landschaft›, ‹Vaterland› etc. zu gesellen. Als Reaktion auf (tatsächliche oder vermeintliche) Auswirkungen der Globalisierung wird vielerorts wieder verstärkt regionale Identität beschworen (vgl. Backhaus 1999: 55ff.). Im Zusammenhang mit nachhaltiger Entwicklung soll die Besinnung auf die regionalen Eigenheiten das Interesse der Bevölkerung an ihrem Lebensmittelpunkt fördern und somit ihre Motivation stärken, sich für die Region zu engagieren (Broggi 1999: 293). Mittels regionaler Labels, d.h. der Auszeichnung von Produkten (u.a. touristischer, gewerblicher, landwirtschaftlicher, kultureller Art) aufgrund ihrer räumlichen Herkunft, werden Region und ihre Produkte als einheitliche Marke auf dem Markt positioniert und dadurch die Aufmerksamkeit der Konsumierenden angezogen sowie Orientierung im unübersichtlichen Produktejungle angeboten. Freilich können solche Komplexitätsreduktionen problematisch werden, tritt doch im Prinzip der gleiche Fehlschluss wie bei rassistischen oder sexistischen Stereotypisierungen auf: Die Eigenschaften der Produkte werden zu örtlich bedingten Eigenschaften, obwohl sie hauptsächlich sozial bedingter Art sind, d.h. durch Produktionsweise, Wissen etc. ge-

---

[13] Zur Macht der gegenwärtig boomenden Geografischen Informationssysteme (GIS) vergleiche von Randow (1995: 23f.): «GIS produzieren Bilder.... Bilder üben suggestive Macht aus; auch Karten wirken überzeugend, weshalb sie seit jeher der Propaganda dienen. [...]. Ein GIS spuckt Zahlen aus, und Zahlen gelten als Inbegriff der Neutralität, Objektivität und Fairness. Schnell gerät da die Erkenntnis unter die Räder, dass Messmethoden, Datenformate und Programme stets auch Interessen codieren.»

prägt sind, die zwar regional verschieden sein können, was aber nicht Folge des Raumes, sondern der sich darauf beziehenden Handelnden ist. Regionale Label, die sich nur über einen Raumbezug ohne Berücksichtigung der sozialstrukturellen Momente (z.B. der Anwendung und Deklaration nachhaltiger Produktionsweisen, Qualitätsgarantien etc.) definieren, dürften denn auch schnell in der Beliebigkeit des Scheins untergehen. Konsumierende werden, enttäuscht von den vielen leeren Glücksverheissungen des gegenwärtigen emotionalisierenden Marketings, letztlich eher (wieder) an der Qualität der Produkte als an ihrer blossen Herkunft interessiert sein (vgl. Kap. ‹Visuelle Kommunikation nachhaltiger Entwicklung› im Teil ‹IV Nachhaltige Entwicklung›).

Im Hinblick auf das diskursive, alle Gesellschaftsmitglieder integrierende Moment nachhaltiger Entwicklung sollten sich die Befürworter regionalistischer Diskurse zusätzlich der Gefahr bewusst sein, dass die Simplifikationen ‹Region› oder ‹regionale Identität› existierende Unterschiede verwischen und Differenzen betonen, wo keine sind. Die Ordnung sozialer Merkmale über räumliche Kategorien, legt den Fehlschluss nahe, das räumlich nicht dazu gehörige auch als sozial minderwertig zu betrachten (Werlen 1993). ‹Die anderen› aus der Nachbarregion können so, unterstützt durch die emotionale Wirkungen der Identitätsdiskurse, auf überhebliche bis ungerechte Weise abklassiert werden. Die regionsinterne Homogenisierung bestehender sozialer Differenzen mittels der räumlichen Kategorien führt dazu, dass Regionen auf magische Weise zu ‹handeln› beginnen und die Durchsetzung *ihrer* Interessen fordern, die freilich oft nur die Interessen *einer* sozialen Gruppe sind, doch über die Fiktion einer regionalen Identität bekommen diese den Anschein *gemeinsamer* Interessen (vgl. Bourdieu 1995b).

Regionalisierungen und Naturschutz

Im klassischen Naturschutz wurden die betreffenden Schutzgebiete in einer Weise regionalisiert, die die Menschen und ihre Nutzungsweisen scharf von der Natur trennte und buchstäblich ausgrenzte. Diese als *Totalschutzmodell* bekannte Umsetzung von Naturschutzvorhaben, die bis in die 1980er Jahre vorherrschend war (vgl. Soliva 2002), verlangte, «ab dem Zeitpunkt der Unterschutzstellung die bis dahin bestehenden Zugangs- und Nutzungsformen des Gebietes zu verhindern respektive zu beseitigen» (Röper 2001: 48). In solchen Wildnisreservaten ist die Aneignung der Natur nur aus Distanz möglich, von vorgeschriebenen Wegen aus, die nicht verlassen werden dürfen. «The preserves are like exhibits in a museum, a huge outdoor diorama that one can walk through, but interact with only visually. This is a place where one can look or quietly contemplate, where a class-based aesthetic is encoded into the environment» (Duncan & Duncan 2001: 401).

Die Wahrnehmung und Wertung von Natur als schützenswert ist eine Form von Raumaneignung, der die Interessen bestimmter Akteursgruppen zu Grunde liegen (vgl. Röper 2001: 49). Diese Interessen decken sich nicht mit jenen anderer Gruppen, insbesondere jenen der bislang dort lebenden und wirtschaftenden Bevölkerung, sind die von Naturschutzvertretern als ‹unberührte› Natur bzw. als Wildnis angesehenen Flächen in der Regel doch kulturell komplex genutzte Gebiete. Ob Naturschutzvorhaben errichtet werden hängt in der Folge davon ab, welche Gruppe ihre Vorstellungen (*vision*) von Raumaneignung gegen die konkurrierenden Sichtweisen durchsetzen und all-

Wirklichkeiten

gemeinverbindlich erklären kann (*division*). Dies wiederum hängt von der Position der Akteure, aber ebenso vom ‹Zeitgeist›, der aktuellen Situation ab (vgl. u.a. Bachmann 1999, Müller 2001).

Duncan & Duncan (2001) haben schliesslich darauf hingewiesen, dass ‹Naturschutzgebiete› unter Umständen nicht nur aus ideellen Gründen, sondern zur Befriedigung handfester Bedürfnisse errichtet werden. Ihre Studie zeigt, wie reiche Villenbesitzer im ländlichen Umfeld von New York die schöne Aussicht von ihren Villen mittels eines Naturparks schützen liessen. Der Verlust der Aussicht würde nicht nur die Lebensqualität mindern, sondern auch den Wert des Wohneigentums. Durch die Regionalisierung von Naturschutzgebieten lassen sich unliebsame Nachbarn in gebührender Distanz halten. Wir können dies ansatzweise am Beispiel Entlebuch illustrieren, an einem Thema, welches nach dem eigentlichen Untersuchungszeitraum für diese Studie relevant wurde und das wir deshalb hier vorziehen können: Die Diskussion um die Verlegung der Warteräume für Flugzeuge, die sich in der Luft kreisend gedulden müssen, bis sie die Landeerlaubnis auf dem Flughafen Zürich-Kloten erhalten. Im Februar 2004 gab die Flughafen Zürich AG bekannt, dass einer dieser genau bezeichneten Warträume von der Region Willisau über das Entlebuch verlegt werden solle[14]. Der Verband UNESCO Biosphäre Entlebuch setzte sich sogleich gegen die Warteraumverlegung zur Wehr[15]. Der Direktor der Biosphäre, Theo Schnider, befürchtete, dass «die Biosphäre einen Imageschaden erleiden könnte, wenn in der Luft Blechvögel statt Bergadler kreisen»[16]. Es sei ein Widerspruch, wenn der Bund die Biosphäre Entlebuch als Modellregion für nachhaltige Entwicklung preise und auf der anderen Seite Flugzeuge über dem Entlebuch kreisen lasse (ebd.). Dank der Auszeichnung als UNESCO Biosphäre hat die Verhandlungsmacht des Entlebuchs zugenommen, welches vor dem Biosphärenvorhaben wohl diskussionslos zu einem Warteraum bestimmt worden wäre, schliesslich erscheint es – von aussen gesehen – wegen seiner sehr lockeren Besiedlung dazu ‹geeignet›. Seit das Entlebuch Biosphärenreservat ist, ist es national bekannt und kann sich zur Abwehr des Fluglärms auch noch auf Nachhaltigkeit berufen.

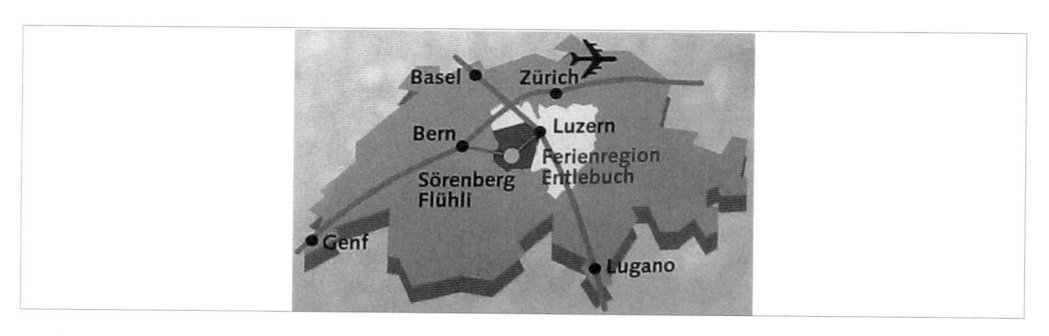

*Abb. 5:
Diese Graphik erscheint jeweils in den Ferienprospekten der Region Entlebuch (hier aus: Eine neue Ferienwelt – Angebote Sommer/Herbst 2002).*

Freilich sind, wie Abb. 5 nahelegt, im Entlebuch Touristen erwünscht, die via Flughafen Zürich-Kloten ins Entlebuch gelangen. Die UBE ist nicht durchwegs jene naturnahe und nachhaltige Gegend, die sie in diesem Zusammenhang zu sein vorgibt.

---

14 Medienmitteilung des Bundesamtes für Zivilluftfahrt (BAZL), 17.2.2004: *Vorläufiges Betriebsreglement für den Flughafen Zürich: BAZL startet öffentliche Anhörung.* Auf: http://www.aviation.admin.ch/aktuell/medienmitteilungen/00663/?lang=de, 23.2.2004.
15 EA, 20.4.2004: *Einsprache gegen Flugwarteraum: Der Verband UNESCO Biosphäre will keine Flugzeuge im Warteanflug über dem Entlebuch.* Auf: http://www.entlebucher-anzeiger.ch, 23.2.2004.
16 Wochen-Zeitung für das Emmental und Entlebuch, 7.4.2005: *Entlebuch als Reserve-Warteraum.*

Die Kraft der Bilder in der nachhaltigen Entwicklung

III Bilder verstehen

«Dass Bilder ‹wirklichkeitsmächtig› werden können, gehört zu den Selbstverständlichkeiten unseres Alltagswissens. Kaufentscheidungen werden getroffen, weil mit dem Gebrauchswert des Produkts auch ein bestimmtes Image, ein Bild vom ‹richtigen› Leben erworben wird. Menschen ziehen um, weil das Wohngebiet einfach nicht mehr ‹angesagt› ist. Urlaubsziele werden angesteuert, weil mit ihren Vorstellungsbildern ‹Abenteuer›, ‹Erholung› und anderes vermittelt wird.» (Becker 2000: 61f.)

Im vorangegangenen Kapitel wurde die gegenseitige Abhängigkeit von individuellem Handeln und den sozialstrukturellen Gegebenheiten, auf die sich das Handeln bezieht und die es dadurch (re-) produziert, dargelegt. Dabei wurde die für das alltägliche Handeln bedeutende Rolle der Gewohnheiten betont: Dem Handeln können Überlegungen und diskursiv bewusste Absichten vorausgehen, aber sie müssen nicht. Der grösste Teil des Handelns verläuft in Form von unreflektierten Routinen, die sich (praktisch bewusst) auf einen komplexen Hintergrund von miteinander verknüpften Überzeugungen, Wünschen, Hoffnungen, Bedürfnissen, Kenntnissen, Bedeutungssetzungen, Neigungen etc. beziehen, die sich, wie wir noch ausführen werden, als soziale Bilder bezeichnen lassen.

Die Kraft, die Bilder für die Konstitution der Wirklichkeit haben, wird in diesem Kapitel genauer zu betrachten sein. Bilder, die wir bewusst oder unbewusst wahrnehmen, vermitteln uns Vorstellungen von Begriffen und damit auch von ‹Räumen›, Regionen etc. Sie prägen unsere Idee von ‹der Wirklichkeit›, lassen Vorstellungen von ‹der Vergangenheit›, ‹der Gegenwart› und ‹der Zukunft› entstehen (Reiche 2003: 16). Anhand der im praktischen Bewusstsein verinnerlichten Werte und Bedeutsamkeiten wird in diesem Kapitel die (emotionale) Wirkung von Bildern – und damit ein wesentlicher Bestandteil ihrer Macht – erläutert. Der Bildgebrauch bezweckt seit je, «das Interesse der Menschen zu wecken, sie zu informieren und gleichzeitig zu begeistern» (Schröder 2003: 115). Letzteres, die Erregung der (Bild-) KonsumentInnen, ist gleichbedeutend mit dem Erzielen einer emotionalen Wirkung.

Doch zunächst wird zu klären sein, was wir überhaupt unter ‹Bild› zu verstehen haben und wie die bildverwandten Ausdrücken ‹Image›, ‹Vorstellung› etc. zusammenhängen. Es wird sich zeigen, dass die vielfältigen theoretischen Bilddiskurse bezogen auf unsere Fragestellung unbefriedigende Bestimmungsversuche hervorbringen. Indem das Spektrum an Bildphänomenen dem im letzten Kapitel eingeführten Drei-Welten-Modell zugeordnet wird, soll versucht werden, eine umfassendere Bildbestimmung herzuleiten, in welche sämtliche Bildphänomene integrierbar und die Beziehungen zwischen ihnen beschreibbar sind. Die Ordnung der Phänomene soll letztlich dazu führen, die ‹Macht der Bilder› zu verstehen und dadurch adäquate Analysemethoden zu erkennen und anwenden zu können.

Das ebenfalls eingeführte (und abgeschwächte) realistische Wirklichkeitsverständnis (Kap. ‹Durch Wände sehen?›) wird im Hinblick auf Fragen der Bildanalysemethodik weitergeführt. Über den Begriff der ‹denotativen Bildbedeutung› skizzieren wir das

Bilder verstehen

Fundament, das Bildbeschreibungen möglich macht. Denn durch eine konstruktivistische Brille blickend haben wir Mühe zu begründen, dass verschiedene Personen mit unterschiedlichen kulturellen Hintergründen auf z.B. einer Fotografie das Gleiche sehen können und dass folglich intersubjektiv gültige Bildbeschreibungen möglich sind. Zwar kann jedes Bildelement die vielfältigsten Konnotationen erwecken, es muss jedoch davon ausgegangen werden, dass die Bildelemente selbst im Sinne von Affordanzen intersubjektiv gleich wahrgenommen werden können, wobei damit natürlich nicht behauptet ist, dass sie in unreflektierten Alltagssituationen auch gleich wahrgenommen werden.

Die folgenden Ausführungen werden den Bildbegriff umkreisen und ihn nach und nach auf die für diese Arbeit relevanten Aspekte eingrenzen. Der Schwerpunkt wird insbesondere auf die visuellen Bilder zu liegen kommen, ohne den Zusammenhang mit mentalen und sozialen Bildern zu übergehen. Aufgrund des zu untersuchenden Datenmaterials (vgl. Kap. ‹Forschungsfrage und Datenauswahl› in ‹V Methodik›) wird aus der Bandbreite visueller Bildphänomene auf Fotografien und ihre ‹Macht des Analogen› fokussiert.

1 Was ist ein Bild?

«Die vermeintliche Klarheit und Eindeutigkeit der Frage ‹Was ist ein Bild?› und vor allem die Dominanz einer unzulänglichen ‹offiziellen Lehre›, nämlich der Ähnlichkeitsauffassung des Bildes, haben eine adäquate Vorstellung von der Komplexität des Bildbegriffs und damit das tiefere Eindringen in viele Besonderheiten von Bildern und Bildsystemen bislang weitgehend verhindert.» (Scholz 1998: o.S.)

Der Begriff ‹Bild› steht für eine breite Vielfalt unterschiedlichster Phänomene: Gemälde, Skulpturen, Gesten, Fotografien, Karten, Diagramme, Metaphern (Sprachbilder), Visualisierungen i.e.S, (Produkte der bildgebenden Verfahren: Ultraschall, Satellitenbilder, ‹Molecular Modelling› etc.), Spurbilder, Spiegelbilder, Sternbilder, Träume, Halluzinationen, Einsichten, Erinnerungen, Ideen, Visionen, Illusionen, Imaginationen, Leitbilder usw. Schlägt man ‹Bild› im Duden nach (Dudenredaktion 1999), stösst man auf folgende Definitionen: (1) ein «mit künstlerischen Mitteln auf einer Fläche Dargestelltes, Wiedergegebenes; Gemälde, Zeichnung o.Ä.», (2) «Fotografie; gedruckt wiedergegebene bildliche Darstellung» bzw. Film- oder Fernsehaufnahmen als «bewegte Bilder», (3) Abbild oder Spiegelbild, (4) Plastik oder Skulptur, schliesslich (5) Anblick oder Ansicht (z.B. das Bild einer Stadt oder ein Bild des Jammers), (6) Vorstellung oder Eindruck, (7) Bühnenbild, (8) «bildlicher Ausdruck, anschaulicher Vergleich, Metapher». Der englische Begriff ‹image› umfasst zusätzlich die Definition eines öffentlich wirksamen Stereotyps: «A concept or impression, created in the minds of the public, of a particular person, institution, product, etc.»[17].

Die genannten Assoziationen zum Begriff ‹Bild› sind divers und es ist vorerst unklar, ob und welche Gemeinsamkeiten zwischen ihnen bestehen. Um eine Systematik der Bildphänomene erstellen zu können, gilt es entsprechend, die Frage zu beantworten, welches bildspezifische Eigenschaften sind, Eigenschaften, die Bilder von Nicht-Bildern abgrenzen. Wir müssen klären, was das Besondere an Bildern ist, das ihre sprich-

---

17 Oxford English Dictionary Online. Oxford University Press 2002. Auf: http://dictionary.oed.com, 21.9.2002.

wörtliche ‹Macht› ausmacht. Der folgende Überblick zentraler Bildverständnisse wird diesbezüglich wichtige Ansatzpunkte liefern, die jedoch für sich genommen dem Phänomen Bild in seiner umfassenden Bedeutung nicht gerecht werden, denn die Konstruktionsleistungen der Handelnden, resultierend aus der Dualität von Handeln und Struktur, bleiben bei allen unterberücksichtigt. Indem wir das Drei-Welten-Modell wieder aufgreifen, soll diese Lücke geschlossen werden.

1.1 Ein theoretischer Bildbegriff?

Das Zitat von Scholz hat es angedeutet: Die Bilddiskussion ist sowohl geprägt als auch gespalten durch die Auffassung, die Beziehung zwischen Bild und Abgebildetem zeichne sich notwendig durch *Ähnlichkeit* aus (vgl. Mitchell 1990: 19). Dies mag auf viele der oben genannten Bildphänomene zutreffen, wie steht es aber beispielsweise mit Gemälden oder Skulpturen der abstrakten, gegenstandslosen Kunst? Was oder wem sind Diagramme und graphische Darstellungen ähnlich? Welche Art von Ähnlichkeit liegt den Produkten der bildgenerierenden Verfahren zu Grunde? Und auch fantastische Vorstellungsbilder bedürfen nicht einer Ähnlichkeit mit etwas Realem, im Gegenteil: Ihre Qualität wächst gerade mit der Fiktionalität des Dargestellten, d.h. ihrer Referenzlosigkeit. Wollen wir diese Phänomene nicht aus dem Bildbegriff ausschliessen, müssen wir Ähnlichkeit als allgemeines Kriterium der Bilder verwerfen. Bei der vertieften Behandlung einer besonderen Art von Bildern, den Fotografien, werden wir dennoch darauf zurückkommen, denn (geglaubte) Ähnlichkeit trägt entscheidend zur Macht der Fotografien bei (vgl. unten Kap. ‹Die Macht des Analogen›).

Einiges bescheidener als in der Ähnlichkeit wurzelnd vermutet Brandt das Wesen der Bilder in ihrer *Sichtbarkeit* und der *Unterscheidbarkeit* «von allen sonst sichtbaren Dingen» (Brandt 2004: 44). Die notwendige Eigenschaft der Sichtbarkeit begründet er damit, dass etwas nur dann ein Bild sein kann, wenn man es *sieht* und es entfaltet seine bildspezifische Wirkungsweise nur, wenn man es auch wirklich *ansieht* (Brandt 2004: 45). Bilder im Sinne Brandts lassen sich folglich nicht in ein anderes, nicht visuelles Sinnessystem ‹übersetzen›. Zeichen oder Symbole können demnach nicht als Bilder bezeichnet werden, da sie zwar sichtbar präsentiert, aber – z.B. im Falle der Schriftzeichen – auch vorgelesen oder als Blindenschrift ertastet werden können, sie müssen also im Gegensatz zu Bildern nicht zwingend gesehen werden. Sprachliche (verbale) Bilder lassen sich deshalb nur metaphorisch als Bilder bezeichnen: «Die Rede von Welt- und Menschenbildern ist bildlich-metaphorisch, denn wer von Menschenbildern spricht, meint nicht Bilder von Menschen, wie sie in den Porträtgalerien von Museen zu sehen sind. Und wer in der Ethnologie über Weltbilder referiert, stellt keine Sammlung von Satellitenfotos der Erde vor» (Brandt 2004: 46). Von den übrigen sichtbaren Dingen grenzen sich Bilder ab, indem sie etwas darstellen, was sie selbst nicht sind: Ein Bild ist ein Bild und nicht die Sache selbst. Wahrnehmenden muss die Fähigkeit eigen sein, die Erfahrung eines Bildes von der Erfahrung realer Gegenstände unterscheiden zu können. «Wer zur Unterscheidung von Dingen und Bildern nicht in der Lage ist, wird sanft beiseite genommen und der allgemeinen Welt entzogen» (Brandt 2004: 44; vgl. zu diesem Kriterium Gibson 1986: 273; Mitchell 1990). Ein Bild des Aletschgletschers ist nicht der Gletscher selber – aber ist die klare Trennung von Bild und Abgebildetem, von Schein und Sein wirklich immer eindeutig durchführbar? Lässt sich klar zwischen der Betrachtung des tatsächlichen Gletschers und dem Bild gewordenen Gletscher unterscheiden? Sind es nicht die Bilder im Kopf, die, oft durch Bilder auf Papier beeinflusst, den Blick in die Welt kanalisieren? Können wir überhaupt Realität und Simulation, «factum und fictum» (Boehm 1994a: 35) auseinander halten? Wer nun – wie beispielsweise Baudrillard dies tut – Realität gänzlich zur Illusion erklärt, überspannt den Bogen genauso wie die Vertreter der anderen Seite, die einen naiven Realismus postulieren (zur Kritik an Baudrillard und seinem «Begriffssandkasten» vgl. Theweleit 2002: 198–207). Bild und Realität lassen sich weder so klar trennen, wie Brandt dies postuliert, noch kann jegliche Unterscheidbarkeit bestritten werden. Auf der einen Seite ist unser Handeln von Bildern, von Illusionen, geprägt: Verreisen wir nicht regelmässig eher in eine Idealvorstellung als in einen Ferienort? Lieben wir oft nicht eher ein Bild statt eine Person? Auf der anderen Seite ist die Illusion nicht die letzte Instanz, denn sind wir nicht regelmässig enttäuscht, wenn sich Erwartungen nicht erfüllen? Es gibt eine Realität, an welcher wir unsere Bilder abgleichen können und müssen, diese Realität erfahren wir als soziokulturell eingebettete Handelnde jedoch nicht unabhängig von den Bildern, die wir an ihr überprüfen wollen. Bilder im Kopf und Bilder vor dem Kopf hängen wechselseitig zusammen.

Röhl bestimmt Bilder als menschgemachtes Gut, als notwendig *künstlich* (Röhl o.J.: 1). ‹Natürliche Bilder› wie Spiegelbilder, Schatten, Wolkenformationen oder Spurbilder etc. schliesst er folglich, da sie nicht von Menschen hergestellt wurden, aus seiner Bildfamilie aus. Wetterphänomene, Kaffeesatzspuren, Sternbilder u.a.m. können jedoch zu mächtigen Bildern gemacht werden, zu unmittelbaren Zeichen der (göttlichen) Natur, weshalb der röhlschen Einschränkung hier nicht gefolgt wird. ‹Künstlich› soll vielmehr in einem weiten Sinne als kulturell bzw. «beobachterrelativ» (Searle 1997) aufgefasst werden, sodass nicht nur Produktions-, sondern auch Interpretationsleistungen zu Artefakten führen. So gesehen wird aus jeder «rohen Tatsache», sobald ihr die Funktion Bild zugewiesen wird, ein Kulturprodukt. Jedes Bild ist notwendig künstlich, aber in einem weiteren Sinne als dem von Röhl gemeinten.

1.2 Ein empirischer Bildbegriff

Die theoretischen Bestimmungsversuche des Bildbegriffs betonen je nach Definition bestimmte Besonderheiten von Bildern, schliessen dabei aber gewisse Bildphänomene aus der Betrachtung aus. Damit läuft man Gefahr, wesentliche Elemente der ‹Kraft der Bilder› *a priori* zu verfehlen. Im Folgenden soll aufbauend auf dem Drei-Welten-Modell die gesamte Vielfalt der eingangs erwähnten Bildphänomene geordnet und in Beziehung zu einander gebracht werden, sodass der Blick auf die ‹Kraft der Bilder› umfassend bleibt. Es soll ein der sozialen Realität möglichst entsprechendes (vgl. Searle 1992: 56ff.; Schütz 1971: 3ff.) Bildverständnis hergeleitet werden, welches Scholz, implizit den strukturierenden und strukturierten Einfluss der Handelnden gewichtend, als *empirischen Bildbegriff* bezeichnet (Scholz 2004).

Das Drei-Welten-Modell (vgl. Kap. ‹Drei-Welten-Modell› in ‹II Wirklichkeiten›) legt die Aufteilung der Bildphänomene in materielle, mentale und soziale Bilder nahe: Einige Phänomene sind offenkundig materieller Natur – sowohl ‹natürlich› entstandene (z.B. Spiegelbild) wie auch künstlich geschaffene (z.B. Gemälde). Neben den materiellen Bildern gibt es immaterielle, mentale Bilder (‹Bilder im Kopf› wie z.B. Vorstellungen). Entscheidend ist nun, dass infolge des konstruktivistischen Wirklichkeitsverständnisses (vgl. Kap. ‹Wahrnehmen› in ‹II Wirklichkeiten›) materielle Bilder – analog sämtlichen materiellen Phänomenen – die handlungsrelevanten Bedeutungen nicht in sich selbst tragen, diese ihnen vielmehr im Zuge der Aneignung auferlegt werden. Was für mich die Bedeutung ‹Bild› hat und welche Bedeutung dies ist, ist das Resultat einer Bedeutungsgebung, eines mentalen Bildes. Beziehe ich mich bei der Bedeutungszuweisung auf kollektiv bereits akzeptierte Bildverständnisse, rekurriere ich auf Strukturen der sozialen Welt. Wenn auf der einen Seite ‹die Existenz› der materiellen Bilder von den mentalen (und den sozialen) abhängt, so sind andererseits die mentalen Bilder durch die materiellen beeinflusst: «‹Wer die Bilder beherrscht, beherrscht auch die Köpfe›, so eine Erkenntnis, die Bill Gates zugeschrieben wird und die auch andere zu Höchstleistungen anspornt» (Reiche 2003: 19). Die ‹Kraft der Bilder› ist diesen Interdependenzen wegen nur fassbar unter Einbezug sämtlicher drei (Bild-) Welten. Die Differenzierung der Bildbestandteile in mentale, soziale und materielle verbleibt dabei rein analytisch, denn jedes Bildphänomen verdankt seine – zumindest spätestens seine kommunikative – Existenz allen drei Welten *zugleich*.

1.3 Materielle Bilder

Prinzipiell kann jedes materielle Phänomen zu einem Bild werden, aber offensichtlich bezeichnen wir nicht alles, was materiell ist, als Bild. «Ob ein Ding ein Bild ist oder nicht, hängt ... nicht allein von der Beschaffenheit des Dinges ab, sondern vor allem auch davon, welches Zeichensystem als Interpretationsrahmen dient. Strenggenommen sollte man nicht fragen, was ein Bild ist, oder welche Dinge schlechtweg Bilder sind, sondern eher, wann oder unter welchen Bedingungen etwas ein Bild ist, wann etwas als Zeichen in einem bildlichen System fungiert» (Scholz 2004: 103). Der Begriff des Bildes ist folglich kein theoretischer – weder ästhetisch noch philosophisch –, er ist primär ein *empirischer Alltagsbegriff*, eingebettet in die Routinen der Alltagsbewältigung. «Wir haben gelernt, Dinge als Dinge, Menschen als Menschen und Bilder als Bilder zu identifizieren» (Brandt 2004: 45). Was für uns die Bedeutung eines Bildes hat, ist das Resultat soziohistorisch relativer Bedeutungsgebung. Bilder sind damit (wie die Sprache auch) konventionelle Zeichen (Goodman 1995). Etwas wird intersubjektiv zu einem Bild, wenn es kommunikativ als solches verwendet wird, d.h. in Handlungs- und Interaktionszusammenhänge – Scholz spricht mit Bezug auf Wittgenstein von «Bildspielen» (Scholz 1998: o.S.) – eingebettet ist[18]. So gelten ‹natürliche› materielle Phänomene wie z.B. Figuren im Kaffeesatz als Bilder, wenn sie in den entsprechenden Kommunikationszusammenhang des ‹Kaffeesatzlesens› eingebettet sind. Erst dieser Zusammenhang bzw. Kontext macht die durch den Kaffeesatz gezeichnete Figur zu einem Bild.

Materielle Bilder können in visuelle (z.B. Fotos) und sprachliche (z.B. Metaphern) unterteilt werden. Die visuellen Bilder sind zwingend sichtbar, die verbalen Bilder sind

---

18 «Zur Verdeutlichung und Veranschaulichung seien einige ‹Bildspiele› aufgezählt: jemandem mitteilen oder zeigen, wie etwas aussieht oder beschaffen ist; jemandem zeigen, wie etwas sein soll; jemandem zeigen, wie etwas nicht sein soll; wie man etwas machen (bzw. nicht machen) soll; jemandem das Aussehen oder die Beschaffenheiten eines Gegenstandes, einer Person, eines Gesichts etc. in Erinnerung rufen; nach einem Bild, einer Zeichnung, etwas herstellen (bauen, zimmern, schneidern u.Ä.); die Gegenstände holen, die auf einem Bild zu sehen sind; zu dem Ort gehen, den das Bild zeigt; dem Betrachter zeigen, was sich hinter einer Tür, in einem undurchsichtigen Behälter (o.Ä.) befindet; etc.» (Scholz 1998: o.S.). An diesen Beispielen wird deutlich, dass Bilder nur dann eine eindeutige Funktion ausüben können, wenn sie von einem verbalen Text begleitet und durch ihn verankert werden. Auf die Bedeutung der Bildverankerung wird unten im Kap. ‹Die Kontextabhängigkeit der Bildwirkung› zurückzukommen sein.

Bilder verstehen

sowohl in der Form von Schallwellen als auch gedruckt auf Papier zwar immer noch materiell, aber nicht notwendig als solche sichtbar. Zwischen ihnen besteht folglich ein wesentlicher Unterschied, aber auch eine – ebenfalls wesentliche – Gemeinsamkeit: Sowohl verbale als auch visuelle Bilder veranschaulichen, rücken etwas in ein bestimmtes Licht und heben dabei bestimmte Aspekte hervor, während andere in den Hintergrund gerückt oder ausgeblendet werden. Die verbalen Bilder unterscheiden sich aber von den visuellen, indem ihre Wirkung einer Übersetzungsleistung bedarf, was bei den visuellen nicht – oder anders – der Fall ist (siehe unten Kap. ‹Die Macht des Analogen›). Betrachtet man nämlich eine beschriebene Buchseite wie ein visuelles Bild, wird man anders schauen, als wenn man den Text liest – und vor allem wird man die kommunikative Absicht des verbalen Bildes verfehlen.

1.4 Mentale Bilder

Das Konzept ‹mentaler Bilder› ist äusserst vielschichtig und kann hier nur stark vereinfacht aufgenommen werden (vgl. z.B. Sachs-Hombach 1995; Lester 2003: 57). Die für uns wichtigste Bedeutung mentaler Bilder ist jene des im Geiste eines Handelnden verinnerlichten Bildes bzw. einer anschaulichen Vorstellung (Sachs-Hombach 1999: 185) eines meist, aber nicht zwingend sinnlich wahrnehmbaren Gegenstandes oder Ereignisses, wobei sich das Äusserliche nicht einfach im Geiste abbildet, sondern vom Geiste aktiv (mit-) konstruiert wird (vgl. Kap. ‹II Wirklichkeiten›). Die Bedeutungen der Dinge der materiellen Welt – und damit die Art und Weise, wie wir mit ihnen umgehen – liegen in den (grösstenteils sozial strukturierten) mentalen Bildern begründet (vgl. Mitchell 1990: 27). Wie mentale Bilder und Handlungen (inklusive Wahrnehmungen) genau zusammenhängen, ist jedoch nach wie vor weitgehend unbestimmt (vgl. Fassler 2002), ihre Handlungs- und Wahrnehmungswirksamkeit ist im Prinzip aber unbestritten (vgl. Urban 2002). Einig ist man sich auch darüber, dass mentale Bilder einzig im Bewusstsein der sie Imaginierenden vorhanden sind, sodass einzig diese von ihrer Existenz zeugen können (vgl. Mitchell 1990: 30; Röhl o.J.: 1). Gesellschaftlich relevant werden sie erst, wenn sie materialisiert werden.

Bilder im Kopf kanalisieren den Blick auf ‹die Realität›, reduzieren die Komplexität des Wahrnehmbaren auf weniges für wahrnehmens- und erinnernswert Befundenes. Sie lassen uns beispielsweise aus der Fülle funktional gleichartiger Produkte jene mit dem verinnerlichten positiven Image wählen, ganze Regionen in wenigen Stimmungsbildern festhalten, Personen aufgrund ihres Aussehens bewerten (O'Shaughnessy & O'Shaughnessy 2003: 188) etc. Im Zusammenhang mit politischen Wahlen wird solche Komplexitätsreduktion als ‹Packaging of the Candidate› bezeichnet, was die mediengerechte Inszenierung von Kandidaten bedeutet, die Sachauseinandersetzungen sekundär, dafür politische Wahlkämpfe zu personalisierten Werbeschlachten werden lässt (Baringhorst 1995: 9). Das mentale Bild, das die Wählenden von Parteien und Kandidaten haben, bildet den Schlüsselfaktor parteipolitischer Konkurrenz. Insofern die mentalen Bilder zu Handlungen führen sollen (Stimmabgabe, Kaufentscheidung etc.), wird mit emotionalisierenden Bildern gearbeitet, auf die wir unten in Kap. ‹Emotionale Wirkung› zurückkommen werden.

Als ‹Ausgangsmaterial› mentaler Bilder dürften gemachte Erfahrungen, insbesondere wiederholt Gesehenes oder emotional intensiv Erlebtes dienen, das jedoch in vielschichtigen und verschlungenen Prozessen neu gewichtet bzw. kombiniert werden

Die Kraft der Bilder in der nachhaltigen Entwicklung

kann, sodass mentale Bilder zu referenzlosen ‹Fiktionen› werden können. Wie das folgende Experiment veranschaulicht, lehnen sich bestimmte mentale Bilder auch sehr präzis und uniform an das einst Gesehene an und dies zudem in den Köpfen mehrer Handelnder gleich: «Schliessen sie mit jemandem die Wette ab, sie könnten ihm Bilder zeigen, obwohl er die Augen geschlossen hat. Formulieren sie daraufhin folgende drei Sätze: ‹Marilyn Monroe steht mit wehendem Kleid über einem U-Bahn-Schacht›, ‹Albert Einstein streckt die Zunge heraus› oder der ‹Atompilz über Hiroshima›. Die Wahrscheinlichkeit, dass diese die Fotos trotz geschlossener Augen ‹sehen›, ist sehr gross. […]. Wir haben diese Fotos so oft gesehen, dass sie einen festen Platz in unser aller Köpfe haben» (Hamann 2001: 7). Um das gleiche Prinzip solcher intersubjektiv ausgedehnter mentaler Bilder (d.h. sozialer Bilder, vgl. hierzu unten Kap. ‹Soziale Bilder›) geht es, wenn wir nach den Vorstellungen von Begriffen wie ‹Biosphäre Entlebuch›, ‹Weltnaturerbe Jungfrau-Aletsch-Bietschhorn› oder ‹nachhaltige Entwicklung› fragen (vgl. Abb. 6). Einerseits lässt sich mittels Befragungen i.w.S. untersuchen, ob zu diesen Begriffen stark standardisierte Vorstellungen verbreitet sind. Anderseits kann das zu Informationszwecken verwendete materielle Bildmaterial analysiert werden, um zu wissen, welche Bilder der Bevölkerung dargelegt wurden. Dabei ist auf die Häufigkeit der materiellen Bilder zu achten, vor allem aber auch auf ihre emotionale Wirksamkeit, was verlangt, die Wert- und Bedeutungskontexte zu kennen (vgl. unten). Die Analyse der präsentierten materiellen Bilder erlaubt uns zwar keine Antworten auf die Frage, wie materielle Bilder in den Kopf kommen, es sind aber Aussagen über die Vorstellungen der Bildproduzenten und Aussagen über die *potenziellen* mentalen Bilder der Bildrezipienten zulässig (vgl. Kap. ‹V Methodik›).

Abb. 6:
Was ‹sehen› Sie
beim Lesen dieses Zitats? (Zitat
aus Funk-Salami
2004: 25).

«Majestätisch fliesst er dahin,
eine glaziale Hoheit,
silbrig glänzende Schärpe
des Berner Oberlands:
der Grosse Aletschgletscher.»

1.5 Soziale Bilder

Bei der Behandlung der materiellen und der mentalen Bilder sind wir nicht umhin gekommen, mehrfach auf soziale Bilder zu verweisen. Worum handelt es sich dabei aber genau? Im Folgenden soll auf einige der wichtigsten Bezeichnungen des im Kern gleichen Gedankens überindividuell geteilter Vorstellungen eingegangen werden. Auf die Darstellung anderer interessanter Konzeptualisierungen sozialer Bilder wie ‹Ideologien› (Eagleton 2000), ‹Episteme› (Foucault 1999) oder ‹Indigenous Knowledge› (Müller-Böker 1995) muss leider verzichtet werden.

Stereo- und Visiotype

«D'Äntlibuecher, die vo hende vöre» (Aussage einer Jugendlichen in: Probst 1997: o.S.) – die Walliser, die «engstirnigen Bergler und Jäger, die nur an ihre Eigenintere-

Bilder verstehen

sen denken und damit uneinsichtig die Natur zerstören» (D'Anna-Huber 2000b): Dies sind Stereotype, Klischees. Walter Lippmann beschrieb 1922 Stereotype als «pictures in our head», als «vereinfachte, relativ rigide und schwer zu verändernde Denkmuster, die mit der äusseren Realität nicht übereinstimmen müssen, jedoch unser Verhalten stärker beeinflussen als die tatsächlichen Bedingungen» (zit. in: Gast-Gampe 1993: 129). Stereotype sind im üblichen Sprachgebrauch konventionelle – «häufig übelmeinende und möglicherweise völlig aus der Luft gegriffene» (Putnam 1990: 68) – Meinungen über eine Sache, eine Person oder ein Ereignis. Als soziale Bilder sind Stereotype überindividuell bedeutsame, kollektiv geteilte Vorstellungen, die ganzen Gruppen (am deutlichsten im Falle von Ethnien oder Nationen) vertraut sein können und mitunter eine bedeutende Rolle in der Bildung der Gruppenidentität einnehmen, weil sie ‹Gründe› für die Abgrenzung des Eigenen vom Anderen ausdrücken, häufig begleitet durch die Abwertung der anderen Gruppe und der Legitimation allfälliger Handlungsfolgen (vgl. Werlen 1993). Stereotype sind mächtige Instrumente in der Reduktion der (Reiz-) Komplexität auf ein ‹bewältigbares Mass› bzw. in der Kanalisierung der Information in eine ‹günstige Richtung› (vgl. Kap. ‹ Regionalisierungen als Komplexitätsreduktionsstrategien› in ‹II Wirklichkeiten›). «Die Menschen nehmen ... Bilder auf und sträuben sich nicht gegen das Denken und Wahrnehmen in Stereotypen. Im Gegenteil – wir sind froh über jede Form der Simplifizierung: Marilyn Monroe, die frivole Blondine, Albert Einstein, der coole Alte. Zu wenig bemühen wir uns um ein eigenes differenziertes Bild von der Wirklichkeit» (Reiche 2003: 10ff.). Stereotype sind wie alle Wirklichkeitskonstruktionen nur im sozialen Kontext verstehbar, in welchem sie sich ausgebildet und artikuliert haben (Gast-Gampe 1993: 130). Mit den Stereotypen eng verwandt sind ‹Images› im Sinne von Produkte-, Personen- oder Regionsimages, d.h der Gesamtbilder, die sich Individuen von besagtem Objekt (bzw. einem Begriff) machen (Vogel 1993: 293). Wie Firmen können auch Nationen und Regionen als ‹Marken› gesehen werden, um deren Image sich spezialisierte Werbefirmen bemühen, die versuchen, hinsichtlich der Wirtschaftlichkeit der Destinationen bzw. ihrer Produkte günstige Assoziationen zu verbreiten. Die Imagepositionierungen können unter den Bedingungen des verschärften internationalen Konkurrenzkampfes das Ausmass regelrechter «Standortnationalismen» annehmen (Butterwegge 2001).

Als visuelles Analogon zu den verbalen Stereotypen führt Pörksen den Kunstbegriff ‹Visiotyp› ein. Visiotype bzw. «Schlüsselbilder» sind standardisierte Visualisierungen, durchgesetzte Formen der Wahrnehmung und Darstellung, des Zugriffs auf ‹Wirklichkeit› (Pörksen 1997: 27f.), Denk- und Darstellungsstile, wie sie sich in Diagrammen, Zahlenbildern und Figuren, Kurven und Modellen etc. äussern. Mit den Visiotypen gehen in der Regel starke Konnotationen einher, d.h. sie sind umgeben von einem starken Assoziationshof von Gefühlen und Wertungen, der – wie im Falle von Visiotypen aus den Wissenschaften – auch die mythische Konnotation völliger Konnotatlosigkeit, angeblich reiner Sachlichkeit tragen kann. Als «Schlagbilder» bzw. «Schlüsselreize» (Pörksen 1997: 27), «kanonische Bilder» (Pörksen 1997: 99) ähneln die Visiotype «den bemalten Fensterscheiben eines Hauses, durch die seine Bewohner die Welt lieber wahrnehmen als indem sie einfach nach draussen gehen» (ebd.). Die von Visiotypen ausgehende Bannkraft machen sich Strategien der (Bild-) Kommunikation zu nutzen: «Wer den Bau einer Autobahn durchsetzen oder verhindern will, im Zuge der neuen Biotechnik eine neue Ethik und Rechtsordnung fordert, einen Ölkrieg als kleinen, sauberen Eingriff vorführen will, greift zum Visiotyp» (Pörksen 1997: 27). Wir wer-

Die Kraft der Bilder in der nachhaltigen Entwicklung

den bei der Behandlung des Fallbeispiels Jungfrau-Aletsch-Bietschhorn sehen, dass die Ikone ‹Grosser Aletschgletscher› einem Visiotyp das WNE-Vorhaben illustrierte.

Wahrnehmungsschemata

Mit Schema bzw. Schemata werden verfestigte und standardisierte Vorstellungen über einen Sachverhalt, die im Gedächtnis sprachlich oder bildlich repräsentiert sind, bezeichnet (Kroeber-Riel 1993: 146). Bezogen auf die visuelle Wahrnehmung ermöglichen die im Gedächtnis gespeicherten Schemata, dass wir ohne bewusste gedankliche Anstrengung Sachverhalte erkennen können, auch solche, die bloss angedeutet sind. (Visuelle) Schemata sind quasi verinnerlichte Schablonen, mit denen Sinneseindrücke verglichen und von ihnen abweichend oder als ihnen zugehörig beurteilt werden. Handelnde verfügen über unterschiedliche Schemabrillen, die je nach Kontext variieren können und die das Interpretieren von visuellen Botschaften ermöglichend wie auch einschränkend lenken. Die aktuell ‹aktive Brille› ist von den Erwartungen der Betrachtenden (beeinflusst beispielsweise durch den Typ des Mediums, welches betrachtet wird), gegenwärtiger Stimmung, Haltung, Position, den Vorurteilen und Vorinformationen, mit welchen ein Bild betrachtet wird u.a.m. geprägt (vgl. unten ‹Die Kontextabhängigkeit der Bildwirkung›).

Es gibt Lehrmeinungen, die einige Schemata als biologisch vorprogrammiert betrachten (Kroeber-Riel 1993: 146). Zu diesen wird das Kindchenschema gezählt, d.h. die Wahrnehmung kindlicher Proportionen (grosse Augen, kurze Nase, Pausbacken, verglichen mit Erwachsenen überproportional grosser Kopf etc.) als Schlüsselreiz für Fürsorgeverhalten (vgl. unten Kap. ‹Emotionale Wirkung›). Ein anderes Beispiel ist die schematisierte Wahrnehmung von Hunden mit grossen dunklen Augen als treu (vgl. Abb. 7). Ohne weiter auf die Diskussion eingehen zu können, darf m.E. der Einfluss von Sozialisierungsprozessen auf die Art der erworbenen Schemata nicht unterschätzt werden. So oder so bleibt die für uns wichtige Konsequenz bestehen, dass uns der Entlebucher Sennenhund in Abb. 7 wohl Zuneigung und ein positives Gefühl entlockt, welches wir mit der Biosphäre Entlebuch verbinden (sollen).

Abb. 7:
Inserat der UBE, erschienen in der Ausstellungsbeilage ‹Ansichtssache› im EA vom 28.9.2004.

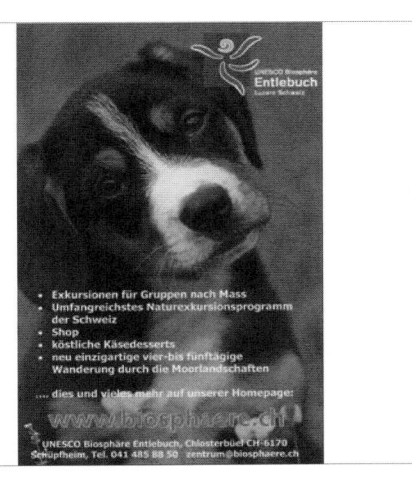

Soziale Repräsentationen

Die Theorie der sozialen Repräsentationen wurde vom französischen Sozialpsychologen Serge Moscovici von den 1960er Jahren an entwickelt. Sie beschäftigt sich allgemein mit dem Wissen, welches den Handelnden ihr (soziales) Handeln überhaupt ermöglicht, ein Wissen, das praktisch gesamthaft aus der Interaktion mit anderen Individuen erlernt wird, weshalb von *sozialen* Repräsentationen die Rede ist (Moscovici 2001a: 126f.). Entgegen dem tendenziell irreführenden Begriffsbestandteil ‹Repräsentation› postuliert die Theorie nicht, soziale Repräsentationen seien Abbildungen der Wirklichkeit. Soziale Repräsentationen simulieren nicht die Welt, sondern gestalten, *konstituieren* sie (Moscovici 1995: 312f.).

Soziale Repräsentationen können als kollektiv geteilte Weltdeutungen umschrieben werden. Sie sind gemeinsame Denkinhalte wie Vorstellungen über Phänomene, ein Netzwerk aus Bildern und Metaphern, die durch Eindrücke evoziert werden, Werte, die Phänomenen Bedeutung geben, Glaubenssysteme über den Sinn des Lebens, das Gerechte, das Schöne, das Fremde und natürlich über das eigene Selbst (vgl. Moscovici 2001a: 124ff.; vgl. 2001b: 157). Soziale Repräsentationen betreffen den Inhalt des Denkens und den Bestand an Ideen, der es ermöglicht, Personen und Objekte einzuordnen, Verhaltensweisen zu vergleichen und zu erklären und sie als Teil unserer sozialen Umwelt zu ‹objektivieren› (Moscovici zit. in Augoustinos 1995: 201). Jede Interpretation ist somit durch ihre Kategorisierung eine Verdinglichung. Die jeweils geläufigen sozialen Repräsentationen stellen die Form und den Inhalt bereit, die die ‹richtige› Verdinglichung vorgeben. Der Prozess der *Objektivierung* dient dazu, abstrakte Ideen und Konzepte in ein konkretes Bild zu übersetzen oder an konkreten Gegenständen festzumachen, wobei bestimmte Bestandteile der Konzepte betont, andere weggelassen werden (Flick 1995: 15). Unbekannte Begriffe wie ‹nachhaltige Entwicklung› müssen folglich, um von der Gesellschaft anerkannt zu werden, durch bekannte Repräsentationen verarbeitet sein, welche den Begriffen ihren Sinn und ihre Bedeutung leihen (vgl. Moscovici 1995: 272). Denn Handelnde versuchen ständig, Fremdes vertraut zu machen, d.h. dem Vertrauten anzugleichen bzw. im Fremden das Vertraute aufzufinden. Dieser ständige Rückgriff auf Vertrautes verleiht den sozialen Repräsentationen einen konservativen Charakter und ist mitunter ein Grund dafür, dass die meisten Menschen vorwiegend Tatsachen akzeptieren oder Verhaltensweisen wahrnehmen, die Althergebrachtes bestätigen (Moscovici 1995: 267).

1.6 Verbale Bilder

Visuelle Bilder werden üblicherweise scharf vom gesprochenen Wort und der Schrift abgegrenzt (vgl. Röhl o.J.: 1; Brandt 2004). Diese Grenzziehung soll hier nur bedingt akzeptiert werden. Denn natürlich dienen verbale Bilder nicht der visuellen Kommunikation, sie bedürfen eines anderen Wahrnehmungssinnes als das (nur) Sichtbare und verfügen nicht über die ‹mächtigen› Besonderheiten visueller Bilder (vgl. unten Kap. ‹Visuelle Bilder›). Was aber ihre illustrative Funktion betrifft, nehmen sie prinzipiell den gleichen Stellenwert ein wie die visuellen Bilder: Sie machen Abstraktes ‹anschaulich›, rücken Unbekanntes in ein bestimmtes Licht, verleihen Ungegenständlichem plastische Gestalt. Als diesbezügliches Paradigma gelten Metaphern, die «Brücken [schlagen] zwischen Gegenstandsbereichen, die im gewohnten Sprachgebrauch getrennten Kategorien angehören, aber durch Ähnlichkeits- oder Analogiebezüge verbunden sind» (Caviola 2003: 12). Um etwas Unbekanntes ins Licht des Bekannten zu stellen, werden Aspekte einer Sache hervorgehoben, andere dagegen ausgeblendet (Sarasin 2003: 256).

Gerade in den Wissenschaften treten Metaphern häufiger auf als zugestanden, denn: «Die Kraft der Metapher, Ungeklärtes in Begriffen des Bekannten vor Augen zu führen, macht sie zum unverzichtbaren Denkmittel des Forschens» (Caviola 2003: 19). Bewusst höchstens im Sinne einer Hypothese verwendet, kann sich das modellhafte Bild der Metapher verdinglichen. So begann beispielsweise der Aufsatz von Crick und Watson, in welchem sie erstmal das Modell der DNA-Doppelhelix vorstellten, mit den Worten: «We wish to suggest a structure» (zit. in Pörksen 1997: 125). Die relativierenden Worte hinderten die Forschungsgemeinschaft freilich nicht daran, die Wendeltreppenfigur zu einem forschungsstrukturierenden Bild werden zu lassen. Denkstrukturierende Wirkung lässt sich auch bei der in der Nachhaltigkeitsdiskussion verbreiteten Gleichgewichtsmetapher ausmachen (vgl. Abb 8): Das Bild vom Abwägen der verschiedenen Interessen, d.h. hauptsächlich der ökonomischen mit den ökosozialen, macht anschaulich, dass sich keine Seite ‹auf Kosten› der anderen entwickeln soll, dass sich die Interessen ‹die Waage halten› sollen. Gleichzeitig aber unterstützt diese Metapher «die Vorstellung einer Unvereinbarkeit von Unternehmens- und Umweltbelangen. Der Gedanke, dass mit Hilfe von Umweltschutzmassnahmen ein unternehmerischer Erfolg möglich ist, ist in diesem Bild undenkbar» (Caviola 2003: 72). Nachhaltige Entwicklung wird zu einem Nullsummenspiel, bei dem die eine Seite genau so viel gewinnt wie die andere verliert. Win-win-Optionen, bei denen alle Seiten gewinnen, sind damit a priori ausgeschlossen.

Abb. 8: Abwägen zwischen Natur und Kultur (Quelle: http://www.berichte.basf.de/en/2003/datenundfakten/sd/sd/??id=V00-3_.a*6vyAbir3cH&id=V00-gbTqK7BU9bir3cK, 7.6.2005).

Nach Lakoff & Johnson (1980) ist unser gesamtes Denken in Alltag und Wissenschaft von metaphorischen Konzepten geprägt. Metaphern können sich allmählich in ihrem Gebrauch verfestigen und so zu lexikalisch nachschlagbaren Begriffsbedeutungen werden. Sie behalten jedoch einen metaphorischen Kern, der sie von der klaren Rationalität in den diffusen Bereich konnotativer Bedeutungen entrückt. Laut Hans Saner lässt sich die Bildhaftigkeit der so genannt abstrakten Sprache an jedem der zentralen philosophischen Begriffe wie ‹Begriff›, ‹Grund›, ‹Schluss›, ‹Subjekt›, ‹Objekt›, ‹Substanz› zeigen, denn jedem von ihnen «liegt ein Bild zu Grunde – und vielleicht gibt es keinen einzigen, der im strengen Sinn abstrakt ist, es sei denn, er wäre ganz und gar leer. ...das Bemühen, die Bilder mit Hilfe von Begriffen aus der Philosophie zu verbannen, ist meist nur ein Abtausch von sichtbaren mit verborgenen Bildern und deshalb eher eine Verminderung der Transparenz der Texte» (Saner 2004: 186). Der Bildhaftigkeit der abstrakten Sprache wegen mündet denn auch der *linguistic turn*[19] konsequenterweise in den *iconic turn* (Boehm 2004: 36). Denn laut Boehm (2004: 36) muss man zur Begründung der Wahrheit von Sätzen grundsätzlich auf Aussersprachliches zurückgreifen und dies komme einem Hinweisen oder Zeigen, also einer ikonischen Tätigkeit gleich. Das Bildliche ist die Basis des Sprachlichen, Begriffe sind erkaltete Metaphern. Der bildhafte Ursprung vieler westlicher Leitbegriffe lässt sich mit jedem etymologischen Wörterbuch aufzeigen. «Es sind anschauliche und ikonische Evidenzen, die der Sprache zu ihren Möglichkeiten verhelfen. [...] der Logos dominiert nicht länger die Bildpotenz, sondern er räumt seine Abhängigkeit von ihr ein. Das Bild findet Zugang zum inneren Kreis der Theorie, dem die Erkenntnisbegründung obliegt» (Boehm 2004: 36). Folgen der Bildlichkeit der Sprache sind beispielsweise die Bemühungen der Umweltwissenschaften, lexikalisierte Metaphern wie ‹Baulanderschliessung› oder ‹Naturzerstörung› nach ihren Implikationen zu hinterfragen, denn es ist offensichtlich, dass eine Landschaftsveränderung anders gedeutet wird, wenn sie als ‹Baulanderschliessung› oder als ‹Naturzerstörung› begriffen wird. Praktisch bedeutsam werden Metaphern schliesslich, wenn die Umweltkommunikation versucht, wichtige Begriffe (wie z.B. ‹Nachhaltigkeit›) mit Sprachbildern zu beleben: «Worte haben keine Energie, solange sie nicht ein Bild auslösen. [...]. Denn: Die Menschen folgen dem Gefühl des Bildes» (Virginia Satir zit. in: Knill 2000; vgl. Kap. ‹IV Nachhaltige Entwicklung›).

2 Visuelle Bilder

Da sich diese Arbeit aufgrund der zu untersuchenden Daten (vgl. Kap. ‹Forschungsfrage und Datenauswahl› in ‹V Methodik›) in erster Linie mit visuellen Bildern und dabei vorrangig mit Fotografien zu befassen hat, soll auf diese nun ausführlicher eingegangen werden.

2.1 Die Macht des Analogen

Das Besondere der Fotografie findet sich bereits in ihrem Namen ausgedrückt: ‹Photographein› heisst ‹Lichtschreiben› und meint, die den Gesetzen der Physik und der Chemie folgende Aufzeichnung bzw. Einschreibung der Lichtverhältnisse auf einen bestimmten Träger[20]. Entsprechend trat das fotografische Bild lange als Garant für eine rein mechanische *Nachahmung der Realität*, als von der Realität selbst hinterlassene Spur, als zwar momentanes, aber völlig identisches Double der Realität auf (vgl. Jonas 1994: 107). In den Anfängen der Fotografie wurden folglich nicht die Fotografierenden als Urheber ihres Werkes gesehen, sondern die Sonne[21] oder die Natur selbst[22]:

---

19 Seit Ende der 1960er Jahre hat sich in der Philosophie der ‹linguistic turn› vollzogen. Ein erstes Mal verwendet wurde der Begriff laut Boehm 1967 von Richard Rorty als Überschrift eines seiner Bücher (Boehm 2004: 36). In seiner radikalsten Form meint dies Wende, dass alle Fragen der Erkenntnis letztlich Fragen der Sprache sind, dass Erkenntnis weder an der Realität noch Metaphysik sondern an sprachliche Konventionen gebunden ist.
20 Den Begriff ‹photograph› soll John Herschel erstmals in einem Brief vom 28. Februar 1839 seinem Freund W. H. Talbot vorgeschlagen haben (Dörfler 2000: 5).
21 Der Vorläufer der Fotografie wurde von seinem Erfinder Joseph N. Nièpce «Heliographie» getauft (vgl. Dörfler 2000: 5; Sontag 1978: 147).
22 Fox Talbot nannte die Kamera den «Schreibstift der Natur» (Talbot 1998).

Nicht die Fotografierenden verursachen (intentional) die Reproduktion, diese wird vielmehr von der Realität selbst (kausal) verursacht. Als visuelles Double der Realität korreliert die Fotografie kontinuierlich mit der dargestellten Sache (vgl. Scholz 2004: 126), weshalb die Beziehung zwischen Bild und Abbild als *analoge* Übertragung bezeichnet wird: Zwischen Bild und Abbild scheint keine Distanz zu bestehen, jedenfalls keine, die, wie im Falle diskreter digitaler Zeichen, einer Übersetzung bedarf. Analoge Zeichen lösen das gleiche Wahrnehmungsmodell aus, lassen sich mit der gleichen Leichtigkeit wahrnehmen wie ‹die Realität› selbst (vgl. Röhl o.J.: 1; Gramelsberger 2001). Ihre Analogizität macht Bilder mächtig: Erstens wirken sie unmittelbar, geben uns auf schnellstem und leichtestem Wege konkrete Vorstellungen der Sachen, Ereignisse etc. Die Illustration eines Sachverhalts macht uns diesen deutlich, lässt ihn uns verstehen, zeigt uns, wovon die Rede ist. Je analoger das Medium, von abstrakten, willkürlichen Zeichen über Metaphern, Skizzen, Fotografien, Filme bis zu interaktiven 3-D-Visualisierungen zunehmend, desto eingängiger werden Erklärungen und Beschreibungen. Der analogen Übertragung ‹der Realität› auf Fotografien wegen tendieren wir zweitens dazu, das Sichtbare als objektive Wirklichkeit, als eine Tatsache wie die Welt selbst, zu betrachten. Fotografien sind Zeichen, die den Anspruch erheben, keine Zeichen zu sein, die sich als natürliche Unmittelbarkeit und Gegebenheit maskieren (Mitchell 1990: 55f.). Das Gesehene wird als Gewissheit betrachtet, wird für *wahr* genommen. Die (geglaubte) Objektivität von Fotografien und die Leichtigkeit, mit der wir sie wahrnehmen, sind die formalen Säulen, auf welchen die emotionale Wirkung von Fotografien ruht: Spricht uns das auf Fotografien Dargestellte an, kann es uns direkt, d.h. ohne mentale Verarbeitungsleistung, in körperliche Erregung versetzen (vgl. unten Kap. ‹Emotionale Wirkung›).

Der naive Glaube an den Realismus der Fotografien hält sich beständig[23], obwohl dagegen eine Reihe von Argumenten ins Feld geführt werden (vgl. Dörfler 2000: 11). Einerseits beziehen sich die Argumente auf den Einfluss der Bildmachenden, die sowohl Bildinhalt (von der Auswahl des Sujets bis zu nachträglichen ‹Korrekturen›) wie auch Bildgestaltung (Kamerawinkel, Ästhetik etc.) nach ihren Intentionen ausgestalten, sodass das ins Licht Gerückte immer von einem Schattenreich erfassbarer, aber nicht erfasster Ereignisse begleitet ist (Schmidt 2001). Die Verankerung der Fotografien, ihre Verortung und Verzeitlichung, eröffnet den Bildmachenden i.w.S. schliesslich einen weiteren, nicht zu unterschätzenden ‹Manipulationsspielraum›. Die Seite der Bildbetrachtenden betreffend ist festzuhalten, dass das Wahrnehmen von Fotografien vom kulturellen und ontogenetischen Entwicklungsstand der Betrachtenden abhängt. Kinder unter fünf Jahren können nur schwer auf einer Fotografie abgebildete Objekte erkennen (Eco 1984: 223). Ebenso seien Mitglieder von zivilisationsfernen Stämmen beobachtet worden, wie sie sich selbst auf Fotografien nicht identifizieren konnten, weil ihnen das entsprechende kulturelle Wissen fehlte (Goodman 1995: 26).

Um mit diesen widersprüchlichen Zuschreibungen an Fotografien umgehen zu können (Abbildcharakter vs. Konstruktion durch Produktion und Wahrnehmung), ist ein adäquates begriffliches Instrumentarium gefragt. Die diesbezüglich wohl fruchtbarste Theorie entwarf der französische Semiotiker Roland Barthes. Auf sein Bildverständnis

---

23 So schreibt denn auch Boehm: «…Abbilder, in ihrer täglichen Rolle, erschöpfen sich darin, existierende Dinge oder Sachverhalte nochmals zu zeigen, nämlich dem äusseren Sinn des Auges. Sie illustrieren, ganz reibungslos dann, wenn sie sich als eine Art Double der Sache darbieten» (Boehm 1994a: 16)

und die hierfür nötigen Begriffe aus der allgemeinen Semiotik soll im nächsten Kapitel eingegangen werden.

2.2 Semiotische Grundbegriffe

Semiotik etablierte sich im Wesentlichen durch die Arbeiten von Ferdinand de Saussure, Charles S. Peirce und Charles Morris und wird heute insbesondere mit Umberto Eco und Roland Barthes verbunden. Der Begriff ‹Semiotik› leitet sich vom griechischen Wort ‹semeion› her, welches ‹Zeichen› bedeutet. Semiotik steht für eine Theorie der Zeichen, d.h. für die wissenschaftliche Erforschung der Kommunikation von Bedeutungen über sprachliche und nicht-sprachliche Zeichen. Grundgedanke der Semiotik ist die Annahme, dass wir keinen unvermittelten Zugang zur uns äusserlichen Welt besitzen. Wie wir die Welt wahrnehmen, hängt von den Zeichen ab, über die wir zur Beschreibung der Welt verfügen: Sprache bzw. Zeichensysteme gestalten unsere Realität, sie geben unseren Erfahrungen Form und Bedeutung.[24]

Zeichen

In ihren Ursprüngen beschränkten sich semiotische Untersuchungen auf linguistische Zeichen. Charakteristisch für diese ist der bis auf wenige Ausnahmen willkürliche Zusammenhang zwischen Wort/Laut und Referent. Beispielsweise gibt es zwischen dem Wort ‹Mensch› und den dadurch bezeichneten Objekten keine natürliche Ähnlichkeitsbeziehung, weder im Aussehen noch im Klang des Wortes. Die Verwendung der Kategorie ‹Mensch› für die Klasse der «zweibeinigen Lebewesen ohne Federn», wie sie einst von Platon definiert wurde, ist rein willkürlich und konventionell – und erwies sich zudem, als Diogenes mit einem gerupften Huhn und den Worten «Hier ist der Mensch Platons» daherkam, als reichlich unausgereift[25]. Die Bedeutung einzelner Worte entsteht durch die Unterscheidbarkeit des ihnen Zugehörigen von allem anderen, beispielsweise der Abgrenzung der Menschen von den Barbaren, Wilden etc. Entsprechend verfügt über bedeutende symbolische Macht, wer Benennen und Unterscheiden, wer kategorisieren kann (vgl. Bourdieu 1990).

Zeichen bestehen aus zwei Komponenten: Dem Vehikel bzw. Zeichenausdruck (synonym: Bezeichnendes, engl.: signifier, franz.: signifiant) und dem Zeicheninhalt (Bezeichnetes, signified bzw. signifié). Der Zeichenausdruck kann ein Laut, Wort, Bild oder Objekt sein, während der von ihm bezeichnete Zeicheninhalt ein mentales Konzept ist, wachgerufen durch das Bezeichnende. Das Wort ‹Mensch› erweckt in uns eine Vorstellung (ein mentales Bild) von Objekten, die wir als Menschen bezeichnen. Und umgekehrt ordnen wir die visuelle Erfahrung eines Huhns nicht dem Begriff ‹Mensch› zu. Das, worauf sich Zeichen ausserhalb dieser dualen Struktur beziehen, wird Referent genannt. Für Eco ist der Referent für die Bedeutung eines Zeichens nicht relevant (Eco 1985: 69–74). Die Bedeutung eines Zeichens ist nicht das Objekt, auf das es Bezug nimmt, sondern die ‹kulturelle Einheit›, die mit dem Zeichen verbunden wird. ‹Gott› hat im Prinzip genauso keinen Referenten wie ‹Einhorn›, trotzdem ist es absurd zu sagen, diese Ausdrücke hätten für uns keine Bedeutung. Mit den Begriffen verbinden wir je eine Menge oder eben kulturelle Einheit aus Vorstellungen, worunter z.B.

---

24 Zur Anwendung der Semiotik in der Sozialgeographie, d.h. der Analyse des Zusammenhangs kultureller Zeichensysteme und ihrer Verräumlichung, vergleiche Sahr (1997; 2003).
25 http://www.phillex.de/defweit.htm, 23.1.2004.

auch Zeichnungen, Beispiele, Umschreibungen oder Gefühlsassoziationen gehören (vgl. Eco 1985: 78).

Denotative und konnotative Bedeutung von Zeichen

Mit den Begriffen ‹Denotation› und ‹Konnotation› werden in der Semiotik die zwei Ebenen der Bedeutung eines Zeichens gefasst, wobei allerdings die Übergänge zwischen den Ebenen fliessend sind (Eco 1985: 111). Die *denotative Ebene* bezeichnet die wörtliche oder offensichtliche Bedeutung eines Zeichens (vgl. Chandler 1994). Man versteht darunter den konventionell festgelegten Inhalt eines Ausdrucks, «die unmittelbare Bezugnahme ..., die der Code dem Ausdruck in einer bestimmten Kultur zuschreibt» (Eco 1985: 102). Denotation bezeichnet die zwar kultur- und kontextabhängige (*konsens*abhängige), aber im Prinzip situationsunabhängige, konstante begriffliche Grundbedeutung eines Ausdrucks. Die denotative Bedeutung eines Wortes lässt sich in der Regel lexikalisch nachschlagen, wobei in verschiedenen Feldern verschiedene Lexika (‹Codes›) gelten (vgl. Eco 1985: 105). Die *konnotative Bedeutung* dagegen ist «die Summe aller kulturellen Einheiten, die das Signifikans dem Empfänger institutionell ins Gedächtnis rufen kann. Dieses ‹kann› spielt nicht auf psychische Möglichkeiten, sondern auf eine kulturelle Verfügbarkeit» an (Eco 1985: 108). Konnotationen können persönliche Vorstellungen und insofern reine Privatereignisse sein, sie sind aber in der Regel über kulturell homogene Gruppen ausgedehnte, mehr oder weniger homogene Assoziationsleistungen. Denn wie die denotativen werden auch die konnotativen Bedeutungen im Verlaufe der Sozialisation erlernt bzw. erfahren (Bignell 2002: 16).

Mythen

Das Produkt aus dem Zusammenkommen von Zeichen und Konnotationen nennt Barthes *Mythos* (Barthes 1994). Die Produktion von Mythen geschieht, indem ein bestimmtes Zeichen als Bezeichnendes für etwas auf der nächst höheren Ebene verwendet wird. «Myth takes hold of an existing sign, and makes it function as a signifier on another level» (Bignell 2002: 17). Die mythische Botschaft geht mit einer Verzerrung oder gar Verdrängung alternativer Botschaften einher, sodass Mythen als ‹einfach wahr› erscheinen, anstatt sich als bloss eine *mögliche* Sichtweise auszuweisen (Bignell 2002: 21). Mythische Botschaften werden derart als natürliche Tatsache gesehen, partikuläre kulturelle Konzepte durch den Mythos naturalisiert und dadurch stillschweigend akzeptiert (vgl. Flitner 1999). Ein Mythos ‹UNESCO Biosphäre Entlebuch› (UBE) liesse sich konstruieren, indem der Begriff ‹Biosphäre› mit bestimmten, immer ähnlichen Fotos illustriert wird, wodurch die konnotativen Bedeutungen der Bilder auf den Begriff übergehen. Der Begriff übernimmt die Konnotationen als seine eigenen, und kraft der Analogizität der Bilder wird der Begriff und sein Inhalt naturalisiert. Wird die UBE beispielsweise immer mit Naturbildern illustriert, übernimmt der Begriff und damit die UBE den Mythos der Natürlichkeit oder Naturnähe. Insofern dabei umwelt*un*freundliche Gegebenheiten ausgeblendet werden, ist der Mythos ideologisch, d.h. er schafft falsches Bewusstsein, verschleiert und verklärt. Nebenbei sei bemerkt, dass eine als mythische Natur ‹verklärte› UBE nicht durchwegs positiv konnotiert und folglich bei der Implementierung der UBE hinderlich sein kann (vgl. ‹VI UNESCO Biosphäre Entlebuch›).

2.3 Semiotik visueller Bilder

Das skizzierte Begriffsinstrumentarium der Semiotik erlaubt nun, den besonderen Charakter von Fotografien, ihre Analogizität, herauszuarbeiten. Denn laut Barthes denotiert die reine Fotografie («l'image pure»), d.h. das Bild ohne Bildtext, immer auf eine nicht kodierte Weise.

Ebene der Denotation

Die denotative Bedeutung einer Fotografie ist das auf dem Bild Sichtbare bzw. Dargestellte. Das Besondere daran ist, dass die Zuordnung der denotativen Bedeutung zu einem bestimmten visuellen Zeichen bei der Fotografie nicht willkürlich erfolgt wie bei sprachlichen Zeichen, sondern ‹motiviert› durch die Ähnlichkeit des Bezeichnenden mit dem Bezeichneten. Die auf einer Fotografie gespeicherten Informationen sind ohne die Hilfe diskontinuierlicher Zeichen und Kodierungsregeln übertragen worden, sie sind laut Barthes (1993a: 939) ein perfektes Analogon der Realität («l'analogon parfait»). Der Analogizität wegen sind Fotografien immer konkret, d.h. zeitlich und örtlich bestimmte Momentaufnahmen. Sprachliche Zeichen dagegen werden (wie Zahlen) als abstrakt bezeichnet, da sie von den konkreten Erscheinungsbildern absehen (z.B. die Begriffe ‹Säugetier›, ‹Freiheit›). So umfasst der Begriff ‹Säugetier› eine bestimmte Menge von Tieren, die aber in ihrer jeweiligen (konkreten) Grösse, Farbe, Gefährlichkeit etc. variieren. Entsprechend lässt sich der Begriff ‹Säugetier› nur schwer (konkret) visualisieren. Jede Fotografie ist das Bild *eines* konkreten Vertreters der Säugetiere und stellt damit immer nur ein Beispiel aus der Menge der Säugetiere dar, während die Vielzahl anderer Vertreter ausgeblendet wird, womit sich natürlich die Frage stellt, weshalb das bestimmte Bild ausgewählt wurde (vgl. die Bildfunktion der *Exemplifikation* in ‹V Methodik›: ‹Bildfunktionen›).

Abb. 9:
Um erkennen zu können, dass dieses Bild einen Gletscher und im Speziellen den Grossen Aletschgletscher zeigt, muss das entsprechende Wissen erworben worden sein (Bild: Walliser Bote).

Das Verständnis der denotativen Botschaft eines analogen Bildes verlangt nicht nach der (bewussten) Kenntnis eines (symbolischen) Kodes. Im Gegensatz zur Sprache müssen Fotografien nicht bewusst dekodiert werden. Barthes nennt die denotative Botschaft deshalb «message non codé» oder «message littéral» (wörtliche Botschaft):

«...pour ‹lire› ce ... niveau de l'image, nous n'avons besoin d'autre savoir que celui qui est attaché à notre perception: il n'est pas nul, car il nous faut savoir ce qu'est une image ... et ce que sont une tomate, un filet, un paquet de pâtes: il s'agit pourtant d'un savoir presque anthropologique» (Barthes 1993b: 1419). Mit der Verwendung des Begriffs ‹anthropologisches Wissen› will Barthes nicht andeuten, die Fähigkeit zur Bilderkennung gehe im Sinne einer biologischen Konstante losgelöst von Erfahrungswissen vor sich. Die Betonung ist auf das Wort «beinahe» zu legen: Das Wissen zur Bewertung aufgenommener Sinneseindrücke, welches sich die Handelnden im Verlauf ihres Lebens aneignen und ständig anwenden, ist erfahrungsabhängiges und deshalb kulturell beeinflusstes Routinewissen, das im praktischen, diskursiv nicht bewussten Bewusstsein angesiedelt ist (vgl. Kap. ‹Bewusstseinsebenen› in ‹II Wirklichkeiten›). Wir erkennen in der Regel nur, was wir bereits kennen, weshalb auch das Verstehen der denotativen Bedeutung ikonischer Zeichen ‹gelernt›, aber nicht diskursiv bewusst sein muss[26]. Die Fotografie einer Gebirgslandschaft beispielsweise (vgl. Abb. 9) wird in ‹ganzheitlicher› – sofern dies bezogen auf eine Wahrnehmung, die auf den Sehsinn und auf zwei Raumdimensionen beschränkt ist, überhaupt sinnvoll ausgesagt werden kann – räumlicher Anordnung wie die Gebirgslandschaft selbst betrachtet. Das Auge wandert durch die Szenerie, das Gesehene wird mit gespeicherten Schemata verglichen und das Bild als Ganzes praktisch automatisch, d.h. hochgradig routiniert interpretiert. Die Interpretation von Bildern, die etwas uns von den alltäglichen Erfahrungen her Vertrautes abbilden, ist für uns reine Gewohnheit und erfordert keine diskursiv bewusste Hilfestellung. So erkennen wir wohl problemlos, dass es sich bei Abb. 9 um einen Gletscherstrom eingebettet in eine Gebirgslandschaft handelt, insofern der Gletscher wie das Gebirge unseren diesbezüglichen Vorstellungen entsprechen dürften. Um auch erkennen zu können, um welchen Gletscher und um welches Gebirge es sich auf dem Bild handelt, müssen die gelernten und gespeicherten Schemata ungleich feiner sein, die nötige visuelle Kompetenz muss zuerst erworben werden.

Die Analogizität der Fotografien hat Konsequenzen für die Methodik der Bildinhaltsanalyse: Wir können davon ausgehen, dass die denotative Beschreibung von etwas Gesehenem – mindestens auf sehr rudimentärer Stufe – relativ übereinstimmend verläuft. Auch wenn wir uns mangels des nötigen Wissens nicht einig wären, dass auf Abb. 9 ein Gletscher zu sehen ist – die ‹Streifen› könnten von jemandem, der ‹so etwas noch nie gesehen hat›, für eine Autobahn gehalten werden –, über die Linien, Flächen und Kontraste dürfte man jedoch problemlos übereinkommen. Bildbeschreibungen auf der Ebene der Eigenschaften und Nachbarschaftsbeziehungen (letztlich von Bildpunkten) erfolgt annähernd objektiv. Um aber verstehen zu können, was der Strich-, Flächen- bzw. Punktehaufen darstellt, muss das dazu nötige – in der Regel «beinahe anthropologische» (Barthes 1993b: 1419) – Wissen verfügbar sein. Auf Fotografien aus einem fremden Kontext ist uns vieles nicht bekannt und deshalb auch nicht versteh- und benennbar, weshalb die Bildwahrnehmung in solchen Problemsituationen von der praktisch bewussten Routinewahrnehmung in die diskursive Auseinandersetzung mit dem Bild wechselt (vgl. Roth 2001). Mittels der Berücksichtigung von Bildunterschriften oder tradiertem Wissen – der kontextuellen Aspekte – lässt sich das ‹Fremdverstehen› (vgl. Hollis 1995: 292ff.) den Selbstverständlichkeiten des Zielpublikums der Bildwirkung angleichen und die Bildbeschreibung sinn- und bedeutungsvoll gestalten. Damit

---

26 Vertreter der Wahrnehmungspsychologie weisen darauf hin, dass Sehen allgemein gelernt sein muss (z.B. Perspektive, optische Täuschung etc.) (vgl.: Hoffman 2001).

können wir auch dem Problem begegnen, ‹ausufernde› Bildbeschreibungen zu produzieren, wie dies auf der ‹rein denotativen› Ebene der Linien, Flächen, Kontraste etc. notwendigerweise der Fall ist. Denn wegen der Analogizität der Fotografien darf eine deskriptive Bildbeschreibung keine noch so feine Eigenschaft, kein Detail, keine farbliche Nuancierung per se als für die Bildbedeutung bzw. -wirkung belanglos ausschliessen, wäre damit doch bereits eine Wertung verbunden und somit ansatzweise ein unausgesprochener Wechsel hin zur (normativen) Bildinterpretation. Sinnvoll und begründet, d.h. ohne Wesentliches zu übergehen, lässt sich die Informationsdichte visueller Bilder nur reduzieren, wenn die kontextrelevanten Bedeutungssetzungen in die Kategorienbildung einbezogen werden und die Inhaltsanalyse damit *explizit* über den rein deskriptiven in den normativen Bereich erweitert und so die Ebene der Denotation in Richtung der Konnotationen verlassen wird (vgl. Kap. ‹Methodik›).

Ebene der Konnotationen

Die konnotative Bedeutung umfasst die über das denotative hinausgehenden Konzepte, Ideen und Werte, für welche das Dargestellte und die Art und Weise, wie es dargestellt ist, steht. Um überhaupt wahrgenommen zu werden, müssen Bildelemente einer Fotografie immer auch Träger von Ideen und Werten sein, weshalb Bildbetrachtende die denotativen Bedeutungen unweigerlich mit sozial konstruierten und individuell variierenden Konnotationen überlagern (vgl. Kap. ‹Wahrnehmen› in ‹II Wirklichkeiten›). Die rein denotative Bedeutung eines Bildes ist für Barthes folglich ein gedankliches, wirklichkeitsfremdes Konstrukt, die Unterscheidung in denotative und konnotative Bildbedeutung rein operativ (Barthes 1993b: 1423). Einfluss auf die Konnotationen üben einerseits die bereits erwähnten Transformationsmöglichkeiten im Verlauf der Herstellung der Fotografie aus, wozu natürlich allen voran die Wahl des Bildsujets gehört. Setzen wir bei den einmal ‹geschossenen› Fotografien an, bestehen Möglichkeiten der Beeinflussung der Konnotationen in der Variation des Kontextes, in welchem die Fotografie steht. «Bild und Bildkontext stehen ... in einem nicht auflösbaren Zusammenhang» (Hamann 2001: 14). Es ist folglich «unmöglich, Bilder zu verstehen, ohne sie in ihren Kontexten zu sehen» (Gerig & Vögeli 2003: 6).

2.4 Die Kontextabhängigkeit der Bildwirkung

Unter der ‹Kontextabhängigkeit der Bildwirkung› werden wir den Einfluss des soziohistorischen Kontextes, individueller Kontextvariationen sowie die Bedeutung der Bildverankerung – d.h. des Ortes, an dem ein materielles Bild entsprechend der Funktion, die es einnehmen soll, platziert ist, und der verbalen Zuschreibungen – für die Konnotationen einer Fotografie betrachten.

Soziohistorischer Kontext

Der Kode, der die aus einer Fotografie ‹gelesene› konnotative Bedeutungen und damit die ‹Kraft der Bilder› bestimmt, ist *soziohistorisch* gewachsen und somit zeitlich und örtlich relativ sowie gruppenspezifisch (Barthes 1993a: 942). Barthes veranschaulicht dies anhand einer Fotografie aus dem Jahre 1951, auf welcher sich – unmittelbar vor den damaligen Senatswahlen in den USA – der demokratische Senator Millard Tydings mit dem Führer der kommunistischen Partei unterhält. Das Bild war eine Montage, bei dem die Gesichter der beiden Personen künstlich angenähert wurden, es wurde aber, dem Mythos Fotografie entsprechend, als Abbild der Realität wahrgenommen. Die starke konnotative Wirkung der Fotografie soll dem Senator die Wiederwahl gekostet haben, eine Folge, die nur im Lichte der damaligen amerikanischen Werte verständlich ist: «c'est l'anti-communisme sourcilleux de l'électorat américain qui fait du geste des interlocuteurs le signe d'une familiarité répréhensible» (Barthes 1993a: 942). Es ist der verinnerlichte soziohistorische Kontext – den wir mit Bourdieu als Habitus bezeichnen können (Bourdieu 2002; vgl. Müller 1986) –, der die jeweiligen Denk-, Wahrnehmungs- und Beurteilungsmuster und damit natürlich auch die konnotative Bedeutungszuweisung beeinflusst. Um die ‹Kraft der Bilder› begreifen zu können, muss folglich zwingend der soziohistorische Kontext ermittelt werden (vgl. Kap. ‹Methodik›). Bezogen auf das (vor allem verbale) Bild der Alpen hat Stremlow (1998: 280) die Kontextabhängigkeit der Wahrnehmung und Bewertung der Alpen aufgezeigt – und die Bedeutung dessen Reflexion formuliert: «Sie [die Alpen] können beispielsweise naturwissenschaftliches Forschungsgebiet, gefährdete Umwelt, idyllischer Erholungsraum, attraktive Kulisse für einzelne Aktivsportarten oder aus der Sicht der Bergbevölkerung Lebens- und Wirtschaftsraum sein. Jedes dieser Alpenbilder repräsentiert dabei Aspekte der Wirklichkeit, die mehr oder weniger den physischen und kulturellen Gegebenheiten der Alpen entsprechen. […]. Für die gemeinsame Diskussion und Interessenabwägung zwischen Berg- und ausseralpiner Bevölkerung wird es entscheidend sein, sich in Zukunft vermehrt der Alpenbilder bewusst zu werden und eigene Vorstellungen auf ihre Wirklichkeitsnähe zu prüfen».

Individuelle Kontextvariationen

Bildwirkungsforschungen werden Grenzen dadurch gesetzt, dass die konnotativen Bedeutungen, die Individuen mit Zeichen verbinden, durch ihre biographischen Besonderheiten und wechselnden Einstellungen geprägt sein können, der überindividuelle soziohistorische Kontext somit relativiert wird (vgl. Barthes 1993b: 1426). Bilder gewinnen ihre Wirkung oft, indem sie die Betrachtenden an frühere Erfahrungen wie Empfundenes, Gelerntes etc. erinnern, die teilweise Folge der jeweils individuell einzigartigen Biografie sind. Solche individuellen Kontextvariationen lassen sich z.B. mittels narrativ-biografischer Interviews erforschen (vgl. Rosenthal & Fischer-Rosenthal 2000: 456–468).

Über die biographischen Besonderheiten hinaus variieren Bildbedeutungen und -wirkungen flexibel mit den wechselnden Haltungen, Positionen, Rollen, Stimmungen von Individuen (vgl. Guggenberger 2001: 42; Aicher 1991). Das Bild einer idyllischen Kulturlandschaft kann für jemanden, der Ferien plant, sehr anziehend wirken, das gleiche Bild kann die gleiche Person aber auch abstossen, zum Beispiel wenn die Person aus der Position der Familienmutter um gute Ausbildungsplätze für ihre Kinder oder ein reiches Kulturangebot für sich selbst besorgt ist (vgl. Kroeber-Riel 1993: 77). Mit der Wahl der Feriendestination konfrontiert kann sich jemand in melancholischer Stimmung von einem Prospekt mit ‹tristen Regenbildern› angesprochen fühlen, während er in heiterer Stimmung das Heitere sucht – oder umgekehrt. Um die subjektive Bedeutungen der Bildelemente identifizieren zu können, sind laut Barthes Versuche mit BildbetrachterInnen nötig, bei denen Bildelemente und Kontexte variiert werden (vgl. Barthes 1993a: 941). Allerdings ist die Aussagekraft von Ergebnissen, die durch künstliche Kontextvariationen gewonnen werden, fraglich. Sie erzielen in erster Linie Resultate *unter Laborbedingungen* und ihr grösster Effekt dürfte in der Sensibilisierung der Bildbetrachtenden hinsichtlich ihrer wechselnden ‹Brillen› liegen (vgl. Kap. ‹Ausstellung als Methode›). Neben methodischen Schwierigkeiten der Erfassung der Bildwirkungen führt ihre Kontext-, insbesondere ihre Positionsabhängigkeit zur Relativierung von Verallgemeinerungen der Forschungsergebnisse, kann doch nicht ausgeschlossen werden, dass das gleiche Bild zu einem anderen Zeitpunkt in einem anderen Kontext mit anderen Stimmungen und Interessen anders wirkt (vgl. Teil ‹VIII Schlussbetrachtung›).

Verankerungen

«Bei einem historischen Bild ist ein gut leserliches Schildchen gewöhnlich, was die Auskunft betrifft, eine Tonne an Haltung und Ausdruck [der Personen im Bild] wert. In Rom stehen Leute mit zarten, mitfühlenden Naturen und weinen vor dem gefeierten ‹Beatrice Cenci am Tage vor ihrer Hinrichtung›. Das zeigt, was die Unterschrift ausmacht. Wäre ihnen das Bild nicht bekannt, würden sie es ungerührt betrachten und sagen: ‹Junges Mädchen mit Heuschnupfen; junges Mädchen mit Kaffeewärmer auf dem Kopf.›» (Mark Twain zit. in: Mitchell 1990. 52)

Enormen Anteil an der konnotativen Bedeutung von Bildern hat ihre *‹örtliche› Verankerung*. So macht es einen Unterschied, in welcher Art von Zeitschrift eine Fotografie publiziert ist, ob sie in einen bestimmten Presseartikel eingebunden, mit Bildlegende versehen oder schlicht eine Fotografie in einem Fotoalbum ist (vgl. Bignell 2002: 95). Visuelle Bilder dienen jeweils bestimmten system- (Jongmanns 2003) oder feldabhängigen (Bourdieu 1993) kommunikativen Zwecken und müssen auf der Basis der jeweiligen Regeln und Konventionen interpretiert werden. Die Bedeutung von Zeichen ändert sich unter Umständen, wenn sie von einem System oder Feld in ein anderes transferiert werden. Ein kompetenter Umgang mit Zeichen setzt deshalb voraus, dass der Betrachter den Kode des jeweiligen Zeichensystems kennt[27]. Insofern die in dieser Arbeit untersuchten Bilder ähnlichen, d.h. primär politisch-informativen Absichten entstammen und gruppiert nach den Medien, d.h. dem Ort ihres Erscheinens analysiert werden (vgl. Kap. ‹Methodik›), soll die Bedeutung unterschiedlicher Bildorte hier nicht weiter ausgeführt, sondern ausführlicher auf den Einfluss der durch Bildtexte geleisteten *verbalen Verankerungen* eingegangen werden. Weil Fotografien in Zeitungen, Magazinen und Broschüren von einer Bildlegende begleitet werden, mit einem Titel überschrieben sind und in einer Beziehung zum eigentlichen Artikel stehen, bildet sich die Gesamtbotschaft aus Bild *und* Text.

Die Informationsdichte visueller Bilder, ihre «relative Fülle» (Goodman 1995: 230), führt dazu, dass sie eine beliebige Reihe – «chaîne flottante» (Barthes 1993b: 1421) – an Bedeutungen entfalten, aus welchen die Betrachtenden gewisse auswählen und die anderen möglichen ignorieren. Mittels linguistischer Botschaft wird der «Terror der unsicheren Zeichen» (Barthes 1993b: 1421) ‹bekämpft›, das Bild verankert und die möglichen Zeichenbedeutungen auf die beabsichtigten eingeschränkt[28]. Auf der denotativen Bedeutungsebene unterstützt die Bildlegende die Betrachtenden darin, das richtige Niveau der Bildwahrnehmung einzunehmen und sie davon abzuhalten, nach etwas Ausschau zu halten, um das es gemäss der kommunikativen Absicht gar nicht geht: Die Bildlegende unterstützt das *Identifizieren des Relevanten* (Barthes 1993b: 1422).

---

27 Wie zum Beispiel ‹Tags› von Sprayern, d.h. die unterschriftenartigen Kürzel in der Graffiti-Szene, aber auch Kunstwerke des Bildungsbürgertums zeigen, dient das Eingeweihtsein in einen Kode einer Gruppe mitunter zur (Selbst-) Abgrenzung von einer anderen Lebensstilgruppe (vgl. Bourdieu 1999).

Bezogen auf die konnotative, symbolische Bildbedeutung funktioniert der Bildtext im Sinne einer *Lenkung der Interpretation* des Dargestellten. Der Bildtext kann einem Bild zusätzlich Bedeutung einflössen, auf gewisse erwünschte Bedeutungen lenken oder der Erklärung des Bildes dienen, indem er gewissen Bildelementen Nachdruck verleiht. Er kann aber auch zur völligen Umkehr der Bedeutung des ‹reinen Bildes› führen (Barthes 1993a: 945), das visuelle Bild ‹verneinen› (z.B. in illustrativer Absicht: ‹So nicht weiter!›), was das Bild an sich nicht leisten kann.

Auch die *Artikulierung der Zeit* bleibt der Sprache vorbehalten (wie soll ein Bild z.B. Vergangenheit ausdrücken?), weshalb Bildunterschriften Bilder in der Zeit verorten müssen. Die sprachlichen Zugaben beeinflussen damit die Gesamtbotschaft von Bild und Text wesentlich (Kroeber-Riel 1993: 178). Soll die Bildanalyse der sozialen Realität entsprechen, muss sie sich an den Bildtexten orientieren, sich von ihnen leiten lassen (vgl. Kap. ‹Methodik›).

Der Vollständigkeit halber sei auch die andere Richtung der Bild-Text-Beziehung erwähnt: Nicht nur die Fotografie respektive ihre Wirkung wird durch den beigefügten Bildtext beeinflusst, die Fotografie prägt auch die Wirkung des Textes. Die Kombination aus Fotografie und Text wirkt auf den Text zurück, indem das Bild den Text objektiviert. Weil Fotografien aufgefasst werden, als ob sie reine Abbilder von Tatsachen sind, funktionieren sie wie ein Beweis, dass die Botschaft des Textes wahr ist (Bignell 2002: 96). Die Gesamtbotschaft wird mythisch verklärt. Diskursanalysen haben somit die dem Text beigefügten Bilder zu berücksichtigen, um die Wirkung des Diskurses vollauf erfassen zu können.

Ein Bild sagt mehr als tausend Worte

Wer kennt es nicht, das Sprichwort «Ein Bild sagt mehr als 1000 Worte»? Mit ihm wird in der Regel die Überlegenheit der visuellen Bilder gegenüber dem Text bezeichnet. Wie wir gesehen haben, erhalten Bilder aber erst durch Erläuterungen den ihnen zugedachten Sinn. Die Deutung der (polysemischen) Bilder hängt entscheidend vom Kontext und dabei insbesondere von der Bildlegende ab. Handelt es sich bei besagtem Sprichwort deshalb nicht eher um das Eingeständnis, dass Bilder ohne verbale Unterstützung nicht (klar) bedeuten können, sie insofern dem Text unterlegen sind? Sind Bilder nicht eigentlich sprach- und sinnlos (Hamann 2001: 11)?

Natürlich lässt sich einwenden, dass das Bild als solches nicht völlig stumm zu sein braucht. Auch ohne Verankerung spricht oder (manchmal besser:) schreit das Bild. Schockbilder bewegen uns auch ohne erklärendes Beiwerk. Es reicht aus, dass wir die Fotografie als Abbild, als direkte Spur der Realität selbst auffassen. Was wir auf einer Fotografie sehen, verstehen wir als irgendwo und irgendwann geschehen – zumindest solange Fotografien noch Glaubwürdigkeit geniessen. Entscheidend ist jedoch, dass die ‹Kraft der Bilder›, Handeln zu bewirken, erst durch die verbale Verankerung gesteuert wird. Die Bildlegende positioniert das Bild und legt dadurch bestimmte Hand-

---

28 Dies gilt beispielsweise auch für die Konstruktion touristischer Sehenswürdigkeiten: «An unremarkable piece of ground becomes a tourist attraction when equipped with a plaque reading ‹Site of the Bonnie and Clyde shootout›, and as more markers are added – informative historical displays, a little museum, a Bonnie and Clyde amusement park with shooting galleries – the markers themselves quite explicitly become the attraction, the sight itself» (Culler 1988/1981: 166). Und natürlich üben Titel von Personen (Bildungsabschlüsse, Ehrenbezeichnungen etc.), ebenfalls Einfluss auf die Wahrnehmung ihrer Träger aus (vgl. Bourdieu 1999: 47ff.).

lungsweisen nahe (z.B. weist die Angabe von Spendenkonten auf die Möglichkeit des Spendens hin). Die Verankerung nimmt zudem Einfluss auf die Art und Stärke der von einem Bild veranlassten Betroffenheit. Der Text kann Zeitpunkt und Ort der Aufnahme präzisieren und dadurch angeben, ob das abgebildete Ereignis als nahe oder ferne Bedrohung einzustufen ist. Weiter bestimmt der Bildtext die Verallgemeinerbarkeit des konkret Abgebildeten: Handelt es sich um ein hungerndes Kind von Tausenden? Ist der auf dem Bild zu sehende ölbeschmutzte Vogel das einzige Opfer oder nur eines unter vielen? Entsprechen *kann* ein Bild mehr sagen als tausend Worte, in der Regel verstehen wir semiotisch dichte Bilder jedoch nicht ohne Worte.

Glaubwürdigkeit von Bildern

In der sich globalisierenden Welt geben uns Fotografien und Fernsehen Einblicke in Orte und Zeiten, in welchen wir physisch nie präsent sein werden. Einen Grossteil unseres Wissens können wir nur in mediatisierter Form beziehen. Gleichzeitig aber sorgt die Verbreitung digitaler Bilderzeugungs- und Bildverarbeitungstechniken für ein zunehmendes Unbehagen gegenüber der Glaubwürdigkeit von Bildern. «Jedes vorstell- und beschreibbare Bild kann heute im Computer hergestellt werden» (Krieg 1997: 8). Wir sind also darauf angewiesen, dass wir den Informationen über die Welt auch *trauen* können. «Glaub-Würdigkeit ist ... vielleicht der Schlüsselbegriff: Ist das Bild (der Ton) würdig, geglaubt zu werden? Die Sprache verrät deutlich, worum es eigentlich geht: nicht um Beweis, nicht um endgültige Sicherheit, sondern um Glauben und Vertrauen» (Krieg 1997: 1f.). Letztlich ist die Glaubwürdigkeit von Bildern eine Frage des Vertrauens der Zuschauer, dass die an der Produktion Beteiligten ihre Berichterstattung möglichst nah am dokumentierten Ereignis ohne manipulative Eingriffe herstellen. Weil sich das Vertrauen in die Berichterstattung in der Regel nicht auf einen direkten Bezug auf die externe Wirklichkeit stützen kann, muss es auf strikten, kontrollierten und sanktionierten Regeln aufbauen (vgl. Krieg 1997: 12). Für den Bildgebrauch bestehen ethische Richtlinien, welche verlangen, dass Manipulationen, Archivbilder etc. als solche kenntlich gemacht werden. Eine andere Frage ist jedoch, wie Ereignisse, Regionen, Gruppen, Personen etc. repräsentiert werden. Einseitigen Darstellungen muss kein absichtlicher Manipulationsversuch zu Grunde liegen, vielmehr können sie die Folge einer unreflektierten Reproduktion von Klischees sein, die unter Umständen bereits in den Gewohnheiten der Felder der Bildproduktion angelegt ist wie z.B. das ‹wirkende› Frauenbild in der Konsumwerbung, die Vorliebe für Negativnachrichten in den Informationsmedien etc. (vgl. Kap. ‹Intendierte Bedeutung› in ‹V Methodik›).

3 Emotionale Wirkung

Kurt Tucholsky forderte 1912 «Mehr Fotografien!». Angeregt durch eine damalige Ausstellung mit Fotografien von Arbeitsunfällen und unmenschlichen Wohnsituationen stellte er fest: «Im Berliner Gewerkschaftshaus hängen an den Wänden Fotografien verstümmelter Hände. Betriebsunfälle der Holzarbeiter. Sie wirken: das rüttelt die Gleichgültigsten auf, bis weit nach rechts» (Tucholsky 1996: 47). Bilder scheinen besser als Sprache dazu geeignet, emotionale Erlebnisse auszulösen (vgl. u.a. Boehm 1994; Böhme 1999; Kersten 2003; Röll 1998). Für Fotografien gilt dies besonders, weil sie ihrer Analogizität wegen emotionale Reize geradezu ‹simulieren›: «Der Ausdruck ‹gefährliche Klapperschlange› entfaltet weniger emotionale Kraft als die Abbildung der Schlange, die zu einer Wahrnehmung des gefährlichen Tieres führt. Zwischen Bild und Wirklichkeit gibt es eine magische ‹Verwandtschaft›» (Kroeber-Riel 1993: 14). Oder noch einmal mit Tucholsky: «Wir brauchen viel mehr Fotografien. Eine Agitation kann gar nicht schlagfertiger geführt werden. Da gibt es keine Ausreden – so war es, und damit basta» (Tucholsky 1996: 47). Wir haben in dieser Arbeit bereits mehrfach auf die emotionale Wirkung von visuellen Bilder verwiesen, sodass es nun an der Zeit ist zu fragen, was wir unter Emotionen verstehen können und wie sich die emotionale Wirkungsebene der Bilder bildanalytisch erfassen lässt.

3.1 Was sind Emotionen?

«In real life there is no man or woman of pure rationality uncontaminated by emotion, as he or she would be unable to make a decision on anything that really concerned him or her.» (O'Shaughnessy & O'Shaughnessy 2003: 120)

Emotionen üben einen wichtigen Einfluss auf Denken und Handeln aus. «No aspect of our mental life is more important to the quality and meaning of our existence than emotions. They are what make life worth living, or sometimes ending» (de Sousa 2003). Angesichts des Stellenwerts, der den Emotionen zugeschrieben wird, erstaunt das unpräzise Dasein, das sie auch heute noch in den Wissenschaften einnehmen (vgl. Giddens in Scheff 1990: xiii). In den neurowissenschaftlichen und psychoanalytischen Stammgebieten der Emotionsforschung besteht keineswegs Klarheit darüber, was Emotionen sind (Roth 2001), was sie von Affekten, Gefühlen oder Stimmungen unterscheidet, ob und zu welchem Grad diese Phänomene kognitiv oder nicht-kognitiv sind, ob sie angeboren und folglich universell oder sozialisiert und somit relativ sind und ob sie ziel- bzw. objektgerichtet oder gegenstandslos sind. Diese Schwierigkeiten können hier nicht ‹gelöst›, nicht einmal ausführlich thematisiert werden. Es soll aber eine Möglichkeit skizziert werden, mittels welcher die emotionale Bildwirkung plausibel ins Handlungs-Struktur-Modell (vgl. Kap. ‹Gesellschaft als Strukturierungsprozess›) integriert werden kann.

Die Begriffe ‹Emotion› und ‹Motiv› gehen beide auf den lateinischen Wortstamm ‹emovere› zurück, der sich mit bewegen oder erschüttern übersetzen lässt[29] und damit das Charakteristikum der Emotionen anspricht: Emotionen sind (komplexe) *psychophysische Prozesse*, die ausgehend vom Geiste zu körperlichen Erregungen wie Herzklopfen, Angstschweiss, Knieschlottern u.v.m. führen. Der geistige Anteil an emotionalen Regungen besteht aus der *Bewertung* eines wahrgenommenen Ereignisses, die vereinfacht zwischen Gefallen und Nichtgefallen variiert. Folglich bewegt sich die Art der emotionalen Betroffenheit zwischen den Polen positiv und negativ (Roth 2001: 257), zwischen Zu- und Abneigung.

Dieser «likeability heuristic» folgend (O'Shaughnessy & O'Shaughnessy 2003: 121), lässt sich die diffuse Erscheinung der Emotionen an individuelle und kulturelle *Werte* anbinden und somit über das Instrumentarium der oben behandelten Strukturationstheorie verarbeiten (vgl. insbesondere Kap. ‹Bewusstseinsebenen›). Emotionale Äus-

---

29 Brockhaus – Die Enzyklopädie: in 24 Bänden. 20., neu bearbeitete Auflage. Leipzig, Mannheim: F.A. Brockhaus 1996–99. Aktualisierte Online-Ausgabe auf: http://lexika.tanto.de, 29.4.2005.

serungen verweisen damit auf die Werte der in Erregung geratenen Person: «It is the emotions that signal the meaning or personal significance of things, whether these things are objects like a sports car, events like a holiday, or the actions, say, of doctors and waiters. To say something is meaningless implies that it is devoid of emotional significance for us» (O'Shaughnessy & O'Shaughnessy 2003: 5). Reagiert eine Person ausgesprochen ruhig auf ein Ereignis, lässt sich annehmen, dass das Ereignis sie ‹kalt lässt›, dass es ihr nichts bedeutet. Reagiert jemand jedoch emotional, dann wird die Person durch das wahrgenommene Ereignis ‹bewegt› und unter Umständen zu einer Handlung motiviert – was genau das Ziel ökonomisch wie politisch orientierter Werbung ist: Sie versucht, emotionale Zustände zu erreichen, die die Zielpersonen buchstäblich in Bewegung (in den Laden oder an die Urne) versetzen. Handelnde, die Ehrlichkeit positiv bewerten, werden mit grosser Wahrscheinlichkeit auf Betrügerei und Lügerei emotional betroffen reagieren. Werden nun in politisch motivierten Zeitungsanzeigen Wahlkandidaten als Lügner ‹entlarvt›, soll die entstehende Empörung zu der dem Inserat beigefügten Handlungsempfehlung (z.B. ihrer Abwahl bzw. der Wahl des Konkurrenzvorschlags) führen. Eine solche Handlungsoption mitzuliefern, ist zentral, damit die Emotionalität genutzt werden kann, wobei der dargelegte Handlungsvorschlag kein tatsächlich tauglicher Weg sein muss, um das empörende Übel zu bekämpfen und dadurch die Welt wieder ‹in Ordnung zu bringen›. Zwischen Emotion und Handlungsvorschlag besteht kein motivierter Zusammenhang. Wie uns sowohl die politische Realität als auch das Konsummarketing laufend vorführen, können empfohlene Handlungen die emotional erlebten Missfallenszustände gar verschlimmern (ein markantes Beispiel ist der Zusammenhang von sozialen Ängsten und Fremdenhass, bei welchem die Gründe für gefürchteten Statusverlust den Fremden angelastet werden und entsprechend fremdenfeindlich gehandelt wird). Ohne (diskursive) Reflexion der Emotionen bzw. der Art der angesprochenen Werte (Wo liegt wirklich das Übel?) und den Handlungsoptionen (Was sind die wahrscheinlichen Folgen dieser Handlung?) lassen sich Individuen zu Handlungen verleiten, die im Prinzip Fehlhandlungen sind und der emotionalen Erregung wegen zudem sehr intensiv verlaufen. Durch die komplexe physische Reaktion (die Bewegtheit bzw. Erregung) und ihre Rückwirkung auf mentale Prozesse (‹den Verstand verlieren›, sich in bestimmten Überzeugungen ‹verbeissen› etc.) werden Emotionen mitunter zu mächtigen Selbstläufern, die manche Menschen sogar ihr Leben für Werte wie Stolz, Ehre usw. opfern lassen.

Wie in Kapitel ‹Bewusstseinsebenen› postuliert wurde, dürften die unvermittelt handlungswirksamen Werte im praktischen Bewusstsein in Form von sozialisierten ‹Gewohnheiten› lokalisiert sein. Der Verstand, das diskursive Bewusstsein, spielt folglich bei emotionalen Handlungen keine oder eine untergeordnete Rolle, weshalb Emotionen ‹aus dem Bauch› zu kommen scheinen (O'Shaughnessy & O'Shaughnessy 2003: 121). Werte des praktischen Bewusstseins gelten als diskursiv ausformulierbar. Dies dürfte allerdings nicht für alle Werte bzw. emotionalen Aktionen der Fall sein. Es ist vorstellbar, dass Werte einerseits ins Unbewusste ‹verdrängt› wurden und dadurch der Reflexion nur sehr schwer zugänglich sind, andererseits können auch ‹biologisch› vorgegebene, beispielsweise auf das physische Überleben zielende Werte nicht ausgeschlossen werden. Aber auch wenn es Werte biologischen Ursprungs gibt, können diese sozial überprägt und bis ins Gegenteil verkehrt sein.

3.2 Aufmerksamkeit

Unter den Bedingungen gegenwärtiger ‹Reizüberflutung› kommt der Aufmerksamkeit eine zentrale Rolle in der Kommunikation zu (vgl. Gramelsberger 2002). Unter Aufmerksamkeit wird die «selektive Ausrichtung des Wahrnehmens, Vorstellens und Denkens auf bestimmte gegenwärtige oder erwartete Erlebnisinhalte bei gesteigerter Wachheit und Aufnahmebereitschaft»[30] verstanden. Ein Individuum kann Aufmerksamkeit durch aktive persönliche Einstellung herbeiführen, indem es versucht, ‹alles› aufmerksam wahrzunehmen. Für uns bedeutsamer ist jedoch die Beeinflussung der Aufmerksamkeit durch visuelle Bilder: Es ist ein Gemeinplatz, dass ein illustrierter, dekorierter etc. Text eher betrachtet wird als ein bildloser. Ein visuelles Bilder vermittelt wegen der analogen Wahrnehmungsweise direkt Informationen, während der Text gelesen und gewissermassen übersetzt werden muss, was das Lesen eines Textes anstrengender macht als das Anschauen von Bildern. Doch nicht jedes visuelle Bild wirkt gleich. Die Werbeforschung betont drei Techniken, mittels welcher die Aufmerksamkeit gegenüber Bildern beeinflusst werden kann: Die erste betrifft die formalen Bildeigenschaften, indem durch physisch intensive ‹Reize› der Blick angezogen wird (Farbe und Grösse eines Bildes, Kontraste, Konturen). Für uns wichtiger sind die Techniken auf der inhaltlichen Ebene, die mit emotionalen und überraschenden ‹Reizen› arbeiten (Kroeber-Riel 1993: 15). Letztere verstossen gegen die Wahrnehmungserwartungen der Betrachtenden (Kroeber-Riel 1993: 107)[31], brechen die Routinen des Gewöhnlichen und sollen sich in der Wahrnehmung verhaken, weil das Gesehene stutzen lässt, zum Denken anregt, aus dem «redundanten Rauschen im Blätterwald» hervorsticht (Gramelsberger 2002). Überraschungseffekte nutzen sich jedoch relativ schnell ab, werden zum Gewohnten, wie wir es beispielsweise von den ‹Gräuelbildern› aus Furchtappellen her kennen.

Als emotionale ‹Reize› gelten Bildmotive, die auf oben skizzierter emotionaler Wirkung basieren: Indem über visuellem Wege wichtige Werte der Handelnden angesprochen werden, soll ihr Blick angezogen – bewegt – werden. Die geweckten Emotionen machen die Bildbetrachtung bedeutungsvoller und geben ihr mehr Gewicht als dies der Fall wäre, wenn dieselbe Erfahrung emotionslos gemacht wird (de Sousa 2003). Die Marketingtheorie bezeichnet Bilder dieses Vermögens als emotionale Schemabilder, wobei unterschieden wird zwischen biologischen, kulturellen und gruppenspezifischen Schemabildern (Kroeber-Riel 1993: 166f.). Für gewisse Bildmotive wie das Baby- und Kindchenschema, das Augenschema, Schemabilder zum weiblichen und männlichen Geschlecht, Schemabilder zur Körpersprache oder auch das Schema des Helden wird ausgehend von der Verhaltensbiologie eine über alle Kulturen hinweg funktionierende, weil biologisch bedingte emotionale Wirkung postuliert (Kroeber-Riel 1993: 168). Wir wollen uns hier nicht auf die Diskussion einlassen, ob es biologische, universell gültige Schemabilder gibt. Für unsere Zwecke reicht es darauf hinzuweisen, dass es offensichtlich solche wichtigen Werte gibt. Die kulturellen emotiona-

---

30 Brockhaus – Die Enzyklopädie: in 24 Bänden. 20., neu bearbeitete Auflage. Leipzig, Mannheim: F.A. Brockhaus 1996–99. Aktualisierte Online-Ausgabe auf: http://lexika.tanto.de, 2.5.2005.
31 Ein interessantes Beispiel eines verbalen Überraschungsreizes ist die Tourismuswerbekampagne der UBE «Entlebuch – Der Wilde Westen von Luzern», weil diese Werbekampagne gleichzeitig als Beispiel einer Werbung mit negativer Beeinträchtigung durch ungewollte Assoziationswirkung gesehen werden kann: Teile der Entlebucher Bevölkerung fühlten sich jedenfalls durch diese Kampagne in ein schlechtes Licht gerückt, schliesslich wird mit dem Wilden Westen auch Rückständigkeit, archaisches, unzivilisiertes Verhalten assoziiert – Vorstellungen, von denen die Region eigentlich loskommen will.

Bilder verstehen

len Schemabilder hängen von den Werten der jeweiligen Gesellschaft ab (z.B. die Esso-Werbung: «Es gibt viel zu tun, packen wir's an»). Eine noch geringere Reichweite nehmen «zielgruppenspezifische Schemata» (Kroeber-Riel 1993: 169) ein, die regionsspezifisch erworben werden. Solche Schemata können Bilder regionaler Wahrzeichen, die mit bestimmten emotionalen Bedeutungen versehen sind, oder Bilder regional angesehener Persönlichkeiten sein.

Anhand von Beobachtungen im Rahmen der Ausstellung ‹Macht und Kraft der Bilder. Wie für Nachhaltigkeit argumentiert wird› lassen sich die genannten, die Aufmerksamkeit steigernden Mechanismen illustrieren (vgl. Abb. 10): Zunächst sei erwähnt, dass die Ausstellung selber ihrer ungewohnten, überraschenden Aufmachung wegen viele Passanten anzog, sich mit ihr auseinanderzusetzen: Der Wald aus Wegweisern stach aus dem Gewohnten heraus und machte neugierig. Einmal in die Ausstellung eingetreten, schritten BesucherInnen aus den Fallbeispielregionen schliesslich mehr oder weniger zielstrebig auf jene Fotografien zu, die zum Zeitpunkt ihres Erscheinens in Diskurse mit für sie emotionaler Bedeutung eingebettet waren. Dies betraf Fotografien von Familienangehörigen, bei denen der emotionale Reiz ein eigentliches ‹Privatereignis› darstellt, das nur eine oder wenige Personen umfasst. Die AusstellungsbesucherInnen erinnerten sich auch vier Jahre nach Erscheinen des Bildes spontan, dass und wann sie die Fotografie in der regionalen Zeitung gesehen hatten, weil die emotionale Wirkung damals zu einer erhöhten Aufmerksamkeit und Erinnerungsleistung führte. Freilich interessiert sich die Werbeforschung nicht für die geringe Reichweite von Privatereignissen. Interessanter sind vielmehr emotionale Wirkungen, die auf mehrere Personen ausgedehnt sind. Ein Beispiel hierzu sind die Fotografien, die im Zusammenhang mit dem Konflikt um die Planierung einer Langlaufloipe auf Moorgebiet publiziert wurden. Mehrere Personen, die alle in irgendeiner Form in den Konflikt und seine Schlichtung involviert waren, haben spontan auf das betreffende Bild reagiert und sich an die damaligen Ereignisse erinnert. Die Fotografie hat ausgelöst, dass ‹der Film wieder ablief›.

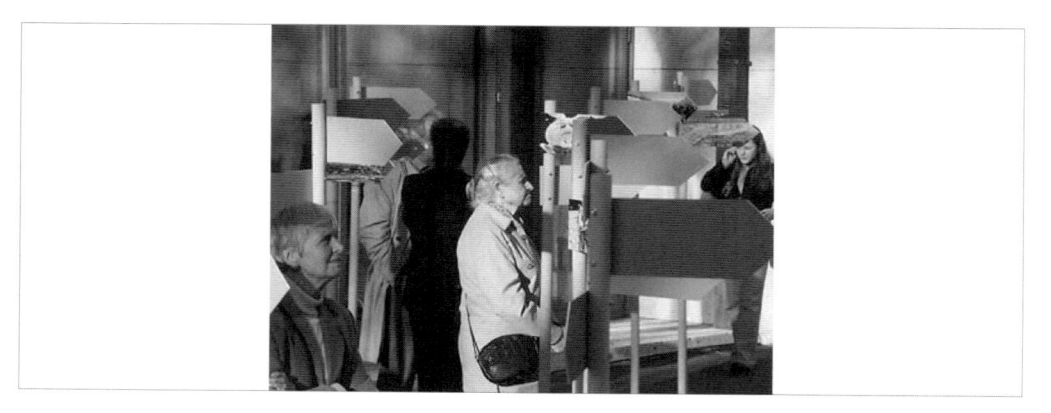

Abb. 10: BesucherInnen der Ausstellung ‹Macht und Kraft der Bilder› in Basel (Bild: Norman Backhaus).

Zwar lässt sich hie und da der Ausspruch vernehmen: «Je grösser die Aufmerksamkeit, desto besser» (van Loon 2004: 8), doch ist dem nur bedingt beizupflichten. In der Werbung sollen Bilder für Aufmerksamkeit sorgen, aber dies nicht um jeden Preis: Bilder sollen Sympathie auslösen, sie sollen ein positives emotionales Erlebnis vermitteln. Kroeber-Riel (1993: 155f.) unterscheidet zwei unterschiedliche die Stimmung positiv beeinflussende emotionale Wirkungen, die fliessend ineinander übergehen: die Klima-

und Erlebniswirkung. Unter *Klimawirkung* wird das positive Wahrnehmungsklima verstanden, das dazu führt, mehr positive Assoziationen mit der Botschaft zu verbinden als negative. Bezogen auf visuelle Bilder können ein farblich angenehmer Hintergrund, eine Blume, eine idyllische Landschaft etc. eine positive Stimmung hervorrufen, während dunkle Farbtöne, zu hohe Schwarzanteile hingegen zu negativen Assoziationen führen (Kroeber-Riel 1993: 156). Im Falle der *Erlebniswirkung* appellieren die Bilder der Werbung an innerlich gespeicherte positiv erfahrene Erlebnissen des Zielpublikums (Gemütlichkeit, Abenteuer, Romantik, Erotik etc.). Werden Produkte oder Marken häufig zusammen mit den emotionalen Appellen gezeigt, soll dies zu einer Verknüpfung von Produkt und emotionalem Erlebnis führen, sodass die Marken letztlich selbst zu positiven emotionalen Reizen werden (Kroeber-Riel 1993: 87). Das Biosphärenfest im Entlebuch, kurz vor den entscheidenden Volksbefragungen veranstaltet (siehe Kap. ‹VI UNESCO Biosphäre Entlebuch›), beinhaltete sowohl eine Klima- wie Erlebniswirkung. Der erfolgreiche Anlass selbst versetzte – nicht zuletzt dank des guten Wetters – die Teilnehmende in positive, d.h. wohlwollende Stimmung. Im Nachhinein prägten die anlässlich des Festes gemachten positiven Erlebnisse das verinnerlichte Bild des Biosphärenvorhabens und trugen dazu bei, das an sich komplexe Vorhaben implizit für eine gute Sache zu halten. Zumindest in der Politik lässt sich allerdings beobachten, dass Emotionen eher durch negative als durch positive Informationen ausgelöst werden. Handelnde reagieren offenbar eher auf das, was sie ablehnen, als auf das, was sie wollen (vgl. O'Shaughnessy & O'Shaughnessy 2003: 113). Es ist folglich einfacher, gegen als für etwas zu mobilisieren!

4 Dreiseitige Struktur der Bildbedeutung

Abb. 11: Dreiseitige Struktur der Bildbedeutung (Graphik: U. M.).

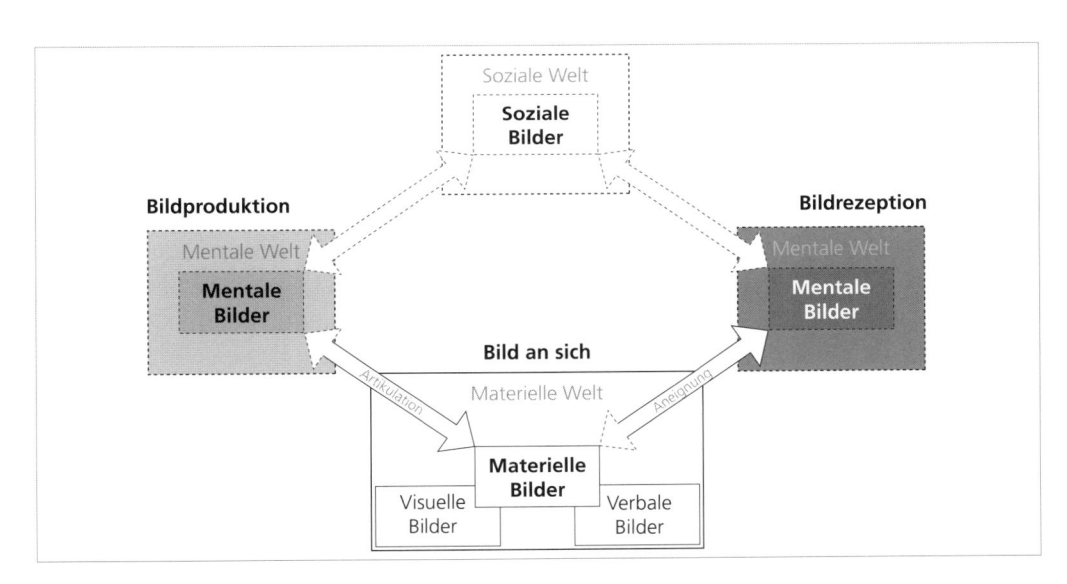

Um zum Schluss dieses Kapitels den Übergang zur Methodik der Bildanalyse zu bestreiten, soll das hergeleitete, an dem Drei-Welten-Modell orientierte Bildverständnis über das Bild an sich hinaus um zwei Handelnde erweitert werden, die die Seiten der Bildproduktion und -rezeption (im weitesten Sinne verstanden) repräsentieren (vgl. Abb. 11). Dieses Schema erlaubt uns, das Prinzip der Handlungsbeeinflussung durch

Bilder verstehen

Bilder darzustellen und aufzuzeigen, dass Bildbedeutungen auf drei Seiten konstruiert werden (vgl. Müller-Doohm 1997: 93). Es wird sich zeigen, dass jede dieser drei Seiten als eigenständig anzusehen und zu behandeln ist. Als verbindendes Element, welches (Bild-) Kommunikation möglich macht, fungieren die sozialen Bilder, auf die sich die Bildproduktion bezieht, die derart in den Bildern materialisiert und über die Bildrezeption perpetuiert werden.

Die drei Seiten, auf denen Bildbedeutungen konstruiert werden, nennen wir mit Doelker (1997: 148f.) *inhärente, intendierte* und *rezipierte Bildbedeutung*[32]. Die *inhärente Bildbedeutung* ist die Seite des ‹Bildes an sich›, des ‹tatsächlich› ikonisch Dargestellten bzw. verbal Veranschaulichten. Unabhängig davon, was ein Bild ‹tatsächlich› zeigt, haben Bildproduzierende etwas mit der Darstellung beabsichtigt, was als *intendierte Bedeutung* bezeichnet wird. Hinzuzufügen ist schliesslich jene Bedeutung, die auf Seiten der Bildrezipierenden konstruiert wird, die *rezipierte Bedeutung*, die a priori weder mit der intendierten noch mit der inhärenten Bildbedeutung übereinzustimmen braucht.

4.1 Inhärente Bildbedeutung

Ein Bild zeigt etwas, macht uns Angebote, wie es zu lesen und zu verstehen ist. Dabei wird unser abduktives Verstehen durch die verbalen Bildverankerungen gelenkt, die uns – im Falle von Bildern mit kommunikativen Absichten – möglichst nahe an das Bezweckte heranführen sollen. Jedes materielle Bild kann als Versuch der BildproduzentInnen betrachtet werden, ihre mentalen Bilder (bei verkaufsorientierten Bildern insbesondere auch die Antizipation der Vorstellungen der BildkonsumentInnen) möglichst adäquat auszudrücken. Dieser Versuch kann – wie wir aus eigenen gestalterischen Tätigkeiten wissen dürften – mehr oder weniger gut gelingen. Im Falle der hier untersuchten professionell erzeugten Produkte dürften die Hindernisse auf dem Weg zur gelungenen Umsetzung der mentalen Bilder weniger in mangelnden Fähigkeiten der Bildproduzierenden liegen als vielmehr bei den eingeschränkten finanziellen Ressourcen, die z.B. die zur Auswahl stehenden Bilder oder den Zugang in die Medien limitieren. Solche Zwänge gilt es offenzulegen, damit die Freiheiten in der Visualisierung eingeschätzt und unberechtigte Rückschlüsse auf die mentalen Bilder der Produzierenden vermieden werden können (vgl. Kap. ‹V Methodik›). Denn ohne Zwänge und Hindernisse in der Bildproduktion würden materielle Bilder direkt Auskunft geben über die mentalen Bilder der Produzierenden, d.h. ihre Bedeutungs- und Wertstrukturen.

Die Methode der (inhärenten) Bildanalyse bietet einen Zugang zu solchen verinnerlichten Bildern, einen Zugang, der sowohl diskursiv nicht bewusste mentale Bilder erkennen lässt, die z.B. in Befragungen von den Bildproduzierenden nicht ohne Weiteres dargelegt werden können, wie auch bewusst angewandte Stereotype, deren Reproduktion die Bildproduzierenden unter Umständen nicht (diskursiv) zugestehen wollen. Weil die inhärente Bedeutung visueller Bilder im Verlaufe der Sozialisation die mentalen Bilder der Bildkonsumierenden beeinflusst, lassen sich durch die Bildanalyse

---

[32] Letztere nennt Doelker nicht rezipierte, sondern (in Anlehnung an Ernst H. Gombrich) subjektive Bedeutung (Doelker 1997: 146). Zur klaren Abgrenzung von der intendierten Bedeutung scheint mir jedoch der Begriff ‹rezipierte Bedeutung› treffender. Sowohl die beabsichtigten wie die wahrgenommenen Bedeutungen sind ja ‹subjektiv›, d.h. in den Köpfen der jeweiligen Subjekte angesiedelt.

auch hypothetische Aussagen über die mentalen Bilder der Bildkonsumierenden machen. Die Produktion und Reproduktion der sozialen Bilder über nachhaltige Entwicklung herauszuarbeiten, ist Ziel dieser Arbeit.

4.2 Intendierte Bildbedeutung

Vielen Bildern liegen komplexe Absichten und weitläufige Pläne zu Grunde. Den visuellen Bildern wird in der Regel durch den Bildproduzierenden eine Funktion auferlegt (vgl. Kap. ‹Intendierte Bedeutung› in ‹V Methodik›), das Bildsujet wird den mentalen Vorstellungen entsprechend ausgewählt etc. Diese Handlungsabsichten lassen sich – unter den oben genannten Einschränkungen – erfragen. Dabei gilt es insbesondere die subjektive Sicht der Restriktionen, die Spanne zwischen Wunsch und Wirklichkeit, zu erfahren. Denn zweifelsfrei stellt es ein Problem für die kommunikative Verwendung von Bildern dar, dass Bilder nicht so leicht verfügbar sind wie sprachliche Ausdrücke. Bilder haben ihren Preis. Um aber der Sprache gerecht zu werden, muss erwähnt werden, dass natürlich auch Sprache ihren Preis hat, dann beispielsweise, wenn es sich um durchdachte Formulierungen wie Werbeslogans handelt.

4.3 Rezipierte Bildbedeutung

Wichtig für die Handlungswirksamkeit von Bildern ist, dass ein Bild seinen Status nicht in erster Linie durch die Absichten der Bildproduzierenden erhält, dass vielmehr entscheidend ist, wie es verwendet und verstanden wird (Scholz 2004: 143; vgl. Sontag 2003: 48). Damit lösen wir uns von der Vorstellung eines *richtigen* Bildverstehens, welches allenfalls auf der denotativen Bedeutungsebene seine Berechtigung hat, beispielsweise dann, wenn jemand ein Bild des Aletschgletschers mit einer Autobahn verwechselt, was uns eingreifen und darauf verweisen lassen würde, dass das Abgebildete falsch erkannt worden ist (vgl. oben Kap. ‹Ebene der Denotation›). Wir möchten auf der Seite der rezipierten Bildbedeutung der Subjektivität der Bildbetrachtung genügend Platz einräumen, insofern es legitim ist, einem Bild eine ganz private Bedeutung zu geben. Die Bedeutungskonstruktion durch die Bildrezipienten ist, wie bereits erwähnt, abhängig von den kontextuellen Bedingungen, welche in die Untersuchung einzubeziehen sind.

4.4 Konsequenzen für die Bildanalyse

Aus den genannten drei Seiten der Bildbedeutung folgen drei Vorgehensweisen bei der Analyse von Bildern (vgl. Scholz 2004: 140), die im Teil ‹V Methodik› aufzunehmen und auszuführen sind:

1. die Analyse der materiellen Bilder als solche, d.h. die Rekonstruktion ihrer inhärenten Bedeutung – die aber immer der Gefahr der Über- und Fehlinterpretation ausgesetzt ist;
2. die Analyse der Bildproduktionsseite, d.h. die Rekonstruktion der von den ‹Bildproduzierenden› intendierten Bildbedeutung und den ihnen bei der Umsetzung ihrer Intention zur Verfügung stehenden Mittel – die jedoch Gefahr läuft, die diskursive Bewusstheit der Bildproduktion zu überschätzen;

3. die Rekonstruktion der von den Bildrezipierenden wahrgenommenen Bildbedeutung bzw. der Wirkung der Bilder auf die Rezipienten – mit der Gefahr, die Bildwirkung zu überschätzen.

Die drei Analyseansätze beanspruchen je eigene Forschungsrichtungen (Produkt-, Produktions- und Wirkungsanalyse), müssen aber in engen Zusammenhang gebracht und aufeinander bezogen werden. Es sollte dabei nicht zu einer Vermischung der Forschungsrichtungen kommen, denn es ist zu berücksichtigen, dass den Bildurhebern die Wirkungen und Folgen ihrer Produkte (insbesondere via stereotype und klischeehafte Bedeutungen) nicht zwangsläufig bewusst sein müssen. Die Erkenntnisse der inhärenten Bildanalyse sind in diesem Sinne unabhängig von den Auskünften der ‹Bildproduzenten›. Gleiches gilt für die Seite der Rezipienten: Der Eindruck, den ein Bild auf die Betrachterin ausübt, ist letztlich ein «Privatereignis» (Reichertz 1992: 143) und kann stark von Intentionen der Produzentinnen oder Erkenntnissen der inhärenten Bildanalyse abweichen. Zu einem umfassenden Verständnis des Kommunikationsprozesses gehören folglich alle drei Ansatzweisen (vgl. Müller 2003; Rose 2001).

IV Nachhaltige Entwicklung

Abb. 12:
Die ‹Ikone unserer Zeit›: «The Blue Marble» (Quelle: http://earthobservatory.nasa.gov/Newsroom/BlueMarble/Images/globe_west_2048.jpg; vgl. Cosgrove 1994).

«Das Bild des blauen Planeten im schwarzen All ist die Ikone unserer Zeit. Der orbitale Blick ... ermöglichte zum ersten Mal in der Geschichte die Wahrnehmung der Erde in ihrer physischen Endlichkeit und ökologischen Begrenzung, in ihrer Ganzheit, Schönheit und Verletzlichkeit: die holistische Botschaft der Nachhaltigkeit.» (Grober 2002a: 127)

«Alle reden von Nachhaltigkeit, aber jeder meint etwas anderes.»[33]

Eine Arbeit, die nach der ‹Kraft der Bilder in der nachhaltigen Entwicklung› fragt, kann nicht auf eine Darstellung unterschiedlicher Verständnisse nachhaltiger Entwicklung verzichten – aus zwei Gründen. Erstens ist die Art und Weise, wie nachhaltige Entwicklung *kommuniziert wird*, d.h. mit welchen Inhalten, Wertungen und Assoziationen der Begriff vermittelt wird, bestimmt dadurch, wie der Begriff *verstanden wird*. Für uns wichtiger ist zweitens, dass die Interpretation der Visualisierung nachhaltiger Entwicklung einer Vorstellung bedarf, wie nachhaltige Entwicklung *verstanden werden soll* (vgl. Kap. ‹Interpretation der Analyseergebnisse› in ‹V Methodik›). Wir werden folglich die ‹Wundertüte nachhaltige Entwicklung› öffnen müssen. Nun wäre es aber angesichts der inflationären Zunahme an Literatur über dieses Thema vermessen, die Nachhaltigkeitsdiskussion in einem Kapitel vollständig abhandeln zu wollen. Der folgende Rundblick beansprucht nicht, der orbitale, alles umfassende zu sein, er will lediglich die wichtigsten Eckpunkte der Diskussion über nachhaltige Entwicklung abstecken, während für die weitergehende Auseinandersetzung auf die relevante Literatur verwiesen werden muss[34]. Aufbauend auf dem verbalen Panoptikum lässt sich anschliessend die potenzielle Rolle, die visuelle Bilder in der Kommunikation des Be-

---

33 Auszug aus einem Round-Table-Gespräch in: *pö_forum / politische ökologie*, Nr. 76, April/Mai 2002, S. V–VIII.

Nachhaltige Entwicklung

griffs spielen könn(t)en, untersuchen. Dabei können wir als Resultat aus dem letzten Kapitel voraussetzen, dass die Kommunikation von nachhaltiger Entwicklung ohne die Verwendung von Bildern nicht gelingen kann, ja diese (in Form verbaler Bilder) vielmehr selbstverständlich und nicht zwingend reflektiert den Begriff begleiten. Das abstrakte, unfassbare Konzept ‹nachhaltige Entwicklung› muss konkret und greifbar sein, es muss veranschaulicht, in ein Licht gerückt werden, damit die Adressaten der Kommunikation eine Vorstellung damit verbinden können. Den visuellen Bildern wird dabei hinsichtlich dem Erlangen von Aufmerksamkeit, der Illustration wie auch der Begeisterung für das Thema, eine besonders mächtige Rolle zugeschrieben. Wir werden sehen, wo diese mit welchen Konsequenzen zum Tragen kommen kann.

1 Rundblick

Ausgangspunkt des Rundblicks ist das in seiner für heute relevanten Bedeutung historisch erstmalige Auftreten des Begriffs ‹nachhaltig›, das bekanntlich im Kontext der Holznutzung bzw. der Forstwissenschaften stattfand. Interessant an der Auseinandersetzung mit dem diesbezüglichen Grundlagentext (Carlowitz 2000/Orig. 1713) ist, dass darin die spätere (oft beklagte) Bedeutungsvielfalt von ‹Nachhaltigkeit› bereits weitgehend und vor allem: innerhalb des gleichen Textes parallel verwendet anzutreffen ist. Die Formulierungen, wie sie vor knapp 300 Jahren (275 Jahre vor dem Brundtland-Bericht) verwendet wurden, kommen den heutigen Definitionen erstaunlich nahe.

1.1 Ursprünge

Das Erscheinen des Begriffs ‹nachhaltig› (bzw. präziser: ‹nachhaltend›[35]) in seiner modernen Bedeutung wird auf das Jahre 1713 datiert, als der Oberberghauptmann und Leiter des frühindustriell überaus bedeutsamen sächsischen Oberbergamts in Freiberg Carl von Carlowitz in seiner Schrift ‹Sylvicultura Oeconomica› (Carlowitz 2000) «eine beständige und nachhaltende Nutzung» des Waldes forderte (Carlowitz 1713 zit. in Grober 2002a: 118; vgl. Hauptmann 2001: 9). Das Prinzip der nachhaltenden und rücksichtsvollen Bewirtschaftung lebenswichtiger Ressourcen ist freilich älter als der Begriff: Bezogen auf die Alpbestossung in innerschweizerischen Gemeinden liegt ein Taleinungsbrief aus dem Jahre 1404 vor, worin festgelegt ist, wie viele Tiere auf die höher gelegenen Alpen getrieben werden dürfen, ohne dabei die Weiden zu übernut-

---

34 Eine ausführliche Übersicht verschiedener Definitionen von Nachhaltigkeit/nachhaltiger Entwicklung bietet die «Stiftung für die Rechte zukünftiger Generationen» auf: http://www.srzg.de/ndeutsch/indndt.htm, 22.10.2003. Erwähnenswerte ist weiter das «Lexikon der Nachhaltigkeit» der Aachener Stiftung Kathy Beys auf: http://www.nachhaltigkeit.aachener-stiftung.de, 21.4.05. Weitere Literaturverweise folgen im Kapitel.

35 Der Carlowitzsche Begriff ‹nachhaltend› wurde gemäss Grober (2002a: 123) im Jahre 1757 vom Forstmann Willhelm G. Moser unter Beibehaltung seiner Bedeutung in ‹nachhaltig› modifiziert. Moser schrieb: «...eine nachhaltige Wirtschaft mit unseren Wäldern ... ist so vernünftig, gerecht, klug und gesellschaftlich, je gewisser es ist, dass kein Mensch nur bloss für sich, sondern auch für andere und für die Nachkommenschaft leben müsse» (Moser 1757 zit. in Grober 2002a: 123). Der Schweizer Forstmeister Karl Albrecht Kasthofer nahm das neue Denken seiner deutschen Kollegen auf und übersetzte den Begriff ins Französische mit «produit soutenu et égale d'une forêt» (Karsthofer wahrscheinlich um 1818 zit. in Grober 2002a: 126). Mit dem französischen Verb ‹soutenir› wählte er eine Ableitung des lateinischen ‹sustinere›, dessen Bedeutungsfeld aushalten, aufrechterhalten, unterhalten, stützen, tragen, bewahren, etwas zurückhalten, nachhalten umfasst (Grober 2002a: 126). Die Übersetzung ins Englische (sustained yield forestry) griff ebenfalls auf den lateinischen Wortstamm zurück und ist der Vorläufer des Begriffs ‹sustainable development›. Dieser tritt laut Haber als solcher erstmalig in der 1980 veröffentlichten ‹World Conservation Strategy› der Internationalen Naturschutz Union (IUCN) auf (Haber 1995: 18).

zen. Es konnten dank dieser Regelung die Alpen intakt den nachfolgenden Generationen übergeben und auch Extremsituationen wie die kleine Eiszeit gemeistert werden[36]. Ermahnungen für einen respektvollen und masshaltenden Umgang mit den Ressourcen sind zudem ein häufiger Gegenstand alter alpiner Sagen. Beispielsweise wird in einer Sage ein Bergler thematisiert, der für seinen respektlosen Umgang gegenüber der Natur bestraft wird. «Der Jäger plündert eine Kristallkluft und zerstört den Rest der Naturschätze, die er nicht mitnehmen kann. Er schiesst mehr Wild, als er tragen kann. Für diesen frevlerischen Umgang mit der Natur holt ihn der Berggeist, fährt mit ihm über den Märjelensee und verschwindet für immer in den Spalten des Aletschgletschers. Die Sage hat den massvollen Umgang mit der Natur zum Inhalt oder plädiert, um ein modernes Wort zu gebrauchen, für mehr Nachhaltigkeit»[37]. Kapitalerhalt, ‹Leben von den Zinsen›, ‹Ethik der Vorsorge› bzw. der ‹klugen Nutzung›, Generationengerechtigkeit sind zentrale Begriffe des Nachhaltigkeitsdiskurses der Gegenwart, wie er sich prominent im Brundtland-Bericht (Hauff et al. 1987) äussert.

Abb. 13: Oberberghauptmann Hannss Carl von Carlowitz (Bild: Carlowitz 2000).

Auslöser für Carlowitzs Forderung nach ‹nachhaltender› Holznutzung waren die absehbaren Folgen der Erschöpfung der Ressource Holz, verursacht durch den Silberbergbau und die Erzverhüttung. Dabei weist seine Weitsicht über ökologische Belange hinaus: Die infolge weitgehend kahl geschlagener Wälder nötig gewordenen Holzimporte führten zu Preisanstiegen, was verschiedene Betriebe in ihrer Existenz bedrohte oder in den Ruin trieb (Grober 2002a: 118). Sowohl den Bergbau wie andernorts den Schiffsbau, die Glaserei u.a. betreffend müssen die Bestrebungen hin zu einer nachhaltigen Waldbewirtschaftung von Beginn an im Kontext der Zukunftssicherung *ökonomischer* und damit zusammenhängend auch *sozialer und politischer Interessen* gesehen werden. Indem Carlowitz auf die Zusammenhänge aufmerksam machte, deklinierte er am Beispiel der Holznutzung im Prinzip die Multidimensionalität und Ganzheitlichkeit nachhaltiger Entwicklung (gegenseitige Abhängigkeit von Ökologie, Ökonomie und Gesellschaft) durch (Grober 2002a: 120). Weil er als Wissenschaftler Probleme und Massnahmen aufzeigte, wies er der Wissenschaft eine entscheidende Rolle in der nachhaltigen Entwicklung zu, nicht zuletzt auch in der Taxierung und Vermessung der Wälder (Inventarisierung), um diese kontrollierbar werden zu lassen

---

36 Bruno Messerli zit. in WB, 28.9.2001: *Über Jahrhunderte gelebte Nachhaltigkeit.* S. 15.
37 Laudo Albrecht zit. in WB, 28.9.2001: *Das UNESCO-Projekt ist keine kurzfristige Schönwetteraktion.* S. 15.

Nachhaltige Entwicklung

(‹Management›). Auch der Gedanke der Substituierbarkeit knapper natürlicher Ressourcen lässt sich bereits in diesem Frühwerk zur nachhaltigen Entwicklung finden, denn Carlowitz und andere stellten Überlegungen zu einem möglichen Ersatz der Ressource Holz durch Solarenergie oder fossile Brennstoffe an (Grober 2002a: 122). Im Weiteren stand hinter dem pragmatischen Denken Carlowitzs ein Weltbild, das von einem tiefen, spirituellen Respekt gegenüber der Natur geprägt war (Grober 2002a: 121). Schon damals war das Konzept eingebettet in die Diskussion um einen notwendigen Wertewandel, der weg von der verschwenderischen Ressourcenübernutzung hin zu organischem Denken führen sollte. Die ganzheitliche, organische Weltsicht fand um 1800, im Geist der Goethe-Zeit, verstärkte Betonung: «Wir kennen die Eigenschaften der natürlichen Dinge noch viel zu einseitig, als dass wir die Nützlichkeit oder Schädlichkeit einer Sache in Beziehung auf das Ganze mit Sicherheit entscheiden könnten. […]. In der ganzen Welt ist kein Ding ohne Beziehung auf etwas anderes […]. So macht die Welt ein unzertrennbares Ganzes…» (Cotta zit. in Grober 2002a: 124). Herder nahm laut Grober in den 1780er Jahren «den orbitalen Blick auf den blauen Planeten» (Grober 2002a: 124), die ‹Raumschiff-Erde-Metapher› vorweg (vgl. Abb. 12). Und Goethe selbst kreierte in «Wilhelm Meisters Lehrjahre» eine sinnbildliche Metapher für Nachhaltigkeit: «Gebackenes Brot [ist] schmackhaft für *einen* Tag; aber Mehl kann man nicht säen, und die Saatfrüchte sollen nicht vermahlen werden» (zit. in Grober 2002a: 125).

Diese ganzheitliche Sicht, die vom Menschen Respekt gegenüber der Natur verlangte, wurde schon damals vom ökonomischen Liberalismus und seinem Kosten-Nutzen-Kalkül vereinnahmt, der Nachhaltigkeitsbegriff eindimensional ökonomisch instrumentalisiert, sodass er «auf jede Raubwirtschaft anwendbar erscheine» (Borgreve 1888 zit in: Grober 2002a: 126). Der Konflikt mit den Vorstellungen liberaler Wirtschaftsfreiheit verweist auf einen weiteren kritischen Aspekt, der sich ebenfalls bis mindestens in die Barockzeit zurückverfolgen lässt: Die im Namen der nachhaltigen Entwicklung auferlegten Nutzungseinschränkungen können in Form einer «herrschaftlichen Reaktion» auftreten, die «in der Regel die ökonomisch Schwächeren, die bäuerlichen Familien [belasteten], weil ihnen zum Teil die Waldrechte entzogen wurden» (Schneider 1997: 38). Das Konzept der nachhaltigen Entwicklung kann dazu dienen, die Verfolgung partikularer Interessen als das ‹allgemein Beste› zu verschleiern. Gerade für die absolutistischen Regimes zu Zeiten von Carlowitz, dessen Vertreter er war (vgl. Abb 13), dürfte diese Versuchung gross gewesen sein. Die Angst vor Fremdbestimmung lebt in der Diskussion über nachhaltige Entwicklung sowohl im Oberwallis wie im Entlebuch fort – womit wir zu den aktuellen Auslegungen nachhaltiger Entwicklung übergehen wollen.

1.2 Sparen oder Investieren?

Mit dem Versuch, Holz- bzw. Ressourcenerträge allgemein dauerhaft zu sichern, ist eine der Hauptbedeutungen nachhaltiger Entwicklung angesprochen: «Nachhaltig ist eine gesellschaftliche Entwicklung dann, wenn sie mit den Erträgen des Potenzials und nicht durch Verzehr des Potenzials selbst ermöglicht wird. Somit könnte Nachhaltigkeit auch mit *dauerhaftem Potenzialerhalt* übersetzt werden» (Lucas & Matys 2003: 9). Kapitalerhalt bedeutet, dass der Verbrauch erneuerbarer Ressourcen ihre Regenerationsrate nicht überschreitet: ‹Leben von den Zinsen› lautet das bekannte Motto. Für nicht erneuerbare Ressourcen würde daraus im Prinzip ein Nutzungsverbot folgen, denn angezehrtes Kapital ist unwiderruflich ‹verloren›. Solche Extremforderungen sind selten, häufiger wird für die Substituierbarkeit der nicht erneuerbaren Ressourcen durch künstlich erzeugte argumentiert. In ihrer radikalen Form nehmen die Anhänger der Substituierbarkeitsthese an, mit Hilfe der fortschreitenden Technik lässt sich jede wichtigen Ressource ersetzen, sollte sie einmal erschöpft sein (vgl. Weizsäcker 1999; kritisch: Rees 2002: 6ff.). Werden die natürlichen Ressourcen durch künstliche ersetzt, so bleibt der Kapitalbestand an natürlichen *und* künstlichen Ressourcen insgesamt konstant – das Postulat des Kapitalerhalts ist erfüllt. Gemäss von Weizsäcker, einem Anhänger der Substituierbarkeitsthese, sollte späteren Generationen zugetraut werden, mit ihren uns technisch überlegenen Mitteln dannzumal Probleme bewältigen zu können, die für uns jetzt unlösbar scheinen bzw. deren Lösung mit unseren Mitteln zu aufwändig ist: «Kommende Generationen werden für die Probleme, die wir ihnen hinterlassen, Lösungen finden.»[38] Es sei falsch, wenn unsere Generation Unmengen Geld in die Entwicklung erneurbarer Energien investiert und damit das Wirtschaftswachstum (und den Wohlstand künftiger Generationen) gefährdet. Beispielsweise werde die Sequestrierung von Treibhausgasen (das Pumpen derer unter den Boden oder in grosse Meerestiefen) in naher Zukunft viel günstiger sein als eine Stromproduktion heute, die frei von Treibhausgasen erfolgt (z.B. Windenergie). Die Sequestrierung der Treibhausgase werde nur einen Bruchteil des ungehindert erzeugten Wohlstands kosten.[39]

Die genannte Position lässt sich als ‹*sehr schwache Nachhaltigkeit*› betiteln (Rogall 2003: 31). Ihre Vertreter gehen von der absoluten Souveränität der Wirtschaftssubjekte aus. Ein objektiver Grund für einen Entwicklungs- oder Wertewandel (z.B. des Konsumverhaltens) existiert nicht, da technischer Fortschritt die Substitution des natürlichen Kapitalstocks ermöglicht, womit ökologische Belastungsgrenzen beseitigt werden. Steuernde Eingriffe durch Politik und Verwaltung werden nur zur Abwehr aktueller Gefahren akzeptiert. Die Vertreter einer ‹*schwachen Nachhaltigkeit*› halten an der Konsumentensouveränität und der weitgehenden Lösbarkeit von Umwelt- und Ressourcenprobleme durch technische Verfahren fest, anerkennen aber einen gewissen Bedarf, regulierend in das Wirtschaftsgeschehen einzugreifen, um beispielsweise besonders wichtige Güter zu schützen. Noch einen Schritt weiter geht die ‹*starke Nachhaltigkeit*›: «Bei Marktversagen und kollektiven bzw. meritorischen Gütern, wie den natürlichen Ressourcen, wird eine Einschränkung der Konsumentensouveränität zugunsten eines Konzepts der Grenzen des Umweltraumes akzeptiert (Setzung *ökologischer Leitplanken*). Eine Reihe von natürlichen Ressourcen wird als unverzichtbar und nicht substituierbar angesehen» (Rogall 2003: 32). Und Vertreter der ‹*strikten oder radikalen ökologischen Nachhaltigkeit*› fordern schliesslich «ein sofortiges, radikales Umsteuern, das keinerlei Rücksicht auf die individuellen Präferenzen der Wirtschaftssubjekte nimmt, sondern die schnellstmögliche Reduktion des Ressourcenverbrauchs sicherstellt. Hierbei wird den technischen Strategien der Steigerung der Ressourceneffizienz keine bedeutende Rolle beigemessen, da diese durch das wirtschaftliche Wachstum kompensiert werden und nur zur Verschleierung des Problems dienen» (Rogall 2003: 32).

---

38 Carl Christian von Weizsäcker anlässlich des Vortrags «Nachhaltigkeit und Demokratie – Analyse des Spannungsverhältnisses zweier Werte» an der Universität Zürich, 26.Oktober 2004.
39 Ebd.

Nachhaltige Entwicklung

Vor- oder Nachsorgen

Kapitalerhalt betrifft nicht nur das Mass des Ressourcenabbaus, sondern auch die Frage, wie stark Umwelt und Gesellschaft durch Risiken, Abfälle etc. belastet werden können. Die diesbezüglichen Standpunkte bewegen sich zwischen vorsorgendem Handeln, wonach Belastungen möglichst vermieden werden sollen, und nachsorgendem Handeln, das auf die künftige Verfügbarkeit von Techniken der Beseitigung angefallener Belastungen und unvorhergesehener Risiken setzt. Am Beispiel der Klimapolitik illustriert, lautet die Problemstellung: «Ist die Erderwärmung möglichst zu verhindern durch Verzichte auf klimaschädigende Produkte und Technologien, die Begünstigung regenerativer Energien und die beides bewirkenden staatlichen Förderungen und Verbote? Oder ist es berechtigt, die Klimaveränderungen abzuwarten und sich gegebenenfalls durch Adaptionsstrategien an sie anzupassen, etwa durch die Züchtung salzresistenter Pflanzen, verstärkten Küstenschutz oder durch grosstechnische Verfahren, Geo-Engineering genannt?» (Linz 2000: 15).

Technik wird's richten

Die Position des nachsorgenden Handelns betrachtet die nachhaltige Zukunftssicherung als ein technisches Problem. In der Tat lassen sich heute ‹revolutionäre Techniken› kaum entbehren, um der fortschreitenden Beschädigungen der Natur entgegnen zu können. Allerdings bergen Techniken durchaus eine gewisse Ambivalenz (vgl. Linz 2000: 14): Einerseits können sie zu einem schonenden und sparsamen Ressourcengebrauch beitragen, die Schadstoffbelastungen auffangen, die Ernährungs- und Gesundheitssicherung der wachsenden Weltbevölkerung unterstützen usw. usf. Andererseits sind gewisse Auswüchse der Technik Mitverursacher der gegenwärtigen Krise. «Die Hoffnung, dass Forschung und Entwicklung in Zukunft nur Problem*lösungen* bereitstellen und nicht auch neue Gefährdungen schaffen, ist trügerisch, wie sich an der Atom- und Gentechnologie schon heute belegen lässt» (Linz 2000: 14; zur Kritik an den modernen Wissenschaften vgl. Elkana 1996).

Effizienz oder Suffizienz?

Die Auseinandersetzungen, wie nachhaltige Entwicklung zu erreichen ist, können auch über die Leitworte Effizienz und Suffizienz gefasst werden. In unserer weitgehend technikfreundlichen Welt erhält die Forderung nach (mehr) Effizienz (d.h. Wirksamkeit bzw. Sparsamkeit) einigermassen Zustimmung (Linz 2000: 26). Umstritten ist allerdings, ob Effizienzsteigerungen allein zu einer ausgewogenen und dauerhaften Entwicklung der Weltbevölkerung führen können. «...Effizienzsteigerung allein [wird] die ökologische Balance einer Acht- oder Zehn-Milliarden-Menschheit nicht herstellen können, erst recht nicht, wenn deren Lebensstandard auf die gegenwärtige Ebene der Industrieländer gehoben werden soll» (Linz 2000: 26). Aus solchen (grundsätzlich immer spekulativen) Prognosen über die Entwicklungsdynamik werden Forderung nach mehr Suffizienz (Genügsamkeit) der wohlhabenden Gesellschaften abgeleitet[40]. Sie müssen einen Teil ihrer gegenwärtigen Ansprüche aufgeben, damit die weniger entwickelte Mehrheit der Weltbevölkerung sich aus ihrer Armut befreien kann,

---

[40] Beispielsweise auch Rees (2002: 30), der zudem eine Verringerung des Bevölkerungswachstums durch Senkung der Geburtenraten fordert. Allerdings laufe man dabei Gefahr, «als Rassist oder Misanthrop gebrandmarkt zu werden» (ebd.).

ohne dass das Gesamtsystem kollabiert. Die wohlhabenden Gesellschaften «werden also neben der Effizienz auch Suffizienz entwickeln müssen. Konkret bedeutet das z.B. weniger kurzlebige Güter, weniger Autofahren, weniger Fliegen, weniger Fleischverbrauch. Das ist eine ungeliebte Einsicht» (Linz 2000: 26). Zwischen den Werten der Suffizienz und jenen der orthodoxen Ökonomie bestehen Divergenzen.

Die Auseinandersetzungen um den Ressourcenerhalt kreisen zusammenfassend um die Frage, ob den kommenden Generationen *irgendein Kapital* hinterlassen werden soll (z.B. in Geldkapital umgesetzte nicht erneuerbare Rohstoffe), oder der möglichst unversehrte *aktuelle Kapitalbestand* (Natur-, Sach-, Human- und Wissenskapital), sodass kommenden Generationen die gleichen Handlungsmöglichkeiten offen stehen wie den gegenwärtigen (vgl. Linz 2000: 15). Die beiden Extremposition der sehr schwachen wie auch der sehr starken Nachhaltigkeit führen in der Regel zu eindimensionalen Auslegungen nachhaltiger Entwicklung, die in Konflikt zur ganzheitlichen, multidimensionalen Sichtweise stehen.

1.3 Ein-, Drei-, Multidimensionalität

Das Gebäude der nachhaltigen Entwicklung wird üblicherweise von drei gleichwertigen Säulen getragen: Ökologie, Ökonomie und Gesellschaft (vgl. z.B. Schweizerischer Bundesrat 2002: 9)[41]. Die ökologische Dimension verweist auf die Sicherung der ökologischen, die ökonomische auf die Sicherung der materiellen und die soziale schliesslich auf die Sicherung der immateriellen Lebensgrundlagen, worunter u.a. die Funktions- und Entwicklungsfähigkeit einer ‹offenen Gesellschaft›, kulturelle Identität, elementare Persönlichkeitsrechte, politische Bürgerrechte, ‹Sozialrechte› bzw. Orientierung an Sozialzielen, ‹moralisches› Recht auf Arbeit und Integration in das gesellschaftliche Leben im Rahmen eines demokratischen Rechtsstaates, Mitwelt- bzw. Zukunftsverantwortung gezählt werden können (Häberli et al. 2002: 31). Das Drei-Säulen-Verständnis betont somit die Ganzheitlichkeit nachhaltiger Entwicklung: Eine Entwicklung ist dann (und nur dann) nachhaltig, wenn sie alle Dimensionen gleichberechtigt berücksichtigt. Die Wirtschaft darf sich nicht auf Kosten von Umwelt und Gesellschaft entwickeln, andererseits soll die Lösung ökologischer Probleme nicht zu ökonomischen und sozialen Risiken führen (beispielsweise anwachsender staatlicher und privater Verschuldung, unfinanzierbar werdender sozialer Sicherungssysteme, Arbeitslosigkeit, Entsolidarisierung etc.)[42]. In allen Bereichen existieren Grenzen der Belastbarkeit, nicht nur im ökologischen System (Jörissen et al. 1999). Bildlich ge-

---

41 Anstelle von Säulen wird auch von (Ziel-) Dimensionen, Ecken eines Dreiecks etc. gesprochen. Zudem kommen hie und da mehr als die genannten drei Grunddimensionen vor. Jörissen et al. (1999) stellen der sozialen Dimension eine politisch-institutionelle zur Seite, während Hey & Schleicher-Tappeser (1998) eine kulturelle hinzunehmen. Die Schweisfurth-Stiftung, die sich der «Entwicklung einer ökologischen Kultur der Zukunft» verschrieben hat, führt sechs Dimensionen bzw. «Hinsichten» ein: ökologisch, gesundheitlich, marktstrategisch, sozial, pädagogisch, ethisch (auf: http://www.schweisfurth.de/index.php?id=89, 26.4.2005), während Hartmut Bossel die Multidimensionalität der Nachhaltigkeit auf acht Säulen ruhen lässt: physische, materielle, ökologische, ökonomische, soziale, kulturelle, psychologische und ethische (Bossel 1998). M.E. reichen jedoch die drei Hauptdimensionen aus, um den Aspekt der Ganzheitlichkeit adäquat zu betonen. Drei- und Multidimensionalität werden somit gewissermassen synonym.

42 Die wenigen Beispiele machen bereits deutlich, wie problematisch es ist, Ziele der nachhaltigen Entwicklung aus der Binnenperspektive der einzelnen Dimensionen formulieren zu wollen. Ein solcher Ansatz droht die (offensichtlich zahlreichen) zwischen den Dimensionen bestehenden Wechselwirkungen und Abhängigkeiten zu übersehen und damit die eigentliche Absicht des Drei-Säulen-Konzepts, Probleme ganzheitlich zu erfassen, zu verfehlen.

Nachhaltige Entwicklung

sprochen darf keine der drei Säulen geschwächt werden, soll das Gebäude künftiger Entwicklung nicht einstürzen. Die grosse Herausforderung liegt natürlich darin, ökologische Interessen, wirtschaftliche Bedürfnisse und soziale Aspekte auszubalancieren und in ein Gesamtkonzept einzubetten. Nachhaltige Entwicklung ist ein integratives Konzept: «Im Prozess um eine nachhaltige Entwicklung geht es nur selten um ein ‹Entweder-oder›. Im Vordergrund steht vielmehr ein ‹Sowohl-als-auch›, in welchem sich eine typische Eigenschaft des Balancierens ausdrückt» (Häberli et al. 2002: 306). Auf die Problematik dieser Metapher des Ausbalancierens wurde bereits im Kapitel ‹III Bilder verstehen› hingewiesen, auf verschiedene Wege des Ausbalancierens – Auto- oder Heteronomie, bottom up oder top down – kommen wir weiter unten zurück.

Primat der ökologischen Dimension

Vertreter der oben skizzierten (sehr) starken Nachhaltigkeit lehnen das Drei-Säulen-Modell ab und ziehen entweder nur die ökologische Dimension in Betracht (in diese Richtung tendiert z.B. Haber 2001) oder räumen bei Beibehaltung eines mehrdimensionalen Konzepts der Ökologie Priorität ein: «Alles Wirtschaften und damit auch die Wohlfahrt im klassischen Sinne stehen unter dem Vorbehalt der ökologischen Tragfähigkeit. Denn nur innerhalb des Spielraums, den die Natur als Lebensgrundlage bereitstellt, ist Entwicklung und damit auch Wohlfahrt dauerhaft möglich. Die Tragfähigkeit des Naturhaushaltes muss daher als letzte, unüberwindliche Schranke für alle menschlichen Aktivitäten akzeptiert werden. [...]. Aufgabe der Politik ist es nicht, Umwelt-, Wirtschafts- und Sozialpolitik in ein – wie auch immer geartetes – ausgeglichenes Verhältnis zu bringen, sondern den Spielraum, die Fahrrinne vorzugeben, die das Schiff der wirtschaftlichen und sozialen Entwicklung beachten muss [...]. Das Schiff kann sich innerhalb der gegebenen Grenzen frei bewegen, aber es darf die Fahrrinne nicht verlassen» (Deutsches Umweltbundesamt zit. in: Rogall 2003: 34f.).

Ein etabliertes Mass für die ‹menschliche Last› auf das Ökosystem Erde ist der ‹ökologische Fussabdruck›. Er drückt die Fläche an produktiven Land- und Wasserökosystemen aus, die zur Deckung der Konsumansprüche, d.h. für Produktion wie Entsorgung der Konsumgüter, von menschlichen Bevölkerungen mit ihren jeweiligen materiellen Standards zum Zeitpunkt der Erhebung erforderlich sind (Rees 2002: 25). Da der ökologische Pro-Kopf-Fussabdruck positiv mit dem Einkommen korreliere und die langfristige planetare Tragfähigkeit für den Menschen überschritten sei, gilt es aus ökozentrischer Sicht das dominierende sozioökonomische System ökologisch zu reformieren (Rees 2002).

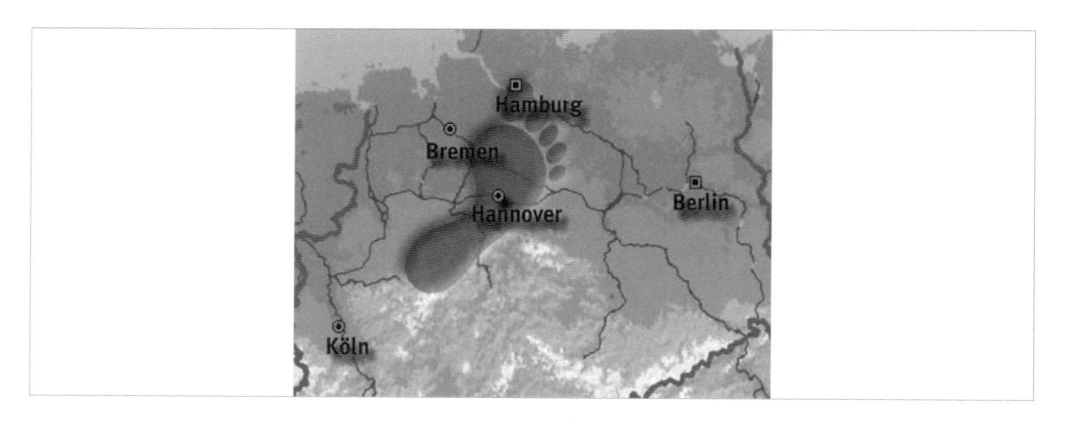

Abb. 14: Kinderorientierte Visualisierung des «ökologischen Fussabdrucks (Hannig 2002: 19).

‹Nachhaltiges Wirtschaftswachstum›

Das gegenwärtig dominante ökonomische Paradigma[43] fusst auf der Annahme, das Wohl der Menschen hänge mehr oder weniger direkt vom materiellen Wohlstand ab. Entsprechend ist nachhaltige Entwicklung nur möglich, wenn Märkte wachsen bzw. expandieren können und der liberalisierte Handel vorangetrieben wird. Einmischungen in die ökonomischen Freiheiten sind in diesem Paradigma per definitionem ineffizient, der Markt reguliert sich über die Präferenzen der Konsumierenden, Angebot und Nachfrage von selbst. Von der stetig wachsenden Wirtschaft profitieren letztlich auch die Armen, denn aus dem Mehr an Reichtum ‹tröpfelt› immer auch etwas nach unten: «Die Flut hebt alle Schiffe» – wie Rees die Leitmetapher des neoliberalen Mythos in kritischer Absicht zitiert (Rees 2002: 4).

1.4 Hybrid

Nachhaltige Entwicklung kann fruchtbar als Hybrid im Sinne Latours (1995) gedeutet werden, über welches der für eine reflexive Gesellschaft (Beck 1986) wichtige gesamtgesellschaftliche und ganzheitliche Diskurs über die Zukunft leitbildhaft in Bewegung gesetzt werden könnte. Hybride sind «Ko-Produktionen von Natur und Gesellschaft» (Schimank 2000: 159). Mit dem Begriff wird die unauflösbare Verschränkung von Natur auf der einen, Gesellschaft auf der anderen Seite – die Vergesellschaftung der Natur beziehungsweise die Naturwüchsigkeit der Gesellschaft – umschrieben. Hybride lassen sich als eine Art Knotenpunkte in Netzwerken denken. Das Hybrid Ozonloch beispielsweise «verbindet die ... Wissenschaft mit den Niederungen der Politik, den Himmel über der Antarktis mit irgendeiner Fabrik am Rande von Lyon, die globale Gefahr mit der nächsten Wahl oder Aufsichtsratssitzung. Grössenordnung, zeitlicher Rahmen, Einsätze und Akteure sind nicht vergleichbar, und doch sind sie hier in die gleiche Geschichte verwickelt.» (Latour 1995: 7)

Menschen produzieren Hybride, seit sie Werkzeuge herstellen, die Allgegenwärtigkeit und zunehmende Bedrohlichkeit der Hybride ist allerdings ein Phänomen der Moderne. Verschiedenste Hybride drohen ‹aus dem Ruder zu laufen› (neben dem Ozonloch zum Beispiel die Gentechnik, Atomenergie etc.), wir befinden uns in der «Risikogesellschaft» (Beck 1986). Um jedoch mit den Hybriden umgehen zu können, fehlt uns eine ihnen angemessene Wahrnehmung. Das Selbstverständnis der Moderne ist geprägt von der strengen Trennung von Gesellschaft und Natur, was zwar das Entstehen und die rasante Verbreitung der Hybride ermöglicht, aber gleichzeitig ihre Existenz verneint: «Die Modernen – Opfer ihres Erfolges» (Latour 1995: 68). Das Konzept der Nachhaltigkeit könnte nun jene Neuerung sein, mittels jener das faktisch vorhandene, aber bisher nicht wahrgenommene Gesellschaft-Natur-Kontinuum begreifbar wird, ein Hybrid für die angemessene Wahrnehmung der Hybride. In den Worten Wöhlers: «Die Trennung bzw. Dichotomisierung von Kultur (-Gesellschaft) und Natur soll mit dem Konzept ‹Nachhaltigkeit› wenn nicht aufgehoben, so doch aber überbrückt werden. Nachhaltigkeit beinhaltet demzufolge beides – Kultur und Natur» (Wöhler 2001: 40). In der Verschränkung der kulturellen (ökonomischen und sozialen) mit den ökologischen Zielen kann das Hybrid nachhaltige Entwicklung im Idealfall dazu dienen, kon-

---

43 «Ein grösseres Wirtschaftswachstum in der Schweiz und die Liberalisierung des Welthandels im Rahmen der WTO: Das sind für Economiesuisse die zentralen wirtschaftspolitischen Herausforderungen.» Tagesanzeiger, 25.4.2005, auf: http://www.tagi.ch/dyn/news/print/wirtschaft/492030.html, 26.4.2005.

Nachhaltige Entwicklung

fligierende Interessen zu vereinen. «Nachhaltigkeit als Diskurskonzept ist also ein Kommunikations- und Kooperationsmedium, das all diese strukturellen Spannungen und ungeklärten Verantwortungen sowie Interessen zusammenführt» (Wöhler 2001: 40). Damit ist eine weitere wesentliche Nuancierung nachhaltiger Entwicklung ans Licht getreten.

1.5 Such-, Lern- und Gestaltungsprozess

Nachhaltigkeit als Diskurskonzept interpretiert bedeutet die Fokussierung auf die Art und Weise (Diskursform), in welcher die Ausbalancierung der Nachhaltigkeitsdimensionen vor sich geht (Diskursinhalt). Unter Diskurs ist dabei ein Konsensfindungsverfahren zu verstehen (vgl. Kap. ‹Diskurse› in ‹II Wirklichkeiten›), welches zu gerechten Ergebnissen führt, die den Beteiligten einsichtig sind und deshalb von ihnen auch (nachhaltig) getragen werden. Das Buwal formuliert wie folgt: «Die Ausgestaltung der Ressourcenverteilung und -nutzung ist im Rahmen einer nachhaltigen Entwicklung als gesellschaftlicher Such-, Lern- und Gestaltungsprozess zu verstehen. Er muss immer wieder neu hinterfragt und ausgehandelt werden. Nachhaltige Entwicklung basiert dabei auf einer demokratisch legitimierten Mitwirkung, welche alle politischen Ebenen und Interessen umfasst. Die Ziele der Nachhaltigkeit können nur im gemeinsamen gesellschaftlichen Dialog und Aushandeln Akzeptanz finden und erreicht werden» (Buwal 2003: 101). Nachhaltige Entwicklung kann nicht mittels allgemeiner, kontextfremder Rezepte verwirklicht werden, sie ist vielmehr jeweils «vor Ort in bestmöglicher ‹Lebensnähe› partizipativ und selbstorganisierend» auszugestalten (Busch-Lüty 1995: 124). Einen inhaltlich bestimmten «Königsweg in Sachen Umwelt- bzw. Ökosphärenschutz» kann es diesem Verständnis nach nicht geben, «eine allseits verbindende Umweltethik ... reklamieren hiesse ..., Ungerechtigkeit zu predigen» (Wöhler 2001: 45).

Partizipativ bzw. diskursiv verstandene nachhaltige Entwicklung ist ausschliesslich aus der Gesellschaft selbst heraus begründbar. Sie ist ein normatives Konzept, das von den Werten und Normen der Beteiligten abhängt (Schmid 2004: 58), über deren Gewichtung aus demokratietheoretischen Überlegungen selbstbestimmt zu entscheiden ist (vgl. z.B. Barber 1994). Dass dabei unterschiedliche Vorstellungen bezüglich der inhaltlichen Konkretisierung der nachhaltigen Entwicklung einfliessen, ist «in einer freiheitlich-demokratisch verfassten offenen Gesellschaft [...] weder zu vermeiden noch zu bedauern» (Schweizerischer Bundesrat 2002: 9). Es gilt den Regeln der Partizipation folgend (Müller 2001) alle betroffenen Akteure in den Prozess der konkreten Ausgestaltung einer nachhaltigen Entwicklung einzubeziehen. Im Sinne geforderter Transparenz «sind Konflikte offen zu legen und die getroffenen Wertungen zu begründen. [...]. Zielkonflikte ... sind sichtbar zu machen und möglichst transparent in den politischen Entscheidungsprozess einzubringen» (Schweizerischer Bundesrat 2002: 12). Nachhaltige Entwicklung kann dieser Ansicht folgend als ‹regulative Idee› bezeichnet werden (Häberli et al. 2002: 31), als eine Leitlinie, die über den Zielvorstellungen einzelner Politikbereiche steht (Thierstein & Walser 2000: 13), die aber – wie die regulativen Ideen ‹Freiheit› und ‹Gerechtigkeit› – diskursiv zustandegekommener Mindestbestimmungen und gesetzlicher Verankerungen bedarf. Angesichts der «enormen Komplexität des Themas ... ist jede Aussage zur Nachhaltigkeitsthematik ... als ein Beitrag zu einem umfassenden gesamtgesellschaftlichen Diskurs über die Konkretisierung des Leitbilds im Sinne eines ‹Wettbewerbs der besten Ideen› zu begreifen» (Coenen et al. 2000: 4). Der partizipative Such-, Lern- und Gestaltungsprozess steht damit in engem Zusammenhang mit der Bildung kooperativer Netzwerke, die zu Produktinnovationen und zur Steigerung der Wertschöpfung und Aktivierung endogener Potenziale führen sollen (Schmid 2004). Ein partizipatives Verständnis von Nachhaltigkeit betrifft auch die Aufgaben der (Sozial-) Wissenschaften: «Wissenschaftlicher Forschungsbedarf besteht … weniger für die Definition inhaltlicher Nominierungen als bei der Analyse und Gestaltung der prozeduralen Bedingungen und Organisation solcher Verfahrensweisen» (Busch-Lüty 1995: 123f.).

1.6 Fremdbestimmung

Nachhaltige Entwicklung wird freilich nicht einstimmig als direktdemokratisches Projekt gedeutet – aus verschiedenen Gründen. Wer sich selbst auf dem richtigen Weg zu wissen meint (vgl. eindimensionale Nachhaltigkeitsvorstellungen), braucht sich nicht auf einen offenen Diskurs einzulassen. Schneider (1997: 42f.) sieht die Gefahr, dass das Weltkonzept nachhaltiger Entwicklung unhinterfragt von oben – der Ebene des UN-Diskurses – nach unten – in die nationale Politik mit ihren lokalen Folgen – umgesetzt wird. Die lokalen Probleme werden dabei ausgeblendet: «Das geheime Leitbild sind Computer-Programme, mit denen Szenarien technokratisch durchgespielt werden» (Schneider 1997: 43). Substanz erhalten seine Befürchtungen durch ‹elitäre› Auffassungen, die nachhaltige Entwicklung nur auf der Grundlage wissenschaftlich fundierter Kenntnis und wissenschaftsförmiger Diskurse bearbeitbar sehen (Huber 1995: 32). Die gesamte Managementterminologie mit ihren Indikatorensystemen (vgl. BFS et al. 2003; Buwal 2003: 112–138) verweist tendenziell auf solche technokratischen Bewältigungsversuche. Abwehr gegen die heteronomen Einflüsse sieht Schneider im basisdemokratischen Widerstand: «…wir brauchen vor Ort – von unten – starke, autonome Bürgerinnen- und Bürgerinitiativen und starke autonome Gemeinden» (Schneider 1997: 43).

Eine denkwürdige Auslegung nachhaltiger Entwicklung liefert auch der bereits zitierte, das Heil im wirtschaftlichen Wachstum sehende Carl Christian von Weizsäcker: Der Forderung nach der Berücksichtigung ökologischer Belange und einer generationenübergreifenden Schonung natürlicher Ressourcen unterstellt er einen «totalitären Charakter»[44]. Er interpretiert nachhaltige Entwicklung als kategorischen Imperativ, wonach es den künftigen Generationen untersagt sei, Beschlüsse in Richtung einer nachhaltigen Entwicklung zu ändern, denn auch diese müssen den Erhalt des Naturkapitals mittragen. Ein solcher kategorischer Imperativ sei aber grundsätzlich unverträglich mit der (wirtschaftsfreundlichen?) Idee der pluralistischen Demokratie mit ihrem konstitutiven Prinzip der Revidierbarkeit von Entscheidungen. Dass der ‹kategorische Imperativ› der nachhaltigen Entwicklung eine regulative Idee sein könnte, gemäss welcher – analog dem Prinzip der Demokratie – der prozedurale Leitgedanke bestehen bleibt, während sich die Inhalte situativ ändern können (und müssen), blendet er aus. Um seine (einseitigen) neoliberalen Vorstellung durchsetzen zu können, legt er nachhaltige Entwicklung einseitig als totalitär auftretenden Umweltschutz aus und setzt auf die emotional mächtige Angst vor drohendem Demokratieverlust. Dieses Argumenta-

---

44 Carl Christian von Weizsäcker anlässlich des Vortrags «Nachhaltigkeit und Demokratie – Analyse des Spannungsverhältnisses zweier Werte» an der Universität Zürich, 26.Oktober 2004.

tionsmuster ist (auch) in rechts-populistischen Kreisen stark verbreitet, welche mit Erfolg auf der Klaviatur emotionaler Motive wie ‹Freiheit› und ‹Autonomie› spielen und sich kategorisch gegen ‹Einmischungen von aussen›, gegen die ‹besserwisserischen Intellektuellen› oder die ‹Zugewanderten› wehren (Müller & Kollmair 2004: 50). Auch in den hier behandelten Fallbeispielen wird darauf zurückzukommen sein.

1.7 Wertewandel

Menschliches Handeln ist geleitet von Glaubens- und Verhaltensmustern, von Gewohnheiten und Routinen, ‹Mythen› im Sinne «umfassender Visionen, die dem Leben Form und Richtung geben» (Grant 1998: 1, übersetzt in Rees 2002: 3). Nimmt man nun an, die gegenwärtig dominanten ökonomischen Mythen, die Produktion und Konsum ‹steuern›, sind «humanökologische Dysfunktionen» (Rees 2002: 3), die je nach Szenario das Überleben der Menschheit gefährden oder zumindest das Wohlergehen dem Wohlstand opfern, gilt es, die überkommenen Mythen mit ihren Werten und Normen zu ändern (vgl. ‹Tutzinger Manifest› zit. in: Lucas & Matys 2003: 13). Nachhaltige Entwicklung kann diesem Verständnis nach keine Fortsetzung des Status quo sein, sondern bedingt neue Wahrnehmungs- und Handlungsweisen, einen grundlegenden und folgenreichen Wandel der strukturierenden Werte. Dabei ist die Gesellschaft als Ganzes mit allen ihren Bereichen und Akteuren angesprochen (Lass & Reusswig 1999: 11).

Nachhaltige Entwicklung erhält wegen ihrer Werthaftigkeit eine ethische Dimension, was bedeutet, dass – wie in Kapitel ‹Bewusstseinsebenen› angesprochen – eingeschliffene Verhaltensweisen (neu) legitimiert werden müssen (vgl. Linz 2000: 35). ‹Ökologische Krisen› als meist unbeabsichtigte Folgen routinierter Handlungsweisen sind deshalb Krisen strukturierten Handelns, d.h. Probleme unangepasster Leitbilder, Regeln etc. Nachhaltige Entwicklung bedingt so gesehen, dass die tragenden Überzeugungen, die das Handeln von Menschen leiten, hinterfragt und dass nach Normen, Richtwerten und Leitsätzen gesucht wird, an denen sich ein das Leben bewahrendes und das Zusammenleben ermöglichendes Verhalten ausrichten soll und kann (Linz 2000: 7). «Nachhaltige Entwicklung wird nur möglich, wenn die geistigen Grundlagen unserer Naturbemächtigung überdacht, wenn die kulturellen Selbstverständlichkeiten in Frage gestellt, wenn die Einstellungen, die die Erfolge und Auswirkungen unserer bisherigen Lebensweise hervorgebracht hat, befragt, wenn die geltenden Maximen des Handelns geprüft werden» (Linz 2000: 20).

1.8 Glück, Zufriedenheit, Lebensqualität

In unserer Gesellschaft finden viele Menschen ihr ‹Glück› im Konsum, zumindest predigt uns die Werbung, dass der Besitz und Konsum einer Reihe von Produkten uns zu glücklicheren Menschen macht (Bittencourt et al. 2003: 49). Freilich ist umstritten, ob ein glückliches Leben erfolgreich in kurzfristigen Vergnügungen zu finden ist. Solchem *‹Glück haben›* wird die grundsätzliche Lebenszufriedenheit, das *Glücklichsein*, gegenübergestellt (Bittencourt et al. 2003: 49). Bittencourt et al. (2003: 49ff.) versuchen, Nachhaltigkeit und Glück zu verknüpfen: Während – in unseren Gesellschaften – materieller Wohlstand und Wohlbefinden nicht direkt korrelieren, bestehe zwischen dem persönlichen Glück der Menschen und einem rücksichtsvollen, mitfühlenden Umgang mit ihrer Umwelt ein Zusammenhang. Die Leitziele nachhaltiger Entwicklung –

sozialer Ausgleich, d.h. kleine Diskrepanzen zwischen den Ärmsten und den Reichsten, ein intaktes soziales Gefüge, zivilgesellschaftliches Engagement, demokratische Teilhabe und -nahme, Selbstbestimmung bzw. Kontrolle über das eigene Leben, ein respektvoller Umgang mit der Umwelt etc. – machen glücklich, so die Botschaft.

1.9 Gerechtigkeit

Damit ist es nun an der Zeit, das neben dem Drei-Säulen-Konzept bekannteste Verständnis nachhaltiger Entwicklung zu nennen, die so genannte (engere) Brundtland-Definition: «Nachhaltige Entwicklung ist eine Entwicklung, welche die gegenwärtigen Bedürfnisse zu decken vermag, ohne gleichzeitig späteren Generationen die Möglichkeit zur Deckung der ihren zu verbauen» (Hauff et al. 1987: 9). Indem nachhaltige Entwicklung auf das Fundament menschlicher Bedürfnisse gestellt wird, stellt sich aber grundsätzlich die Frage, welche Bedürfnisse einen legitimen Anspruch auf Befriedigung haben (Brune 2003: 40). Dies ist schon schwierig zu beantworten in Bezug auf materielle Bedürfnisse, kompliziert sich jedoch weiter im Falle immaterieller Bedürfnisse wie beispielsweise ästhetischer Vorlieben von Landschaftsbildern, deren Wahrnehmung für kommende Generationen, aber damit auch Verschiebungen in den Landschaftspräferenzen möglich sein sollte (Buwal 2003: 103). Die Generationengerechtigkeit ist zudem mit dem fundamentalen Problem konfrontiert, wie die Bedürfnisse der noch Ungeborenen angemessen in den sie betreffenden politischen Entscheidungsfindungsprozess einbezogen werden können (vgl. Zierhofer 1994).

Intergenerative Gerechtigkeit macht wenig Sinn, wird sie nicht auch intragenerativ angestrebt: Auch alle heute lebenden Menschen müssen die Möglichkeit erhalten, ihre grundlegenden Bedürfnisse decken zu können. Unter Einbezug des Drei-Säulen-Konzepts, wonach die ökonomische, soziale und ökologische Dimension sich gegenseitig bedingen, bedeutet dies für den Doppelbegriff nachhaltige Entwicklung: «Einmal: Entwicklung als Weg aus der Armut und Schutz der natürlichen Lebensgrundlagen gehören zusammen. Sie lassen sich nicht gegeneinander ausspielen. Wer eines vernachlässigt, verfehlt beide. [...]. Und zweitens: Die Länder des Nordens und die des Ostens und Südens sind aufeinander angewiesen. Sie können nur miteinander *sustainable* werden, nicht ohne die Anderen oder gar auf deren Kosten Zukunftsfähigkeit erreichen. Dieses zweite Prinzip muss inzwischen richtiger heissen: Die globale Ober- und Mittelklasse kann ohne die zurückgelassene Mehrheit der Weltbevölkerung oder gar auf deren Kosten nicht zukunftsfähig werden» (Linz 2000: 11f.). Damit wird nachhaltige Entwicklung praktisch identisch mit verwirklichten, dauerhaft gesicherten Menschenrechten, die allen Menschen würdige Lebensbedingungen gewähren.

Ganzheitliche nachhaltige Entwicklung kommt folglich ohne (internationale) Solidarität nicht aus: «Solidarität entsteht aus der Verbindung von Eigennutz und Fürsorge [...]. Um ihre eigene Zukunft zu sichern, müssen die Bewohner der wohlhabenden Länder solidarisch werden mit denen, die auf der anderen Seite der Erdkugel leben, die sie nicht kennen und nicht kennen werden, mit denen sie aber diese Erde bewohnen» (Linz 2000: 24). Ob die Akteure in den Fallbeispielregionen ihren Horizont in diese Richtung öffnen oder ob regionalistisches Denken überwiegt, wird sich in den Kapiteln zu den Fallbeispielen weisen. Folgende Aussage eines Delegierten der UNESCO Biosphäre Entlebuch soll nur andeuten, dass Solidarität nicht selbstverständlich ist: «Das Regionalmanagement muss sich das deutliche Nein zum UNO-Beitritt und die deutli-

Nachhaltige Entwicklung

chen Neins zu den EU-Vorlagen des Entlebucher Stimmvolks immer vor Augen halten und beherzigen.»[45]

1.10 Leerformel oder Chance?

Abschliessend sollen einige Stimmen erwähnt werden, die das Konzept der nachhaltigen Entwicklung nicht in die eine oder andere Richtung auslegen wollen, sondern der Beliebigkeit des Konzepts grundsätzlich kritisch gegenüberstehen und somit seine Tauglichkeit bezweifeln. Elmar Altvater kann dem einhelligen Rezitieren nachhaltiger Entwicklung keine positiven Seiten abgewinnen, zumindest so lange wie der neoliberale Kapitalismus nicht in Frage gestellt wird: «Nachhaltigkeit in der kapitalistischen Industriegesellschaft – das ist wie die Neuauflage der Konstruktionsversuche eines perpetuum mobile, einer Maschine, die Energie erzeugen kann, ohne dass dabei in der Umgebung Veränderungen durch Ressourcenentnahme und die Deponierung von Emissionen entstehen. Spätestens die thermodynamische Physik des 19. Jahrhunderts hat bewiesen, dass eine solche Maschine allen Naturgesetzen widerspricht und daher nicht funktionieren kann. Doch von der Industriegesellschaft wird wie selbstverständlich die Leistung des perpetuum mobile erwartet: Wohlstand zu erzeugen, dafür nicht erneuerbare Ressourcen, vor allem fossile Energieträger zu verbrauchen, und dennoch der natürlichen Umwelt keinen Schaden zuzufügen. Natürlich ist das ein Unding. Doch das natürliche Unding ist gesellschaftsfähig im jüngeren globalen ‹Nachhaltigkeitsdiskurs›» (Altvater 2002: 24). Nachhaltige Entwicklung scheint zur Zauberformel verkommen, zu einem Taschenspielertrick, dessen Wirkung auf Täuschung beruht: «Nachhaltigkeit ist so etwas wie eine unbedenkliche Zauberformel für ökologisch unbedenkliches Wachstum, eine zwar konsensstiftende, aber auch leere Formel für eine als nachhaltig bezeichnete Entwicklung des Wirtschaftens» (Brand 2000: 21).

Urs Wiesmann sieht neben den Gefahren der Leerformel ‹nachhaltige Entwicklung› immerhin auch Chancen: «Die weltweit hohe Akzeptanz, die der weitgehend diffuse Nachhaltigkeitsbegriff und seine implizite Ideologie erfahren, bietet die nicht zu unterschätzende Chance, den Dialog zwischen gegensätzlichen entwicklungspolitischen Interessen und Standpunkten zu erneuern. Auf der anderen Seite birgt diese Akzeptanz aber auch die akute Gefahr, dass ‹Nachhaltigkeit› oder ‹nachhaltige Entwicklung› zur politischen Leerformel wird, in deren Schutz sich verschiedenste Partikularinteressen politisch und wirtschaftlich durchzusetzen versuchen» (Wiesmann 1995: 4). Ohne Konkretisierung bzw. Operationalisierung droht dem Konzept der nachhaltigen Entwicklung das gleiche Schicksal wie anderen Schlagwörtern: Früher oder später wird es ersetzt durch «eine nächste, ähnlich diffuse politische Formel» (ebd.). Das «Wesen von Modediskursen» bzw. den «Prozess der Pervertierung von Reformideen» hat Theo Rauch am Beispiel ‹Partizipation› prägnant aufgezeigt (Rauch 1996). Andererseits – und damit sind wir wieder beim Hybridcharakter nachhaltiger Entwicklung – hat das ‹Gummiwort› eben das grosse Potenzial, verschiedene, gar konfligierende Interessen auf den Diskurs hin zu vereinen und dadurch die Perspektivenvielfalt herzustellen, welche hilft, der ‹Realität› ein Stück näher zu kommen und dadurch den verschiedenen Betroffenen gerecht zu werden: «Der Begriff der Nachhaltigkeit ist schwammig und

---

45 Der Delegierte H. Krummenacher in seiner Antwort auf die Befragung der 40 Delegierten der UBE, durchgeführt vom Regionalmanagement Entlebuch im April 2003. Die Frage lautete: «Was erwarten Sie konkret vom Regionalmanagement?»

ohne klare Aussage, so die Kritik – aber genau diese Eigenschaften haben dazu geführt, dass er eine Perspektive in die ökologische Publizistik zurückbrachte, die mit der zunehmenden fachlichen Atomisierung längst verloren gegangen war: den Gesamtzusammenhang» (Radloff 2000: 39). So scheint es das Prinzip Nachhaltigkeit trotz aller Ambivalenz des Begriffes zu schaffen, die drei Dimensionen Soziales, Ökonomie und Ökologie gedanklich zu vereinen und dadurch Menschen aus verschiedenen Bereichen zu zwingen, miteinander zu kommunizieren, Menschen, die sonst nicht miteinander sprechen würden (Oxenfarth 2001: XXII).

2 Visuelle Kommunikation nachhaltiger Entwicklung

«Was wir über unsere Gesellschaft, ja über die Welt, in der wir leben, wissen, wissen wir durch die Massenmedien.» (Luhmann 1996: 9)

Komplexe Problemzusammenhänge globaler Art können nur über die (Massen-) Medien kommuniziert werden. Entsprechend sind die Vorstellungen, die sich die Handelnden von den kommunizierten Aspekten machen, an Form und Inhalt der Vermittlung, d.h. der Medienberichterstattung gebunden. Wie aus Teil ‹III Bilder verstehen› hervorging, liegt die Stärke visueller Kommunikation im Vermögen der Bilder, Interesse zu wecken (Aufmerksamkeit zu erzielen) und zu begeistern (an Emotionen zu appellieren). Die informative Funktion der Bildberichterstattung kann dabei mitunter in Konflikt zu diesen beiden Zielen treten. Denn das gewöhnliche Bild, wie es sich aus der schlichten Dokumentation eines Ereignisses ergibt, eignet sich selten, um aufmerksam zu machen. Unser Blick wird vielmehr vom Nicht-Alltäglichen, Ungewöhnlichen angezogen wie intensive physische Reize, vor allem aber durch inhaltliche Reize, d.h. emotionale Schemabilder und Überraschungseffekte. Wir werden deshalb im Folgenden auf Varianten eingehen, wie der Begriff ‹nachhaltige Entwicklung› emotionalisiert werden könnte. Bei der nachhaltigen Entwicklung handelt es sich jedoch nicht um ein beliebiges Produkt, für das *eine* bestimmte Lebenstilgruppe als KonsumentInnen zu gewinnen ist. Nachhaltige Entwicklung muss letztlich als ein gesamtgesellschaftliches Projekt gesehen werden, an dem sich möglichst *alle* sozialen Gruppen beteiligen sollen. Strategien der Emotionalisierung dürfen deshalb nicht zu Polarisierungen führen.

2.1 Emotionalisierung

«Ein gesellschaftliches Grossprojekt wie das der Nachhaltigkeit, das die Unterstützung möglichst vieler Menschen finden soll, kann ohne die handlungsmotivierende und -leitende Kraft von Gefühlen ... nicht erfolgreich sein. Gefühle teilen uns unmissverständlich und automatisch mit, dass eine Situation oder ein Ereignis existentiell wichtig für uns ist, dass wir uns darum kümmern und es uns merken müssen.» (Döring-Seipel & Lantermann 2000: 27f.)

Was uns ‹kalt lässt›, interessiert uns nicht: Es sind in der Regel Emotionen, die die Voraussetzungen dafür schaffen, sich auf Sachthemen einzulassen, sich damit auseinanderzusetzen, sich an die Themen zu erinnern und allenfalls auch motiviert zu werden, bestimmte Handlungen zu vollführen (vgl. Lucas & Matys 2003: 17: vgl. Grass et al. 1998: 11ff.). Der abstrakte Begriff ‹nachhaltige Entwicklung› vermag uns kaum zu be-

Nachhaltige Entwicklung

wegen, es gilt ihn deshalb zu konkretisieren, zu verbildlichen. Die zentralen Ideen des Nachhaltigkeitskonzepts müssen in gängige visuelle und/oder verbale Bilder übersetzt werden, um handlungswirksam werden zu können, was zur Frage führt, ob dies überhaupt machbar ist. Denn wesentliche Dimensionen der gegenwärtigen Umweltveränderungen sind für die Menschen nicht wahrnehmbar, die direkte Perzeption beispielsweise des prognostizierten Anstiegs der mittleren Temperaturen ist nicht möglich. In der globalisierten Welt lassen sich die Auswirkungen des eigenen Handelns selten unmittelbar erfahren. Zudem haben einzelne Handlungen oft verschwindend geringe Folgen, die kumulierten Effekte lassen jedoch gewaltige Probleme entstehen, ohne dass eindeutige Verantwortlichkeiten auszumachen sind. Weiter sind emotionalisierende Visualisierungsstrategien mit dem Problem konfrontiert, «dass Umweltprobleme in der Regel komplexe Probleme sind, über die unterschiedliche und teilweise widersprüchliche Informationen existieren, die eher diffuse, handlungsblockierende Gefühle der Hilflosigkeit und Verwirrung aufkommen lassen als klare und handlungsunterstützende Emotionen» (Döring-Seipel & Lantermann 2000: 27f.). Das Nachhaltigkeitskonzept scheint zu allgemein und zu wenig konturiert zu sein, um mobilisieren zu können. Es fehlen ihm klare Problemlösungsdiagnosen und Handlungsperspektiven. Dennoch sind Emotionalisierungen möglich. Viele der mit nachhaltiger Entwicklung zusammenhängenden Werte sind – in unserem Kontext – relevante soziokulturelle Werte, an die appelliert werden kann: Nachhaltige Entwicklung muss «mit Deutungen und Symbolbeständen der eigenen kulturellen Tradition verknüpft werden können und darüber hinaus eine gewisse empirische Glaubwürdigkeit besitzen. Diese Bedingungen sind für das Nachhaltigkeitskonzept durchaus erfüllt. Seine allgemeinen Prinzipien finden breite kulturelle Resonanz. Sie sind nicht nur an zentrale Werte, sondern auch an Alltagsmentalitäten anschlussfähig» (Brand 2000: 21).

Der «likeability heuristic» folgend (vgl. Kap. ‹Emotionale Wirkung› in ‹III Bilder verstehen›) können mit Bildern positive oder negative Emotionen ausgelöst werden[46]. Die kontroversen Verständnisse nachhaltiger Entwicklung mit den ihnen zu Grunde liegenden unterschiedlichen Interessen und Werten führen zu je spezifischen visuellen Umsetzungen, wobei aber das Prinzip positiver oder negativer Emotionalisierung bestehen bleibt. Unabhängig davon, ob die positive oder negative Strategie gewählt wird, lässt sich die Bildwirkung erhöhen, wenn Bilder lebhaft und nachhaltig in Erinnerung bleiben, d.h. wenn sie ausdrucksstark sind und vor allem: oft wiederholt werden (Reiche 2003: 10).

Negative Emotionalisierung

Für alle genannten Sichtweisen der nachhaltigen Entwicklung lassen sich negative Schockbilder finden. Bekannt sind Bilder von unhaltbaren Zuständen in Tierfabriken, Bilder verhungernder Kinder, Umweltkatastrophen usw. usf (vgl. z.B. Kälin 2004). Die Bilder bezwecken, Empörung auszulösen, welche dann wiederum der Antrieb für ein Handeln sein kann, welches sich gegen diese nicht nachhaltigen Vorkommnisse richtet. «Umweltprobleme haben nun für die Menschheit ernst zu nehmende, ja zum

---

46 Eine Fotografie zu schiessen, welche einen positiven oder negativen Schock auszulösen vermag, war auch die Aufgabe des Fotowettbewerbs «Envirophoto.03 – Wasser, ein lebenswichtiges Gut»: «Les photos doivent créer un choc positif ou négatif de nature a susciter la réflexion ou l'émotion. Le concours a pour but de sensibiliser le grand public aux problèmes liés à la protection de l'environnement...» (aus Newsletter der UNESCO Schweiz vom Dezember 2002).

Teil existenzbedrohende Implikationen. So müssten Nachrichten über kritische Umweltveränderungen starke Emotionen auslösen, die wiederum problembezogene Handlungen anregen und unterstützen» (Döring-Seipel & Lantermann 2000: 27f.).

Kampagnen, die mit so genannten Furchtappellen arbeiten, sind ein Ausdruck der Strategie negativer Emotionalisierung. «Unter Furchtappellen werden persuasive Botschaften verstanden, welche dem Empfänger mitteilen, dass für ihn relevante Werte (wie Leben, Gesundheit, Eigentum etc.) bedroht sind» (Barth & Bengel zit. in: van Loon 2004: 4). Furchtappelle wollen zu Furchterregungen führen, einem als unangenehm empfundenen emotionalen Zustand, den die Handelnden zu beenden bzw. zu lindern versuchen werden. Die Themen der Furchtappelle führen in der Regel den Betrachtern vor Augen, dass ihr Handeln nicht mit ihrem (meist positiven) Selbstkonzept, ihren Werten, vereinbar ist, dass z.B. eine rauchende Person die ihr wertvolle Gesundheit gefährdet, dass also eine Dissonanz zwischen Selbstbild und Handeln der Person besteht. Indem die Bedrohungssituation gezeigt wird (z.B. das Bild einer zerstörten Lunge), soll eine schützende Handlungsreaktion erzielt werden (vgl. Hofer 2003). Furchtappelle können grundsätzlich mit oder ohne Handlungsempfehlung gemacht werden. Die Bilder an sich ziehen die Aufmerksamkeit der Handelnden auf sich, können jedoch in den meisten Fällen nicht direkt Handlungen auslösen oder Verhaltensweisen ändern; dies geschieht erst durch die verbale Verankerung (vgl. Kap. ‹Die Kontextabhängigkeit der Bildwirkung› in ‹III Bilder verstehen›). Dabei ist davon auszugehen, dass je konkreter die Handlungsempfehlung, desto grösser die Wahrscheinlichkeit, dass diese gewählt wird. Wer mit Bildern unangenehmer Umweltkatastrophen zur Befolgung der Anweisung «Schützt das Klima!» bewegen will, dürfte zwar emotionalisieren, aber dabei weniger Handlungsänderungen (und klimaschonende Wirkungen) bewirken als die mit gleichen Bildern illustrierte *konkrete* Aufforderung: «Geh' doch öfter mal zu Fuss!». Wie auch immer die Furchtappelle verankert werden: Eine Vorhersage der Reaktion bleibt unmöglich. Denn zur Verminderung der Dissonanz bestehen verschiedene Möglichkeiten, die zwischen Anpassen der Handlung an die dissonante Kognition auf der einen Seite, und Anpassen der dissonanten Kognition an das Handeln auf der anderen Seite variieren. Bezogen auf das Beispiel von Antiraucherkampagnen stellt das Einstellen des Rauchens nur eine – wenn auch die bezweckte – Möglichkeit dar. Anstatt das Handeln zu ändern können die Rauchenden auch die propagierte Schädlichkeit des Rauchens in Frage stellen, d.h. die Richtigkeit der Botschaft bezweifeln, konsonante Kognitionen anfügen (‹Rauchen ist entspannend›) oder den negativen Folgen positive – von der Selbstbedrohung unabhängige – Dimensionen anfügen (‹Ich rauche zwar, dafür bin ich ein guter Vater›). Der Furchtappell kann so letztlich dazu führen, dass das schädliche Verhalten noch verstärkt wird.

Abbildung 15 zeigt «die Frau und den Mann in Angst»[47], mit denen (auf je einem Plakat) die Schweizerische Volkspartei (SVP) im Frühjahr 2005 die StimmbürgerInnen gegen das Schengen-Abkommen mobilisieren wollte. Die vor Angst und Schrecken erstarrten Gesichter liessen die weiss auf signalrot gedruckte Plakatüberschrift «Sicherheit verlieren? Arbeit verlieren?» zu rhetorischen Fragen werden, die Antwort war bildlich vorweggenommen – aber auch in signalrot explizit festgehalten: «Schengen Nein». Eigentliche Gründe für das SVP-Nein waren den Plakaten keine zu entnehmen.

---

47 Blick online, 5.4.2005, http://www.blick.ch/news/schweiz/artikel19565?layout=popup.

Nachhaltige Entwicklung

Ein EU-Kürzel, das hinter dem Kopf «der Frau und des Mannes in Angst» abgedruckt war, benannte jedoch die Bedrohung.

Abb. 15: «Mit der Angst auf Stimmenfang» (Bild: Blick online, 5.4.2005).

Erwähnenswert sind die Plakate, weil sie emotionale Argumentation radikal zuspitzen: Es wird nicht, wie dies üblicherweise der Fall ist, die Bedrohung selbst (z.B. Kriminaltouristen) emotional wirksam ins Bild gesetzt, um damit die Betrachtenden in Angst und Schrecken zu versetzen, sondern die Plakate zeigen direkt den unangenehmen Zustand, gegen dessen Ursachen sich die StimmbürgerInnen wehren sollen. Wo die Bedrohung liegt, ist dem Bild selbst nicht zu entnehmen, wird aber durch den Text bestimmt. Der Text gibt auch Auskunft darüber, wie der Bedrohung zu begegnen ist, nämlich durch Ablehnung des Schengen-Abkommens. Freilich – und dies macht die Radikalität dieser Propaganda aus – besteht zwischen Bild, Bildverankerung und Handlungsempfehlung kein zwingender Zusammenhang. Mit den angstverzerrten Gesichtern könnte für bzw. gegen irgendetwas mobilisiert werden, wobei die furchterregende Bedrohung auch reine Dichtung sein kann. Im Zusammenhang mit nachhaltiger Entwicklung wäre naheliegend, dass Akteure, welche nachhaltige Entwicklung als Fremdbestimmung deuten, diese Strategie anwenden. Wir können aber schon vorweg festhalten, dass in den beiden untersuchten Fallbeispielen zwar die Angst vor Fremdbestimmung vorhanden war, es jedoch zu keinen diesbezüglichen visuellen Umsetzungen kam.

Wird nachhaltige Entwicklung nur als Verzicht kommuniziert, kann auch dies als negative Emotionalisierung im Sinne eines Furchtappells betrachtet werden, werden doch unter Umständen wichtige Werte der Handelnden bedroht (z.B. die automobile Freiheit) und damit Angst ausgelöst, die sich auf die Idee der nachhaltigen Entwicklung insgesamt ausdehnen kann. Vom Standpunkt der Emotionalisierung her gesehen wäre besser, statt den Verzicht den Gewinn zu kommunizieren, d.h. anstelle negativer positive Gefühle auszulösen, «hin zu einer Suche nach neuen Bildern des guten Lebens» (Grober 2002b).

Positive Emotionalisierung

Umweltfreundliche Markenprodukte mit positiven Gefühlen zu verbinden ist das Ziel einer neuen Richtung der Umweltkommunikation, die unter dem Begriff ‹Ecotainment› auftritt (vgl. Lichtl 1999). Unter «radikalem Einsatz von Emotionalität» (Lichtl 1999: 57) versucht das Ecotainment, was gängige Marketingstrategien schon lange als Erfolgsrezept verwenden: Produktenamen sollen in den Köpfen der Konsumierenden angenehme Bilder auslösen und so ihren Bedarf an positiven Gefühlen und Wohlbefinden befriedigen (Lichtl 1999: 89). Durch den Kauf eines Markenproduktes ‹erwarten› die Konsumierenden, dass etwas von der suggerierten Aura aus Glücksgefühlen und positiver Emotionalität auf sie übergeht und dadurch zu einer Erhöhung ihrer Person führt (Lichtl 1999: 125). Die klassischen Mittel hierzu sind insbesondere ästhetische Bilder, die dem realen Alltag den Kontrast einer wertgeschätzten Traumwelt gegenüberstellen (einsame Strände, Naturparadiese, Liebesglück, Freiheit, Eleganz etc.). Indem sich nun das Ecotainment kommunikationsstrategisch «an den Techniken der klassischen Konditionierung innerhalb der rein emotionalen Werbung» (Lichtl 1999: 132) orientiert, soll das Thema ‹Ökologie› von der bisher dominanten negativen Wahrnehmung gelöst werden. Die angestrebten Verhaltensänderungen werden dabei nicht unter dem (weitläufig negativ konnotierten) Stichwort ‹ökologisch› kommuniziert. Das Zielpublikum braucht gar nicht zu wissen, dass es nachhaltig handelt, es braucht auch keine Informationen zum Thema Umwelt und kein Problembewusstsein, es soll einfach nachhaltig handeln und sich dabei wohl fühlen.

Abb. 16: Der Aletschgletscher, das mythisch-erotische ‹New-age-Erlebnis›? (Bild: Aletschtourismus o.J.).

In die gleiche Richtung der positiven Emotionalisierung gehen die Bemühungen, ‹Nachhaltigkeit› und verwandte Ausdrücke in Verbindung mit dem je eigenen Wohl, der Lebensqualität, Glück etc. zu bringen. Positive Umwelteffekte sollen sich aus der Sorge um sich selbst ergeben. Nachhaltiges Handeln ist derart kein Verzicht, sondern ein Nebenprodukt eines Gewinns an mehr Lebensqualität [48]. Begriffe wie ‹nachhaltige Entwicklung›, ‹Nachhaltigkeit› etc. müssen dabei nicht explizit verwendet werden, statt sie bekannt zu machen und positiv zu besetzen, kann mit bereits verbreiteten, affirmativ konnotierten Werten gearbeitet werden (Glück, Lebensqualität etc.). Anders dagegen der Versuch, ‹nachhaltige Entwicklung›, ‹nachhaltiges Handeln› etc. selbst zum Auslöser einer positiven Stimmung zu machen. Die dazu eingesetzten Visualisierungen müssen wie im Falle des Ecotainments an positive Werte appellieren, sodass sich diese auf den begleitenden Begriff übertragen, diesen mythisch ‹verklären› (vgl. Abb. 16). Die «Hinwendung des Nachhaltigkeitsthemas zum Ästhetischen» (Lucas & Matys 2003: 17) kann dabei vielseitig geschehen: Ein farblich angenehmer Hintergrund, eine unauffällig ins Bild eingefügte Blume, ‹schöne›, ‹stimmige›, ‹harmonische› Landschafts- oder Naturbilder; attraktive Personen, fröhliche Kinder; ‹glückliche› Tiere etc., sprich: Visionen einer besseren und schöneren Welt rufen bei vielen Zielpersonen eine positive Stimmung hervor, dunkle Farbtöne, zu hohe Schwarzanteile, graue, düstere Szenerien usw. führen hingegen zu negativen Assoziationen (Kroeber-Riel 1993: 156). Wie bereits betont wurde – und das Fallbeispiel UBE illustrieren

---

48   Vgl.: *pö_forum / politische ökologie*, Nr. 76, April/Mai 2002, S. V–VIII

wird –, ist die Bildwirkung kontextabhängig, sodass ‹schöne Naturbilder› ein bestimmtes Publikum unter besonderen Bedingungen auch verstimmen können.

Probleme der Emotionalisierung

Versuche, die Handelnden mittels Furchtappellen emotional aufzurütteln, bescheren uns haufenweise angsteinflössende Bilder von toten Wäldern, chemieverseuchten Landschaften, Fotos von Fischen mit Krebsgeschwüren etc. (Döring-Seipel & Lantermann 2000: 27). Ob nun solche Furchtappelle überhaupt zu Handlungen führen und darüber hinaus auch noch zu sinnvollen, hängt von der Art der ausgelösten Gefühle und dem Wissen der Individuen über sich selbst, über die Situation und vor allem über die zur Verfügung stehenden Handlungsmöglichkeiten ab (Döring-Seipel & Lantermann 2000: 27). So besteht die Meinung, dass die Katastrophenszenarios nicht zu erschreckend sein dürfen, denn es ist unwahrscheinlich, dass wir im Furcht- oder Angstzustand noch zu adäquaten Handlungen fähig sind. «Wer die geistige Gesundheit der Menschen erhalten will, muss ihre politische Handlungsfähigkeit erhalten. Sie müssen das Gefühl behalten, dass sie selbst etwas verändern können, dass es eine Alternative gibt» (Mies 2000: 46). Andern Ortes wird grundsätzlich von negativer Emotionalisierung abgeraten, weil sich die allermeisten Menschen gegen apokalyptische Drohungen immunisiert haben: «Entweder glauben sie den Unheilspropheten nicht, oder sie glauben ihnen doch, ohne dass das Konsequenzen hat» (Linz 2000: 35). Und schliesslich besteht die Gefahr, ‹Trotzreaktionen› auszulösen: Moralische Appelle, die sprichwörtlich erhobenen Zeigefinger, führen beispielsweise oft zu Abwehrreaktionen (Klenner 2001: II), die im Ruf nach Besitzstandswahrung durch Abschottung kulminieren können: «Ich will, dass es wenigstens hier und heute – und vielleicht noch morgen – so bleibt, wie es ist, und wenn alles ringsum in Elend und Gewalt versinkt» (Grober 2002b). Entsprechend setzen die Kritiker der negativen auf die positive Emotionalisierung, auf die Betonung des Gewinns an mehr Lebensqualität, «der sich an zentralen elementaren Bedürfnissen wie Nahrung, Schlaf und Atemluft festmachen, mit konkreten Lebenssituationen verbinden und so zur handlungsfördernden Einsicht bringen» lässt (Linz 2000: 35). Unabhängig von der Frage, ob Handelnde ohne eine Bedrohung zentraler Werte bewegt werden können, oder ob dem positiven Szenario nicht mindestens noch ein Schreckensbild beiseite gestellt werden muss, weil erst die Negativität aufmerken lässt, müssen sich auch positive Emotionalisierungsversuche Kritik gefallen lassen: Analog den Furchtappellen droht der erlebnisorientierten Werbung, dass die Konsumierenden von der Berieselung an Glücksversprechungen und positiven Lebensgefühlen übersättigt und angesichts gegenläufiger Erfahrungen den Versprechungen gegenüber misstrauisch geworden sind. Lichtl (1999: 172) vermutet, dass die Suche nach emotionalen Erlebnissen durch ein Bedürfnis nach Information abgelöst wird. Kommunikation dürfe folglich nicht mehr inhaltsleer daherkommen, sondern müsse sich auch um den eigentlichen Sinn kümmern. Zwar kommt es auf eine attraktive Verpackung an (vgl. Brand 2000: 21f.), diese darf aber nicht Selbstzweck sein[49].

Im Hinblick auf das wichtige Verständnis von nachhaltiger Entwicklung als Such-, Lern- und Gestaltungsprozess ist eine grundsätzliche Gefahr emotionalisierender Ap-

---

49 Eine Aussage, die sich im Fallbeispiel Jungfrau-Aletsch-Bietschhorn bestätigt hat: Die ständige Wiederholung der «schönen Panoramabilder und unterstreichenden Texte» wurde aus der Bevölkerung kritisiert und anstelle der Emotionalisierung eine Informierung verlangt (vgl. Kap. ‹VII UNESCO Weltnaturerbe Jungfrau-Aletsch-Bietschhorn›).

pelle zu erwähnen: Handelnde emotional in Bewegung zu versetzen ist ja schön und gut, doch wenn alle in unterschiedliche Richtungen laufen, ist dem gemeinsamen Projekt der nachhaltigen Entwicklung ein Bärendienst erwiesen. Wie wir gesehen haben, stehen Emotionen im Zusammenhang mit den individuellen bis soziohistorischen Werten einer Person. Emotionale Appelle können nun aufgrund der Eigendynamik und der Heftigkeit, welche Handeln in emotional erregtem Zustand einnimmt, bestehende Wertunterschiede verstärken und die Gesellschaft dadurch weiter polarisieren. Einseitige (z.B. auf Naturwerten *oder* ökonomischer Entwicklung aufbauende) Kampagnen werden jene abstossen, die dem angesprochenen Wert gegenüber kritisch oder negativ eingestellt sind. Und genauso wie die positive Gestimmtheit die Arbeit erleichtern kann, indem alles in einem besseren Licht gesehen wird, kann negative emotionale Erregung dazu führen, dass Handelnde sich in störenden Details verbeissen, die bei kühlem Kopf betrachtet der Aufregung nicht wert sind. Für die Eröffnung und Fortführung partizipativer Prozesse und Kooperationen sind Polarisierungen in jedem Fall hinderlich, es sollte deshalb versucht werden, über den Gebrauch visueller Mittel die Betroffenen zur Kommunikation einzuladen.

2.2 Einladende Bilder

Wird nachhaltige Entwicklung als diskursiver Gestaltungsprozess verstanden, ist entscheidend, dass auch die vielfältigsten Sichtweisen in diesen eintreten. Nachhaltige Entwicklung darf entsprechend nicht ausgrenzend, nicht polarisierend kommuniziert werden, sondern sollte als Einladung zum Diskursprozess wirken. Dies kann geschehen, indem die Vielfalt nachhaltiger Entwicklung alltagsnah und adressatengerecht gezeigt wird, sodass sich möglichst viele Gesellschaftsmitglieder mit ihr identifizieren und dafür interessieren können. Ist der Dialog eröffnet, können Bilder der Darlegung verschiedener Sichtweisen, der Veranschaulichung von beispielsweise neuen Lebensformen, aber auch von Problemaspekten dienen. Solche Bilder, die zur Unterstützung des Diskurses eingesetzt werden, können im Verlauf des Diskurses verbal ausgiebig verankert und diskutiert werden. Bei Bildern in Medien ist dies aus Platz- oder Stilgründen meist nicht der Fall, weshalb mit Fehlinterpretationen und Missverständnissen gerechnet werden muss.

Visualisierung können auch einladend wirken, indem der Prozess- und Beteiligungscharakter nachhaltiger Entwicklung direkt dargestellt wird. Die Dokumentation partizipativer Veranstaltungen ist eine derartige Möglichkeit (in der Bildanalyse werden solche Bilder über die Kategorie *Politraum* erfasst). Kombiniert mit emotionalisierenden Bildmotiven lässt sich eine Erhöhung der Motivation und eine dauerhafte Bindung der Handelnden an den Nachhaltigkeitsdiskurs herbeiführen (Lucas & Matys 2003: 17). Bilder positiv besetzter Phänomene – gemütliches Beisammensein, produktive Resultate etc. – sollen zu affirmativen Assoziationen führen und diese auf den partizipativen Nachhaltigkeitsprozess lenken. Es bleibt aber zu bedenken, dass sich das diskursive Moment nachhaltiger Entwicklung nicht einfach ins Bild setzen lässt, dass die ‹Kraft der Bilder› diesbezüglich begrenzt ist: «In gewisser Weise muss man sich hier von der ach so schönen Bilderwelt verabschieden, mit der heutzutage Beeinflussung betrieben wird: Denn Kompetenzen für Interdisziplinarität, Partizipation und Innovation lassen sich nicht mit schönen, erschreckenden oder ‹hippen› Bildern erlernen» (Bittencourt et al. 2003: 46).

Nachhaltige Entwicklung

2.3 Illustration und Information

Während auf der emotionalen Seite visueller Kommunikation Bilder für Aufmerksamkeit, Begeisterung oder Empörung sorgen, geben sie auf der informativen Ebene Einblicke in verschiedenste Bereiche (z.B. in eine sich nachhaltig entwickelnde Modellregion), rücken diese in ein bestimmtes Licht und prägen so die Vorstellungen, die sich Personen von ihr machen. Eine absolute Trennlinie zwischen emotionaler und informativer Wirkung im Sinne eines Entweder-oders besteht jedoch nicht, ein Minimum an emotionaler Wirkung muss vielmehr als Voraussetzung angenommen werden, damit Informationen überhaupt wahrgenommen werden. Des Weiteren können an sich rein illustrative visuelle Bilder mit der Zeit und unterstützt durch die verbalen Zuschreibungen zu hochgradig emotionalen «Schlüsselbildern» (vgl. Pörksen 1997) werden. Dies gilt beispielsweise für das Bild des blauen Planeten (Abb. 12), die Gesamtschau der irdischen Hemisphäre, das zum orbitalen Blick, zum «Phantasma des göttlichen Herabschauens» (Peter Sloterdijk in Grober 2002b) erklärt wurde, das «zum ersten Mal in der Geschichte die Wahrnehmung der Erde in ihrer physischen Endlichkeit und ökologischen Begrenzung, in ihrer Ganzheit, Schönheit und Verletzlichkeit» ermögliche (Grober 2002b).

Besonders im Hinblick auf die oben genannte Diskurseröffnung und allgemein zur Erzielung ausgewogener Vorstellungen sollten Informationen bzw. Illustrationen auf eine multidimensionale Repräsentation achten, die der Ganzheitlichkeit des Nachhaltigkeitsgedankens Rechnung trägt und zeigt, was nachhaltige Entwicklung alles bedeuten kann und soll. Mit Bezug auf die Zukunftsorientierung können Visualisierungen zur Problemeinsicht wie zur Perspektivenbildung beitragen. Um nicht einseitig veranschaulichen zu müssen, sollte dabei mit vielen Bildern gearbeitet werden können. Nehmen wir den partizipativen Charakter nachhaltiger Entwicklung und ihre Multidimensionalität zusammen, führt dies konsequenterweise zur Forderung nach einer LeserInnenbildseite in Zeitungen. Denn dem partizipativen Prinzip folgend sollte jede Sichtweise Eingang in den Nachhaltigkeitsdiskurs finden können. Die Betroffenen sollten zeigen können, was sie positiv oder negativ bewegt, und dies zur Diskussion stellen. Als Beispiel einer partizipativen Bildverwendung, das zudem die individuelle Bildkompetenz fördert, sei eine Fotoexkursion im Nationalpark Bayerischer Wald genannt: «Mit den Fotos aus dieser Exkursion kann z.B. jeder belegen, dass der Wald im Nationalpark stirbt, jeder kann aber auch beweisen, dass neues Leben explosionsartig durch den Waldboden hervorbricht. Die TeilnehmerInnen merkten, wie subjektiv die Interpretation der Wirklichkeit ist. Sie wurden ermutigt, sich ein Bild ihrer eigenen Sichtweise zu machen, aber auch den Blick zu wechseln und andere Sichtweisen zu verstehen und zuzulassen. Konträre Standpunkte blieben kein unüberwindbares Hindernis, sondern waren der Beginn eines fruchtbaren Gesprächs. Die TeilnehmerInnen wurden angestachelt, künftig Bilder und Kommentare aus Fernsehen und Zeitung kritisch zu hinterfragen und den Mut zu haben, auch gegen den Strom der Gesellschaft die eigene Meinung zu vertreten» (Laux 2000: 26f.).

2.4 Leit- und Identifikationsfiguren

Einen herausragenden Stellenwert in der Handlungsbeeinflussung nimmt die Verwendung von ‹Vorbildern› bzw. das Zeigen des Handelns anderer Personen ein (Flury-Keubler & Gutscher 2001: 119; zur Bedeutung von Vorbildern vgl. auch Boff 1998:

126ff.). ‹Vorbilder› können leitbildhaft belegen, was nachhaltiges Handeln bedeuten kann, «dass sich ökologische Ideen und Produkte erfolgreich entwickeln und vermarkten lassen – erfolgreich im herkömmlichen Sinn des ökonomischen Erfolgs» (Lass & Reusswig 1999: 13). Ihnen kommt eine entscheidende Rolle in der Kommunikation nachhaltiger Entwicklung zu, weil sich neue Sichtweisen nicht aufoktroyieren bzw. diktieren lassen. Die Hoffnung besteht darin, dass die vorgezeigten Alternativen kopiert, nachgelebt werden. Die Beispiele gelungener Praxis zeigen, dass die neuen Wege durchaus begehbar sind (vgl. Linz 2000: 35). ‹Vorbilder› haben aber grundsätzlich auch etwas Zwiespältiges: Ein blindes Nacheifern ist selten empfehlenswert. Es kann ja schliesslich der Fall sein, dass Vorbilder Trugbilder sind, die wie potemkinsche Dörfer bloss aus Fassade, aus äusserem Schein bestehen, während dahinter liegende Probleme verborgen bleiben. Wie alle visuellen Bilder müssten sich deshalb auch ‹Vorbilder› ihrer grundsätzlichen Ambivalenz wegen dem diskursiven Prozess stellen und darin legitimieren (vgl. Scholz 2004: 12), indem die Personen aufzeigen, dass sie tatsächlich eine nachhaltigen Entwicklung leben.

Bezogen auf die Konsumierenden können Produkte- bzw. Regionenlabels eine den Vorbildern ähnliche Leitfunktion einnehmen. Sie reduzieren die Komplexität der Kaufentscheidungen, sofern die Konsumenten ihren Standards und Überprüfungen Vertrauen schenken (vgl. Lass & Reusswig 1999: 14).

Überleitend zur adressatengerechten Kommunikation sei darauf hingewiesen, «dass der soziale Status desjenigen, der eine umweltrelevante Nachricht überbringt, fast genauso wichtig ist wie die Güte der Nachricht selbst. Bei unkritischen Rezipienten kann der Status sogar an erster Stelle stehen» (Lass & Reusswig 1999: 12). Angesichts pluralisierter Milieus müssen folglich unterschiedliche Identifikations- und Leitfiguren zum Zuge kommen, die über ein in den jeweiligen Kontexten ansprechendes Kommunikationsverhalten und die jeweiligen kulturellen Codes und Stile verfügen.

2.5 Adressatengerechte und alltagsnahe Kommunikation

Soll Kommunikation Resonanz finden, muss sie grundsätzlich an die verschiedenen soziokulturellen Gruppen, Akteure oder Milieus angepasst sein (vgl. Lass & Reusswig 1999: 12), sie muss «den Menschen, so wie er ist, mit auf den Weg» nehmen (Lendi 2002: 2). Menschen unterschiedlicher Identität sind von gleichen Problemstellungen jeweils unterschiedlich betroffen und werden diese deshalb unterschiedlich angehen. Menschen argumentieren ausgehend von ihrer Identität, welche ein Ausdruck ihrer Lebenszusammenhänge im weitesten Sinne ist und deshalb, obwohl prinzipiell veränderbar, eine grosse Persistenz aufweist (vgl. Bourdieu 2002). Politische Meinungsbildung hat den jeweiligen Erfahrungszusammenhang der Menschen zu berücksichtigen, das, was sich in ihre Körper, Seelen und Gedanken eingeschrieben hat. Politische Agitationen, welche die ‹reine Vernunft› ansprechen sind folglich wenig Erfolg versprechend: «… in der Umweltbildung [überwiegt] oft noch die Vorstellung, man könne alle Bürgerinnen und Bürger in gleicher Weise erreichen und sie mit guten Argumenten zur Übernahme eines nachhaltigen Lebensstils bewegen. […]. Um bestimmte Zielgruppen zu erreichen, müssen aber nicht nur geeignete inhaltliche und motivationale Zugänge gewählt werden, sondern es muss auch auf die unterschiedlichen Informations- und Kommunikationsgewohnheiten sowie das räumliche und das soziale Umfeld, in dem sich diese Zielgruppen überwiegend bewegen, Rücksicht genommen werden. Während ein Vortragsangebot zu einem Umweltthema im konservativ-technokratischen und im liberal-intellektuellen Milieu durchaus noch auf Resonanz stossen kann, dürfte es im modernen Arbeitnehmermilieu kaum Interesse auslösen. In diesem erlebnis- und technik-orientierten Milieu dürften eine Video-Installation oder ein gut gemachter Kino-Spot eine grössere Wirkung haben» (Kleinhückelkotten & Neitzke 2000: 19f.).

Im Sinne der Alltagsnähe ist ferner zu bedenken, dass auch wo Nachhaltigkeit nicht draufsteht, Nachhaltigkeit drin sein kann, dass also nicht um jeden Preis der Begriff ‹Nachhaltigkeit› kommuniziert werden muss, sondern unter Umständen die Handelnden bloss in den bereits (nicht bewusst) nachhaltigen Handlungsweisen zu unterstützen sind. «Viele Menschen handeln dem Leitbild [der Nachhaltigkeit] gemäss, obwohl sie alles, was irgendwie ‹öko› ist, ablehnen – aus ideologischen, alltagsästhetischen oder sonstigen Gründen. Ihr umweltfreundliches Verhalten speist sich aus anderen Motiven und ist dementsprechend auch anders anzusprechen» (Lass & Reusswig 1999: 12f.). Dieser Sichtweise entspricht die repräsentative Erfassung des Umweltbewusstseins deutscher BürgerInnen, wonach das Prinzip Nachhaltige Entwicklung auf breite Resonanz stösst, der Begriff jedoch weitgehend unbekannt ist (Umweltbundesamt 2000: 70). Gemäss der Erhebung haben 63 % der Befragten noch nie vom Leitbild ‹nachhaltige Entwicklung› gehört, 24 % mit «weiss nicht» geantwortet und nur 13 % gaben an, das Leitbild sei ihnen bekannt. Fragt man jedoch nach der Einstellung zu einzelnen Prinzipien der Nachhaltigkeit, stimmen beispielsweise 83 % der Befragten der Aussage zu, «Wir sollten nicht mehr Ressourcen verbrauchen als nachwachsen können», 14 % sind dabei unentschieden, aber nur 3 % lehnen dieses Statement entschieden ab (Umweltbundesamt 2000: 68ff.). Wie wir unter den verschiedenen Sichtweisen auf nachhaltige Entwicklung darlegten, enthält nachhaltige Entwicklung ‹altmodische› Werte und Vorstellungen, die immer noch relativ breit anerkannt werden. Diese Werte haben mit Verantwortung zu tun, mit einem massvollen Leben, mit einem rücksichtsvollen Verhalten gegenüber der Umwelt usw., Werte, an die die (explizite oder implizite) Nachhaltigkeitskommunikation anknüpfen kann.

Alltagsnahe Kommunikation wird nicht gleich das Unmögliche erreichen wollen. Maximalforderungen wie der Aufruf zu einem grundlegenden Wertewandel, zu einer rundum Erneuerung der Lebenseinstellungen kann kaum jemand mit den Zwängen und Wünschen seines konkreten Lebens vereinbaren. «Die allermeisten Menschen lernen schrittweise, beginnen den Wandel mit partiellen Erkenntnissen, sind dabei von gemischten Motiven geleitet und kommen erst nach und nach zu weiter tragenden Einsichten» (Linz 2000: 33). Einstellungsveränderungen brauchen Zeit und werden durch forcierte Beeinflussungsversuche in der Regel nur gestört. «Niemand wird einem Menschen ausreden können, was dieser für seine Überzeugung hält. Fühlt er sich bedrängt, wird er sie eher noch verstärken. Wohl aber kann man feste Meinungen lockern durch Hinweise auf Widersprüche, unerwünschte Folgen, andersartige Erfahrungen, auch durch Gegenargumente, und sie damit in jenen Zustand bringen, in dem sie dem Zweifel Zutritt gestatten. Und erst, wenn sie dadurch relativiert, in ihrer Tragfähigkeit unsicher und damit entbehrlich werden, können sie einer als richtiger empfundenen Meinung weichen» (Linz 2000: 33f.). Nachhaltigkeitskommunikation sollte behutsam und respektvoll vorgehen. Sie sollte lokal bis regional ansetzen. Denn trotz Globalisierung ist der Lebensmittelpunkt der meisten Menschen ihre Gemeinde oder ihre Region. Die Herausforderung liegt dann darin, den globalen Kontext nicht auszublenden.

3 Zwischenfazit

Ob Individuen nachhaltig handeln, hängt von ihrem Wissen (im weitesten, also nicht nur diskursiv bewussten Sinne) ab, insbesondere von der Art und Weise, wie sie die strukturellen Gegebenheiten verinnerlicht haben. Viele der gegenwärtigen ‹Umweltprobleme› sind unbeabsichtigte Folgen gesellschaftlicher Selbstverständlichkeiten wie der benzinbetriebenen Mobilität, der Vorlieben, ‹im Grünen› zu wohnen, aber in der Stadt arbeiten zu müssen, Arbeitszeitmodelle, Freizeit- und Konsumverhaltens usw. usf. Ebenfalls Teil der strukturellen Gegebenheiten sind die kollektiv geteilten Bedeutungssetzungen wie z.B. unser Verständnis von Lebensqualität, von einem glücklichen Leben, unser Natur- und Menschenbild und neben vielem mehr auch dessen, was wir überhaupt als Umweltproblem wahrnehmen. Die sozialen Strukturen stehen im Hintergrund jeder Handlungsentscheidung, sei dies in den Denkstrukturen der Individuen oder in ausformulierten Regeln wie Gesetzen und Vorschriften. Äussern können sich die Strukturen nur über die Handelnden, die Strukturen bestehen folglich so lange fort, wie sich Handelnde auf sie beziehen und sie verschwinden in der Vergessenheit, wenn kein Bezug mehr da ist. Die individuelle Seite der Dualität von Struktur und Handeln bricht deterministische Gesellschaftsverständnisse auf, indem Handelnde im Prinzip frei sind, strukturbedingte Gewohnheiten zu reflektieren und zu verwerfen. Die Möglichkeiten, aus dem ‹gewöhnlichen Leben› auszubrechen und vor allem, weitere Handelnde dafür zu gewinnen, sind allerdings in den Strukturen selbst angelegt.

Das praktisch bewusste Wissen lässt sich als verinnerlichte Bilder interpretieren, mit denen Handelnde Sinneseindrücke routinemässig deuten (Abduktion). Wie solche Bilder im Detail in die Köpfe der Individuen kommen und zu welchem Handeln sie führen, wird wohl nie zu bestimmen sein, jedenfalls dürfte es eine Illusion bleiben, diesbezügliche Kausalitäten festzustellen, die auch ausserhalb künstlicher Laborsituationen Geltung haben. Man befindet sich aber auf relativ festem Grund, wenn man annimmt, dass sich die inneren Bilder aus äusseren Sinneseindrücken speisen. In mediatisierten Gesellschaften dürften die materiellen Bilder der unzähligen bildverbreitenden Medien einen grösseren Anteil an den mentalen Bildern der Individuen haben als direkte, unvermittelte Erfahrungen. Die den Handelnden zu Augen kommenden Bildlichkeiten zu untersuchen, gibt folglich Einblick in den Bestand sozialer und potenzieller mentaler Bilder.

Neben der Frage, wie Bilder (und damit Werte und Bedeutsamkeiten) in die Köpfe kommen, beschäftigt uns die Frage, wie handlungswirksam an bestehende innere Bilder appelliert werden kann. Gerade die Konsumwerbung hat sich darauf spezialisiert, verinnerlichte positiv besetzte Bilder anzusprechen, um damit ein beliebiges Produkt von diesen positiven Konnotationen profitieren zu lassen, sei es direkt, indem das Produkt die Konnotationen übernehmen soll, oder indirekt, indem die Bilder verheissungsvolle Stimmungen erzeugen, die die Handelnden wohlwollend und kauffreudig einstimmen. Dazu wird mit Bildern gearbeitet, die Wert- und Bedeutungsvolles darstellen wie Schnappschüsse glücklicher Momente, kollektiv bevorzugte Landschaften, symbolreiche Tiere (z.B. Pandabär), Menschen etc. Weniger in der Konsumwerbung als in der Umweltkommunikation spielt die Strategie der negativen Emotionalisierung eine bedeutende Rolle. Wie bei der positiven Emotionalisierung wird dabei an zentrale Werte appelliert, mit dem Unterschied, dass die Werte einer Bedrohung ausgesetzt dargestellt werden oder, wie beim Beispiel der SVP-Schengenkampagne, direkt der Zu-

Nachhaltige Entwicklung

stand negativer emotionaler Erregung, die Folge der Bedrohung, ins Bild gesetzt wird. Wie die bislang erfolgreichste Spendensammelaktion der Schweizer Glückskette im Gefolge der Tsunamikatastrophe vom 26. Dezember 2004 im Indischen Ozean anschaulich zeigt[50], können negative Emotionen, ausgelöst durch die Bilder zerstörter Paradiese und leidender Menschen, zweifelsfrei äusserst handlungswirksam sein – wobei offen ist, wie schnell wir uns an die wachsende Flut an Negativinformationen gewöhnen und uns davon nicht mehr ‹aus der Ruhe bringen lassen›.

Im Hinblick auf die (handlungswirksame) Visualisierung nachhaltiger Entwicklung dürften sowohl die negative als auch die positive Strategie der Emotionalisierung Erfolg versprechend sein, jedenfalls dann, wenn die erhoffte Handlung aus einer Spende oder einem bestimmten Abstimmungsverhalten besteht und zudem der Kommunikationskontext mediatisiert ist, sodass direkte unvermittelte Kommunikation einen nebensächlichen Stellenwert einnimmt. Wir können uns (in Anlehnung an die visuelle Kommunikation der Alpeninitiative vom 20. Februar 1994, des Gegenentwurfs zur Volksinitiative ‹Avanti – für sichere und leistungsfähige Autobahnen› vom 8. Februar 2004 u.a.m.) leicht eine nationale Medienkampagne für nachhaltige Entwicklung vorstellen, bei der beispielsweise mit Bildern idyllischer Landschaften bzw. ökologischer Katastrophen, glücklichen Kindern bzw. hungernden Flüchtlingen auf der Pro-Seite, fremden Vögten, ausgebeuteten BürgerInnen und anderen Schreckensszenarien auf der Gegenseite gekämpft wird. Die Kampagnen würden dabei auf Werte zielen (bzw. haben dies im Falle der beiden erwähnten Initiativen getan), die hauptsächlich jene der «Untersicht» sind (vgl. Stremlow 1998), wobei sich diese mehr oder weniger der Pro- und der Kontra-Seite entsprechende unterschiedliche soziale Gruppen differenzieren.

Geht es jedoch um Vorhaben, die kleinräumigere regionale Kontexte betreffen, herrschen andere Voraussetzungen für die Kommunikation: Die direkte Kommunikation ist wichtig, man kennt sich und die Region (man kennt ihre ‹Affordanzen› und lässt sich nicht so leicht täuschen), man weiss, wen man um Information bitten kann, man ist direkter betroffen, will wissen, was das Vorhaben bringt usw. In unseren Beispielregionen UBE und JAB ist diese Relativierung der Macht mediatisierter Bilder zu berücksichtigen. Zudem ist nicht davon auszugehen, dass die (vor-) alpine Bevölkerung auf die gleichen Werte anspricht, wie die ausseralpine – was aber zu untersuchen sein wird. Jedenfalls dürfte die Angst vor Fremdbestimmung auch (und vor allem) eine innerhalb der alpinen Bevölkerung verbreitete Emotion sein.

Versteht man nachhaltige Entwicklung in einem partizipativen und kooperativen Sinne, ist mit erfolgtem Urnengang, im Unterschied zu anderen Abstimmungsvorlagen, das Thema nicht abgehakt. Sich für nachhaltige Entwicklung auszusprechen, bedeutet, sich auf einen gemeinsamen Such-, Lern- und Gestaltungsprozess einzulassen. Die PromotorInnen nachhaltiger Entwicklung dürfen diese folglich nicht auf eine Art kommunizieren, die einen ‹nachhaltigen› Graben in der betroffenen Gesellschaft aufreisst. Emotionalisierende Kommunikation, die zwar einen Teil der Bevölkerung zu begeistern vermag, dabei aber in Kauf nimmt, einen anderen Teil gegen das Vorhaben aufzubringen, in der Hoffnung, die Polarisierung führe dazu, dass sich auf der ‹richtigen› Seite des Grabens die (motivierte) Mehrheit an Stimmenden befindet, ist ein kurzfristige Strategie, die sich mit dem langfristigen Prozess nachhaltiger Entwicklung nicht

---

50 Die Sammelaktion brachte in rund acht Monaten über 225 Mio. Franken an Spendengelder ein (http://www.glueckskette.ch/glueck.php?http_page=sammelaktionen_detail&http_dsid=73, 23.8.2005).

verträgt. Das Ziel muss sein, möglichst viele Personen für das Vorhaben gewinnen zu können und ihr Handeln zu befähigen. Schreckensszenarien, die Gefühle der Hilflosigkeit verbreiten, sind folglich ebenso wenig dienlich wie plakative, einseitige Auslegungen nachhaltiger Entwicklung. Nachhaltige Entwicklung sollte vielmehr in ihrer Ganzheitlichkeit dargelegt werden (was auch globale und intergenerationelle Belange betrifft), sodass die verschiedensten Sichtweisen und Interessen adressiert werden. Die (visuelle) Kommunikation sollte vielfältig sein, trotzdem auf das Thema aufmerksam machen, Interesse wecken, für nachhaltige Entwicklung begeistern und Möglichkeiten des Handelns vorzeigen. Um das Interesse der Handelnden zu gewinnen, müssen diese einen Nutzen erkennen können, denn letztlich geht es immer um den Nutzen, jedoch nicht zwingend um den auf ökonomische Wertmassstäbe reduzierten. Eine adressatengerechte Kommunikation nimmt den jeweiligen Erfahrungszusammenhang der Menschen auf und respektiert ihn.

Biete also den Leuten, was sie (sehen) wollen, und sie werden dir folgen? Um nachhaltige Entwicklung in Gang zu bringen, ist diese utilitaristische Sicht durchaus angebracht. Was soll es bezwecken, die Sorgen und Hoffnungen der Leute *nicht* ernst zu nehmen? Dabei versteht sich von selbst, dass übertriebene Versprechen kontraproduktiv sind, denn erfüllen sich die geweckten Erwartungen nicht, verliert das ganze Vorhaben seine Glaubwürdigkeit. Ist einmal der diskursive Prozess begonnen, kann versucht werden zu hinterfragen, was denn die Leute überhaupt wollen, was ihre Werte sind und ob es letztlich gemeinsame Ziele gibt. Hier lässt sich der langfristige Werte- und Gewohnheitswandel anstreben, jedoch dürften argumentative Veränderungsversuche scheitern. Mit Bildern dagegen lassen sich (Seh-) Gewohnheiten brechen, lässt sich Unberücksichtigtes zeigen, für verschiedene Sichtweisen sensibilisieren, Werte und Probleme bewusst machen, die «Entprovinzialisierung des Bewusstseins» anstreben (Bolz 1996: 17) etc. Auch emotional mächtige Bilder können im Diskurs verwendet werden, denn hier bietet sich die Möglichkeit, die Bilder zu diskutieren, was bei der blossen medialen Veröffentlichung in der Regel nicht möglich ist.

Im partizipativen Prozess haben emotionalisierende Bilder durchaus ihre Berechtigung, schliesslich lässt sich ihre Wirkung zur Diskussion stellen, womit sie als Zugang zu den (praktisch bewussten) Werten der Individuen dienen können. Es kann sich deshalb lohnen, Bilder in einem innovativen Sinne zu verwenden wie bspw. LeserInnenbilder, Fotoexkursionen und Ähnliches. Ein kritischer und hinterfragender Umgang mit Bildern verlangt aber, dass die Diskursteilnehmenden über die Bereitschaft und die Fähigkeiten eines partizipativen Umgangs verfügen, nicht zuletzt über das Vermögen, andere Perspektiven als die eigenen einzunehmen. Wie aber kann dieses Vermögen gefördert werden? Können visuelle Bilder hierzu einen Beitrag leisten? Am meisten zu erwarten ist diesbezüglich wohl von der leitenden Kraft von ‹Vorbildern›: Einblicke in partizipative Prozesse, gelungene Kooperationen und – vor allem: – erfolgreiche Resultate dürften zum Nacheifern motivieren. Ob die Identifikationsfiguren in der Bevölkerung ankommen, hängt dabei von ihrem ‹Image› ab (Karger 1995: 13f.), was uns an die Problematik solcher ‹Vorbilder› denken lässt: Ihren Einfluss verdanken sie doch häufig dem naiven und unkritischen Glauben an ihr symbolisches Kapital (Bourdieu 1995a: 22). Wie oft orientiert sich die ‹Vernunft› an Personen, wo doch im Sinne der kommunikativen Vernunft alleine die besseren Argumente zählen sollten (Zierhofer 1994: 191)? Verfügen die interessantesten und innovativsten, hinsichtlich nachhaltiger Entwicklung nachahmenswertesten Vorbilder auch über die nötigen Trümpfe im Spiel um Sichtbarkeit und Aufmerksamkeit? Oder sind die unorthodoxen Sichten doch der systematischen Verkennung ausgesetzt, wie Bourdieu uns nahelegt (vgl. Kap. ‹Systematische Verkennung› in ‹II Wirklichkeiten›)?

Die visuelle Kommunikation nachhaltiger Entwicklung in regionalen Kontexten sollte also reflektiert, ausgewogen, ehrlich, vielseitig und alltagsnah sein und dies alles kontextgerecht. Die gängigen Mechanismen der Medienwelt lassen solche (unspektakuläre) Informationen jedoch oft nicht zu (vgl. Kap. ‹Intendierte Bedeutung› in ‹V Methodik›). In der Medienwelt verkaufen sich Angst- und Schreckensmeldungen besonders gut, die alltäglichen ‹Helden› sind da weniger gefragt und eine vielfältige Repräsentation des Themas ‹nachhaltiger Entwicklung› bzw. der Vorhaben, die eine Vielzahl von Bildern verlangt, ist selten möglich. Ferner ist fraglich, ob die Bildproduzierenden über die nötigen (Bild-) Kompetenzen verfügen, sich verinnerlichte Klischees diskursiv bewusst zu machen, anstatt sie unreflektiert zu reproduzieren.

Nach diesen eher spekulativen Empfehlungen gilt es nun anhand der Fallbeispiele zu betrachten, wie nachhaltige Entwicklung in ‹der Realität› kommuniziert wird. Im Kapitel ‹V Methodik› werden die Kategorien hergeleitet, mittels welcher die visuelle Kommunikation der beiden Vorhaben analysiert werden soll. Auf der Grundlage der Raumaneignungskategorien wird sich das Gesamtbild zeigen, in welches die Vorhaben bzw. nachhaltige Entwicklung gerückt wurde. An- und abschliessend lassen sich die Resultate der Bildanalysen mit den in diesem Kapitel erarbeiteten, theoretischen Strategien der visuellen Kommunikation nachhaltiger Entwicklung vergleichen.

V Methodik

«Die Methode des Bildverstehens muss, dies ist eine Grundregel aller interpretativer Verfahren, ihrem Gegenstand adäquat sein.» (Müller-Doohm 1997: 84)

Die Bedeutungen von Bildern, welche wie die hier zu untersuchenden im Dienste der «Sinnvermittlung» (Müller-Doohm 1997: 89) stehen, werden in einem dreiseitig strukturierten Prozess generiert, ausgehend von den Intentionen der Bildproduzierenden, die sich – mehr oder weniger intendiert – in der inhärenten Bildbedeutung materialisieren, die wiederum zu bestimmten Rezeptionsweisen führt (vgl. Kap. ‹III Bilder verstehen›). Jede dieser drei Seiten hat Anrecht auf einen je eigenen methodischen Zugang; das umfassende Verständnis visueller Kommunikation ergibt sich aus der Synthese der verschiedenen Forschungsansätze. Im Sinne einer Methodentriangulation (Backhaus 2001; Flick 2000) wird die dreiseitige Konstitution der Bildbedeutungen aus verschiedenen Blickwinkeln mit unterschiedlichen Methoden angegangen. Die jeweiligen Resultate sollen sich gegenseitig unterstützen, indem Resultate eines Schrittes zu Hypothesen für einen weiteren werden (vgl. unten Kap. ‹Intendierte Bedeutung›).

Der methodische Ausgangs- und Schwerpunkt dieser Arbeit wird auf die Analyse der inhärenten Bildbedeutung gelegt. Aus den materiellen Bildern sollen die Bedeutungszuweisungen bzw. Aneignungen der beiden Fallbeispielregionen – und damit die Werte, mit welchen nachhaltige Entwicklung verbunden wird – ermittelt werden. Die Wahl der dazu anzuwendenden Bildanalysemethode hängt ab von der Art und Häufigkeit der zu untersuchenden Bilder und der Fragestellung, auf die hin die Bilder befragt werden. Um Leerläufe in der Darstellung möglicher Bildanalysemethoden bzw. des Stands der Forschung zu vermeiden, soll deshalb die Forschungsfrage und die Datenauswahl (Zeitraum, Medien) gleich eingangs dieses Kapitels präzisiert werden (vgl. unten ‹Forschungsfrage und Datenauswahl›). Es wird so noch einmal klar, dass wir es nicht mit der ‹ikonischen Dichte› von Kunstgemälden zu tun haben, auch nicht mit ‹freischwebenden›, unverankerten Bildern, sondern vorrangig mit solchen, die in einen relativ engen Verwendungskontext politisch-informativer Kommunikation eingebunden sind. Die konkrete Wahl der Methode wird deshalb entscheidend dadurch beeinflusst, dass im Untersuchungszeitraum dieser Arbeit keine Inserate oder Werbeplakate produziert und publiziert wurden, wie dies eigentlich für die beiden Vorhaben zu erwarten gewesen wäre. Über die beiden Vorhaben wurde dagegen in vielen Zeitungsartikeln und einigen Broschüren bzw. Zeitschriften informiert, aus denen eine grosse Menge an visuellen Bildern anfällt, die sich nur quantitativ-bildinhaltsanalytisch bewältigen lassen.

Um dabei dem Forschungsinteresse gerecht werden zu können, gilt es eine Methode zu entwickeln, die die ‹bedeutungsvollen› Weisen der Raumaneignung erfassen kann und damit entgegen dem üblichen Verständnis von Inhaltsanalysen nicht bloss deskriptiv verfährt. Die Analysekategorien sollen die Bedeutungen, die Menschen dem Raum geben bzw. aus den Bildern lesen, integrieren und dadurch die in den Bildern materialisierten Wertstrukturen erfassen können. Der Herleitung der inhaltsanalytischen

Methodik

Raumaneignungskategorien wird in diesem Kapitel viel Raum gewährt, handelt es sich dabei doch um den diese Arbeit prägenden, neu entwickelten Zugang zu visuellen Raum(re)präsentationen.

Mittels vertiefender Einzelbildstudien ausgewählter visueller Bilder soll zudem die quantitative Inhaltsanalyse ergänzt werden, sodass in diesen Fällen die inhärenten Bildbedeutungen zugleich quantitativ *und* qualitativ analysiert werden (vgl. Mayring 2001).

1   Forschungsfrage und Datenauswahl

Das leitende Forschungsziel dieser Arbeit ist, zu untersuchen, wie die Fallbeispielvorhaben Weltnaturerbe Jungfrau-Aletsch-Bietschhorn (JAB) und UNESCO Biosphäre Entlebuch (UBE) ‹ins Bild gesetzt› worden sind. Weil es sich dabei um zwei Vorhaben handelt, die eine nachhaltige Entwicklung anstreben (Modellregionen für eine nachhaltige Entwicklung), lassen sich über die Präsentationen der Vorhaben Rückschlüsse auf die Vorstellungen der Bildproduzierenden i.w.S. bezüglich nachhaltiger Entwicklung ziehen. Insofern die Vorhaben von den Bevölkerungen gewollt wurden, die Visualisierungen folglich ‹erfolgreich› waren, lässt sich vermuten, dass die Präsentationen der Vorhaben auch den Vorstellungen der Bildkonsumierenden entsprechen.

Aus allen möglichen Sichtweisen, die zur Analyse der Bilder eingenommen werden können, wird eine humangeografische Perspektive gewählt: Im Zentrum des Interesses steht der visuell suggerierte Umgang mit dem Raum, d.h. die Art und Weise, wie die beiden Fallbeispielregionen im Zusammenhang mit den Vorhaben Biosphäre und Weltnaturerbe angeeignet werden (sollen). Die publizierten Bilder vermitteln den Bevölkerungen Vorstellungen davon, welche Beziehungen sie zum betreffenden, durch die Regionsgrenzen abgegrenzten Raum einnehmen können und sollen. Sie zeigen, was sich in den Regionen tun lässt, welche Raumnutzungen vorhanden, möglich und erwünscht sind. Die Bildanalysen legen somit offen, welchen Umgang mit dem Raum in einer sich nachhaltig entwickelnden Region die Bildproduzierenden anstreben. Die visuellen Bilder sind dabei als ihre materialisierten mentalen Bilder, als ihre Wertvorstellungen und Bedeutungssetzungen zu betrachten.

Dieses Forschungsinteresse lässt sich in folgenden Fragen ausdrücken:

- Wie können sich die Handelnden gemäss dem präsentierten Bild in den sich nachhaltig entwickelnden Regionen verhalten?
- Welche Raumaneignungen bzw. -nutzungen suggerieren die Bilder?

Hinter diesem Zugang steht der Gedanke, dass verschiedene soziokulturelle Gruppen unterschiedliche Raumaneignungen im Blick haben, die zu divergierenden, unter Umständen konfligierenden Vorstellungen über die Entwicklung der Region führen. Hypothetisch formuliert ist beispielsweise anzunehmen, dass VertreterInnen der Naturschutzseite bei der visuellen Präsentation einer Region ihren Wertvorstellungen und Bedeutsamkeiten folgend auf vorhandene Naturelemente fokussieren dürften (vgl. Abb. 17). Die Region wird derart als Wildnis dargestellt. Anders dürfte dagegen das Regionsporträt des regionalen Landwirtschaftsverband daher kommen: Wiederum hypothetisch formuliert dürften ihm die regionalen Erzeugnisse der Landwirtschaft, Musterbetriebe mit moderner Infrastrukturen etc. ein Bild wert sein. Wenn nun diese unterschiedlichen Arten der Präsentation ein und derselben Region als Visionen auftreten, wie die betreffende Region künftig, d.h. bei Annahme der Vorhaben bzw. nachhaltiger Entwicklung, ausschauen kann (oder soll), sind Ablehnungen, Konflikte etc. zu erwarten, die Folgen der gewohnheitsmässigen Reproduktion der je eigenen gruppenspezifischen sozialen Bilder sind. Diese diskursiv bewusst zu machen und hinsichtlich ihrer Wirkungen und Folgen zu sensibilisieren, ist deshalb eine zentrale Voraussetzung, um das gesamtgesellschaftliche Projekt der nachhaltigen Entwicklung zu ermöglichen (siehe Kap. ‹Zwischenfazit› in ‹IV Nachhaltige Entwicklung›).

Abb. 17:
Aus der Sicht der Naturschutzseite ist die Biosphäre Entlebuch vor allem ein Naturjuwel (Bild: A. Barkhausen Geiser in Pro Natura Magazin 6/1997, S. 12).

Damit wir sehen können, welchem Bild nachhaltiger Entwicklung die Bevölkerungen zugestimmt haben (die jeweiligen Volksbefragungen verliefen zugunsten der Vorhaben) und um Lehren für weitere Versuche zu ziehen, wie sich nachhaltige Entwicklung einleiten lässt, gilt es jene Publikationen in die Untersuchung einzubeziehen, welche den bedeutendsten Anteil an der Meinungsbildung der Bevölkerung *im Vorfeld der entscheidenden Abstimmungen* hatten.

Datenauswahl UBE

Für das *Fallbeispiel UBE* bedeutet dies, dass alle vorhabensbezogenen Artikel der Regionalzeitung «*Entlebucher Anzeiger*» (EA) vom ersten Artikel an (19. April 1997, vgl. Abb. 18) bis zur letzten Ausgabe vor Beginn der Abstimmungsreihe in den betroffenen acht Gemeinden (4. September 2000) in die Untersuchung einzubeziehen sind. Unter ‹vorhabensbezogen› ist dabei gemeint, dass der Begriff ‹Projekt Lebensraum Entlebuch› bzw. ‹Projekt Biosphärenreservat Entlebuch› im Zeitungsartikel vorkommt. Dieses Kriterium erfüllen 144 Artikel und eine vierseitige Zeitungsbeilage des EA mit insgesamt 187 Fotografien und Graphiken.

Als weiteres zentrales Instrument der Meinungsbildung wurde die *Abstimmungsinformationsbroschüre* «Das Entlebuch, ein Biosphärenreservat» in die Analyse einbezogen, welche im September 2000 unmittelbar vor den Abstimmungen an alle Haushalte des Entlebuchs verteilt wurde. Sie beinhaltet auf 12 Seiten 38 Fotografien und 3 Graphiken. Plakate, Zeitungsinserate etc. wurden keine publiziert, ebenfalls erschien kein visuell ausgefärbtes Argumentarium *gegen* das Vorhaben, die verbalen Gegenbilder wurden jedoch berücksichtigt (vgl. ‹Verbale Bilder› in den beiden Fallbeispielkapiteln). Hingegen kann der sicher bedeutende Einfluss auf die Meinungsbildung, welcher

Methodik

von den diversen Kommunikations- und Informationsauftritten der Promotoren ausging (von persönlichen Gesprächen über öffentliche Vorträge bis zum ‹Biosphärenfest›), im Rahmen dieser Arbeit nicht berücksichtigt werden.

Abb. 18: Das Layout des «Entlebucher Anzeigers» zum Zeitpunkt der Untersuchung (hier die Ausgabe vom 19.4.1997, S. 1).

Um auf *Veränderungen der Repräsentation* der UBE *nach* erfolgten Abstimmungen aufmerksam werden zu können, wurde einerseits die 2002 *aktualisierte Abstimmungsbeilage* analysiert. Sie beinhaltet 62 Fotografien und 3 Graphiken. Hinzu kommt eine Ausgabe der «*Revue Schweiz*» zum Entlebuch, publiziert Anfang 2001 mit 72 Bildern.

Einen Blick auf die *Aussenwahrnehmung* der UBE ergibt die Analyse eines Artikels der «*Schweizer Familie*» vom November 2001 mit 11 Bildern. Die Analyse weiterer überregionaler Zeitungen und Zeitschriften konnte aus Zeitgründen nicht systematisch durchgeführt werden. Eine qualitative Sichtung praktisch aller national erschienener Artikel zum Vorhaben ergab allerdings, dass die Sicht der «Schweizer Familie» als relativ typisch für den damaligen Zeitpunkt bezeichnet werden kann, wobei es einige markante Ausnahmen gibt, auf die in ‹VIII Schlussbetrachtung› einzugehen ist. Die genannten Medien zusammen gerechnet ergibt sich für das Fallbeispiel UBE ein Total von 376 zu analysierenden Bildern.

Datenauswahl JAB

Die Untersuchung der Meinungsbildung im *Fallbeispiel JAB* wurde auf die Diskussionen innerhalb der betroffenen Walliser Gemeinden eingeschränkt. Die Eingrenzung auf das Oberwallis ist berechtigt, weil die zwei beteiligten Berner Gemeinden relativ früh einwilligten, für das JAB zu kandidieren (vgl. Kap. ‹VII UNESCO Weltnaturerbe Jungfrau–Aletsch–Bietschhorn›). Kontrovers verliefen hingegen die Auseinandersetzungen auf der Walliser Seite und insbesondere in den beiden Gemeinden Naters und Ried-Mörel. Die Bedenken, welche Teile der Bevölkerung in diesen Gemeinden gegenüber dem Vorhaben hatten, führten dazu, dass die Urnengänge mit Spannung erwartet wurden, wurde ihr Ausgang doch zum Schicksalsentscheid über das JAB insgesamt hochstilisiert.

Untersucht wurden die Artikel zum WNE, die in der Regionalzeitung «*Walliser Bote*» (WB) erschienen. Die Artikel, welche in der zweiten Zeitung des Oberwallis, der «Regionalzeitung Oberwallis», erschienen, wurden gesammelt, jedoch nicht der systematischen Analyse unterzogen, da deren Sichtung ergeben hat, dass das JAB in praktisch den gleichen Bildern wie im WB präsentiert wurde. Die Zeitspanne, über welche (analog zur UBE) eine Vollerhebung der Artikel im WB durchgeführt wurde, liegt zwischen dem Beginn der Hauptphase der Diskussionen (der erste Artikel dieser Phase erschien am 28. Februar 1998, vgl. Abb. 19) und der Anerkennung des JAB durch die UNESCO vom 13. Dezember 2001 (vgl. die Chronologie hinten in Kap. ‹VII UNESCO Weltnaturerbe Jungfrau–Aletsch–Bietschhorn›). Im Unterschied zum EA wurde folglich die Meinungsbildung über den Zeitpunkt der letzten Urnengänge in Naters und Ried-Mörel vom März 2000 hinaus betrachtet. Der Grund liegt darin, dass vom Beginn der Hauptphase der WNE-Diskussion bis zu den Volksbefragungen erstaunlich wenige Artikel zum JAB erschienen sind. Die Diskussionen setzten sich nach den erfolgten Abstimmungen unvermindert fort, wobei die Promotoren die Kommunikation gar erst im Hinblick auf den Evaluationsbesuch der IUCN im März 2001 professionalisierten (was zur Herausgabe der Broschüre KUW führte, siehe unten). Insgesamt erschienen im WB von anfangs 1998 bis zum 13. Dezember 2001 in 111 Artikeln 71 Bilder.

Abb. 19:
Das Layout des
«Walliser Boten»
(hier die Ausgabe
vom 21.2.1998,
S. 1).

Die bereits erwähnte *Broschüre «Jungfrau – Aletsch – Bietschhorn: Kandidat UNESCO Weltnaturerbe»* (KUW), die am 27. März 2001 dem WB beilag, zeigt auf 24 Seiten 52 Fotografien und 1 Karte. Visuell illustrierte Publikationen, mit denen gegen das Vorhaben geworben worden wäre, erschienen auch im Oberwallis keine. Es wurde jedoch ein Flugblatt «gegen das UNESCO-Schutzgebiet Aletsch» verteilt – auszugsweise in Abb. 56 wiedergegeben –, das hinsichtlich verbaler Bilder analysiert wurde.

Die Art und Weise, wie die Region vor dem JAB-Prozess präsentiert wurde, ist punktuell durch die Ausgabe der *«Revue Schweiz»* zur Aletschregion vom August 1996 in der Analyse vertreten. Es kommen dadurch 31 Bilder hinzu, womit sich der gesamte Analysekorpus von JAB und UBE auf 531 Bilder ausdehnt. Diese Menge an Bildern lässt sich nicht mittels Einzelbildanalysen, sondern nur inhaltsanalytisch bewältigen. Auf die Methode der Inhaltsanalyse wird deshalb weiter unten ausführlich eingegangen.

2 Stand der Bildforschung

Auseinandersetzungen mit visuellen Bildern häufen sich in praktisch allen wissenschaftlichen Fachrichtungen. Eine dem in Kapitel ‹III Bilder verstehen› hergeleiteten Bildverständnis, dem humangeografischen Forschungsinteresse und den zu seiner Abklärung zu analysierenden Daten angepasste Forschungsmethode befindet sich jedoch nicht unter ihnen. Nachfolgend seien zentrale Werke der Bildforschung erwähnt, wel-

Methodik

che grundlegend in die Bildthematik einführen, und ausgewählte Anwendungen, die einerseits aufzeigen, wo die Auseinandersetzung mit Bildern gegenwärtig steht, andererseits hilfreichen Beistand für die hier zu entwickelnde Methode liefern.

Wichtige Überblicke verschiedener Ansätze der Bildforschung mit Forschungsbeispielen präsentieren die Arbeiten von Gillian Rose (2001), Theo van Leeuwen & Carey Jewitt (2001), Marcus Banks (2001), Marion G. Müller (2003) und Martina Leonarz (2004), während sich bedeutende Anwendungen in den Sammelbänden von Gugerli & Orland (2002), Bolz & Rüffer (1996) und Volk (1996) finden lassen. Die Überblicke führen vorzüglich in die Bildforschung ein, lassen jedoch notgedrungen an Tiefe zu wünschen übrig, wenn es darum geht, einzelne Methoden (in unserem Fall die Inhaltsanalyse) umfassend zu verstehen und reflektiert anzuwenden. Die Anwendungen dagegen gehen in die Tiefe und lassen folglich die darüber hinaus gehenden Zusammenhänge vermissen. Trotzdem sind die Werke zu empfehlen, gelingt es ihnen doch, ein Gefühl für den Umgang mit Bildern zu vermitteln.

In der Geografie finden seit einiger Zeit Auseinandersetzungen mit kartografisch festgehaltenen Weltsichten statt, beispielsweise die Studien von Cosgrove (1999), Dorling & Fairbairn (1997) und bezogen auf verbale (Welt-) Bilder insbesondere auch jene im Umfeld von Barnes & Duncan (1992). Während Debarbieux (2002) mittels Einzelbildanalysen den Einfluss von Visualisierungen auf die Raumplanung kritisch betrachtet (vgl. hierzu auch Gumuchian 1988), führen die Möglichkeiten der Geografischen Informationssysteme in letzter Zeit zu einer Häufung von Visualisierungen potenzieller Landschaftsentwicklungen, Gefahrenszenarien etc., welche Planungsprozesse unterstützen sollen (vgl. Hunziker 2000; Lange et al. 2003). Konkrete Anwendung finden Fotografien in der Ermittlung des ‹Landschaftsbewusstseins› der Bevölkerung und der Art und Weise, wie Veränderungen wahrgenommen werden, indem ihre Präferenzen erfragt bzw. über die Bewertung vorgelegter Fotografien ermittelt werden (z.B. Kianicka et al. 2004; Felber Rufer 2005; Gloor & Meier 2000). Die Ermittlung solcher (gruppenspezifischer) Sichtweisen, dessen, was Handelnde für darstellungswürdig, weil bedeutungs- und wertvoll befinden, führte Michelin (1998) konsequent weiter, indem er Fotokameras an die Bevölkerung verteilte und sie die in ihren Augen schönsten, hässlichsten etc. Orte fotografieren liess. Sämtliche Arbeiten eröffnen fruchtbare Möglichkeiten, mit Bildern zu arbeiten, sind unserem Gegenstand jedoch nicht adäquat.

Näher an das Ziel dieser Arbeit kommen die Arbeiten von Bozonnet (1992), der das Bild der Alpen, wie es für Werbezwecke konstruiert wird, untersucht und Flitner (1999), der das in Plakaten reproduzierte Bild der Tropen dekonstruiert. Bei beiden Arbeiten handelt es sich um Einzelbildanalysen, wie sie auch in dieser Studie zur Ergänzung der inhaltsanalytisch gewonnenen Resultate verwendet werden. Erwähnenswert ist die Studie von Flitner, weil sie der Bildanalysemethode von Müller-Doohm folgt, an welcher sich auch die Einzelfallanalysen dieser Arbeit orientieren (siehe unten und Kap. ‹X Anhang›).

Wichtige inhaltsanalytische Studien, die sich mit grösseren Bildmengen beschäftigen, sind die Arbeiten von Lutz & Collins (1993) über die (Re-) Präsentation von ‹Fremden› im «National Geographic» und jene von Bhattacharyya (1997), Dann (1996), Jenkins (2003), Nelson (2005) und Markwick (2001) über die visuelle Konstruktionen touristischer Destinationen. Eine geografische Arbeit im weiteren Sinne ist jene von Békési & Winiwater (1997), die rund 600 historische Ansichtskarten Österreichs analysieren, um die Werte herauszuarbeiten, die Szenerien ‹sehenswert› machen. Raento & Brunn (2005) ihrerseits fokussieren auf die politisch motivierten Botschaften, welche von zwischen 1917 und 2000 durch die rund 1450 Briefmarken Finnlands in die Welt getragen werden.

Kuprecht (2004) schliesslich analysierte im Rahmen des Forschungsprojekts ‹Power of Images› die Bilder der Alpen im Tourismus am Beispiel der Biosphäre Entlebuch und des Weltnaturerbes Jungfrau-Aletsch-Bietschhorn. Dabei wandte er – neben weiteren Bildanalysekategorien – die hier entwickelten Raumaneignungskategorien (siehe unten Kap. ‹Kategorien der Raumaneignung›) an und trug damit zur Sicherung ihrer Relevanz und Festigung ihrer Verlässlichkeit bei. Kuprecht ist auch der einzige, der Visualisierungen nachhaltiger Entwicklung (inhaltsanalytisch) analysierte. Er ging u.a. der Frage nach, «ob es den Destinationen [JAB und UBE] aufgrund der Bilder zu zeigen gelingt, dass sie um eine nachhaltige Entwicklung u.a. im Tourismus bemüht sind» (Kuprecht 2004: 117). Bei beiden Destinationen fand er «einige Aspekte, die auf eine nachhaltige Entwicklung hindeuten» (Kuprecht 2004: 120). So werden beispielsweise in den Tourismusprospekten der UBE in einem bedeutenden Bildanteil regionale Produkte und sanfte Tourismusformen gezeigt, während die Destination Aletsch ihre umweltfreundliche Verkehrssituation ins Bild setzt (Rieder- und Bettmeralp sind autofrei). Beide Destinationen verwenden jedoch auch Bilder, die (Trend-) Sportarten ökologisch unsensibel darstellen wie beispielsweise Mountainbiking abseits von Wegen. Der Gesamteindruck fällt folglich zwiespältig aus.

Anhaltspunkte zu einer Methodik der Bildforschung, die dem im Teil ‹III Bilder verstehen› hergeleiteten Bildverständnis entspricht, lassen sich in den an semiotischen Untersuchungen angelehnten ‹Cultural Studies› und hermeneutischen Bildanalysen finden. Die ‹Cultural Studies› (vgl. Lister & Wells 2001; Hall 1994b; Hepp 1999) wie auch die (kritische) Hermeneutik (vgl. Phillips & Brown 1993) untersuchen die Produktion und Reproduktion von Bedeutungssystemen, insbesondere die ‹Kämpfe› um Bedeutungen im Zusammenhang mit der Bildungen kultureller Identitäten (Rost 2004: Absatz 6). Kulturelle Texte (worunter auch Fotografien gehören) werden in den ‹Cultural Studies› nicht als isolierte, abgegrenzte Einheiten betrachtet, sondern immer eingebettet in den sie konstituierenden sozialen Prozess, welcher die Bedeutung der Artefakte entscheidend bestimmt. Der Kontextanalyse kommt in diesen Forschungsrichtungen deshalb ein zentraler Stellenwert zu.

Für uns interessant ist das von Hall zur Analyse von Medientexten entwickelte ‹Encoding/Decoding-Modell› (Hall 1999), welches die gleichen Schritte umfasst wie unser dreistufiges Bildbedeutungsanalysemodell: Auf Seiten der *Produktion* werden Bedeutungen kodiert, d.h. die beabsichtigten Sinngehalte in die Texte i.w.S. übertragen. Die entstandenen, *materiellen Texte* betrachtet Hall als eigenständig existierend und somit als zweites Moment im Prozess der Medienkommunikation. Auf Seiten der *Rezipierenden* schliesslich erzeugen die Texte Effekte, die nicht als passives Bedeutungslesen, sondern wiederum als aktive Bedeutungs*produktion* aufzufassen sind, allerdings, um der Kritik völliger subjektiver Beliebigkeit zu entgegnen, auf der Grundlage der in den Texten eingeschriebenen «preferred readings» (Hall 1994a: 262). Dieses «Dekodieren» ist neben den Lesarten, die der Text nahelegt, analog dem «Kodieren» bei der Textproduktion durch die soziohistorischen Verhältnisse und den Wissensrahmen geprägt, in welchem die Handelnden verortet sind. Angesichts der Komplexität des Kom-

Methodik

munikationsprozesses und der allgemeinen Polysemie von Zeichen erscheint eine *vollständige* Übereinstimmung von kodierter und dekodierter Bedeutung als kaum erwartbarer Grenzfall (Rost 2004: Absatz 8).

Auch die struktural-hermeneutische Symbolanalyse nach Müller-Doohm geht explizit von der dreiseitig strukturierten gesellschaftlichen Kommunikationspraxis aus, die aus *Botschaft*, *Botschaftsproduktion* und *Botschaftsrezeption* besteht (Müller-Doohm 1997: 90; vgl. Müller-Doohm 1993; Englisch 1991; Flitner 1999; Hana et al. 2000; Jung et al. 1992; Litzka 2001). Entsprechend wendet die struktural-hermeneutische Symbolanalyse ebenfalls einen dreiseitig strukturierten Forschungsprozess an bestehend aus *Bildinhaltsforschung*, *Bildrezeptionsforschung* und *Analyse der Bildproduktion*. Sie bietet zudem eine ausgefeilt operationalisierte Version soziologischer Bedeutungsanalyse (insbesondere visueller Artefakte) an, die versucht, der Forderung nach einem spezifisch soziologischen Zugang zu kommunikativer Bildverwendung gerecht zu werden (Jung et al. 1992: 246), d.h. die Welt der Bilder *sinnverstehend* erschliessen zu können (Müller-Doohm 1997: 83). Die Methode der struktural-hermeneutischen Symbolanalyse wird in dieser Arbeit für vertiefte Einzelbildanalysen verwendet. Der Leitfaden für das Vorgehen befindet sich im Teil ‹X Anhang›.

3 Berücksichtigung der Kontextabhängigkeit

Der Stellenwert, den der Kontext – *soziohistorischer Kontext* (Werte und Bedeutungen), *individuelle Kontextvariationen* und *Verankerungen* – für die Bildbedeutung hat, wurde in Teil ‹III Bilder verstehen› bereits betont. Nun gilt es, die Kontextabhängigkeit angemessen ins methodische Vorgehen einzubinden.

3.1 Berücksichtigung der Verankerung

Der Einbezug der *Verankerungen* von visuellen Bildern durch Bildtexte, Bildorte etc. in die Analyse erfolgt in dieser Arbeit auf mehreren Ebenen: Bedingt durch die Beschränkung auf Bilder in Drucksachen, die im Dienste der (politischen) Information stehen, ist eine erste *Verortung* und Abgrenzung von anderen visuellen Phänomenen (Ansichtskarten, Flaggen etc.) und Feldern (z.B. des touristischen Feldes) vorgenommen worden. Indem jeweils das Gesamtbild einer Publikation Ziel der Analyse ist, folglich nur Bilder der gleichen Publikation zusammengefasst werden, tritt keine Vermengung unterschiedlicher Bildorte (z.B. Zeitung versus Hochglanzmagazin) auf. Die Besonderheiten der einzelnen Publikationen (Ressourcen, Aufmachung, Zielpublikum etc.) sind erst im Rahmen der Interpretation der Analyseergebnisse und des Vergleichs der Medien zu berücksichtigen. Den unterschiedlichen Funktionen, die Bilder *innerhalb* einer Publikation einnehmen können, wird über die Kategorie Bildfunktion Rechnung getragen (vgl. unten Kap. ‹Intendierte Bedeutung›).

Entscheidenden Einfluss auf die beabsichtigte Bildwirkung weist schliesslich der *Bildtext* auf, denn die Bedeutung der Gesamtaussage entsteht in der dialektischen Beziehung von Wort und Bild (vgl. Kap. ‹Die Kontextabhängigkeit der Bildwirkung› in Teil ‹III Bilder verstehen›). Es kann folglich nicht fruchtbar sein, das Bild losgelöst vom begleitenden Text zu betrachten. So wie das Zielpublikum in der Bildbetrachtung durch den Bildtext geleitet wird, soll auch die Kategorisierung durch diesen fokussiert und dadurch das für den Kontext relevante Niveau der Bildwahrnehmung eingenommen werden. Der Bildtext hilft beispielsweise die Bedeutung von Personen, Gebäuden, Landschaftsausschnitten etc. zu verstehen, die dem Bild an sich ohne das entsprechende Wissen nicht entnommen werden kann – bei der Herleitung der Kategorien wird auf diesen Punkt zurückzukommen sein.

3.2 Berücksichtigung des soziohistorischen Kontextes

Die (emotionale) Bildwirkung hängt von den *soziohistorischen Werten und Bedeutungssetzungen* der Bildbetrachtenden ab (vgl. Kap. ‹Emotionale Wirkung› in Teil ‹III Bilder verstehen›). Sinn- bzw. bedeutungsvolle Bildanalysen sind folglich nur leistbar, wenn die Bedeutungen und Wertungen des Abgebildeten den Forschenden bekannt sind und in die Bildanalysen einfliessen können (vgl. Bourdieu 1990: 115). Wie wir weiter unten sehen werden, wird in dieser Arbeit versucht, eine Bildanalyse durchzuführen, die über Raumaneignungskategorien den relevanten, d.h. den soziohistorischen Werten und Bedeutungen entsprechenden, Bildinhalt einfängt. Das hierzu nötige Kontextwissen wird einerseits mittels des Beizugs statistischer und allgemein historischer (Hintergrund-) Informationen erfasst. Wichtiger ist aber, die im Zusammenhang mit den untersuchten Vorhaben zentralen Werte bzw. das lokale Wissen der Bildproduzierenden wie der Bildrezipierenden über Diskursanalysen der gesammelten vorhabensbezogenen Artikel zu erarbeiten (vgl. Jäger 2001; o.J.) und in Interviews zu erfragen.

Diskursanalytisch lassen sich zudem die in Texten auftretenden «Kollektivsymbole» (Link 1997) aufdecken, d.h. «die Gesamtheit der so genannten ‹Bildlichkeit› einer Kultur, die Gesamtheit ihrer am weitesten verbreiteten Allegorien und Embleme, Metaphern, Exempelfälle, anschaulichen Modelle und orientierenden Topiken, Vergleiche und Analogien» (Link 1997: 25). Kollektivsymbole sind kulturelle Stereotype oder soziale Repräsentationen (vgl. Kap. ‹Soziale Bilder› in ‹III Bilder verstehen›), die zusammen genommen das Repertoire an Bildern ausmachen, mit dem wir die gesellschaftliche Wirklichkeit deuten und gedeutet bekommen. Als Produkt kollektiven Lernens leuchten Kollektivsymbole den Handelnden des gleichen kulturellen Zusammenhangs unmittelbar ein (Jäger 2001: 137). Wir wollen sie berücksichtigen, weil unter Umständen angesichts finanzieller, technischer etc. Zwänge, unter welchen die Informationsproduktion steht, dem Text keine visuellen Bilder beigefügt werden können. Nicht nur die visuellen, auch die verbalen Bilder veranschaulichen die Thematik, und sie tun dies in der Regel bei geringerem finanziellen Aufwand. Ihre Analyse legt folglich ebenfalls die Vorstellungen der Produzenten offen und es lässt sich die Folgefrage stellen, woran es liegt, dass gewisse mentale Bilder sich in keinem visuellen Bild materialisiert haben. Liegt es an finanziellen Zwängen oder sind zu gewissen Vorstellungen eventuell keine visuellen Bilder vorhanden? Darf, kann, soll nicht alles gezeigt werden?

3.3 Berücksichtigung individueller Kontextvariationen

Als dritten Punkt der Kontextabhängigkeit der Bildwirkung gilt es zu beachten, dass Werte und Bedeutungen – und somit die Bildwirkungen – *individuell variieren* können je nach biographischen Besonderheiten, dem Standpunkt, der Haltung, der Stimmung der Betrachtenden bzw. der Situation der Betrachtung. Auf diese individuellen Kontextvariationen und Möglichkeiten ihrer Erfassung werden wir unten im Kapitel ‹Rezipierte Bedeutung› eingehen.

Methodik

4 Bildanalyse konkret

Die Analyse der Bedeutungen visueller Bilder erfolgt dreistufig über die Analyse der intendierten, rezipierten und inhärenten Bildbedeutung (vgl. Abb. 20; ‹Dreiseitige Struktur der Bildbedeutung› in ‹III Bilder verstehen›). Die einzelnen Schritte werden im Folgenden vorgestellt.

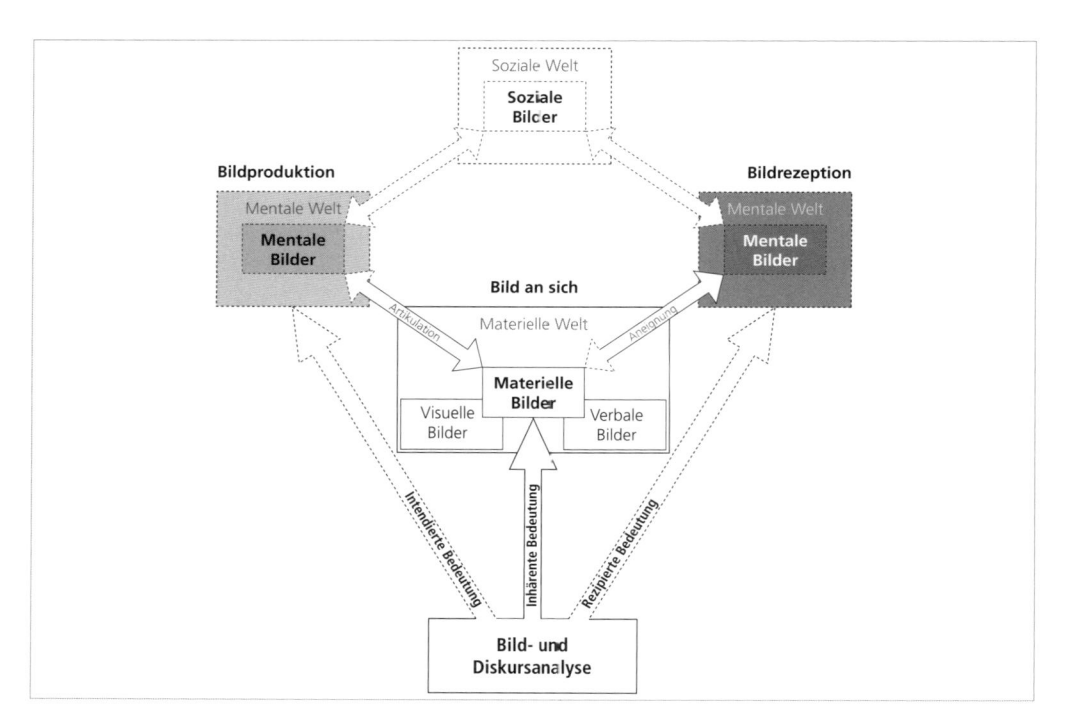

Abb. 20: Modell der Bildanalyse, das die drei Zugänge zur dreiseitig strukturierten Bildbedeutung veranschaulicht. Die Analysen der intendierten und der rezipierten Bedeutungen müssen ebenfalls über die materielle Welt ansetzen, weshalb die beiden Pfeile gestrichelt dargestellt sind (Graphik: U. M.).

4.1 Intendierte Bedeutung

Die Produktionsanalyse der Bilder stützt sich im Wesentlichen auf Befragungen der Bildproduzenten i.w.S. Diese heterogene Gruppe umfasst Auftraggeber, Verleger, Bildproduzenten i.e.S. wie Fotografen, Graphikerinnen etc., Redaktoren, Journalisten, aber gegebenenfalls auch Privatpersonen, sofern ein von ihnen privat produziertes Bild Eingang in ein öffentliches Medium findet. Es gilt den Kontext der Bildproduktion zu erfragen, welcher die Gründe umfasst, weshalb ein Bild an einem bestimmten Ort publiziert wird, die Absichten und Motive der BildproduzentInnen (die Bildfunktion) und den institutionellen Kontext, die Imperative und Zwänge, unter welchen die Bildproduktion stattfindet (vgl. Lister & Wells 2001). Der Einfluss der zur Verfügung stehenden Ressourcen (technisch, finanziell etc.) auf die Bildproduktion bzw. -auswahl darf nicht unterschätzt werden, denn die wunschgemässe Illustration eines Textes mag daran scheitern, dass das vorgestellte Bild nicht vorhanden ist. Die Wünsche der Bildproduzierenden sind dabei durch die Regeln des jeweiligen Publikationsfeldes mitbestimmt, in unserem Zusammenhang hauptsächlich jene des Journalismus und der politischen Information. Bezogen auf das journalistische Feld nennt Grossen (1986) eine Reihe von Merkmalen, die bestimmen, ob Nachrichten für publikationswürdig gehalten werden. Je mehr dieser Merkmalen auf ein Ereignis zutreffen, desto wahrscheinlicher wird darüber berichtet (Grossen 1986: 47):

- Aktualitätsbezug: Zwischen dem Berichterstattungsgegenstand und dem aktuellen Interesse der Öffentlichkeit muss ein Bezug bestehen.
- Eliteperson/-region (Prominenz): Das Handeln von Elitepersonen oder Ereignisse in ‹Eliteregionen/-nationen› sind in der Regel von bedeutender Tragweite, zudem werden Elitepersonen oft zu Objekten der Identifikation gemacht.
- Konfliktivität/Negativität: Ereignisse negativer Art wie Konflikte, Unfälle, Streiks usw. überwinden leichter die Nachrichtenschwelle als positive Ereignisse, weil negative Ereignisse bei weitem seltener auftreten als positive.
- Nähe: räumliche, soziokulturelle und psychologische Nähe.
- Auswirkung bzw. Bedeutung: Über ein Ereignis wird eher berichtet, wenn es Auswirkungen auf die Leserschaft hat, d.h. für sie direkt von Interesse ist oder in einem hohen Grad Emotionen auslöst, sei es durch Schilderung von Katastrophen oder von menschlichen Dramen.
- Ausgefallenheit: Nachrichten über Ausgefallenes, Bizarres und Unerklärliches.
- Überschaubare Komplexität: Es werden eher Themen ausgewählt, welche ein klar abgegrenztes Thema zum Inhalt haben, während Artikel mit mehreren Themen eher gemieden werden.
- Konsonanz: Nachrichten werden eher ausgewählt, wenn sie den Erwartungen der Rezipierenden (Gewünschtes oder Vorhergesagtes) entsprechen.
- Personifizierung: Durch Gruppen oder durch Institutionen ausgelöste Ereignisse werden durch die Medien weitgehend personifiziert. Dies ist unter anderem darauf zurückzuführen, dass Personen leichter der positiven oder negativen Identifikation dienen können.

Wie wir weiter unten sehen werden, können einige dieser Punkte wie Elitepersonen/Personifizierung und Konfliktivität/Negativität auch über die Raumaneignungskategorien direkt aus der Bildanalyse erfasst werden (*Identifikations*- bzw. *Problemraum*) und im Hinblick auf die Befragungen zur Generierung von Hypothesen dienen (siehe unten). Aktualitätsbezug, Nähe, Auswirkungen, Ausgefallenheit und Konsonanz hingegen müssen als *Besonderheiten* speziell erfasst und bei Bedarf gesondert analysiert werden.

Intentionen der Bildproduzierenden

Bildproduzierende verfolgen mit der Bildwahl bestimmte Absichten, die ihnen jedoch diskursiv nicht bewusst zu sein brauchen (vgl. Kap. ‹Bewusstseinsebenen› in Teil ‹II Wirklichkeiten›). Befragungen von Bildproduzierenden geben Hinweise auf die Bewusstheit routinemässigen Handelns, auf Tiefe und Umfang der Überlegungen. Die Antworten sind aber mit grundsätzlicher Vorsicht aufzunehmen, denn es kann nicht ausgeschlossen werden, dass es sich bei den ex post Begründungen um ‹Dichtungen› handelt (vgl. Hartmann 1992: 111), die mit den tatsächlichen (praktisch bewussten) Absichten nichts gemein zu haben brauchen.

Für diese Arbeit erfolgen die Gespräche mit den Bildproduzierenden über ihre ‹Sicht der Dinge› auf der Basis von Hypothesen, die aus der Analyse der inhärenten Bildbedeutungen gewonnen werden. Die aus den visuellen Bildern herausgearbeiteten potenziellen Wertstrukturen der Produzierenden bzw. – im Falle von strategischer Bildverwendung – die Wertstrukturen, die die BildproduzentInnen den BildkonsumentInnen unterstellen, werden ihnen zur Stellungnahme vorgelegt. Um herauszufinden, wie bewusst Bilder ausgewählt wurden, wird gefragt, ob auch andere (aufgrund der Bildanalysen ausgewählte) Bilder publiziert worden wären. Auf diese Weise zeigt sich, wie reflektiert bestimmte Bilder ausgewählt wurden und wie weit Überlegungen bezüglich alternativer Visualisierungen gemacht wurden (vgl. Kap. ‹Einzelfallanalyse eines zentralen Bildes› in ‹VI UNESCO Biosphäre Entlebuch›).

Bildfunktionen

Die Funktion, die den Bildern von den Produzierenden zugewiesen wird, bestimmt wesentlich ihre kommunikative Bedeutung und Wirkung. Doelker (1997: 70) definiert die Bildfunktion als jenen Anteil der Bildbedeutung, der dem Bild «vorgeschaltet» ist, weil er der Absicht der Bildmachenden respektive BildredaktorInnen entspringt. In Anlehnung an und Erweiterung von Doelker (1997: 70–83) gilt es, die folgenden Bildfunktionen zu unterscheiden, wobei auf ein Bild mehrere Funktionen gleichzeitig zutreffen können, die Grenzen zwischen ihnen zudem oft fliessend sind:

- Bilder, die das *Erwecken von Aufmerksamkeit* bezwecken im Sinne eines ‹Blickfangs›. Das Bild selbst ist nicht direkt von Bedeutung, sondern der Text, auf den es den Blick lenkt;
- Bilder, die Ereignisse *dokumentieren* bzw. als Beweis für einen Sachverhalt eingesetzt werden: Seht her, so war es! Im Unterschied zu illustrativen Bildern sind dokumentierende zwingend mit der Angabe von Ort und Zeit versehen;
- Bilder zur *Illustration bzw. Exemplifikation*: So sieht's aus! Davon ist die Rede! Illustrative Bilder veranschaulichen sprachlich erwähnte Sachverhalte und stehen ihrer Konkretheit wegen exemplarisch für das Ganze. Sie reduzieren die komplexe ‹Wirklichkeit› aller möglichen Sichtweisen auf eine ausgewählte. Bei ständiger Wiederholung können illustrative Bilder so zu paradigmatischen Bildern werden, zu Bildern wie beispielsweise das Matterhorn, das für die Schweiz steht, oder der Aletschgletscher, der zur Ikone des JAB-Welterbes wurde. Bezogen auf die in dieser Arbeit untersuchten Bilder ist die illustrative Funktion die weitaus wichtigste und häufigste und die Art und Weise, wie die Vorhaben bzw. nachhaltige Entwicklung exemplifiziert wird, ist denn auch die zu klärende Frage;
- Schaubilder zur *Explikation* oder Veranschaulichung abstrakter Inhalte (z.B. Infografik; DNA-Helix). Explikative Bilder weisen oft eine erkenntnisgewinnende Funktion auf, d.h. die in einem materiellen Bild ausgedrückten Ideen beeinflussen die Art und Weise, wie der Sachverhalt weitergedacht (oder erforscht) wird (zur Rolle von Bildern in der Wissenschaftskommunikation vgl. Gerig & Vögeli 2003; vgl. auch Kap. ‹Soziale Bilder› in ‹III Bilder verstehen›);

Die weiteren Funktionen spielen, abgesehen von der letzten, in unserem Kontext nur nebensächliche Rollen, seien aber der Vollständigkeit halber erwähnt:

- *Push-Bilder*, die eine Gefühlsregung und/oder eine Handlung, ein Verhalten auslösen wollen/sollen (z.B. Spende, Kaufhandlung). Diese Funktion ist zentral für emotionalisierende Polit- und Konsumwerbekampagnen (Plakate, Inserate);
- Bilder, die etwas *dekorieren* wie Ornamente, Verzierungen, Bildschmuck, Textauflockerungen etc., die auf die Stimmung der Bildkonsumierenden Einfluss nehmen wollen, aber im Prinzip keinen Bezug zum Text haben;

Die Kraft der Bilder in der nachhaltigen Entwicklung

- Bilder, die *Lücken füllen* wie z.B. der Ersatz eines – eventuell nicht verfügbaren – Bildes durch ein verwandtes (oft durch ein Archivbild). Im Fernsehen werden solche phatischen Bilder eingesetzt, wenn keine Bilder vorliegen, die das Geschehen dokumentieren. Damit der TV-Konsument trotzdem etwas zu sehen bekommt, denn dies erwartet er, wird der Bildkanal mit irgendwelchen Bildern gefüllt. Zeitungen hingegen müssen nicht zwingend mit Bildern versehen sein, dennoch ist es die Regel geworden, dass vor allem lange Artikel bildlich aufgelockert werden.
- *Wirkbilder* wie beispielsweise Mandalas, die vor allem im religiösen und therapeutischen Bereich Anwendung finden;
- Bilder, deren Funktion *rhetorisch* ist, d.h. die meist in einem übertragenen Sinne verwendet werden. Im hier untersuchten Bildkorpus kommt diese Funktion nur wenige Male vor, wovon das wichtigste Bild deshalb einer vertiefenden Einzelfallanalyse unterzogen wurde (vgl. Kap. ‹Einzelfallanalyse eines zentralen Bildes› in ‹VI UNESCO Biosphäre Entlebuch›);
- Bilder, deren Funktion ihr *ästhetischer Wert* an sich ist, die im Kunstbereich in der Regel gerahmt und durch «ein gut leserliches Schildchen» (Mitchell 1990: 52) gekennzeichnet sind. Bilder dieser Funktion finden ihren Zweck in sich selbst, sie haben einen ästhetischen Eigenwert[51]. Doelker (1997: 79ff.) bezeichnet Bilder der ästhetischen Funktion entsprechend als «Clipbilder», weil sie ihrer schlichten Schönheit wegen aus dem ursprünglichen Kontext herausgeschnitten, allenfalls gerahmt und beispielsweise an die Wand gehängt werden können. Bilder der ästhetischen Funktion haben eine auffallende Bildwirkung erzeugt durch klare, meist leuchtende Farben (tiefes blau, farbige Wälder etc.), deutliche Kontraste (Sonnen, Schatten, aber auch Dämmerungsbilder) und harmonische Bildkompositionen, oft bestehend aus mehreren Bildebenen. In unserem Fall trifft die ästhetische Funktion vor allem auf Kultur- bzw. Naturlandschaftsbilder zu, die unseren kulturellen Wahrnehmungsschemata entsprechend von den meisten Bildbetrachtenden als schön oder idyllisch bezeichnet und eventuell wortwörtlich ‹an die Wand gehängt› werden. Dies ist also eine Umschreibung für so genannte ‹Kalenderbildlandschaften› oder ‹Postkartenbildlandschaften› (vgl. Békési & Winiwater 1997). Da aber unsere Bilder primär illustrativer Funktion sind – sie stehen ja im Kontext der politischen Information – nimmt die ästhetische Funktion hier eine Sonderrolle ein, denn sie tritt in Addition zu den anderen Funktionen auf. In dieser Arbeit und in Arbeiten mit Studierenden[52] wurde versucht, die Ästhetik der Bilder analytisch zu erfassen. Die Ergebnisse erwiesen sich jedoch als zu wenig stichfest, wes-

---

51 Ästhetik wird hier mit Schönheit gleichgesetzt im Sinne von beispielsweise ästhetischer Landschaft als schöner Landschaft. Es sei aber vermerkt, dass Ästhetik als Wissenschaft nicht eigentlich die Lehre vom Schönen, sondern umfassender von der Wahrnehmung insgesamt ist (vgl. Böhme 2001; Gremminger et al. 2001: 16f.). Als Versuche, Kriterien für das ästhetische Naturverhältnis zu bestimmen, vergleiche Ritter (1974: Fn. 61, 186ff.) und vor allem de Coulon (1988). Solche Versuche sind jedoch zum Scheitern verurteilt, denn «…für das Schöne fehlt uns genauso eine brauchbare Definition wie für das Böse, was uns nicht daran hindert, verschiedenste Objekte als schön zu bezeichnen» (Neiman 2004). Trotz fehlender Definition für Schönheit wird sie aber nicht zwingend zu einer subjektiven Sache des Betrachters. Zwar lässt sich Schönheit praktisch nicht operationalisieren, schliesslich besagt ja ein bekanntes Sprichwort: «Über Geschmack lässt sich nicht streiten». Betrachtet man aber die Landschaftsdarstellungen in beispielsweise Tourismusprospekten, sind sich die ‹schönen› Bilder formal gesehen sehr ähnlich. Es muss also so etwas wie ein kollektives Schönheitsbewusstsein bestehen. Denn umgekehrt sind wir auch in der Lage, relativ übereinstimmend zu bestimmen, was ein eher schlechtes Bild ist: dunstige Landschaftsaufnahmen, kontrastlose Lichtverhältnisse, unsorgfältige Bildausschnitte (‹Knippserei›) und dergleichen.

halb letztlich auf diese Kategorie verzichtet werden musste. Eine annähernd brauchbare Operationalisierung von ‹ästhetisch›, wie sie für die Definition der Kategorie geleistet werden muss, war im Rahmen dieser Arbeit nicht möglich und hätte insbesondere einen stärkeren Einbezug der Bildrezipierenden verlangt (vgl. Fn. 51).

4.2 Rezipierte Bedeutung

Was für die Literatur schon länger gilt, dass nämlich der Autor bzw. die Autorin für «tot» gehalten wird (vgl. Barthes 2000), er oder sie als Sinnstiftende ausgedient hat, der Text somit befreit ist von einem einzigen autorzentrierten Sinn und es vielmehr die Lesenden sind, die – von hermeneutischen Interpretationszwängen befreit – dem Text *ihre* Bedeutung geben, gilt natürlich auch, wenn nicht gar stärker, für die visuellen Bilder. Entscheidend für die Handlungswirksamkeit visueller Bilder ist letztlich die rezipierte Bedeutung, die prinzipiell bei jedem Individuum verschieden sein kann, denn «jeder Betrachter [geht] mit seiner eigenen Landkarte durch das betrachtete Bild ... Möglicherweise hat der Autor des Bildes bestimmte ikonische Pfade mehr oder weniger deutlich vorgezeichnet, doch ob der Betrachter diese sieht und ihnen folgt, das ist seine Sache: Er kann jederzeit die Wanderung auf den ikonischen Pfaden (wenn es sie nun geben sollte) abbrechen und neue Wege gehen. Kurz: Er macht sich immer und auf jeden Fall sein eigenes Bild» (Reichertz 1992: 144). Zwar bestehen gruppenspezifische Wahrnehmungs- und Interpretationsweisen, situative Veränderung der Bildwirkung können jedoch jeglichen Verallgemeinerungsversuch unterlaufen. Laborähnliche Experimentieranordnungen, in welchen Einflüsse auf die RezipientInnen kontrolliert und ihre Reaktionen festgehalten werden können, geben vor allem Auskunft über die Bildwirkung *unter Laborbedingungen*, die mit der tatsächlichen ‹Kraft der Bilder› im Alltag wenig gemein zu haben braucht.

Annäherungen an die rezipierte Bedeutung lassen sich mittels Bildrezeptions- bzw. Bildwirkungsanalysen versuchen[53]. Die Forschung ist jedoch – wie im Falle der intendierten Bedeutung – mit dem Problem konfrontiert, dass Individuen die Bildwirkung unter Umständen nicht oder nicht treffend artikulieren können. In unserem Fall kommt noch der erschwerende Umstand hinzu, dass die Bilder einige Zeit nach ihrem Erscheinen analysiert werden, dass die RezipientInnen sich demnach der Wirkung erinnern können müssten. Diese Schwierigkeiten werden umgangen, indem der Erfolg der beiden Vorhaben als Zeichen dafür gedeutet wird, dass die zur Meinungsbildung publizierten Bilder positiv wirkten. Ausnahmen lassen sich über die Verankerung der Bilder und allfällige in den Medien geführte Diskurse über die Bilder erfassen, denn es hat sich gezeigt, dass kontroverse Bilder oft als solche gekennzeichnet oder nach ihrem Erscheinen beispielsweise in LeserInnenbriefen diskutiert werden[54]. Und schliesslich führt die Untersuchung verschiedener Medien mit ihrem jeweiligen Zielpublikum dazu, dass die Bildpräferenzen verschiedener soziokultureller Gruppen (indirekt) erfasst werden können.

---

52 Im Rahmen des Seminars ‹Regionalisierungen durch Bilder› am Geographischen Institut der Universität Zürich, Wintersemester 2004/2005.

53 Zu den diesbezüglich vielversprechenden szenischen Interviews vergleiche Haubl (1992b) und Hartmann (1992). Eine Übersicht der Bildwirkungsforschung gibt Bonfadelli (1999a; 1999b).

54 So zum Beispiel der Leserbrief von Helmut Bammatter im WB vom 3.11.1999, S. 20, der sich über die ständige Wiederholung von Panoramabildern beklagt.

Ausstellung als Methode

Abb. 21: Impression aus der Wanderausstellung ‹Macht und Kraft der Bilder. Wie für Nachhaltigkeit argumentiert wird› vom 10. Januar im Lichthof der Universität Zürich-Irchel (Bild: Trinidad Moreno).

Eine Erfolg versprechende, jedoch nicht systematisch verfolgte Methode zur Erforschung der Bildwirkung stellt die im Projekt ‹Power of Images› konzipierte Ausstellung ‹Macht und Kraft der Bilder. Wie für Nachhaltigkeit argumentiert wird› dar. Im Rahmen der Ausstellung wurden die Forschungsresultate der Bildanalysen in ein Entscheidungsspiel umgesetzt, in welchem die Ausstellungsbesuchenden ausgehend vom Startwegweiser einen Weg durch den Bilderwald beschreiten konnten, wobei sie bei jedem Wegweiser zwischen zwei Bildoptionen zu wählen hatten (vgl. Abb. 21). Die 108 zur Auswahl stehenden Bilder entstammten dem untersuchten Bildkorpus und waren somit jene, die den jeweiligen Bevölkerungen tatsächlich zur Meinungsbildung vorlagen. Für die Ausstellung wurden sie aus dem ursprünglichen Kontext genommen und in einen neuen, durch die ‹Aufgabenstellung› gegebenen eingefügt. Die AusstellungsbesucherInnen hatten sich die Frage zu stellen, welches der jeweils zwei Bilder eher ihrer Vorstellung einer sich nachhaltig entwickelnden Region entspricht. Der von den Besuchenden gewählte Weg offenbarte ihre Präferenzen, die vereinfacht zwischen Naturlandschaft und kulturlandschaftlichem Lebensraum variieren konnten (vgl. unten ‹Kategorien der Raumaneignung›) und somit – wie sich noch zeigen wird – die Diskrepanz zwischen Innen- und Aussensicht, d.h. zwischen der Bevölkerung, die in den Berggebieten lebt, und jener ausseralpin wohnhaften, wiederspiegelten (vgl. ‹VIII Schlussbetrachtung›). Die Ausstellung stellt eine Möglichkeit dar, über die Wegwahl die Bildpräferenzen und damit die Werthaltungen der Handelnden zu erfassen.

Wenn die Ausstellung auch weniger als Forschungsmethode zum Zuge kam, so blieb ihr spielerisch umgesetzter ‹aufklärerischer› Charakter bestehen: Indem die unterschiedlichen Vorstellungen zu Wegwahlen führten, die sich physisch diametral auseinander bewegten, setzte die Ausstellung das Spannungsfeld von (Natur) Schützen versus Nutzen, Naturromantik versus alltäglichem Wirtschaften um. Ein Wechsel der ‹Brille›, die Übernahme einer fremden, zwar fiktiven, aber realistischen Perspektive regte die Besuchenden zur wichtigen Reflexion über andere Vorstellungen nachhaltiger Regionalentwicklung an[55]. Ein Austausch des ‹Standpunkts›, d.h. eine Betrachtung der Bilder hinsichtlich einer anderen Fragestellung (Wie soll meine Wohnregion aussehen? oder: Wo möchte ich Ferien machen? etc.), führte zu unterschiedlichen Bewertungen der Präsentation einer Region durch dieselbe Person. Die Besuchenden wurden

Methodik

durch die Ausstellung angeregt, sich mit der Wirkung, die visuelle Bilder in den diversen Medien- und Verkaufserzeugnissen auf sie ausüben, auseinanderzusetzen und so die eigenen Sehgewohnheiten zu hinterfragen.

4.3 Inhärente Bedeutung

Der Analyse der inhärenten Bildbedeutung erfolgt entweder mittels vertiefenden Einzelbildanalysen oder Bildinhaltsanalysen. Der Leitfaden für die Einzelbildanalysen ist im Anhang wiedergegeben. Auf die Inhaltsanalyse visueller Bilder wird ausführlich in den folgenden Kapiteln eingegangen.

5 Inhaltsanalyse visueller Bilder

Inhaltsanalysen bezwecken, deskriptive Aussagen über die Häufigkeit ausgewählter konstitutiver Elemente bestimmter Datenmengen zu erhalten (vgl. Bell 2001: 13). Sie bedürfen der genauen und nachvollziehbaren Eingrenzung des Datenmaterials, d.h. des Datensamples: Welche Medien sollen untersucht werden? Sollen Medien aus verschiedenen Zeitabschnitten (diachronisch) oder verschiedene Medien des gleichen Zeitabschnittes (synchronisch) verglichen werden? Wie viele Daten sind genug? Grundlage der Datenauswahl ist das Forschungsinteresse: Das Datensample muss die Beantwortung der Forschungsfragen ermöglichen und entsprechend dem Forschungsinteresse angepasst sein (Rose 2001: 56ff.). Falls die Forschungsressourcen es zulassen, sollten alle relevanten Daten in die Inhaltsanalyse einbezogen werden. Ist dies nicht möglich, helfen verschiedene Auswahlmethoden, das Datensampling auf ein bewältigbares Mass zu reduzieren (vgl. Rose 2001: 57f.). Wie in Kapitel ‹Forschungsfrage und Datenauswahl› ausgeführt, wurden in diese Untersuchung *alle* vorhabensbezogenen Artikel einbezogen, die im Vorfeld der Abstimmungen in den für die Meinungsbildung der betroffenen Bevölkerungen zentralen regionalen Medien erschienen. Ist das zu untersuchende Datenmaterial ausgewählt, gilt es mit der Bestimmung der Analysekategorien die Perspektive festzulegen, unter welcher die Daten betrachtet werden sollen.

Analysekategorien

Die Bestimmung der Kategorien ist der kritische, die Auswertung und die Ergebnisse bestimmende Schritt der Analyse (vgl. Rose 2001: 59f.; Bell 2001). Infolge der semiotischen Dichte visueller Bilder lässt sich das Produkt ‹Bild› auf die vielfältigsten Weisen analysieren. Von allen möglichen Bildelementen und formalen Bildcharakteristiken, die sich aus Bildern herauslesen lassen, gilt es die für die Beantwortung der Zielsetzung bzw. Fragestellung der Untersuchung notwendigen und ausreichenden zu finden (vgl. oben Kap. ‹Forschungsfrage und Datenauswahl›). Das anzuwendende Kategoriensystem leitet sich folglich *deduktiv* aus den Erkenntniszielen ab (vgl. Merten 1983: 95ff.), aber nicht nur: Die theoretisch in Betracht gezogenen Kategorien gilt es am tatsächlichen Datenmaterial *induktiv* zu überprüfen und über Rückkoppelungs-

---

[55] In der Ausstellung standen zehn verschiedene ‹Wanderführer› zur Auswahl, die die Ausstellungsbesuchenden durch den Bilderwald leiteten. Jeder Wanderführer gab den Weg einer Person wieder, wobei die zehn Personen den von Sinus (Heidelberg) entwickelten Lebenswelttypen angelehnt waren. Nach dem Motto ‹Viele Wege sind möglich!› bestand das Ziel darin zu zeigen, dass unweigerlich die unterschiedlichsten Vorstellungen und Sichtweisen bezüglich nachhaltiger Entwicklung aufeinander treffen, die es demokratisch auszuhandeln gilt.

schleifen flexibel den empirischen Gegebenheiten anzupassen (vgl. Mayring 2000: 474). Die Kategorienbildung folgt derart einem *abduktiven* Vorgehen, d.h. einem steten Hin und Her zwischen Theorie und Empirie (vgl. Kap. ‹Abduktives Verstehen› in Teil ‹II Wirklichkeiten›).

Um verlässliche und nachvollziehbare Analysen zu ermöglichen, müssen die Kategorien eindeutig definiert sein. Dies kann erfolgen über 1) exakte Definition der Kategorien, 2) erschöpfende Aufzählung aller möglicher Inhalte und 3) logische Abgrenzung gegen eine bereits bestehende Kategorie (Merten 1983: 95ff.). Eine abduktive Herleitung der Analysekategorien, bei der die Kategorienbildung erst abgeschlossen ist, wenn sämtliche zu analysierenden Bilder einbezogen wurden, führt jedoch dazu, dass eine Erweiterung des Datensamples zu Veränderungen in den Definitionen der Kategorien und der Aufzählung ihrer Inhalte führt, denn die Abduktion bedingt Offenheit gegenüber neuen Beobachtungen. Die genannten Anforderungen sind bezogen auf den Korpus der in die Analyse einbezogenen 531 Bilder erfüllt, das entwickelte System der Raumaneignungskategorien ist insofern als vollständig zu betrachten. Eine Erweiterung des Datensamples kann jedoch zu neuen Kategorien, Definitionen und Aufzählungen ihrer Inhalte führen.

Die Verlässlichkeit (*Reliabilität*) der Kategoriendefinitionen und somit der Kodierung, d.h. der Anwendung der Kategorien auf die Daten, lässt sich gewährleisten, indem einerseits ein Sample unabhängig durch verschiedene Kodierer analysiert wird, um anschliessend die Ergebnisse zu vergleichen (*Inter-Koder Reliabilität*), andererseits indem derselbe Kodierer verschiedene Samples oder ein ausgewähltes Sample nach einer gewissen Zeit erneut analysiert, was im Falle guter Übereinstimmung der einzelnen Ergebnisse als ‹Intra-Koder Reliabilität› bezeichnet wird (Bell 2001: 22). Präzise und unmissverständliche Umschreibungen der Kategorien sind unerlässlich, um ein hohes Mass an Reliabilität erreichen zu können, doch dürfte dies alleine selten ausreichen. In der Regel müssen die Kodierer in der Anwendung der Kategorien trainiert und an Testmaterial geprüft werden. Arbeitet ein Kodierer alleine, anerbietet es sich, eine Pilotstudie durchzuführen, indem beispielsweise 50 bis 100 Beispiele klassifiziert werden, die Klassifikation desselben Materials eine Woche später wiederholt wird und die Resultate verglichen werden. Die *Validität* der Analyse spiegelt die Reliabilität im Kodierungsprozess wider, insbesondere die Präzision und Klarheit der Kategoriendefinitionen und die Angemessenheit des theoretischen Konzept, aus welchem die Analysekategorien hergeleitet sind. «‹Validity› refers to the (apparently circular or tautological) concept of how well a system of analysis actually measures what it purports to measure» (Bell 2001: 26). In dieser Untersuchung wurden beide Methoden zur Sicherung der Verlässlichkeit angewandt: Intra-Koder Reliabilität auf die verschiedenen untersuchten Medien und auf gleiche Medien zu verschiedenen Zeitpunkten; Inter-Koder Reliabilität durch Analysearbeiten unterschiedlicher Personen, nämlich von Studierenden des Seminars «Regionalisierungen durch Bilder» (vgl. Fn. 52) und durch die Diplomarbeit von Florian Kuprecht (2004).

Kritik an der Methode der Inhaltsanalyse

Die Methode der Inhaltsanalyse steht unter Kritik, die kulturelle Komplexität visueller Botschaften, ihre kontextabhängige Sinn- und Bedeutungshaftigkeit, zu verfehlen und dadurch Fehlinterpretationen ihrer Wirkungen zu produzieren (vgl. Bell 2001: 26). Als

Methodik

deskriptive Methode aufgefasst, der Bell gar Objektivität zuschreibt (2001: 13), halten sich Inhaltsanalysen an das Offensichtliche, das direkt Sichtbare und verbleiben deshalb an der Oberfläche, womit sie notwendig die in die Tiefe gehende Sinnebene verfehlen. Bedeutungen, vor allem verborgene wie Anspielungen, Metaphern und symbolische Aussagen, lassen sich inhaltsanalytisch nicht erfassen, weshalb keine Aussagen zu den Wirkungsweisen der untersuchten Texte, zu den Interpretationen der Rezipienten gefolgert werden können. «Content analysis, by itself, does not demonstrate how viewers understand or value what they see or hear» (Bell 2001: 26).

Die durch die Inhaltsanalysen bezweckte Ermittlung der Häufigkeiten bestimmter Bildelemente führe zu einer Fixierung auf Zahlen, die zum Fehlschluss verleite, die zahlreicheren Elemente für die wichtigeren zu halten, was nicht zwingend der Fall zu sein brauche (Rose 2001: 66) – der Text von Brian Winston (1990) «On Counting the Wrong Things» ist diesbezüglich eine der treffenden Kritiken. Zu bedenken sind ferner die Auswirkungen des Abstraktionsprozesses, der im Zuge der Kodierung notwendig durchzuführen ist: Neben der grundsätzlichen Schwierigkeit, die Kategorien so zu bestimmen, dass möglichst alles Wichtige erfasst werden kann (siehe oben), nehmen Inhaltsanalysen selten gebührend Rücksicht auf die Deutlichkeit, mit welcher Bildelemente auf einem Bild erscheinen, sodass Randerscheinungen der gleiche Stellenwert wie dominanten Bildelementen zugewiesen wird. Die Auflösungen von Bildern in ihre Elemente führt schliesslich – als letzten Kritikpunkt – dazu, dass der Gesamtausdruck eines Bildes verloren geht: «It is very hard to evoke the mood of an image through codes» (Rose 2001: 67).

Die genannten Kritikpunkte tangieren die Fruchtbarkeit inhaltsanalytischen Vorgehens stark und es gilt folglich Stellung zu beziehen. Dem Vorwurf, Inhaltsanalysen seien zwingend kontextentfremdet, wird in dieser Untersuchung auf mehreren Ebenen begegnet. Zunächst sichern die Auswahlkriterien der Daten, wonach dem Forschungsinteresse folgend nur Bilder aus Publikation gleicher Felder (vorrangig des politisch-informativen Feldes) zusammengezogen werden, dass keine Äpfel mit Birnen vermischt werden. Vergleiche von Präsentationsweisen aus beispielsweise dem touristischen Kontext mit solchen aus dem journalistischen erfolgen erst nach der Analyse der Bilder der jeweiligen Publikationen, sodass die Besonderheiten der Produktionsbedingungen berücksichtigt werden können. Zudem können über die Berücksichtigung der Bildfunktionen (vgl. oben Kap. ‹Intendierte Bedeutung›) Fehlinterpretationen vermieden werden, lässt sich doch die Verwendungsweise von Bildern innerhalb der gleichen Publikation detailliert differenzieren. Ferner – und entscheidend – erlaubt der Einbezug der über das visuelle Bild i.e.S. hinausgehenden verbalen Verankerungen, die kontextspezifischen Bedeutungssetzungen und Wertungen – den soziohistorischen Kontext – zu erfahren und in die abduktive Entwicklung der Bildanalysekategorien einzubinden (unten in Kap. ‹Kategorien der Raumaneignung› wird ausführlich auf die abduktive Kategorienbildung zurückzukommen sein). Die Raumaneignungskategorien sind folglich nicht rein deskriptiv, sondern ebenso normativ, insgesamt also abduktiv: Die mittels der Raumaneignungskategorien durchgeführte Analyse erfasst die kontextrelevanten Bedeutungs- und Sinngehalte der Bildbotschaften – freilich auf einer stark generalisierten Ebene, wie dies hinsichtlich der Verallgemeinerbarkeit und Vergleichbarkeit der Resultate auch erwünscht ist.

Dem Vorwurf, Inhaltsanalysen können keine Aussagen zu den Wirkungsweisen von Bildern machen, ist dem hier vertretenen dreiseitigen Bildanalyseprozess entsprechend beizupflichten. Die aus den Bildinhaltsanalysen gewonnenen Bedeutungen sind *nicht* die tatsächlich rezipierten bzw. tatsächlich beabsichtigten Bedeutungen. Erforschung der intendierten und der rezipierten Bedeutungen müssen die Analyse der inhärenten Bildbedeutung – unter den in den Kapiteln ‹Intendierte Bedeutung› und ‹Rezipierte Bedeutung› genannten Einschränkungen – vervollständigen.

Die Gefahr, dass die Kategorien die bildinhärente Vielfalt zu verlustreich abstrahieren, wird dadurch abgeschwächt, dass die Kategorien in vorrangig und nebensächlich differenziert werden, um dominante von hintergründigen Bildelementen getrennt beurteilt zu können (vgl. unten Kap. ‹Anleitung zur Kategorisierung›).

Unterschiede innerhalb gleich kategorisierter Bilder lassen sich nachträglich offenlegen, indem auf die Kategorien der nächst konkreteren Hierarchiestufe zurückgegriffen wird (vgl. Abb. 22: Von links nach rechts nimmt die Konkretheit der Kategorien zu). Die Raumaneignungskategorien lassen sich derart beliebig differenzieren, beispielsweise hinsichtlich des Geschlechteranteils bei Identifikationsfiguren. Und schliesslich soll auch keine Zahlenfixierung betrieben werden: Natürlich ist die Häufigkeit der Kategorien für die Interpretation wichtig, dies soll aber nicht davon abhalten zu beachten, was nicht, was nur wenig, immerhin ein bisschen etc. gezeigt wird. Gerade im Hinblick auf die Art und Weise, wie nachhaltige Entwicklung visualisiert wird, kann auch ein bloss marginales Vorkommen bestimmter Kategorien (*Problemraum, Kooperationsraum, Politraum*) sehr bedeutsam sein.

Dennoch: Trotz der Erweiterung der Inhaltsanalysen in den ‹bedeutungsvollen› Bereich ist der Vorteil der Inhaltsanalyse, einen quantifizierten Überblick über Bildelemente und -eigenschaften und dadurch die Bewältigung grosser Datenmengen zu ermöglichen, auf Kosten der Tiefe der Analyse erkauft. Einblicke in die Tiefe visueller Bilder sind nur mittels qualitativer Einzelbildanalysen möglich, weshalb diese naheliegenderweise die Inhaltsanalysen ergänzen (Bell 2001: 27; Rose 2001: 66) – was in dieser Arbeit auch anhand zentraler Bilder getan wird.

6 Inhaltliche Bildanalysekategorien

Aus allen inhaltlichen Kategorien, wie sie in Abb. 22 auszugsweise aufgelistet sind, soll im Folgenden nur auf die Kategorien der Raumaneignung, die Kategorien höchster Abstraktion und damit des grössten Klärungsbedarfs, eingegangen werden.

6.1 Kategorien der Raumaneignung

Die Entwicklung der Raumaneignungskategorien folgt einem abduktiven Wechselspiel von theoretischen Überlegungen und empirischer Anwendung der Kategorien auf das vorliegende Bildmaterial (Scheff 1990; Kap. ‹Abduktives Verstehen› in ‹II Wirklichkeiten›). Auf der deduktiven Seite wird von theoretisch bekannten Formen der Raumaneignung und ihrer Ordnung in gängigen Theorien ausgegangen. Wichtige diesbezügliche Anhaltspunkte liefert das Konzept der Daseinsgrundfunktionen der Münchner Sozialgeografie, ohne hier auf die Schwächen dieses Ansatzes eingehen zu können (vgl. Werlen 1988: 230ff.). Als Grunddaseinsfunktionen gelten: In-Gemeinschaften-le-

Methodik

ben, Wohnen, Arbeiten, Sich-Versorgen, Sich-Bilden und Sich-Erholen, während Verkehr und Kommunikation Bedingungen zur Ermöglichung der Grunddaseinsfunktionen sind. Weil sich diese Tätigkeiten im ‹Raum› ausdrücken, d.h. zu visuell sichtbaren Raumaneignungen werden können, konnten sie in das Kategorienset integriert werden. Weitere Überlegungen wurden den Arbeiten von Borghardt et al. (2002), Bozonnet (1992), Brechbühl & Rey (1998), Buwal (2002; 2003), Gamper et al. (1997), Ipsen (1997), Reutlinger (2003), Rodewald et al. (2003), Stegmann (1997) entnommen, die sich jedoch nicht explizit auf visuelle Bilder beziehen und somit nicht unverändert übernommen werden konnten.

Im Hinblick auf das Ziel, die Visualisierung nachhaltiger Entwicklung erfassen zu können, liegt eine Anlehnung der Raumaneignungskategorien an die Multidimensionalität der Nachhaltigkeit, insbesondere an die Dreifaltigkeit von Wirtschaft, Gesellschaft und Ökologie nahe (vgl. den Teil ‹IV Nachhaltige Entwicklung›). Die direkte Umsetzung von Nachhaltigkeits-Indikatoren (z.B. MONET des BFS et al. 2003) erwies sich allerdings als nicht durchführbar, da entweder das Kategorienset zu gross geworden wäre, oder konsistente Zusammenfassungen der Indikatoren nur schwer zu leisten waren (MONET umfasst beispielsweise ein System von 163 Indikatoren!). Besonderes Gewicht wird dem prozeduralen Verständnis der nachhaltigen Entwicklung mit zwei Kategorien eingeräumt, welche *Partizipation* und *Kooperation* festhalten können (siehe unten Kap. ‹Erläuterung der einzelnen Kategorien›). Der ebenfalls wichtige Aspekt des Problembewusstseins wird mittels der Kategorie *Problemraum* erfasst. Und schliesslich gilt es dem Kontext der Biosphärenreservate bzw. der Weltnaturerbe gerecht zu werden, weshalb auf die beiden Vorhaben inhärente Zielsetzung, *Räume der Forschung* zu sein, geachtet wird. Weitere Begründungen für die getroffene Wahl der Kategorien lassen sich unten den Definitionen entnehmen.

Die Kategorienliste wird adäquat auf das Bildmaterial anwendbar, wenn der Prozess der Abduktion von der deduktiven Seite auf die induktive übergeht und (im Idealfall) sämtliche Bilder empirisch einbezieht und testweise kategorisiert (vgl. Rose 2001: 62). Der induktive Weg setzt bei der Bildbeschreibung, d.h. der detailreichen Paraphrasierung der Bildelemente an, um von Ebene zu Ebene (in der Graphik von rechts nach links) stärker zu abstrahieren. Die blosse Deskription führt zu sinnentleerten Kategorien, die nichts über Bedeutung und Wertung der entsprechenden Elemente aussagen können. Um dies zu illustrieren, sei auf ein Extrembeispiel aus Kuprechts Untersuchung hingewiesen (Kuprecht 2004): Neben vielen weiteren Kategorien analysierte er die Bilder hinsichtlich ihrer Farbe. Dabei stellte er im Total der Bilder aus Tourismusprospekten beider von ihm untersuchten Destinationen einen relativ hohen Grauanteil fest. Wer nun vermutet, die Broschüren zeigten ihre (Beton-) Infrastrukturen, liegt falsch. Die graue Farbe stammt hauptsächlich von Naturaufnahmen, von Fels-, Kies- und Gletscherbildern, die vom Zielpublikum natürlich völlig anders bewertet werden als das Siedlungsgrau. Die sinnadäquate Kategorisierung der Bilder ist folglich erst auf der höheren Hierarchiestufe, in dieser Untersuchung letztlich auf der Stufe der Raumaneignungskategorien möglich, wobei, um Nuancierungen feststellen zu können, auf die tieferen Ebenen zurückgegriffen werden muss. Bei der Auswertung der Bildanalysen lassen sich die Kategorien der verschiedenen Ebenen kombinieren, um so Bilder gleicher Raumaneignungskategorien auf ihre genauen Bestandteile hin zu befragen (z.B.: Wie gross ist der Anteil Hochgebirge vor wolkenlosem Himmel an den Naturraum-Bildern einer bestimmten Publikation? etc.).

Abb. 22: Vereinfachte Darstellung der abduktiven Kategorienbildung, die sich zwischen den normativtheoretischen Überlegungen und den deskriptiven Beobachtungen hin und her bewegt. Die Auslassungspunkte verweisen auf die schier endlosen Möglichkeiten, die Kategorien weiter auszudifferenzieren (Graphik: U. M.).

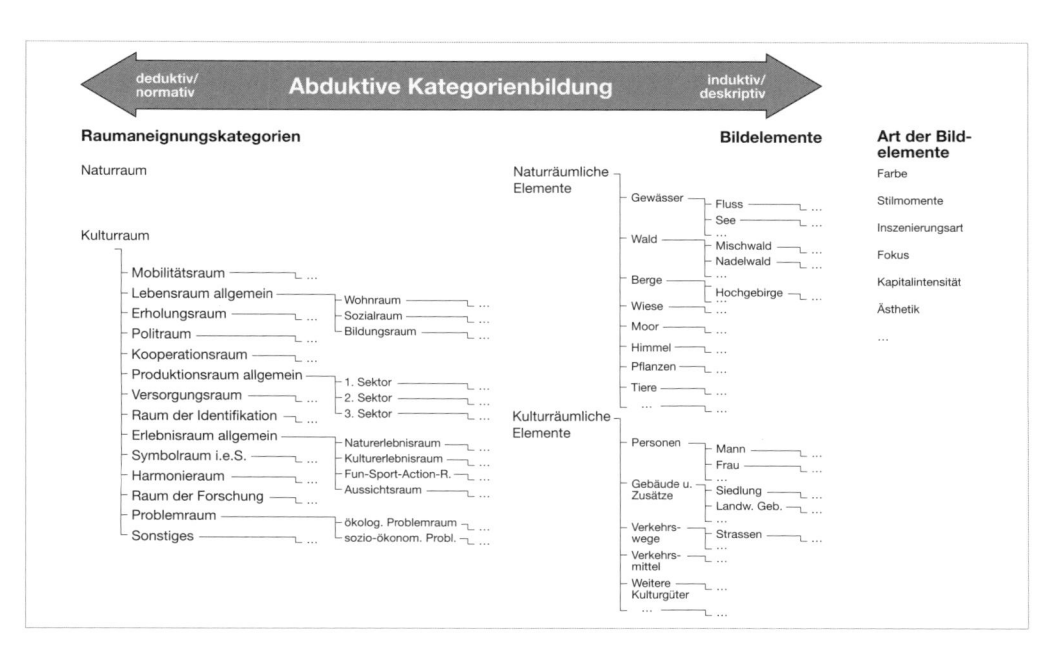

Wichtig für das abduktive Vorgehen der Kategorienbildung ist es zuzulassen, dass Kategorien die Ebene bzw. die Hierarchiestufe wechseln können. Eine Raumaneignungs-*unter*kategorie kann sich derart im Verlauf des Prozesses zu einer Hauptkategorie entwickeln und umgekehrt, neues Bildmaterial kann dazu führen, dass Kategorien, die bislang unter *Sonstigem* geführt wurden, grösseren Stellenwert erhalten und zu eigenen Kategorien werden. Beim finalen Kategorisierungsdurchlauf aller Bilder, der die Analyseergebnisse hervorbringt, dürfen die Kategorien und ihre Definitionen freilich nicht mehr verändert werden.

Das Ergebnis des abduktiven Vorgehens ist letztlich ein Set abstrakter Raumaneignungskategorien, das in seinen groben Zügen prinzipiell für die Analyse von Bildern *irgendeiner* Region anwendbar sein sollte. Dennoch bleibt die Kategorie *Sonstiges* für unerwartet auftretende oder marginal vorkommende Raumaneignungsformen beibehalten. Die im Folgenden aufgeführten idealtypischen Visualisierungen der einzelnen Raumaneignungskategorien und zu einem gewissen Grad auch ihre Beschreibungen variieren freilich von Region zu Region. Je detaillierter einzelne Bildelemente beschrieben werden, desto stärker kommt die Konkretheit der Fotografien zur Geltung. So werden Bilder der Kategorie Naturraum andere idealtypische Naturausschnitte zeigen, je nachdem ob die Region zentralalpinen, voralpinen oder mittelländischen Charakters ist. Auch wird ein sozialer oder ökonomischer Problemraum ein ganz anderes Aussehen in Entwicklungsländern haben, verglichen mit beispielsweise dem Entlebuch. Während die detaillierte Beschreibung der einzelnen Kategorien (rechts in Abb. 22) in unterschiedlichen räumlichen Kontexten stark variieren wird, darf davon ausgegangen werden, dass die abstrahierten Raumaneignungskategorien (links in der Graphik) gültig und im Grossen und Ganzen auch ausreichend bleiben. Das Analyseinstrument darf so gesehen eine gewisse ‹universelle› Verwendbarkeit beanspruchen, seine Definitionen müssen aber jeweils anhand der regionalen Umstände geeicht werden. Um Gewissheit über die Tauglichkeit der Kategorien in anderen Kontexten zu haben, fehlen aber die nötigen Vergleichsarbeiten.

Methodik

6.2 Anleitung zur Kategorisierung

Es werden nun die Raumaneignungskategorien vorgestellt und definiert (vgl. Abb. 23). Dazu werden die zentralen Bildinhalte und logischen Abgrenzungen erwähnt, welche darüber entscheiden, ob ein Bild der entsprechenden Kategorie zufällt oder nicht. Zudem wird jeder Kategorie ein idealtypisches Bild aus dem Bildkorpus zur Illustration an die Seite gestellt. Insofern die Kodierung der Bilder über mehrere Durchgänge erfolgt, kann die Aufzählung der möglichen Inhalte für das hier zu untersuchende Bildsample als annähern erschöpfend betrachtet werden.

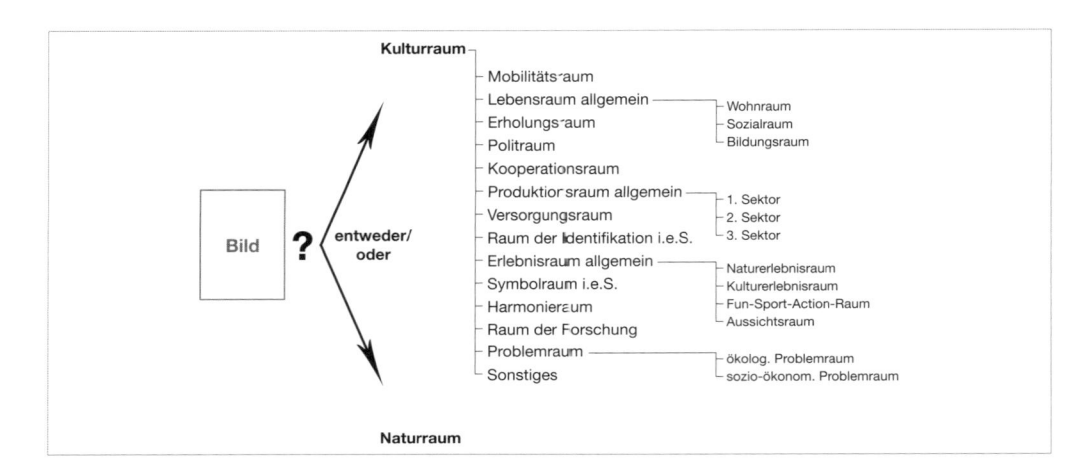

Abb. 23: Übersicht der Raumaneignungskategorien (Graphik: U. M.).

Vorrangig oder nebensächlich?

Bei der Anwendung der Kategorien wird unterschieden, ob die Kategorien *vorrangig* oder *nebensächlich* auf die Bilder zutreffen. Während vorrangig sichtbare Raumaneignungsformen das Bild bzw. den Bildmittelpunkt dominieren, betreffen die nebensächlich sichtbaren in der Regel den Bildhintergrund oder Bildrand. Diese Differenzierung erlaubt, die Bilder detaillierter analysieren zu können, vor allem aber ermöglicht die Berücksichtigung der nebensächlichen Raumaneignungsformen zu unterscheiden, vor welchem Hintergrund (in welcher Kulisse) die Hauptnutzungen stattfinden, was im Speziellen erlaubt, den Anteil kultureller Aneignungsformen in oder vor naturräumlicher Kulisse zu erfassen.

Abb. 24: Rechts: Erholungsraum *und* Aussichtsraum *mit* Naturraum nebensächlich. *Links:* Naturraum vorrangig.

Natur- oder Kulturraum

Die erste Unterscheidung (vgl. Abb. 23) ist jene zwischen *Naturraum* und *Kulturraum*: Sämtliche Bilder fallen *entweder* unter die Kategorie *Naturraum vorrangig* oder *Kulturraum vorrangig*. Das vorrangige Vorhandensein beider Kategorien im gleichen Bild respektive ein Bild, das keiner der beiden Kategorien zuteilbar ist, ist gemäss den Definitionen von *Naturraum* und *Kulturraum* (siehe unten) nicht möglich. Das Kriterium der wechselseitigen Ausschliesslichkeit der Kategorien ist also für diesen Fall gegeben. Ein Bild der Kategorie *Kulturraum vorrangig* kann aber gleichzeitig *Naturraum nebensächlich* sein, beispielsweise wenn sich die kulturelle Tätigkeit oder das kulturelle Artefakt in einer Naturszenerie abspielt oder befindet. (Abb. 24 zeigt links ein Bild, das gleichzeitig der Kategorie *Kulturraum vorrangig* (mit den Unterkategorien *Erholungsraum* und *Aussichtsraum*) und *Naturraum nebensächlich* zufällt. Das rechte Bild ist ein ‹reiner› *Naturraum*.)

Für die Feinaufschlüsselung der Kategorie *Kulturraum* in die weiteren Aneignungsformen muss das Kriterium der wechselseitigen Ausschliesslichkeit fallen gelassen werden, damit der Bildreichtum bei möglichst geringem Informationsverlust erfasst werden kann. So können im Prinzip sämtliche verwendbaren Unterkategorien gleichzeitig auf ein Bild zutreffen, wobei die Mehrfachzuteilungen in der Auswertung berücksichtigt werden, indem die Bildfläche durch die Anzahl Nennungen dividiert wird (vgl. Kap. ‹Auswertung›).

6.3   Erläuterung der einzelnen Kategorien

Hauptkategorien

Naturraum

Bilder der Kategorie *Naturraum* weisen keine Bildelemente auf, die (deutlich) auf eine kulturelle Nutzung des Raumes verweisen. In diesem Sinne ist Naturraum negativ durch die Abwesenheit von kulturellen Artefakten und Handlungsweisen definiert, positiv als ‹Wildnis› (sich selbst überlassene Natur). Bilder dieser Art suggerieren den Handelnden Passivität: Der Raum ‹gehört› der Natur; er ist über die Betrachtung hinaus von den Menschen nicht weiter anzueignen. Auf den Bildern sind folglich keine Menschen sichtbar, die sich in der Natur befinden, und auch keine Wege, auf denen die Handelnden die Natur beispielsweise erleben könnten (dies wäre ein *Naturerlebnisraum*).

Der konstruktivistischen Perspektive folgend stellen auch *Naturräume* ein kulturelles Konstrukt dar, womit eine Dichotomie zwischen Kultur und Natur nicht vertretbar ist (vgl. z. B. Castree 2001). Auch Natur ist Kultur, insofern es einer (kulturellen) Handlung entspringt, die Natur sich selbst zu überlassen. Ziel des klassischen Naturschutzes ist es gerade, solche kulturfreien Wildnisgebiete zu errichten: «Im Idealfall würde sich der Mensch ganz aus der Natur zurückziehen und [z.B.] den Wald ganz sich selbst überlassen. Symbol für diese Vorstellung der Naturschutzaktivisten sind die Nationalparke, in denen jeglicher Eingriff des Menschen ein Tabu darstellt» (Schriewer 1999: 102). Wenn auch die Natur-Kultur-Dichotomie theoretisch nicht mehr haltbar ist, so ist sie aber nach wie vor eine *soziale Tatsache* und damit handlungsrelevant[56]: Auf der Seite des Naturschutzes ist die Natur idealisiert, während auf der Seite der Naturschutzbetroffenen, Naturschutz mit Kulturverlust (oder -verbot) identifiziert und des-

---

56 Gleiches gilt beispielsweise für den Begriff «Rasse», der weitgehend aus dem intellektuellen Diskurs verbannt worden ist, weil die Kategorisierung von Menschen aufgrund ihrer ‹Rassemerkmale› sich als nicht aussagekräftig erwiesen hat. Ungerührt von diesen Erkenntnissen ist der Begriff aber immer noch in weiten Bevölkerungsteilen eine handlungsleitende ‹Tatsache›, die soziologische Forschung berücksichtigen muss.

Methodik

halb oft abgelehnt wird. Gerade im Verlauf des Projektes UBE wurden von den Bauern aufgrund der Erfahrungen mit dem Moorschutz weitere Eingeständnisse zugunsten der Natur, d.h. auf Kosten kultureller Nutzungen, befürchtet: «Eine Zeit lang kämpften wir noch mit dem Image des Schutzgebietes, eines Raums, der von grossen Teilen menschlicher Aktivität entleert werden soll und sein reiches kulturelles Erbe der Natur zu opfern hat» (Schnider 2005: 3). Die Unterscheidung in die Kategorien *Kulturraum* oder *Naturraum* ist folglich als Entsprechung zu den alltäglichen Sinnkonstruktionen zu verstehen, um die Bilder auf die angesprochene Problematik hin befragen zu können.

Weiter ist es wichtig zu sehen, dass die *Naturräume* sehr wohl für eine Nutzung gedacht sein oder verwendet werden können. Entscheidend ist aber, dass dieses Potenzial auf den betreffenden Bildern nicht ersichtlich ist, dass also die Repräsentationen der Region diese Aneignungsweisen gerade nicht zeigen und so die Region als ‹Wildnis› darstellen.

Dem *Naturraum* steht der *Kulturraum* (und seine Unterkategorien) gegenüber. Bilder, auf denen Elemente menschlicher Aneignung (kulturelle Artefakte, «die Amalgame von Geist und Materie» (Zierhofer 2002: 248) oder Tätigkeiten von Menschen) deutlich sichtbar sind, werden als *Kulturraum* kategorisiert. Sind auf einem Bild Menschen sichtbar, gibt die Tätigkeit, die sie ausüben, den Ausschlag für die weiterführende (Unter-) Kategorisierung. Bei Bildern ‹menschlicher Spuren› oder ‹kultureller Artefakte› geschieht die Zuteilung gemäss den Tätigkeiten, die durch das Dargestellte impliziert werden. *Kulturraum*-Bilder, auf denen Landschaft oder Landschaftsausschnitte zu sehen sind, zeigen oder suggerieren die Nutzbarkeit dieser und fördern sie damit auch, indem Bedeutungssetzungen (re-) produziert werden (vgl. Kap. ‹Bedeutende Räume› in ‹II Wirklichkeiten›).

Kulturraum

Die folgenden Unterkategorien des *Kulturraums* können also *vorrangig* nie gemeinsam mit *Naturraum vorrangig* vorkommen.

Feinkategorisierung des Kulturraums

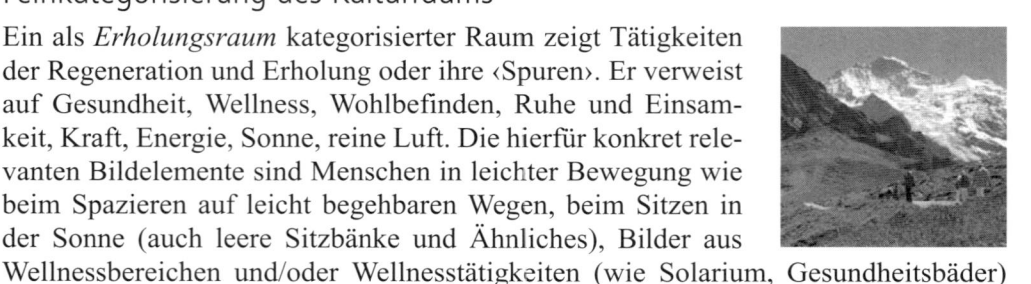

Ein als *Erholungsraum* kategorisierter Raum zeigt Tätigkeiten der Regeneration und Erholung oder ihre ‹Spuren›. Er verweist auf Gesundheit, Wellness, Wohlbefinden, Ruhe und Einsamkeit, Kraft, Energie, Sonne, reine Luft. Die hierfür konkret relevanten Bildelemente sind Menschen in leichter Bewegung wie beim Spazieren auf leicht begehbaren Wegen, beim Sitzen in der Sonne (auch leere Sitzbänke und Ähnliches), Bilder aus Wellnessbereichen und/oder Wellnesstätigkeiten (wie Solarium, Gesundheitsbäder) etc.

Erholungs-
raum

Die Kategorie *Erlebnisraum* bezieht sich auf Erlebnisse in einem engeren Sinne, denn sämtliche Arten der Raumaneignung können ein persönliches Erlebnis im Sinne einer eindrücklichen Erfahrung darstellen: Gemeint sind Erlebnisse der folgenden vier Unterkategorien.

Erlebnisraum
(allg.)

Die Kraft der Bilder in der nachhaltigen Entwicklung

Fun-Sport-Action-Raum

Unter die Kategorie *Fun-Sport-Action-Raum* fallen Tätigkeiten und/oder Artefakte, die sich durch einen relativ hohen körperlichen (und oft auch Material-) Aufwand auszeichnen – und sich so von z.B. leichtem Spazieren (= *Erholungsraum*) abgrenzen. Die sportliche Aktivität lässt einen ‹Selbstzweck› erkennen und steht so in Kontrast beispielsweise zu einem *Naturerlebnis*, bei dem allfällige Aktivitäten dem Erleben der Natur dienen, oder der *Mobilität*, bei der beispielsweise Fahrradfahren der Bewegung hin zu einem Zielort dient, also ein Mittel zum Zweck ist. Zur Kategorie *Fun-Sport-Action-Raum* gehören u.a.: Skifahren, sportliches Wandern wie Walking, Jogging, Klettern, Reiten, Golf, Schwimmen, Segeln, Fliegen, Deltasegeln etc.

Naturerlebnisraum

Der *Naturerlebnisraum* unterscheidet sich vom *Naturraum* durch die Sichtbarkeit des erlebenden Handelnden bzw. seiner Spuren. *Naturraum* wird dann zum *Naturerlebnisraum*, wenn das Bild auf die Raumaneignung ‹Erleben der Natur› schliessen lässt. Der *Naturerlebnisraum* fasst Raumaneignungsformen wie Faszination für Natur, Naturerfahrung oder -entdeckung, Wandern in der Natur, Wandern, um bei der Natur zu sein, Beobachten der Natur und Ähnliches. Relevante Bildelemente können insbesondere auch Naturinformationstafeln sein.

Kulturerlebnisraum

Ist im *Naturerlebnisraum* die Aktivität auf Natur gerichtet, so zielt sie im *Kulturerlebnisraum* entsprechend auf das Erleben von Kultur. Da wiederum alle kulturellen Leistungen potenziell ein Erlebnis darstellen können, wird hier nur berücksichtigt, was ersichtlich als kulturelles Erlebnis inszeniert ist. Für Theater, Kino, Museen, Musikaufführungen, Ausstellungen, Vorträge, Brauchtum in Aktion etc. ist die Zuteilung unproblematisch. Schwieriger ist es zu beurteilen, wann Gebäude (beispielsweise auch moderne Architektur) dieser Kategorie zugeordnet werden sollen. Fehlen auf dem Bild zusätzliche Zeichen wie Informationstafeln, die den Erlebniswert markieren, erfolgt diesbezüglich die Entscheidung in der Regel über die Berücksichtigung des beigefügten Bildtextes und seiner Empfehlungen zum Umgang mit dem Gezeigten.

Aussichtsraum

Der *Aussichtsraum* umfasst Panoramen, weite Sicht (v.a. von der Höhe) etc. Es müssen aber entweder Handelnde sichtbar sein, die die Aussicht ‹geniessen›, oder das Bild zeigt eine für die Handelnden zugängliche Aussichtsterrasse oder einen ähnlichen Aussichtspunkt. Ist nicht ersichtlich, dass sich die Aussicht auch aneignen lässt, wird die Kategorie *Aussichtsraum* nicht zugeordnet.

Lebensraum (allg.)

Der *Lebensraum (allg.)* bezieht sich nur auf den Lebensraum des Menschen und besteht aus den folgenden drei Unterkategorien *Wohnraum, Sozialraum im engeren Sinne* und *Bildungsraum*.

Wohnraum

Der *Wohnraum* zeigt zum Wohnen geeignete Unterkünfte (Häuser und Wohnungen). Bilder ganzer Siedlungen fallen ebenfalls unter diese Kategorie, sofern sichtbar ist, dass die Siedlungen auch bewohnt sind (vgl. *Harmonieraum*, wo dies nicht der Fall ist). Als Hotels identifizierbare Gebäude fallen zusätzlich unter die Kategorie *Produktionsraum/3.Sektor*. Das nebenstehende

Methodik

Bild ist ein Beispiel sowohl für einen *Wohn-* als auch für einen *Sozialraum im engeren Sinne*.

Der *Sozialraum im engeren Sinne* umfasst im Prinzip alle sozialen Begegnungen im Raum, die nicht Folge oder Bedingung einer der anderen Raumaneignungen sind (dies wäre ein Sozialraum im weiteren Sinne). Namentlich gehören hierzu kommunikative Interaktion zweier oder mehrerer Personen, Feste, sozialer Spass. Auch Familienaktivitäten und ihre Spuren (z.B. Kinderspielplätze) gehören in diese Kategorie.

Sozialraum im engeren Sinne

Für den *Bildungsraum* stehen Schulen, Schulklassen, Kindergärten und Ähnliches. Die Bildung kann sich dabei sowohl an Jugendliche wie auch an Erwachsene richten. Überschneidungen mit *Kultur-* (z.B. Vorträge) oder *Naturerlebnisraum* (Bildung in und mit der Natur) können deshalb vorkommen.

Bildungsraum

Der *Versorgungsraum* ist gekennzeichnet durch Einkaufsmöglichkeiten. Bei Produkten (Nahrungsmitteln etc.) sollte sichtbar sein, dass sie erworben werden können. Auch Verpflegungsmöglichkeiten wie Restaurants oder Cafés werden hierzu gezählt. Vom *Produktionsraum (allg.)* unterscheidet sich der *Versorgungsraum* dadurch, dass der Vorgang der Produktion bei Letzterem nicht sichtbar ist. Abgebildet sind erwerbbare Produkte oder Zeichen, die auf die Möglichkeit zur Versorgung hinweisen (Läden, Preisschilder etc.).

Versorgungsraum

Bei Bildern des *Produktionsraums (allg.)* sind im Idealfall die Tätigkeiten der Produktion sichtbar, mindestens aber deutliche Spuren, welche auf sie verweisen. Untergliedert wird diese Kategorie in die drei Sektoren der Produktion:

Produktionsraum (allg.)

Land-/Forstwirtschaft inklusive Alpwirtschaft. (Regionale) Produkte gehören hierzu, sofern die Produktion sichtbar ist.

1. Sektor

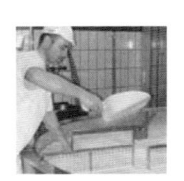

Gewerbe und Industrie. Beispielsweise auch die Energiegewinnung durch Wasserkraft.

2. Sektor

Tourismus und Dienstleistungen, sofern direkt und deutlich sichtbar, also beispielsweise Hotelbetriebe, Touristeninformationen, oder Banken, Bahnschalter etc. Um die *potenzielle* touristische Aneignung des Raumes zu erfassen, sind die Kategorien *Erlebnisraum* und *Erholungsraum* zur Kategorie *3. Sektor* hinzuzuzählen, da sie touristische Aktivitäten aus Sicht der KonsumentInnen darstellen und in dieser Weise in Wert gesetzt werden können.

3. Sektor

Die Kraft der Bilder in der nachhaltigen Entwicklung

Raum der Forschung

Der *Raum der Forschung* bezieht sich auf wissenschaftliche Tätigkeiten und ihre Spuren. Aber auch hier gilt wieder, dass nicht alles, was potenziell für die Wissenschaft von Interesse ist, unter diese Kategorie fällt, sondern nur explizite Zeichen von wissenschaftlicher Tätigkeit. Im Falle naturwissenschaftlicher Forschung erfolgt die Abgrenzung vom *Bildungs-* oder *Naturerlebnisraum* durch die Intensität des Umgangs mit der Natur (beispielsweise der Art der gebrauchten Instrumente) und mittels des erläuternden Textes. Diese Kategorie trägt den definierten Funktionen der beiden Vorhaben Rechnung, wonach sie unter anderem Orte der Forschung darstellen.

Mobilitätsraum

Der *Mobilitätsraum* fasst die Aneignung des Raumes zum Zwecke seiner Überwindung. Die relevanten Bildelemente sind Zeichen der Verkehrsinfrastruktur und/oder Verkehrsmittel (Strassen, Wege, Schienen, Kraftfahrzeuge, Bahn, etc.).

Politraum

Der *Politraum* verweist auf die politischen Tätigkeiten und Möglichkeiten der BewohnerInnen (Partizipation bzw. Selbst- oder Mitbestimmung). Die relevanten Bildelemente sind beispielsweise Bilder von Volksversammlungen, politischen Informationsveranstaltungen, Wahlgängen bzw. Abstimmungslokale, Politsymbole wie Abstimmungsurnen, Wahlwerbung, politisch motivierte Demonstrationen, durch den Bildtext als PolitikerInnen (VolksvertreterInnen) benannte Personen. Im Rahmen eines prozeduralen Verständnis nachhaltiger Entwicklung ist insbesondere die Partizipation der Bevölkerung bzw. die Bereitstellung von Gestaltungsmöglichkeiten zentral. Die Kommunikation nachhaltiger Entwicklung muss über inhaltliche Aspekte hinaus gerade diesen wichtigen formalen Bestandteil betonen (vgl. Bittencourt et al. 2003: 43). Bildelemente hierzu sind ‹Runde Tische›, Zukunftswerkstätte, Mediationsverfahren, Bürgerforen etc.

Kooperationsraum

Mit der Kategorie *Kooperationsraum* wird versucht, die für eine nachhaltige Entwicklung zentrale Zusammenarbeit und Vernetzung, das Überschreiten lokaler, regionaler, sektoraler etc. Grenzen zu erfassen. Deutliche Zeichen hierfür sind Händeschütteln als Hinweis für Zusammenarbeit, Bilder von Vertragsunterzeichnungen oder grafische Darstellungen von Netzwerken. Es kann sich aber auch um ein Diskutieren handeln, welches nicht dem *Sozialraum im engeren Sinn* oder dem *Politraum* zugehörig ist. Der Bildtext gibt in der Regel Aufschluss darüber, wie das Bild zu verstehen ist.

Offensichtlich (und in unserem Fall problematisch) wird die Abhängigkeit der Bildbedeutung von der bildtextlichen Verankerung bei Bildern, die nicht Kooperationen zeigen, sondern andere Repräsentationen einer Region, mit welcher die Fallbeispielregionen Kooperationen eingegangen sind oder eingehen wollen. Werden beispielsweise die naturräumlichen Juwelen der Partnerregion unter dem textlich explizierten Aspekt der Kooperation gezeigt, müssten die Bilder sowohl als *Natur-* als auch als *Kooperationsraum* kategorisiert werden, da das Bild zwar die Raumaneignung *Naturraum* zeigt,

123

Methodik

aber jene des *Kooperationsraums* meint. Eine Doppelnennung von Natur- und Kulturraum vorrangig – und dies ist das Problem – ist im gewählten Vorgehen per definitionem nicht möglich (siehe oben), unter anderem auch deshalb, weil auf die hier ausgewerteten Bilder kein solcher Fall zutraf (induktive Absicherung der deduzierten Kategorien). Wäre dies aber so, müsste das Ausschliesslichkeitskriterium von *Natur-* oder *Kulturraum* aufgegeben oder die verbale Aneignung klar von der visuellen getrennt werden.

Die Kategorie *Harmonieraum* soll auf der inhaltlichen Ebene den (emotional wirkenden) soziokulturell dominanten Landschaftsvorstellungen insbesondere der Aussensicht gerecht werden. *Harmonieräume* haben oft (aber nicht zwingend) etwas Paradiesisches, Idyllisches, Arkadisches, was sie zu idealen ‹Kalenderbildern› macht. Es handelt sich dabei grundsätzlich um einen Kulturraum, der primär keine der anderen Raumaneignungen ausdrückt (welche sich dann als harmonisch oder disharmonisch klassifizieren liessen). Meistens betrifft er Kulturlandschaften ohne deutlich sichtbare menschliche Aneignungsaktivitäten und ihre Spuren (z.B. keine sichtbaren Spuren landwirtschaftlicher Nutzung). Was den Harmonieraum zu Stande kommen liess, ist dem Bild folglich nicht direkt zu entnehmen. So könnte die gezeigte Kulturlandschaft intentional künstlich geschaffen worden sein und ist nicht als Nebenprodukt bestimmter landwirtschaftlicher Tätigkeiten erkennbar. Auch Häusergruppen, welche nicht klar als Wohn- oder Produktionsraum kodiert werden, weil weder Spuren von Wohnen noch von Produktion ersichtlich sind, fallen unter diese Kategorie.

Harmonieraum

Mit dem *Raum der Identifikation* können Bilder klassifiziert werden, auf welchen keine direkten Raumaneignungsformen zu sehen sind, sondern Personen und/oder weitere Identifikationsmerkmale. Der *Raum der Identifikation* beinhaltet entsprechend die folgenden drei Gruppen von Bildelementen: Erstens werden *Identifikationszeichen, die für die untersuchten Vorhaben oder Räume stehen*, dieser Kategorie zugeordnet. Es sind dies hauptsächlich Persönlichkeiten und Symbole wie Fahnen oder Logos. Die zweite Unterkategorie umfasst *religiöse Identifikationszeichen* und als dritte Unterkategorie werden *weitere Identifikationszeichen* erfasst. Natürlich können sich Handelnde aber potenziell mit allem im Raum Sichtbaren identifizieren, wobei die persönliche Lebensgeschichte den Ausschlag über den Grad der Identifikation gibt. «Oft ist es die Landschaft der Kindheit und Jugend, der sich Menschen ein Leben lang verbunden fühlen» (Stremlow et al. 2003: 19). Solche subjektiven, teilweise sozial geteilten, Verbundenheiten mit z.B. Landschaftsausschnitten, Gebäuden oder andere Kulturobjekten (wie z.B. der Wallfahrtsort Heiligkreuz im Entlebuch) können von aussen stehenden Forschern den Bildern an sich nicht entnommen werden. Um diese erkennen zu können, muss unterstützend auf Hinweise im Bildtext geachtet werden oder es muss der soziohistorische Kontext bekannt sein.

Raum der Identifikation

Für *Bilder von Personen* gilt exemplarisch, dass sie sich an die Stelle der eigentlichen Sache setzen, diese personifizieren. Die Personifizierung von Ereignissen ist eine von den Medien verwendete Strategie der Reduktion der Nachrichtenkomplexität, bei der durch Gruppen oder Institutionen und ihren weiteren Verflechtungen ausgelöste Ereignisse als Handlung einzelner (Elite-) Personen dargestellt werden. Indem sich Persönlichkeiten hinter Vorhaben oder Räume

Die Kraft der Bilder in der nachhaltigen Entwicklung

stellen, reduzieren sie für andere Personen die Komplexität der Entscheidung in dem Sinne, dass diese sich den Identifikationsfiguren, sofern sie ihnen vertrauen, anschliessen können, ohne sich mit inhaltlichen Fragen selbst auseinandersetzen zu müssen. Das Vertrauen, das Personen geniessen, ist in der Regel ausschlaggebend für ihr Gewicht als Identifikationsfigur (vgl. Nicolini 1997).

Auch *Logos* übernehmen eine Stellvertreterrolle für etwas, dessen eigentliche Qualitäten hinter die (positiven oder negativen) Wirkung des Logos zurücktreten. Interessant sind vor allem auch Kombinationen von Personen mit Produkten und Logos. Solche Bilder zeigen den Betrachtern, was sich aus den untersuchten Vorhaben bzw. in den untersuchten Räumen modellhaft machen lässt: Die Identifikationsfiguren werden zu Vorbildern (‹good practice›).

Im Untersuchungskontext sind *religiöse Identifikationszeichen* primär kulturell etablierte ‹heilige Gegenstände› (sakrale Kultobjekte) wie Kreuze, Figuren und Statuen von Heiligen, Kapellen, Kirchen etc. Gerade Ikonen, Gräber und Ähnliches werden wegen ihres Verweisungscharakters zusätzlich der Kategorie *Symbolraum im engeren Sinn* zugeteilt. Über den Untersuchungskontext hinaus kann mit dieser Kategorie beispielsweise der Welterbetypus der «assoziativ besetzten Orte» (vgl. Kap. ‹VII UNESCO Weltnaturerbe Jungfrau–Aletsch–Bietschhorn›) in die Bildanalyse eingebunden werden.

Unter die als *weitere Identifikationszeichen* kategorisierten Bilder fallen Personen, Fahnen etc., die zwar Identifikationsobjekte sind, aber in keinem direkten Zusammenhang zum untersuchten Raum stehen (beispielsweise die Schweizerfahne).

Symbolraum im engeren Sinn

Diese Kategorie fasst Symbole, welche über den darauf enthaltenen Text oder die damit fest verbundene Bedeutung gefasst werden müssen. ‹Symbol› wird also nicht im weiten Sinne verstanden als «jedes Zeichen, das zur Kommunikation verwendet wird» (Röhl o.J.: 4), sondern als stark konventionsabhängige visuelle Zeichen. Die Interpretation dieser Symbolen kann folglich nicht direkt vom Bezeichneten ausgehen, sondern erfolgt in Kenntnis der (formellen oder informellen, kultur- und gruppenspezifischen) Entstehungs- und Verwendungsregeln. Als Symbolraum klassifizierte Bilder unterscheiden sich von den anderen durch einen höheren Grad der Abstraktion, d.h. dass zwischen Bild und dem, was sie repräsentieren, kein logischer oder abbildender Zusammenhang bestehen muss (vgl. Lester 2003: 54f.) – obgleich er (wie in *Ab*zeichnungen) bestehen kann. Konkrete Beispiele dieser Kategorie sind Graphiken wie Karten, Pläne, Schaubilder, Diagramme und konventionalisierte Bildzeichen wie Logos, Ideogramme oder Piktogramme. Gerade an Piktogrammen (z.B. die standardisierten Toilettenbezeichnungen) wird die Besonderheit der hier als Symbole verstanden Zeichen deutlich: Sie verkörpern einen Grenzfall zwischen Bild und Sprache, wobei sie näher bei sprachlichen als bei bildlichen Zeichen sind, da mit ihnen in der Regel eine geschlossene Bedeutung verbunden ist (vgl. Scholz 2004: 132ff.). Piktogramme entstanden zwar häufig ausgehend von bildlichen Zeichen (z.B. Mann- und Frau-Piktogramm), sind aber wie sprachliche Zeichen zu lesen, d.h. dass im Hinblick auf die schematische Bedeutung von den konkret dargestellten Merkmalen abzusehen ist. Dem *Symbolraum* zuzuorden

Methodik

sind auch fotografisch festgehaltene symbolische Handlungen wie beispielsweise das Verbrennen einer Flagge zum Zeichen der Auflehnung gegen die dahinter stehenden Personen, Normen und Werte. Während in diesem Beispiel die Flagge den Ausschlag für die Kategorisierung als Symbolraum gibt, würde die Protesthandlung selbst aber zugleich als *sozialer Problemraum* bestimmt, da sich dadurch soziale Konflikte offenbaren. Ebenfalls der Kategorie des *Symbolraums i.e.S.* untergeordnet werden Bilder von Bildern wie z.B. das Bild einer Urkunde oder eines Ferienprospekts usw.

Mit der Kategorie *Problemraum* werden einerseits im Raum stattfindende Phänomene gefasst, die für die Menschen und ihr Handeln problematisch sind oder sein können (z.B. ‹Naturkatastrophen›). Andererseits trifft diese Kategorie auf Probleme zu, die sich im Raum manifestieren (z.B. Konflikte). Im Hinblick auf den Nachhaltigkeitsdiskurs sollten solche Probleme offengelegt (gezeigt) und diskutiert werden. — Problemraum

Die Unterkategorie *ökologischer Problemraum* bezieht sich hauptsächlich auf so genannte Naturkatastrophen (vgl. nebenstehendes Bild) und deren Abwehr (z.B. Lawinenverbauungen). Um als *ökologischer Problemraum* kategorisiert zu werden, muss auf dem Bild die Bedrohung für den Menschen und/oder seine Artefakte ersichtlich sein. *Naturraum* ist entsprechend nie als *Problemraum* eingeteilt. — *Ökologischer Problemraum*

Andererseits handelt es sich bei der Kategorie des Problemraums um *soziale* oder *ökonomische* Probleme, die sich im Raum manifestieren. Typische Beispiele hierfür sind sichtbare Armut, Arbeitslosigkeit, Gewalt und Ähnliches. Sichtbarwerdende Raumnutzungskonflikte werden so ebenfalls der Kategorie *sozioökonomischer Problemraum* zugeordnet (nebenstehendes Bild zeigt ein Plakat, welches sich gegen vermeintlich stärkere Schutzbestimmungen durch das Biosphärenreservat richtet, indem es problematisiert, welche Raumaneignungen angeblich verboten sein werden). — *Sozioökonomischer Problemraum*

Die Kategorie *Sonstiges* sorgt schliesslich dafür, dass weitere, unvorhergesehene oder marginale Möglichkeiten der Raumaneignung sowie Schwierigkeiten bei der Kategorienzuordnung berücksichtigt werden können. Ergänzt wird diese Kategorie durch eine Texteingabe, welche ermöglicht, das Sonstige genau zu benennen. Auf diese Weise lässt sich gegebenenfalls der Kategorienraster durch neue Kategorien anpassen. — Sonstiges

7 Formale Bildanalysekategorien

Die ausgeführte inhaltliche Analysekategorie der Raumaneignung fasst das *Was* der Raumnutzung, aber nicht das *Wie*, die Art und Weise, wie die Raumaneignungen erfolgen bzw. wie sie gezeigt werden. Mit der Kategorie der Kapitalintensität soll hier Abhilfe geschaffen werden. Die ebenfalls auf das Wie zielende Frage, ob die Raumaneignungen ästhetisch oder nicht inszeniert werden, konnte, wie oben im Kapitel ‹Bildfunktionen› bereits erwähnt und begründet wurde, leider nicht systematisch durchgeführt werden.

Die Kraft der Bilder in der nachhaltigen Entwicklung

7.1 Kapitalintensität

Diese Kategorie ergänzt die Kategorien der Raumaneignung um eine Beschreibung des Kapitalaufwands, welcher in den jeweiligen Raumaneignungen steckt. Sie erfasst, ob die Raumaneignungen mit auffallend hohem Kapitalaufwand oder praktisch von Hand bzw. mit traditionellen Mitteln vor sich gehen. Die Bilder sind dahingehend zu befragen, ob beispielsweise die abgebildeten Instrumente, die zur physischen Aneignung des Raumes dienen, arbeits- oder kapitalintensiv sind, ob sich die Aneignung des physischen Raumes mit technologisch weit entwickelten Instrumenten oder hauptsächlich von Hand vollzieht, ob die Kleidung von Personen eher traditionell, ‹altmodisch›, durchschnittlich, unauffällig oder auffallend aufwändig, luxuriös ist. Ein geringer Grad der Kapitalintensität deutet auf einen traditionellen, ein hoher auf einen modernen Umgang mit dem Raum hin. Die Variable Kapitalintensität wird in die Werte hoch, mittel und gering unterschieden (vgl. Abb. 25).

Abb. 25: Von links nach rechts: Bilder der Kapitalintensität nicht kodierbar, gering, mittel und hoch. (Bildquellen: Management WNE JAB, Management UBE, EA und Stephan Kölliker).

Als mit *Kapitalintensität hoch* zu bezeichnende Bilder weisen vom heutigen Standpunkt aus gesehen relativ moderne, d.h. ca. nach den späten 1970er Jahren entstandene, Artefakte und kapital- bzw. energieintensive Raumaneignungsarten auf (als Beispiel vgl. das rechte Bild in Abb. 25). Diese Kategorie ist folglich gleichbedeutend mit dem meist relativ treffsicher zuschreibbaren Attribut ‹modern›. *Geringe Kapitalintensität* trifft auf antiquierte Artefakte (Gebäude, Kleider, Werkzeuge, Fahrzeuge etc.) zu und auf Raumaneignungsformen, die (hand-) arbeitsintensiv sind (beispielsweise auch einfaches Wandern ohne moderne Trekkingausrüstung). Diese Kategorie kommt somit dem Verständnis von ‹traditionell› oder ‹extensiv› nahe. Die *Kapitalintensität mittel* ist anzuwenden, wenn die Zuteilung nicht eindeutig in hoch oder gering möglich ist, beispielsweise Einfamilienhäuser der 1940er bis zu den frühen 1970er Jahren, Aufnahmen von durchschnittlich (also weder altertümlichen noch top modisch) gekleideten Personen usw. Die Kategorie *Kapitalintensität nicht kodierbar* ist bei Bildern der Raumaneignungskategorie Naturraum anzuwenden, da sie per definitionem über keine kategoriesierbaren Artefakte oder Nutzungen verfügen, und bei Bildern des Symbolraums, wenn der Aufwand der abgebildeten Zeichen nicht ersichtlich ist (z.B. Graphiken).

8 Auswertung

Aus der Kategorisierung sämtlicher Einzelbilder soll letztlich eine Gesamtübersicht über die Art der Raumaneignungen, die von der Summe der Bilder einer Publikation nahe gelegt wird, resultieren. Die Gesamtschau stellt quasi eine verfeinerte und beträchtlich erweiterte ‹Arealstatistik› der betreffenden Region dar – allerdings nicht auf

Methodik

den ‹Realraum›, sondern auf seine bildliche Repräsentation in den analysierten Publikationen bezogen (vgl. Abb. 26).

Analog der Arealstatistik, bei der die Fläche des betrachteten Raums den Kuchen darstellt, der in die einzelnen Kategorien untergliedert wird, wird die aufaddierte Bildfläche sämtlicher Einzelbilder einer Publikation als 100%-Basis genommen. Die Bildanalysekategorien werden durch die Bildfläche gewichtet, weil Forschungen mittels ‹eye tracking› ergeben haben, dass die Grösse eines Bildes hinsichtlich der Aufmerksamkeit, die es erhält, ein zentraler Einflussfaktor ist, beispielsweise bedeutender als die Farbe des Bildes bzw. ob es farbig oder schwarzweiss ist (Lester 2003: 50; vgl. Kroeber-Riel 1993). Wären nun sämtliche Bilder einer regionsspezifischen Publikation als *Naturraum* kodiert worden, ergäbe sich ein Gesamtbild dieser Region als eines hundertprozentig als Wildnis repräsentierten Raumes (Abb. 26 oben). Da von den einzelnen Unterkategorien des *Kulturraumes* auf ein Bild mehrere zutreffen können, diese also nicht exklusiv sind (beispielsweise das Bild in Abb. 26 unten Mitte, das gleichzeitig und gleichrangig als *Lebens-*, *Produktions-* und *Identifikationsraum* zu kategorisieren ist), wird pro Kategorie jeweils nur die durch die Anzahl Nennungen (im Beispiel sind es drei) dividierte Bildfläche ins Resultat übernommen. Die Summe der Bildflächen entspricht dann wieder der Bildfläche der Oberkategorie *Kulturraum* und die Gesamtsumme von *Kultur-* und *Naturraum* ist gleich hundert Prozent. Für die nebensächlichen Raumaneignungen und die Kategorie *Kapitalintensität*, sowie weitere Kategorien wie die Geschlechter der Identifikationsfiguren wird nach dem gleichen Prinzip verfahren.

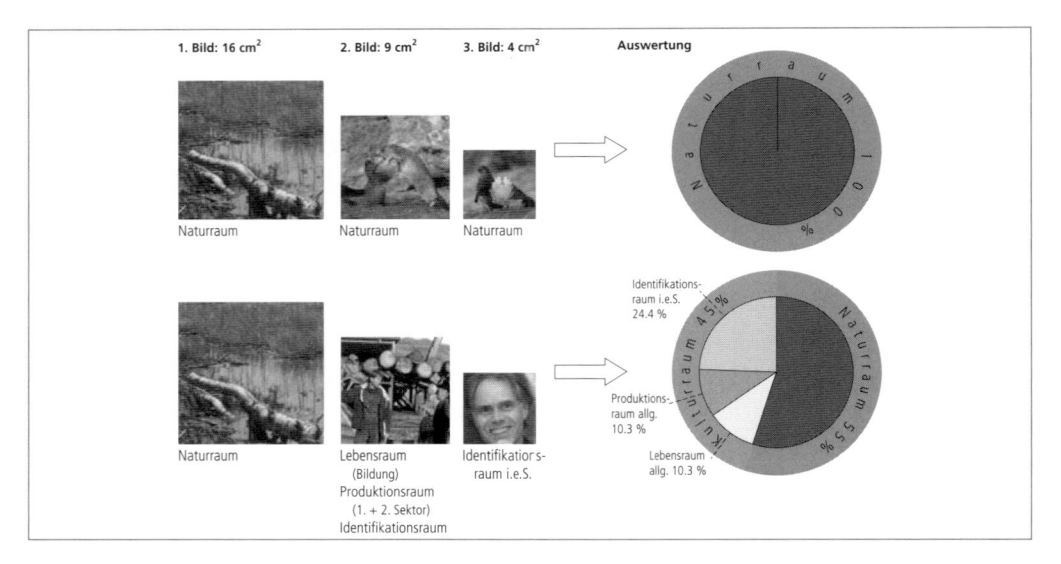

Abb. 26: Schema des Auswertungsprozederes: Von der flächenproportionalen Kategorisierung der Einzelbilder zu den gewichteten Gesamtübersichten (Graphik: U. M.).

9 Interpretation der Analyseergebnisse

Die durch die inhaltsanalytische Bildbetrachtung gelieferte Beschreibung der Präsentationen der Fallbeispielvorhaben bzw. der darin angestrebten nachhaltigen Entwicklung gilt es anschliessend zu interpretieren (vgl. Rose 2001: 54ff.), ein Schritt, der im Falle der vertiefenden Einzelfallanalysen bereits Bestandteil des Analyseprozesses ist (vgl. ‹X Anhang›). Die Interpretation erfolgt, indem die unterschiedlichen Forschungsschritte zusammengeführt, die Teilresultate zueinander in Beziehung gesetzt werden und damit der Gesamtkontext überblickbar gemacht wird. Insbesondere die Analyse der Diskurse, die während und nach der Etablierung der beiden Vorhaben geführt wurden, dient als unverzichtbarer Interpretationsrahmen, weshalb diese auch ausführlich zu erarbeiten sind (vgl. die beiden Fallbeispielkapitel).

Die aus der Auswertung der Inhaltsanalyse resultierende Gesamtschau der *Raumaneignungsweisen* der Fallbeispielregionen wird mit den theoretisch bekannten alpen-, natur- und kulturlandschaftsbezogenen Werten konfrontiert, wie sie u.a. von Bourdeau (1998), Brechbühl & Rey (1998), Glauser & Siegrist (1997), Hunziker (2000), Rolshoven & Winkler (1999), Schmidt (1990), Stremlow (1998; 2004), Wildburger et al. (1996) herausgearbeitet wurden. Es wird sich dabei zeigen, ob auch die in dieser Arbeit untersuchten (Re-) Präsentationen die bekannte Dichotomie zwischen einer die Natur romantisierenden Aussen- und einer alltagsnahen Innensicht aufweisen. Durch Einbezug der Geschichte der Vorhaben lässt sich versuchen, die gewählten Raumbilder zu verstehen. Die Interpretationshypothesen werden abschliessend in Interviews mit den relevanten Akteuren und anhand der Ausstellung ‹Macht und Kraft der Bilder. Wie für Nachhaltigkeit argumentiert wird› zur validierenden Diskussion gestellt.

Die Interpretation der Präsentationen bezüglich der Art und Weise, wie sie nachhaltige Entwicklung visualisieren, geschieht durch den Beizug der im Kapitel ‹Visuelle Kommunikation nachhaltiger Entwicklung› dargelegten potenziellen Visualisierungsstrategien. Die ‹tatsächlichen› Visualisierungsweisen, der Gegenstand der Empirie, lassen sich nur anhand (normativ gesetzter) Massstäbe beurteilen und qualifizieren (Grossen 1986: 35). Entsprechend dem dieser Arbeit zu Grunde liegenden konstruktivistischen Wirklichkeitsverständnis ist das multidimensionale, partizipative Nachhaltigkeitsverständnis als anzustrebende Norm zu betrachten. Demnach sollten Visualisierungen nachhaltiger Entwicklung vielfältig und ausgewogen sein, sie sollten Probleme bzw. Konflikte nicht ausblenden, Negativität aber auch nicht als emotional wirksamen Aufhänger instrumentalisieren.

VI UNESCO Biosphäre Entlebuch

Die Geschichte der Entstehung der UNESCO Biosphäre Entlebuch (UBE) wird – wie auch jene des Weltnaturerbes Jungfrau-Aletsch-Bietschhorn (JAB) im anschliessenden Kapitel – relativ ausführlich dargestellt, damit die kontextuellen Bedingungen, die zum Votum für nachhaltige Entwicklung führten, erkenn- und damit das Votum selbst verstehbar werden. Die Art und Weise, wie das Vorhaben ins (visuelle und verbale) Bild gesetzt wurde, ist eine direkte Folge der Besonderheiten von Biosphärenreservaten an sich (siehe Kap. ‹Biosphärenreservate allgemein›), der regionalen Situation und der Vorgeschichte (‹UNESCO Biosphäre Entlebuch (UBE)›). Im Kapitel ‹Verbale Bilder› werden die Vorstellungen, die mit der Biosphäre verbunden worden sind und die während der Hauptphase der Entscheidungsfindung die Diskussion prägten, zusammengefasst. Das Kapitel ‹Visuelle Bilder› schliesslich stellt die Analyseergebnisse zentraler Präsentationsweisen des Vorhabens vor und stellt die Sichten in den Kontext der Intentionen der Bildproduzierenden und ihrer Produktionsbedingungen. Die jeweiligen auf der Grundlage der Raumaneignungskategorien gewonnenen Gesamtsichten (vgl. Kapitel ‹Auswertung› in ‹V Methodik›) lassen uns erkennen, auf welche Raumaneignungen die verschiedenen Medien Wert legen, auf was sie hinweisen bzw. was ausgeblendet wird.

1 Biosphärenreservate allgemein

Das Konzept der Biosphärenreservate (BR) wurde 1974 von der UNESCO im Rahmen ihres ‹Man and Biosphere›-Programms initiiert, welches die interdisziplinäre Forschung über die biologische Vielfalt und deren Schutz vorantreiben sollte (UNESCO 1995: o.S.; zur Geschichte der BR vgl. Schüpbach 2002: 57ff.). 1976 wurde das BR-Netzwerk gegründet, das mittlerweile 482 BR in 102 Ländern umfasst[57]. In einer 1995 in Sevilla abgehaltenen internationalen Konferenz wurde die anfänglich auf den Schutz repräsentativer und einzigartiger Landschaften, Ökosysteme und der Biodiversität gewichtete Zielsetzung explizit ergänzt durch ganzheitliche Bestrebungen, ein sozial- und ökologisch verträgliches ökonomisches Wachstums ausgewählter Regionen zu erreichen (vgl. UNESCO 1995). Seit dieser als ‹Sevilla-Strategie› bekannt gewordenen Neuorientierung können BR als Versuchsfelder – «living laboratories» (UNESCO o.J.: o.S.) – aufgefasst werden, in welchen neue, modellhafte Wege in Richtung einer *nachhaltigen Entwicklung* erprobt werden (UNESCO 1995: o.S.). Der Aufnahmekriterien ‹Einzigartigkeit› und ‹Repräsentativität› wegen kann pro Land nur ein Landschaftstyp in die BR-Liste aufgenommen werden.

---

57 Dies ist der Stand vom 7. Juli 2005 (http://www.UNESCO.org/mab/brlist.htm, 1.9.2005).

Moderne, der ‹Sevilla-Strategie› entsprechende BR unterscheiden sich in zweifacher Hinsicht von anderen, ‹normalen› Landschaften: Das betreffende Gebiet muss erstens über grössere, besonders wertvolle und repräsentative Naturbestände verfügen. Die Bevölkerung des Gebietes sucht zweitens «durch gemeinsame und gezielte Anstrengungen Wege, wie sie in Wohlstand leben und wirtschaften kann, ohne diese vielfältige Landschaft über ihre Regenerationsfähigkeit hinaus zu nutzen und ihr mehr zu entnehmen als nachwachsen kann»[58]. Die *Ziele Schutz und Entwicklung* drücken sich in der Zonierung der BR aus: Sie umfassen eine *Kernzone*, in welcher der langfristige Schutz von Naturräumen gesetzlich gesichert sein muss, und eine *Entwicklungszone*, in welcher (die sich nachhaltig entwickelnden) Siedlungen und Kulturlandschaften zu liegen kommen; den Übergang zwischen diesen unterschiedlichen Zonen dämpft eine *Pufferzone*. In der Pufferzone sind «sanfte Nutzungsformen […] nicht nur erlaubt, sondern erwünscht, damit Existenzgrundlagen der Bevölkerung gesichert werden können» (Hammer 2002: 113). Neben den Zielen Schutz und Entwicklung beinhalten BR noch das Ziel der *logistischen Unterstützung*: Das BR-Management fördert Umweltbildung und -ausbildung, Forschung und Umweltbeobachtung und es koordiniert Projekte, unterstützt Eigeninitiativen und leitet partizipative Prozesse ein, denn die Gestaltung eines Biosphärenreservats ist ein langfristiger Prozess, dessen Entwicklung von den jeweiligen Bevölkerungen wesentlich mitbestimmt und geprägt wird (vgl. Ruoss et al. 2002: 9).

Offensichtlich wird der Begriff ‹Biosphären*reservat*› der ganzheitlichen und zukunftsorientierten Ausrichtung dieser modernen ‹Naturschutzvorhaben› nicht ganz gerecht[59]: Es geht in BR eben nicht nur um die Bewahrung von Natur- und Kulturbeständen – dafür bleiben die bestehenden lokalen bis nationalen Gesetzgebungen zuständig. BR streben eine nachhaltige Regionalentwicklung an, welche die natürlichen, sozialen und ökonomischen Lebensgrundlagen respektiert. Der Versuch, BR einzurichten, ist folglich mit dem Problem konfrontiert, die vom Begriffe ausgehenden potenziell irreführenden Konnotationen zu korrigieren und an ihrer Stelle die Zielsetzungen nachhaltiger Entwicklung zu vermitteln. Ohne ausgewiesene Akzeptanz durch die Bevölkerung reicht der Schweizerische Bundesrat keine Gesuche um Anerkennung an die UNESCO weiter. Im Rahmen des Symposiums «Zukunft der Kulturlandschaften in der Schweiz» vom 28./29. Mai 1998 in Sörenberg (vgl. Ruoss et al. 1999) wurde gar geäussert, «wichtiger als die naturräumlichen Kriterien für die Anmeldung einer Region als Biosphärengebiet seien … die soziokulturellen Voraussetzungen …: Es braucht die Bereitschaft der Betroffenen, einen mutigen Schritt in eine mögliche Zukunft zu machen, bei dem Vorleistungen zu erbringen sind und auch ein Risiko eingegangen wird. […]. Entscheidend sei, dass Prozesse in Gang kommen, zum Beispiel in Richtung einer nachhaltigen Mobilität oder einer Energieversorgung aus erneuerbaren Ressourcen» (Baumgartner 1998: 36).

---

58 UNESCO Biosphäre Entlebuch – Definition, Entstehung, Aufbau. Auf: http://www.biosphaere.ch/pages/frame/fb2_1.html, 5.5.2004.
59 Die «Bauern Zeitung» fragte am 3.11.2000 unter dem Titel *Das Entlebuch – ein Indianerreservat?:* «Werden im Entlebuch bald Feuerzeichen für Winnetou entfacht oder anders gefragt, was ist ein Biosphärenreservat überhaupt?» (S. 13).

Die Kraft der Bilder in der nachhaltigen Entwicklung

2 UNESCO Biosphäre Entlebuch (UBE)

Abb. 27:
Karte der zonierten UBE (Quelle: Biosphärenmanagement UBE / Kanton Luzern, Geoinformation; Januar 2004).

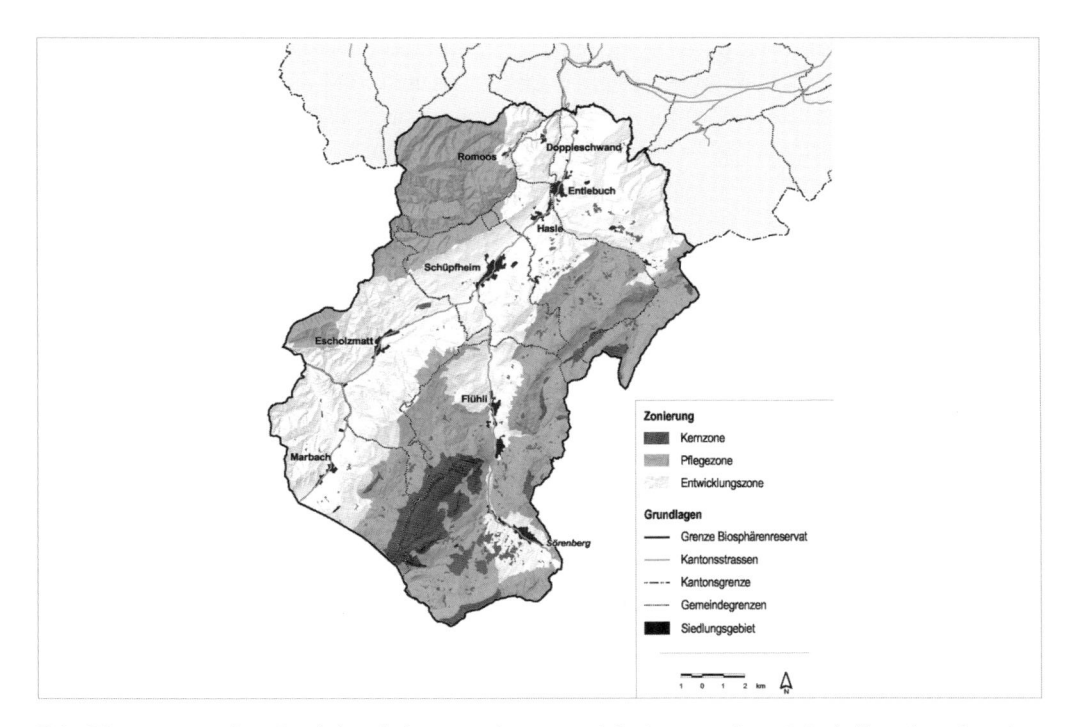

Die Planungsregion Entlebuch ist aus eigener Initiative zu einer Modellregion für eine nachhaltige Entwicklung geworden. Die Entlebucher Bevölkerung hat im Herbst 2000 mit grosser Mehrheit einem jährlichen Beitrag von Fr. 4.– pro EinwohnerIn über 10 Jahre an ein BR-Projekt zugestimmt. Die Umdefinition des Entlebuchs zu einem BR war also eine selbstbestimmte Aktion einer Mehrheit der Entlebucher Stimmberechtigten. Um zu verstehen, weshalb es zur UBE[60] kam bzw. weshalb die Mehrheit der Entlebucher Stimmbevölkerung für nachhaltige Entwicklung votierte, muss der Kontext der Entscheidung in den Blick genommen werden. Wir werden kurz auf einige grundsätzliche sozioökonomische Aspekte eingehen, verschiedene Sichten auf die Region konsultieren, um nach einem Blick auf das allgemeine Abstimmungsverhalten der Entlebucher Bevölkerung die zentrale Vorgeschichte der UBE – die Rothenthurminitiative – wiederzugeben. Die ausführliche Darstellung der Hauptphase des Prozesses zeigt die Vorstellungen auf, welche mit dem Vorhaben verbunden wurden.

2.1 Sozioökonomische Situation

‹Amt Entlebuch› ist die Bezeichnung einer voralpinen Region im Kanton Luzern, die sich über eine Fläche von 410 km^2 (rund ein Prozent der Fläche der Schweiz) erstreckt und heute bekannt ist für ihre ausgedehnten Moorlandschaften, auf die weiter unten noch einzugehen ist. Die neun Gemeinden des Amts umfassen eine Bevölkerung von rund 18 700 Personen (Meienberg 2002: 12f.). Zur Biosphäre wurde jedoch nicht das Amt, sondern die Planungsregion Entlebuch erklärt, die sich über 394 km^2 erstreckt

---

60 Im Mai 2003 benannte das Regionalmanagement den Name ‹UNESCO Biosphärenreservat Entlebuch› in ‹UNESCO Biosphäre Entlebuch› um (http://www.biosphaere.ch/pages/start-logo.html, 5.6.2003).

UNESCO Biosphäre Entlebuch

und der die acht Gemeinden Doppleschwand, Entlebuch, Escholzmatt, Flühli, Hasle, Marbach, Romoos und Schüpfheim zugehören – die Gemeinde Werthenstein ist nicht in die Planungsregion Entlebuch integriert und hat deshalb auch nicht am Projekt BR teilgenommen. Ende 2002 bestand die ständige Wohnbevölkerung der Planungsregion Entlebuch aus 16 642 Personen – leicht weniger als im Jahre 1850 (AfS 2004: 579), was die stagnierende Entwicklung dieser Region ausdrückt. Hohe 36,5 % des erwerbstätigen Teils der Entlebucher Bevölkerung sind im land- und forstwirtschaftlichen Sektor beschäftigt, wogegen der Schweizer Durchschnitt lediglich 5,8 % beträgt (vgl. Tab. 1). Das Entlebuch gehört – bezogen auf das durchschnittliche Einkommen – zu den ärmeren Gegenden der Schweiz und leidet entsprechend unter einem hohen Steuerfuss sowie der Fremd- (und teilweise auch Eigen-) wahrnehmung als ‹Armenhaus der Schweiz› (Ruoss 2001: 128)[61]. Hammer bezeichnet den kantonalen Finanzausgleich als die eigentliche Lebensader der Entlebucher Gemeinden (Hammer 2003: 124). Der Anteil der Bevölkerung, welcher im Entlebuch wohnt, aber ausserhalb arbeitet, ist verglichen mit anderen ausserstädtischen Ämtern des Kantons Luzern unterdurchschnittlich (Schüpbach 2002: 24). Weil aber attraktive Ausbildungs- und Arbeitsmöglichkeiten im Entlebuch fehlen, überwiegen die Wegpendler die Zupendler um rund das Doppelte (AfS 2004: 579). Der gut ausgebildete Nachwuchs ist in der Regel zur Migration gezwungen (Ruoss 2001: 128; siehe unten ‹Sichten auf das Entlebuch und seine Bevölkerung›).

	Entlebuch	Luzern	Schweiz
Anzahl der Beschäftigten	8 124	181 610	3 894 438
1. Sektor: Beschäftigte in %	36,5	9,7	5,8
2. Sektor: Beschäftigte in %	23,6	26,9	26,6
3. Sektor: Beschäftigte in %	39,9	63,4	67,6

Tab. 1: Beschäftigtenstruktur des Entlebuchs (Quellen: Schmid 2004; AfS 2004: 579).

Für eine ausführlichere Charakterisierung des Entlebuchs muss hier auf die Arbeiten von Bollhalder (2000), Hammer (2003), Keller (2000), Meienberg (2002) und Schüpbach (2002) verwiesen werden.

2.2 Sichten auf das Entlebuch und seine Bevölkerung

Wir haben oben die (stereotype) Wahrnehmungen des Entlebuchs als ‹Armenhaus› erwähnt. Diese soll nicht die alleinige bleiben, sondern wir wollen auf weitere Wahrnehmungsweisen – von aussen und von innen – eingehen. Das Ziel ist dabei freilich nicht, solche Verdinglichungen zu stützen. Die kritische Auseinandersetzung mit den Urteilen und Vorurteilen über die Region und ihre Bevölkerung liefert uns Anhaltspunkte, um zu verstehen, in Richtung welchen Verständnisses nachhaltiger Entwicklung der pionierhafte Schritt der EntlebucherInnen ging.

---

61 Die Etikette ‹Armenhaus der Schweiz› hängt am Entlebuch seit 1984, als die Resultate einer Studie im Rahmen des ‹Nationalen Forschungsprogramms Regionalprobleme in der Schweiz, namentlich in den Berg- und Grenzgebieten› dem Entlebuch das durchschnittlich geringste Einkommen der Schweiz nachwiesen (vgl. Wicky & Kaufmann 2003: 344; vgl. Zemp 1998: 5).

Die Sicht der Gelehrten

Sind die Entlebucher (die Entlebucherinnen waren wohl nicht mitgemeint) mutig, ansehnlich, kräftig, geschickt, aufgeweckt, schlau oder eher aufrührerisch, hart, kalt, unfreundlich, niedergeschlagen, betrügerisch, prahlerisch und geschwätzig, wie dies aus den Beschreibungen von Pfarrer Joseph Xaver Schnider (1781/82), Pfarrer Franz Josef Stalder (1798), Kasimir Pfyffer (1794–1875) und dem preussischen Philosophen Karl Spazier (1761–1805) hervorgeht (Schmidiger 1999: o.S.)? Solche Stereotype lassen sich kaum ernst nehmen, nichtsdestotrotz zieht Schmidiger den Schluss: «…es gibt sie, die Identität der Region. Weil die Topografie die Talschaft vom übrigen Kantonsgebiet weit gehend abhebt, konnte sich das Eigenleben im Entlebuch und das Zusammengehörigkeitsgefühl stärker ausprägen als in den anderen luzernischen Ämtern. Der Drang nach Selbstständigkeit und einem möglichst grossen Spielraum für Ungezwungenheit – in alten Zeugnissen unübersehbar belegt – erweist sich gleicherweise wehr- und abwehrbereit, gewiss auch mancher Neuausrichtung gegenüber. Und gehört dazu nicht auch die Entlebucher Schlagfertigkeit, bei passender Gelegenheit träf platziert? Gemütlichkeit, die Freude an Musik und Gesang sowie das Bewusstsein, zum Entlebuch zu stehen, sind gewiss Eigenschaften, die als typisch zu bezeichnen sind. Wer fühlt sich nicht beleidigt, wenn das Entlebuch verunglimpft und gefoppt wird?» (Schmidiger 1999: o.S.). Die Entlebucher: Ein zwar konservatives, aber stolzes, sich mit ihrer Region identifizierendes und für ihre Unabhängigkeit kämpfendes Volk?

Die Sicht der Kinder

Wie lebt ein Kind zwischen sieben und zwölf Jahren im Entlebuch? Ist das Entlebuch jene heile (Kinder-) Welt, die uns vielleicht vorschwebt? Heidi Duss-Studer (1999: o.S.) befragte Kinder nach ihren ‹Seiten des Entlebuchs›. Dass die Antworten vielseitig und gegenläufig sind, erstaunt wenig, drücken sie doch die persönlichen Vorlieben der Kinder aus. So loben einige den naturnahen Lebensraum und die Bewegungsfreiheiten, während andere (und z.T. die gleichen) die Abgeschiedenheit des Entlebuchs und das Fehlen städtischer Infrastruktur (Geschäfte, Kino etc.) beklagen. Die einen finden das Entlebuch schön («viele Tiere und die wunderschöne Natur!»), den anderen gefällt es nicht: «Die Strassen sind nicht gut, und die Häuser sehen verwettert aus» (Kind zit. in Duss-Studer 1999: o.S.). Besorgnis weckt das Image des Entlebuchs, sein Ruf einer rückständigen landwirtschaftlich geprägten Gegend. Dies stimme nicht, «denn das Entlebuch ist auch modern. Auch wir haben weltbekannte Firmen wie die B. Braun Medical oder die Elektro Feindraht AG in Escholzmatt. Und die Kistag oder die Almatec in Schüpfheim sind nicht unbekannt. In Entlebuch steht das Versandhaus Ackermann, das ganz neu und sehr modern gebaut ist» (Kind zit. in Duss-Studer 1999: o.S.).

Die Sicht der Jugendlichen

1998, als sich Luzia Probst (1999: o.S.) mit der Sicht der Entlebucher Jugend auseinandersetzte, waren 1 359 der 18 792 im Amt Entlebuch Lebenden zwischen 15 und 19 Jahren. Was denkt die Entlebucher Jugend über ihren Lebensraum? Laut Probst wüssten die Jugendlichen genau, wie das Entlebuch ihrer Wunschträume aussehen müsste: «Ein Kino, eine Disco, ein Mc Donalds, ein Jugend-Café, mehr Geschäfte zum ‹Lädelen›, eine Halfpipe, ein Rollerbladepark, ein Eisfeld oder eine Reitschule: Das sind jugendliche Visionen eines Entlebuchs, in dem es an Spass nicht mehr mangeln würde.

UNESCO Biosphäre Entlebuch

Visionen eines Entlebuchs mit der Infrastruktur einer Stadt, das daneben weiterhin eine intakte Natur bietet. ‹De Füüfer und ds Weggli› zu haben, das fänden viele ‹s Zähni›, denn der Weg nach Luzern ist weit» (Probst 1999: o.S.). Neben der spärlichen (Freizeit-) Infrastruktur wird auch die soziale Kontrolle beklagt: «Anonymität gibt es im Entlebuch kaum. Auffälligkeiten sprechen sich schnell herum» (Jugendlicher zit. in Probst 1999: o.S.). Die Jugendlichen mögen das «Dorfgetratsche» nicht.

Abb. 28: «Entlebuch – voll krass!» Wunschbild oder Realität? Comic von Esther Ambühl (Quelle: Journal UNESCO Biosphäre Entlebuch 2005, S. 70f.).

Die Welt der Entlebucher Jugend ist nicht ‹heil›. Der Jugendarbeiter der Gemeinde Entlebuch stellt zunehmenden Rassismus unter den Jugendlichen fest (Probst 1999: o.S.). Und auch Suchtmittel sind den jungen EntlebucherInnen nicht fremd, wobei die bedeutendste ‹Droge› der Alkohol sei: Im Entlebuch falle eher auf, wenn jemand nicht trinkt, als wenn jemand zuviel trinkt. Probleme haben, wen wundert's, auch die Entlebucher Jugendlichen, so z.B. eine passende Lehrstelle zu finden: «Wer unbedingt im Amt bleiben will, ist in seiner Berufswahl eingeschränkt. […]. Lehrstellen gibt es vor allem in den Bereichen KV, Verkauf, Landwirtschaft und in handwerklichen Berufen. […]. Im ganzen Amt gibt es bloss drei Floristinnenlehrstellen, eine Informatiklehrstelle und einen Ausbildungsplatz für eine Damenschneiderin» (Probst 1999: o.S.). Und der Ruf des Entlebuchs und seiner Bevölkerung beschäftigt auch die Jugendlichen: «In der Stadt wird man oft ‹gfiiret› als Entlebucherin und als Landei bezeichnet» (Jugendliche in Probst 1999: o.S.). «D'Äntlibuecher» sind halt «die vo hende vöre». Und was wünschen sich die jungen EntlebucherInnen sonst, welches sind ihre zentralen Werte? «Gesundheit, Zufriedenheit, einen guten Job, genug bis viel Geld, Lebensfreude, Glück und ein langes Leben – das wünschen sich junge EntlebucherInnen 1999 für ihre Zukunft» (Probst 1999: o.S.).

Und die Erwachsenen?

Bleiben oder wegziehen? In einer Randregion stellt sich diese Frage vielen, weshalb ihr Josef Küng nachging: «Hier Arbeit und Verdienst suchen, eine Familie gründen, in der vertrauten Umgebung bleiben? Im Entlebuch, wo man sich so gut kennt, in den Vereinen, im Dorf, unter Freunden? Oder doch lieber weg? Wo man sich beruflich vielleicht besser entfalten und aufsteigen könnte? An einen Ort, wo die Steuern tiefer, aber Mieten und Grundstückpreise wohl höher sind? Weg auch, weil man sich persönlich freier fühlen möchte, weil man das Tal und seine Leute als einengend empfindet?

Die Kraft der Bilder in der nachhaltigen Entwicklung

Die gegenteilige Frage: Ins Entlebuch kommen? Die Lebensqualität einer Region nicht nur am Steuerfuss, nicht an der Zahl der Einkaufszentren, der Kinos und Autobahnanschlüsse messen? Die Vorteile einer Randregion erkennen und sie nach Jahren vielleicht schätzen lernen? Bejahen, dass man gesellschaftlich eingebettet lebt? Oder einfach: Dort leben, wo es einen hinzieht, wo es Arbeit hat, auch wenn es ein Tal in den Voralpen ist?» (Küng 1999: o.S.).

2.3 Abstimmungsverhalten allgemein

Die Analyse des Abstimmungsverhaltens der Entlebucher Stimmberechtigten in den eidgenössischen Volksabstimmungen seit 1980 (Hermann & Leuthold 2003a) bestätigt das Bild eines eher konservativen und traditionellen Entlebuchs. Die Entlebucher Bevölkerung stellt sich wiederholt gegen die Öffnung und Modernisierung des Landes (beispielsweise stimmte sie anfangs März 2002 mit knapp 70 % Nein-Stimmen gegen den UNO-Beitritt während die Bevölkerung des Kantons Luzern mit 51,5 %, die Schweizer Stimmberechtigten mit 54,6 % zustimmten) und sieht Veränderungen eher als Risiko denn als Chance: «Der Bauernkrieg von 1653 war der Freiheitskampf, der heute noch im Geist der Entlebucher verankert ist. Darum ist das Entlebuch bei den Abstimmungen, wo es um Öffnung geht, immer sehr zurückhaltend. So wurde der EWR mit 80 Prozent Nein-Stimmen verworfen, ebenso stark die Neue Bundesverfassung und die Bilateralen Verträge.»[62] Auch verhielten sich die Entlebucher Stimmberechtigten sehr selten ‹naturnah› oder ‹ökologisch›, sondern stimmten ‹wirtschaftsfreundlich› und eher ‹technokratisch›. Vorlagen, welche Einschränkungen auf Seiten der Wirtschaft zugunsten der ‹Natur› bedeutet hätten, wurden im Entlebuch relativ deutlich abgelehnt (zum Beispiel Förderabgabe für erneuerbare Energien; Energielenkungsabgabe für die Umwelt).

Abb. 29: «Und Schybi liess alle erzittern...». Christen Schybi, Entlebucher Freiheitsheld zu Zeiten des Bauernkrieges von 1653, Sinnbild für den Entlebucher «Drang nach Selbständigkeit» (Bild: Wicki & Kaufmann 2003: 348).

Aufgrund des Abstimmungsverhaltens der Entlebucher Stimmberechtigten lässt sich keine Eigeninitiative in Richtung einer ökologischen Vorreiterrolle erwarten. Die Be-

---

62 Hermann Krummenacher (24.2.2002) auf seiner Homepage: http://mypage.bluewindow.ch/a-z/H.Krummenacher/index2.html, 27.2.2004.

UNESCO Biosphäre Entlebuch

völkerung tendiert aufgrund des Abstimmungsverhaltens eher zu einer Regionalisierung ihres Territoriums als Wirtschaftsraum denn als (schützenswerter) Naturraum. «Die Entlebucher galten bisher nicht als grosse Visionäre, sie verhielten sich dem Neuen gegenüber konservativ und skeptisch» (Beck 2001: 8). Ein durchschnittlich konservatives Verhalten schliesst freilich nicht aus, dass es «mittlerweile auch Weitsichtige in diesem abgelegenen Randgebiet des Kantons Luzern [gibt], die das Entlebuch aus dem Dornröschenschlaf wecken und ihm zu einem Aufschwung verhelfen möchten, von dem alle profitieren könnten» (ebd.). Dass das Entlebuch als BR eine pionierhafte Modellfunktion einnimmt, ist aber auch dem Zufall zu verdanken, dem Zufall nämlich, dass 1987 die Rothenthurm-Initiative vom Schweizer Volk angenommen wurde.

2.4   Rothenthurm-Initiative und die Folgen

Die Geschichte der UBE ist untrennbar mit dem 6. Dezember 1987 verbunden. Relativ überraschend wurde damals vom Schweizer Stimmvolk die so genannte Rothenthurm-Initiative angenommen. Im Nachhinein noch überraschender als das gesamtschweizerische Volksmehr ist, dass 69 % der Entlebucher Stimmberechtigten für die Vorlage votierten (wobei die Gemeinden Flühli und Doppleschwand die Vorlage knapp ablehnten)[63]. Den meisten Entlebucher Stimmberechtigten war wohl nicht bewusst, zu welchen Konsequenzen die Rothenthurm-Initiative führen sollte. Im Vorfeld der Abstimmung war in der Entlebucher Regionalzeitung, dem «Entlebucher Anzeiger» (EA), auch nur wenig zu diesem Thema zu lesen. Gerade mal eine halbe Artikelspalte wurde der Information über das Anliegen der Initianten gewidmet, die Rothenthurm-Initiative dabei als eine Wahloption entweder zugunsten eines (weiteren) Übungsterrains für die Schweizer Armee oder den Erhalt der «einzigartig schönen Moorlandschaft von Rothenthurm»[64] dargestellt, wobei der Armee die Priorität eingeräumt wurde: «Wer nun zur Initiative ja sagt, sagt zwar zum Schutz der Moorlandschaft Rothenthurm ja, lehnt aber gleichzeitig den Waffenplatz in Rothenthurm ab. Die bürgerlichen Parteien lehnen das Volksbegehren grossmehrheitlich ab» (ebd.). Dass es bei der Initiative um den in der Schweizerischen Bundesverfassung verankerten Schutz *aller* «Moore und Moorlandschaften von besonderer Schönheit und gesamtschweizerischer Bedeutung» ging[65], verlor sich in der auf das Rothenthurmer Moor reduzierten Auseinandersetzung. Wie war es möglich, dass die weit reichenden Konsequenzen der Rothenthurm-Initiative nicht wahrgenommen wurden?

Die Schweizer Armee plante in Rothenthurm ihren 41. Waffenplatz, wofür sie einen beträchtlichen Teil des damals schon geschützten Hochmoores beanspruchte (Theus 2001: 29). Dem Widerstand der betroffenen Bauern wurde entgegnet, «in Militärfra-

---

63 Vgl. die Abstimmungsresultate des Amts Entlebuch aufgeschlüsselt nach Gemeinden in: EA , 7.12.1987, S. 1: *Zweimal ja und einmal nein bei den eidgenössischen Urnengängen – Überraschendes Ja zu Rothenthurm.*
64 EA, 4.12.1987, S. 1: *Ein Urnengang mit fünf Fragen.*
65 Schweizerische Bundesverfassung, Art. 78 sexies, Abs. 5: «Moore und Moorlandschaften von besonderer Schönheit und gesamtschweizerischer Bedeutung sind geschützt. Es dürfen darin weder Anlagen gebaut noch Bodenveränderungen vorgenommen werden. Ausgenommen sind Einrichtungen, die dem Schutz oder der bisherigen landwirtschaftlichen Nutzung der Moore und Moorlandschaften dienen.» Das Bauverbot hat dabei rückwirkende Gültigkeit: Bauten und Anlagen, die nach dem 1. Juni 1983 an einem nunmehr geschützten Ort errichtet wurden, sind wieder abzureissen und der Originalzustand wiederherzustellen. Die in den folgenden Jahren aufgrund des neuen Verfassungsartikels ausgeschiedenen Moorschutzflächen betreffen 2,2 % der Fläche der Schweiz. Vom Entlebuch aber fielen 26 %, von der Entlebucher Gemeinde Flühli gar knappe zwei Drittel ihres Territoriums unter diesen Schutz (Meienberg 2002: 8).

Die Kraft der Bilder in der nachhaltigen Entwicklung

gen, wo es um das Vaterland gehe, hätten sie nichts zu bestimmen» (Theus 2001: 35). Erbost über das arrogante Vorgehen des Militärs führte die Gemeinde Rothenthurm 1975 eine Konsultativabstimmung durch, ob ihre Bevölkerung einen Waffenplatz wolle: Über 80 % der Stimmenden antworteten mit Nein (ebd.). Das Ergebnis dieses Urnenganges bildete in der Folge die Grundlage für die Gemeinde, sich gegen das Vorhaben der Armee zu wehren. Die Armee ihrerseits versuchte mit ‹friedlichen Mitteln› in den Besitz des nötigen Bodens zu gelangen, was jedoch nicht im benötigten Umfang gelang. 1981 fehlten von den benötigten 350 noch immer rund 100 Hektaren, worauf der damalige Vorsteher des Militärdepartements Georges-André Chevallaz ankündigte, die Armee werde sich das Land nehmen, welches sie brauche. Gestützt auf der Schweizerischen Bundesverfassung, welche dem Bund das Recht gibt, «im Interesse der Eidgenossenschaft» Land zu enteignen, sollten über 40 Grundeigentümer ihren Boden im Gebiet des geplanten Waffenplatzes gegen ihren Willen abtreten. Die betroffenen Bauern kämpften vehement gegen diesen «Diebstahl». Der naturschützerisch motivierte Erhalt des bedrohten Hochmoores rückte erst in den Vordergrund, als die nationalen Umweltorganisationen sich mit den Rothenthurmern solidarisierten und die Lancierung der Rothenthurm-Initiative als letzte Möglichkeit zur Rettung des Moores erschien (Theus 2001: 35). Die Initiative war heiss umkämpft, folgende Argumente der Gegnerschaft omnipräsent: Das Waffenplatzprojekt sei optimal für den Landschaftsschutz; es sei unabdingbar für die militärische Schlagkraft der Schweiz und die Initianten seien als Naturschützer getarnte Armeefeinde. Angesichts der Gunst, die die Schweizer Armee in der Bevölkerung genoss, hatte niemand wirklich mit einer Annahme der Initiative rechnen können.

Abb. 30: Plakat des Pro-Kommitees zur Rothenthurm-Initiative vom 6. Dezember 1987 (Quelle: Sammlung Schweizerisches Sozialarchiv, Zürich).

Die Verblüffung war gross, als die Initiative am 6. Dezember 1987 vom Schweizer Souverän mit 57,8 % Ja-Stimmen und nur drei verwerfenden Ständen (die Kantone Schwyz, Thurgau und Wallis) bei einer Stimmbeteiligung von 47 % angenommen wurde. Der EA zeigte sich verärgert über diese «Quittung an das EMD», die Folgen der kommenden Verfassungsänderung waren aber auch der EA-Redaktion noch nicht bewusst: «Möglicherweise ist es [das Abstimmungsresultat] zum Teil eine Quittung an das EMD, welches sich in dieser Frage seit mehr als einem Jahrzehnt nicht immer geschickt und kooperativ verhalten hat. Ferner ist es wohl nicht ganz abwegig, wenn man davon ausgeht, dass einige Stimmbürger (trotz guter Aufklärung) ja und nein verwechselten in der Meinung, ein Ja bedeutet ein Ja für die Armee beziehungsweise das Waf-

UNESCO Biosphäre Entlebuch

fenplatzprojekt des EMD.»[66] Wie auch immer, die Rothenthurm-Vorlage war eine der wenigen umweltpolitischen Vorlagen, die Umweltschutz (scheinbar) zu einem äusserst geringen Preis ermöglichten, sich folglich durch eine «geringe Konfliktivität» (Nef 1988) auszeichnete. Im Bewusstsein der Stimmenden beschränkten sich die Folgen der Initiative auf den Verzicht auf einen weiteren Waffenplatz, an dessen Stelle das schöne Moor erhalten bleiben sollte. Die Argumente der Militärführung vermochten offensichtlich nicht zu überzeugen, was zur ungewohnten Situation führte, dass sich Umweltschutzakteure mit den Anbetern einer ‹Apotheose der Freiheit› verbrüderten. Der Widerstandskampf der Rothenthurmer Bauern fügte sich gut in den schweizer Urmythos des Freiheitskampfes ein und konnte auf unerwartet hohe Sympathien zählen. Dass das eher konservative, armeefreundliche Entlebuch mehrheitlich für die Rothenthurm-Initiative stimmte, lässt sich damit als Akt der Solidarisierung mit dem kleinen ‹David›, d.h. den enteigneten und ‹gevogteten› Bauern von Rothenthurm, im Kampf gegen den arrogant vorgehenden fremden ‹Goliath› interpretieren.

Mitte des Jahres 1988 stellte die Luzerner Regierung den Entwurf zum Schutz der Moore auf Kantonsgebiet vor, wie sie ihn gemäss dem aus der Initiative resultierten Verfassungsauftrag zu erarbeiten hatte. Die sich nun abzeichnenden Folgen der Rothenthurm-Initiative schreckten die Entlebucher Bauern ein erstes Mal auf[67]. Der Kanton Luzern arbeitete die Moorschutzverordnung weiter aus und informierte 1992 die Bevölkerung der betroffenen Entlebucher Gemeinden über den Moorschutz bzw. seine Umsetzung[68]. Vor allem in Sörenberg herrschte Unsicherheit bezüglich der touristischen Zukunft. Der geplante Ausbau der Infrastruktur (Golfplatz 1996, Sommerbobbahn 1994, Ausbau der Wanderwege) drohte am befürchteten absoluten Bauverbot in den Moorlandschaften zu scheitern. Verhandlungen auf politischem Parkett brachten allerdings die Lösung: Die Grenze der Moorlandschaften macht nun einen Bogen um die betroffenen Areale[69]. Im Spätsommer 1996 lag schliesslich der grundeigentümerverbindliche Entwurf der kantonalen Moorschutzverordnung zur Vernehmlassung auf[70], welche aus der Region Entlebuch mit rund 300 Einsprachen quittiert wurde[71]. Verständlich wird diese Reaktion, wenn man berücksichtigt, dass *26 % der Fläche des Amts Entlebuch als Hoch-, Flachmoor oder Moorlandschaft unter Schutz gestellt wurden*. Die Gemeinde Flühli war besonders stark betroffen, fielen doch 61,6 % ihrer Fläche unter die neuen Schutzbestimmungen (Meienberg 2002: 8). Die Sorgen der Bevölkerung aufnehmend, widmete der EA die zehnteilige Artikelserie «Moor‹schutz› im Entlebuch» den «brisanten Themen»[72].

---

66 EA, 7.12.1987, S. 1: *Zweimal ja und einmal nein bei der eidgenössischen Urnengängen – Überraschendes Ja zu Rothenthurm.*
67 EA, 28.10.1988, S. 5: *Ein Podiumsgespräch zu Natur- und Landschaftsschutz in Entlebuch – Es braucht den Geist und das Geld.*
68 EA, 17.8.1992, S. 1: *Presseorientierung über den Moorschutz und wie er angewendet werden soll – Gesunder Menschenverstand ist gefragt.*
69 Alois von Wyl in EA, 7.9.1996, S. 5: *Golfplatz und Sommerbob sind etabliert. Moor‹schutz› im Entlebuch, Folge 2.*
70 EA, 17.8.1996, S. 1: *Zur Inkraftsetzung der Moorschutzverordnung.* NLZ, 9.1.1999, S. 24: *Moorschutz: Bauern zerstören Moorbiotope und nehmen hohe Strafen in Kauf – Teure Grabarbeiten im Moor.*
71 Kanton Luzern (18.6.2002): Botschaft B 131 des Regierungsrates an den Grossen Rat zum Entwurf eines Grossratsbeschlusses über die Staatsbeiträge an den Regionalplanungsverband Biosphärenreservat Entlebuch für die Jahre 2003–2005, Kapitel Ausgangslage.
72 EA, 31.8.1996, S. 1: *Moor«schutz» im Entlebuch – eine Serie.*

Die Kraft der Bilder in der nachhaltigen Entwicklung

Der Beginn impliziter Vorarbeiten für das BR lässt sich auf den 25. September 1993 datieren, als ein Moorpfad in Finsterwald eröffnet wurde (vgl. Marchal et al. 1993). Beim Eröffnungsfest sprach der anwesende Luzerner Justizdirektor Huber visionär von einer Wendung des umstrittenen Moorschutzes ins Positive, davon, den Moorschutz nicht als Bedrohung, sondern als Chance aufzufassen: «Sollte es zur Umsetzung des Projekts kommen, würde sich der Kanton mit *mehreren hunderttausend Franken* beteiligen.»[73] Huber bezieht sich auf die so genannten ‹Lebensraum-Projekte› wie Glaserpfad, Wiesenpfad, Köhlerweg etc., die aus einer Initiative des Kantons Luzern anlässlich des Schweizerischen Jubiläumsjahres von 1991 (700 Jahre Eidgenossenschaft) hervorgingen, als unter dem Motto ‹Luzern – Lebensraum für die Zukunft› kulturelle und ökologische Projekte mit Langzeitwirkung unterstützt wurden. Seit 1992 führt eine Stiftung gleichen Namens diese Initiative fort[74].

1996 besuchte der Gemeinderat von Flühli zusammen mit zahlreichen Fachleuten ein Biosphärenreservat in Berchtesgaden – auf der Suche nach Möglichkeiten, um das Kapital der ‹eidgenössisch diplomierten Moorlandschaften› zinsbringend einzusetzen[75]: «Das Urteil über das so genannte Biosphärenreservat ist klar und ziemlich vernichtend: ‹Die ganze Rechnung ist ohne die Bevölkerung gemacht worden. Das Projekt wird von ihr nicht getragen. Es handelt sich um von oben verordneten Naturschutz. […]. Bei uns dürfen wir ja nichts Ähnliches machen›» (ebd.).

Im November 1996 stellte sich der Marketingverein Regiopur den Medien vor: «Partner aus Land- und Forstwirtschaft, Gewerbe und Tourismus wollen unter einheitlicher Marke auf den Markt. Produkte und Dienstleistungen aus dem Entlebuch, dem Hinterland und dem Rottal sollen gemeinsam entwickelt und verkauft werden.»[76] Das spätere Label ‹echt entlebuch› in weiten Teilen vorwegnehmend, strebt die Marke eine Verbesserung der Wertschöpfung in der Region und einen Beitrag zur Erhaltung des ländlichen Raumes an, einen einheitlichen Auftritt, hohe Qualität und eine Verstärkung der Zusammenarbeit von Landwirtschaft, Gewerbe, Tourismus und Gastronomie (ebd.). Am 23. November 1996 war schliesslich die Taufe eines Produktes, welches später eng mit dem BR verbunden werden sollte: Auf dem Sörenberger Birkenhof der Familie Schnider wurde der erste Jahrgang des Erdbeerweines ‹Montes› gefeiert. «Es gibt zwei Möglichkeiten, mit der heutigen, düsteren Lage in der Landwirtschaft umzugehen. Die eine ist Resignation, Verzagtheit und stilles Dulden. Die andere, die hat übrigens Familie Schnider gewählt, heisst Kampf, Initiative, Ideenreichtum und absolutes Zusammenhalten der ganzen Familie.»[77] Der Erdbeerwein gewann den Emmi Innovationspreis 1997 und sei innert drei Wochen ausverkauft gewesen[78].

Wiederum implizit auf das spätere BR wies eine Medienmitteilung der Gemeinde Flühli vom 5. Dezember 1996 hin. In der Information über eine erarbeitete Projektskizze für ein Erlebniszentrum Moorlandschaften wurde darauf hingewiesen, dass ein solches Vorhaben «alle übrigen landschaftlichen Schönheiten und kulturellen Eigenhei-

---

73 EA, 27.9.1993: *Regierungsrat Hubers Offerte bei der Moorpfaderöffnung in Finsterwald – Ein Moor-Informationszentrum für Entlebuch?* Hervorhebung im Original.
74 Http://www.stiftungluzern-quer.ch/p/stiftung.htm, 2.3.2004.
75 Alois von Wyl in EA, 26.10.1996, S. 5: *Moore und Moorlandschaften als Kapital. Moor‹schutz› im Entlebuch, Folge 9.*
76 EA, 23.11.1996, S. 9: *Marketingverein Regiopur stellte sich vor – Start mit 53 Produkten.*
77 EA, 26.11.1996, S. 5: *Erdbeerwein vom Sörenberger Birkenhof – Süffiger Dessertwein – rund und fruchtig.*
78 EA, 21.1.1997, S. 1: *Der Emmi-Innovationspreis kommt ins Entlebuch.*

UNESCO Biosphäre Entlebuch

ten der Region einbeziehen» soll. Es gäbe aber bisher in der Schweiz kaum vergleichbare Projekte. Der konsultierte Spezialist aus Rhön, Deutschland, (dass es sich dabei um ein Biosphärenreservat handelt, wurde nicht erwähnt) hat aufgezeigt, «dass das wirtschaftliche Potenzial durch eine nachhaltige Nutzung sicherzustellen ist» und so der Region «neue Entwicklungschancen auf einer ökologischen Grundlage eröffnet werden» sollen. Die ausserordentliche Delegiertenversammlung der Regionalplanung Entlebuch habe sich zur Projektskizze positiv geäussert «und es ist vorgesehen, dass sich eine Arbeitsgruppe mit einem Vorprojekt auseinandersetzen soll.»[79] Die Fortsetzung folgte am 19. April 1997 mit dem eigentlichen Start des Projekts ‹Lebensraum Entlebuch› (vgl. unten Kap. ‹Hauptphase der UBE›).

Wichtige weitere Schritte, die wir hier vorwegnehmen, weil sie direkt die Umsetzung der Rothenthurm-Initiative betraffen, waren schliesslich die Genehmigung des regionalen Richtplans Moorlandschaften am 20. April 1999, den der Regionalplanungsverband Entlebuch auf eigene Initiative und als eigentliche Pionierarbeit erstellt hatte, und die Fertigstellung der Verordnung zum Schutz der Moore (SRL Nr. 712c.) am 2. November 1999 bzw. ihr Inkrafttreten am folgenden 1. Dezember. Zur Genehmigung des regionalen Richtplans hielt Heinrich Hofstetter, Präsident des Regionalplanungsverbandes Entlebuch, fest: «Der Moorschutz hat ja über Jahre hinweg sehr viele Emotionen geweckt. Mit dem regionalen Richtplan ist es uns gelungen, einen grossen Teil unserer Leute zu beruhigen. [...]. Wir sind froh über diese Genehmigung [des regionalen Richtplanes], die übrigens 15 Monate in Anspruch nahm. Wichtig ist der Entscheid vor allem auch im Hinblick auf das Projekt Biosphärenreservat, weil im Richtplan auch Schutz- und Entwicklungsziele genannt werden. Es waren übrigens genau diese Arbeiten am regionalen Richtplan Moorlandschaften, welche das Projekt Biosphärenreservat auslösten.»[80] Mit dem Bestehen der Verordnung zum Schutz der Moore sind nun die Hoch- und Flachmoore grundeigentümerverbindlich geschützt. Die Verordnung bedeutet nicht, dass auf den inventarisierten Gebieten keinerlei Nutzung mehr erlaubt wäre. Vielmehr werden mit den Bauern und den anderen Nutzern Bewirtschaftungsverträge abgeschlossen, welche die Art der Nutzung regeln, und dort, wo sie eingeschränkt wird, Ausgleichszahlungen zusichern. So gesehen handelt es sich um einen neuen Auftrag der Gesellschaft an die Bauern, die Moore zu pflegen. Ins Entlebuch fliessen beispielsweise jährlich rund 1,8 Mio Franken ‹Moorschutz-Beiträge›[81].

Ohne die Rothenthurminitiative und ihre Folgen gäbe es keine Biosphäre Entlebuch: Infolge der Initiative wurde rund ein Viertel des Entlebuchs seiner besonderen Schönheit und gesamtschweizerischen Bedeutung wegen gesetzlich geschützt. Da die strengsten Schutzgebiete im späteren Biosphärenreservat die Kernzonen, das heisst Zonen der stärksten Nutzungseinschränkungen, bilden, war die entscheidende politisch-normative (Neu-) Regionalisierung (vergleiche Röper 2001) bereits geleistet. Es galt, den Einschränkungen auch etwas Positives abzugewinnen, was in einem frühen Artikel zum Biosphärenprojekt wie folgt formuliert wurde: «Was machen wir mit soviel Schönheit?» (Hofstetter 1997). Die Umsetzung des neuen Verfassungsauftrages führte aber dazu, dass die Entlebucher Bevölkerung von ‹Natur-› und insbesondere ‹Moor-

---

79 EA, 5.10.1996, S. 1: *Eine Projektskizze in der Gemeinde Flühli ist ausgearbeitet worden – Ein Erlebniszentrum Moorlandschaften.*
80 Heinrich Hofstetter in EA, 17.7.1999, S.3: *Nachgefragt.*
81 EA, 2.12.1999, S. 3: *Kantonale Moorschutzverordnung: Verträge für rund 630 weitere Hektaren – Jährlich 1,8 Millionen Franken ins Entlebuch.*

schutz› (milde ausgedrückt) nichts mehr hören wollte. Es erstaunt deshalb nicht, dass die Initiatoren des späteren Biosphären-Projekts es zunächst vermieden haben, den Begriff ‹Reservat› zu verwenden.

2.5 Hauptphase der UBE

Seine mediale Präsenz startete das Projekt ‹Biosphärenreservat Entlebuch› am 19. April 1997 – allerdings noch unter dem Namen ‹Lebensraum Entlebuch›. Der EA berichtete über den Projektkredit in der Höhe von 150 000 Franken, den der Regionalplanungsverband Entlebuch aus dem ‹Fonds Landschaft Schweiz› (FLS) zugesprochen erhielt. Der FLS wurde von der Bundesversammlung 1991 im Rahmen der Jubiläumsfeierlichkeiten ‹700 Jahre Eidgenossenschaft› gegründet und ist der Erhaltung und Pflege naturnaher Kulturlandschaften gewidmet[82]. Mit dem Geld wird das seit November 1996 erarbeitete Projekt zur Sicherstellung einer nachhaltige Entwicklung des Entlebuchs unterstützt: «Schutz und Entwicklung sollen sich nicht konkurrieren, sondern ergänzen, ja sogar als Marketing-Argument verwendet werden können.»[83] Das Entlebuch sollte zu einer Modellregion werden, zu einem Gebiet, «das die Kriterien der UNESCO als so genanntes Biosphärenreservat erfüllt»[84]. Ziel war es, Schutz der Landschaft, nachhaltige Entwicklung und bessere Vermarktung der Region in Einklang zu bringen. Der Begriff ‹nachhaltige Entwicklung› wurde in diesem ersten Artikel zum Vorhaben im Sinne der ‹Brundtland-Definition› erläutert (vgl. Teil ‹IV Nachhaltige Entwicklung›) und mit einem diesbezüglich interessanten Bild versehen, das den Gedanken der Generationengerechtigkeit illustriert und welches unten vertieft betrachtet werden soll (Abb. 48 in Kap. ‹Artikel im «Entlebucher Anzeiger» (EA)›).

Der EA zeigte von seinem ersten Artikel zum Thema ‹Lebensraum Entlebuch› bzw. ‹Biosphärenreservat Entlebuch› an Wohlwollen gegenüber diesem «mutigen» Projekt (Kommentar von Josef Küng) und kündigte an, in den kommenden zwei Monaten zur Information der Bevölkerung mittels einer zehnteiligen Artikelserie beizutragen. Damit stand den Initiatoren das zentrale Meinungsbildungsorgan des Entlebuchs[85] beiseite – ein nicht zu unterschätzender Vorteil für die Promotoren des Vorhabens!

Der erste Artikel in der besagten ‹Serie in zehn Teilen› über den ‹Lebensraum Entlebuch› trug den bezeichnenden Titel «Was machen wir mit soviel Schönheit?»[86]. Angesichts unvorteilhafter Standorteigenschaften für Landwirtschaft, Industrie und Gewerbe solle sich die zukunftsorientierte Planung am «Kapital einer intakten Natur und Landschaft» orientieren. Das «Modell Biosphärenlandschaft» weise einen möglichen Weg, wie sich die Region entwickeln könnte, obwohl (oder gerade weil) ein grosser Teil der Entlebucher Landschaft unter Schutz steht. Bei Biosphärenlandschaften handle es sich – im «Gegensatz zu Nationalparks» – nicht um «klassische Naturschutz-Projekte, sondern um eine ökologische Regionalentwicklung». Der Autor weist zudem

---

82 Http://www.umwelt-schweiz.ch/Buwal/de/fachgebiete/fg_landnutzung/kulturland/erhaltung, 30.9.2005.
83 EA, 19.4.1997, S. 1: *Fonds Landschaft Schweiz unterstützt Regionalplanungsverband Entlebuch mit 150 000 Franken – Projekt «Lebensraum Entlebuch» ist gestartet.*
84 Ebd.
85 Der EA erschien bis ins Jahr 2002 dreimal, seither noch zweimal wöchentlich. Er hat eine Auflage von gut 8 000 Exemplaren und ist von 80 % der Entlebucher Haushalte abonniert (vgl.: http://www.entlebucher-anzeiger.ch, 16.9.2003).
86 Heinrich Hofstetter: *Lebensraum Entlebuch – eine Serie des Entlebucher Anzeigers (Teil 1) – Was machen wir mit soviel Schönheit?* In: EA, 27.5.1997, S. 5.

darauf hin, dass es die Entlebucher Landwirte sind, welche «mit ihrer sorgfältigen Bewirtschaftung unsere wertvollen Kulturlandschaften als Grundlage des ‹Lebensraum Entlebuch›» geschaffen haben. Damit wird von Beginn an zentralen Ängsten begegnet und den Werten grosser Bevölkerungsteile Respekt entgegen gebracht, indem der Beitrag gewürdigt wird, den die (bislang meist extensiv verfahrende) Landwirtschaft an der Schönheit der Kulturlandschaft hat. In der gleichen Ausgabe des EA wird zudem erstmals das Logo «Lebensraum Entlebuch» vorgestellt, erschaffen von der Graphikerin Käthi Friedli-Studer aus Escholzmatt (vgl. das bis auf den geänderten Projektnamen identische Logo in Abb. 31).

Der nächste Artikel der Serie widmete sich dezidiert dem Begriff ‹Nachhaltigkeit›: «Für das Entlebuch bedeutet sie [Nachhaltigkeit gemäss der Definition von Rio], dass die natürlichen Schönheiten und Besonderheiten zur Grundlage der wirtschaftlichen Entwicklung gemacht werden, ohne sie jedoch anzutasten und zu zerstören und ohne die Spielräume künftiger Generationen für eine eigene Entwicklung über Gebühr einzuschränken. [...]. Darüber hinaus soll das Programm aber auch als schlagkräftiges Marketing-Argument genutzt werden.»[87] Es wird ein Bild von nachhaltiger Entwicklung gezeichnet, wonach Natur- bzw. Landschaftsschutz und wirtschaftliche Entwicklung nicht konkurrieren müssen, sondern harmonisch miteinander bestehen können.

Abb. 31: Das Logo zum ‹Projekt Biosphärenreservat Entlebuch› symbolisiert prägende Merkmale des Entlebuchs: die zwei Flüsse, die Hügellandschaft und die Sonne (Quelle: Biosphäre Entlebuch).

Der dritte Teil der Artikelserie wendete sich umfassend an die bedeutende Bevölkerungsgruppe der Bauern: «Der Lebensraum Entlebuch braucht die Landwirtschaft»[88]. Es werden die zu erwartenden Herausforderungen an die Bauernschaft (beispielsweise durch die freie Marktwirtschaft) aufgezeigt, um anschliessend das Label ‹Lebensraum Entlebuch› als «eine hervorragende Voraussetzung für den Absatz von regionalen Spezialitäten und für einen Tourismus, der auf echten Naturerlebnissen aufbaut», darzustellen. Der anschliessende vierte Beitrag war dem Tourismus gewidmet. Auch dieser komme nicht am Umweltschutz vorbei. «Nur: Wer zuerst mit entsprechenden Initiativen die Möglichkeit zur Marktprofilierung nutzt, kann mit grossem öffentlichem Interesse und damit verbundenen Wettbewerbsvorteilen rechnen. [...]. Die Idee ‹Projekt Lebensraum Entlebuch› ist eine Synthese zwischen touristischen Interessen und der Landschaftserhaltung und birgt für uns die Chance für ein zukunftsgerichtetes, neues Denken – für neue Gäste.»[89]

---

87 Walter Büchi, Regionalplaner: *Lebensraum Entlebuch – eine Serie des Entlebucher Anzeigers (Teil 2) – Gemeinsam für die Zukunft.* In: EA, 31.5.1997, S.3.
88 Stefan Felder, Direktor LBBZ Region Entlebuch: *Lebensraum Entlebuch – eine Serie des Entlebucher Anzeigers (Teil 3)* – Der Lebensraum Entlebuch braucht die Landwirtschaft. In EA, 3.6.1997, S.6.
89 Theo Schnider, Kurdirektor Sörenberg: *Lebensraum Entlebuch – eine Serie des Entlebucher Anzeigers (Teil 4) – Neues Denken – neue Gäste.* In: EA, 5.6.1997, S.5.

Die Kraft der Bilder in der nachhaltigen Entwicklung

Die nächsten beiden Artikel betonten den Aspekt der Harmonie von Natur und Mensch: «Ein harmonisches Miteinander von Natur und Mensch muss das Ziel sein.»[90] Das Miteinander von Natur und Mensch mündet in der Verbindung von Nutzen und Schützen mit dem Ziel, «die Besiedlung und Arbeitsplätze sichern»[91] zu können. Der nötige Respekt des Menschen vor der Natur könne nur über Sensibilisierung und Informierung der Bevölkerung erreicht werden.

Während Teil 7 der Serie von der Bedeutung der Forschung handelt[92], geht der achte Teil auf die (neue Umgangs-) Kultur der Entlebucher Bevölkerung ein: «Man kann sich nun fragen, warum es überhaupt nötig ist, mit öffentlichen Geldern eine Kultur zu fördern, die es offenbar aus eigenen Kräften nicht schafft, eine grössere Verbreitung zu finden. [...]. Eine Kultur, die vor allem Lebensfreude vermittelt und lockere Unterhaltung bietet, hat nirgendwo Probleme mit der Popularität; sie ist beliebt, weil sie nicht tiefer schürfen, nicht aufrütteln und nicht lästige Fragen stellen will. Zweifellos brauchen alle von uns in gewissen Momenten solche Unbeschwertheit und Ablenkung vom Alltag. Aber gerade in der heutigen Zeit ist auch eine Kultur vonnöten, welche letzten Endes bezweckt, dass wir uns aktiv mit den wesentlichen Realitäten des menschlichen Lebens auseinandersetzen und so die Zeichen der Zeit erkennen, auch wenn diese nicht nur erfreulicher Art sind.»[93] Die letzten beiden Artikel nahmen sich dann wieder dem Thema der (‹nachhaltig› gesicherten) Wertschöpfung an: Das Projekt ‹Lebensraum Entlebuch› verhelfe «zu zusätzlichem Auftrieb und zu Imagewerbung. [...]. Leider lassen aber manchmal die gesetzlichen Vorschriften und Verordnungen zuwenig Spielraum. Ein Abbau der oftmals zu grossen Einschränkungen wäre wünschenswert. Wir Schweizer kommen uns manchmal als kleine Weltverbesserer vor.»[94] «Lebensraum Entlebuch – die Willensregion, die sich mit Nachdruck um eine bessere Strassen- und Bahnerschliessung wehrt [sic!] und die schnelle Verbindungen zu den Zentren fordert.»[95]

---

90 Thomas Stirnimann, Amt für Natur- und Landschaftsschutz des Kantons Luzern: *Lebensraum Entlebuch – eine Serie des Entlebucher Anzeigers (Teil 5) – Vom punktuellen Naturschutz zur umfassenden Landschaftsentwicklung.* In: EA, 7.6.1997, S. 3.

91 Josef Emmenegger, Gemeindeammann von Flühli: *Lebensraum Entlebuch – eine Serie des Entlebucher Anzeigers (Teil 6) – Informieren und Präsentieren.* In: EA, 10.6.1997, S. 7.

92 Engelbert Ruoss, Biologe und Museologe: *Lebensraum Entlebuch – eine Serie des Entlebucher Anzeigers (Teil 7) – Das Entlebuch – ein nationales Forschungslabor?* In: EA, 12.6.1997, S. 5.

93 Peter Lohri, Gymnasiallehrer und Redaktor der Entlebucher Brattig: *Lebensraum Entlebuch – eine Serie des Entlebucher Anzeigers (Teil 8) – Kultur – Luxus oder Notwendigkeit?* In: EA, 14.6.1997, S. 5.

94 Hans Lipp, Gemeinderat von Flühli: *Lebensraum Entlebuch – eine Serie des Entlebucher Anzeigers (Teil 9) – Wertschöpfung für unsere Region.* In: EA, 17.6.1997, S. 7.

95 Josef Lötscher, Nationalrat, Marbach: *Lebensraum Entlebuch – eine Serie des Entlebucher Anzeigers (Teil 10) – Lebensraum Entlebuch oder Stillstandsregion?* In: EA, 19.6.1997, S. 5.

UNESCO Biosphäre Entlebuch

Information, Information, Information

Abb. 32: Informationsveranstaltung mit Ballonflugwettbewerb vom 4.Oktober 1997 in Escholzmatt (Bild: Analies Studer, EA, 7.10.1997, S. 3).

Der Regionalwissenschaftler und Unternehmensberater Ernst A. Brugger riet den Initianten des Projekts in dieser frühen Phase: Es brauche «jetzt eine Gruppe von drei bis fünf Personen aus dem Entlebuch, welche zu hundert Prozent an das Projekt und an die Umsetzung durch die einheimische Bevölkerung glauben.»[96] Die kleine Gruppe führte zwischen September und November 1997 in allen betroffenen Gemeinden Informationsveranstaltungen durch, mit denen die weitere Bevölkerung zum Mitmachen bewegt werden sollte[97]. In Marbach lief diesbezüglich ein Ideenwettbewerb, um «schlummernde Potenziale in der Landwirtschaft, im Tourismus und im Gewerbe ... ausfindig zu machen»[98]. Gleichzeitig mit der Präsentation des Vorhabens wurden auch die Strukturen um das Lebensraumvorhaben bekannt gegeben: Neben Ausschuss, Arbeits- und Expertengruppe übernimmt das Regionalmanagement die Hauptaufgaben. Es setzte sich damals zusammen aus Stefan Felder vom landwirtschaftlichen Bildungs- und Beratungszentrum, der die Gesamtleitung innehatte, Theo Schnider, Kurdirektor in Sörenberg, zuständig für Tourismus und Felix Naef, Landschaftsarchitekt aus Brugg, der das Ressort Beratung und Naturschutz betreute.

Ende August 1997 wurde das bäuerliche Komitee des Amts Entlebuch informiert, allerdings erschienen neben den Referenten und dem Komitee-Ausschuss lediglich sechs weitere Bauern[99]. Vom 9. bis zum 11. Oktober 1997 fand eine Informationsreise ins Biosphärenreservat Lebensraum Rhön in Deutschland statt. Ausführlich berichtete der EA über die Reise und präsentierte drei Musterbeispiele von Produzenten, welche die Chance Biosphärenreservat zu nutzen wissen[100]. Theo Schnider zog im Oktober 1999 Bilanz über die intensiven Informations- und Beteiligungsbemühungen des Managements: «Nach einem Jahr können wir eine positive Zwischenbilanz ziehen!»[101] So seien in allen Gemeinden der Region Arbeitsgruppen an der Planung von zukunftsweisenden Projekten wie u.a. Verkehrsplanung oder Ortsbildgestaltung. Die Medienpräsenz des Entlebuchs sei mit durchschnittlich 3 Beiträgen pro Woche in Zeitschriften

---

96 Zit. in: EA, 24.6.1997, S. 3: *Über den Namen wird wohl noch lange gebrütet.*
97 EA, 20.9.1997, S. 3: *«Lebensraum Entlebuch» präsentiert sich.*
98 EA, 16.10.1997, S. 1: *Lebensraum Entlebuch – Ideen-Wettbewerb.*
99 EA, 28.8.1997; S. 1: *Nicht völlig dagegen, aber auch nicht gerade begeistert.*
100 EA, 15.11.1997, S. 9: *Augenschein im Biosphärenreservat Rhön.*
101 Theo Schnider: *«Nach einem Jahr können wir eine positive Zwischenbilanz ziehen!»* In: EA, 12.10.1999, S. 5.

Die Kraft der Bilder in der nachhaltigen Entwicklung

und Zeitungen des In- und Auslands erfreulich. Seit dem 1. Januar 1999 seien mit Referaten und Exkursionen 2 453 Interessierte persönlich erreicht worden. Es hätten sich verschiedene regionale Arbeitsgruppen gebildet, Sponsoren aus der Industrie seien gefunden worden, interessante Diplomarbeiten über das Entlebuch werden durchgeführt etc.

Ende Mai 1998 beheimatete das Entlebuch ein grosses Symposium über die Zukunft der Kulturlandschaften (vgl. Ruoss et al. 1999). Anlass für die Tagung waren die in der Schweiz mangelnden Instrumente, um Kulturlandschaften zu schützen bzw. eine vernünftige Entwicklung zu gewährleisten. Das Vorhaben ‹Biosphärenreservat Entlebuch› beschreitet hierbei Neuland und hat deshalb Modellcharakter.[102]

Abb. 33: Illustration zum Konflikt um die künstliche Beschneiung von Skipisten (Bild: Edi Zihlmann in: EA, 20.6.1998, S. 3).

Am 17. Juni 1998 hielten die Luzerner Sektionen von Pro Natura und WWF eine Pressekonferenz über die künstliche Beschneiung der Sörenberger Skipisten ab. Gemäss den beiden Umweltverbänden seien sie aus den laufenden Verhandlungen mit den Pistenbetreibern, im Wesentlichen die Bergbahnen Sörenberg AG, ausgeladen worden. «Das nunmehrige Nein der Bergbahnen zur Zusammenarbeit zwinge die Schutzverbände zu Einsprachen.»[103] An der Medienorientierung liessen die Umweltverbände verlauten, dass «gerade für das Projekt ‹Lebensraum Entlebuch› ... das Interesse der Tourismusbranche an der Zusammenarbeit mit dem Naturschutz unabdingbar» sei (ebd.). Der Verzicht auf die Zusammenarbeit sei der Anerkennung als Biosphärenreservat sicher nicht förderlich.

Der Konflikt um die Beschneiung der Moore dauerte an. Im Frühjahr 2000 publizierte die Pro Natura in ihrem Magazin folgenden Kommentar: «Es ist erklärtes Ziel im Entlebuch, den Status eines Biosphärenreservates zu erlangen. Derzeit wollen hier Bergbahnen die künstlich beschneiten Flächen vergrössern und zwar ausgerechnet in empfindlichen Gebieten. Dazu sollen an einigen Stellen Wasserleitungen durch Flachmoore von nationaler Bedeutung gebaut werden. Bereits beschneite, sensible Feuchtgebiete sollen auch in Zukunft nicht von der Beschneiung ausgenommen werden.»[104]

---

102 EA, 6.6.1998, S. 5: *Ein zweitägiges Symposium in Sörenberg – Welche Zukunft will das Entlebuch?*
103 EA, 20.6.1998; S. 3: *Bergbahnen künden weitere Zusammenarbeit mit Umweltschutzverbänden auf.*
104 Pro Natura Magazin 1/2000, S. 38: *das vorletzte – Sphärentourismus.*

UNESCO Biosphäre Entlebuch

Der Artikel von Pro Natura löste Reaktionen aus: «Nein – solche Schelte hat das Entlebuch nicht verdient. Da mühen sich echt aufgeweckte Geister um eine lebendige, kulturbewusste und naturverbundene Region; da setzten sich beherzte Leute für nachhaltige Entwicklung ein und arbeiten mit vereinten Kräften gar für ein Biosphärenreservat Entlebuch – das erste in der Schweiz. Und nun dieser Verriss im jüngsten Magazin der Pro Natura Schweiz. [...]. Pro Natura möchte in der Schweiz acht solche Biosphärenreservate – Orte harmonischer und nachhaltiger Entwicklung von Menschen, Kultur und Natur – auf die Beine stellen. Fantastisch. Aber ohne Menschen gibt es keine Biosphäre.»[105] Die Beschneiung sei, hiess es schon früher, in Wintersportorten um 1 200 Meter ü.M. eine «Existenzfrage»[106]. Kompromisse mit dem Naturschutz müssen möglich sein, schliesslich geht es darum, «dass die Leute in der Talschaft überleben können. Es kann nicht Sinn und Zweck sein, dass die Leute aufgrund von Naturschutzbestimmungen abwandern müssen.»[107]

Zwischen Sommer 1998 und Herbst 2001 (der Anerkennung durch die UNESCO) lief die gut dreijährige Aufbauphase, während der das eingesetzte Regionalmanagement u.a. die Gesuchsunterlagen für die Anmeldung des Biosphärenreservats bei der UNESCO erarbeitete. An den jährlichen Kosten von zwischen 500 000 und 800 000 Franken beteiligte sich der Bund, d.h. das Staatssekretariat für Wirtschaft (seco) über das ‹Regio Plus Projekt› mit dreimal je 300 000 Franken und der Kanton Luzern über den Lotteriefonds mit dreimal je 150 000 Franken[108]. Weitere 150 000 Franken jährlich wurden über Eigenleistungen und Eigenarbeit gedeckt[109].

An der Delegiertenversammlung des Regionalplanungsverbandes Amt Entlebuch von Anfang August 1998 wurden «personelle Weichen» für das Projekt Lebensraum Entlebuch gestellt: Das Regionalmanagement wurde nach dem Wegzug von Stefan Felder neu mit Dr. Engelbert Ruoss aus Wolhusen, Grossrat Bruno Schmid aus Flühli und Verkehrsdirektor Theo Schnider aus Sörenberg besetzt[110]. Mitte Dezember 1998 wurde ein Förderverein gegründet, damit die Idee eines BR und die Errichtung eines Biosphärenzentrums breite Unterstützung finden kann. Zur Gründungsveranstaltung fanden sich rund 40 künftige Mitglieder ein. «Ein Blick auf die aktuelle Zusammensetzung des Vorstandes zeigt, dass verschiedenste Kräfte eingebunden werden konnten. [...]. Noch untervertreten seien die Frauen und die Jugend.»[111]

Eine der grösseren Informationsveranstaltungen zum Biosphärenreservat fand am 23. Januar 1999 statt – kurz vor den Luzerner Grossratswahlen. Bei dieser Veranstaltung[112], an der es primär darum ging, den rund 100 ZuhörerInnen die Chancen eines BR aufzuzeigen, machten Vertreter der Landwirtschaft klar, dass sie keine «neue Vogtei», keine neuen Einschränkungen wollen. Ihrer Meinung nach wollten sich die Pro-

---

105 Hans Moos in NLZ, 9.2.2000: *Ohne Menschen keine Biosphäre.*
106 Theo Schnider, Kurdirektor von Sörenberg, in einem Gespräch mit Jörg Baumann, Präsident der Pro Natura Luzern, in: Pro Natura Magazin, 6/1997, S. 13ff.: *Eine Riesenchance für das Entlebuch.*
107 Ebd.
108 Wie Fn. 71.
109 EA, 26.9.1998, S. 1: *Lebensraum Entlebuch kann durchstarten.*
110 EA, 6.8.1998, S. 1: *Ein dreiblättriges Kleeblatt für das Biosphärenreservat.*
111 EA, 19.1.1998, S. 1: *Am Donnerstag wurde ein Förderverein gegründet – Das Projekt Biosphärenreservat unterstützen.*
112 Folgende Ausführungen und Zitate basieren auf NLZ, 25.1.1999, S. 27: *Schüpfheim: Informationsveranstaltung zum geplanten Biosphärenreservat – Diffuse Ängste wurden geäussert.* Und: EA, 26.1.1999, S. 1: *Mit neuen Ideen statt zusätzlichen Verboten.*

Die Kraft der Bilder in der nachhaltigen Entwicklung

motoren des Vorhabens nur profilieren, sich mit dem BR ein Denkmal setzen. Kritik an der Sache werde übergangen, so sei die Informationsveranstaltung «absichtlich auf den späten Samstagnachmittag um 17 Uhr angesetzt [worden], damit sie von möglichst wenig Bauern besucht» werden könne. Die Bauern würden durch das Biosphärenreservat «degradiert», sie können in den neu auszuscheidenden Zonen nicht mehr produzieren und würden gezwungen abzuwandern: «‹Jede neue Zone, die geschaffen wird, schadet uns. Darüber müssen wir gar nicht diskutieren.› Der Applaus auf diese harten Worte zeigte, dass eine ganze Anzahl der rund 100 Anwesenden dem Biosphärenreservat nicht bloss mit Skepsis, sondern mit offener Ablehnung gegenübersteht.» Die Mitglieder des Regionalmanagements versuchten, «innerlich spürbar aufgewühlt» die diffusen Befürchtungen der Landwirte zu zerstreuen. Das Entlebuch habe zwei Möglichkeiten: «Entweder es bleibt stehen und orientiert sich rückwärts, oder aber es schaut nach vorne und schafft sich Anerkennung mit einem zukunftsweisenden Projekt.» Dass die an der Veranstaltung anwesenden Bauern keine repräsentative Vertretung waren, zeigte sich rund drei Monate später an der Generalversammlung des Bauernvereins Entlebuch: «In einer angeregten Diskussion wurden zwar Bedenken gegen ein solches Projekt [Biosphärenreservat] laut, mehrheitlich überwogen aber jene Stimmen, die darin zumindest eine Chance sehen, die man nutzen sollte.»[113]

Im Rahmen des Grossratswahlkampfes vom Frühjahr 1999 nahm die SVP des Amts Entlebuch die Skepsis in der Bevölkerung dankbar auf und versuchte sich als Verteidigerin der Heimat zu profilieren. Die SVP wehrte sich in einer Pressemitteilung gegen fremde Vögte, gegen ein Regionalmanagement, das zu einer Regionalregierung werden könnte und überhaupt gegen das undemokratisch aufgegleiste Projekt. Als ehemalige Bauernpartei setzte sich die SVP dafür ein, dass die Landwirtschaft in den partizipativen Prozess einbezogen wird. Bislang seien «nur Befürworter drin, alle über 65 Jahre alt, Politiker, Touristiker und auswärtige Halbintellektuelle, die den Einheimischen sagen kommen, wie sie zu bauern hätten.»[114] Zur anfangs heftigen Kritik der SVP meinte ihr Präsident: «Zuerst haben halt viele gemeint, das sei wieder der Moorschutz. Da sind eben noch viele Einsprachen hängig. […]. Aber das Biosphärenreservat will sich auf den Moorschutz stützen. Jetzt können wir doch nicht gegen den Moorschutz sein und für das Biosphärenreservat» (ebd.). Die Reaktion des Managements auf die Kritik war, die Kritiker in die Arbeitsgruppen einzuladen, wo sie «konstruktive Vorschläge» machen können (Ruoss zit. in ebd.).

Wichtige Unterstützung fand das Biosphärenvorhaben bei den Jägern: «Zwischen der traditionellen Jagd und dem Projekt, das Entlebuch als Modellregion im Sinne eines Biosphärenreservates nachhaltig zu entwickeln gibt es … keinen Widerspruch»[115]. Auch die Vertreter des Tourismus standen mehr oder weniger geschlossen hinter dem Projekt[116].

Am 9. Oktober 1999 lag dem EA der Sonderdruck «Zukunftsstrategie fürs Entlebuch» bei: «Unter diesem Titel haben Regionalmanagement und Förderverein eine Zeitungs-

---

113 EA, 13.4.1999
114 Fritz Gerber, Amtsparteipräsident der SVP Entlebuch in Wochenzeitung für das Emmental, 25.1.1999: *Vogtei oder Chance für die Region – Das Biosphärenreservat im Luzerner Wahlkamp.*
115 Josef Muggli, Fischerei- und Jagdverwalter des Kantons Luzern im EA, 13.2.1999, S. 3: *Die Jagd ist ein Teil der Natur – auch im Biosphärenreservat.*
116 EA, 2.3.2000, S. 1: *Das Projekt Biosphärenreservat Entlebuch als Chance.*

UNESCO Biosphäre Entlebuch

beilage gestaltet, worin das Entlebucher Projekt ‹Biosphärenreservat› kompakt dargestellt ist.»[117]

Gegen Ende 1999 kam es gemäss Bruno Schmid zur heikelsten Situation im Verlaufe des Biosphärenprozesses[118]: Vier Landwirte drohten, die maschinelle Präparierung der Langlaufloipe Finsterwald zu verhindern, sollten nicht auch sie die unter Schutz gestellten Moore (die Moorschutzverordnung trat am 1. Dezember in Kraft) weiter nutzen dürfen[119]. Die LangläuferInnen wurden als Druckmittel im Kampf gegen den Moorschutz missbraucht. Für das Biosphärenvorhaben war jedoch schlimmer, dass die aus dem Moorschutz resultierenden Probleme tatsachenwidrig in Verbindung mit dem Biosphärenreservat gebracht wurden (vgl. Abb. 34). Peter Hofstetter, einer der vier am Widerstand beteiligten Landwirte, fiel übrigens schon am 18. Dezember 1999 im EA mit einem von ihm platzierten Kleininserat auf: «Gesucht per sofort, in Folge Enteignung durch Moorschutzverordnung 10 bis 15 ha Pachtland». Der einstige Biosphärengegner Hofstetter führt heute mit zwei Partnern die Emscha (Entlebucher Milchschaf-Produkte AG), wovon einige Produkte unter dem Label «echt entlebuch» laufen![120]

Abb. 34: Die «heikelste Situation» für die UBE (Bild: Edi Zihlmann, EA, 8.1.2000, S. 9).

Im August 2000 ging das Regionalmanagement eine Kooperation mit der AMAG Luzern ein, die zwei ‹New Beetle› zur Verfügung stellte. Für die AMAG sei dies kein Sponsoring im üblichen Sinn, sondern eine Kooperation mit einem Projekt, das auf Anhieb überzeugt hat. Theo Schnider fand anlässlich der Übergabe, dass der Beetle und die UBE hervorragend zusammenpassen: «‹Beide sind auf ihre Weise einzigartig; es gibt nichts Vergleichbares auf der Strasse resp. in der Schweiz›»[121]. Am 26. Februar 2001 erschien zudem ein längerer Bericht über die UBE (und die Kooperation mit der AMAG) in der AMAG-Automobilrevue *auto, mobil*[122]. Zugleich wurde die UBE am Automobilsalon in Genf präsentiert. Im Dezember 2001 wurden schliesslich über 100

---

117 EA, 9.10.1999, S. 1:*«Zukunftsstrategie fürs Entlebuch»*...
118 Mündliche Mitteilung vom 1.10.2004.
119 «Im nächsten Frühling werde ich wie eh und je den Mist ausführen. Wehe es wagt jemand, eines der eingelegten Drainagerohre zu entfernen oder zu verstopfen.» Josef Brun, einer der widerständigen Bauer in einem Interview im EA, 8.1.1999, S. 8: *Was geschieht auf/mit der Langlaufloipe Finsterwald?*
120 EA, 24.11.2001, S. 13: *Weichkäse aus dem Biosphärenreservat – Ehrenvolle Auszeichnung für George Hofstetter.*
121 Wochenzeitung für das Emmental und Entlebuch, 24.8.2000: *Biosphärenreservat gibt mit New Beetle Gas.*
122 Rony Bieri & Josef Küng: Eine Region auf der Überholspur. In: AMAG (Hrsg.): *auto, mobil*-Magazin, 1/2001, S. 36–41.

Die Kraft der Bilder in der nachhaltigen Entwicklung

Geschenkkörbe aus dem Biosphärenreservat von der AMAG an ihre Kunden verschenkt[123].

Das wohl wichtigste Ereignis vor Beginn der kommunalen Abstimmungen war das Biosphärenfest auf Heiligkreuz[124] vom 19./20. August 2000. Ab dem 1. Juli 2000 wiesen diverse Artikel im EA auf das Fest hin. Zum Fest selber hiess es: «Nach einem noch eher zögerlichen Zulauf am Samstag liessen sich gestern die Leute zahlreich herbei. Insgesamt waren es gemäss Schätzungen des Organisationskomitees um die 5 000 Personen, die am Wochenende das Fest besuchten»[125]. Anlässlich des Festgottesdienstes erteilte auch Regionaldekan Max Hofer dem Projekt seinen Segen. Während des Festes fand zudem die Einweihung eines weiteren Biosphärenproduktes, des Seelenstegs, statt. Dieser soll nicht – wie klassische Waldlehrpfade – Information vermitteln, sondern einladen, den Wald sinnlich und besinnlich zu erleben; zu «schauen, lauschen, riechen, verweilen, meditieren» (ebd.).

Kurz vor den kommunalen Abstimmungen wurde schliesslich an alle Haushalte die Informationsbroschüre «Das Entlebuch, ein Biosphärenreservat» versandt. «Diese Broschüre erklärt alles rund ums Projekt Biosphärenreservat.»[126] Wir kommen unten bei der Auseinandersetzung mit den visuellen Bildern auf sie zurück.

2.6 Die Volksbefragungen

Im September 2000 war die stimmberechtigte Bevölkerung der beteiligten acht Entlebucher Gemeinden aufgerufen, an Gemeindeversammlungen über die definitive Anmeldung als UNESCO Biosphärenreservat zu entscheiden (Ruoss et al. 2002: 3). Dies war zugleich das erste Mal in der Geschichte der Biosphärenreservate, dass sich die Bevölkerung über den Beitritt ihrer Region äussern konnte (ebd.). Veranlasst wurden die Abstimmungen durch die Luzerner Regierung, welche ihre Unterstützung für das Projekt von einem Nachweis abhängig machte, dass die Entlebucher Bevölkerung tatsächlich hinter dem Vorhaben stehe (Schnorr 2002: 60). Da Konsultativabstimmungen nicht rechtskräftig sind, hat die Biosphären-Projektleitung einen anderen Weg eingeschlagen: Die betroffene Bevölkerung konnte sich an ausserordentlichen Gemeindeversammlungen zum Projekt äussern. «Die Frage lautet allerdings nicht einfach ‹Biosphärenreservat Entlebuch ja oder nein?›, sondern ob an den Betrieb des Regionalmanagements ein jährlicher Pro-Kopf-Beitrag von vier Franken zu leisten sei, dies auf die Dauer von zehn Jahren. [...]. Geht die Mehrheit der Abstimmungen negativ aus, ist das Projekt in dieser Art gestorben»[127].

Flühli war die erste Gemeinde, die sich am 4. September 2000 zum Vorhaben äussern konnte. Weil rund 80 % der für das Vorhaben erforderlichen (bereits ausgewiesenen) Schutzgebietsfläche in dieser Gemeinde liegt, wurde ihrer Entscheidung viel Aufmerksamkeit beigemessen – die Rede war gar von der «‹matchentscheidenden›» Abstim-

---

123 EA, 13.12.2001, S. 20: *Amag Luzern setzt auf Entlebucher Produkte.*
124 Heiligkreuz, ein Weiler von nationaler Bedeutung, oberhalb des Dorfes Hasle gelegen und aus einer Kirche, einem Gasthaus und weiteren Gebäuden bestehend, stellt seit ca. 1480 das Entlebucher Landesheiligtum dar, das zu einem bekannten Wahlfahrtsort wurde, an welchem nach den Gottesdiensten auch wirtschaftliche und politische Fragen im Sinne einer Landsgemeinde besprochen wurden (vgl. Pflegschaft Heiligkreuz 1994).
125 NLZ, 21.8.2000: *Heiligkreuz: Stelldichein am Biosphärenfest – Das Entlebuch geht auch neue Wege.*
126 EA, 2.9.2000: *An acht Entlebucher Gemeindeversammlungen wird über das Biosphärenreservat abgestimmt – Flühli macht am Montagabend den Anfang.*
127 EA, 2.9.2000, S. 1: *Flühli macht am Montagabend den Anfang.*

mung[128]. Flühli galt allerdings als Gemeinde, die dem Projekt gegenüber positiv eingestellt war, da sie sich – inklusive Sörenberg – touristischen Mehrwert erhoffte (Schnorr 2002: 60). Die 4 Franken pro EinwohnerIn, die an den Betrieb des Biosphärenreservats ausgerichtet werden müssten, würden für die Gemeinde rund 6 500 Franken pro Jahr ausmachen. Die Bevölkerungsbeteiligung war (relativ) hoch: «Erst einmal in der Geschichte von Flühli vermochte eine Gemeindeversammlung mehr Stimmberechtigte anzulocken als am vergangenen Montag, 4. September, als 246 Personen erschienen.»[129]

Offene Opposition gegen das Vorhaben sei auch in den Tagen und Wochen vor den Abstimmungen nicht laut geworden; «andererseits ist es ein offenes Geheimnis, dass in bäuerlichen Kreisen nicht alle begeistert sind: Die Landwirtschaft hat in den letzten Jahren mit Schutzzonen nicht nur positive Erfahrung gemacht. Da haben die Befürworter nicht immer leichten Stand, wenn sie betonen, dass mit dem Biosphärenreservat weder neue Gesetze noch Verordnungen geschaffen werden.»[130] Und auch an der Versammlung wurde keine grundsätzliche Opposition gegen das Projekt geäussert. Allerdings wies ein Sprecher der SVP daraufhin, dass das Projekt viele unbekannte Faktoren enthalte und Ängste wecke. «Er forderte deshalb, den jährlichen Gemeindebeitrag von 4 Franken nur für vier Jahre zu bewilligen, und beantragte geheime Abstimmung. Die Zustimmung eines Fünftels der Stimmberechtigten kam mit 54 Stimmen knapp zu Stande, der Antrag auf zeitliche Beschränkung blieb auf der Strecke.»[131] Die geheime Abstimmung ging dann ziemlich deutlich zugunsten des Biosphärenreservats aus (vgl. Tab. 2).

Der gelungene Ausgang in Flühli hatte die erhoffte Signalwirkung für die anderen Gemeinden. In Escholzmatt sei die Opposition bereits ganz verstummt: «Die Gegner hatten keine Chance, als sich die Escholzmatter Gemeindeversammlung ... mit dem Projekt Biosphärenreservat befasste. [...]. Bei der Schlussabstimmung war die Zustimmung derart überwiegend, dass die Stimmenzähler darauf verzichten konnten, die Zahl der Gegner abzuzählen.»[132] Die weiteren Abstimmungen vielen sehr deutlich aus. Der Regierungsrat des Kantons Luzern formulierte einige Jahre später: «Das Resultat war überwältigend. [...]. Dies ist ein deutliches Zeichen der Einwohnerinnen und Einwohner der Region Entlebuch, dass man gewillt ist, dem Gedanken der nachhaltigen Entwicklung zum Durchbruch zu verhelfen.»[133]

Am 29. September fand eine Medienorientierung mit Teilnahme aller beteiligten GemeindepräsidentInnen statt. Es wurde darüber orientiert, dass nach den positiven Abstimmungsergebnissen über die Finanzierungsbeiträge das Gesuch um Anerkennung umgehend dem Kanton zur Prüfung und Weiterleitung an das Bundesamt für Umwelt, Wald und Landschaft (Buwal) eingereicht werden soll. Nach der Prüfung des Antrags

---

128 Ebd.
129 EA, 7.9.2000, S. 3: *Gemeindeversammlung in Flühli-Sörenberg – Klare Mehrheit für das Projekt Biosphärenreservat Entlebuch.*
130 Josef Küng in: Der Unter-Emmentaler, 7.9.2000, S. 8: *Gemeinde Flühli gibt positives Startzeichen.*
131 Neue Luzerner Zeitung, 6.9.2000, S. 32: *Flühli: Klares Ja zum Biosphärenreservat – «Jetzt wollen wir vorne stehen».*
132 EA, 9.9.2000, S. 3: *218 Personen besuchten die Gemeindeversammlung Escholzmatt – Überwältigendes Ja zum Biosphärenreservat.*
133 Regierungsrat des Kantons Luzern (2002): Botschaft des Regierungsrates an den Grossen Rat (B 131) zum Entwurf eines Grossratsbeschlusses über die Staatsbeiträge an den Regionalplanungsverband Biosphärenreservat Entlebuch für die Jahre 2003–2005, S. 5.

Die Kraft der Bilder in der nachhaltigen Entwicklung

durch das Buwal, kann der Bundesrat 2001 das Gesuch der UNESCO unterbreiten. Bis drei Jahre nach erfolgter Anerkennung wären die detaillierten Konzepte zum Betrieb der Zentren und zur Bewirtschaftung der drei Zonen zu erarbeiten. Ob die Ziele erreicht werden, wird nach zehn Jahren von Bund und UNESCO überprüft, die Region Entlebuch ihrerseits kann jederzeit aus dem Netz der Biosphärenreservate austreten (Regionalmanagement Projekt Biosphärenreservat Entlebuch 2000: 3).

Tab. 2:
Resultate der Gemeindeabstimmungen (Quelle: Ruoss et al. 2002: 45; eigene Berechnungen).

Datum	Gemeinde	Stimmberechtigte	Anwesend	Ja	Nein	Art der Abstimmung
4.9.2000	Flühli	1 152	246	179	65	geheim
7.9.2000	Escholzmatt	2 255	218	≈ 200	≈ 18	offen
15.9.2000	Entlebuch	2 400	197	185	12	offen
21.9.2000	Marbach	936	97	97	0	offen
22.9.2000	Hasle	1 260	113	107	6	offen
25.9.2000	Doppleschwand	460	64	64	0	offen
27.9.2000	Romoos	508	58	58	0	offen
28.9.2000	Schüpfheim	2 680	226	≈ 220	≈ 6	offen
	Planungsregion Entlebuch insgesamt	11 652	1219 ≈ 10 % der Stimmberechtigten	≈ 1 110 ≈ 91 % Ja- Anteil	≈ 107	

2.7 Nach den Abstimmungen

Die positiven Abstimmungsresultate führten zu einem grossen Medieninteresse am Entlebuch. Praktisch sämtliche Zeitungen der Schweiz berichteten über dieses Ereignis in Wort und Bild. Am 25. Januar 2001 kam dem Entlebuch eine weitere Ehre zu: Das auflagenstarke (Reise-) Magazin «Revue SCHWEIZ» widmete dem Entlebuch ein Heft: «Wir erklären, worum es [beim Biosphärenreservat] geht, und zeigen die wunderbar mystische Landschaft, geprägt von Menschen, ihrer Religion und jeder Menge Steinpilzen, in Bildern des jungen Fotografen Stefan Kölliker – eine Trouvaille, versprochen.»[134] Der EA vermutete wohl richtig, dass es ohne das Projekt-Biosphärenreservat nicht zu diesem Heft über das Entlebuch gekommen wäre[135]. Auf die Präsentation der UBE in der «Revue SCHWEIZ» werden wir unten anlässlich der Ergebnisse der Bildanalysen zurückkommen (Kap. ‹Visuelle Bilder›).

Am 14. Februar 2001 gibt der Schweizerische Bundesrat bekannt, dass er das Entlebuch der UNESCO als Biosphärenreservat vorschlagen wird. Er folgt dabei dem Gesuch des Kantons Luzern. «Das Entlebuch bekennt sich seit einigen Jahren zu einer nachhaltigen Entwicklung, indem es eine naturnahe Landwirtschaft, den Direktabsatz von Agrarprodukten und einen sanften Tourismus fördert. Mit der Aufnahme ins UNESCO-Netz wird es nicht zuletzt vom internationalen Erfahrungsaustausch profitieren können. Die Entwicklung der Region wird wissenschaftlich begleitet.»[136] Auch

---

134 Revue Schweiz, 27.11.2000, S. 71: *Vorschau – Entlebuch.*
135 EA, 10.2.2001, S. 1: *Die aktuelle Ausgabe der Zeitschrift ‹Revue Schweiz› hat das Entlebuch zum Thema.*
136 Medienmitteilung des UVEK vom 14.2.2001, http://www.uvek.admin.ch/dokumentation/medienmitteilungen/artikel/20010214/00053/index.html?lang=de, 18.2.2002.

dieser Schritt wurde von den nationalen Medien breit aufgenommen und führte wiederum zu einer für das Entlebuch früher undenkbaren Publizität (vgl. Abb. 45).

Erfolgreich und werbewirksam führte das Entlebuch auch seinen Gastauftritt an der Luga, der Luzerner Gewerbeausstellung, vom 20. bis 29. April 2001 durch. Um in das Ausstellungszelt zu gelangen, mussten die Besucher buchstäblich ins Entle*buch* eintreten, d.h. einen buchförmigen Zelteingang durchschreiten. An jedem Tag präsentierte sich eine andere der Entlebucher Gemeinden. «Der Auftritt des Entlebuchs hat für unser Tal viel Sympathie geschaffen: Vom Biosphärenreservat Entlebuch will (und wird) man weiterhin hören.»[137] Auf die Luga hin produziert und an ihr aufgelegt wurde auch der Prospekt «Eine neue Ferienwelt – Erlebnis Biosphärenreservat Entlebuch». Er wurde in einer Auflage von 35 000 Exemplaren gedruckt[138].

Am 8. Juni 2001 fand die erste Delegiertenversammlung des Regionalplanungsverbandes Biosphärenreservat Entlebuch statt, welcher den Regionalplanungsverband Entlebuch ablöst[139]. «Ohne Übertreibung lässt sich festhalten, dass diese Versammlung beziehungsweise die von ihr gefällten Entscheide für die Zukunft unserer Region von herausragender Bedeutung sein werden», schrieb Joseph Küng in einem Kommentar zu besagtem Ereignis[140]. Er stellte fest, dass das Entlebuch dank dem Biosphärenprojekt zu – positiven – Schlagzeilen gekommen ist. Die restliche Schweiz nehme vor allem erstaunt zur Kenntnis, wie demokratisch der ganze Prozess bislang ablief. Doch dies gelte nicht mehr für die Wahl der vierzig Delegierten des Regionalplanungsverbandes Biosphärenreservat Entlebuch, der ‹Bottom up-Prozess› sei gefährdet. Juristisch gesehen sei den acht Gemeinden kein Vorwurf zu machen, diese hätten schlicht von ihrem Ernennungsrecht Gebrauch gemacht und die ihnen zustehende Anzahl Delegierte bestimmt. Aber «wenn ein besonnener Endfünfziger von ‹Skandal› spricht, wenn eine dynamische 30-Jährige halböffentlich sagt, sie habe in der parteipolitischen Arbeit noch nie einen solchen Frust erlebt – dann müssen die Lampen mindestens auf Orange schalten.» 15 der 40 Sitze werden von Gemeinderäten besetzt und nur 8 Personen sind weiblichen Geschlechtes. Beim achtköpfigen Vorstand, die Umstände zu dessen Zustandekommen werden von Küng als Schlammschlacht bezeichnet, ist das Profil noch zugespitzter: alle sind männlich, sieben davon Gemeinderatsmitglieder und sechs über fünfzig. «Es geht nicht darum, der älteren Garde ihr Recht abzusprechen, in einem solchen Gremium dabei zu sein. Schade ist indessen, dass man es auch hier verpasst hat, Signale zu senden. Ein solches Signal hiesse: ‹Das Biosphärenprojekt ist ein Projekt der Zukunft. Die Zukunft gehört der Jugend. Also brauchen wir Junge, auch ganz vorne.› Nicht nur die Repräsentation, auch die Information sei ein Trauerspiel: «Irrtum vorbehalten haben bloss zwei Gemeinden von sich aus in unserer Zeitung mitgeteilt, wen sie als Delegierte des neuen Regionalplanungsverbandes bestimmen.» Und vollends auf provokatives Terrain begibt sich Küng, wenn er die Qualifikationen

---

137 EA, 1.5.2001, S. 1: *Der «Entlebucher Tag» zum Abschluss der (Entlebucher) Luga – Die letzte Luga-Seite des Entle-Buchs gefüllt.*

138 EA, 26.4.2001, S. 1: *Rechtzeitig auf die Luga erschienen – Neuer Prospekt Ferienwelt.* Eine Bildanalyse dieses Prospekts befindet sich in Kuprecht (2004).

139 Später komme noch ein «Biosphärenrat» hinzu, welcher zwischen politischer (Vorstand des Regionalplanungsverbandes) und operativer Führung (Regionalmanagement) verbinden soll. Ebenfalls noch zu gründen sei die «Stiftung Biosphärenreservat», welche als wissenschaftlicher Beirat gedacht sei (EA, 12.6.2001: *Erste Delegiertenversammlung Regionalplanung Biosphärenreservat Entlebuch – Es entstand eine Art «Entlebucher Parlament»*).

140 Josef Küng im EA, 16.6.2001, S. 7: *Kommentar – Biosphärenreservat: Von oben nach unten oder von unten nach oben?*

der Delegierten für dieses anspruchsvolle Amt anzweifelt. Es reiche nicht aus, über eine qualifizierte operative Ebene zu verfügen, auch die strategische Ebene müsse kompetent in Sachfragen sein und vor allem müssen Aufgaben und Kompetenzen der beiden Organe geregelt werden.

Die SP Entlebuch stiess ins gleiche Horn: «Der Versuch, uns dem Ziel eines Biosphärenreservats anzunähern, kann nur gelingen, wenn wir dabei sozial und demokratisch vorgehen. Sozial heisst zuallererst, dass beim Planen und Realisieren alle Individuen und Gruppen eines Lebensraumes auch wirklich gefragt werden, sich mit ihren Vorstellungen, Wünschen und Fähigkeiten einbringen können. Erst wenn die Menschen um ihren Beitrag zum Ganzen gebeten werden, fühlen sie sich dazugehörig, dann sind sie im wörtlichen Sinne interessiert, machen sie die Sache zu ihrer eigenen und nehmen von selbst Verantwortung war.»[141] Und Bruno Luthiger-Noti schrieb: «Wir vermissen den Einbezug der Bevölkerung und erinnern an den Satz in der [Abstimmungsinformations-] Broschüre: ‹Die Kriterien für Biosphärenreservate in der Schweiz verlangen, dass die Bevölkerung in die Gestaltung des Biosphärenreservats als Lebens-, Wirtschafts- und Erholungsraum einzubeziehen ist.›»[142] Anlässlich des ersten Bahnhofsgesprächs der SP Amt Entlebuch vom 27. November 2001[143] gab CVP-Nationalrat Ruedi Lustenberger der SP-Kritik Recht: «Dass Minderheiten wie zum Beispiel die SP im 40-köpfigen Rat nicht vertreten sind, ist ein Schönheitsfehler»[144]. Dies entspreche nicht seinem demokratischen Empfinden. Zudem brauche es auch «Leute von aussen […]. Kritische Arbeiten von StudentInnen zum Projekt des Biosphärenreservats würden schon jetzt einen wichtigen Beitrag leisten» (ebd.).

2.8 Anerkennung der UBE

Das dritte grosse überregionale Diskurs- und Viskursereignis nach den erfolgreichen Abstimmungen und der Kandidatureingabe war schliesslich die Anerkennung des Entlebuchs durch die UNESCO am 20. September 2001. Schweizweit berichteten die Medien über das Entlebuch. «Die Randregion Entlebuch avanciert zu einer Modell-Landschaft. […]. Der Vorsitzende der zuständigen UNESCO-Kommission in Paris, Jürgen Nauber, bezeichnete die zuvor vom Bundesrat geförderte Schweizer Kandidatur als ‹Top-Bewerbung› und zugleich als ‹modellhaft› für künftige Bewerbungen.»[145] In der nationalen (und vor allem auch in der internationalen) Presse hatte das Entlebucher Ereignis zwar einen schweren Stand, sich im aktuellen Weltgeschehen zu behaupten: Knappe zwei Wochen früher, am 11. September, fand das schockierende Attentat auf das WTC in New York und das Pentagon in Washington statt und Anfang Oktober ‹groundete› auch noch der einstige Stolz der Schweiz: die Swissair. Trotzdem: «Das Entlebuch ist dank einem ambitionierten und mutigen Projekt wieder positiv im Gespräch. Es wird eine Freude sein, mit einer faszinierenden Modellregion international aufzutreten und in einem weltweiten Netz von Biosphärenreservaten mitzuarbeiten.»[146] Das Entlebuch wird nun wahrgenommen und dies ist die Voraussetzung für

---

141 Josef Lischer-Petermann (o.J.): *Die SP Amt Entlebuch zum Biosphärenreservat – ein Kommentar von Josef Lischer-Petermann.* Auf: http://mitglied.lycos.de/RegionEntlebuch/BRE_Kommentar_Lischer.htm, 27.2.2004.
142 Bruno Luthiger-Noti in einem Leserbrief im EA, 31.5.2001: *Quo vadis BRE?*
143 EA, 24.11.2001, S. 5: *Familienpolitik und Biosphärenreservat.*
144 Lustenberger zit. in: EA, 29.11.2001, S. 3: *Erstes «Bahnhofsgespräch» der SP Amt Entlebuch zur Familienpolitik und zum Biosphärenreservat – «Label Biosphärenreservat lebt von kompetenten Leuten – auch von aussen».*
145 NLZ, 22.9.2001, S. 21: *Die Natur macht Entlebuch zum Vorbild.*

UNESCO Biosphäre Entlebuch

eine erfolgreiche Vermarktung: «Das Entlebuch ist plötzlich ein bedeutender, ein sich von anderen positiv abgrenzender Lebens-, Wirtschafts- und Erholungsraum. Das Label ‹UNESCO-Biosphärenreservat› erhöht die Wahrnehmung der Region auf einen Schlag. Von diesem nationalen Interesse kann jeder profitieren. Es ist auch jeder verpflichtet, seinen Beitrag in Zukunft zu leisten, damit wir nicht vergessen gehen.»[147]

Der EA widmete dem Anlass der Anerkennung einige Seiten (und Bilder). In einem Kommentar schrieb Küng: «Seit gestern nun ist es offiziell; das hoch gesteckte Ziel ist erreicht: Das Entlebuch ist das erste Schweizer Biosphärenreservat. Was bedeutet das nun? Und wie soll es weitergehen? – Diese Frage haben wir einem Dutzend Personen gestellt, die dem Projekt nahe stehen [...]. Aus den Antworten lassen sich vier Schwerpunkte herauslesen. Erstens: Freude, Genugtuung, Befriedigung, Dank. Jemand sagt zu Recht, die Anerkennung sei auch der Lohn für die geleistete Arbeit. Zweitens: Ein wenig Stolz. Das Image des Entlebuchs wurde aufgewertet; man spricht von uns, und zwar positiv. Drittens: Chancen. Das Biosphärenreservat als Ganzes und das Markenzeichen ‹Echt Entlebuch Biosphärenreservat› geben zu Hoffnungen Anlass. Man erwartet Impulse, Ideen – und Geld. Viertens: Die Arbeit kommt erst. Der Erwartungsdruck ist gross, die Aufgaben sind zahlreich. Es braucht Einsatz von allen, Geduld, Ausdauer, Fantasie, Zusammenarbeit über Gemeindegrenzen hinweg, also auch Toleranz.»[148]

2.9 Nach der Anerkennung

Nach der Anerkennung der UBE führte der EA eine Umfrage in Entlebucher Gemeinden durch, was die Bevölkerung vom Biosphärenreservat hält und welche Vorteile sie sich erhofft. «Die meisten der Befragten befürworten das Projekt und versprechen sich positive Auswirkungen für die gesamte Region. Nicht wenige wollten oder konnten keine Auskunft geben, da sie nichts oder nur am Rande davon gehört hatten»[149]. Der EA kommentiert wie folgt: «Wenn man die abgedruckten Antworten der zufällig befragten ‹Direktbetroffenen› liest [...], könnte man annehmen, dass die meisten von ihnen sich ebenfalls ernsthaft, manche sogar intensiv mit den Möglichkeiten und Chancen des Biosphärenreservates auseinander gesetzt gaben und wissen, worum es dabei geht. Allerdings gab es auch mindestens ebenso viele Antworten, die hier nicht abgedruckt werden. Sie lauteten etwa: ‹Tut mir leid ... keine Ahnung ... ich habe mich nicht damit befasst ... nie davon gehört ... Biosphärenreservat...? Völlig an mir vorbeigegangen ...›. Die Frage nach der Form einer wirksamen, Entlebuch-internen Gesprächskultur über das grosse Projekt stellt sich nach wie vor. Damit in der guten Stube nach getaner ‹Aussenpolitik› kein ‹beredtes Schweigen› buchstäblich Bände spricht (so wie an mehreren seltsam stummen Stammtischrunden in einheimischen Restaurants), wäre ein Kommunikationskonzept nach dem Motto ‹Aus der Region – für die Region› bestimmt ein nachhaltiger Gewinn.»[150]

Anfang Dezember 2001 fand die zweite Delegiertenversammlung des Regionalplanungsverbandes Biosphärenreservat Entlebuch statt[151]. Es wurde betont, dass die Idee

---

146 Engelbert Ruoss in EA, 22.9.2000, S. 8: *Den entscheidenden Tag am UNESCO-Hauptsitz in Paris miterlebt.*
147 Theo Schnider in EA, 22.9.2001, S. 9: *Was bedeutet die Anerkennung durch die UNESCO? Wie geht es weiter? Zwölf Meinungsäusserungen.*
148 EA, 22.9.2001, S. 1: *Samstagsnotiz – Im Leadertrikot.*
149 EA, 29.9.2001, S. 1: *Biosphärenreservat Entlebuch – Nachlese: Umfrage in drei Gemeinden.*
150 EA, 29.9.2001, S. 5: *Kommentar – Wichtig: Interne Kommunikation.*

Die Kraft der Bilder in der nachhaltigen Entwicklung

und das Konzept des Biosphärenreservats gezündet hätten und dass bereits rund 250 EntlebucherInnen am Projekt mitarbeiten würden. Ab 2002 werde das Regionalmanagement mit Bruno Schmid, Theo Schnider und Engelbert Ruoss in ein festes Anstellungsverhältnis übernommen. Ebenfalls im Dezember 2001 beherbergte das Entlebuch die volkstümliche Unterhaltungssendung «Hopp de Bäse!» des Schweizer Fernsehens[152] und für erneute Publizität sorgte der Auftritt des Entlebuchs an den Feriemessen in Bern und Zürich im Januar 2002[153].

Am 29. Januar 2002 wurde schliesslich die Marke ‹echt entlebuch – biosphärenreservat› lanciert. Bereits zum Zeitpunkt der Ankündigung waren 53 Produkte von 13 Produzenten mit dem Label ausgezeichnet (17 Käsesorten, diverse Fleischprodukte, Produkte aus handgewobenem Stoff in den Biosphärenfarben Gelb, Grün und Blau, der bekannte Erdbeerwein und verschiedene Holzprodukte). Die Marke ‹echt entlebuch – biosphärenreservat› soll für kontrollierte Qualität aus dem Biosphärenreservat Entlebuch bürgen. «Die Attribute wie echt, urchig, original, gesund und natürlich stehen für ausgewiesene positive Werte»[154]. Mit der Marke wird eine Käuferschaft ausserhalb des Entlebuchs angepeilt, denn der Markt in der Region ist zu klein. «Damit dies glückt, müssen drei Punkte erfüllt sein: Es braucht jemand, der sich kompetent der Marke annimmt; das ist unsere Markenkommission. Es braucht eine Identifikation mit der Marke; ich glaube, dass diese bei unserer Bevölkerung gegeben ist. Und schliesslich braucht es eine Einzigartigkeit; die ist mit dem Biosphärenreservat gegeben.»[155] Die Lancierung der Marke wurde in der Schweizerischen Medienlandschaft wiederum breit gestreut.

Abb. 36:
Das Label ‹echt entlebuch› nach den Anpassungen vom Mai 2003 (Quelle: http://www.biosphaere.ch/pages/e_produkte/pdf/LogoMarke.pdf).

Ein weiteres Ereignis war im Februar 2002 das Erscheinen der neuen Broschüre ‹Eine neue Ferienwelt›, welche Entlebuch Tourismus als Auftraggeber Kosten von 50 000 Franken verursachte. Die Broschüre wurde national breit gestreut, aber interessanterweise wurden auch die Haushalte des Entlebuchs mit Exemplaren bedient[156]. Eine Bildanalyse dieser Broschüre wurde von Kuprecht (2004) durchgeführt.

---

151 EA, 4.12.2001, S. 5: *Delegiertenversammlung des Regionalplanungsverbandes Biosphärenreservat Entlebuch – Im Zeichen des Rückblicks und der (noch) provisorischen Beschlüsse...*
152 NLZ, 29.12.2001, S. 18: *Programmhinweis «Hopp de Bäse!» SF 1 18.45 Uhr.*
153 EA, 16.10.2001, S. 1: *Ferienmessen in Bern und Zürich – Das Entlebuch präsentiert sich.*
154 EA, 31.1.2001, S. 2: *Produkteshow zertifizierter Regionalprodukte in Flühli – «echt entlebuch – biosphärenreservat» lanciert.*
155 Theo Schnider in EA, 2.2.2002, S. 5: *Nachgefragt.*
156 EA, 16.2.2002, S. 12: *Broschüre «Eine neue Ferienwelt» – Die Entlebucher Naturschönheiten anpreisen.*

UNESCO Biosphäre Entlebuch

Obwohl der *Prozess* der nachhaltigen Entwicklung mit erfolgter Abstimmung und der Anerkennung der Planungsregion Entlebuch als UNESCO Biosphärenreservat nicht abgeschlossen ist, sondern sich im Gegenteil nun zeigen wird, ob die Erwartungen der Bevölkerung wie auch jene der Initiatoren erfüllt werden, brechen wir hier die Prozessdarstellung ab. Den für unsere Fragestellung wichtigen Kontext haben wir mit der Vor- und Hauptphase der Entstehung der UBE abgedeckt, gilt es doch vor allem zu klären, welchem Bild nachhaltiger Entwicklung die Bevölkerung im September 2000 zugestimmt hat. Der kurze Einblick in das Geschehen nach den Volksbefragungen hat uns die Richtung der Weiterentwicklung der UBE, wichtige Kritikpunkte wie auch Erfolge erkennen lassen. Eine vertieftere Auseinandersetzung mit der Umsetzung nachhaltiger Entwicklung ist nicht das Ziel dieser Arbeit.

3 Verbale Bilder

Zusammenfassend sollen die bedeutendsten Vorstellungen (die kollektiv geteilten mentalen Bilder, d.h. sozialen Bilder bzw. ‹Mythen›) zum Projekt UBE bzw. zu nachhaltiger Entwicklung dargelegt werden, welche die Diskussion im betrachteten Zeitraum prägen. Wir erhalten dadurch einen Überblick der Werte, die mit der UBE verbunden worden sind. Die verbalen Bilder spiegeln die gesellschaftlich zentralen ‹Mythen› wider, d.h. jene mächtigen, weil von der jeweiligen sozialen Gruppe für wahr gehaltenen Weltbilder, an denen sich das Handeln orientiert. Indem die ‹Mythen› die Welt deuten und derart bestimmte Aspekte bedeutender machen als andere, geben sie vor, was anzustrebendes wert- und sinnvolles Handeln ist. Wir werden die ‹Mythen› aufzeigen, jedoch ist es im Rahmen dieser Arbeit nicht möglich, sie zu dekonstruieren, d.h. auf die Bedingungen ihrer Entstehung und Perpetuierung einzugehen und das jeweils ausgeblendete bzw. verneinte umfassend zu berücksichtigen. Für uns stellen die verbalen Bilder Ausformulierungen des soziohistorischen Kontextes dar, auf welchen hin die Analyse der visuellen Bilder zu interpretieren ist (vgl. ‹Berücksichtigung der Kontextabhängigkeit› in ‹V Methodik›).

Wertschöpfung

Von Beginn des Vorhabens an wurden die erhofften ökonomischen Chancen betont, beispielsweise über die Entwicklung von Nischenprodukten und die Förderung des biologischen Anbaus in der Landwirtschaft, über einen (sanften, naturfreundlichen) Tourismus und dessen Verflechtung mit der Landwirtschaft, über die Verwendung und Verarbeitung einheimischer Produkte und Rohstoffe in Gastronomie und Gewerbe etc.[157] Der Fokus auf die wirtschaftliche Seite nachhaltiger Entwicklung erstaunt nicht, schliesslich wurde das Biosphärenvorhaben gerade durch das «unangenehme Erlebnis mit dem Moorschutz, die wirtschaftlichen Schwierigkeiten im und um das Entlebuch, der Umbruch in der Landwirtschaft und die schnellen Veränderungen im Tourismus und in der Wirtschaft im Allgemeinen» veranlasst[158]. So seien denn «nebst der Vermarktung der Schönheiten der Landschaft ... der Erhalt der Arbeitsplätze, ideale Rahmenbedingungen für die ansässigen Industriebetriebe, ein optimales Bildungsangebot in der Region und eine bessere Erschliessung vordringlich anzustreben» (ebd.). Nachhaltige Entwicklung bedeute, «dass die Existenz gesichert ist. Diese ist gesichert, wenn genügend Arbeitsplätze vorhanden sind und dazu braucht es eine gesunde Wirtschaft»[159]. Die Schaffung von Arbeits- und Ausbildungsplätzen soll nicht zuletzt das Problem der Abwanderung entschärfen und so den vor allem die Bauwirtschaft betreffenden Teufelskreis aus sinkender Nachfrage, Firmenschliessungen, steigenden Steuern, Abwanderung, sinkender Nachfrage etc. aufbrechen helfen[160]. Das Entlebuch soll als Lebensraum erhalten bleiben, damit die EinwohnerInnen darin wohnen und arbeiten und ihre Freizeit verbringen können[161].

---

157 Vgl. z.B. EA, 15.10.1997, S. 7: *In Entlebuch über Abfall und Lebensraum diskutiert.*
158 EA, 16.10.1997, S. 1: *Lebensraum Entlebuch – Ideen-Wettbewerb.*
159 Nicole Frei: *Ein zweitägiges Symposium in Sörenberg – Welche Zukunft will das Entlebuch?* In: EA, 6.6.1998, S. 5.
160 NLZ, 26.1.2002, S. 25: *Bauwirtschaft – Das Entlebuch hat ausgebaut.*
161 Die Delegierte M. Zamudig in ihrer Antwort auf die Delegiertenbefragung, durchgeführt vom Regionalmanagement Entlebuch im April 2003.

UNESCO Biosphäre Entlebuch

Der Zukunftsforscher Hans O. Rohner vom Innovations-Management Muri bei Bern warnte das Entlebuch jedoch «vor ungesundem Wachstumswahn und nicht zum Charakter der Region passenden Projekten». Das Entlebuch dürfe die Chancen einer intakten Natur nicht einer überbordenden Infrastruktur opfern. «Die Region müsse zeigen, was nachhaltige Wirtschaft sei, sie müsse Raum schaffen für naturnahe und glaubwürdige Bauvorhaben und Investoren suchen, welche bereit seien, diesen Ansprüchen Rechnung zu tragen»[162]. Das Natürliche und Nachhaltige werde sich durchsetzen, denn nicht Überfluss, sondern Qualität sei in Zukunft gefragt. «Ökologiebewegung und High-Tech gehen vermehrt Hand in Hand. [...]. Gerade in diesem neuen Geist ... liegen die Chancen für das Entlebuch. Um so mehr, wenn auch die Preise stimmen. [...]. Alle sollten am gleichen Strick ziehen. Kontraproduktiv wäre eine berglerische Missgunst und Vetternwirtschaft. Das Entlebuch muss im Gespräch bleiben, also regelmässig in den Medien, auch im Fernsehen, präsent sein.»[163] Damit sind weitere Vorstellungen eines *vorbildlich intakten Lebensraumes*, eines *Imagewandels* und verbesserter *Kooperation und Partizipation* bereits angesprochen, auf die noch ausführlicher einzugehen sein wird.

‹Etikettenschwindel›

Die – machmal einseitige – Fokussierung auf wirtschaftliches Wachstum und die Betonung, dass dies nur möglich sei, wenn diverse Infrastrukturen ausgebaut würden, provozierte Kritik von naturschützerischer Seite. Die Pro Natura warf den Entlebuchern den ‹Etikettenschwindel› nicht nur verbal vor (siehe oben unter ‹Information, Information, Information›), sondern setzte ihre Kritik auch visuell ins Bild (Abb. 37). In Anlehnung an die bekannten Rätselbilder, in welchen zehn Unterschiede zwischen zwei ansonsten gleichen Bildern zu entdecken sind, liess die Pro Natura ihre LeserInnen Unterschiede zwischen einem Bild des Entlebuchs von vor der UNESCO-Auszeichnung und einem suchen, welches den Zustand nach der Anerkennung prognostieziert. Die Pointe: Es gibt keine Unterschiede. Im Entlebuch, so der Verdacht der Pro Natura, werden Schneekanonen betrieben, auch wenn es sich einst um ein BR handeln sollte. Explizit wird dem Entlebuch ‹Etikettenschwindel› unterstellt, wenn es heisst: «Nicht schlecht, die Idee, mit Natur und so zu werben! Und so falsch auch nicht ganz. Besonders etwa, wenn unter dem Biosphären-Schneekanonenschnee ein echtes Moorbiotop von nationaler Bedeutung platt gefahren wird.»[164]

---

162 NLZ, 14.11.2001, S. 28: *Diskussionsrunde in Flühli-Sörenberg – Das Entlebuch braucht auch schräge Projekte.*
163 EA, 15.11.2001, S. 3: *Flühli-Sörenberg: Wirtschaftsförderung im Biosphärenreservat – Veränderte Bedürfnisse verbessern die Chancen.*
164 Pro Natura Magazin 1/2000, S. 38: *das vorletzte – Sphärentourismus.*

Abb. 37:
«Finde die 10 Unterschiede!».
Provozierende Interpretation des BR-Projektes durch die Pro Natura (Quelle: Pro Natura Magazin 1/2000, S. 38).

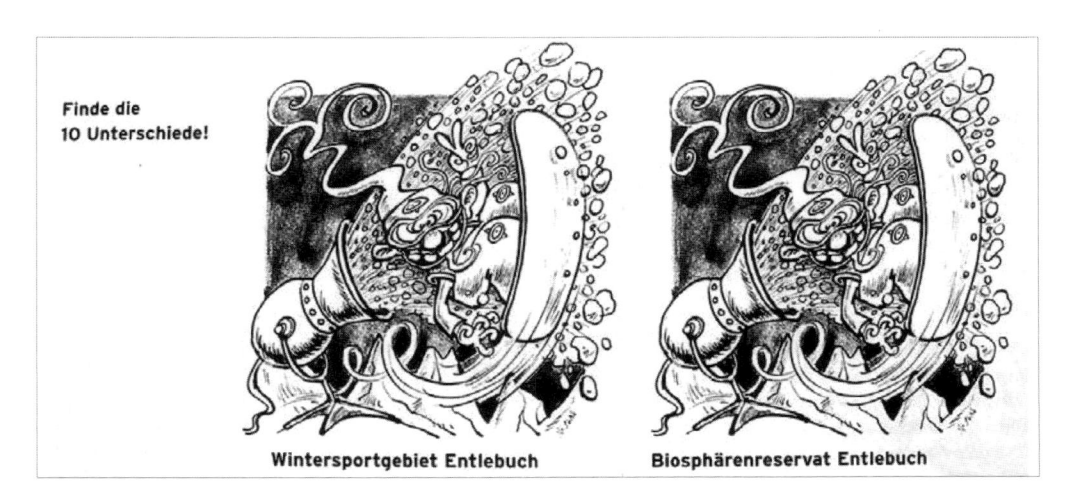

Vorbild

Die Natur der UBE soll nicht der Wirtschaft geopfert werden, sie soll ein Lebensraum sein, «wo Natur Natur bleibt oder wieder Natur wird», mit «zufriedenen Bewohnerinnen und Bewohnern», die die Gäste «gastlich» aufnehmen, Gewerbe und Industrie sollen «erfindungsreich», «sorgfältig und haushälterisch» produzieren, sodass die UBE insgesamt «zu einem gesunden Organismus» wird, «der sich selber nährt und erneuert»[165]. Noch ist dies nicht der Fall, die «Wohnung Entlebuch» gelte es deshalb aufzuräumen: «Es gibt durchaus ansprechende, sogar schöne Häuser und Scheunen, auch Dorfkerne; was sich aber an hässlichen, zerfallenden und schrecklich geschmacklosen Neu- und aufgemotzten Umbauten in und um die Dörfer ausbreitet, das ist ein hässlicher Tollgen im grössten Buch der Welt. Eine neue und griffige Siedlungs- und Landesplanung tut Not» (ebd.). Die zitierte Person dürfte sich wohl vom ersten Bild, welches zur Illustration des BR-Vorhabens publiziert wurde (vgl. Abb. 48), nicht (positiv) angesprochen gefühlt haben.

Erinnert wurde im Zusammenhang rücksichtsvoller Entwicklung auch an den Aspekt der Generationengerechtigkeit: «Man will ... erreichen, dass die gewachsenen und noch gesunden Lebensräume für weitere Generationen erhalten bleiben»[166]. Das Kapital des Entlebuchs soll bestehen bleiben: «Nachhaltig zu leben und zu wirtschaften heisst, der Landschaft nicht mehr zu entnehmen, als nachwachsen kann» (Schnieper 2001: 28). Da das diesbezügliche Bewusstsein noch fehle – laut einer Untersuchung in der Gemeinde Escholzmatt seien sich nur 5 % der Bevölkerung ihrer nicht-nachhaltigen Verhaltensweisen bewusst[167] – gilt es die Bevölkerung zu sensibilisieren: «Und hier liegt auch die Chance für ein Biosphärenreservat im Entlebuch: mit vielen Beispielen im Gewerbe, in der Landwirtschaft, im Tourismus und im täglichen Leben kann es aufzeigen, was nachhaltige Entwicklung in der Schweiz für jede einzelne und jeden einzelnen bedeutet. Wo und warum verhalte ich mich nicht nachhaltig, und wie

---

165 Josef Lischer-Petermann (o.J.): *Die SP Amt Entlebuch zum Biosphärenreservat – ein Kommentar von Josef Lischer-Petermann.* Auf: http://mitglied.lycos.de/RegionEntlebuch/BRE_Kommentar_Lischer.htm, 27.2.2004.
166 Vgl. z.B. EA, 15.10.1997, S. 7: *In Entlebuch über Abfall und Lebensraum diskutiert.*
167 Nicole Frei: *Ein zweitägiges Symposium in Sörenberg – Welche Zukunft will das Entlebuch?* In: EA, 6.6.1998, S. 5.

UNESCO Biosphäre Entlebuch

kann ich es anders machen?» (ebd.). Die UBE als Vorbild, als Modell für nachhaltige Entwicklung.

Ein Beispiel für modellhaft gelebte Nachhaltigkeit ist die Förderung erneuerbarer Energie wie der Windkraft. Der Landwirt Roland Aregger aus Entlebuch engagiert sich seit Jahren für eine Windkraftanlage auf seinem Hof, ein Vorhaben, das vom Management der UBE unterstützt wird. Widerstand kam dagegen von der ‹Stiftung Landschaftsschutz Schweiz›, die eine zu starke Belastung des Landschaftsbildes fürchtete[168]. Nachdem eine Einigung bezüglich der Höhe der Anlage erzielt werden konnte, schuf die Gemeindeversammlung von Entlebuch anfang Dezember 2003 durch die Ausweisung einer Sonderzone Windkraft die Voraussetzungen, dass ein Windkraftwerk gebaut werden kann[169].

Imagewandel

Das schlechte Image des Entlebuchs beschäftigt die Bevölkerung, wie wir oben unter ‹Sichten auf das Entlebuch und seine Bevölkerung› gesehen haben. Folgendes Wunschbild soll den erwünschten Imagewandel exemplarisch zeigen: «Das Image des Entlebuchs kommt weg von der abgelegenen, hinterwäldlerischen und rein folkloristischen Talschaft hin zu einer naturnahen, erholsamen, innovativen und offenen Region, welche in den Bereichen Tourismus, Erholung, Unterhaltung etc. sowie als Arbeits- und Wohnregion etwas zu bieten hat. Junge EntlebucherInnen sind stolz auf ihre Heimat- und Wohngemeinde.»[170] Stolz auf die Heimat zu sein, bedeutet, sich mit der Region zu identifizieren: «Das Entlebuch = EINE REGION»[171].

Das innovative BR-Vorhaben soll schliesslich, und damit lehnt sich dieses Bild jenem der gesteigerten Wertschöpfung an, für erhöhte Aufmerksamkeit sorgen: «Das Entlebuch wird als Modellregion wahrgenommen und gewinnt an Beachtung! Es ist eine Einzigartigkeit in der Schweiz.»[172] Die Förderung eines positiven Images der Region ist natürlich auch im Interesse der Gemeindebehörden[173] und der touristischen Kreise[174].

Kooperation und Kommunikation

Nachhaltige Entwicklung geht Hand in Hand mit kommunikativen und kooperativen Bemühungen. Sind diese ein Thema in der UBE? Was die Kommunikationskultur betrifft, so besteht offenbar noch Verbesserungsbedarf: «…wie steht es um die *Kommunikation* im Entlebuch? Wie modellhaft sind wir Entlebucherinnen und Entlebucher in diesem Bereich? […]. Unverständlich wird es für mich …, wenn sich Volksvertreter und andere Interessierte bei zentralen Fragen, die unsere Region betreffen, einer Aus-

---

168 NLZ, 5.10.2001, S. 32: *Energie – Windkraft made im Entlebuch.*
169 NZZ, 31.12.2003: *Entlebuch – schwarzes Gold, Gas und Wind – Ja der Gemeinde zu Windkraft in Biosphärenreservat.*
170 Die Delegierte P. Wey-Hofstetter in ihrer Antwort auf die Befragung der Delegierten nach ihrem Idealbild für das Entlebuch, durchgeführt vom Regionalmanagement Entlebuch im April 2003.
171 Anonyme Antwort auf die Befragung der Delegierten nach ihrem Idealbild für das Entlebuch, durchgeführt vom Regionalmanagement Entlebuch im April 2003.
172 Anonyme Antwort auf die Befragung der Delegierten nach ihrem Idealbild für das Entlebuch, durchgeführt vom Regionalmanagement Entlebuch im April 2003.
173 EA, 17.1.2002, S. 3: *Aus dem Gemeinderat Schüpfheim – Die Chance Biosphärenreservat als «Destination» nutzen.*
174 NLZ, 11.12.2000, S. 30: *Sörenberg/Flühli: Tourismus-GV. Wunder und Wunden im Kurort.*

einandersetzung nicht stellen wollen. [...]. Farbe bekennen und sich für die Region einsetzen heisst auch, miteinander ins Gespräch kommen und Lösungen finden.»[175]

Die Entwicklung kooperativer Zusammenschlüsse scheint wenigstens auf gutem Wege zu sein: «Der Entlebucher ist schlau und lässt sich gerne etwas Zeit. Er ist aber durchaus offen für Neues, wenn es ihm etwas bringt. Ich musste immer wieder viel Überzeugungsarbeit leisten. Mein Ziel war es, die Zusammenarbeit zwischen Tourismus, Gewerbe und Bevölkerung zu fördern. Mit Kirchturmpolitik, bei der alle nur ihr eigenes Gärtchen pflegen, kommen wir nicht weiter – die bringt uns gar nichts.»[176] Als Beispiel für eine Verbesserung der Zusammenarbeit in der Tourismusbranche nennt Schnider die Bergbahnen: «Als ich meine Arbeit [vor 20 Jahren als Kurdirektor] begann, hatten wir für die Bergbahnen 43 verschiedene Billettsorten. Heute gibts noch eine. Die Zusammenarbeit und Vernetzung ist viel intensiver geworden» (ebd.). Zusammenarbeit ist ein wichtiger Bestandteil nachhaltiger Entwicklung: «Das Konzept der Nachhaltigkeit ... [ist] kein Endziel, sondern vielmehr ein Prozess, an dem sich alle beteiligen müssen»[177]. Die Bereitschaft, an Kooperationen teilzunehmen, wächst natürlich, wenn man an den erwarteten Profiten *teilhaben* kann: «Wenn alle, die dem Wohl des Erholungssuchenden etwas beitragen, auch anteilsmässig gerecht profitieren, ist das [Zusammenarbeit zwecks Steigerung der Gastfreundlichkeit] möglich.»[178] Wenn alle etwas abbekommen möchten, ist die Auslegung von «anteilsmässig gerecht» freilich umstritten: «Der Budgetbetrag im Biosphärenreservat für Personalaufwand mit Fr. 641 000.- soll mindestens zur Hälfte für die Finanzierung der unternehmerischen Marktförderung in Landwirtschaft, Gewerbe und Tourismus eingesetzt werden [...]. In einer Region, wo Betriebe schliessen müssen, Dorfgeschäfte leiden und prozentual mehr Haushalte aufgelöst werden als im schweizerischen Mittel, braucht es im wahren Sinn des Wortes kompetente Therapeuten. Hier ist die stattliche Lohnsumme des Biosphärenreservates zweckmässig einzusetzen.»[179]

Fremdbestimmung

Infolge der Moorschutzbestrebungen ist die Entlebucher Bevölkerung stark sensibilisiert gegenüber den Gefahren fremdbestimmter, umweltschützerisch motivierter Nutzungseinschränkungen. Es war deshalb ein zentrales Anliegen der Promotoren der UBE, dass nachhaltige Entwicklung nicht mit Umweltschutz «mit all seinen Gesetzen und Vorschriften» verwechselt wird[180]. Die EntlebucherInnen wollen nicht mehr Vorschriften, sondern «etwas zu essen» (ebd.). Die einseitige Umweltschutzbrille müsse

---

175 Bruno Luthiger-Noti, Präsident SP-Entlebuch in einer Zuschrift an den EA, 1.12.2001, S. 11: *Wer hat Angst vor dem bösen Wolf.*

176 Theo Schnider in einem Interview anlässlich seines Rücktritts als Kurdirektor von Sörenberg (nach 20-jähriger Tätigkeit) und des Antritts seiner neuen Stelle als Bereichsleiter Wirtschaft und Gesamtleiter des Regionalmanagements UNESCO BR EB in NLZ, 29.12.2001, S. 28: *Theo Schnider – «Kirchturmpolitik bringt uns gar nichts».*

177 Engelbert Ruoss in: NLZ, Sonderdruck anlässlich der Jahresversammlung der SANW in Luzern mit Hauptthema nachhaltige Entwicklung, 13.–15.10.1999: *Damits für alle reicht.*

178 Antwort auf die Befragung der Delegierten nach ihrem Idealbild für das Entlebuch, durchgeführt vom Regionalmanagement Entlebuch im April 2003.

179 Zuschrift von Franz Portmann, Flühli, im EA, 18.12.2001, S. 2: *Menschen im Biosphärenreservat.*

180 Engelbert Ruoss in: NLZ, Sonderdruck anlässlich der Jahresversammlung der SANW in Luzern mit Hauptthema nachhaltige Entwicklung, 13.–15.10.1999: *Damits für alle reicht.* Vgl. einige weitere Stimmen in diese Richtung: «Der Landbote», 30.9.2000, S. 3: «Kein Nationalpark»; «Aargauer Zeitung», 22.9.2001, S. 12: «Die neuen Kriterien ... [haben] mit dem Unterschutzstellen einer Region unter eine Öko-Glasglocke nichts gemein»; «Tages-Anzeiger», 4.8.1997, S. 6: «Keine Käseglocke»; «Tages-Anzeiger», 6.9.2000, S. 11: «...weder ein Nationalpark noch ein verriegeltes Schutzgebiet für die letzten Wilden».

um die Sichten der Wirtschaftlichkeit und des sozialen Friedens ergänzt werden, sonst handle es sich nicht um Nachhaltigkeit. Vor allem werde auch kein Landwirt zum Umsteigen auf biologische Produktion gezwungen. «In den Richtlinien des Biosphärenreservates für die Bewirtschaftungsform der Landwirtschaftsbetriebe wird nicht von ‹Bio› gesprochen, sondern von Nachhaltigkeit»[181]. Und was heisst nachhaltige Landwirtschaft? Einerseits keine weiteren Forderungen als für das Erhalten von Direktzahlungen sowieso zu erbringen sind, andererseits bedeutet eine nachhaltige Landwirtschaft, dass sie «in unserer Talschaft auch in 50 oder 100 Jahren noch existieren soll. […].Wenn die Landwirtschaft aus Rentabilitätsgründen aufgegeben werden muss, so heisst dies, dass das Ziel der Nachhaltigkeit nicht erreicht wurde. […]. Ein Biosphärenreservat, wie es im Entlebuch geplant ist, macht nur dann Sinn, wenn alle Wirtschaftssektoren Zukunftsperspektiven haben. Aus diesem Grund konzentrieren sich viele Aktivitäten auf die Steigerung der Wertschöpfung in unserer Region» (ebd.). Ebenfalls den Folgen des Moorschutz entspringt die Versicherung «‹Nachhaltigkeit› bedeute … nicht einfach das Schaffen von ‹Indianerreservaten»[182]. Die Angst vor dem Begriff ‹Reservat› scheint verbreitet zu sein: Sogar Grossratspräsident Ruedy Scheidegger äusserte anlässlich des Biosphärenfestes vom 19./20. August 2000 gegenüber der ‹Luzerner Woche›, dass ihn der Begriff ‹Biosphärenreservat› störe: «Er erinnere an den wilden Westen und lasse vermuten, dass im Entlebuch bald einmal Tafeln stehen, auf denen zu lesen sei: ‹Bitte die markierten Wege nicht verlassen und die Einheimischen nicht füttern»[183]. In die gleiche Richtung ging ein – der fasnächtlichen Narrenfreiheit entsprungener – Artikel über die «Verhätschelung des Entlebuchs», in welchem die «Hinterländer Antwort» auf die UBE lanciert wurde: «‹Dschungel Hinterland› heisst das Grossprojekt. Es ist die mensch- und tiergerechte Alternative zum Entlebucher Biosphärenreservat. […]. Am Wachsen ist ein Dschungel. Hier kann die immer kleiner werdende Bevölkerung wieder als Jäger und Sammler überleben. Auch ohne Polizei und Finanzexperten. Gleichzeitig kann der gestresste Manager auf den Dschungeltrecks abschalten. Ohne grossen Aufwand sind Fotosafaris zu den letzten Ureinwohnern dieser Landschaft möglich.»[184]

Als BR erhielt das Entlebuch die gesuchte Aufmerksamkeit, es rückte ins Lichte der Öffentlichkeit – und steht damit «nun ein bisschen im Schaufenster»[185]. Beispielsweise interessierte sich die übrige Schweiz Anfang März 2002 dafür, wie die Entlebucher Stimmberechtigten der eidgenössischen Volksabstimmung über den UNO-Beitritt der Schweiz gegenüberstehen, rühmt sich das Entlebuch doch, von der UNO-Unterorganisation UNESCO ausgezeichnet zu sein. Der UNO-Beitritt war im «freiheitsliebenden» Entlebuch allerdings nicht beliebt und unter moralischen Druck liess man sich schon gar nicht setzen: «… obwohl wir es schätzen, dass die UNESCO das Entlebuch als eine besonders schöne Region ausgezeichnet hat. […]. Der Name UNESCO weckt bei einigen Leuten das ungute Gefühl der *Fremdbestimmung*. Mit einem deutlichen NEIN zur Politischen UNO bringen wir zum Ausdruck, dass wir die UNESCO nicht als eine Art von einem Vorgesetzten betrachten. […]. Ein Nein ist so gut wie sicher, ein deutliches Nein wäre noch besser!»[186] An anderer Stelle legte der gleiche Autor sein in-

---

181 EA, 6.6.2000: *Die aktuelle Frage.*
182 Limmattaler Tagblatt, 30.9.2000, S. 7: *Entlebuch will sich selbst nachhaltig schützen und nutzen.*
183 Luzerner Woche, 30.8.2000: *«Einheimische nicht füttern».*
184 Böttu (Fasnachtsbeilage des Willisauer Boten), 22.2.2001: *Dschungelprojekt mit Versteigerungen – Hinterländer Antwort auf Entlebucher Biosphärenreservat.*
185 Josef Küng in einer *Samstagsnotiz* im EA, 16.2.2002, S. 1, anlässlich der UNO-Abstimmung vom 3. März 2002.

strumentelles Verständnis des BR-Labels offen: «Mit dem Namen ‹Biosphärenreservat Entlebuch› können wir für unsere Talschaft und Volk viel Gutes machen und profitieren. Mit der UNESCO sollten wir aber möglichst nichts zu tun haben wollen, ist doch diese Organisation ein Anhängsel der UNO. Die UNO will die Multikultur fördern, Menschenrassen vermischen und unterdrückt die Meinungsfreiheit, etwas, das nicht zum Entlebuch passt. Zur weitgehend unzerstörten Natur gehört auch die urtümliche Bevölkerung, freiheitsliebend, keine Duldung von fremden Vögten und eine mehrheitlich bodenständige Kultur.»[187] Die folgende Schlussfolgerung nach der UNO-Abstimmung ist dann nur konsequent: «Das Entlebucher Volk hat den UNO-Beitritt sehr deutlich abgelehnt. Darum sollten wir in Anbetracht dieser Tatsache, das Wort ‹UNESCO› auf Beschriftungen und Prospekten nicht, oder nur untergeordnet erwähnen.»[188]

---

186 Hermann Krummenacher (24.2.2002) in einem Online-Forum auf: http://www.siteboard.de/cgi-siteboard/archiv.pl?fnr=21546&read=13, 27.2.2004.

187 Hermann Krummenacher (1.6.2001) in einem Online-Forum auf: http://www.siteboard.de/cgi-siteboard/archiv.pl?fnr=21546&read=3, 27.2.2004.

188 Hermann Krummenacher (4.3.2002) auf seiner Homepage: http://mypage.bluewindow.ch/a-z/H.Krummenacher/index2.html, 27.2.2004.

UNESCO Biosphäre Entlebuch

4 Visuelle Bilder

Das Fallbeispiel UBE abschliessend werden die Resultate der Analyse der visuellen Bilder präsentiert. Bei sämtlichen fünf untersuchten Medien (vgl. Kap. ‹Forschungsfrage und Datenauswahl›) wird auf den Anteil der jeweiligen Raumaneignungskategorien eingegangen. Auf weitere Kategorien wird bei Bedarf zugegriffen. Für eines der zentralsten Bilder werden zudem die Ergebnisse von Einzelfallanalysen wiedergegeben. Für die umfassende Interpretation der Analyseresultate muss auf das Kapitel ‹VIII Schlussbetrachtung› verwiesen werden, in welchem wir dann die Ergebnisse *beider* Fallstudien gemeinsam betrachten können.

4.1 Abstimmungsbeilage

Die Broschüre «Das Entlebuch, ein Biosphärenreservat» wurde von der Projektleitung Biosphärenreservat Entlebuch herausgegeben und im September 2000 – unmittelbar vor den Abstimmungen in den acht betroffenen Entlebucher Gemeinden – an die Haushalte verteilt[189]. Sie umfasst 12 farbige Seiten im Format A4. Insgesamt beinhaltet die Broschüre 38 Fotografien und 3 Graphiken (wovon 1 Karte). Die Summe der Fläche aller visueller Bilder beträgt 1 779,6 cm^2, was auf die 12 A4-Seiten bezogen einen Bedeckungsgrad von knapp 24 % ausmacht. Bevor auf die Resultate der Bildinhaltsanalyse eingegangen wird, soll Aufbau und Inhalt der Broschüre vorgestellt werden.

Die Titelseite der Broschüre (Abb. 38) zeigt auf der linken Bildhälfte einen farblich matten vogelperspektivischen Einblick ins Entlebuch, dem in der vertikalen Bildmitte untereinander je eine Aufnahme der acht partizipierenden Gemeinden zur Seite gestellt ist. Die Titelseite betont so den integrativen Charakter des Vorhabens. Rechts oben befindet sich der Broschürentitel und rechts unten das Logo ‹Entlebuch Projekt Biosphärenreservat›. Die ‹Biosphärenfarben› Gelb, Grün und Blau ziehen sich als Leitthema durch die ganze Publikation durch.

Abb. 38: Titelblatt der Abstimmungsbeilage vom September 2000.

---

189 EA, 2.9.2000, S. 1: *An acht Entlebucher Gemeindeversammlungen wird über das Biosphärenreservat abgestimmt – Flühli macht am Montagabend den Anfang.*

Auf den Seiten 2 und 3 wird das Projekt BR «für eilige Leserinnen und Leser» anhand vier grosser Bilder, die zusammen bereits 23 % der gesamten Bildfläche ausmachen (Abb. 39), und fünf Textkapiteln dargestellt. Im Gegensatz zur Titelseite der Broschüre, die das Entlebuch als traditionelle Kulturlandschaft präsentiert, zeigen die vier Bilder ein relativ modernes Entlebuch (einen Einblick ins Haupttal, eine moderne Käserei, Schnellzughalt im Bahnhof Schüpfheim und das vor wenigen Jahren neu erstellte Gebäude des landwirtschaftlichen Bildungs- und Beratungszentrums LBBZ. Ausschnitte aus Moorlandschaften, ästhetische Panoramabilder und Ähnliches fehlen dagegen. Der begleitende Text deckt sich mit der Bildwahl: So handelt das zweite Kapitel davon «wie das Entlebuch profitieren kann», um auch «in Zukunft ein intakter Lebens-, Wirtschafts- und Erholungsraum» zu bleiben (S. 2). Das Bild vom Schnellzughalt symbolisiert entsprechend die Attraktivität im Sinne von Vernetzung und Erreichbarkeit des Entlebuchs. Das nächste Kapitel handelt vom «Label als Chance für die Zukunft». Die gezeigte Käserei steht für eines der Entlebucher Hauptprodukte, welches vom UNESCO-Labeling profitieren kann. Dass es sich auf dem Bild um eine moderne Käserei handelt, verweist unausgesprochen auf den Umstand, dass sich moderne «langfristige wirtschaftliche Entwicklung» und Erhalt der «von unseren Vorfahren geprägte[n] Natur- und Kulturlandschaft für kommende Generationen» nicht ausschliessen sollen (S. 3). Biosphärenreservat bedeutet, so die visuelle Botschaft, kein Erstarren in traditionellen Wirtschaftsweisen, keine Musealisierung, sondern Modernisierung und Innovationen. Das folgende Bild des LBBZ illustriert das Kapitel «Biosphärenzentrum als Dienstleistungsbetrieb», schliesslich ist das Regionalmanagement in diesem Gebäude untergebracht. Alles in allem wird im Text «für eilige Leserinnen und Leser» zwar auf die Biosphärenfunktion «Erhaltung von Natur und Landschaft» hingewiesen, jedoch werden (an dieser Stelle) keine Bilder von Naturlandschaften gezeigt. Erst auf den folgenden Seiten erscheinen einige ‹typische› Naturbilder und Bilder idyllischer Kulturlandschaften, aber im Kleinstformat von je 2,9 auf 2,9 cm – das Gesamtbild der Publikation wird dadurch nicht wesentlich beeinflusst.

Abb. 39: Das ‹Projekt Biosphärenreservat Entlebuch› «Für eilige Leserinnen und Leser»: Auf den Seiten 2 und 3 der Abstimmungsbeilage vermitteln vier grossflächige Fotografien einen Eindruck vom geplanten BR (Bilder: Edi Zihlmann und Edi Stalder).

Das visuelle Bild der Broschüre (vgl. Abb. 40) wird dominiert durch die Präsentation des Entlebuchs als (relativ moderner) *Lebens-* und *Wirtschaftsraum,* der sich eher durch kapitalintensive ‹High-Tech›-Artefakte auszeichnet als durch traditionelle Artefakte oder Arbeitsweisen (bezüglich Kapitalintensität vgl. Abb. 68 in ‹VIII Schlussbetrachtung›). Die beiden Raumaneignungskategorien *Lebensraum* und *Produktions-*

UNESCO Biosphäre Entlebuch

raum treffen auf über die Hälfte der Gesamtbildfläche zu. Die Kategorien *Natur-* und *Harmonieraum* zusammengenommen machen dagegen nur knapp 5 % der Bildfläche aus! Das Entlebuch wurde *nicht* als Naturraum bzw. idyllische Kulturlandschaft präsentiert. Nicht einmal als Kulisse nimmt Natur eine bedeutende Rolle ein: 95 % der Bildfläche fügt sich aus dominanten Kulturraumbildern zusammen (vgl. Abb. 73 in ‹VIII Schlussbetrachtung›).

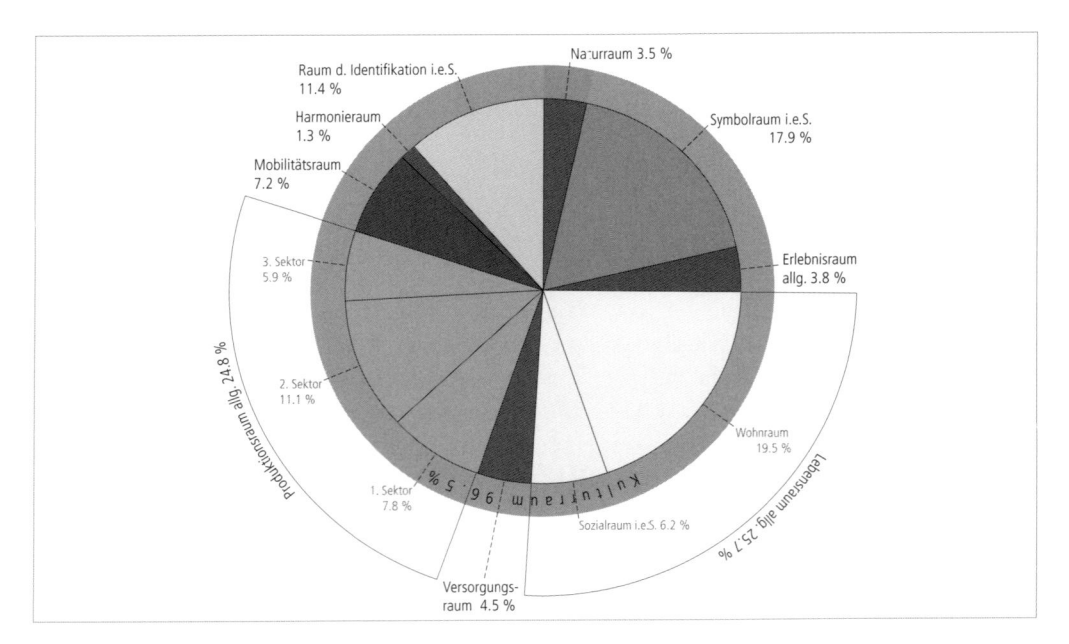

Abb. 40: Das ‹Bild des Entlebuchs› in der Abstimmungsinformationsbroschüre «Das Entlebuch, ein Biosphärenreservat» vom September 2000. Die Bilder wurden hinsichtlich der vorrangig sichtbaren Raumaneignungen analysiert (Graphik: U. M.).

Die Kategorie *Symbolraum i.e.S.* ist mit knapp 18 % die dritthäufigste, obwohl sie nur drei, dafür sehr grossflächige Graphiken umfasst. Eine dieser Graphiken zeigt eine Karte des Entlebuchs, allerdings ohne die künftige Zonierung auszuweisen. Angesichts beispielsweise der Erfahrungen im Zusammenhang mit der versuchten Erweiterung des Schweizerischen Nationalparks, bei der die Bevölkerung fehlende Karten als Manipulationsversuch auffasste und unter anderem deshalb die Erweiterung mehrheitlich ablehnte (vgl. Müller 2001), erstaunt, dass die nicht ausgewiesene Zonierung im Entlebuch nicht zu Misstrauen führte. Offensichtlich gelang es den Promotoren glaubhaft zu versichern, dass sich die Zonierung des BR an den existierenden Schutzgebieten orientiert, ohne die bestehenden Nutzungseinschränkungen (und -entschädigungen) zu beeinflussen.

Den grössten Anteil am hohen Prozentsatz der Kategorie *Identifikationsraum i.e.S.* machen vier (ästhetisch inszenierte) Fotografien auf der letzten Seite der Publikation aus, auf denen ‹Persönlichkeiten› zu sehen sind, die sich hinter das Biosphärenvorhaben stellen und aufzeigen, welche Chancen das Vorhaben ihnen bringt. Die weiteren Bilder dieser Kategorie sind mit dem Biosphären-Logo gekennzeichnete regionale Produkte und ein Bild des kollektiv bedeutsamen Wallfahrtsortes ‹Heiligkreuz›.

Interessanterweise wird das Entlebuch auf keinem der Bilder als *ökologischer Problemraum* gezeigt, das heisst z.B. als von Unwettern heimgesuchter Raum (wirft man dagegen einen Blick in die – nicht auf das Biosphärenreservat bezogene – Berichterstattung der Regionalzeitung EA über das Entlebuch, sind Katastrophenbilder eines der häufigsten Bildthemen). Im Hinblick auf den im Entlebuch laufenden Prozess der Problem-, Ziel- und Massnahmendiskussion kommt solchen ‹blinden Flecken› in der Repräsentation der Region eine Bedeutung zu.

Bilder der Kategorie *Politraum* sind ebenfalls keine vorhanden. Da es sich bei der Publikation um eine Abstimmungsinformation handelt, gingen ihre Macher wahrscheinlich davon aus, dass visuell nicht weiter auf den demokratischen Charakter des Biosphärenprozesses hinzuweisen ist. In Worten wird unter dem Ziel «Entwickeln» jedoch betont, dass das BR den «Einbezug der Bevölkerung in die Gestaltung des Biosphärenreservats Entlebuch» unterstützt (S. 4). Im Gegensatz zur Bildberichterstattung des EA weisen in der Abstimmungsbeilage auch keine Bilder auf *Kooperationen* hin. Zudem werden wesentliche Bedürfnisse der jüngeren EntlebucherInnen (und der um sie besorgten älteren) visuell nicht bedient: *Bildung* ist nicht sichtbar, *Fun-Sport-Action-Aktivitäten* sind unbedeutend (0,9 % der BF) und *kulturelle Angebote* für Jugendliche oder Jugendtreffpunkte kommen nicht vor, unter den Identifikationsfiguren sind bezeichnenderweise keine Jugendlichen vertreten. Auch hier weist jedoch der Text auf «die Schaffung moderner Ausbildungs- und Arbeitsplätze – insbesondere für die Jugend – sowie zusätzlicher Nebenerwerbsmöglichkeiten» und «die Erhaltung und Förderung von Bildungseinrichtungen als Basis für eine zukunftsorientierte Aus- und Weiterbildung» hin (S. 4).

Die Kategorie *Erholungsraum* ist gar nicht, die Kategorie *Erlebnisraum* flächenmässig nur unbedeutend vertreten. Dies lässt sich einerseits dahingehend interpretieren, dass das Zielpublikum der Publikation die einheimische Bevölkerung und nicht der auswärtige (erholungs- und erlebnissuchende) Gast ist. Andererseits zeigt dieser blinde Fleck aber auch, dass die UBE (mit Ausnahme der Gemeinde Sörenberg) zu diesem Zeitpunkt noch über ein bescheidenes touristisches Angebot wie auch über wenige kulturelle Erlebnismöglichkeiten verfügte.

Die in der Abstimmungsbeilage verwendeten Bilder illustrieren die Zielgruppenorientierung, d.h. die Ausrichtung auf die Wohn- bzw. Stimmbevölkerung der acht potenziellen Biosphärengemeinden deutlich. Die InitiantInnen und PromotorInnen des Vorhabens haben es vermieden, das BR im Vorfeld der entscheidenden Volksbefragungen als Raum für die Natur (insbesondere als ‹Moorlandschaft›) zu visualisieren – also anders als dies beispielsweise in der «Schweizer Familie» der Fall war (siehe unten). Es wurde offenbar davon ausgegangen, dass Natur- bzw. Moorbilder negative Erlebnisse verbunden mit der Umsetzung der Rothenthurminitiative in Erinnerung rufen. So wurde denn auch verbal betont, dass das Vorhaben zu keinen (weiteren) Nutzungseinschränkungen führen wird[190]. Hervorgehoben wird die Nützlichkeit des Biosphärenlabels («Wie das Entlebuch profitieren kann» (S. 2), «Label als Chance für die Zukunft» (S. 3)) jedoch nicht einzig ökonomisch einseitig, sondern unter Berücksichtigung eines schonenden Umgangs mit den Ressourcen (vgl. die Ziele bezüglich «Erhaltung» auf S. 4). Probleme und Konflikte wurden visuell ebenso ausgeblendet wie Partizipationsmöglichkeiten.

---

190 Dies zeigt sich insbesondere in den «Antworten zu den häufigsten Fragen und Behauptungen» auf Seite 7 der Broschüre: «Gibt es neue Schutzgebiete? [...]. Gibt es weitere Bestimmungen und Einschränkungen? [...]. Können Buwal und UNESCO dem Entlebuch vorschreiben, was es zu tun hat? [...]. Das Biosphärenreservat bringt neue Vögte! [...]. Kann das Biosphärenreservat gekündigt werden? [...].»

UNESCO Biosphäre Entlebuch

4.2 Aktualisierte Abstimmungsbeilage

Abb. 41:
Titelblatt der 2002 aktualisierten Abstimmungs-Informationsbroschüre.

Im Jahre 2002, nach erfolgreichen Abstimmungen und der Anerkennung des Entlebuchs als BR, erschien die oben behandelte Abstimmungsbeilage in der «2. aktualisierten Auflage» (S. 12) als Broschüre «Biosphärenreservat Entlebuch Schweiz – Erhalten – Entwickeln». Sie setzt sich wiederum aus 12 farbigen Seiten im Format A4 zusammen, beinhaltet diesmal aber 62 Fotografien, 24 mehr als in der Vorgängerpublikation, und zusätzlich 3 Graphiken (wovon 1 Karte). Die Summe der Fläche aller Bilder ist mit 1 687,5 cm² aber kleiner als zuvor, die aktualisierte Auflage beinhaltet folglich zwar mehr, aber kleinere Bilder (22,6 % Bedeckungsgrad). Dies erstaunt, könnte man doch vermuten, es werde gerade auch im Hinblick auf das Zielpublikum TouristInnen stärker mit der Macht visueller Bilder gearbeitet. Freilich sind quantitative Aspekte wie Bildgrösse und Anzahl Bilder (alleine) nicht für die emotionale Wirkung von Bildern ausschlaggebend, in qualitativer Hinsicht hat sich das Bild der Biosphäre Entlebuch zwei Jahre nach den Abstimmungen denn auch deutlich gewandelt.

Abb. 42:
Das ‹Projekt Biosphärenreservat Entlebuch› «Für eilige Leserinnen und Leser» zwei Jahre nach Anerkennung der UBE: gleicher Text, aber neue ‹Einsichten› (Bilder: Edi Zihlmann und Edi Stalder).

Die Kraft der Bilder in der nachhaltigen Entwicklung

Das Gesamtbild ist bunter und kontrastreicher geworden. Das eher matte Titelbild der früheren Auflage (der vogelperspektivische Blick auf das Entlebucher Haupttal) wurde durch ein auffallend ästhetisches Bild einer Moorlandschaft mit leuchtenden Farben und stärkeren Kontrasten ersetzt (vgl. Abb. 41). Dieser Wechsel deutet auf das neue Zielpublikum hin: die TouristInnen. Eine leichte Variation des Titels der Broschüre weist zudem das Entlebuch neu explizit als Teil der Schweiz aus («Biosphärenreservat Entlebuch Schweiz») und macht es somit auch für ein internationales Publikum auffindbar. Die kleinformatigen Eindrücke aus den acht beteiligten Gemeinden wurden beibehalten, während die in der Zwischenzeit erfolgte Anerkennung die UNESCO durch die jeweiligen Logos ausgedrückt wird.

Wie der Vergleich der Bildanalysen dieser Publikation mit der Abstimmungsbeilage zeigt (vgl. Abb. 40 und Abb. 43) hat sich der Anteil Bilder der Kategorie *Naturraum* mit neu 39,7 % gut verzehnfacht! Das Entlebuch wird nun als Naturraum gezeigt (vgl. Abb. 44), dies ‹auf Kosten› von *Wirtschafts*- und *Lebensraum*-Bildfläche, die zusammengenommen von über 50 % zuvor auf knapp 25 % abnahm. Der geschwundene Anteil der Kategorie *Mobilitätsraum* rührt daher, dass eine grossflächige Aufnahme des Schnellzughalts in Schüpfheim aus der Publikation entfernt und durch ein ‹Naturbild› ersetzt wurde (vgl. die Unterschiede zwischen den Abb. 39 und 42).

Abb. 43:
Das Bild des Entlebuchs in der 2002 aktualisierten Abstimmungsbeilage «Biosphärenreservat Entlebuch Schweiz – Erhalten und Entwickeln». Bildanalyse nach vorrangig sichtbaren Raumaneignungen (Graphik: U. M.).

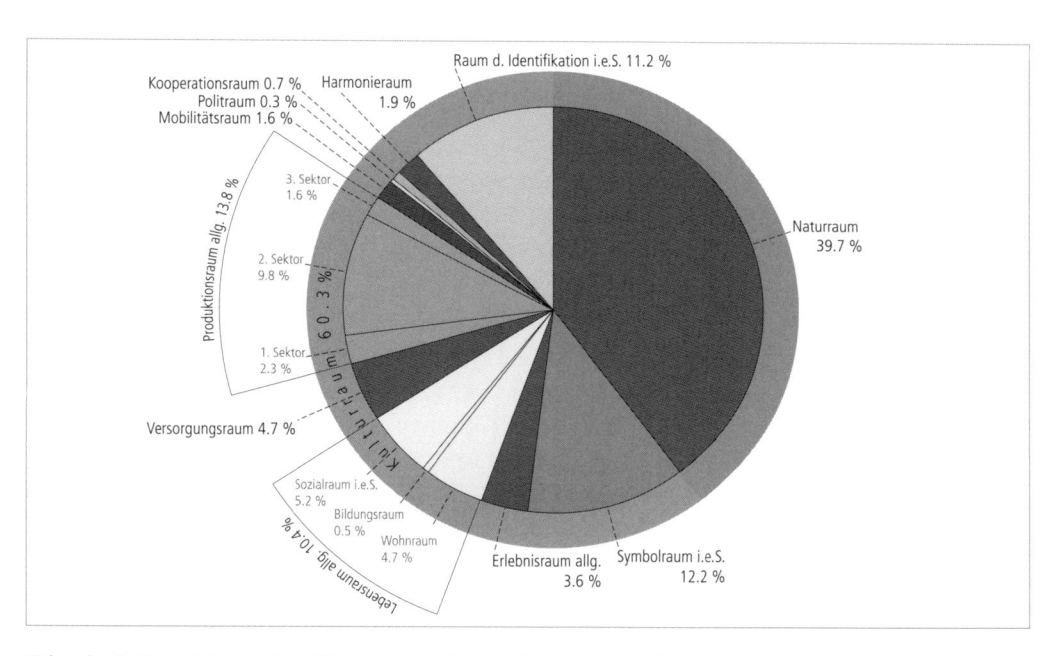

Die drei Graphiken der Kategorie *Symbolraum* wurden kleiner abgedruckt, weshalb der Anteil dieser Kategorie ebenfalls abnahm – die abgebildete Karte des Entlebuchs weist dieses Mal übrigens die Zonierung des Biosphärenreservats aus. *Identifikationsraum*- und *Harmonieraum*-Bilder nehmen in etwa noch die gleichen Flächen ein wie zuvor. Erwähnenswert sind noch die neu hinzugekommen (kleinstformatigen) Bilder der Kategorien *Kooperations*- und *Politraum*.

Vergleichen wir die beiden Publikationen hinsichtlich des *Grads der Kapitalintensität* (vgl. Abb. 69 in ‹VIII Schlussbetrachtung›), fällt primär die durch die gestiegene Anzahl ‹Naturbilder› verursachte deutliche Zunahme der Kategorie *nicht kodiert* auf.

UNESCO Biosphäre Entlebuch

Während die Kategorien *hoch* und *gering* mehr oder weniger gleich blieben, halbierte sich der Anteil *mittlerer* Raumaneignung. Alles in allem wird also immer noch ein modernes Entlebuch gezeigt, diesmal jedoch umgeben von viel ‹reiner Natur›.

*Abb. 44:
Auf Seite 6 der aktualisierten Abstimmungsbeilage präsentiert sich die UBE in neuen, bunten Bildern. Drei davon zeigen die UBE als Naturraum (Bilder: Regionalmanagement Biosphärenreservat Entlebuch).*

4.3 Artikel im «Entlebucher Anzeiger» (EA)

Der EA verfügt über eine Auflage von 8 234 Exemplaren (WEMF AG 2003). Er erreicht damit lediglich 0,3 % der deutschsprachigen Bevölkerung der Schweiz, aber durchschnittlich 80 % der Entlebucher Haushalte[191]. Der EA befindet sich im Besitz der Druckerei Schüpfheim AG bzw. deren 490 meist aus der Region stammenden Aktionären. Der Einfluss der Besitzerin auf die Zeitung wird von der Redaktion als gering bezeichnet. Während der für die Untersuchung relevanten Zeitdauer erschien der EA dreimal wöchentlich. 2003 konnte er sein 125-jähriges Jubiläum feiern.

Am 29. August 2003 erhielt der EA-Redaktor Josef Küng (stellvertretend für sein ganzes Redaktionsteam) den Journalistenpreis der ‹Schweizerischen Arbeitsgemeinschaft für die Berggebiete› (SAB): «Die Vergabe des Journalistenpreises an den Entlebucher Anzeiger steht in enger Verbindung mit der UNESCO-Biosphäre Entlebuch. ‹Im Zusammenhang mit der Planung und Realisierung der Biosphäre Entlebuch nach UNESCO-Richtlinien spielte die Zeitung eine wichtige Rolle als Informations- und Diskussionsplattform›, schreibt die Jury. ‹Nicht zuletzt aufgrund der objektiven und sehr seriös redigierten Artikelserie von Josef Küng haben schliesslich rund 94 Prozent der Bevölkerung der Gründung der Biosphäre zugestimmt›».[192]

Der EA hat das Vorhaben ‹Lebensraum Entlebuch› bzw. ‹Projekt Biosphärenreservat Entlebuch› von Beginn an intensiv, mit Wohlwollen, aber auch kritisch begleitet – und tut es auch weiterhin[193]. Weil zu Beginn des Prozesses noch kein Regionalmanage-

---

191 Vgl.: http://www.entlebucher-anzeiger.ch/wussten_sie/index.htm, 11.5.2004. In der NZZ wird die Reichweite des EA gar noch höher geschätzt: «In den acht Gemeinden seines engeren Einzugsgebiets erreicht er [der EA] zwischen 82 und 97 Prozent der Haushalte – mithin so ziemlich alle, die des deutschen Lesens mächtig sind» (Lüönd 2003: 71).
192 EA, 2.9.2003: *GV der Schweizerischen Arbeitsgemeinschaft für die Berggebiete – Journalistenpreis für Entlebucher Anzeiger.*

Die Kraft der Bilder in der nachhaltigen Entwicklung

ment bzw. keine zentrale Anlaufstelle für auswärtige Medien bestand, fungierte der EA lange Zeit als Mediendokumentationsstelle[194]. Der EA holte gewissermassen für die Initiatoren «die Kastanien aus dem Feuer». Journalisten wurden mit Informationen und Bildern bedient. Zudem gab ihnen Küng Adressen von Personen, die sich für Gespräche eigneten (auch Gegner). Das Auswahlkriterium war, dass es sich um kommunikative Personen handeln sollte wie z.B. den Rössli-Wirt Wiesner, Verantwortliche des Goldwaschens, die Landwirte Schnider vom Birkenhof und Hofstetter mit seinen Emscha-Schafmilchprodukten[195]. Heute können Interessierte von der Biosphären-Homepage Informationen und Bilder beziehen – Dank der neuen Möglichkeiten laufe der Informationsaustausch deutlich anders als früher.

Abb. 44: Übersicht aller im untersuchten Zeitraum in der Regionalzeitung EA zum Biosphärenvorhaben erschienenen Artikel. Die Ordinate gibt die Fläche der im Artikel vorhandenen Bilder an (Artikel ohne Bild befinden sich auf der Höhe 0). Wichtige Diskursereignisse sind durch schattierte Balken hervorgehoben (Graphik U. M.).

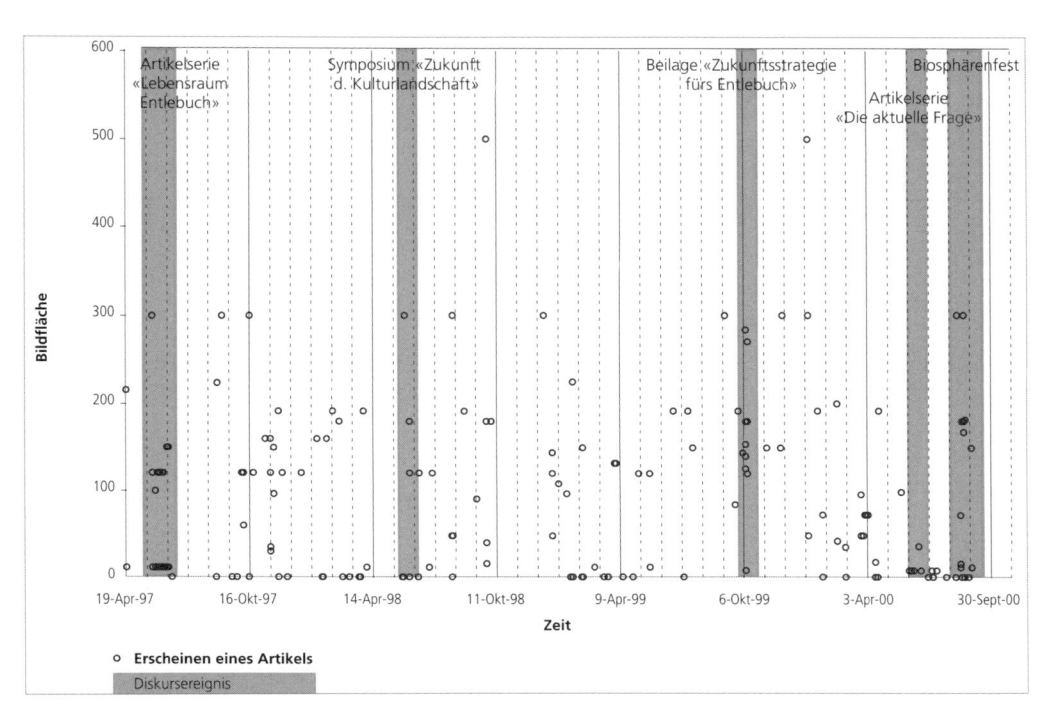

Gemäss seinem Chefredaktor geniesst der EA ein hohes Vertrauen im Entlebuch. Dies mag am fairen Verhalten der Zeitung liegen, wonach Polemiken möglichst vermieden und anonyme Zuschriften nicht unhinterfragt publiziert werden. Hätten die BR-Gegner ein populistisches Inserat, das sich plakativ gegen die mit der Biosphäre drohende Fremdbestimmung wendet, veröffentlichen wollen, wäre dies zwar abgedruckt worden, aber begleitet von einem Artikel in der Rubrik ‹Nachgefragt›, in welchem den Urhebern und ihren Absichten nachgegangen worden wäre. Leserbriefe werden im Prinzip immer gedruckt, wenn die Schreiber den EA abonniert haben.

Der erste Artikel zum Thema ‹Lebensraum Entlebuch› bzw. ‹Projekt BR Entlebuch› erschien am 19. April 1997. Bis zum ersten Abstimmungstermin am 4. September

---

193 Von Gewicht ist insbesondere das mehrseitige «Forum Entlebuch Biosphärenreservat», welches am 17. Mai 2003 das erste Mal dem EA integriert war und über Aktuelles aus dem UNESCO Biosphären Management berichtet.

194 Den folgenden Ausführungen liegt ein Interview mit Josef Küng, Chefredaktor des EA, vom 27. Februar 2004 zu Grunde.

195 Es sei daran erinnert, dass Hofstetter sich einst weigerte, eine Langlaufloipe auf seinem Land zu tolerieren, um damit ein Zeichen gegen Moorschutz und Biosphärenreservat zu setzen (vgl. oben Abb. 34).

UNESCO Biosphäre Entlebuch

2000 erschienen weitere 104 bebilderte Biosphärenreservat-bezogene Artikel und ein vier Zeitungsseiten umfassender Sonderdruck «Zukunftsstrategie fürs Entlebuch – Leitbild des Biosphärenreservats Entlebuch» (dem EA am 9. Oktober 1999 beigelegt). Zeitungsbeilage und Artikel wiesen zusammen 187 Bilder oder Graphiken auf. Hinzu kamen weitere 39 Artikel ohne Illustrationen (vgl. Abb. 45). Die gesamte Fläche aller Bilder beträgt 21 313 cm^2. Der Anteil der Bildfläche an der Artikelfläche lässt sich in diesem Fall nicht berechnen, da die Fläche der Artikel nicht bestimmt wurde. Beim EA handelt es sich jedoch nicht um eine Zeitung, welche stark auf die ‹Kraft der Bilder› bzw. ‹die Macht der Schlagzeile› setzte[196]. Von den untersuchten Bildern sind nur 3 farbig – und diese erschienen nicht in der ‹normalen› Zeitung, sondern im erwähnten Sonderdruck. Abbildung 45 ist zu entnehmen, dass der EA relativ konstant über die gesamte Projektdauer berichtete. Häufungen von Artikeln zum Vorhaben erschienen anlässlich wichtiger (Informations-) Ereignisse, zu denen u.a. die frühe 10-teilige Artikelserie «Lebensraum Entlebuch» zu zählen ist, in deren Verlauf 21 Bilder publiziert wurden. Die Zeitungsbeilage «Zukunftsstrategie fürs Entlebuch» wies 25 Bilder auf, die kurz vor den Abstimmungen lancierte Informationsserie «die aktuelle Frage» bestand aus 6 Artikeln mit ebenso vielen (Personen-) Bildern. Dem Grossereignis ‹Biosphärenfest› wurden schliesslich 29 Bilder gewidmet.

Das Bild der UBE im EA

Die Auswertung der 187 Bilder hinsichtlich gezeigter Raumaneignungen ergibt das folgende Bild (vgl. Abb. 46).

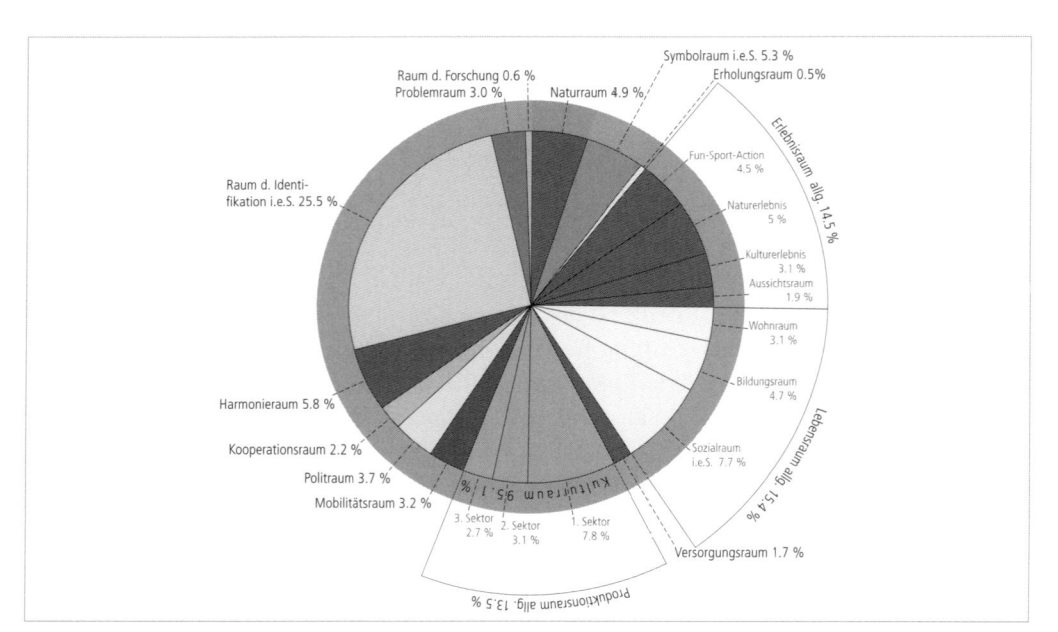

Abb. 46: Das Gesamtbild der UBE, wie es sich in den Artikeln des EA von der Lancierung der BR-Idee am 19. April 1997 bis zu den Gemeindeabstimmungen im September 2000 präsentiert (Graphik U. M.).

Nur 4,9 % der Bildfläche – beziehungsweise 2,7 % der Bilder (5 von 187 Bildern) – sind Bilder der Kategorie *Naturraum vorrangig*. Von diesen 5 Bildern zeigen 3 Moore

---

[196] Seit dem 12. September 2003 (dem Tag des 125-Jahre-Jubiläums) erscheint die Zeitung in einem neuen Layout, bei welchem auch Farbbilder- und -graphiken eine zentrale Rolle einnehmen. Zudem wird die Zeitung nun auswärts gedruckt und erscheint nur noch zwei Mal wöchentlich, nämlich am Dienstag und am Freitag (http://www.entlebucher-anzeiger.ch/wussten_sie/index.htm, 15.6.2004).

Die Kraft der Bilder in der nachhaltigen Entwicklung

(dies entspricht 2,8 % der totalen Bildfläche). Die Moorbilder begleiten Artikel, die sinngemäss den Übergang vom Moorschutz zum Biosphärenreservat thematisieren[197]. Die restlichen zwei ‹Naturbilder› sind Teleaufnahmen von Steinböcken, die – einen gewissen Zynismus nicht entbehrend – Artikel zum Thema ‹Jagd im zukünftigen Biosphärenreservat› illustrieren. Die Kategorie *Erlebnisraum allg.*, die mit 14,5 % die drittbedeutendste ist, setzt sich zum grössten Teil aus Bildern zusammen, welche Naturerlebnismöglichkeiten darstellen (34 % Anteil an Erlebnisraum allg. bzw. 5 % total). Es folgen Fun-Sport-Action-Aktivitäten (31 % bzw. 4,5 %) und Kulturerlebnismöglichkeiten (21 % bzw. 3,1 % total), während das Entlebuch als *Aussichtsraum* unbedeutend vertreten ist (13 % bzw. 1,9 % total). Die zweitdominanteste Kategorie ist der *Lebensraum allg.* mit 15.4 %. Davon zeigt die Hälfte der Bildfläche (7,7 % total) gesellschaftliche Zusammenkünfte wie beispielsweise Feste (*Sozialraum i.e.S.*). Die 3,1 % *Wohnraum* kommen durch Bilder von Wohnhäusern bzw. ganzen Siedlungen zustande.

Die mit Abstand häufigste Kategorie ist der *Raum der Identifikation i.e.S.* Sie umfasst rund ein Viertel der Bildfläche, trifft aber auf 111 (bzw. 59 %) der Bilder zu. Die relativ hohe Divergenz zwischen Anzahl Bildern und Bildfläche erklärt sich durch die Verwendung vieler kleinflächiger Fotos: Knapp die Hälfte der Bilder (54) sind Personenporträts mit einer Breite von nur vier Zentimeter oder weniger (‹Passfotos›). Überhaupt dominieren Personenbilder mit 80,4 % Anteil an der Bildfläche (bzw. 99 der 111 Bilder) die Kategorie *Raum der Identifikation i.e.S.* (vgl. Abb. 47). Nicht weiter erstaunlich ist, dass lediglich 12,8 % der Identifikationsraumbildfläche Frauen zeigt, wobei der Wert noch kleiner ausgefallen wäre, hätten im Jahr 2000 nicht Gemeinderatswahlen stattgefunden, bei denen in jeder Gemeinde einige Frauen kandidierten. Die Porträts der WahlkandidatInnen fallen unter die Biosphärenreservat-bezogenen Artikel, weil den Kandidatinnen und Kandidaten jeweils folgende Frage gestellt wurde: «Das Entlebuch soll ein Biosphärenreservat nach UNESCO-Richtlinien werden. Ihre Meinung dazu: Ja oder Nein – und weshalb?». Der hohe Anteil an Persönlichkeiten spiegelt die Strategie bzw. das Erfolgsrezept der Biosphären-Promotoren wieder: Erfolgreich konnten praktisch sämtliche wichtigen Persönlichkeiten als Zugpferde für das Vorhaben gewonnen werden (‹Opinion Leaders›).

Abb. 47:
Die Aufschlüsselung der Kategorie Identifikationsraum i.e.S. (25,5 % Anteil an der Gesamtbildfläche) zeigt die Dominanz (männlicher) Identifikationsfiguren (Graphik: U. M.).

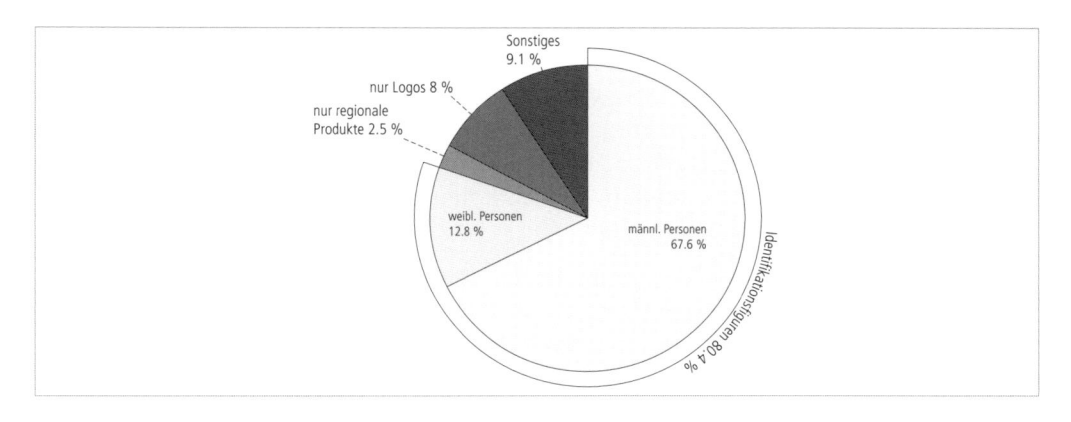

---

[197] EA vom 7.6.1997, S. 3: *Vom punktuellen Naturschutz zur umfassenden Landschaftsentwicklung*; EA vom 9.10.1999, S. 1: *«Zukunftsstrategie fürs Entlebuch»* und EA vom 2.12.1999, S. 1: *Vom Moorschutz zum Biosphärenprojekt.*

UNESCO Biosphäre Entlebuch

Der *Produktionsraum allg.* nimmt 13,4 % der Bildfläche ein. Etwas mehr als die Hälfte ist wirtschaftlichen Tätigkeiten des 1. Sektors gewidmet (7,9 %). Interessanterweise weisen 30 % der *Produktionsraum*-Bildfläche eine *hohe Kapitalintensität* auf. Auch der EA zeigt *kein* traditionell wirtschaftendes Entlebuch – nur 17,5 % der BF zeigt *geringe Kapitalintensität* (vgl. Abb. 68) – und widerspricht damit wiederum der klischierten Aussensicht, wie sie in Abb. 68 markant durch den Artikel der «Schweizer Familie» vertreten ist.

Weiter erwähnenswert ist die Kategorie *Politraum* (3,7 %), die sich aus Bildern von Versammlungen zwecks Information und Partizipation der Bevölkerung zusammensetzt. Hervorzuheben sind zwei Bilder, die Einblicke in partizipative Veranstaltungen wie Zukunftswerkstätten und Ideenwettbewerbe gewähren bzw. die die daraus resultierten Ergebnisse präsentieren. Solche Bilder vermitteln den diskursiven Charakter nachhaltiger Entwicklung und geben der Bevölkerung Vorstellungen, dass und wie sie sich am Prozess beteiligen kann. 12 der 187 Bilder (bzw. 2,2 % der Bildfläche) sind der Kategorie *Kooperationsraum* zugeordnet. Auf ihnen sind kooperierende Personen bzw. Vertreter kooperierender Institutionen zu sehen, die aufzeigen, dass sich Kooperationen lohnen können.

Neun der 187 Bilder zeigen das Entlebuch als *Problemraum allg.* (3 % der Bildfläche). Fünf Bilder beziehen sich auf Konflikte zwischen (Winter-) Sport und Natur- bzw. Moorschutz, zwei thematisieren die Folgen von Naturgewalten, eines das Fällen von Bäumen einer Allee und eines ist dem illegalen Drainieren von Moorflächen gewidmet. Schliesslich wird auf 0,6 % der Bildfläche das Biosphärenreservat Entlebuch als *Raum der Forschung* dargestellt.

Der EA zeigt also ein kulturräumliches Bild der UBE. Natur spielt im Gesamtbild nicht nur *vorrangig* eine unbedeutende Rolle, sondern auch Bilder mit *Naturraum nebensächlich* sind mit 11,7 % gering vertreten (vgl. Abb. 73). Die Kulturraumbilder sind vielschichtig und relativ ausgewogen, so trafen auf alle Raumaneignungskategorien Bilder zu. Eine Dominanz weisen die *Identifikationsfiguren* und *Lebensraum-* und *Produktionsraum*-Bilder auf. Letztere werden zudem nicht traditionell, sondern mittel bis modern präsentiert (die Kategorien Kapitalintensität hoch und mittel machen zusammen 78,1 % der BF aus, vgl. Abb. 68). Die Präsentation der UBE im EA kann als alltagsnah interpretiert werden. Sie orientiert sich am lokalen, täglichen Leben der Bevölkerung. So sind auch die Identifikationsfiguren praktisch ausschliesslich lokal bis regional bekannte Persönlichkeiten, während im Falle des WNE JAB stärker mit nationalen ‹Vorbildern› gearbeitet wurde wie beispielsweise dem damaligen Bundespräsident Moritz Leuenberger. Die Leitfiguren der UBE stellen sich nicht nur mit ihrem Namen hinter das Vorhaben, sondern weisen konkret einen möglichen Weg, wie die Region aus dem BR-Label profitieren kann.

Das erste zum (damals noch «Lebensraum Entlebuch» genannten) Vorhaben erschienene Bild repräsentiert die Ergebnisse der inhaltsanalytischen Auswertung erstaunlich gut (vgl. Abb. 48). Auf dieses Bild soll im Folgenden ausführlicher eingegangen werden.

Die Kraft der Bilder in der nachhaltigen Entwicklung

Einzelfallanalyse eines zentralen Bildes

Abb. 48:
Das erste Bild,
das im EA zum
BR-Vorhaben
publiziert wurde
(Bild: Edi Zihl-
mann, EA,
19.4.1997, S. 1).

Auf der Titelseite des EA vom 19. April 1997 unter der in rot gehaltenen Überschrift «Projekt ‹Lebensraum Entlebuch› ist gestartet» erstreckt sich das oben stehende Bild über drei von fünf Zeitungsspalten. Es war dies das erste Bild, das zum Vorhaben publiziert wurde. Die Bildlegende macht die (vermeintliche) Absicht hinter der Bildwahl deutlich: «Das Projekt ‹Lebensraum Entlebuch› versucht, Schutz und Entwicklung so zu kombinieren, dass sich daraus vermehrt Nutzen ziehen lässt. Auch die nächste Generation soll in und von unserer Region leben können.»[198] Das Bild mit Kindern in einer Neubausiedlung soll die durch das BR-Vorhaben eingeläutete prosperierende Zukunft veranschaulichen. Auf die Frage, ob das Bild wirklich bewusst ausgewählt wurde, werden wir gleich zurückkommen. Zunächst soll das Bild genauer betrachtet und dabei zusammenfassend auf die Ergebnisse der vertieften Einzelbildanalysen eingegangen werden[199].

Der Gesamteindruck, den das Bild bei den Analysierenden hinterlässt, fällt sehr unterschiedlich aus. Während das Bild einmal als «friedlicher Ort», als «eine von den Kindern hervorgerufene Fröhlichkeit ausstrahlend, die aber durch die unbelebte Umgebung gedämpft wird» gesehen wird, stellt es für andere Betrachtende schlicht «einen Lebensraum mit Schrecken», ein «Antibild» dar. In den unterschiedlichen Bildwirkungen spiegeln sich die soziohistorischen Positionen der Betrachtenden wieder: Der eigene Erfahrungshintergrund prägt die emotionale Wirkung des Bildes. Die abgebildete Szenerie könnte (zumindest in unserem Kulturkreis) irgendwo vorkommen, solche Häuser sind allgegenwärtig, das Bild strahlt zu einem Teil den Charakter eines «Nicht-Ortes» aus (vgl. Augé 1994; Augé 2000; Backhaus 2003). Die Wohnsituation ist uns vertraut und die Wahrscheinlichkeit, sie selbst erlebt und darin positive oder negative Erfahrungen gemacht zu haben, ist hoch. Entsprechend – und hier kommt die sämtliche Sinne umfassende Aisthetik (Boehme 2001) ins Spiel – wissen die emotional betroffenen Analysierenden, «wie es da riecht». Wären die Kinder nicht Gegenstand des Bildes, könnte es exemplarisch für die oft beklagte monotone Zersiedelung bzw. ‹Verhäuslichung› der Landschaft stehen. Die Verwendung des Bildes als ‹Gegenbild›, als

---

198 EA, 19.4.1997, S. 1: *Projekt «Lebensraum Entlebuch» ist gestartet.*
199 Neben den Ergebnissen einer eigenen Analyse fassen die folgenden Ausführungen Analysen von PD Dr. Norman Backhaus, Dr. Nina Gorgus, Matthias Buschle und eine Gruppenanalyse, durchgeführt von Studierenden des Seminars für Volkskunde/Europäische Ethnologie der Universität Basel, zusammen. Die Analysen orientierten sich an der Methode der struktural-hermeneutischen Symbolanalyse von Müller-Doohm (vgl. Kap. ‹V Methodik›; der angewandte Analyseleitfaden ist im Anhang abgedruckt).

UNESCO Biosphäre Entlebuch

ein Bild, das Ereignisse dokumentiert, die so *nicht* vorkommen sollten, würde folglich nicht überraschen. Im regionalen Kontext, in welchem das Bild erschien, ist die Botschaft jedoch eine positive: Die dynamisch den Vordergrund des Bildes ausfüllenden Kinder und die Neubauten im Hintergrund wirken als Allegorie für gutes, erfolgreiches Leben. Das Bild spricht damit die – gerade im ländlichen Raum offenbar noch stark bedeutsamen – Werte Eigenheim[200], eigene lebensfrohe und gesunde Kinder, Zukunft, Wachstum, Prosperität etc. an.

Das Zielpublikum ist die breite Bevölkerung, allenfalls auch potenzielle ZuzügerInnen, jedoch keine TouristInnen. Denn das Bild entfaltet seine Wirkung in Relation zu den alltäglichen Interessen, während das Bedürfnis nach einem Ausgleich vom Alltag durch das Bild nicht angesprochen wird. Wird die rhetorische Gesamtfunktion des Bildes berücksichtigt, erscheint das Bild deutlich als eine metaphorische Umsetzung, d.h. eine visuelle Übertragung des in der Bildlegende verwendeten Satzes «Auch die nächste Generation soll in und von unserer Region leben können». Hinsichtlich nachhaltiger Entwicklung beziehen sich Bild und Text somit direkt auf den zentralen Aspekt der ‹Generationengerechtigkeit›. Mit dem Projekt BR steht die kommende Generation, die Zukunft des Entlebuchs, sichtbar im Sonnenschein. Das «altertümliche» Entlebuch wird verjüngt, es hat eine Zukunft. Ob dies die Zukunft ist, die sich die Entlebucher Jugend wünscht, ist eine andere Frage. In diesem Zusammenhang verwundert wenig, dass Küng einige Jahre nach dem Erscheinen dieses Bildes die Zusammensetzung der verschiedenen Gremien des BR kritisierte, denn die Jugend ist in keiner einflussreichen Entscheidungsinstanz vertreten (vgl. oben Kap. ‹Nach den Abstimmungen›).

Was die Bildästhetik betrifft, wurde das Bild von sämtlichen Analysierenden als nicht besonders ästhetisch («hässlich») und charakterlos («atypisch») bewertet. Ob dies der Wirkung auf die Entlebucher Bevölkerung entspricht, lässt sich nicht sagen, da keine systematischen Bildanalysen im Entlebuch durchgeführt wurden. Diskussionen[201] haben aber gezeigt, dass das Schönheitsbewusstsein der Entlebucherinnen und Entlebucher jenem anderer Bevölkerungskreise grundsätzlich nicht unähnlich sein dürfte. Freilich ist der Stellenwert der Ästhetik gegenüber den ‹Sorgen des Alltags› sekundär. Um sich dem Selbstbild einer rückständigen Region zu entledigen, scheint Entwicklung ‹um jeden Preis› erwünscht. Neue Arbeitsplätze, Wohnhäuser etc. sind per se gut, müsste man (zu fest) auf ihre Ästhetik Rücksicht nehmen, könnte dies die Gefahr bergen, die Entwicklung einzuschränken. Freilich ist fraglich, ob das Entlebuch wegen dieser Haltung nicht nach und nach seine landschaftlichen Vorteile verliert und sich tatsächlich zu einem ‹Nicht-Ort› entwickelt.

Wie bewusst wurde das erste Bild zum BR-Vorhaben ausgewählt? Josef Küng[202] erinnerte sich auch Jahre nach dem Ereignis genau an die Wahl des entsprechenden Bildes. Als es darum ging, den Artikel «Projekt ‹Lebensraum› ist gestartet» zu illustrieren, war ihm klar, dass es ein Bild mit Menschen und zwar genauer: mit Kindern – «die Zu-

---

200 Zur Verbreitung des Wunsches nach einem Eigenheim, der Förderung solcher Wünsche durch interessierte Unternehmen und den Illusionen im Zusammenhang mit dem Wunsch nach einem Eigenheim vergleiche Bourdieu 1998.
201 Die Diskussionen fanden im Rahmen der Ausstellung ‹Macht und Kraft der Bilder›, die vom 2. bis zum 31. Oktober 2004 in Schüpfheim gastierte, und anlässlich der die Ausstellung begleitenden Veranstaltung ‹Ist schöne Landschaft planbar?› vom 29. Oktober ebenfalls in Schüpfheim statt.
202 Den folgenden Ausführungen liegt ein Interview mit Josef Küng, Chefredaktor des EA, vom 27. Februar 2004 zu Grunde.

kunft des Entlebuchs» – sein müsse. Es durfte explizit kein (Natur-) Landschaftsbild sein, da das Vorhaben ‹Lebensraum Entlebuch› nicht Landschaftsschutz anstrebe. Er hat den Fotografen Edi Zihlmann beauftragt: «Geh, mach ein Bild mit Kindern!» Als Ort bot sich die einzige Gemeinde des Amtes an, welche ein positives Bevölkerungswachstum aufweise, nämlich Doppleschwand («wo gerade wieder 18 000 m^2 eingezont worden seien»). Das Bild sollte im dortigen Neubaugebiet ‹Brunnhalde› aufgenommen werden. Hinzu kommt, dass der EA wenn immer möglich Bilder aus den ‹medialen Randgemeinden› in die Zeitung nimmt. Auf diese Weise können alle Gemeinden des EB bildlich berücksichtigt werden – nicht immer nur die Hauptorte, in welchen die wichtigen Ereignisse stattfinden.

Abb. 49: Ein Bild, ebenfalls mit Kindern, aber einen radikal anderen Eindruck von der UBE hinterlassend als Abb. 48 (Bild: Biosphäre Entlebuch).

Die Eindeutigkeit der Bildwahl ist allerdings zu relativieren: Obiges, klischeehaftes Bild vor sich liegen habend (Abb. 49) meinte Küng, er hätte wahrscheinlich auch dieses Bild zur Illustration des Artikels genommen (jedoch nicht, wenn die abgebildeten Kinder wirklich die Kinder von einem der Biosphärenmanager sind, denn der EA verwendet keine Bilder, die Verwandte der involvierten Personen zeigen). Auch dieses Bild drücke die Idee der generationenübergreifenden Nachhaltigkeit aus. Genau in diesem Sinne wurde das Bild in einem Sonderdruck der «Neuen Luzerner Zeitung» verwendet, begleitet von der Legende: «Ein Biosphärenreservat soll der Natur und der Jugend des Entlebuchs eine prosperierende Zukunft eröffnen.»[203] Dass dieses Bild ein ganz anderes Entlebuch mit einer ganz anderen Jugend zeigt, schien Küng nicht zu stören. Trotz dieser Relativierung der damaligen Bildauswahl ist Küng von ‹seinem Bild› überzeugt. Er findet es immer noch ein gutes Bild, das wahrscheinlich auch heute noch, wo die meisten Bilder farbig und grösser sind, verwendet würde.

Interessant ist, dass ein ähnliches Bild wie Abb. 49 auch die Kampagne zur kantonalen Landschaftsinitiative von Pro Natura Zürich, WWF Zürich, Zürcher Heimatschutz und Zürcher Vogelschutz ziert (Abb. 50). Die Initiative bezweckte einen besseren Schutz der 300 km^2 BLN-Flächen und 70 km^2 weiterer Schutzgebiete innerhalb des Kantons Zürich. Nachhaltige Entwicklung ist dabei kein explizites Thema (vgl. Mühlethaler 2005). Die Initiative wollte aber die Multifunktionalität der Landschaft erhalten, und zwar im Sinne eines Nebeneinanders verschiedener Funktionen. Die geschützten Gebiete sollten als «Quellen zur Entspannung und zum Auftanken», als «Oasen» «frei

---

203 «Neue Luzerner Zeitung», Sonderdruck anlässlich der Tagung der Schweizerischen Akademie der Naturwissenschaften (SANW) vom 13.–15.10.1999 in Luzern, die dem Hauptthema nachhaltige Entwicklung gewidmet war. Das Bild stammt aus dem Artikel mit der Überschrift *Schützen, nutzen, geniessen* (o.S.).

UNESCO Biosphäre Entlebuch

von störenden Bauten» dienen können (ebd.). Unter den Gründen für die Initiative ist genannt: «Die schönsten Zürcher Landschaften sind meistens annähernd intakte Kulturlandschaften, die Heimat bedeuten. Dieses Erbe wollen wir unseren Kindern bewahren» (ebd.). Das Bild suggeriert aber einen Grund für die Initiative, der im Text nicht angesprochen wird: In Kombination mit der Überschrift «Freiheit erleben» verweist das Bildmotiv auf den verbreiteten Glauben, Kinder, die in natürlichen Freiräumen aufwachsen, entwickeln sich gesund und fröhlich – während ein naturfernes Aufwachsen zu ‹unnatürlichen› (ihrem ‹Wesen› entfremdeten) Kindern führt. Freilich hängt die ‹gesunde Entwicklung› wohl weniger von der Natürlichkeit der Landschaft als von ihrer Dysfunktionalität ab, d.h. vom Grad der Freiheit, die sie dem Handeln offen lässt (vgl. Heinemann & Pommering 1989). Die Aufforderung «Ja zur Landschaft» lässt im Prinzip unbestimmt, um welche Art von Landschaft (Stadtlandschaft?) es bei der Initiative gehen sollte. In Verbindung mit dem Bild und den darin angesprochenen naturlandschaftlichen Werten wird deutlich, dass die Gestalter dieser Werbung davon ausgehen, «Landschaft» werde als Naturlandschaft rezipiert.[204]

Abb. 50: Ein ähnliches Bild mit glücklichen Kindern in ‹der Natur› begleitete die Kampagne für die Landschaftsschutzinitiative im Kanton Zürich (Quelle: WWF magazin 1/05, Region Zürich).

Wie auch immer: Die aufgezeigte mehrfache Verwendung von Bildern mit Kindern erhebt dieses Sujet in den Status eines Visiotyps, das im Zusammenhang mit nachhaltiger Entwicklung für generationenübergreifende Gerechtigkeit emotionalisieren soll. Die Nuancen bezüglich der Bildhintergründe zwischen Abb. 48 und Abb. 49 legen die unterschiedlichen Vorstellungen offen, welche Werte die gegenwärtigen Generationen für die künftigen als wichtig erachten. Ziehen wir noch Abb. 50 hinzu, deren Urheber klar der städtischen Aussensicht zuzuordnen sind, deutet sich einerseits die differenten Werthaltungen von Innen- und Aussensicht an, wie wir sie gleich anschliessend deutlich sehen werden, andererseits zeigt sich aber auch, dass diese Differenz nicht absolut ist: Abb. 49 wurde zwar nicht regional publiziert, produziert und an die auswärtigen Medien geliefert wurde es jedoch vom Management der UBE.

4.4 Die Aussensicht: Artikel in der «Schweizer Familie»

Die Illustrierte namens «Schweizer Familie» wurde 1893 gegründet und bezeichnet sich selbst als «die Familienzeitschrift in der deutschsprachigen Schweiz»[205]. Nach ei-

---

204 Die Landschaftsinitiative wurde am 5. Juni 2005 mit rund 55 % Nein-Stimmenanteil abgelehnt.

Die Kraft der Bilder in der nachhaltigen Entwicklung

genen Angaben verkörpert sie «traditionelle und positive Werte wie Qualität, Zuversicht, Glaubwürdigkeit, Gemeinschaft und Offenheit» (ebd.) und will mit «fesselnden Reportagen über Menschen, die Positives leisten oder Aussergewöhnliches erlebt haben»[206], ihren Platz im kleinen, umkämpften Schweizer Zeitschriftenmarkt behaupten.

Die «Schweizer Familie» erscheint in einer Auflage von 165 064 (WEMF AG 2003) einmal wöchentlich. Sie ist im Besitz der Tamedia AG, die u.a. auch den «Tages-Anzeiger» herausgibt.

Am 13. November 2001, cirka 3 Wochen nach der Anerkennung der UBE durch die UNESCO, erschien in der «Schweizer Familie» unter der Rubrik «natur forschung» ein siebenseitiger Artikel über das neu entstandene BR mit dem Titel: «In der Natur liegt die Zukunft». Auf den 7 Seiten befinden sich 11 Bilder mit einer Gesamtfläche von 2 715 cm^2, welche 62,3 % der Seitenfläche bedecken. Die Bilder dieses Artikels stechen wegen ihrer ästhetischen Qualität unmittelbar ins Auge: Die in Szene gesetzten Naturobjekte und -landschaften erhalten durch das Spiel der Farben eine irreale Schönheit. Jedenfalls dürften solche Bilder eine starke emotionale Anziehungskraft auf die Bildbetrachter ausüben und deshalb – im Sinne moderner Tourismusbroschüren – ‹beste Werbung› für das EB sein.

Abb. 51:
Das Entlebuch ein Ort der Wildnis? Die Repräsentation der UBE im Artikel «In der Natur liegt die Zukunft» der «Schweizer Familie», Nr. 37, 2001, S. 22–28, unterscheidet sich frappant von der vorgängig betrachteten regionalen Sicht (Graphik: U. M.).

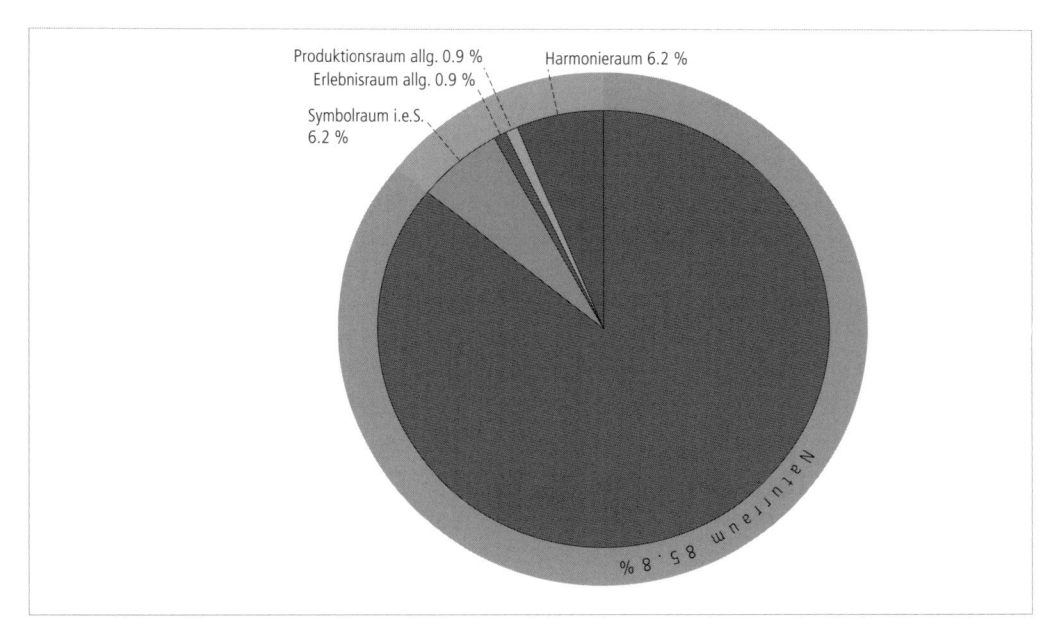

Betrachtet man die Ergebnisse der Bildanalyse nach Raumaneignungskategorien, fällt der enorm hohe Anteil an *Naturraum*-Bildern auf (85,8 %): In diesem Artikel wird ein sehr ‹natürliches› Entlebuch gezeigt. Würde man noch die unter der Kategorie *Symbolraum* erfasste Graphik mit Lage und Zonierung des Entlebuchs aus der Analyse ausklammern, ergäbe sich ein noch dominanteres Bild des Entlebuchs als *Naturraum*. Die 6,2 % Harmonieraum verweisen schliesslich auf ein ‹typisches›, ästhetisch inszeniertes Kulturlandschafts-Kalenderbild. Der einzige Mensch, der auf den Bildern vor-

---

205 http://www.tamedia.ch/dyn/d/schweizerfamilie/index.html, 4.5.2005.
206 http://www.tamedia.ch/dyn/d/zeitschriften/331719.html, 4.5.2005.

kommt, ist ein Mann beim Goldwaschen. Dieses eine Bild macht die 1,8 % Bildflächenanteile von Erlebnis- plus Produktionsraum aus.

Interessant am Text ist folgende Passage: «Diese uralte Schrattensage, erklärt Franz Portmann, zeigt, wie die Bergler die Natur erleben. Als gewaltige Macht. Da meint einer, sein Paradies geschaffen zu haben, aber ein Blitz, eine Rüfe, eine Überschwemmung zerstört es. Wehe, wenn er die Natur nicht respektiert!» (S. 25). Zum Biosphärenreservat steht geschrieben: «... eine Landschaft ..., in der die Menschen die Natur hegen und pflegen», das Entlebuch «verpflichtet sich zu selbstbewusster Bescheidenheit im Umgang mit der Natur: Verzicht auf Expansion um jeden Preis, Verzicht auf noch mehr Seilbahnen, Skilifte, Autoparkplätze, Fastfood-Buden. Stattdessen Hege und Pflege der natürlichen Ressourcen. Und sanfte, nachhaltige Entwicklung» (S. 25f.). Und dann fährt der Text fort mit sozioökonomischen Belangen wie zum Beispiel von den «modernen Arbeitsplätzen», die das Entlebuch bietet, der grossen Bedeutung der Landwirtschaft, der Abwanderung junger Entlebucher, dem Bevölkerungsrückgang, vom «Musterbetrieb Birkenhof» und anderen Direktvermarktern, von Pflegebeiträgen und davon, dass die EntlebucherInnen lernen müssen, «über den Kirchturm hinauszuschauen und gesamtregional zu denken.» (S. 26ff.) Beschrieben wird ein innovatives Entlebuch, in dem gelebt und gearbeitet wird und das seine Randständigkeit zu überwinden versucht – gezeigt wird eine bilderbuchschöne Entlebucher Naturlandschaft.

Das Zielpublikum des Artikels in der «Schweizer Familie» sind nicht die Entlebucherinnen und Entlebucher, sondern die überregionale Bevölkerung. Auf sie wirken die Bilder emotional positiv, indem die im städtischen Kontext verbreiteten Werte Natur bzw. naturnahe Landschaft angesprochen werden. Als Reaktion dürfte die eine Leserin oder der andere Leser sich durchaus entschliessen, dieses Entlebuch auch ‹in natura› sehen zu wollen. Dass Bilder, welche dem Text besser entsprochen hätten, wie z.B. *Produktionsraum*- oder *Identifikationsraum*-Bilder, die gleiche Wirkung auf das Publikum ausüben, ist zu bezweifeln, obwohl *Naturraum*-Bilder den Handelnden keine Möglichkeiten der Aneignung zeigen, es ihnen somit nicht klar ist, dass die Natur im Bilde auch in Realität so gesehen geschweige denn begangen werden kann[207].

Wirkt eine solche Repräsentation des Entlebuchs auf die einheimische Bevölkerung abstossend? Sicher nicht. Einerseits bestehen grosse Unterschiede innerhalb der Entlebucher Bevölkerung, denn auch da leben Naturfreunde, die Freude an solchen Naturschönheiten haben. Andererseits gilt es hier noch einmal zu betonen, dass der untersuchte Artikel nicht der Meinungsbildung vor den kommunalen Abstimmungen diente. Jetzt, nachdem das Entlebuch den Status einer Biosphäre hat – und nachdem mehrheitlich klar ist, dass keine neuen Einschränkungen folgen –, dürften viele Entlebucherinnen und Entlebucher stolz auf die Juwelen ihrer Region sein und somit auf Repräsentationen, welche diese Schönheiten ins Licht rücken.

---

207 Wie ein Blick in verschiedene Erzeugnisse von ‹Schweiz Tourismus› zeigt, arbeitet die aktuelle Tourismuswerbung mit relativ wenig reinen Naturbildern. Vielmehr werden Erlebnis oder Erholungsbilder vorgezogen, welche direkt die entsprechenden Aneignungsweisen veranschaulichen: Man sieht folglich nicht bloss eine Aussicht auf beispielsweise eine Naturszenerie, sondern im Bild befinden sich auch die Personen, welche die Aussicht geniessen. Auf diese Weise ist der sich bietende Blick als zugänglich ausgewiesen und in der Regel auch beschriftet. Die unter Zeitdruck stehenden Touristinnen und Touristen verlieren keine Zeit, diese erlebnisreichen Orte zu suchen. Die in der «Schweizer Familie» gezeigten Naturräume müssen dagegen entdeckt werden.

Die Kraft der Bilder in der nachhaltigen Entwicklung

Rufen wir uns die Ergebnisse der Bildanalyse von EA und Abstimmungsbeilage in Erinnerung, weist sich dieser Artikel aus der «Schweizer Familie» als ein Beispiel des relativ typischen Kontrasts zwischen überregionaler und regionaler Berichterstattung aus.

4.5 «Revue Schweiz»

Abb. 52:
Titelseite der
Revue Schweiz
zum Entlebuch.

Als letzte Publikation zur UBE betrachten wir eine dem Entlebuch gewidmete Ausgabe der «Revue Schweiz». Diese Zeitschrift nimmt eine Zwitterstellung ein zwischen Innen- und Aussensicht: Es handelt sich dabei, wie wir unten sehen werden, um ein vorwiegend an Schweizer Reisende gerichtetes Werbemedium, weshalb zu erwarten ist, dass es die Werte der Aussensicht anspricht. Anderseits wurde der Inhalt der Ausgabe wesentlich von den Managern der UBE gesteuert, entspricht also eigentlich der Innensicht – was so natürlich nicht stimmt, denn, um erfolgreich für die Region zu werben, muss die Innensicht auf die Bedürfnisse der Aussensicht eingehen. Die Biosphärenmanager haben dabei allerdings einen interessanten Mittelweg gewählt, der zwar, wie das nachstehende Titelbild schon zeigt, nicht auf ästhetische Naturbilder verzichtet, aber den relativ unattraktiven Lebensraum- und Produktionsraumbildern gebührenden Platz einräumt und derart das Entlebuch modern und innovativ präsentiert. Im Gegensatz zum Artikel der «Schweizer Familie» werden in der «Revue Schweiz» die Klischeevorstellungen auch visuell gezielt unterlaufen.

Die «Revue Schweiz» bezeichnet sich als «Das Magazin für Freizeit, Tourismus, Kultur und Natur»[208]. Sie berichtet aktuell über die aktive Freizeitgestaltung in der Schweiz, über verschiedenste Themen aus allen Regionen der Schweiz, bebildert mit «exklusiven Fotografien von den besten Schweizer Fotografen/-innen»[209]. Die «Revue Schweiz» besteht aus einem redaktionellen Teil, der rund 70 % des Heftumfangs ausmacht, während die restlichen 30 % sich mit Inseraten und Publireportagen fül-

---

[208] http://www.revueschweiz.ch/revue_html_seiten/revueschweiz.html, 7.2.2005.
[209] Mediadaten 2005 – Schweiz: Das Magazin für Freizeit, Kultur und Natur. Auf: http://www.revueschweiz.ch/revue_html_seiten/medien_05.pdf, 7.2.2005.

UNESCO Biosphäre Entlebuch

len[210]. Die beglaubigte Gesamtauflage beträgt rund 20 000 Exemplare (WEMF AG 2003). Ihr Zielpublikum sind u.a. «reisefreudige SchweizerInnen» sowie Kulturinteressierte und NaturliebhaberInnen, aber auch TouristInnen[211].

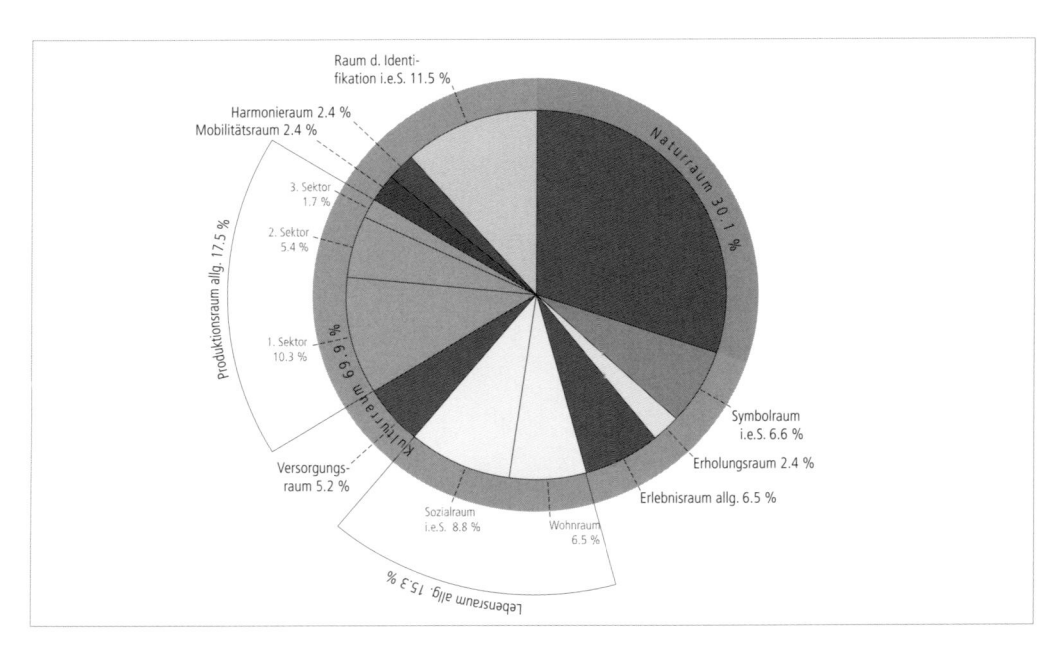

Abb. 53:
Das Bild der UBE im Tourismusmagazin «Revue Schweiz» (Graphik: U. M.).

Das erste Heft des Jahres 2001 (von damals acht Heften pro Jahr) war der Biosphäre Entlebuch gewidmet. Der Chefredaktor und Verleger Peter L. Meier schrieb im Editorial: «Die Zeichen im Entlebucher Ferienort standen auf Ausbau. Neue und bessere Transportanlagen hätten der sympathischen Wintersportarena Sörenberg das touristische Heil bringen sollen. – Hätten. Zum Glück hat da einer nach dem Sinn gefragt. Die Antworten führten im Entlebuch zur Neubeurteilung des eigenen Leistungsprofils als Schweizer Ferienanbieter und schliesslich zum Projekt ‹Biosphärenreservat Entlebuch› […]. Es werden keine künstlichen Welten geschaffen, die nur durch dauernde Neuinvestitionen am Leben erhalten werden können. Es handelt sich aber auch nicht um ein reines Naturschutzprojekt, sondern um die in der Schweiz erstmalige Umsetzung einer neuen Lebensraum- und Tourismusphilosophie. Symbiotisch sollen Natur und Tourismus voneinander profitieren können. Das verlangt wache Geister und viel Mut!»[212] In die Auswertung einbezogen wurden die Artikel des redaktionellen Teils der «Revue Schweiz», welcher 39 der total 66 Seiten ausmacht (der Rest umfasst deklarierte Werbedarstellungen einzelner Gemeinden der UBE, sonstige Hinweise und Werbungen). Auf diesen 39 Seiten kommen 72 Bilder vor, deren Fläche 14 340 cm² beträgt, was einem Bildanteil von 59 % entspricht – ein kleinerer Wert als beim Artikel in der «Schweizer Familie», aber ein grösserer als bei der ursprünglichen und der aktualisierten Abstimmungsbeilage.

Angesichts des erwähnten Zielpublikums dieser Publikation dürften wir eine ähnliche Präsentation der UBE wie in der «Schweizer Familie» erwarten. So werden auch äs-

---

210 http://dqu-qfz.publicitas.ch/infojnl.asp?language=DE&jnlcod=05560&jnlcods=00, 7.2.2005.
211 Mediadaten 2005 – Schweiz: Das Magazin für Freizeit, Kultur und Natur. Auf: http://www.revueschweiz.ch/revue_html_seiten/medien_05.pdf, 7.2.2005.
212 Peter L. Meier: Editorial. In: Revue Schweiz – Ferienregion Biosphärenreservat Entlebuch. Nr. 1/2001. S. 1.

Die Kraft der Bilder in der nachhaltigen Entwicklung

thetische Natur- und Landschaftsbilder des Fotografen Stephan Kölliker gezeigt, doch alles in allem offenbart sich ein deutlich heterogeneres Bild als im Artikel der «Schweizer Familie». *Naturraum*-Bilder machen in der «Revue Schweiz» ‹nur› knapp ein Drittel der Bildfläche aus (30,1 %). Sie sind damit weit unter dem Wert, den wir aus der «Schweizer Familie» kennen, und auch etwas geringer vertreten als in der aktualisierten Abstimmungsbeilage. Die mitunter touristisch interessanten Kategorien *Erlebnis-* und *Erholungsraum* machen mit zusammen knapp 9 % deutlich mehr aus als in der aktualisierten Abstimmungsbeilage – ein Hinweis auf das Zielpublikum der Publikation. Unter die Kategorie Erlebnisraum fallen denn auch 15 Bilder mit kulturellen Sehenswürdigkeiten oder Naturerlebnisangeboten. Interessant ist aber, dass die Bildfläche der Kategorien *Lebens-* und *Produktionsraum allg.* zusammen (32,8 %) mehr Bildfläche einnehmen als der *Naturraum*. Der land- und forstwirtschaftliche Sektor macht über die Hälfte des Produktionsraums aus (60 % von 17,5 % BF) und zeigt ein traditionelles, bäuerliches Entlebuch. Von den 5,4 % BF des 2. Sektors zeigen aber 85 % ein modernes industrielles Entlebuch, das sich aus Bildern der vier Entlebucher ‹Industriebetriebe› (Elektro-Feindraht AG in Escholzmatt, Versandhaus Ackermann in Entlebuch, B. Braun Medical AG in Escholzmatt, Müller Martini Maschinenfabrik in Hasle) zusammensetzt. Im Bildtext heisst es dazu: «Das traditionelle Bild des Entlebuchs mit vielen Bauernbetrieben und ein klein wenig Tourismus wandelt sich. Verschiedene moderne und erfolgreiche Industriebetriebe haben sich hier niedergelassen. Das Biosphärenreservat fördert ausdrücklich das Leben in der Region. Dazu gehört auch der Aufbau industrieller Betriebe, denn nur mit einem guten Arbeitsplatzangebot können die Familien hier ein Auskommen finden» («Revue Schweiz», S. 27).

Die Kategorie *Lebensraum allg.* setzt sich aus 12 (kleineren) *Wohnraum-* und 4 (grösseren) *Sozialraum*-Bildern zusammen. Bemerkenswert bei Letzteren ist ein grossflächiger Einblick in ein Wirtshaus, das als abendlicher Treffpunkt der Entlebucher Jugend dargestellt wird.

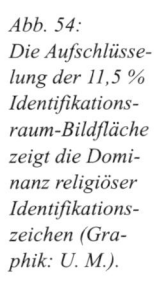

Abb. 54:
Die Aufschlüsselung der 11,5 % Identifikationsraum-Bildfläche zeigt die Dominanz religiöser Identifikationszeichen (Graphik: U. M.).

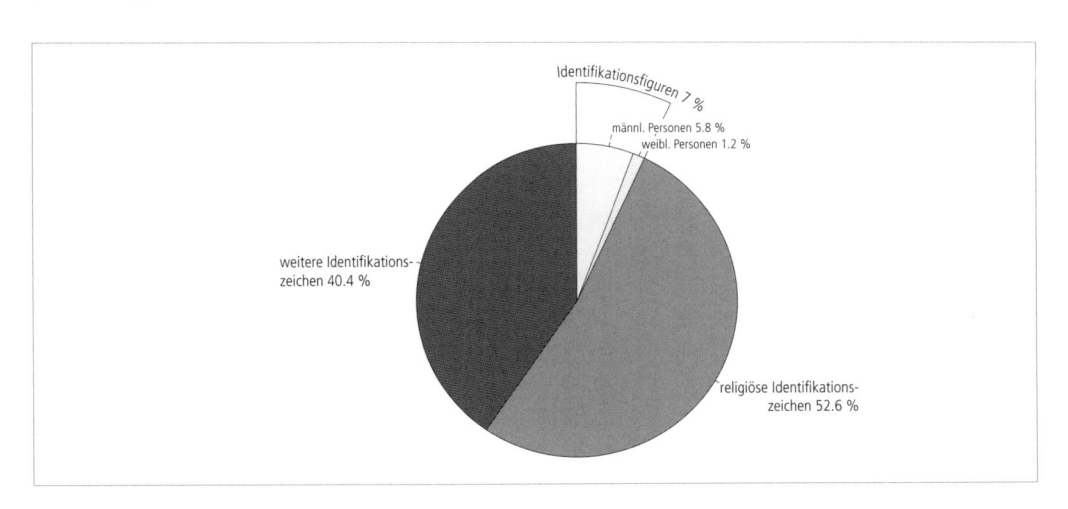

Identifikationsfiguren 7 %
männl. Personen 5.8 %
weibl. Personen 1.2 %
weitere Identifikationszeichen 40.4 %
religiöse Identifikationszeichen 52.6 %

Der *Identifikationsraum* ist die flächenmässig viertgrösste Kategorie. Doch im Unterschied zu den vorgängig behandelten Publikationen (vgl. z.B. Abb. 47) spielen dieses Mal die Biosphärenreservat-bezogenen Identifikationsfiguren eine kleine Rolle, während Logos und regionale Produkte gar nicht erst erscheinen. Das Entlebuch wird dagegen dominant als religiöser Raum präsentiert und im Text ist unter anderem vom

185

«magisch-religiösen Entlebuch» («Revue Schweiz», S. 12) die Rede. Unter die *weiteren Identifikationszeichen* fallen praktisch ausschliesslich Bilder bekannter, typischer Entlebucher Bauernhäuser, die, so steht geschrieben, «im Zuge der ‹neuen› Landwirtschaft [...] unmittelbar von der Zerstörung bedroht oder bereits verschwunden» sind («Revue Schweiz», S. 22). Bilder der Zerstörung werden allerdings nicht gezeigt, während die «neue» Landwirtschaft lediglich mit einem Bild eines modernen Bauernhauses vertreten ist.

Zu den blinden Flecken der Entlebucher Ausgabe der Revue Schweiz gehören ferner die *Polit-* und *Kooperationsräume* sowie der *Bildungsraum*.

Ein Blick auf die Abbildungen 68 und 73 im Kapitel ‹VIII Schlussbetrachtung› zeigt die Resultate der Auswertungen nach den Kapitalintensitäten der gezeigten Raumaneignungen und dem Anteil an Naturraum nebensächlich am Kulturraum. Bezüglich der Kapitalintensitäten wird die UBE in der Revue Schweiz relativ ausgewogen präsentiert, wobei der Bildflächenanteil moderner Aneignungsweisen deutlich unter den Werten der zwei ‹wirklichen› Innensichten (EA und Abstimmungsbeilage) und auch unter jenem der vergleichbaren, nach aussen orientierten Innensicht der aktualisierten Abstimmungsbeilage bleibt. Wird neben Naturraum vorrangig auch Naturraum nebensächlich berücksichtigt, sieht man deutlich die Unterschiede zwischen den eher touristisch orientierten Publikationen «Revue Schweiz» und aktualisierte Abstimmungsbeilage und den regionsbezogenen Publikationen Abstimmungsbeilage und Artikel des EA: Erstere beiden zeigen die UBE bzw. die darin möglichen Raumaneignungen stärker in die Natur eingebettet als letztere beiden – alle vier Publikationen unterscheiden sich aber deutlich von den Werten der «Schweizer Familie»

Wieso präsentierte die «Revue Schweiz» nicht ein natürlicheres oder touristischeres Entlebuch? Die Ausgaben der «Revue Schweiz» entstehen laut dem Herausgeber und Chefredaktor Peter L. Meier[213] in der Regel in Zusammenarbeit mit den porträtierten Regionen, insbesondere mit den Tourismusverantwortlichen, in diesem Fall mit Theo Schnider vom BR-Management. Er habe darauf hingewirkt, dass das Entlebuch in seiner Vielfalt gezeigt werde, wozu u.a. auch die Industrie gehört, und habe Kontakte zu Personen, die vorgestellt werden könnten, geschaffen. Die Auswahl der Bilder geschieht schliesslich zusammen mit der Graphikerin und dem Fotografen, in diesem Fall Stephan Kölliker. Gemeinsam werde auf die emotionale Wirkung der Bilder geachtet, wobei Vorgaben des Heftes wie grossformatige oder gar doppelseitige Bilder einzuhalten sind. Die fertigen Artikel seien laut Meier von Theo Schnider durchgesehen worden. Interessant ist die Finanzierung der «Revue Schweiz»: Die porträtierten Regionen müssen, was den redaktionellen Teil betrifft, zwar nicht zwingend einen Beitrag an das Heft zahlen, erwartet wird aber eine Beteiligung an den Kosten der Heftauflagen in öffentlichen Verkehrsmitteln, welcher sich laut Meier auf 30 000 Franken beläuft. Der Fotograf Stephan Kölliker[214], welcher 61 der untersuchten 72 Bilder gemacht hat, hätte selber lieber mehr Natur- oder Landschaftsbilder im Heft gesehen. Er wurde aber vom BR-Management aufgefordert, Bilder der Industrie und von lokalen Akteuren zu liefern, die «schon vom Sujet her keine schönen Bilder» seien.

---

213 Gemäss Telefoninterview vom 11. Juni 2004.
214 Gemäss Interview vom 18. Juni 2004.

VII UNESCO Weltnaturerbe Jungfrau-Aletsch-Bietschhorn

Analog dem Kapitel zum Fallbeispiel UBE werden wir auch hier relativ ausführlich auf die Vor- und Hauptphase der Diskussionen um das Vorhaben bzw. nachhaltige Entwicklung eingehen, wobei sich die Darstellung aus den in Kapitel ‹Forschungsfrage und Datenauswahl› genannten Gründen auf die Walliser Seite beschränkt. Die kontextuellen Besonderheiten werden uns wiederum erlauben, das Votum für nachhaltige Entwicklung und die Art und Weise, wie das Vorhaben ins (visuelle und verbale) Bild gesetzt wurde, zu verstehen. Auch hier werden im Kapitel ‹Verbale Bilder› die Vorstellungen, die mit dem JAB-Vorhaben verbunden worden sind und die während der Hauptphase die Diskussion prägten, zusammengefasst. Das Kapitel ‹Visuelle Bilder› schliesslich stellt die Analyseergebnisse zentraler Präsentationsweisen des Vorhabens vor. Die jeweiligen Gesamtsichten (vgl. Kapitel ‹Auswertung› in ‹V Methodik›) lassen uns erkennen, welche Raumaneignungen die verschiedenen Medien nahe legen, auf was sie hinweisen bzw. was ausgeblendet wird.

1 Welterbe allgemein

Nach der 29. Sitzung des Welterbekomitees vom 15. Juli 2005 umfasst die Welterbeliste 812 Objekte[215]. Den Anstoss, sich mit dem Erhalt einmaliger Natur- und Kulturgüter zu befassen, erhielt die Weltgemeinschaft Anfang der 1960er Jahre, als im südlichen Ägypten mit dem Bau der neuen Assuan-Staumauer begonnen wurde, welche nach ihrer Fertigstellung (1971) neben vielen anderen Kulturgütern auch die weltbekannten Tempel von Abu Simbel und Philae unwiederbringlich im aufgestauten Nassersee zu versenken drohte. Die Regierungen von Ägypten und Sudan baten die UNESCO, ihnen bei der Rettung der Tempel zu helfen. Bereits 1959 wurde eine internationale, 80 Millionen Franken teure Kampagne organisiert, in deren Verlauf die Tempel zerlegt und an einem anderen, höher gelegenen Ort wieder aufgebaut wurden[216].

---

[215] Vgl.: http://whc.UNESCO.org/en/news/135, 8.9.2005.
[216] Es sei anhand des Assuan-Staudammes ein erstes Mal auf die Problematik hingewiesen, dass die Bestimmung von Gütern als schutzwürdig bedingt, dass andere diese – in diesem Fall buchstäbliche – Erhöhung nicht erfahren. So versanken im Schatten dieses prestigeträchtigen Konservationsprojektes unzählige Kulturgüter in den Fluten. Zudem führte die Zwangsumsiedlung von mehr als 100 000 Menschen, hauptsächlich Nubiern, dazu, dass viel von der *gelebten* nubischen Kultur verloren ging (vgl. http://de.wikipedia.org/wiki/Assuan-Staudamm, 8.9.05).

Als Folge dieses Ad-hoc-Umsiedlungsprojektes wurde 1965 an einer Konferenz der UNESCO in Washington eine Konvention zum Schutz des Kultur- und Naturerbes gefordert, welche schliesslich am 16. November 1972 verabschiedet wurde[217]. Gemäss dieser internationalen ‹Konvention zum Schutz des Kultur- und Naturerbes› (UNESCO 1972) sind Kultur- und Naturdenkmäler von aussergewöhnlichem, universellem Wert Teil des Erbes der Menschheit. Deren Schutz soll deshalb nicht allein in der Verantwortung eines einzelnen Staates liegen, sondern Aufgabe sämtlicher Vertragsstaaten sein. Entsprechend ist die Förderung internationaler Zusammenarbeit ein integraler Teil der Welterbekonvention. Als «revolutionär» an der Welterbeidee bezeichnete der damalige Direktor des Welterbezentrums, dass sowohl Natur- als auch Kulturgüter geschützt werden sollen, dass also nicht ein dualistischer Ansatz verfolgt werde (von Droste zu Hülshoff 1997: 2). Freilich lässt sich die explizite – und bis zur Einführung einer Kategorie ‹Kulturlandschaften› praktisch ausschliessliche – Trennung in Natur- *oder* Kulturerben auch gegenteilig als Reproduktion der Natur-Kultur-Dichotomie interpretieren (siehe unten ‹Problematische Aspekte der Welterbeidee›).

Die ‹Konvention zum Schutz des Kultur- und Naturerbes› legt als *Kulturerbe* «kreative Werke der Menschheit»[218] wie Monumente, Gebäudegruppen, Stätten (inkl. archäologische Fundstätten) etc. fest, die von herausragendem universellem historischem, künstlerischem, ästhetischen und/oder wissenschaftlichem Wert sind (UNESCO 1972: Art. 1). Als *Naturerbe* gelten einzigartige physikalische, biologische und geologische Formationen und Gebiete, die wegen ihrer natürlichen Schönheit und/oder wissenschaftlichen Bedeutung von universellem Wert sind (UNESCO 1972: Art. 2). Natur- und Kulturerbe können auch *gemischt* sein, sofern Kriterien beider Definitionen zutreffen (UNESCO 2005: Art. 46). Seit 1992 kennt das Welterbe eine dritte Kategorie, die Natur- und Kulturstätten verbindet: die *Kulturlandschaften*. Dabei wird zwischen drei Landschaftstypen unterschieden. Zu den Kulturlandschaften zählt erstens die «vom Menschen klar definierte, bewusst konzipierte und geschaffene Landschaft» (Lowenthal 1997: 12) wie beispielsweise der Central Park in New York. Zweitens «die organisch gewachsene Landschaft» wie z.B. die durch Steinmäuerchen abgegrenzten Yorkshire Dales in England. Der letzte Typ sind «assoziativ besetzte Orte (heilige Stätten oder Gedenkstätten wie Uluru in Australien)» (ebd.). Freilich vereinigen viele Landschaften gleichzeitig mehrere dieser Kategorien in sich, denn ihre Einstufung hängt immer von der soziohistorischen Einbettung der Betrachtenden ab. «So ist für die meisten Touristen der Grand Canyon in den USA ein Naturwunder, während er für die Indianer eine heilige Stätte darstellt» (Lowenthal 1997: 12). Schliesslich gibt es noch eine Welterbekategorie für *bewegliches Erbe*, welches einen besonderen Schutz vor illegalem Kulturgüterhandel bedarf (UNESCO 2005: Art. 48).

Primär wird bei der Auswahl der Stätten darauf geachtet, dass sie von herausragendem universellem Wert sind. «Outstanding universal value means cultural and/or natural significance which is so exceptional as to transcend national boundaries and to be of common importance for present and future generations of all humanity. As such, the permanent protection of this heritage is of the highest importance to the international community as a whole» (UNESCO 2005: Art. 49; vgl. Art. 77). Ferner soll die Liste ausgewählter Objekte repräsentativ, ausgewogen und glaubwürdig sein. Insbesondere

---

217 Vgl. IG Kandidatur UNESCO-Weltnaturerbe Jungfrau-Aletsch-Bietschhorn (o.J.): Jungfrau-Aletsch-Bietschhorn – Kandidat UNESCO Weltnaturerbe, o.O, S. 4.
218 Auf: http://whc.UNESCO.org/nwhc/pages/home/pages/homepage.htm, 12.5.2004.

wird in Zukunft versucht, das bislang unausgewogene Verhältnis zwischen Natur- und Kulturerbestätten auszugleichen[219]. Eine Obergrenze möglicher Objekte ist nicht festgeschrieben worden (UNESCO 2005: Art. 54–58).

Nominierte Objekte müssen die Bedingungen «Authentizität» und «Vollständigkeit» («integrity») erfüllen (vgl. UNESCO 2005: Art. 79–95). Zudem wird auf die beabsichtigten Schutz- und Managementmassnahmen geachtet. In jüngerer Zeit haben Gebiete, deren betroffene Bevölkerung nicht hinter dem Antrag auf Aufnahme in die Liste steht oder nicht befragt wurde, eine geringe Chance, aufgenommen zu werden respektive können aus diesem Grunde zurückgewiesen werden (UNESCO 2005). Allerdings ist im globalen Kontext, in welchem keine Einigkeit bezüglich des Verständnisses von Selbstbestimmung auszumachen ist, offen, was unter «Zustimmung der Bevölkerung» verstanden wird (vgl. Krauss & Döring 2003: 134).

Staaten, welche die Welterbekonvention unterzeichnet haben, verpflichten sich, ihr Territorium hinsichtlich geeigneter Stätte zu evaluieren und dem Welterbekomitee, das sich aus Vertretern von 21 Staaten zusammensetzt (UNESCO 1972: Art. 8), entsprechende Vorschläge zu machen. Gebiete kommen nur dann in die Liste, wenn die Initiative von den Eignerstaaten ausgeht. Der Kandidatur ist ein detaillierter Management- und Schutzplan für das Gebiet beizulegen. Für die Prüfung der Unterlagen stehen dem Welterbekomitee drei Gremien beiseite: das ‹International Council on Monuments and Sites› (ICOMOS), ‹the World Conservation Union› (IUCN) und das ‹International Centre for the Study of the Preservation and Restoration of Cultural Property› (ICCROM). Ein in die Welterbeliste aufgenommenes Objekt untersteht weiterhin ausschliesslich dem nationalen Recht (UNESCO 1972: Art. 6). Es droht also keine ungewollte Einmischung ‹fremder Vögte›, abgesehen davon, dass die ausgezeichneten Gebiete im Schaufenster erhöhter Aufmerksamkeit stehen.

Die Welterbe-Konvention wurde von der Schweiz am 17. September 1975 ratifiziert[220]. Vor der Anerkennung des JAB im Dezember 2001 wurden bereits vier Schweizer *Kultur*güter auf die Erbeliste aufgenommen: die Altstadt von Bern, der Klosterbezirk von St. Gallen, das Benediktinerkloster St. Johann in Müstair und die Tre Castelli von Bellinzona. Ausgezeichnete Schweizer *Natur*güter gab es dagegen bis zur Aufnahme des JAB Ende 2001 keine. Im Jahr 2003 kam noch ein zweites Schweizerisches Weltnaturerbe hinzu: Der Monte San Giorgio. Um Aufnahme in die Welterbeliste muss in der Schweiz der Bundesrat ersuchen, auf Antrag der Kantone und in der Regel mit der Zustimmung der betroffenen Gemeinden.

Problematische Aspekte der Welterbeidee

«Die sonderbare Neigung der modernen Gesellschaften, ihre eigenen Spuren zu verwischen, macht Schutz und Erhaltung des Welterbes zu einer unumgänglichen Pflicht.» (Fabrizio 1997: 4)

Zeugen der Geschichte als Erinnerungshilfen sind gerade auch hinsichtlich generationenübergreifender nachhaltiger Entwicklung wichtig. Umso mehr stellt sich die Frage, wer schützt denn eigentlich was für wen und weshalb?

---

[219] Nach der 29. Sitzung des Welterbekomitees von Anfang 2005 in Durban beinhaltet die Welterbeliste 611 kulturelle, 154 natürliche und 23 gemischte Erbestätten.

[220] Übereinkommen zum Schutz des Kultur und Naturgutes der Welt (SR 0.451.41). Auf: http://www.admin.ch/ch/d/sr/0_451_41/index.html, 13.4.2005.

Welterbe sind soziale Konstruktionen, die die gesellschaftlichen Strukturen (Regeln und Ressourcen) zur Zeit ihrer Entstehung widerspiegeln. Jedem Welterbe als Produkt sozialen Handelns liegen bestimmte Werte zu Grunde, die Schützenswertes von Alltäglichem scheiden. Aus kritisch konstruktivistischer Sicht ist zu fragen, wessen Werte sich durchsetzen bzw. welche Werte anerkannt werden und auf wessen Kosten dies erfolgt: «In a multi-cultural society, the very act of inheritance itself is problematic as the passing of cultural symbols from generation to generation within one group will inevitably suggest a disinheritance within another» (Aitchison et al. 2000: 95; vgl. Duncan & Duncan 2001). Zwar wurde diese Problematik vom Welterbekomitee thematisiert[221], die Welterbeliste weist aber nach wie vor grosse Unausgewogenheiten auf: 2003 befanden sich von den damals 730 Welterbestätten 475 in Europa und Nordamerika, wovon aber lediglich 45 als Naturerbe klassifiziert sind. 99 der insgesamt 144 Naturerbe befinden sich in Afrika, Lateinamerika, Asien/Pazifik und den arabischen Staaten. Neben den räumlichen Ungleichgewichten gibt es auch thematische: Unter den Kulturerbestätten übervertreten sind historische und religiöse – insbesondere christliche – Gebäude oder Gebäudegruppen und «elitäre» Architektur (UNESCO 1994b). Güter haben es schwer, in die Liste aufgenommen zu werden, wenn sie nicht über Monumentalität oder sichtbare Repräsentativität verfügen. «Daher fehlten manche Kulturen lange Zeit auf der Welterbeliste, z.B. jene der wandernden Indianerstämme Nordamerikas oder der Nomaden in den eurasischen Steppen, welche hauptsächlich kleine Gegenstände hervorbrachten» (Fabrizio 1997: 6; vgl. Zouain 1997: 24). Für das Übergewicht an europäischen und nordamerikanischen Monumenten dürfte neben ihrer Monumentalität zudem die Tatsache eine Rolle spielen, dass die betreffenden Länder über die nötigen Ressourcen (Geld, Wissen, Beziehungen) verfügen, die eine Kandidatur erfordert.

Einer der wichtigsten Gründe für das Gerangel um eine Auszeichnung als Welterbe ist die touristische Bedeutung des Labels: Es gilt heute als eine der besten Marken, die im Tourismus für Destinationen erhältlich sind: «Das Great Barrier Reef, die Pyramiden von Giseh, das Tadsch Mahal, die Everglades – die Welterbeliste liest sich wie eine Hitparade der touristischen Highlights, und sie erfreut sich immer grösserer Beliebtheit» (Hundsnurscher 2004). Die Aufnahme eines Gebietes in die Welterbeliste ist mit international abgesegnetem Prestige und weltweiter Aufmerksamkeit verbunden – zwei der wichtigsten Voraussetzungen für erfolgreichen (Massen-) Tourismus. Entsprechend ist denn auch gegenwärtig in der Schweiz ein Anstieg an Welterbe-Kandidaturen zu beobachten. Wenn dies auch aus verschiedenen Gründen positiv sein kann (Bewusstseinsbildung durch Tourismus, Wertschöpfungsmöglichkeiten für strukturschwache, randständige Regionen, zusätzliche Unterstützung durch öffentliche Gelder u.a.m.), ist es nicht der primäre Zweck der Welterbekonzeption, touristischen Aufschwung zu beschleunigen. Die 2002 angenommene ‹Budapest Deklaration› hält fest, dass das Management der Welterbeobjekte einer Balance zwischen Erhalten und Entwickeln gehorchen solle, «so that World Heritage properties can be protected through appropriate activities contributing to the social and economic development and the quality of life of our communitie» (UNESCO 2002; vgl. UNESCO 2004; 2005). Ob-

---

221 Vgl. beispielsweise das ‹Nara Document on Authenticity› (UNESCO 1994a): «Conservation of cultural heritage in all its forms and historical periods is rooted in the values attributed to the heritage. Our ability to understand these values depends, in part, on the degree to which information sources about these values may be understood as credible or truthful».

wohl nachhaltige Entwicklung also weder einseitig touristische Entwicklung noch einseitigen Schutz der betreffenden Gebiete bedeutet, überwiegen bei der Rezeption des Welterbegedankens diese eindimensionalen Sichtweisen (dass dies auch auf das JAB zutrifft, sehen wir weiter unten). Nicht einmal verbale Verpflichtungen zu nachhaltigem Tourismus können angesichts der touristischen Bedeutung der Welterbe und der zu ihrer Umsetzung geführten marketingstrategischen Argumentation überzeugen. «Das ideologische Gewicht, das dem Welterbe beigemessen wird, kann mit der tatsächlichen Notwendigkeit einer nachhaltigen Entwicklung kaum standhalten» (Krauss & Döring 2003: 146). Die Hauptargumente, Topmarke und Erhalt von Errungenschaften universeller Bedeutung, sind zu wenig konkret, als dass daraus nachhaltige Entwicklung über den Status blosser Rhetorik hinaus käme (ebd.). Und als Konsequenz aus der Ökonomisierung der Welterbeidee wich ihr einstiger Grundgedanke, die internationale und intergenerative Solidarität und Kooperation, einer Destinations*konkurrenz*. Dass in diesem Zusammenhang eine ehrliche (Problem-) Diskussion, wie sie nachhaltige Entwicklung erfordert, erwartet werden kann, ist unwahrscheinlich. Anstatt (auch) Probleme zu zeigen, verlässt man sich lieber auf die aufpolierten Hochglanztraumlandschaften, bedient damit die Sehnsüchte der Klienten und reproduziert die Klischees paradiesischer Zustände. Hinzu kommt, dass die Überschätzung der ausgezeichneten Gebiete die Geringschätzung und somit Gefährdung der nicht berücksichtigten Elemente nahelegt (vgl. Sutter & Iselin 2002), was der ganzheitlichen nachhaltigen Entwicklung nicht dienlich ist.

Eine nachhaltige Entwicklung eher erschwerend als fördernd legt der Erbebegriff ein statisches Natur- und Kulturverständnis nahe. Wie bei Konservationsabsichten generell wird ein einmal erreichter Zustand für gut und deshalb bewahrenswert befunden. Dies blendet einerseits moderne Natur- bzw. Kulturkonzeptionen aus, wonach diese als Prozess bzw. kontinuierliche Praxis (Strukturation) zu verstehen sind. Das statische Verständnis negiert die Prozesse, die zur Entstehung der heutigen Zustände führten und unterbindet zudem begrifflich die Weiterentwicklung der betreffenden Gebiete. Das Einfrieren der Natur- und Kulturstätten führt dazu, dass der – in der Regel statisch aufgefasste – Begriff ‹Authentizität› erst möglich wird (Krauss & Döring 2003: 139).

Bezogen auf Naturerbestätten legt das aus dem statischen Verständnis entstehende Dilemma von Schützen versus Nutzen Abwehrreaktionen der betroffenen Bevölkerungen gegen Bestrebungen nahe, ihre Landschaft zum schützenswerten Naturprodukt deklarieren zu wollen. Denn die meisten Landschaften sind ein Kulturprodukt und entsprechend die Folge Jahrhunderte dauernder angepasster *Nutzung* – teilweise unter grossem, gefährlichem Einsatz. Wird von (aussenstehenden) Naturschutzorganisationen Druck in Richtung Bewahren ausgeübt, ist nicht unbedingt Verständnis zu erwarten (vgl. Rajk 1997: 26), populistische Autonomiediskurse von Teilen der betroffenen Bevölkerungen können die Folge sein. Der Diskurs über die nachhaltige Entwicklung rückt dann in noch weitere Ferne, als dies ohne Welterbevorhaben der Fall ist. Durch den hegemonialen Welterbediskurs wird der regionale Abwehrdiskurs provoziert (Krauss & Döring 2003: 134), der integrative Hybridcharakter nachhaltiger Entwicklung wird unterlaufen. Dies muss aber freilich nicht zwingend der Fall sein, sofern Partizipation und Kommunikation respektvoll durchgeführt werden.

UNESCO Weltnaturerbe Jungfrau-Aletsch-Bietschhorn

2 Weltnaturerbe Jungfrau-Aletsch-Bietschhorn

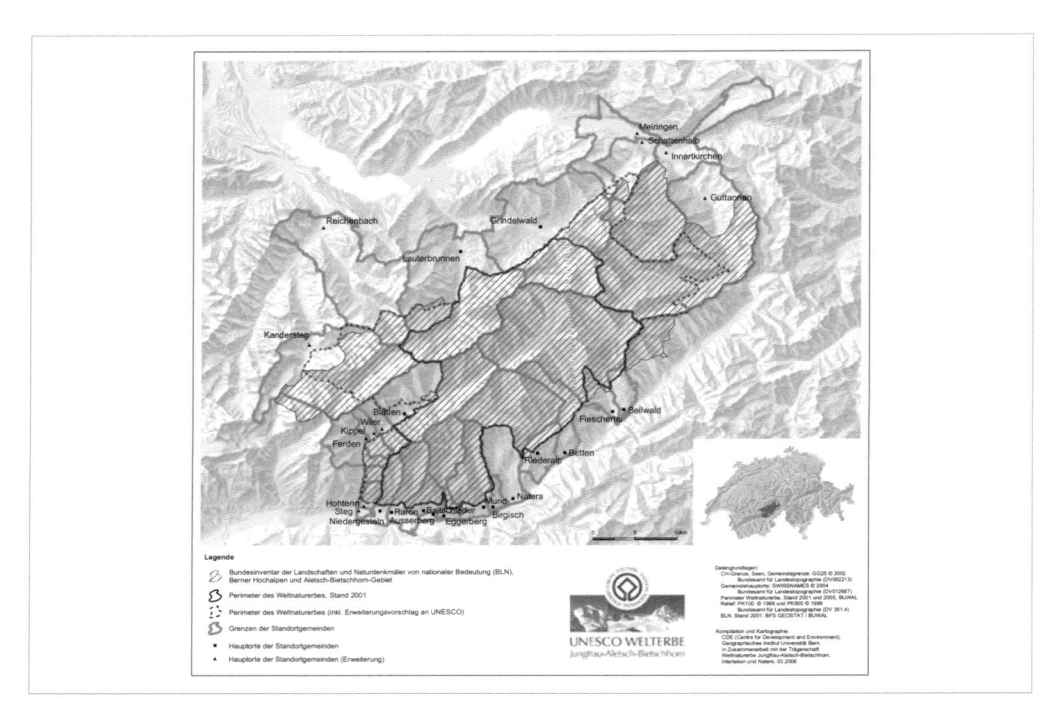

Abb. 55: Karte des JAB mit dem Perimeter, wie er sich nach der Anerkennung 2001 darbot, und der angestrebten Erweiterung des Weltnaturerbes, die sich im Verlauf der Ausarbeitung des Managementplans ergab und einzig noch der Ende 2005 erwarteten Zustimmung der UNESCO bedarf (Quelle: CDE & Trägerschaft WNE JAB).

Analog zur UBE gilt auch das JAB als das erste Vorhaben seiner Art, das «von Seiten der Bevölkerung angestrebt und realisiert wurde» (Bärtschi 2003: 1), das also bottom-up, zwar «mit staatlicher Unterstützung, jedoch nicht Bestimmung» (Bärtschi 2003: 2), entstanden ist. Wir sind also auch hier mit einer selbstbestimmten Umdefinition der Aneignung des betreffenden Gebietes konfrontiert. Dabei soll die Walliser Seite der JAB-Entstehungsgeschichte genauer betrachtet werden (vgl. Kap. ‹Forschungsfrage und Datenauswahl›). Im Folgenden soll auf den allgemeinen Kontext und auf die Entstehungsgeschichte des JAB eingegangen werden. Die Darstellung des Prozessverlaufs lässt die zentralen Vorstellungen bezüglich des JAB respektive seiner nachhaltigen Entwicklung hervortreten (unten Kap. ‹Verbale Bilder›). Diese Vorarbeiten liefern schliesslich die kontextuelle Grundlage, damit die visuelle Präsentation der Vorhaben interpretierbar wird (Kap. ‹Visuelle Bilder›).

2.1 Sozioökonomische Situation

Das Oberwallis, insbesondere aber die tourismusstarken Gemeinden Blatten, Naters und Riederalp (Ried-Mörel), ist stark vom (Winter-) Tourismus abhängig, dem ein entsprechend hoher Stellenwert zukommt (vgl. Berwert et al. 2002). Im Oberwallis beträgt der Anteil des Tourismus am regionalen Bruttoinlandsprodukt (BIP) 35,4 %, während sich der diesbezügliche gesamtschweizerische Durchschnitt auf rund 4 % beläuft (Müller & Reichenau 2005). Der Tourismus ist im Oberwallis – anders als in der UBE – bereits stark entwickelt, wobei es angesichts eines Rückgangs in der Anzahl der Übernachtungen mindestens das Erreichte zu halten gilt (Müller & Reichenau 2005). Dass bei solchen quasi monostrukturellen Voraussetzungen dem JAB von Beginn an die Rolle eines Motors für die touristische Entwicklung zugeschrieben wurde, erstaunt deshalb nicht. Die Rede war beispielsweise von einer «riesigen, unentgeltlichen und weltweiten Werbeaktion» (Andrea Cova) oder «der Chance des Jahrhunderts» (Beat Ruppen). Hinzu kommen Ideen neuer (spektakulärer) Bahnen und damit die Sorge, ob diese unter den Bedingungen eines WNE noch umsetzbar sind. Der Grenzverlauf sowohl des WNE-Perimeters wie des ihm zu Grunde liegenden BLN-Gebietes waren entsprechend umkämpft.

Verglichen mit dem Tourismus ist die Bedeutung der Landwirtschaft in den Oberwalliser JAB-Gemeinden relativ gering (Bärtschi 2003: 42f.), dennoch erwuchs auch von dieser Seite «zum Teil recht starke Opposition» (ebd.: 72): «Die landwirtschaftlichen Kreise sind grundsätzlich Neuerungen gegenüber eher misstrauisch eingestellt, deshalb brauchte es seine Zeit, um sie davon zu überzeugen, dass durch das UNESCO-Weltnaturerbe keine weiteren Schutzbestimmungen geltend werden und die Nutzung der Alpen und der Unterhalt der Alphütten im gleichen Rahmen wie zuvor möglich sein wird» (Bärtschi 2003: 72). Zwischen Tourismus und Landwirtschaft bestehen aber auch Synergien, insofern viel LandwirtInnen im Tourismus eine zusätzliche Einnahmequelle haben (Ski- und Transportbahnen, Pistendienst, Vermieten von Ferienwohnungen, Bereitstellen von Land für touristische Infrastrukturen, Bewirtung von TouristInnen und erleichterter Absatz landwirtschaftlicher Erzeugnisse).

Als weiteren bedeutenden Wirtschaftsfaktor – und somit emotionales Diskussionsthema – sei hier noch die Wasserkraft genannt: Die Einnahmen aus Wasserzinsen machen beispielsweise in Naters jährlich rund 1 bis 1,5 Mio. Franken aus – bei einem Gesamtertrag von rund 12–13 Mio. Franken pro Jahr[222]. Zustimmung zum JAB bedeutet für die Gemeinden Naters und Ried-Mörel den Verzicht auf dortige Wasserkraftvorhaben. Zwar wird ein Nutzungsverzicht entgolten (‹Greina-Verordnung›), die Höhe der Entschädigung im Verhältnis zu allfälligen Einnahmen aus der Nutzung sowie der damalige Minimalbetrag waren aber umstritten (siehe unten ‹Beispiel Ried–Mörel› und ‹Beispiel Naters›). Andererseits sind auch die Einnahmen aus der Energiegewinnung durch Wasserkraftnutzung unsicher und liegen in der Regel ausserhalb des Einflusses der betroffenen Gemeinden: «Der Preis, den das Berggebiet für den Rohstoff Elektrizität erhält, wird im Unterland festgelegt. Energiepolitisch betrachtet, herrschen im Alpengebiet Abhängigkeitsverhältnisse, die mit kolonialen Strukturen vergleichbar sind» (Glauser & Siegrist 1997: 122). Der weitaus grösste Teil des zur Diskussion stehenden Gebietes ist übrigens Eigentum der Gemeinden.

2.2 Abstimmungsverhalten allgemein

Das Wallis geniesst unter politischen Gesichtspunkten in der Schweiz einen anti-ökologischen Ruf: «Im Wallis ist die Optik eben eine andere als im Rest der Schweiz. Ökologische Bedenken stossen hier auf Unverständnis: Warum sollte man die natürlichen Ressourcen nicht nutzen und Schädlinge nicht bekämpfen? Lange genug war man der Unbill der Natur ausgeliefert und hatte den trockenen Hängen mit grossen Anstrengungen das Lebensnotwendige abgerungen» (Hermann & Leuthold 2003b: 78). Wer würde also unter diesen Voraussetzungen von den Walliser Gemeinden eine ökologische Pionierrolle in Richtung Weltnaturerbe erwarten? Freilich trifft das skizzierte Walli-

---

222 RZ Oberwallis, 3.12.1999, S. 7: *Sparpflicht in Naters und Visp, keine Euphorie in Brig*.

ser-Klischee auf das Oberwallis nur eingeschränkt zu: Bei verschiedenen umweltrelevanten Abstimmungen wie beispielsweise den drei Vorlagen vom September 2000 über die Förderabgabe für erneuerbare Energien, die Energielenkungsabgabe und den Solarrappen wichen die Oberwallisergemeinden relativ deutlich von anderen Berggemeinden (wie auch den Entlebuchern) ab und stimmten jeweils dafür oder nur knapp dagegen (BfS 2002).

2.3 Vorphase des JAB

Begonnen hat der eigentliche Schutz der Aletschregion 1933. Damals am 11. April verpachteten die Burgergemeinde und die Alpgenossenschaft Ried-Mörel 256 Hektaren Aletschwald für 99 Jahre an den Schweizerischen Bund für Naturschutz (SBN, heute Pro Natura). «Die Gemeinde unterzeichnete den Vertrag, weil sie sich vom SBN ein Gegengeschäft erhofft hatte: Man benötigte Geld für die Erneuerung der Wasserzuleitung aus dem Gletschergebiet. Der SBN zahlte, das Geschäft ging auf, und Ried-Mörel unterschrieb» (Knüsel 2000: 13). 1999 hat dann die Burgergemeinde einem zweiten Vertrag mit Pro Natura über die Verpachtung eines weiteren Waldstücks, des ‹Teife-Walds› zugestimmt.

Um 1975 – u.a. als Folge des 1. Europäischen Naturschutzjahres 1970 – kam in der Schweiz die Idee auf, bei der UNESCO eine Landschaft zur Aufnahme in die Liste der Weltnaturerbe vorzuschlagen (vgl. z.B. Küttel 2001b). Die Region rund um den Grossen Aletschgletscher stand dabei als mögliches Objekt zur Diskussion. Doch die Idee wurde nicht weiterverfolgt – wahrscheinlich nicht zuletzt wegen des geplanten Wasserversorgungsprojekts im Märjelengebiet und der dazu nötigen Baustrasse unmittelbar am Rande des Gletschers (Claivaz 2001: 9). Die Wasserleitung des ‹Märjelenprojekts› wurde schliesslich 1988 eingeweiht und versorgt seither das Aletschgebiet mit Trink- und Wässerwasser (Albrecht 1997: 187). In den 1980er Jahren fanden auf Grund einer Nationalfondstudie[223] weitere Versuche – namentlich vom Berner Geografen Bruno Messerli ausgehend – statt, das Aletschgebiet als Weltnaturerbe vorzuschlagen. Im April 1980 beschloss der Schweizerische Bundesrat, die «grossartige Hochalpenlandschaft»[224] um das Jungfraujoch herum in das Bundesinventar der Landschaften und Naturdenkmäler von nationaler Bedeutung (BLN, siehe unten) aufzunehmen und anschliessend der UNESCO als Kandidat für die Welterbeliste vorzuschlagen[225]. Seit 1983 sind die Berner Hochalpen und der südliche Teil des Aletsch-Bietschhorn-Gebiets ins BLN aufgenommen (BLN-Nummer 1507/1706), der Folgeschritt – die Bewerbung um Eintrag in die UNESCO-Erbeliste – liess aber noch längere Zeit auf sich warten, die Widerstände in den betroffenen Gebieten waren zu gross, «[d]as Welterbedossier blieb in den Perimeterverhandlungen zwischen dem Buwal, den Gemeinden und dem Kanton Wallis stecken» (ebd.).

Am 19. September 1989 war im Zürcher «Tages Anzeiger» zu lesen: «Die Zeichen stehen gut, dass zum eidgenössischen Jubeljahr 1991 [700 Jahre Eidgenossenschaft] ein Gebiet rund um den Aletschgletscher für immer unter Schutz gestellt wird» (Meier &

---

[223] Das Nationale Forschungsprogramm ‹Ökonomische Entwicklung und ökologische Belastbarkeit im Berggebiet› war Teil des globalen UNESCO-Programms ‹Mensch und Biosphäre› (MAB). Es begann 1979 in vier ausgewählten Testgebieten, zwei davon waren Grindelwald und Aletsch (Messerli 2004: 3).

[224] Raimund Rodewald, Geschäftsleiter SL (Schweizerische Stiftung für Landschaftsschutz und Landschaftspflege in einem Interview in: Die Alpen, 8/1998, S. 42–44.

[225] Bruno Messerli zit. in: WB, 28.9.2001, S. 15: *Über Jahrhunderte gelebte Nachhaltigkeit*.

Möckli 1989: 65). Der Vorschlag zu diesem Landschaftsschutzprojekt mit annähernd der Ausdehnung des heutigen Weltnaturerbes entstammte einer Arbeitsgruppe, welche mit den Vorbereitungen zur Jubelfeier beauftragt war. Neben den diversen anderen Feierlichkeiten wollte man auch «einen bleibenden Wert für die kommenden Generationen» (ebd.) im Bereiche Landschaftsschutz schaffen. Dies sollte aber explizit kein «Nationalpark» sein, denn «‹die Natur vor allen menschlichen Eingriffen zu schützen und die ganze Pflanzen- und Tierwelt ihrer natürlichen Entwicklung zu überlassen› (Nationalparkgesetz), ist überholt» (ebd.). In der Zeitung hiess es: «Das Vorhaben stösst im Kanton Wallis – mit Einschränkungen – auf Zustimmung» (ebd.). Dem Vorhaben standen Interessen gegenüber, die die Konzessionierung von Wasserkraftnutzungsprojekten, einen 160 Meter langen Viadukt von der Station Eggishorn aus zur «wintermässigen touristischen Erschliessung» (ebd.), ein Projekt über eine Verbindungsbahn zwischen der Riederfurka und der Belalp, die Planung drei weiterer Bahnen unmittelbar ans BLN-Gebiet anschliessend und Transport- und touristische Helikopterrundflüge im Aletschgebiet verfolgten. Das Projekt zum Jubeljahr 1991 konnte schliesslich nicht realisiert werden.

Bundesinventar der Landschaften und Naturdenkmäler von nationaler Bedeutung (BLN)

Das BLN ist seit 1977 in Kraft und wurde seither in vier Etappen auf den heutigen Stand von 162 inventarisierten Objekten ausgebaut (Zogg et al. 2003: 2). Als eines der wichtigsten Elemente des schweizerischen Landschaftsschutz bezweckt es die «ungeschmälerte Erhaltung oder doch grösstmögliche Schonung» der Objekte (Art. 6, Abs. 1 NHG). Aufgenommen werden «wenig veränderte und vorwiegend in naturnaher Weise genutzte Landschaften»[226], deren weitere Nutzung im Einklang mit den objektspezifischen Schutzinhalten möglich, eine «Ballenbergisierung» folglich nicht vorgesehen ist (Janett & Zogg 2004). Die BLN-Schutzbestimmungen sind, sofern keine gleich- oder höherwertigen öffentlichen Interesse bestehen, für Bundesorgane und Bundesaufgaben erfüllende kantonale und kommunale Behörden verbindlich (dies betrifft die bundeseigenen Bauten und Anlagen, diejenigen der Armee und der SBB, zudem die bundesrechtlich geregelten Konzessionen und Bewilligungen etwa für Seilbahnen, Hochspannungsleitungen, Rodungen oder Bauten und Anlagen ausserhalb der Bauzonen sowie der Bereich der Bundessubventionen). Ausserhalb dieses relativ eng begrenzten Bereiches haben sie, solange keine entsprechenden kantonalen Gesetze bzw. kommunale Zonenpläne bestehen, keine Schutzwirkung[227]. Gemeinden und Kantone sind gemäss der «vorherrschenden Rechtslehre und Rechtspraxis» in ihrem *eigenen Entscheidungsbereich* nicht verpflichtet, das BLN zu berücksichtigen (Zogg et al. 2003: 33). Von Seiten des Natur- und Landschaftsschutzes wird deshalb auch eine schleichende Zerstörung der «als höchst schützenswerten erachteten ‹Kalender-Landschaften›» beobachtet[228]. Zogg et al. (2003: 19) stellten in einer Evaluation der BLN-Gebiete unter Berücksichtigung der Arealstatistik der Schweiz fest, dass trotz Bestehen der Inventare innerhalb der BLN-Gebiete ein markantes Wachstum der Siedlungsfläche stattfand, welches nur unwesentlich geringer ist als jenes ausserhalb der

---

226 Wie Fn. 224.
227 Wie Fn. 224. Vgl. die identische Sichtweise der Konferenz der Beauftragten für Natur- und Landschaftsschutz (KBNL) auf: http://www.kbnl.ch/site/d/landschaft_ist/bln/_uebersicht_inventar.htm, 12.4.2005.
228 Wie Fn. 224.

Gebiete[229]. Die Industrieareale haben innerhalb des BLN sogar 1,5mal stärker zugenommen (ebd.: 21) und auch die Erholungsflächen dehnten sich innerhalb stärker aus als ausserhalb (ebd.: 29). Ihre Analyse deutet klar auf eine mangelnde Schutzwirkung des BLN hin: «Obwohl grosse Unterschiede zwischen den einzelnen Objekten festzustellen sind, ist es über das Ganze gesehen im Untersuchungszeitraum [zwischen 1979/85 und 1992/97] nicht gelungen, wertvolle Landschaften vor dem Nutzungsdruck der Industrie- und Freizeitgesellschaft zu schützen, wie es eigentlich dem übergeordneten Ziel der ‹uneingeschränkten Erhaltung› der BLN-Objekte entspräche» (ebd.: 25). Extensivere Bodennutzungsmuster innerhalb der BLN-Objekte seien gar eher «mit der peripheren Lage vieler Objekte als mit den Auflagen des Bundesinventars zu erklären» (ebd. 29). Abhilfe ist nur zu erwarten, wenn Kantone und Gemeinden BLN-Gebiete auch auf ihren Ebenen schützen, wie dies beispielsweise die Idee der Landschaftsinitiative im Kanton Zürich ist, die wir ihrer visuellen Werbung wegen im Kapitel ‹Einzelfallanalyse eines zentralen Bildes› im Teil ‹VI UNESCO Biosphäre Entlebuch› erwähnten.

Auf Teilgebiete des potenziellen JAB-Perimeters treffen neben dem BLN noch weitere Schutzregelungen zu: rechtliche Sicherung von Jagdbanngebieten, Moor- und Auenschutzverordnung, kantonale Schutzverordnungen, Vertragsschutzgebiete im Zuge der Entgeltung bei Verzicht auf die Wasserkraftnutzung und deren Einbindung in die kommunale Nutzungsplanung und schliesslich Dienstbarkeitsverträge, auf die hier nicht weiter eingegangen werden kann (vgl. Bärtschi 2003: 19ff.).

2.4 Hauptphase des JAB

Anlässlich des 2. Europäischen Naturschutzjahres 1995 skizzierte das diesbezügliche nationale Komitee der Schweiz unter der Federführung seines Präsidenten, Christoph Eymann, die Idee, die Regierungen der Kantone Wallis und Bern anzufragen, ob eine Aufnahme des Aletsch-Gletschergebietes und von Teilen der Berner Hochalpen ins Weltnaturerbe erfolgen könnte. Die Anfrage wurde vom Kanton Wallis positiv aufgenommen und an die betroffenen Gemeinden weitergeleitet, in welchen daraufhin die Diskussionen insbesondere um den Grenzverlauf des Gebietes und den Grad der Schutzbestimmungen begannen. Auf der Berner Seite griff der Wengener Hotelier Andrea Cova die Initiative auf. Der Mythos lautet wie folgt: «Als Andrea Cova im Juni vor zwei Jahren [d.h. im Juni 1996] wieder einmal am Schreibtisch seines Büros sass und aus dem Fenster auf die imposante Kulisse des Dreigestirns Eiger, Mönch und Jungfrau schaute, da war der Wengener ob so viel landschaftlicher Schönheit einmal mehr überwältigt. Diese Landschaft müsste man doch einfach touristisch vermarkten können, ging es dem gewieften ‹Falken›-Hotelier und Unternehmer durch den Kopf. Nur wenige Minuten später hatte er die zündende Idee. Was für den Grand Canyon in den USA, den Serengeti-Nationalpark in Tansania und die Galapagosinseln in Ecuador recht ist, sollte doch auch für die Berner Oberländer Landschaft billig sein: die Aufnahme des Gebiets in die prestigeträchtige UNESCO-Liste der exklusiven Naturschönheiten der Welt. [...]. Neben dem Goodwill der lokalen Tourismuspromotoren erhielt er schon bald einmal namhafte Unterstützung vom bekannten Berner Geogra-

---

229 Für das Objekt 1507/1706, im Wesentlichen das Weltnaturerbe JAB, weisen sie in genannter Studie zwar die Zahlen nicht aus, die Graphiken zur Entwicklung der Verkehrsflächen und der Siedlungsflächen deuten aber auf eine überdurchschnittliche Zunahme in diesem Gebiet hin.

fieprofessor Bruno Messerli und vom Buwal...» (Welti 1998: 20). Cova soll Jim Thorsell, Senior Advisor World Heritage bei der IUCN, aus gemeinsamen Internatszeiten her persönlich gekannt haben (Interviewpartner von Bärtschi 2003: 65), womit wichtige Kontakte bereits bestanden.

Auf Anregung von Andrea Cova und Bruno Messerli besprachen im Sommer 1997 die Gemeindepräsidenten von Grindelwald und Lauterbrunnen auf der Berner und Fieschertal[230] auf der Walliser Seite das Vorhaben mit Vertretern des Buwal und der IUCN. Der Gemeindepräsident von Grindelwald, Gottfried Bohren, fasste die Stimmungslage wie folgt zusammen: «Wir sind dafür, weil es vor allem touristisch sehr interessant sein könnte. Doch wir verlangen, dass wir dadurch nicht über die bisherige Gesetzgebung hinaus in unserer touristischen Entfaltung behindert werden» (Däpp 1997: 21). Meinrad Küttel, Chef der Buwal-Sektion Schutzgebiete, wies darauf hin, dass das zur Diskussion stehende Gebiet bereits im BLN-Inventar vermerkt sei, «sodass die von der UNESCO verlangten Bedingungen bereits erfüllt seien» (Küttel 2001a: 9). Am 1. Oktober 1997 fragte Nationalrat Günter und 26 Mitunterzeichnende via Interpellation den Bundesrat an, ob er bereit sei, das Projekt Weltnaturerbe Jungfrau-Aletsch zu unterstützen. Der Bundesrat antwortete «er sei bereit, einen entsprechenden Vorschlag einzureichen, sofern ein konsensfähiger, naturräumlich abgestützter Perimeter für das Jungfrau-Aletschgebiet gefunden werde und die Region bereit sei, das Gebiet treuhänderisch als Welterbe für kommende Generationen zu verwalten» (Maurer 1998: 22). In der Antwort des Bundesrates schwang die Befürchtung mit, das Weltnaturerbe werde einzig zur touristischen Vermarktung gewollt, seine Grenzen deshalb fern von den für den Wintertourismus interessanten Gebieten gezogen. Vorschläge, neben den Bergspitzen auch Objekte, die mit der Geschichte des Tourismus zusammenhängen, ganze Ortsbilder usw. in den Perimeter aufzunehmen, fanden kein Gehör. Auch das Buwal vermied Diskussionen um den Einbezug von kulturlandschaftlich genutzten Tälern[231], wie sie beispielsweise von der Stiftung Landschaftsschutz gewünscht wurden[232]. Das Buwal versuche, was realistisch sei. «‹Wenn man will, dass das Projekt stirbt, kann man ruhig solche Forderungen stellen›. [...]. ‹Die Debatte um ein viertes [Welterbe-] Objekt dauert nun schon 18 Jahre. Es ist langsam Zeit, dass wir das tun, was realistischerweise getan werden kann.›»[233]

Im Frühjahr 1998 häuften sich das erste Mal in der Hauptphase des Weltnaturerbevorhabens die Artikel in der Oberwalliser Regionalzeitung Walliser Bote (vgl. Abb. 59). «Kommt die Aletschgletscherbahn?» warf der WB am 21. Februar 1998 eine alte Frage wieder auf, die nach «den Wunschvorstellungen der touristischen Aletschregion» dieses Mal Wirklichkeit werden solle[234]. Die Rede ist von einer Luftseilbahnverbindung zwischen der Riederfurka und der Belalp, die unweit der Gletscherzunge die Massaschlucht queren würde. Die laufenden Bestrebungen, das Aletschgebiet unter die UNESCO Welterbe einzureihen, beschere den Touristikern, «weil mit einem rigorosen Schutz verbunden ... Visionen – aber der weniger angenehmen Art» (ebd.). Anlässlich einer Podiumsdiskussion meinte der Hotelier und bekannte ehemalige Skiakrobat Art

---

230 Das Restaurant Top of Europe auf dem Jungfraujoch liegt auf Fieschertaler Boden, weshalb die Gemeinde am Umsatz der Jungfraubahn beteiligt ist (Bärtschi 2003: 82).
231 So der Vorwurf von Raimund Rodewald zit. in: Stalder (1998).
232 Vgl. Rodewald (1997: 15).
233 Meinrad Küttel in: Stalder (1998).
234 WB, 21.2.1998, S. 11: *Kommt die Aletschgletscherbahn?*

Furrer, die «Schönheiten der Bergwelt müssten auch denen erschlossen werden, die nicht fähig seien, aus eigener Kraft in die Berge zu steigen»[235]. Man könne den Menschen im Rollstuhl den Blick auf den Aletschgletscher nicht verwehren und müsse darum diese Bahn bauen. Eine Woche später wurden aus Touristikerkreisen «erste Schritte in Richtung einer Vollerschliessung des Aletschgebietes»[236] vorgeschlagen. Dabei ginge es nicht nur um die Verbindung zwischen Belalp und Riederfurka, sondern auch um einen Tunnel von der Bettmeralp Richtung Aletschgletscher und die Erschliessung des Märjelengebietes. Diverse Umweltorganisationen kündigten ihren «erbitterten Widerstand» (ebd.) gegen diesen «Frontalangriff auf die Landschaft» (ebd.) an, «die Schützengräben sind ausgeworfen»[237], der «Kampf am Aletschgletscher»[238] kann beginnen.

«Skepsis hüben wie drüben» stand im WB vom 26. März 1998[239]. Zwar bestand weitgehend Einigkeit darüber, dass sich durch die Aufnahme in die Welterbeliste das Jungfrau-Aletsch-Gebiet gut vermarkten liesse – «die Aufnahme des Gebietes in das UNESCO-Verzeichnis der Naturdenkmäler wäre eine riesige, unentgeltliche und weltweite Werbeaktion für das ganze Gebiet, die wir niemals selbst bezahlen könnten»[240] –, uneinig war man sich jedoch nach wie vor über den Preis, d.h. die naturschützerischen Auflagen, der für diesen «Nobelpreis für Naturschönheit» (ebd.) zu bezahlen war. Auf Berner Seite hat der Gemeinderat von Lauterbrunnen «die Bremse gezogen» (ebd.). Er war einerseits verärgert über die kurze Frist von zwei Wochen, welche der Kanton ihnen für die Stellungnahme zum Projekt einräumte, andererseits wollte die Gemeinde nicht, dass die Fläche des Weltnaturerbes mit der des BLN-Gebietes identisch ist. Ein Weltnaturerbe, das wie das BLN-Gebiet bis ins Tal reiche und Wohnhäuser, Campingplatz und die Talstation der Schilthornbahn umfasse, gehe zu weit. Auf Walliser Seite zögerte die Gemeinde Fieschertal, weil sie das Märjelen-Gebiet der Möglichkeit einer späteren touristischen Erschliessung nicht berauben wollte. Da das Gebiet bereits im BLN-Inventar vermerkt und zudem durch einen Walliser Staatsratsbeschluss von 1938 teilweise geschützt ist, versucht die Gemeinde diese zwei Schutzbestimmungen ausser Kraft zu setzen (ebd.). Der Eintrag des Gebiets in ein neues Schutzverzeichnis kommt da höchst ungelegen. Die Gemeinde Blatten im Lötschental will sicher gehen, «dass wir die grossen Schafalpen weiterhin nutzen können» (Gemeindesekretär Christian Rubin, zit. in: ebd.). Es zeichnete sich deshalb ab, dass ein allfälliges UNESCO-Schutzgebiet einen kleineren Perimeter als das bestehende BLN-Gebiet 1507/1706 ‹Berner Hochalpen und Aletsch-Bietschhorn-Gebiet› einnehmen wird.

Im Juli 1998 machte der Gemeinderat von Lauterbrunnen seine Entscheidung vom März rückgängig und sprach sich einstimmig für eine Kandidatur aus. Abklärungen hätten ergeben, dass sich am Schutzstatus nichts ändern würde, man also die «grössere touristische Bekanntheit» ohne Nachteile anstreben könne[241]. Die Gemeinde Grindelwald willigte ein, nachdem das Wetterhorn mit dem oberen Grindelwaldgletscher we-

---

235 WB, 21.2.1998, S. 11: *Erste Kontroversen*.
236 WB, 28.2.1998, S. 7: *Aletschgletscherbahn: Erste Schritte*.
237 WB, 3.3.1998, S. 11: *Aletsch – kalkulierte Provokation?*.
238 WB, 7.3.1998; S. 17: *Kampf am Aletschgletscher?*
239 WB, 26.3.1998, S. 11: *Skepsis hüben wie drüben*.
240 Andrea Cova zit. in WB, 26.3.1998, S. 11: *Skepsis hüben wie drüben*.
241 NZZ, 23.7.1998, S. 12: *Jungfrau-Aletsch-Gebiet als UNESCO-Welterbe – Meinungsumschwung in Lauterbrunnen*.

gen bestehender Erschliessungspläne und das gesamte Aargebiet wegen der Wassernutzungsproblematik am Grimsel (Kraftwerk Grimsel-West) ausserhalb des UNESCO-Perimeters belassen wurde (Welti 1998: 21). Die Regierung des Kantons Bern beantragte im Oktober 1998 beim Schweizerischen Bundesrat die Aufnahme der vorgeschlagenen Gebiete in die Liste des Weltnaturerbes. Auf der Walliser Seite bekundete die Mehrheit der damals 6 betroffenen Gemeinden (Bellwald, Fiechertal, Betten, Ried-Mörel, Naters und Blatten/Lötschen) ebenfalls den Willen, für das Weltnaturerbe zu kandidieren, auch hier nachdem das Buwal in Fragen der Grenzziehung Entgegenkommen zeigte. So wurde das Märjelengebiet der Gemeinde Fieschertal, «welches eine separate Geländekammer bildet», aus dem UNESCO-Perimeter ausgeklammert (nicht aber aus dem BLN-Gebiet)[242]. Jetzt herrschte einzig noch Ungewissheit in den zwei potenziellen Territorialgemeinden Naters und Ried-Mörel.

2.5 Beispiel Ried-Mörel

Eine Bahn geistert in den Köpfen herum

Teile der Bevölkerung der Gemeinde Ried-Mörel, ein Dorf mit rund 250 EinwohnerInnen, hat verschiedentlich betont, dass mit dem UNESCO Schutzgebiet die Entwicklungsmöglichkeiten der späteren Generationen nicht eingeschränkt werden dürfen. Diese ‹nachhaltige› Denkweise kristallisierte sich aus in der Diskussion um eine allfällige Seilbahnverbindung zwischen den Skigebieten der Riederalp/Riederfurka mit jenen der Belalp. Freilich bestand weder ein konkretes Projekt über diese Bahn noch ist es wahrscheinlich, dass der Bund je die Konzession für ein solches Unternehmen erteilen würde, da damit das unabhängig vom Entscheid bezüglich Weltnaturerbe weiterhin bestehende BLN-Gebiet überquert werden würde. Ausser den Gemeindevertretern und nahestehenden Tourismuskreisen[243] ist eigentlich allen klar, dass eine (oberirdische) Bahn nicht realisierbar ist. Verschiedentlich kursierte deshalb auch die Idee, eine unterirdische Bahnverbindung (Mutter 1999) oder eine Brücke zu bauen (Escher 1999).

Es war aber nicht nur das drohende Aus der imaginären Bahnverbindung, das für Verstimmung in der Bevölkerung von Ried-Mörel sorgte. Der Gemeindepräsident Hans Kummer beklagte die schlechte Information. Er habe noch immer keine Kenntnis vom genauen Inhalt des zu unterzeichnenden Schutzvertrages. «Der Gemeindepräsident bezweifelt nämlich nach wie vor, dass der fragliche Schutzartikel tatsächlich keine Verstärkung des bereits heute geltenden Schutzstatus im BLN-Gebiet [...] zur Folge haben wird»[244]. Und schliesslich ging es auch direkt um Geld. Die Gemeinde fühlte sich nämlich betrogen. Denn die 1954 – also vor der Errichtung des BLN-Gebietes – an die Electra Massa vergebene Konzession für ein Kraftwerk Oberaletsch wurde bisher nicht eingelöst. Zieht die Gemeinde diese Konzession nun zurück und verzichtet somit auf

---

242 Aussagen Meinrad Küttels in WB, 8.3.2000, S. 10: *Entscheidend ist der Antrag des Kantons*.
243 RZ Oberwallis, 21.10.1999, S. 7: *Tourismus will neu verhandeln*. Darin äussert sich Hans-Peter Zeiter, Direktor der Belalpbahnen wie folgt: «Wir wollen Druck aufsetzen, damit die Option einer möglichen Bahnverbindung erhalten bleibt. Denn wer weiss denn heute schon, ob nicht Blatten und Riederalp einmal unter ein Bahndach gehören. Die wirtschaftliche Entwicklung ist nicht abschätzbar. Dann wäre eine solche Verbindung absolut notwendig. [...]. Ich frage mich natürlich, wie viele Leute das Buwal überhaupt in dem Gebiet haben will». Zeiters Votum macht deutlich, dass dem Versuch einer sanften touristischen Entwicklung der Region Widerstand entgegengebracht wird.
244 WB, 22.10.1999: *Ried-Mörel pokert...*

potenzielle Einnahmen aus der Wasserkraftnutzung, könnte sie laut Greina-Verordnung die Abgeltung der Einbussen beim Bund beantragen (vgl. unten ‹Beispiel Naters›). Doch gemäss der Verordnung werden Ausfälle von weniger als 30 000 Franken nicht ausbezahlt – Der Anspruch von Ried-Mörel beträgt bloss 27 000 Franken[245].

Die entgangenen Wasserzinsen, die entflogenen Abgeltungen und die gefürchtete Behinderung der touristischen Entwicklung im Kopf klagt der Gemeindepräsident von Ried-Mörel: «Es können doch nicht immer dieselben sein, die für den Naturschutz zahlen.»[246] Andernorts wird der Gemeindepräsident Kummer, selber Hotelier, zitiert: «Wir wollen Geld sehen, ganz klar. Es ist nicht fair, dass wir auf Ausbauvorhaben verzichten sollen, ohne etwas dafür zu erhalten.»[247] Die «nicht auf Rosen gebettete Gemeinde Ried-Mörel» (ebd.) zweifelt daran, ob sie vom UNESCO-Label viel hätte, schliesslich lebt sie hauptsächlich vom Wintertourismus. Nach dem Verlust der Wasserzinsen und der mit der Wasserkraftnutzung verbundenen Arbeitsplätze soll nun nicht auch noch das Geschäft mit dem Wintersport aus den Händen gegeben werden müssen. Es sei aber auch erwähnt, dass das Vertrauen der Bevölkerung von Ried-Mörel nicht gerade gestärkt wird durch den Druck, der vom Buwal her ausgeübt wird, wonach Ried-Mörel mit ihrem Verhalten das ganze Vorhaben Weltnaturerbe gefährde[248]. Wenig Verständnis brachte auch Helmut Stalder vom Tages Anzeiger auf, als er unter dem Titel «Welterbe in der Hand von Rappenspaltern» schrieb: «Erhaben thronen Eiger, Mönch und Jungfrau in den Wolken, gelassen ruht das ewige Eis ihnen zur Seite – aber tief unten im Tal zanken die Erdenmenschen um Seilbähnchen und Turbinchen und einige Tausend Franken» (Stalder 1999: 10). Kummer konterte berechtigt: «Weshalb fragen sie [das Buwal] nach unserer Meinung und wollen nichts von Varianten hören?»[249] Den Druck mit Gegendruck beantwortend stellte der Gemeindepräsident von Ried-Mörel ein Ultimatum: Entweder akzeptiert das Buwal die vorgeschlagene Abänderung der Grenzziehung, sodass das besagte Verbindungsprojekt zwischen Riederalp und Belalp möglich bleibt, oder Ried-Mörel lehnt das Projekt ganz ab[250].

Die Angst vor fremden Vögten oder die Apotheose der Freiheit

Im Vorfeld des Urnenganges in der Gemeinde Ried-Mörel vom 12. März 2000 kursierte ein doppelseitiges Flugblatt, herausgegeben von der «Überparteilichen Bürgerbewegung gegen das UNESCO-Schutzgebiet Aletsch», mit u.a. folgendem Inhalt (Zitat):

---

245 RZ, 22.10.1999, S. 5: *Geduld des Buwal bald am Ende.*
246 Der Gemeindepräsident Hans Kummer von Ried-Mörel, zit. in: D'Anna-Huber (2000a: 9).
247 Hans Kummer zit. in: Mutter (1999).
248 Vgl.: Schön (1999: 6). Darin wird Meinrad Küttel vom Buwal zitiert: «Unsere Geduld ist langsam am Ende. […]. Der Kanton Wallis muss jetzt handeln, sonst werden wir das Dossier ‹‹UNESCO-Welterbe Aletsch / Jungfrau›› schliessen».
249 Hans Kummer zit. in: Mutter (1999).
250 Hans Kummer zit. in: RZ, 9.10.1999, S. 5: *«Wir sind masslos enttäuscht».*

Abb. 56:
Ausschnitte aus dem Flugblatt der «Überparteilichen Bürgerbewegung gegen das UNESCO-Schutzgebiet Aletsch» vom März 2000.

UNESCO-Schutzgebiet Aletsch – NEIN !
Fakten zum UNESCO-Schutzgebiet

Seit neuestem will die Gemeinde unser Aletschgebiet ohne irgendwelche Verträge und Absprachen der UNESCO–Konvention unterstellen. Laut Definition Gemeinderat würde man damit angeblich "keine Verpflichtungen einzugehen" [sic!], da man ja nichts unterschreibe.

Tatsache ist aber: Mit der Unterstellung unter die UNESCO-Konvention müssten wir die UNESCO-Gesetze mit Haut und Haaren akzeptieren! Denn wieso sollte man ein "Label" umsonst bekommen? Ein Handwerker bekommt seinen Lohn auch erst, wenn er seine Arbeit verrichtet hat

[…].

Sehen vielleicht gewisse Gemeinderäte roter Couleur […] im Beitritt zur UNESCO-Konvention eine Möglichkeit, gesamtschweizerische Strukturen zu schaffen, die den Weg in internationale Organisationen ebnen? Die Auswirkungen eines Eingriffs zentralistischer Organisationen wie EU oder UNO in sensible Lebensräume können in Frankreich und Italien bestens beobachtet werden: Entvölkerte Bergregionen – Lebensraum für Wildtiere – aufgrund eines gestörten Mensch-Tier-Verhältnisses einiger Sozi-Feudalherren. Strategie der Sozialistischen Internationale, die auch für die organisierten Unruhen und Demonstrationen in Österreich verantwortlich ist?

[…].

Aus all diesen Gründen empfehlen wir den Stimmberechtigten, am 12. März das UNESCO-Schutzgebiet abzulehnen!

Noch radikaler als im obigen Flugblatt manifestierten sich solche Vorstellungen in einem Leserbrief im WB: «Ein Sprichwort sagt: Der Fisch stinkt vom Kopf. Wenn also die Sozialisten sich so vehement für das Label einsetzen, damit dieses Gebiet unter den Macht- und Verantwortungsbereich der Uno fällt, steckt mehr dahinter als das vielgepriesene Label und der jährliche finanzielle Mundknebel. Nämlich die Agenda 21 mit ihren durch und durch marxistisch sozialistischen Richtlinien zwecks Untergrabung der Rechte von Nationalstaaten und ihren legitim gewählten Volksvertretern.»[251] Der Schreiber bekämpft die Irreführung durch die Promotoren des Vorhabens – namentlich die «Natischer Sozialisten» –, welche «im Gesang der Sirenen die Natischer für das UNESCO-Label zu bezirzen» versuchen, unterstützt von der Presse mit ihren «schönen Panoramabildern und unterstreichenden Texten» (ebd.). «Da jede Medaille zwei Seiten hat, ist es wohl nicht mehr als recht, wenn man deren Rückseite mit den Gravuren auch mal betrachtet», klärt er die angeblich desinformierte Bevölkerung auf. «Hat man uns nicht gelehrt, einen Vertrag erst dann zu unterzeichnen, wenn man diesen auch wirklich kennt?» (Ebd.).

Die Apotheose der Freiheit bzw. die Angst vor Fremdbestimmung ist ein mindestens in der Schweiz mächtiger Wert[252]. Der Mythos, die Schweiz sei dank Wilhelm Tell, die jeweiligen Regionen dank ihrer dortigen Freiheitshelden unabhängig geblieben, ist nach wie vor stark in der Bevölkerung, insbesondere jener der Berggebiete verwurzelt. Das Bild einer Schweiz, die die Idee der Freiheit verkörpere wie kein zweites Land auf Erden, ist noch weitgehend ungebrochen. In der Tradition der Freiheitshelden gilt es

---

251 Leserbrief von Helmut Bammatter, Naters, in WB, 3.11.1999, S. 20: *Aletschgebiet-UNESCO-Agenda 21!*. Bammatter war ein totaler Gegner des JAB. Er ist Mitte 30, Vorreiter der SVP Oberwallis und bediente mit seinen Leserbriefen die verunsicherten BürgerInnen, die einen Verlust ihrer Gemeindeautonomie fürchteten.
252 «Die Freiheit ist der erste und höchste Wert der Schweiz, von ihrer Entstehung an» (Ivanova 1992: 27).

weiterhin, die demokratischen Freiheiten vor dem Einfluss ‹fremder Richter› zu verteidigen, den Status quo zu bewahren, Einflüsse von aussen trotzig abzuwehren. Diese Grundhaltung ist wesentlich dafür verantwortlich, dass die Schweizer Bevölkerung lange nicht der UNO beitrat, bis auf Weiteres ausserhalb der EU verbleibt und auch dem eigenen Staat, den Bürokraten aus Bern, den Doktoren aus Zürich usw. nicht sonderlich vertraut. In beiden Fallbeispielen versuchten einige Akteure das alte «Schutz- und Trutzbündnis» (Muschg in Bissinger & Hosfeld 1991: 52) auch gegen die UNO-Tochter UNESCO zu mobilisieren. So hiess es beispielsweise: «Wenn die Frauen und Männer von Ried-Mörel/Riederalp am Wochenende abstimmen und mehrheitlich für den Antrag des Gemeinderates [gegen jenen des Buwals] stimmen, ist das nicht paradox, wie das Herr Küttel vom Buwal sagt. Unser Bundesbrief vom Jahre 1291 hat immer noch seine Gültigkeit. Dessen Anfang klingt so schön wie ferne Musik in den Ohren: ‹Wir wollen frei sein, wie dies unsere Väter waren…!›»[253]

Wie damals, als Tell den fremden Vogt Gessler in terroristischer Manier aus dem Hinterhalt erschoss, treten auch die heutigen Apologeten der Freiheit nicht zimperlich auf, wenn sie auch glücklicherweise bloss mit Worten und nicht mehr mit Pfeilen auf ihre vermeintlichen Tyrannen schiessen. Freiheit wird dabei verstanden als negative Freiheit, als Abwehr aller Einmischung in die eigenen Angelegenheiten, und der gewählte Weg ist – wie bei Tell – jener der Kommunikationsverweigerung. Freilich sehen die Verteidiger der Freiheit sich selbst auf der kommunikativen Seite: Nach der – verlorenen – Abstimmung, nachdem also das Volk von Ried-Mörel und Naters sich «bedingungslos an eine internationale Organisation und fremde Vögte ‹verdingt›» hatte[254], war von den Freiheitsaposteln zu lesen: «Nur das Gespräch unter Bürgern, kritischer Geist und christliche Eigenverantwortung sind die Voraussetzungen für eine lebendige Demokratie und die Garantien für Recht und Freiheit. Wie schrieb doch Gottfried Keller (im Fähnlein der sieben Aufrechten) so treffend: ‹Keine Regierung und keine Bataillone vermögen Recht und Freiheit zu schützen, wo der Bürger nicht imstande ist, vor die Haustüre zu treten und nachzusehen, was es gibt.› Eine mutige Bürgerbewegung mit Vertretern aus allen bürgerlichen Lagern hat diese Verantwortung wahrgenommen und den ehrenvollen Kampf um Recht und Freiheit aufgenommen.»[255]

Wären die besagten Bürger wirklich imstande gewesen, «vor die Haustüre zu treten und nachzusehen, was es gibt», hätten sie es besser wissen können. Denn das nahegelegene Baltschiedertal hatte seit gut 10 Jahren Erfahrung mit so genanntem Landschaftsschutz. 1996 zogen die Vertragsparteien anlässlich des zehnjährigen Bestehens des Landschaftsschutzgebietes Bilanz: «Grundtenor: Die Gemeinden haben mit dem Landschaftsschutz-Vertrag *nur gute Erfahrungen gemacht*. Anfängliche Bedenken zerstreuten sich laut dem Bekunden der vier Gemeindepräsidenten rasch und gründlich. Alle im Vorfeld geäusserten Befürchtungen trafen nach dem Vertragsabschluss nicht ein. Traditionelle und angepasste Nutzungsformen blieben möglich. […]. Gerade die guten Erfahrungen mit dem Schutzvertrag lassen die Hoffnung zu, dass in den nächsten Jahren eine *qualitative und räumliche Ausdehnung* des Schutz-Perimeters möglich wird. Im Baltschiedertal hat […] ein *sanfter Tourismus einen beachtlichen Aufschwung* genommen, von dem die umliegenden Ortschaften nicht zu unterschät-

---

253 Hans Kummer, Gemeindepräsident von Ried-Mörel, in einem Leserbrief, WB, 9.3.2000, S. 25.
254 Leserbrief *«Das Fähnlein der sieben Aufrechten»*, WB, 16.3.2000.
255 Wie Fn. 254.

zenden Nutzen ziehen...»[256] Ob die Mitglieder der Bewegung gegen das JAB auf sanften Tourismus setzen wollen, darf allerdings bezweifelt werden.

2.6 Beispiel Naters

Neben Ried-Mörel war auch in Naters ungewiss, ob das Welterbe-Vorhaben von der stimmberechtigten Bevölkerung unterstützt wird. Auch in dieser Gemeinde ging es um die Frage des Verzichts auf die Wasserkraftnutzung. Die Einnahmen aus den Wasserzinsen sind ein durchaus bedeutender Wirtschaftsfaktor und folglich ein emotionales Diskussionsthema (vgl. oben Kap. ‹Sozioökonomische Situation›). Für den Verzicht auf den Bau eines Oberaletsch-Kraftwerks soll Naters während 40 Jahren je 324 000 Franken erhalten, also insgesamt knapp 13 Millionen Franken[257]. Diese Abgeltung ist an die Verpflichtung gebunden, «den Schutz und den Vollzug der Schutzbestimmungen im heutigen BLN-Gebiet mittels öffentlich-rechtlichem Vertrag während diesen 40 Jahren sicherzustellen»[258]. Der aktuell geltende Schutzstatus bliebe unverändert und die bisherigen Nutzungsmöglichkeiten gewährleistet. Weil es wegen der Entwicklung des Strommarktes unwahrscheinlich sei, dass das Oberaletsch-Kraftwerk überhaupt gebaut werde und sich an den sonstigen Nutzungsmöglichkeiten nichts ändere, käme das Ausschlagen der Abgeltungszahlungen der offiziellen Meinung nach verschenktem Gelde gleich[259]. Freilich wollten auch einige Natischer Bürger und Vertreter der Belalp Bahnen AG an der Verbindungsbahn Belalp-Riederalp festhalten und den Schutzvertrag aus diesem Grunde ablehnen. Der wirtschaftliche Nutzen und der Wert des betroffenen Gebietes sei «um einiges höher als dieser läppische Betrag von Fr. 325 000.- pro Jahr. Soll für einen Tropfen auf den finanziell heissen Stein das Aletschji als Energie-, Tourismus-, Kultur- und Naturschatz geopfert werden?»[260]

Die Urabstimmung war auf den 3. November 1999 angesetzt. Dabei wurde die Frage über den Verzicht auf die Wasserkraftnutzung losgelöst von der Entscheidung, ob die Gemeinde Naters sich am Weltnaturerbe beteiligen will oder nicht. Ein positiver Ausgang der ersten Abstimmung vorausgesetzt kann die Aufnahme in die Liste des UNESCO-Welterbes als ‹Zugabe› angestrebt werden. Unmittelbar vor der Gemeindeversammlung äusserten sich jedoch Stimmen, diese beiden Traktanden seien auf eine spätere, schriftliche und somit geheime Abstimmung zu verschieben. Begründet wurde diese Forderung mit mangelnder Information über die Dimensionen des Vorhabens: «Warum dieses Geschäft nicht verschieben und zuerst umfassend orientieren, damit jedermann in Kenntnis der Fakten mitentscheiden kann.»[261] Die gleiche Forderung stellten die FDP und Unabhängige von Naters[262]. Als Reaktion auf die ‹Opposition› bekam auch die Bevölkerung von Naters Druck zu spüren: «Sollte an der Urversammlung vom 3. November 1999 ein negativer Entscheid fallen, oder sollte eine weitere Verzögerung eintreten [...] müssten wir wohl das Dossier entgültig schliessen. Die Gründe haben wir mehrfach erläutert (Konkurrenz Gran Paradiso, grosse Zahl von Eingaben, zunehmend restriktive Aufnahmepolitik).»[263] Den Druckversuchen zum Trotz haben

---

256 WB, 30.10.1999, S. 7: *Landschaftsschutz bewährt sich.* Hervorhebungen im Original.
257 WB, 7.10.1999, S. 12: *«Der Schutzstatus bleibt unverändert».*
258 WB, 21.10.1999: *Naturschutz und wirtschaftliche Nutzung im Aletsch.*
259 WB, 7.10.1999, S. 12: *«Der Schutzstatus bleibt unverändert».*
260 Leserbrief von Helmut Bammatter, Naters, in WB, 3.11.1999, S. 20: *Aletschgebiet-UNESCO-Agenda 21.*
261 Leserbrief von Toni Arnold, in WB, 3.11.1999, S. 22: *Die Katze im Sack kaufen.*
262 Parteienforum FDP und Unabhängige Naters in: WB, 3.11.1999, S. 20: *Transparenz statt Feuerwehrübung.*

die 486 versammelten stimmberechtigten Natischer an der Urversammlung beschlossen, die Entscheidung für die Abgeltung der Wasserkraftnutzung im Oberaletsch und für das UNESCO-Schutzgebiet auf einen späteren Zeitpunkt Anfang des Jahres 2000 zu vertagen. Die Gemeinde solle weitere Informationen darlegen und dann einen Urnengang anberaumen[264].

Kurz darauf wurde bekannt, dass die Verordnung über die Abgeltung von entgangenen Wasserzinsen überarbeitet und damit auch die Entschädigungen für den Verzicht auf die Wasserkraftnutzung gekürzt werden. Der Grund dafür seien die «im Zuge der Liberalisierung des Elektrizitätsmarktes veränderten Verhältnisse [...]. Namentlich die Bestimmungen über die Berechnung der wirtschaftlichen Realisierungswahrscheinlichkeit eines Vorhabens würden angesichts der stark gefallenen Strompreise in Frage gestellt.»[265] Für die Gemeinde Naters macht dies einen (potenziellen) Minderbetrag von 50 000 Franken pro Jahr aus, also statt der 320 000 noch 270 000 Franken. Dafür kommt die Revision der Verordnung der Gemeinde Ried-Mörel zu Gute, da aufgrund der neuen Rechtsgrundlage auch Beträge unter 30 000 Franken ausbezahlt werden. Anstatt leer auszugehen, käme die Gemeinde neu in den Genuss von jährlich 12 000 Franken Verzichtsentschädigung[266]. Für den Gemeindepräsidenten von Ried-Mörel bedeutete das Entgegenkommen in der Entschädigungsfrage allerdings nicht automatisch die Zustimmung für das UNESCO-Vorhaben. Er äusserte eine neue Forderung: «Wir müssen den alten Aletschweg wieder aktivieren können. Und dazu braucht es eine kleine Brücke»[267]. Kummer verlangte von der eidgenössischen Natur- und Heimatschutzkommission die explizite Zusage zu dieser Brücke.

2.7 Der Entscheid von Ried-Mörel und Naters

Am Wochenende des 11./12. März 2000 fanden in den Gemeinden Naters und Ried-Mörel gleichzeitig Konsultativabstimmungen statt. Die StimmbürgerInnen von Naters haben dabei dem vom Buwal vorgeschlagenen Perimeter relativ knapp zugestimmt (1300 Ja- zu 990 Nein-Stimmen)[268]. Ein positives Ergebnis war erwartet worden, da vor dem Abstimmungstermin angeblich eine «gute Grundstimmung die anfängliche Skepsis verdrängt» hatte[269]. Freilich fand über Leserbriefe in den Zeitungen nach wie vor eine heftige Kontroverse über Bedrohungsszenarien wie die Verschärfung der Schutzbestimmungen, den Verlust der Selbstbestimmung an «internationale Kontrolleure» oder die Angst vor dem Wolf und anderem Getier statt[270]. Angesichts dieser «massiven Verunsicherungskampagne» zeigte sich die Natischer Gemeindepräsidentin mit dem Abstimmungsergebnis zufrieden[271].

---

263 Leserbrief von Prof. Bruno Messerli, Universität Bern, in WB 3.11.1999, S. 22: *Eine grosse Chance verpassen?*
264 WB, 4.11.1999: *Aletschgebiet: Entscheid vertagt.*
265 WB, 14.12.1999, S. 8: *Wasserkraftnutzung: Gefahr für Abgeltung?*
266 RZ, 21.1.2000, S. 9: *Die Natischer Gemeindepräsidentin Edith Nanzer zum UNESCO-Schutzgebiet – «Grund zu mehr Stolz statt Skepsis».*
267 RZ, 21.1.2000, S. 9: *Hans Kummer, Präsident Ried-Mörel – «Brücke zusichern».*
268 WB, 13.3.2000: *Ein Ja, ein «Jein»...*
269 WB, 3.3.2000, S. 17: *«Gute Grundstimmung» in Naters.*
270 Beispielsweise im Leserbrief-Hickhack zwischen Gemeindevertretern von Naters (Befürworter) und einem «Feriengast aus Zürich» (Gegnerin der Welterbe-Idee): Leserbrief von Judith Barben, Feriengast Zürich, in WB, 4.3.2000, S. 16: *Seltsame Dinge geschehen in Naters*; Leserbrief von Edith Nanzer-Hutter, Gemeindepräsidentin von Naters, in WB, 7.3.2000, S. 14: *Einmalige Chance für Gemeinde und Region*; Leserbrief von German Eyer, Naters, in WB, 7.3.2000; S. 14: *Aber aber, Frau Barben!* und Leserbrief von Judith Barben in WB, 9.3.2000, S. 22: *Aber, aber, Herr Eyer!*

Die Kraft der Bilder in der nachhaltigen Entwicklung

In Ried-Mörel beherrschte bis zum Abstimmungstermin die gewünschte Verschiebung des Perimeters die Diskussion. Der Gemeinderat brachte schliesslich eine Doppelvariante zur Abstimmung: Die 220 Stimmberechtigten der Gemeinde sollten neben dem Vorschlag des Buwal auch über eine Variante ‹Grenzverschiebung› befinden[272]. Der Alternativvorschlag, ein von 60 BürgerInnen der Gemeinde unterzeichneter Antrag, sah vor, das Gebiet nordwestlich des Riederhorns und den Gebidem-Stausee aus dem Perimeter auszuklammern. Diese Gebietsreduktion um 90 Hektaren hält gemäss den Initianten die Option auf eine spätere Bahnverbindung zwischen Riederalp und Belalp offen – wobei der BLN-Perimeter natürlich bestehen bleibt. Die Grenzverschiebung macht für Meinrad Küttel vom Buwal folglich «definitiv keinen Sinn»[273]. Danach befragt, was denn geschehe, wenn Ried-Mörel für die Grenzverschiebung votiere, sagte Küttel, es komme darauf an, «was die Walliser Regierung daraus macht. Für den Bund sind nämlich nicht die kommunalen Entscheide massgebend. Entscheidend ist der Antrag des Kantons. [...]. Persönlich hoffe ich sehr, dass der Kanton seine Führungsrolle und seine Kompetenzen in dieser Angelegenheit wahrnimmt. Einen Antrag unter Berücksichtigung der verlangten Grenzverschiebung nach Bern zu schicken, wäre grotesk» (ebd.).

Auf das Abstimmungsergebnis Einfluss zu nehmen, versuchten auch die Gemeinderäte und Tourismusorganisationen von Grindelwald und Lauterbrunnen. Sie riefen in einem Brief die Einwohner der Gemeinde Ried-Mörel auf, «den erhofften Eintrag des Jungfrau-Aletsch-Gebiets ins weltweit beachtete und werbewirksame UNESCO-Welt-Naturverzeichnis nicht zu gefährden» (Däpp 2000: 3)[274]. Die Berner Briefschreiber argumentierten sehr jovial: Sie zeigten Verständnis für die Bedenken der Walliser, denn auch sie hätten «mit den selbsternannten Schützern der Umwelt oft schon einschlägige Erfahrungen gemacht» (ebd.). Das UNESCO-Label bringe aber nur Vorteile, selbst die richtig visionären Infrastrukturprojekte – «auch wir haben solche» – werden von der UNESCO-Liste kaum tangiert. Das UNESCO-Label wurde als grosse touristische Chance gepriesen – ungewollt auf den Punkt bringt dies wohl ein Verschreiber (?) an anderer Stelle: «UNESCO-Label – Chance aktiv ausnutzen...»[275].

Schliesslich stimmten die Ried-MörjerInnen am 12. März 2000 zwar gegen den Vorschlag aus Bern (mit 46 Ja- zu 123 Nein-Stimmen), hiessen aber den um 90 Hektaren reduzierten Perimeter gut mit 114 Ja zu 59 Nein[276]. Dieser Ausgang wurde in einer Stellungnahme vom Buwal bedauert. «Das Begehren, das gesamte Jungfrau-Aletschgebiet ins UNESCO-Weltkulturerbe [sic!] aufzunehmen, sei deshalb aber nicht vom Tisch. Der Ball liege nun beim Kanton Wallis, der lediglich eine grossmehrheitliche Zustimmung voraussetze, um dem Bund für eine Anmeldung des Gebietes grünes Licht zu geben.»[277] Das Buwal hegte also die Hoffnung, der Kanton beauftrage den Bundesrat, mit dem vom Buwal vorgeschlagenen Perimeter für das UNESCO-Label zu kandidieren. «‹[Die Walliser Kantonsregierung] muss entscheiden, welcher Volks-

---

271 WB, 13.3.2000: *Ein Ja, ein «Jein»...*
272 WB, 3.3.2000, S. 17: *Ried-Mörel lässt auch über Grenzverschiebung abstimmen – Gemeinderat verschanzt sich hinter einem von 60 Bürgerinnen und Bürgern unterzeichneten Antrag.*
273 Meinrad Küttel in WB, 8.3.2000, S. 10: *«Entscheidend ist der Antrag des Kantons».*
274 Vgl.: WB, 9.3.200: *Apell an die Ried-Mörjer.*
275 Leserbrief von Beat Ruppen, eidg. dipl. Tourismusexperte, in: WB, 8.3.2000: *Naters: UNESCO-Label – Chance aktiv ausnutzen...*
276 WB, 13.3.2000: *Ein Ja, ein «Jein»...*
277 TA, 13.3.2000, S. 5: *UNESCO-Chancen des Aletschgebiets sind gesunken.*

wille ihr wichtiger ist – ob das Ja von Naters oder das Nein von Ried-Mörel»[278]. Ins gleiche Horn stiess die Stiftung Landschaftsschutz Schweiz (SL): Sie verlangt von der Walliser Regierung «die Kandidatur für die Welterbenliste mit dem ungekürzten, vom Buwal vorgeschlagenen Perimeter zu genehmigen», da nur dieser Perimeter einer wissenschaftlich korrekten und nachvollziehbaren Gebietsumgrenzung entspreche[279]. Andererseits stellte die SL fest, dass aus ihrer Sicht eine unterirdische Bahnverbindung zwischen Riederfurka und Belalp mit dem Schutzgebiet verträglich sei (ebd.). Die Pro Natura kommentierte die Entscheidung von Ried-Mörel als «starrköpfig»: «Kann es sein, dass die Gemeinde Ried-Mörel dem gallischen Dorf, in dem Asterix und Obelix wohnen, nacheifert?» (Knüsel 2000: 10). Und mit Bezug auf die Verpachtung des Aletschwaldes 1933 schrieb der Autor weiter: «Für den Kuhhandel um das UNESCO-Weltnaturerbe ‹Aletsch› bleibt zu hoffen, dass sich Ried-Mörel diesmal aus lauter Eigennutz nicht verrechnet» (ebd: 13). Für Luzius Theler vom Walliser Boten war hingegen klar, dass sich der Kanton kaum über das Abstimmungsergebnis von Ried-Mörel hinwegsetzen wird. «…ein solches Verhalten stünde der Tradition der Respektierung der Gemeinde-Autonomie zuwider»[280].

Es folgten Versuche, die vertrackte Situation zu lösen. Dabei befürworten grundsätzlich alle Gemeinden die Aufnahme des Gebietes ins Weltnaturerbe, die Gemeinde Ried-Mörel beharrte aber auf der Reduktion des Perimeters und die Gemeinde Fieschertal nährte die «scheinbar endlose Diskussion»[281] noch zusätzlich mit ihrem (bekannten) Begehren, das Märjelen-Gebiet, welches vom Buwal aus dem UNESCO-Perimeter ausgespart wurde, nun auch aus dem BLN-Inventar zu lösen[282]. Das Buwal seinerseits drängte auf eine schnelle Lösung, damit das Kandidaturdossier fristgerecht Ende Juni 2000 bei der UNESCO eingereicht werden könne. «‹Bis Anfang April […] müsse ein positives Signal aus dem Wallis kommen.›»[283] Die Diskussionen zwischen dem Kanton Wallis und den Gemeinden fanden aber erst im April statt. Erstaunlicherweise kam nun gar eine neue Perimetervariante ins Gespräch: Der Kanton erwägte, dem Bund gleich ein Gesamtpaket Aletsch-Bietschhorn-Gebiet vorzuschlagen, welches die bisherigen 6 Walliser Gemeinden um weitere 11 bereichern würde. Dieser Vorschlag mache zwar Sinn, so Meinrad Küttel, «hätte aber […] früher und vor allem gezielter angegangen werden müssen.» Man würde nun bei der UNESCO einen schlechten Eindruck hinterlassen, «wenn es hiesse, die Schweizer seien immer noch am Diskutieren»[284].

Am 9. Mai 2000 fällte die Walliser Regierung nach intensiven Diskussionen mit den Gemeindebehörden (unter Berücksichtigung der beiden Volksabstimmungen von Naters und Ried-Mörel!), dem Buwal und Vertretern von Umweltschutzkreisen schliesslich ihre Entscheidung: «Der Walliser Vorschlag beinhaltet eine Erweiterung des ursprünglichen, vom Bund vorgesehenen Walliser Perimeters von 288 km^2 auf 401 km^2 und umfasst zusätzlich zum Gebiet des Aletschgletschers noch dasjenige des Bietschhorns sowie das Gredetsch-, das Baltschieder- und das Bietschtal.»[285] Die Gebietser-

---

278 Meinrad Küttel zit. in Der Bund, 28.3.2000: *Führt die spleenige Idee einer Gebirgs-U-Bahn zum Kompromiss?*
279 Zit. in WB, 25.3.2000: *Unterirdische Bahn möglich?*
280 Luzius Theler in einem Kommentar in WB, 13.3.2000, S. 1: *Wie erwartet…*
281 Umwält-Zitig 50, Mai 2000, S. 3–4: *UNESCO-Weltnaturerbe: Diskussionen ohne Ende.*
282 WB, 8.4.2000: *Ried-Mörel bleibt beim «Jein».*
283 Meinrad Küttel zit. in Der Bund, 28.3.2000: *Führt die spleenige Idee einer Gebirgs-U-Bahn zum Kompromiss?*
284 WB, 1.4.2000: *Verschläft der Kanton die UNESCO-Eingabe? – Einbezug der Bietschhorn-Region zunächst noch offen – Stellungnahmen von betroffenen Gemeinden ausstehend.*

weiterung erfolgte nicht zuletzt auf Wunsch der betroffenen Gemeinden![286] Auf den Wunsch der Fieschertaler nach einer Änderung der BLN-Grenzen wurde hingegen nicht eingegangen. Der Entscheid des Kantons Wallis wurde nun umgehend an den Bundesrat weitergeleitet.

2.8 Von der Kandidatur zur Anerkennung

Am 28. Juni 2000 entschied der Schweizer Bundesrat, die UNESCO um Aufnahme des Jungfrau-Aletsch-Bietschhorngebiets in die Weltnaturerbeliste zu ersuchen. In der Pressemitteilung zur Kandidatur des JAB hiess es: «Die Aufnahme des Jungfrau-Aletsch-Bietschhorngebietes ins UNESCO-Welterbe wird keine weiteren Schutzmassnahmen nach sich ziehen. Doch dürfte die internationale Anerkennung der universellen Bedeutung des Gebietes den Willen der Bevölkerung, der Kantone und des Bundes nach einem Schutz dieser einmaligen Landschaft verstärken. Die Aufnahme ins UNESCO-Welterbe schliesst die Pflicht ein, das Gebiet für die kommenden Generationen intakt zu erhalten.»[287] Die offizielle Bewerbung wurde am 15. August beim Sekretariat des Welterbezentrums eingereicht. Das angemeldete Gebiet umfasste eine Fläche von 538,88 km². Davon entfallen 23 % auf die beiden Berner Gemeinden Grindelwald und Lauterbrunnen und 77 % auf die 13 Gemeinden im Kanton Wallis (Bellwald, Fieschertal[288], Betten, Ried-Mörel, Naters, Birgisch, Mund, Ausserberg, Raron, Niedergesteln, Blatten im Lötschental, Baltschieder und Eggerberg).[289]

Am 15. Februar 2001 wurde die *Interessengemeinschaft zur Unterstützung der Kandidatur* gegründet. Sie bemüht sich in der Folge um eine höhere Anerkennung der UNESCO-Kandidatur in der Bevölkerung der Walliser Gemeinden. Die IG wurde nicht zuletzt im Hinblick auf den Ende März 2001 angekündigten *Evaluationsbesuch der IUCN* gegründet. Das IUCN-Gremium wird nicht nur die Erfüllung der bio-physischen Kriterien überprüfen, sie will gleichzeitig auch «den Puls der Bevölkerung spüren. Eine der Hauptaufgaben der neu gegründeten IG besteht deshalb darin, breite Bevölkerungskreise für das zukunftsgerichtete Gemeinschaftsprojekt zu sensibilisieren und zu begeistern. Dazu kommen Management- und Koordinationsaufgaben.»[290] Zum

---

285 WB, 10.5.2000, S. 13: *Perimeter-Erweiterung um 113km²*.
286 Raimund Rodewald hatte den Vorschlag schon vor längerer Zeit eingebracht, markante Kulturlandschaften (hauptsächlich die uralten Bewässerungssysteme) dem Welterbe beizufügen, doch das Buwal hat dies als unrealistisch eingestuft und nicht weiter verfolgt (Stalder 1999). Das Baltschiedertal ist seit 1986 ein Landschaftsschutzgebiet. Damals hatte die Bevölkerung der Gemeinden Baltschieder, Ausserberg, Eggerberg und Mund in einer Abstimmung einem Landschaftsschutzvertrag mit der SL zugestimmt, obwohl ähnliche Ängste und Befürchtungen die Diskussion prägten, wie sie auch in der Weltnaturerbefrage auftauchten. Doch die Ängste bewahrheiteten sich nicht: «Alle im Vorfeld geäusserten Befürchtungen trafen nach dem Vertragsabschluss nicht ein. Traditionelle und angepasste Nutzungsformen blieben möglich. […]. Auch der Schutzvertrag des Baltschiedertals brachte keine zusätzlichen Vorschriften und Zwänge.» (WB, 30.10.1999: *Landschaftsschutz bewährt sich.*)
287 Medienmitteilung des UVEK vom 28. Juni 2000: «UNESCO-Welterbe: Kandidatur des Jungfrau-Aletsch-Bietschhorngebietes», http://www.Buwal.ch/presse/2000/d0006281.htm; 25.8.2003.
288 Auf dem Territorium der Gemeinde Fieschertal befinden sich 30 % der gesamten Fläche (WB, 28.3.2001, S. 11: *UNESCO-Entscheid im Dezember 2001.*).
289 Bis mitte 2005 haben weitere 11 Gemeinden (auf der Walliser Seite die 5 Gemeinden Kippel, Ferden, Wiler, Hohtenn und Steg, auf der Berner Seite die 6 Gemeinden Guttannen, Innertkirchen, Meiringen, Schattenhalb, Reichenbach im Kandertal und Kandersteg) beschlossen, sich am JAB zu beteiligen. Es wird nun auch das Grimselgebiet und die Blüemlisalp-Region auf Berner und weitere Teile des Lötschentals und der Lötschbergsüdrampe einbezogen. Die Zustimmung der UNESCO vorausgesetzt, nimmt der neue Perimeter eine Fläche von 822,22 km² ein (Stüdle 2005: 29).
290 WB, 16.2.2001: *Neue IG will Begeisterung wecken.*

Zwecke der Information der Bevölkerung lag am 27. März 2001 dem «Walliser Boten» die Beilage «Kandidat UNESCO Weltnaturerbe Jungfrau-Aletsch-Bietschhorn» bei: «Heute ist dem ‹Walliser Boten› eine Broschüre beigelegt, welche erstmals das gesamte Gebiet in einer eigenen Publikation vorstellt. Die 24-seitige Borschüre zeigt die Landschaft Jungfrau-Aletsch-Bietschhorn in ihrer ganzen Vielfalt, aber auch in ihrer Gegensätzlichkeit. Von den Gletschern des Hochgebirges verläuft das Gebiet über die verschiedenen Höhenstufen bis zu den Felssteppen der BLS-Südrampe mit ihrem mediterranen Charakter.»[291] Auf diese Publikation wird unten bei der Behandlung der visuellen Bilder zurückzukommen sein, handelt es sich dabei doch um die erste Informationsbroschüre zum JAB.

Vom 26. bis 28. März 2001 kamen Vertreter der IUCN in die JAB-Region zur Ortsbegehung und Diskussion. Während Wert und Schönheit des Gebietes ausser Frage standen, wurde erneut ein Managementplan gefordert, welcher bis Anfang September nachzureichen sei (Albrecht 2001: 3). Grundlage für den Managementplan stellte die ‹Charta vom Konkordiaplatz› dar, die bereits Anfang März gemeinsam mit einem Leitbild für die künftige Entwicklung von Vertretern der Walliser und der Berner Seite an einer Sitzung in Spiez erarbeitet wurde[292]. Dieses wichtige Dokument, welches die eigentliche (Selbst-) Verpflichtung zur nachhaltigen Entwicklung beinhaltet[293], ist im Anhang wiedergegeben. Am 3. Juli 2001 fand in Naters eine *Tagung über die nachhaltige Zukunft* des künftigen Weltnaturerbes statt: «Damit sich die Region künftig auch nachhaltig entwickelt, sind verschiedene Massnahmen und Strukturanpassungen notwendig. Denn von alleine sind aus dem UNESCO-Label keine wirksamen Impulse für die regionalwirtschaftliche Entwicklung, insbesondere für den Tourismus, zu erwarten.»[294] Das Ziel der Tagung war, auf der Grundlage der Charta und des Leitbildes die konkrete Umsetzung der nachhaltigen Entwicklung zu diskutieren und diesbezügliche Ideen zu sammeln. Dazu galt es, «die 15 Standortgemeinden des Projektes in den Denkprozess der nachhaltigen Regionalentwicklung einzubeziehen. ‹Damit wir alle die gleiche Sprache sprechen›, wie sich [Beat] Ruppen ausdrückte.»[295] Die Entwürfe von Charta und Leitbild gingen anschliessend in die *Vernehmlassung* in den betroffenen Kreisen.

Die (Selbst-) Verpflichtung zur nachhaltigen Entwicklung wurde immer konkreter – allerdings stark an die Hoffnung eines touristischen Aufschwungs gekoppelt: «Es [das UNESCO-Label] ist die Chance des Jahrhunderts für unsere Region....Unser Ziel ist es, eine nachhaltige Landschaftsentwicklung anzustreben und zu unterstützen....Wir erwarten eine klare Steigerung der Frequenzen [im Tourismus]»[296]. Ähnlich tönt es im

---

291 WB, 28.3.2003: *UNESCO-Weltnaturerbe*.
292 WB, 4.7.2001, S. 10: *UNESCO-Weltnaturerbe-Kandidatur nahm eine entscheidende Hürde – Jungfrau-Aletsch-Bietschhorn-Region wird vom Büro des Welterbezentrums dem Gesamtrat zur Annahme empfohlen*.
293 Vgl.: WB, 28.9.2001, S. 15: *Das UNESCO-Projekt ist keine kurzfristige Schönwetteraktion*. Darin wird die Charta wie folgt zusammengefasst: «...die 15 Walliser und Berner Gemeinden ... verpflichten sich in der Charta zur Nachhaltigkeit. Im Sinne der UNESCO-Welterbekonvention bezeugen die Gemeindepräsidentinnen und Gemeindepräsidenten, dass sie die Landschaft den künftigen Generationen in ihrer ästhetischen Schönheit bewahren wollen. [...]. Die entwickelten Grundsätze bilden die Leitlinien in den Entwicklungsfeldern Ökologie, Ökonomie und Soziales in der Jungfrau-Aletsch-Bietschhorn-Region. [...]. Die Charta verlangt nichts weniger als im Einklang mit der Natur zu leben und zu wirtschaften.»
294 WB, 30.6.2003: *Nachhaltige Raumentwicklung – Tagung zum UNESCO-Weltnaturerbe Jungfrau-Aletsch-Bietschhorn*.
295 WB, 4.7.2001, S. 10: *UNESCO-Weltnaturerbe-Kandidatur nahm eine entscheidende Hürde – Jungfrau-Aletsch-Bietschhorn-Region wird vom Büro des Welterbezentrums dem Gesamtrat zur Annahme empfohlen*.

Die Kraft der Bilder in der nachhaltigen Entwicklung

Lötschental: «Eine Aufnahme ins UNESCO-Weltnaturerbe verpflichtet die Gemeinden, das Gebiet für die kommenden Generationen zu schützen und erhalten. Gleichzeitig beinhaltet das Label eine Chance für den Tourismus. ‹Schon heute haben wir in der Region ein Auen- und BLN-Schutzgebiet. Das UNESCO-Label bietet uns jetzt erstmals die Möglichkeit, einen Nutzen daraus zu ziehen.»[297] «Einmalige Chancen zur Stärkung des touristischen Potenzials» eröffneten sich für die Ferienregion Aletsch im Hinblick auf das UNO-Jahr der Berge 2002[298]. Falls die Aletschregion im Dezember 2001 tatsächlich mit dem UNESCO-Label ausgezeichnet werden sollte, könnte sie «zu einem ähnlichen Highlight wie der Eiffelturm werden [...] und sich darüber hinaus gar als Alternative zum Matterhorn profilieren» (ebd.).

Am 26. September 2001 wird schliesslich die bereits erwähnte ‹Charta vom Konkordiaplatz› von den Berner und Walliser GemeindepräsidentInnen medienwirksam auf dem Konkordiaplatz, an der Wiege des Grossen Aletschgletschers, unterzeichnet. «Ähnlich dem Grossen Aletschfirn, dem Jungfraufirn und dem Ewigschneefeld, welche sich auf dem Konkordiaplatz zum mächtigsten Eisstrom der Alpen vereinen, sollen die verschiedenen Ideen innerhalb der Regionen und Gemeinden zu einer einzigen Entwicklungsphilosophie zusammenfliessen. Der Konkordiaplatz symbolisiert gewissermassen die Vereinigung der verschiedenen Kräfte über die Kantons- und Gemeindegrenzen hinaus zu einem gemeinsamen Credo.»[299]

Abb. 57:
Eine Karikatur, die, würde sie als Ausdruck der Angst vor Nutzungseinschränkungen interpretiert, von den Gegnern der JAB-Idee stammen könnte (Quelle: Le Nouvelliste, 14.12.2001, S. 1).

Aletsch: affaire classée

Le site mythique appartient désormais au patrimoine de l'Unesco.

Am 13. Dezember 2001 wird die JAB-Region in das UNESCO-Weltnaturerbe aufgenommen. «Naturschutz- und Tourismuskreise im Wallis und Berner Oberland freuen sich gleichermassen» (Däpp 2001a: 1). Die Stiftung Landschaftsschutz Schweiz (SL) gratulierte und hatte bereits eine Erweiterung des Perimeters im Auge: «Die SL fordert [...] die Gemeinde Wiler auf, das unsägliche Erschliessungsprojekt Gandegg-Hockenhorngrat ad acta zu legen und das Gebiet in den erweiterten UNESCO-Perimeter (Blüemlisalp, Gasterntal, Petersgrat) einzubringen.»[300] Diese «neueste Attacke» der

---

296 Beat Ruppen zit. in: RZ, 21.9.2001, S. 5: *«Das ist die Chance des Jahrhunderts!»*.
297 Lukas Kalbermatten, Tourismuspräsident Lötschental, in: RZ, 21.9.2001, S. 5: *«UNESCO-Label wäre grosse Aufwertung»*.
298 WB, 21.9.2001, S. 21: *Tourismusmarketing ist voll auf das Jahr der Berge ausgerichtet.*
299 WB, 14.12.2001, S. 19: *Eine Auszeichnung, die Verpflichtet.*
300 Leserbrief der Stiftung Landschaftsschutz Schweiz, Raimund Rodewald, Geschäftsleiter in WB, 15.12.2001: *Freude herrscht!*

SL erzürnte den Gemeindepräsidenten der angesprochenen Gemeinde Wiler: «‹Die Schweizer Landschaftsschützer betreiben ökologischen Imperialismus.› [...]. Das Verhalten weise auf Nichtwissen oder dann eben Bösartigkeiten gegenüber einer Talschaft hin, für die man sich einzusetzen vorgebe. [...]. ‹Beschäftigungsmässige Alternativen dazu [zum seilbahngestützten Wintertourismus] gibt es keine›, sagt Rieder. ‹Sonst sollen sie uns die Landschaftsschützer zeigen.›» Im Lötschental hängen «etwa zwei Drittel der rund 1500-köpfigen Talbevölkerung [...] direkt oder indirekt vom Tourismus ab». Das Skigebiet Lauchernalp sei dabei «‹unsere direkte Lebensversicherung, während wir vom UNESCO-Label eine gewisse Langzeitwirkung erwarten dürfen.›»[301]

2.9 Nach der Anerkennung

Mitte Februar 2002 wurde angekündigt, die IG Weltnaturerbe bis Ende Mai durch den ‹Verein UNESCO-Weltnaturerbe Jungfrau-Aletsch-Bietschhorn› abzulösen: «Damit der Managementplan umgesetzt werden kann, muss die bisherige Interessengemeinschaft nun den Wandel in eine Trägerschaft mit eigener juristischer Rechtsform vollziehen.»[302] Diese ermöglicht es, dass «die von Bund und Kanton versprochenen Gelder fliessen» können (ebd.). Der Verein wird geleitet von einem 13-köpfigen Vorstand, bestehend aus der Gemeindepräsidentin von Naters und je fünf Vorstandsmitgliedern der Berner und Walliser Seite plus einem Vertreter von Pro Natura und den Jungfrau-Bahnen[303]. Von der Berner Seite nehmen bereits Vertreter der möglichen sechs Erweiterungsgemeinden (siehe Fn. 289) Einsitz in das Netzwerk. Die Berner Seite stellt also gleich viele Vorstandsmitglieder wie die Walliser Seite, obwohl auf die Gemeinden Grindelwald und Lauterbrunnen nur etwa 1/3 der Gesamtfläche entfallen. Die Walliser versöhnlich stimmt aber, «dass sich die beiden Gemeinden auch von finanzieller Seite hälftig an den Kosten beteiligen»[304]. Hinzu kommt, dass die Gebietserweiterung auf Berner Seite schon damals als beschlossene Sache galt[305].

Der Verein UNESCO-Weltnaturerbe JAB fusst auf einem Delegiertensystem, an dessen Spitze der erwähnte Vorstand steht und dessen Basis die Delegiertenversammlung mit 48 paritätisch zusammengesetzten Delegiertenstimmen bildet. Vertreter der beiden Kantone und des Bundes sind in einem Steuerungsausschuss in das Netzwerk eingebunden.[306] Die Hauptaufgaben dieses Managements sind die Erarbeitung und Umsetzung des definitiven Managementplans und der Versuch, das Weltnaturerbegebiet auf Berner Seite zu erweitern. Für die Erstellung des Managementplanes stehen für 2002 bis 2004 2,2 Millionen Schweizer Franken zur Verfügung. Der Bund übernimmt davon die Hälfte, die Kantone Bern und Wallis 450 000 und die 15 Gemeinden zahlen die restlichen rund 600 000 Franken[307].

---

301 Beat Rieder, Gemeindepräsident von Wiler, in WB, 28.12.2001, S. 11: *«Wer für ein Tal sein will, kann nicht gegen dessen Bevölkerung sein»*.
302 WB, 19.2.2002, S. 19: *«Nägel mit Köpfen gemacht»*.
303 Vgl. http://www.weltnaturerbe.ch/traegerschaft.php, 4.11.2003.
304 Wie Fn. 302.
305 «Die betroffenen Gemeinden haben bereits ihre grundsätzliche Absicht für die Erweiterungspläne abgegeben.» WB: 31.5.2002, S. 21: *Bedeutender Schritt vorwärts*.
306 WB, 31.5.2002, S. 21: *Bedeutender Schritt vorwärts – Trägerschaft des UNESCO-Weltnaturerbes Jungfrau-Aletsch-Bietschhorn gegründet*.
307 WB, 15.4.2003, S. 9: *«Zu hohe und falsche Erwartungen» – Die Umsetzung des UNESCO-Weltnaturerbes dauert mindestens noch drei Jahre*.

Bis Ende 2004 oder Anfang 2005 sollte der Managementplan ausgearbeitet sein[308]. «Die Ausarbeitung des Managementplanes und danach die Umsetzung sollen mit den Gemeinden, Touristikern, der Landwirtschaft und den Umweltverbänden erfolgen. ‹Es braucht dafür aber eine intensive Diskussion aller Beteiligten. Es gilt, die gesellschaftlichen, wirtschaftlichen und ökologischen Interessen ins Gleichgewicht zu bringen›, betont Ruppen.»[309] Mit der eigentlichen Betriebsphase des Weltnaturerbemanagements wird zu diesem Zeitpunkt nicht vor 2006 gerechnet[310]. Mit der Schaffung eines Internet-Forums wird versucht, die Bevölkerung anzusprechen[311]. Denn diese wartet «immer noch ungeduldig auf erste greifbare Ergebnisse»[312], so die Berichterstattung zu einer Informationsveranstaltung im Juni 2004, welche anscheinend keine Klärung der offenen Fragen liefern konnte: «Wie soll das UNESCO Weltnaturerbe Jungfrau-Aletsch-Bietschhorn (JAB) genutzt und geschützt, wie das entsprechende Label vermarktet werden? Klare Antworten auf diese und ähnliche Fragen bekamen die rund 150 Anwesenden nicht. [...]. ...die wohl wichtigste Botschaft des gestrigen Abends dürfte [aber] verstanden worden sein: Über Foren und konkrete Projekte sollen möglichst breite Bevölkerungskreise und Interessengruppen in den Aufbau mit einbezogen werden.»[313] Skeptischer als der Walliser Bote sah es die RZ: «Ob ihr [Ursula Schüpbachs und Beat Ruppens] Appell vom Publikum zum aktiven Mitarbeiten richtig aufgenommen wurde, blieb im Raum stehen. Die verschiedenen Wortmeldungen aus dem Publikum haben es nicht widerspiegelt.»[314]

Schliesslich gibt das geplante Dialog-Center am Eingang zum Weltnaturerbe zu reden, insbesondere die Standort- und Finanzierungsfragen. Der Vorschlag, den ‹Expo02-Monolithen› von Jean Nouvel in Naters als Informationszentrum für das Weltnaturerbe wieder aufzubauen, führte zu Kontroversen. Während die Initianten dieser Idee – eine Gruppierung um die Touristiker Peter Bodenmann, Art Furrer und Hans Kalbermatten – ein Objekt anstreben, welches in erster Linie auffällt und anzieht und so die Aufmerksamkeit potenzieller Touristen auf sich und die Weltnaturerberegion lenkt, vermissen die Gegner des Monolithen nach dem Motto ‹kein Mediengag um jeden Preis› gerade die Angepasstheit des Gebäudes an die Idee des Weltnaturerbes und an den Standort: «Der Würfel käme in der Zone für öffentliche Bauten und Anlagen zu stehen und würde hier jegliche Massstäbe sprengen. Seine Grösse verlangt eine dazugehörige Fläche. Der Würfel ist gedacht als Raumskulptur. Fehlt der Raum, bekommt man ‹Umwelt-Probleme›. [...]. Der Gemeinderat habe sich auch die Frage gestellt, ob der Monolith überhaupt zum UNESCO-Weltnaturerbe passe. Und dies habe man klar verneint: ‹Beim UNESCO-Weltnaturerbe sind Umweltverträglichkeit und Umweltschutz wichtige Themen. Das DialogCenter muss der Nachhaltigkeit grosse Aufmerksamkeit schenken. Der Monolith ist ein Zeichen der Vergänglichkeit.›»[315] Die SP, welche den

---

308 Tatsächlich lag der Entwurf erst im Mai und Juni 2005 in den betroffenen Gemeinden zur Vernehmlassung auf und wurde im Spätherbst 2005 bei der UNESCO eingereicht – zusammen mit dem Vorschlag für die Perimetererweiterung.
309 Beat Ruppen zit. in: WB, 15.4.2003, S. 9: *«Zu hohe und falsche Erwartungen» – Die Umsetzung des UNESCO-Weltnaturerbes dauert mindestens noch drei Jahre.*
310 Wie Fn. 309.
311 Wie Fn. 309.
312 WB, 25.4.2003, S. 11: *Erwartungen zu hoch gesteckt?*
313 Wie Fn. 312.
314 RZ, 3.7.2003, S. 1f.: *Die Natur im touristischen Wettstreit – UNESCO Weltnaturerbe Jungfrau-Aletsch-Bietschhorn.*
315 Edith Nanzer zit. in: WB, 18.12.2002, S. 9: *Der Monolith ist nicht begehrt.*

UNESCO Weltnaturerbe Jungfrau-Aletsch-Bietschhorn

Standort Briger Bahnhof gegenüber dem Standort Naters favorisiert, warf den anderen Parteien – insbesondere der CVP – «kirchturmpolitische Reflexe» vor. Es gäbe gerade in Naters genügend Beispiele, die zeigen, «wohin Projekte führen, die in Konkurrenz zur Nachbargemeinde statt in einer sinnvollen Zusammenarbeit realisiert werden».[316]

Am 6. Juli 2002 fand die Übergabe des Weltnaturerbe-Labels statt. «Der Anlass war von Schweiz Tourismus gross aufgezogen worden. Medienvertreter aus über 20 Ländern wohnten der Übergabe bei, nachdem sie zuvor – allerdings unter etwas misslichen Witterungsbedingungen – im Weltnaturerbe-Gebiet gewandert waren.»[317]

Am 9. September 2003 erschien schliesslich eine Briefmarkenserie mit den damaligen fünf Schweizer Welterbestätten (siehe Abb. 61).

---

316 Leserbrief von German Eyer, Naters, in WB, 28.2.2002: *UNESCO-Kirchturmpolitik wird sich verheerend auswirken.*
317 WB, 8.7.2002, S. 5: *Wie der Gipfel nach langem Aufstieg... – Auf der Bettmeralp wurde am Samstag das Gütezeichen des ersten UNESCO-Weltnaturerbes in den Alpen verliehen.*

Die Kraft der Bilder in der nachhaltigen Entwicklung

3 Verbale Bilder

Welche Vorstellungen nachhaltiger Entwicklung beherrschten die (Oberwalliser) Diskussion um das Weltnaturerbe? Die Umschreibungen nachhaltiger Entwicklung, welche im Zusammenhang mit dem Weltnaturerbevorhaben *von den PromotorInnen* gebraucht wurden, bewegen sich im Spektrum klassischer Interpretationen. In der *Charta vom Konkordiaplatz* vom 26. September 2001 wird ‹nachhaltige Entwicklung› im Sinne der Brundtland-Definition aus dem Jahre 1987 verwendet: «Eine Entwicklung ist nachhaltig, wenn sie die Bedürfnisse aller Bevölkerungsgruppen der gegenwärtigen Generationen befriedigt, ohne die Möglichkeiten der künftigen Generationen einzuschränken, ihre eigenen Bedürfnisse zu befriedigen. Gleichzeitig sichert sie den Erhalt der Vielfältigkeit des Lebensraumes inkl. ihrer Tier- und Pflanzenwelt und des kulturgeschichtlichen Erbes» (Trägerschaft UNESCO-Weltnaturerbe Jungfrau-Aletsch-Bietschhorn 2001: 2). Auf die Vielschichtigkeit nachhaltiger Entwicklung wies auch der wissenschaftliche Leiter des JAB-Managementzentrums Urs Wiesmann mehrfach hin, beispielsweise anlässlich einer Informationsveranstaltung zum Managementplan vom 24. April 2003, wobei er gleichzeitig das partizipative Vorgehen betonte: «‹Wir dürfen nicht nur die Naturlandschaft betrachten, sondern müssen auch die Kulturlandschaft mit einbeziehen›, sagte der Professor von der Universität Bern. Nachhaltigkeit sei nur unter Einbezug von Wirtschaft und Gesellschaft möglich. Die betroffene Bevölkerung müsse die vorhandenen Werte gewichten und entsprechende Entscheide fällen.»[318] Im breiteren Diskurs dominierte freilich die Interpretation des WNE-Labels als touristische Marketingchance.

Goldmedaille/Top Brand

Vor allem vor den Abstimmungen in Naters und Ried-Mörel wurde das Weltnaturerbe-Label hauptsächlich in ein wirtschaftlich interessantes Licht gerückt. Die diesbezüglichen Argumente dominierten bereits den obigen Abriss der Entstehungsgeschichte, entweder zuversichtlich – «UNESCO-Label – Chance aktiv ausnutzen...»[319] – oder Bedenken abwehrend, es seien keine Einschränkungen «über die bisherige Gesetzgebung hinaus» (Däpp 1997: 21) zu befürchten. Eine so gesehene kostenfreie Auszeichnung des Gebietes als Schönheit von weltweitem Rang ist eine grosse touristische Chance, die für die Befürworter eines Tourismuswachstums nur Vorteile bringt. Anlässlich der Gründung der Trägerschaft vom Februar 2002 hiess es erneut, «[d]er Startschuss für die Inwertsetzung des riesigen Potenzials dieser Region kann erfolgen. [...]. Nachdem man den Titel eines Weltnaturerbes erhalten hat, gilt es nun, das Potenzial dieser Region erfolgreich zu vermarkten. Als zentrales Element hierzu dient ein ‹Managementplan›.»[320] Für «die Region, den Kanton und die Schweiz» sei es «eine Riesenchance, eine existente Sehenswürdigkeit zu nationaler und internationaler Bekanntheit zu führen. Die Chance ist von jener Dimension, die es erlaubt, einen Top-Brand ähnlich dem Matterhorn aufzubauen. Da ist in einem äusserst spannenden Prozess etwas im Entstehen, das bei jedem Schweiz-Besucher zu einem Muss wird. Der Gast wird den Eindruck haben, wenn ich das UNESCO-Gebiet nicht gesehen habe,

---

318 Wie Fn. 312.
319 Leserbrief von Beat Ruppen, eidg. dipl. Tourismusexperte, in: WB, 8.3.2000: *Naters: UNESCO-Label – Chance aktiv ausnutzen...*
320 WB, 19.2.2002, S. 9: *«Nägel mit Köpfen gemacht»*.

habe ich die Schweiz nicht gesehen. Jungfrau-Aletsch-Bietschhorn verkörpert gewissermassen den Ursprung der Natur-Schweiz.»[321] Vor allem die kleineren der beteiligten Gemeinden erhoffen sich, dass sich ihre Bekanntheit auch über die Schweiz hinaus deutlich erhöht, ein Werbeeffekt, den sie alleine nie hätten erzielen können.

Angesichts der hohen Erwartungen wurde bald die Frage gestellt, ob die Auswirkungen des UNESCO-Labels nicht überschätzt werden. Dazu meinte Mario Braide, damaliger Tourismusdirektor auf der Riederalp: «Auf der Riederfurka konnte im Vergleich zum Vorjahr ein Logiernächte-Plus von 33 Prozent verzeichnet werden. Auch die Rieder- und Bettmeralp konnten in diesem Bereich ihre Zahlen steigern.»[322] Also gibt es ihn doch, den UNESCO-Effekt? «Man wird sehen» (ebd.).

‹Etikettenschwindel›

Stärker als der UBE wurde dem JAB ‹Etikettenschwindel› vorgeworfen. «Natur auf dünnem Eis: Das Aletschgebiet als Weltnaturerbe ist vor allem ein Gewinn für den Tourismus – weniger für die Natur» titelte die Wirtschaftszeitschrift «Cash» nachdem das Label verliehen wurde (Roggen 2001). Das JAB sei ein ‹Etikettenschwindel›, Bestrebungen Richtung nachhaltige Entwicklung seien nicht feststellbar: «Heile Bergwelt, intakte Natur, gesunde Luft. Das erwarten die Feriengäste in den Schweizer Bergen, und oft finden sie es auch. Aber die in der Tourismuswerbung präsentierte Schoggiseite ist bloss Fassade. […]. In Tat und Wahrheit hat dieses Land bisher die Alpenkonvention nicht ratifiziert, und bürgerliche Parteien und Wirtschaftsvertreter wollen weiterhin in ihrer Oppositionsrolle verharren. Grund: Ziel der Alpenkonvention ist die nachhaltige Entwicklung – ein Riegel gegen kurzfristige Gewinnmaximierung auf Kosten der Natur. Wirtschaftskreise scheinen den Zwang zu qualitativer Optimierung mehr zu fürchten als das hohe Risiko, mit unsinnigen Investitionen in immer noch mehr touristische Angebote Geld zu verlochen» (ebd.).

Ein auswärtiger Leserbriefschreiber wies bereits vor den Abstimmungen darauf hin, dass man «um Himmels willen nicht beides haben [kann]: Eine von der Weltorganisation UNESCO geschützte, einzigartige Hochgebirgslandschaft und eine touristisch grenzenlos genutzte Alpenregion Riederalp/Belalp. Wer den künftigen Generationen eine einzigartige Naturschönheit gönnen und erhalten will, der muss die einmalige Gelegenheit wahrnehmen und der Aufnahme des Aletschgebiets ins UNESCO-Verzeichnis zustimmen. Nur so haben wir Gewähr, dass der Aletschgletscher samt Naturschutzgebiet nicht zu einem Disneyland-Park respektive Karussell verkommt. […]. Tun wir doch um Himmels willen etwas Mutiges!»[323]

Ins gleiche Horn stiessen ab Ende 2004 diverse Naturschutzverbände, vor allem aber die Pro Natura. Im «Pro Natura Magazin» heisst es unter dem Titel «Weltnatur: erben und verscherbeln?»: «Die Auszeichnung als Weltnaturerbe wurde im Gebiet Jungfrau-Aletsch-Bietschhorn gerne angenommen. Der entsprechend nachhaltige Umgang mit diesem Menschheitserbe lässt allerdings auf sich warten» (Tester 2004: 24). Der einzige Schutz des Gebietes ist der Eintrag ins BLN-Inventar, dessen Wirkung «ungenügend ist» (ebd.; vgl. oben ‹Bundesinventar der Landschaften und Naturdenkmäler von

---

321 Jürg Schmid, Direktor Schweiz Tourismus, in WB, 21.9.2001, S. 21: *Möglichkeiten einer Top-Marke.*
322 WB, 7.12.2002, S. 23: *«Wir haben unser Möglichstes getan» – Drei Vertreter von Aletsch Tourismus reagieren auf die kritischen Worte von Schweiz Tourismus-Direktor Jürg Schmid.*
323 Leserbrief von Anton Salzmann, Feldmeilen, in WB, 6.8.1998: *Aletschgletscher in UNESCO-Liste.*

nationaler Bedeutung (BLN)»). Der Managementplan komme verspätet, schlimmer aber wiegt, dass verbindliche Massnahmen für den Schutz der Natur fehlen werden (Vertreter der Pro Natura sind bei der Ausarbeitung des Managementplans beteiligt). «Zwar haben sich die Gemeinden der Region zu einer nachhaltigen Entwicklung verpflichtet – auf dem Papier. Konkret ist davon noch wenig zu sehen. Noch immer wird Wirtschaftswachstum auf Kosten der Natur angestrebt. So hat die Zahl der touristischen Helikopter- und Freizeitflüge im Gebiet deutlich zugenommen, und noch immer werden tausende von Franken investiert in die Planung einer Seilbahn innerhalb des UNESCO-Gebietes von der Riederfurka zur Belalp. Ausserdem wurde der Vorschlag der Naturschutzorganisationen, die Bautätigkeit in den Gemeinden zu bremsen, aus der Massnahmeliste gestrichen, derweil der Tourismus unter dem Signet des UNESCO-Weltnaturerbes munter für Golfplätze, Mountainbike-Downhillstrecken und künstlich beschneite Skipisten wirbt» (Tester 2004: 25).

Abb. 58: «Weltnaturerbe oder Weltfunpark?» (Quelle: Pro Natura Magazin 5/2004, S. 24–25).

Die Kräfte, die aus dem WNE-Label maximalen Profit ziehen wollen, sind nicht unbedeutend. Es gibt aber auch VertreterInnen von JAB-Gemeinden, denen der Erhalt der Schönheit und Einmaligkeit des Gebiets ein Anliegen ist (vgl. Bärtschi 2003: 77f.). Als Grund für die Kandidatur nannten diese explizit, das Gebiet für die Nachkommen so zu hinterlassen, «dass diese auch noch wissen, wie es einmal war» (Interviewpartner aus Birgisch in Bärtschi 2003: 78), das Gebiet soll genutzt, aber «nicht verschandelt» (ebd.) werden. «Es ist klar, dass wir die Vermarktung anstreben ..., aber uns ging es eher um den Erhalt der Flora und Fauna und alles andere, und dass man dies der Nachwelt erhalten kann» (Interviewpartner aus Naters in Bärtschi 2003: 78). Grundsätzliche Verpflichtungen in die gleiche ressourcenschonende Richtung sind die Gemeinden bekanntlich auch mit der Unterzeichnung der ‹Charta vom Konkordiaplatz› eingegangen, deren Stossrichtung im Managementplan präzisiert wurde (vgl. Wiesmann et al. 2005).

Prozess

Die Aufnahme des Jungfrau-Aletsch-Bietschhorn-Gebietes ins Welterbeverzeichnis ist ein wichtiger und «richtiger Schritt in Richtung einer nachhaltige Entwicklung»[324], aber erst ein Anfang. Und die partizipative Ausarbeitung des Managementplans braucht ihre Zeit, sofern das Vorgehen kooperativ erfolgt: «Die Ausarbeitung des Managementplanes und danach die Umsetzung sollen mit den Gemeinden, Touristikern, der Landwirtschaft und den Umweltverbänden erfolgen. ‹Es braucht dafür aber eine intensive Diskussion aller Beteiligten. Es gilt, die gesellschaftlichen, wirtschaftlichen und ökologischen Interessen ins Gleichgewicht zu bringen›, betont Ruppen.»[325] Die Ausbalancierung und Einbettung dieser unterschiedlichen Interessen in ein nachhalti-

---

324 Der Leiter des Pro-Natura-Zentrums Aletsch Laudo Albrecht in: WB, 4.4.2000, S. 20: *UNESCO-Label: Pfiffiges Marketingkonzept.*
325 Beat Ruppen zit. in: WB, 15.4.2003, S. 9: *«Zu hohe und falsche Erwartungen» – Die Umsetzung des UNESCO-Weltnaturerbes dauert mindestens noch drei Jahre.*

ges Gesamtkonzept (Managementplan) sei nun die grosse Herausforderung: «Der Managementplan ist ... eine stetige Gratwanderung.»[326] Mit der Vermarktung des Labels alleine werde man weder den Aufgaben noch den Chancen gerecht: «Das Weltnaturerbe hat mehr zu bieten als blosse Postkarten-Ästhetik.»[327] Und es müsse auch mehr bieten, denn «eines ist sicher, die ganze Welt wird auf uns schauen, sanfte und umweltgerechte Erschliessungen sind gefragt.»[328] Der für die Positionierung auf dem (touristischen) Markt erwünschte Gewinn an Aufmerksamkeit bringt die weniger erwünschte Konsequenz mit sich, dass die JAB-Region – wie die UBE – nun ‹im Schaufenster der Öffentlichkeit steht›.

Anfangs 2005 resümiert Urs Wiesmann die Schwierigkeiten bei der Erarbeitung des Managementplans: «Einige Naturschützer würden ja am liebsten um das ganze Gebiet einen Zaun ziehen. Auf der anderen Seite stehen Touristiker und Gewerbler, die mit neuen Bahnen und Infrastrukturen möglichst jeden Berg erschliessen und vor allem Profit aus dem Welterbe schlagen wollen» (zit. in Müdle 2005: 29). Und Ursula Schüpbach ergänzt: «Der Managementplan hätte auch von einem externen Büro hinter verschlossenen Türen geschrieben werden können. So wären aber die Konflikte weder auf den Tisch gelegt noch Ziele und Massnahmen definiert worden, die von den Beteiligten getragen werden können» (zit. in ebd.). Folglich muss sich die ganze Bevölkerung an den Aufgaben beteiligen und die Vertreter der Interessengemeinschaft in ihren Arbeiten unterstützen. «Wir müssen alle am gleichen Strick ziehen, uns bewusst sein, dass wir fähig und den Anforderungen gewachsen sind, damit auch den zukünftigen Generationen das Gebiet Jungfrau-Aletsch-Bietschhorn als Erholungsraum erhalten bleibt.»[329]

Fremdbestimmung

Dass eine partizipative nachhaltige Entwicklung Chancen im Sinne positiver Freiheit bietet, wurde nicht von allen Betroffenen geteilt. Die Anhänger negativer Freiheit fürchteten den Verlust ihrer individuellen Handlungsfreiheiten und reagierten mit grosser, stellenweise verleumderischer Vehemenz. Die ‹Bürgerbewegung gegen das UNESCO-Schutzgebiet› zeichnete Schreckenszenarien: «... laut Agenda 21, die der UNESCO als Grundlage dient, gehört Nachhaltigkeit (wobei inbei diesem sozialistischen Machwerk etwas anderes als umweltfreundlich und ressourcenschonend unter Nachhaltigkeit gemeint ist) zu den prioritären Zielen. Unter Nachhaltigkeit würden wie schon angekündigt Wölfe, Schlangen und andere Tiere ausgesetzt. Der Bär ist da auch schon im Gespräch oder besser gesagt von Italien her im Anmarsch. [...]. Wir sind gescheit genug, das Aletschgebiet so zu verwalten, dass die Natur und wir nicht zu kurz kommen. Unsere Nachfahren werden uns dankbar sein. Alles andere wäre ein Ausverkauf der Heimat.»[330] Der gleiche Leserbriefschreiber monierte knapp zwei Monate später mit Bezug auf ein Referat eines – offensichtlich genehmen – auswärtigen Wissenschaftlers («Dipl. Ing. Agr. lic. phil. Diethelm Raff») an einer Veranstaltung

---

326 Beat Ruppen zit. in: RZ, 17.4.2003: *Beat Ruppen, Projektmanager UNESCO Weltnaturerbe Jungfrau-Aletsch-Bietschhorn – «UNESCO-Label füllt nicht von heute auf morgen die Fremdenbetten»*.
327 Wie Fn. 326.
328 RZ, 27.12.2001, S. 5: *UNESCO-Weltnaturerbe ist in der Schweiz Tatsache geworden – Eine hohe, verdiente Auszeichnung*.
329 Wie Fn. 328.
330 Leserbrief von Helmut Bammatter, Naters, in WB, 3.11.1999, S. 20: *Aletschgebiet-UNESCO-Agenda 21*.

Die Kraft der Bilder in der nachhaltigen Entwicklung

der Bürgerbewegung vom 17. Dezember 1999 in Naters: «Wunderbares UNESCO-Schutzgebiet ... oder wie Nachhaltigkeit auch noch verstanden werden kann. ‹Im Aletschgebiet dürfen die Nutztiere nur noch unter Aufsicht von Hirten auf die Weide geführt oder bestimmte Gebiete dürfen überhaupt nicht mehr genutzt werden...› war eine der Konsequenzen, die Herr Diethelm Raff [...] als Folge der im Vertrag ausdrücklich erwähnten Nachhaltigkeit erläutert hatte. [...]. Dieser Unsinn würde für die Bauern in der Aletschregion den Todesstoss bedeuten oder sie auf diejenigen Alpweiden zwingen, die noch nicht unter der Bezeichnung der Nachhaltigkeit bewirtschaftet werden müssen. [...]. In drei bis vier Jahren nach der Einführung der nachhaltigen Nutzung wird im Aletschgebiet kein einziges Schaf mehr anzutreffen sein. Die Weiden über den Hütten verganden und bilden auch in schneearmen Wintern die Vorlage für Lawinenniedergänge. Solche Lawinenniedergänge sind übrigens den Öko-Fundis im fernen Bern Balsam auf ihre von Bauern geschändeten Herzen, denn die zerstörte Grasnarbe böte bis zu 30 Schmetterlingsarten neuen Lebensraum. In Anbetracht der Verhältnismässigkeit muss man sich fragen, ob man bereit ist, Hab und Gut im Aletschji solchen hirnamputierten, aber ‹breit abgestützten Expertengruppen› für ihre Schmetterlinge zu opfern. Ausserdem stellt sich die Frage nach den Auswirkungen des Bauernsterbens in solch bis zum Exzess geschützten Gebieten: 1: Keine Tiere? – Kein Fleisch! Ergo: noch mehr Umweltbelastung durch die Tiertransporte oder Fleischeinfuhren aus europäischen Ländern, die weit hinter den schweizerischen Tierhaltevorschriften produzieren [...]. 2: Mehr Strassentransporte? – mehr verstopfte Strassen! Ergo: Die verstopften Strassen führen zu noch mehr Lungen- und Ozonbelastung. [...]. Aber zum Glück haben wir noch das Buwal, das dafür sorgt, dass [...] sich die ausgewilderten Wölfe bei den Schweizern wohl fühlen. [...]. Zum grossen Nachteil der Wiedereingliederung des Wolfes gehört leider, dass er sich an leichte Beute wie spielende Kinder in Waldesnähe oder fettarme, gesunde aber unglücklicherweise verunfallte Sportler oder Wanderer hält, anstatt an die von Deo übertünchten, unwohlriechenden Wiedereingliederungsbeamten des Buwal, die dann zur Erfolgskontrolle nach Belieben auf Safari ins Wallis kommen und von den Eingeborenen dort durch die UNESCO-Schutzgebiete vom gefährlichen Pfynwald bis ans Aletschbord geführt werden. Oh, bitte vielmals um Entschuldigung für meine Nachlässigkeit: Die Eingeborenen dort im Wallis kommen in diesem Szenario natürlich nicht mehr vor. Leider haben sie nicht den Vorstellungen des Buwal über nachhaltige Entwicklung entsprochen.»[331]

Nicht nur die Naturschutzseite, sondern auch die ‹Autonomisten› erhielten Zuspruch von aussen, die Unterscheidung in starrköpfige BerglerInnen und weitsichtige StädterInnen ist folglich zu relativieren, gibt es doch beide überall: «Misstrauisch geworden [über das Ausmass der UNESCO-Schutzbestimmungen], beginnen sich einige Burger zu informieren, was denn eine UNESCO-Schutzzone ist. Im Internet werden sie fündig. Es handelt sich um eine internationale Konvention, in der sich Länder auf der ganzen Welt verpflichten, besonders schöne oder wissenschaftlich wertvolle Landschaften zu schützen. Das ist ein schönes und förderungswürdiges Anliegen. Das Problem ist nur, dass die Schweiz damit ihre Souveränität in gewissen Bereichen aufgeben würde. Wenn das Aletschgebiet UNESCO-Schutzzone würde, könnten internationale Kontrolleure darüber bestimmen, was im Aletschgebiet gemacht werden darf und was nicht. Es wäre dann nicht mehr den Wallisern überlassen, ob sie Wölfe, Bären, Luchse und Giftschlangen auf ihren Alpen haben wollen. Diese wilden Tiere dürften dann

---

331 Leserbrief von Helmut Bammatter, Naters, in WB, 23.12.1999, S. 16: *Wunderbares UNESCO-Schutzgebiet*.

kaum mehr vertrieben, geschweige denn gejagt werden, obwohl Bevölkerung, Touristen und Tiere bedroht wären.»[332]

(Einschränkende) Einmischung von Aussen ist in den Schweizer Gemeinden nicht erwünscht, die ‹Porte-Parole› betonen ihre Selbständigkeit: «Die grossen Einschränkungen durch die nachhaltige Nutzung und die UNESCO-Bestimmungen können für die betroffenen Kreise je nach wirtschaftlicher Entwicklung enorm sein. Haben wir zu unseren Nachkommen kein Vertrauen? Glauben wir, sie seien nicht in der Lage, Sorge zu diesem Gebiet zu tragen? Haben wir nicht die Pflicht, unseren Kindern das Aletschgebiet so zu übergeben, wie wir es auch von unseren Eltern übernehmen konnten? Eigentümer, Burgerschaft und Tourismuskreise nutzen, pflegen und erhalten Natur, Weiden, Wege und Gebäude mit grösster Sorgfalt.»[333] «UNESCO – muss das sein? Nein, das darf nicht sein. Niemals dürfen wir zulassen, dass fremde Organisationen, Menschen aus Paris, Bern oder von wo auch immer am Schreibtisch Entscheidungen treffen, ob, wie oder was wir hier in unserer einzigartigen Bergwelt ‹Aletschgebiet› zu tun haben. […]. Unsere Bauern und Schäfer kennen die Natur und deren Nutzung sehr genau. Darum habe ich auch grosses Vertrauen in diese ‹naturverbundenen Menschen›, zu denen ich auch gehöre.»[334] Der Gedanke ist freilich verständlich: Die JAB-Landschaft ist auch deshalb Anwärterin für die UNESCO-Auszeichnung, weil sie ihre Schönheit und Intaktheit einer über Jahrhunderte andauernden nachhaltigen Nutzung verdankt. Es kann deshalb für Unmut sorgen, wenn «diejenigen, die alles verbaut haben rund um Bern oder rund um Zürich oder rund um Basel» den Berglern vorschreiben wollen, was und wie zu schützen sei (Interviewpartner in Bärtschi 2003: 77).

Der Hotelier Art Furrer dreht schliesslich rhetorisch geschickt die Brundtland-Definition um. Denn wenn nachhaltige Entwicklung Einschränkung der Entwicklungschancen der Region bedeutet, raubt man den kommenden Generationen ihre Zukunft: «Reichlich viele Wölfe im Schafspelz lauern auf der Riederfurka [wo sich das Pro Natura Zentrum befindet], gierig wie Krebs. Sie verhindern Visionen und wirtschaftliches Wachstum, welche unsere Nachkommen eines Tages bitter benötigen werden. […]. ‹Naturschutz ellei längt nit – ischi Nachkommu wellunt öü ässu und trichu.›»[335]

Und schliesslich wird auch der erhoffte Mehrwert aus dem ‹Prestige-Label› in Frage gestellt, sofern sich das Gebiet all zu stark Richtung sanften Tourismus entwickeln sollte. «Das UNESCO-Weltnaturgebiet Aletsch-Jungfrau-Bietschhorn wurde glücklicherweise in die entsprechende Liste aufgenommen. Es soll aber nicht so ausgelegt werden, dass sich die Bevölkerung wiederum 50 Jahre zurück ‹evolutionieren› und mit Mauleseln bewegen soll. Nur mit ‹Güegu zellu, Bäumli losu› und Verboten kommen keine Gäste in unser UNESCO-Weltnaturerbegebiet. Ausser vielleicht Mitglieder von Mountain Wilderness – und diese Art Gäste bringen uns nichts!»[336] Die Aussage offenbart die Interessen des Schreibers – er ist Gletscherpilot – und die Erwähnung von Mountain Wilderness ist als Reaktion auf die Bemühungen der Umweltschutzorganisation zu sehen, ein «generelles Verbot der touristischen Helikopterflüge»[337] zu erwirken. Mountain Wilderness reichte eine Petition für ein Verbot des Heliskiings im JAB

---

332 Leserbrief von Judith Barben, Feriengast Zürich, in WB, 4.3.2000, S. 16: *Seltsame Dinge geschehen in Naters*.
333 Leserbrief von Walter Zenklusen, Naters, in WB, 4.3.2000, S. 16: *UNESCO – muss das sein?*
334 Leserbrief von Ruth Hagen-Berchtold, Naters, in WB, 7.3.2000, S. 19: *UNESCO – muss das sein?*
335 Art Furrer in WB, 7.3.2000: «*Naturschutz ellei längt nit – ischi Nachkommu wellunt öü ässu und trichu*».
336 Leserbrief von Andreas Furrer, Gletscherpilot der Capra Air, in WB, 4.5.2002: *Sorgen haben diese Leute*. Der Leserbrief ist eine Reaktion auf die Forderung von Mountain Wilderness, das Heli-Skiing zu verbieten.

Die Kraft der Bilder in der nachhaltigen Entwicklung

ein, die allerdings «bis heute unbeantwortet [blieb]. Gemäss Edith Nanzer-Hutter [der Präsidentin des Vereins UNESCO-WNE JAB] wurde dieses Thema im Verein noch nicht explizit besprochen. Sie vermute aber, dass die Meinungen in dieser Frage geteilt seien [...]. Persönlich ist Edith Nanzer der Ansicht, dass der Helikoptertourismus mit dem Schutzauftrag kaum in Einklang stehen dürfte» (ebd.).

Die Abwehrung der Fremdbestimmungsszenarien bestimmte zusammen mit der Hervorhebung des zu erwartenden Nutzen den Diskurs. So verwies der Vertreter des Buwal auf die Chancen, die aus dem Schutz des Gebietes erwachsen, dabei implizit Einschränkungen eingestehend: «Ein geschütztes Gebiet verbaut die Zukunft der kommenden Generationen nicht. Im Gegenteil, es lässt sie offen, lässt ihnen alle Möglichkeiten. Das ist gelebte Nachhaltigkeit. Ein verbautes Gebiet hingegen ist in der Regel für sehr lange Zeit verbaut und lässt wenig bis gar keine Gestaltungsmöglichkeiten zu» (Küttel 2001a: 9). An anderer Stelle machte er jedoch deutlich, dass das Weltnaturerbe-Label direkt keine Änderung der Rechtslage bedeutet: «Diese Aussagen [Verlust der Souveränität, Einmischung von aussen] sind lächerlich. Wer solche Befürchtungen äussert, hat vermutlich Angst, dass seine widerrechtlichen Tätigkeiten entdeckt werden könnten. [...]. Es gibt ... keine Einmischung von aussen und einen Verlust der Souveränität schon gar nicht. Aber es gibt eine internationale moralische Verantwortung für die Erhaltung des Gebiets.»[338] Auf die Nutzen- und Selbstbestimmungsargumentation der Promotoren wurde bereits hingewiesen.

Kooperation und Partizipation

Partizipation und Kooperation müssen, wenn sie sinnvoll sein sollen, Gemeindegrenzen übergreifen. Dem steht allerdings die ‹Kirchturmpolitik der Lokalfürsten› entgegen: «Wir befänden uns ... nicht im Wallis, riskierte selbst das weltweit renommierte Label nicht von Kirchturmpolitik (mit-) regiert zu werden. Weniger als der siechende Eiskoloss [der dahinschmelzende Aletschgletscher] nämlich scheint ein anderer Walliser von der Bildfläche zu verschwinden: der Neid. [...]. Gemeindegrenzen beispielsweise sind gut und recht. Aber um sie zu bestaunen, reisen weder Asiaten noch Europäer zu uns. [...]. Der Wirrwarr makropolitischer Befindlichkeiten ist kein Urlaubsziel. Und vermutlich waren Gipfel und Gletscher, Bergdohlen und Silberdisteln etwas früher da als Gemeindegrenzen und geistige Leuchten, die mit Dorfrivalitäten brillieren. [...]. Ohne überregionale Zusammenarbeit, reibungslose Abläufe, klare Übersicht und tadellose Informationsstandards, ohne den Willen und die Ausbildung zum Erbringen seriöser Dienstleistungen wird sich das UNESCO-Label als Bumerang erweisen. Wer um die halbe Welt pilgert, um etwas Einmaliges zu sehen, und auf Schritt und Tritt einen (unter)durchschnittlichen Service erlebt, der/die wird kein zweites Mal kommen. Und zweitens wird er/sie Dutzenden von Bekannten abraten, ein erstes Mal hinzugehen...All das ist offensichtlich; die Realität im Tourismuskanton Wallis zeigt sich davon wenig beeindruckt. Müssten die Verantwortlichen später ihre Schlamperei, Unfähigkeit und Gleichgültigkeit als arme Seelen im Eis des Aletsch abbüssen, wäre es wohl besser bestellt. Schade, kam der Glaube an solche Strafen irgendeinmal abhanden. Ein lokales Kulturerbe, das dem Weltnaturerbe echt gut täte....»[339] Damit ist ei-

---

337 WB, 16.12.2002, S. 7: *Elitäres Gehabe oder touristische Attraktion? – Neuer Anlauf für Verbot des Heliskiings stösst auf Widerstand der Bergführer – Position des Vereins Weltnaturerbe zunächst unklar.*
338 Meinrad Küttel in WB, 8.3.2000, S. 10: *«Entscheidend ist der Antrag des Kantons».*
339 Kommentar von Werner Bellwald in WB, 5.11.2002, S. 5: *Die Messlatte.*

nerseits angesprochen, dass die regionale Zusammenarbeit zu Synergien und damit zu Kostenersparnissen führen kann. Immer wieder Anlass zu Diskussionen geben diesbezüglich Fusionen, seien es Tourismusverbände, Gemeindezusammenlegungen oder Fusionen von Bergbahnen. Neben einem Machtgewinn durch Grösse und einheitlichen Auftritt, Vereinfachung der Entscheidungsabläufe und Verbesserung der Kommunikation bezwecken Fusionen auch personell und materiell schlankere Strukturen und dadurch Kostenersparnisse. Bezogen auf das Personal bieten die fusionierten Verbände nicht mehr genug Sitze in den Gremien, damit alle bisherigen Chefs weiterhin einsitzen könnten: «Solange diese Köpfe nicht rollen, wird die Fusion nicht zustande kommen...»[340]. Das Problem der ‹Kirchturmpolitik› stellt sich auch bei den Verkehrsvereinen: «Den Mitbewerber plötzlich als Partner anzusehen – damit tun sich viele Oberwalliser Touristiker schwer? Viele haben Mühe einzusehen, dass ein grossräumiges Denken mehr Konsum und Umsatz bringt. Da herrscht die Angst vor, der Gast könnte dann am falschen Ort etwas konsumieren. Man muss das Produkt verkaufen. Einzelne Hoteliers geben ein gutes Beispiel ab. Sie verkaufen nicht primär ihr Hotel, sondern das gesamte Angebot – beispielsweise mit einem Ausflug auf den Gornergrat. Natürlich besteht das Risiko, dass der Gast das nächste Mal in Zermatt übernachtet. Aber generell kommt so mehr Umsatz in die Region. [...]. Es geht uns offenbar noch immer zu gut. Also wieso sollte man Kooperationen oder Fusionen eingehen?»[341]

Das zweite Problem, welches Werner Bellwald oben anspricht, ist jenes der Qualitätssicherung, ein Problem, das den Schweizer Tourismus insgesamt zu betreffen scheint. Anlässlich der Diskussion in der Wintersession 1999 im Schweizer Parlament über die Finanzhilfe 2000–2004 an Schweiz Tourismus beklagte eine Mehrheit der RednerInnen, dass die Tourismusorganisation die Subventionen in Marketing statt in Qualitätsverbesserungen investiere: «Mangelndes Qualitätsbewusstsein hat bei der Belegung und bei den Erträgen vielerorts zu Rückgängen geführt. Auch ein modernes Hotel in bester Lage ist noch kein Garant für ein positives Ergebnis. Der Marketingeinsatz ohne gut ausgebildetes Personal in der Tourismusbranche wird ein Fass ohne Boden, wenn also die Qualität fehlt.»[342] Hochglanz Werbeakrobatik alleine genügt für einen funktionierenden Tourismus nicht, Schein ist nicht alles: «...mit stimmungsmachenden Parolen und geschliffenen Werbeslogans [ist] noch keine Leistung erbracht. Gäste lassen sich nicht mit papierener Akrobatik und belanglosen Signeten auf Hochglanz abspeisen.»[343]

Zwischenfazit

Analog zu den Entlebucher Gemeinden erhoffen sich auch jene des Oberwallis primär ökonomischen Profit aus dem UNESCO-Label. In den JAB-Gemeinden fokussieren sich die Erwartungen allerdings direkt auf die touristische Wertschöpfung, die durch

---

340 Eine Aussage Art Furrers in Bezug auf die seiner Ansicht nach überfällige Fusion von Bergbahnen zit. in: RZ, 21.2.2002, S. 20f.: *Frontal-Interview – «In erster Linie möchte ich mit 65 Jahren etwas braver werden».*

341 Urs Zehnhäuser, Direktor Wallis Tourismus zit. in: RZ, 11.7.2002: *Frontal-Interview – «Der Staatsrat muss eine klare Tourismuspolitik definieren».*

342 Stellvertretend die Aussage von Nationalrat Otto Zwygart in: Amtliches Bulletin des Nationalrates, Wintersession 1999, Vorlage 99.050 «Schweiz Tourismus – Finanzhilfe 2000–2004». Auf: http://www.parlament.ch/ab/frameset/f/n/4601/2302/f_n_4601_2302_2312.htm, 19.4.2005. Die gleichen Argumente waren auch in der Herbstsession 2004 anzutreffen (vgl. Vorlage 04.019 «Schweiz Tourismus – Finanzhilfe 2005–2009». Auf: http://www.parlament.ch/ab/frameset/d/n/4705/110491/d_n_4705_110491_110492.htm, 19.4.2005.

343 Kommentar von Werner Bellwald in WB, 5.11.2002, S. 5: *Die Messlatte.*

die erhöhte internationale Aufmerksamkeit gesteigert werden soll, während im Entlebuch unter dem Biosphären-Label die Entwicklung und Verbreitung diverser Produkte gefördert wird.

Im Gegensatz zum Entlebuch, das vom Image einer rückständigen Region wegkommen will, streben die JAB-Gemeinden keinen tiefgreifenden Wandel ihrer Wahrnehmung an. Denn obwohl sich die Gemeinden mit der ‹Charta vom Konkordiaplatz› für eine umfassende nachhaltige Entwicklung aussprachen, beschränkt sich die diesbezügliche öffentliche Diskussion im Prinzip auf die Art und Weise der Entwicklung innerhalb des WNE-Perimeters. Dabei besteht Uneinigkeit, ob neue Seilbahnen, Helikopterlandeplätze etc. mit dem WNE verträglich sind. Die ausserhalb des Perimeters gelegene touristische Infrastruktur und die weiteren Gemeindegebiete scheinen der Diskussion weitgehend entzogen.

Das Managementzentrum des JAB betont das partizipative Vorgehen bei der Entwicklung des Managementplans: In den Diskurs sollen die verschiedenen Dimensionen Naturschutz, Wirtschaft und Gesellschaft gleichberechtigt einbezogen werden. Ob und wie dies gelingt, wird sich im Managementplan für das JAB zeigen, von dem gegenwärtig ein Entwurf vorliegt (Wiesmann et al. 2005). Dass der Diskurs nicht einfach zu führen ist, deutete das Aufkommen emotional stark wirksamer Bilder wie die Angst vor Freiheitsverlust oder das Feindbild Naturschutz bzw. Bundesbern an.

UNESCO Weltnaturerbe Jungfrau-Aletsch-Bietschhorn

4 Visuelle Bilder

Wie das Fallbeispiel UBE wird auch dieses hier mit den Resultaten der Analyse visueller Bilder abgeschlossen. Fokussiert wird wiederum auf die Auswertungen nach Raumaneignungskategorien, während weitere Kategorien nur sporadisch einfliessen können. Die Gesamtinterpretation der einzelnen Bildanalysen folgt im Kapitel ‹VIII Schlussbetrachtung›.

4.1 «Walliser Bote» (WB)

Laut der Medienanalyse von Publicitas (WEMF AG 2003) verfügt die deutschsprachige Tageszeitung WB über eine Auflage von 21 493 Exemplaren, womit 53 000 LeserInnen erreicht werden. Diese LeserInnenzahl entspricht einer Reichweite von lediglich 1,2 % des deutschschweizer Publikums, im Oberwallis erreicht der WB jedoch 85 % der Bevölkerung (ebd.).

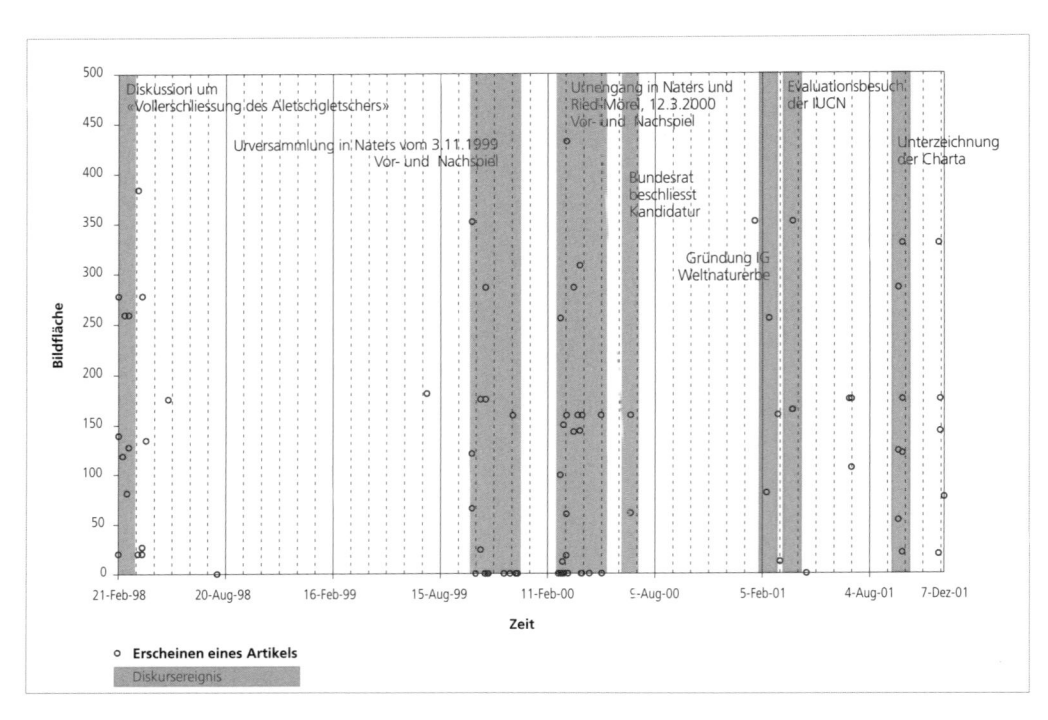

Abb. 59: Übersicht der während der Hauptphase der JAB-Diskussion im «Walliser Boten» erschienenen Artikel. Die Ordinate gibt die Fläche der im Artikel vorhandenen Bilder an (Artikel ohne Bild befinden sich auf der Höhe 0). Die wichtigsten Diskursereignisse sind mit den beschrifteten Balken hervorgehoben (Graphik U. M.).

Für die Untersuchung wurden alle vorhabensbezogenen Artikel berücksichtigt, die zwischen dem 21. Februar 1998 und der Anerkennung des JAB-Weltnaturerbes durch die UNESCO am 13. Dezember 2001 erschienen sind (vgl. Kap. ‹Forschungsfrage und Datenauswahl›). Der Artikel vom 21. Februar 1998 ist der erst zum WNE im Jahre 1998 und markiert den Beginn der Diskussionen innerhalb der Hauptphase des JAB-Prozesses[344]. Von den insgesamt 111 Artikeln sind 24 Leserbriefe, 11 Zuschriften von Parteien («Parteienforum») und 3 Kommentare, die alle ohne visuelles Bild publiziert

---

344 Anlass für die erneute Diskussion waren bezeichnenderweise «erste Sondierungsgespräche» bezüglich des Baus der «Aletschgletscherbahn», welche die Belalp mit der Riederfurka verbinden soll (WB, 21.2.1998, S. 1: *Aletschgletscherbahn bauen?*). Die Bahn war Hauptthema der folgenden 10 Artikel im WB, während das WNE-Vorhaben nur Erwähnung fand, weil unsicher war, ob die Bahn und das allfällige Welterbe vereinbar sind.

Die Kraft der Bilder in der nachhaltigen Entwicklung

wurden. Bei den restlichen Artikeln handelt es sich um ‹normale› redaktionelle Artikel, die teilweise auch von Gastautoren stammen. Von diesen sind weitere 11 Artikel ohne Illustrationen erschienen, sodass letztlich 62 bebilderte Artikel verbleiben. Innerhalb dieser 62 Artikel erschienen 71 Bilder, die über eine Gesamtbildfläche von 9 960 cm^2 verfügen. Über den Anteil der Bildfläche an der Artikelfläche lassen sich wie beim EA keine Aussagen machen, da die Artikelfläche nicht vermessen wurde.

Die Bildberichterstattung des WB lässt sich wie folgt zusammenfassen (vgl. Abb. 60): Grundsätzlich zeigt sich ein zwar farbigeres Bild im WB (28 der 71 Bilder sind farbig – im EA waren dies nur 3 Bilder –, 19 der farbigen Bilder erschienen auf der Titelseite), das Bild ist aber auch deutlich einseitiger. Die Bilder verteilen sich auf weniger Kategorien als im EA, die 5 grössten Kategorien decken 90 % der Bildfläche ab (im EA decken die 5 grössten Kategorien nur rund 75 % ab).

Abb. 60:
Das Bild des «Walliser Boten». Bildanalyse der Artikel im Walliser Boten von 1998 bis zur Anerkennung des JAB durch die UNESCO am 13. Dezember 2001 (Graphik: U. M.).

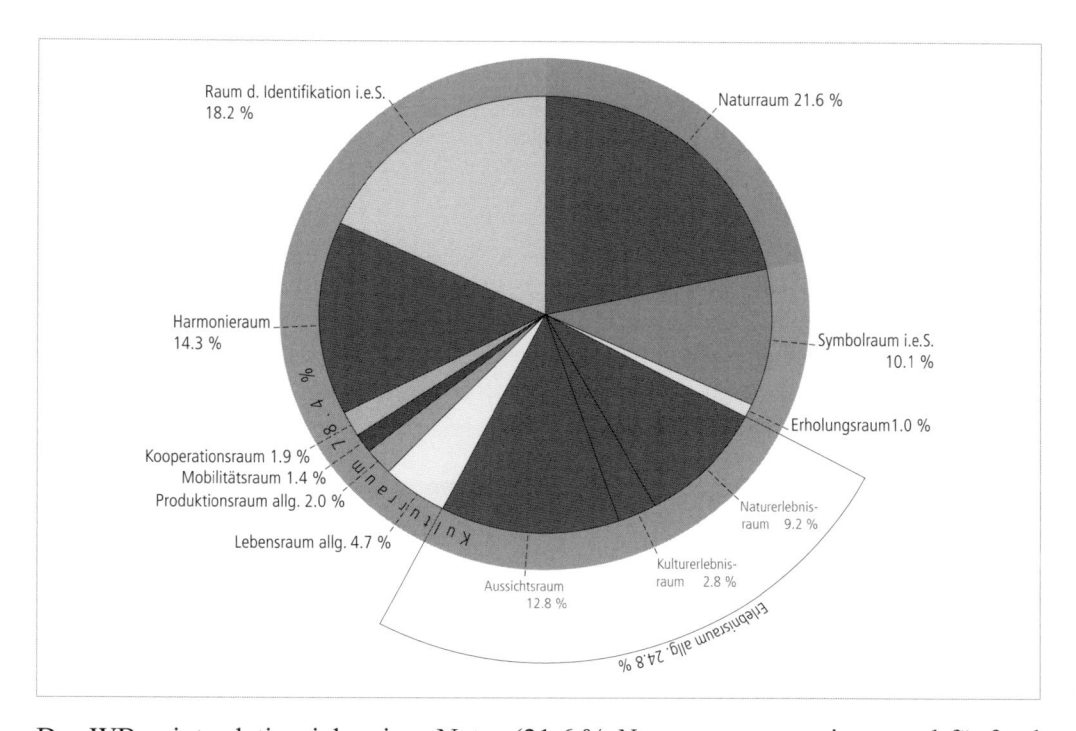

Der WB zeigt relativ viel ‹reine› Natur (21,6 % *Naturraum*, was einer rund fünfmal grösseren Bildfläche entspricht als der Naturraumanteil im EA). Bilder von Raumaneignungsweisen, bei denen Natur als Kulisse dient, sind ebenfalls zahlreich vorhanden (41 % der 78,4 % *Kulturraum*-Bildfläche sind gleichzeitig *Naturraum nebensächlich*, vgl. Abb. 73 in ‹VIII Schlussbetrachtung›). Der hohe Naturanteil kann eigentlich nicht erstaunen, schliesslich handelt es sich um ein Welt*natur*erbe. Natürlich steht der Schutz der Naturschätze im Zentrum der WNE-Idee, es ist aber zu bedenken, dass erstens das JAB auch einige wenige Kulturlandschaften einschliesst. Zweitens streben die JAB-Gemeinden gemäss der Charta vom Konkordiaplatz (Trägerschaft UNESCO-Weltnaturerbe Jungfrau-Aletsch-Bietschhorn 2001) und gemäss den Entwürfen des Managementplans (Wiesmann et al. 2005) eine nachhaltige Entwicklung *über die Grenzen* des JAB-Perimeters hinaus an. Diese Horizonterweiterung über den engeren Perimeter hinaus äussert sich beispielsweise in folgenden drei Punkten der Charta vom Konkordiaplatz (vgl. ‹X Anhang›): «[…]; dass wir uns dafür einsetzen, die Grundbedürfnisse und die Lebensqualität der Menschen mit der Erhaltung der Umwelt zu verbinden; dass wir bestrebt sind, Arbeitsplätze zu erhalten und neue zu schaffen, die den Zusammenhalt der Gemeinschaft fördern und den Grundsätzen der Nachhaltigkeit entsprechen; dass wir Massnahmen zur Verbesserung des Klimas unterstützen und uns für die Förderung von erneuerbaren Energiequellen als nachhaltige Alternativen einsetzen; […].» Die Diskussion um eine umfassende nachhaltige Entwicklung hat sich in der untersuchten Zeitperiode allerdings nicht auf die touristisch intensiv genutzten Gebiete und das (modern besiedelte, industrielle) Rhonetal ausgedehnt. Abgesehen von einigen Aufnahmen von Persönlichkeiten in Gebäuden sind praktisch nur Landschaft und Personen in der Landschaft zu sehen. Die Aneignung der Landschaft erfolgt auf den Bildern nicht mittels kapitalintensiver Mittel (vgl. Abb. 68). Seilbahnen, Beschneiungsanlagen, Parkplätze, moderne Trendsportarten etc. werden nicht gezeigt. Modernste Technik wurde einzig in Form von Mikrofonen und Kameras bei den Bildern von der Unterzeichnung der ‹Charta vom Konkordiaplatz› sichtbar. Im EA war dies anders (z.B. drei Bilder einer Beschneiungskanone, Grossparkplätze etc.). Entsprechend der fehlenden Diskussion über nachhaltige Entwicklung wurden auch keine Bilder verwendet, die auf Probleme im Raum verweisen.

Die Ikone ‹Grosser Aletschgletscher›

Im WB ist die Visualisierung des JAB-Vorhabens dominiert von einem Bildsujet: Dem Grossen Aletschgletscher. Mehr als die Hälfte aller Bilder (37 von 71) zeigen den Gletscher! 13mal tritt er als *Naturraum* in Erscheinung, fotografiert in mehr oder weniger der gleichen Perspektive wie das Bild links in Abb. 61. Praktisch alle Aufnahmen des Aletschgletschers sind ausgesprochene ‹Schönwetteraufnahmen›, die die Mächtigkeit des Phänomens ästhetisch ausdrücken.

Abb. 61: Das Bild des Weltnaturerbes aus der Kaffeerahmdeckel-Serie 4109 aus dem Jahr 2004 (Quelle: http://www.UNESCO.ch/work-d/welterbe_chkaffeerahm_04_frame.htm, 26.9.2004) und als Briefmarke (Quelle: Die Schweizerische Post, 2003).

Die Bilder des Aletschgletschers machen einen Anteil von 76 % der *Naturraum*-BF aus. Die 24 *Kulturraum*-Gletscherbilder setzen sich zusammen aus 14 Bildern, die das *Naturerlebnis* und *Aussichts*potenzial betonen (dabei 4mal das gleiche Bild einer Familie, die mit Blick auf den Gletscher einen Höhenweg entlang wandert), 4 Bilder, die die Belalp als *Harmonieraum* ohne touristische Spuren zeigen (dabei 4mal das gleiche Bild ähnlich jenem in Abb. 61 rechts), einmal wird das touristische Erschliessungskonzept gezeigt, einmal ist der Gletscher und sein Umfeld als Schutzgebiet kartiert und

Die Kraft der Bilder in der nachhaltigen Entwicklung

4mal bildet er den Hintergrund für Identifikationsfiguren. Der WB hat also bei über der Hälfte der Bilder zum WNE-Vorhaben die (auch andernorts immer wieder zu sehende) Bildikone Aletschgletscher verwendet. Immer wieder die bekannte Sicht auf den sich dem Betrachter entgegen schlängelnden Aletschgletscher in leicht variierter Form (vgl. Abb. 61). Ein Leserbriefschreiber kritisierte die ständige visuelle Wiederholung des Platzhalters Aletschgletscher wie folgt: «Die Natischer Sozialisten versuchen allenthalben, im Gesang der Sirenen die Natischer für das UNESCO-Label zu bezirzen. Ausserdem doppelt nun auch die vierte Macht im Staat (Presse) mit schönen Panoramabildern und unterstreichenden Texten nach. Da jede Medaille zwei Seiten hat, ist es wohl nicht mehr als recht, wenn man deren Rückseite mit den Gravuren auch mal betrachtet.»[345] Der Leserbriefschreiber kritisiert, dass nicht über das Vorhaben *informiert*, sondern die Bevölkerung *emotionalisiert* worden sei. Die anerkannte Ikone sollte (bewusst oder unbewusst) die Herzen der Bevölkerung gewinnen. Indirekt informieren die Gletscherbilder freilich schon, denn die darauf gezeigten Raumaneignungen sagen etwas über die Zukunft der Region aus, zumindest jenes Teils der Region, der innerhalb des Perimeters liegt. Und diesbezüglich dominiert das Gesamtbild des nicht erschlossenen bzw. höchstens für den sanften Tourismus zugänglich gemachten Gletschers (die Karte des touristischen Erschliessungskonzepts erschien erst rund 5 Monate nach besagtem Leserbrief, zeigt allerdings keine neuen Bahnprojekte). So gesehen kann der Widerstand des Leserbriefschreibers auch als ihrerseits emotionalisierende Reaktion gegen die Sache – nämlich den sanften Tourismus – und nicht bloss gegen die Form der Berichterstattung interpretiert werden.

Abb. 62: Harmonieraum par excellence – aber wie sieht wohl die Bettmeralp links und rechts von diesem Bildausschnitt aus? (Bild: WB, 10.3.1998, S. 1).

Mitunter wegen dem häufig auftretenden Aletschgletscher ist der *Erlebnisraum allg.* mit knapp einem Viertel der BF die dominante Raumaneignungskategorie. Zu den erwähnten *Naturerlebnis-* und *Aussichtsraum*-Bildern kommen noch fünf *Kulturerlebnis*-Bilder, wovon drei aus einem Bericht über die Vernissage einer Ausstellung von Kinderzeichnungen resultieren. *Fun-Sport-Action*-Bilder kommen keine vor. Der hohe Wert der Kategorie *Harmonieraum* (14,3 %) entstammt den Bildern der Belalp und anderer Kulturlandschaftsbilder, die keine andere deutliche Nutzung als die eines (museumsähnlichen) Idylls zeigen (vgl. Abb. 62).

---

345 Leserbrief von Helmut Bammatter, Naters, im WB, 3.11.1999.

Auch im WB spielen Identifikationsfiguren, d.h. Personen, welche sich für das Vorhaben einsetzen, bildflächenmässig eine bedeutende Rolle (*Raum der Identifikation*). Allerdings treten keine Personen als Vorbilder auf, die zeigen würden, wie nachhaltige Entwicklung konkret aussehen kann (z.B. die Herstellung regionaler Produkte, Vorreiter nachhaltiger Tourismusangebote, Bildungsprojekte, die Verwendung erneuerbarer Energieformen etc.). Die Bilder der Kategorie *Symbolraum* umfassen neben den Karten, welche einerseits den geplanten WNE-Perimeter zeigen, andererseits Ideen, wie das Gebiet touristisch besser erschlossen werden kann, die Bilder der Kinderzeichnungen und einige andere indirekt zu interpretierende Symbole.

Interessant ist weiter das Vorkommen von vier Bildern der Kategorie *Kooperationsraum* (1,9 % BF). Diese Bilder illustrieren die Zusammenarbeit verschiedener Personen oder Gruppierungen. Zwei der Bilder entstammen der Berichterstattung über die Unterzeichung der Charta vom Konkordiaplatz, in welcher die beteiligten Gemeinden ihre Zusammenarbeit verbürgen. Solche Kooperationen sind zentrale Bestandteile einer nachhaltigen Entwicklung.

Lebensraum- und *Produktionsraum* spielen auf den Bildern des WB nur eine geringe Rolle. Im Text ist dagegen häufig von der Chance die Rede, die das UNESCO-Label bringt, und die es touristisch zu nutzen gilt. Im WB werden – vergleichbar mit einem Tourismusprospekt – die Schönheiten des WNE-Gebietes gepriesen. Dass sich diese touristisch inwertsetzen lassen, wird erwähnt, aber nicht speziell gezeigt.

Neben den fehlenden *Problemraum*-Bildern ist ein weiterer blinder Fleck in der visuellen Berichterstattung des WB die Kategorie *Politraum*. Keines der Bilder zeigt z.B. Veranstaltungen, an denen die Bevölkerung informiert wurde oder Mitbestimmung ausüben konnte. Dagegen war der zuständige Vertreter des Buwal (Bundesamt für Wald und Landschaft) mit zwei grossen Porträtbildern und der Perimeterkarte in der Hand vertreten. Eine solche Bildwahl hilft nicht, Ängste vor Fremdbestimmung zu zerstreuen.

Das WNE JAB wurde im WB als Naturinsel (*Naturraum*) und als idyllische Kulturlandschaft ohne sichtbare menschliche Nutzung (*Harmonieraum*) gezeigt, die (sanft) erlebt werden kann (*Aussichts- und Naturerlebnisraum*). Die Bilder nehmen keinen Bezug auf den Alltag der einheimischen Bevölkerung und auf ihren näheren Lebensraum. Vielmehr wird das Gebiet inszeniert, als ob das Zielpublikum des WB die auswärtige Bevölkerung, die potenziellen Touristen, ist.

4.2 Broschüre «Jungfrau – Aletsch – Bietschhorn – Kandidat UNESCO Weltnaturerbe» (KUW)

Abb. 63:
Die Titelseite der Broschüre «Jungfrau – Aletsch – Bietschhorn – Kandidat UNESCO Weltnaturerbe».

Die Broschüre KUW wurde von der IG Kandidatur UNESCO-Weltnaturerbe JAB herausgegeben und u.a. am 27.3.2001 dem «Walliser Boten» beigelegt (vgl. Fn. 291). Sie umfasst 24 Seiten mit insgesamt 52 Fotografien und einer Karte. Das Format der Publikation ist 21 auf 28,5 cm und sie ist in Farbe gedruckt. Die Gesamtbildfläche umfasst 7 715 cm^2, womit sich ein Bild-Text-Verhältnis von rund 54 % ergibt. Der Prospekt wurde nach den Volksabstimmungen in Naters und Ried-Mörel verteilt, jedoch unmittelbar vor dem Evaluationsbesuch der UNESCO bzw. der IUCN. Die Broschüre soll die Bevölkerungen der Gemeinden über das JAB informieren, das Gebiet nach aussen hin bekannt machen und der UNESCO die Informationstätigkeiten der WNE-PromotorInnen veranschaulichen.

Verglichen mit der Bildauswahl des WB zeigt diese Broschüre ein noch farbigeres Bild, welches noch gelungener den Charakter einer Tourismuswerbung ausstrahlt, allerdings auch weniger differenziert ist, d.h. es kommen weniger Kategorien vor als im WB. Natürliche Schönheiten wurden noch stärker ins Zentrum gerückt als im WB. *Naturraum* macht 38,2 % der Bildfläche aus, das Erlebnis dieser Naturschönheiten (*Naturerlebnisraum* und *Aussichtsraum* mit *Naturraum nebensächlich*) 21,9 % und die Erholung in der Natur (*Erholungsraum* und *Naturraum nebensächlich*) 12,1 %. Natur und Bewegung in der Natur spielen folglich auf über 70 % der Bilder die zentrale Rolle. *Naturraum vorrangig* und Kulturraum mit *Naturraum nebensächlich* machen zusammen über 90 % der Bilder aus (vgl. Abb 73 in ‹VIII Schlussbetrachtung›) – ein Wert, der nur noch im Artikel der «Schweizer Familie» übertroffen wurde.

Das Gesamtbild ist erstaunlicherweise weniger traditionell als im WB (vgl. Abb. 68 in ‹VIII Schlussbetrachtung›). Der relativ hohe Anteil der Kategorie *Kapitalintensität hoch* stammt von zwei Grossaufnahmen der Forschungsstation ‹Sphinx-Observatorium› auf dem Jungfraujoch, wovon sich die eine über eine gesamte Doppelseite erstreckt. Andere moderne Einrichtungen (touristische Infrastruktur etc.) kommen nicht vor. Im Gegenteil: Die 4,8 % *Produktionsraum* treffen auf drei Bilder landwirtschaftlicher Tätigkeit zu, welche in einer völlig traditionellen Art und Weise daher kommen. Der, verglichen mit den anderen Publikationen, hohe Anteil des *Raums der Forschung* rührt von den erwähnten zwei Bildern der Forschungsstation her. Unter den *Symbolraum i.e.S.* fällt eine grossflächige Karte des Perimeters. Die 8 % *Harmonieraum* setzen sich aus sechs Bildern zusammen, die auf ästhetisch schöne Weise eine Kulturlandschaft zeigen, deren Funktion nicht klar ersichtlich ist. Und schliesslich macht das Bild des damaligen Bundespräsidenten Moritz Leuenberger, welcher das Editorial beigetragen hat, die 1,1 % *Identifikationsraum* aus.

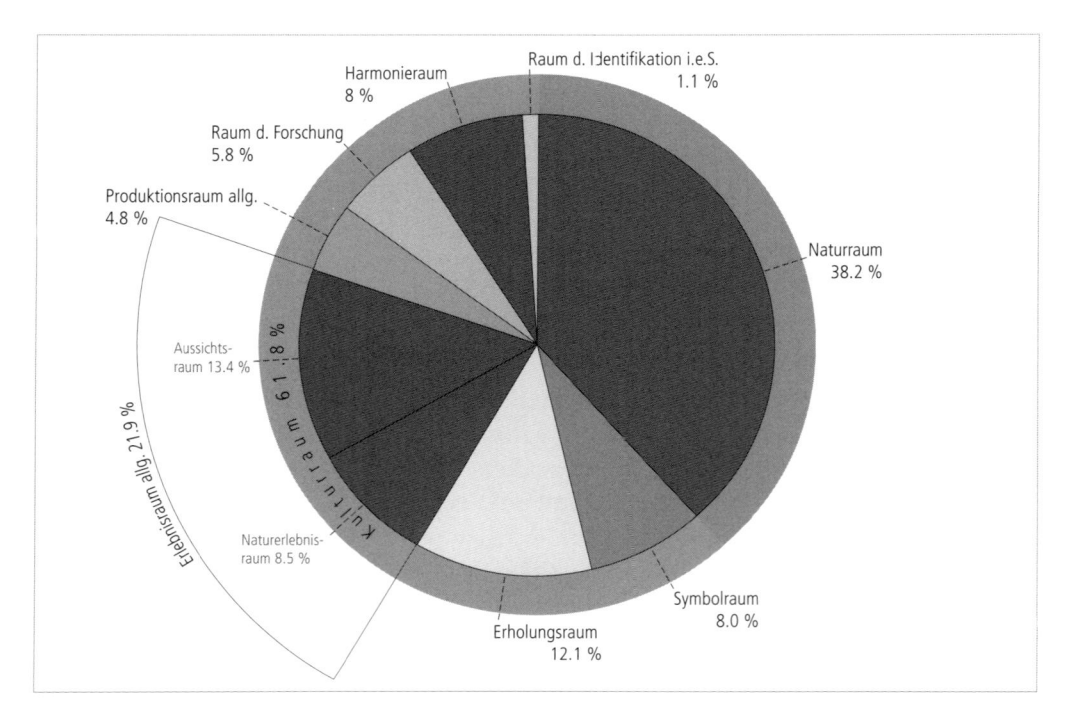

Abb. 64:
Das Bild des JAB, wie es sich im Informationsprospekt «Jungfrau – Aletsch – Bietschhorn – KANDIDAT UNESCO WELTNATURERBE» präsentiert. Bildanalyse nach vorrangig sichtbaren Raumaneignungen (Graphik: U. M.).

Die Intentionen der Herausgeber

Der Prospekt erzählt – wie übrigens auch sein Folgeprospekt, der nach der Anerkennung durch die UNESCO lanciert wurde[346] – klar die Geschichte von einzigartigen Schönheiten, herausragenden Zeugnissen der Erdgeschichte, grosser Artenvielfalt und Ähnlichem mehr, die auf den empfohlenen Wegen und von den erwähnten Orten aus besichtigt werden können. Die touristische Infrastruktur (Bahnen, Golfplätze etc.) wird nicht gezeigt. Es war die Absicht der Produzenten der Broschüre, nicht die Infrastruktur, sondern die Natur- und Kulturlandschaftsschönheiten zu zeigen[347]. Im Gegensatz zu den üblichen Produktionsweisen touristischer Prospekte sollte das Kerngebiet des JAB, die Natur als solche in Szene gesetzt werden – dass die Infrastruktur vorhanden ist, wissen die Touristen. Der Prospekt soll nach aussen hin die Schönheiten des Gebietes bekannt machen, nach innen soll bei der regionalen Bevölkerung ein Bewusstsein und Stolz für die Region geschaffen werden. Viele der Einheimischen haben hart

---

346 Verein UNESCO-Weltnaturerbe Jungfrau-Aletsch-Bietschhorn (o.J.): Jungfrau-Aletsch-Bietschhorn – Das erste UNESCO-Weltnaturerbe der Alpen.
347 Interview mit Beat Ruppen, neben Laudo Albrecht und Stefan Eggel einer der Hauptverantwortlichen für die Herstellung der Broschüre, vom 25. Mai 2005 in Naters.

Die Kraft der Bilder in der nachhaltigen Entwicklung

in der und für die Landschaft arbeiten müssen und dabei nicht nur positive Erfahrungen gemacht. Für die Schönheit des Gebietes müssen diese erst sensibilisiert werden.

Im Gespräch auf die Auswahl der Bilder befragt, liefert Ruppen für jedes eine Begründung. Die Titelseite zeige die drei Objekte, welchen den Namen Jungfrau-Aletsch-Bietschhorn ausmachen, die drei Bilder anderer WNE zeigen, in welch erlauchten Kreis man sich begeben werde, die wenigen Bilder, auf welchen auch Touristen zu sehen sind, sagen aus, dass diese willkommen sind, die vielen kleinen Naturbilder repräsentieren die Biodiversität des JAB, das Bild der Forschungsstation soll zeigen, dass im JAB «Forschung auf höchstem Niveau» betrieben wird usw.[348] An den unterschiedlichen Möglichkeiten der visuellen Kommunikation nachhaltiger Entwicklung gemessen (vgl. Kap. ‹Visuelle Kommunikation nachhaltiger Entwicklung›) hat die IG Kandidatur die Strategie gewählt, das Zielpublikum mittels schöner Landschaftsbilder zu emotionalisieren und so für einen sorgfältigen Umgang mit dem Gebiet zu motivieren. Laut Ruppen wollte man für den JAB-Prozess sensibilisieren, jedoch nicht vorschreiben, was nachhaltige Entwicklung sei. Deshalb wurde diese nicht konkreter visualisiert. Auf Alternativen der Visualisierung (Problembilder (Problemraum), Gegenbilder, Bilder, die den partizipativen Charakter zeigen (Politraum), Vorreiter nachhaltiger Angebote (Identifikationsfiguren), Bilder alltagsnaher Thematiken (Lebensraum, Produktionsraum) etc.) angesprochen, gesteht Ruppen ein, man habe nicht an solche Möglichkeiten gedacht. Insbesondere dass der partizipative Charakter des WNE bzw. nachhaltiger Entwicklung zuwenig betont wurde, sei im Nachhinein ein Fehler gewesen. Anstelle schöner Naturbilder hätte man auch Foren, runde Tische, Informationsveranstaltungen, Ideenwettbewerbe etc. visuell dokumentieren können. Die Angst vor Fremdbestimmung hätte dadurch vermindert werden können.

Der grosse Anteil an Naturraumbildern im Prospekt erstaunt wenig, schliesslich betrifft das JAB-Gebiet (im Unterschied zur UBE) hauptsächlich Naturräume. Die Perimetergrenze verläuft mehrheitlich zwischen den touristisch und anderweitig wirtschaftlich genutzten Hängen und Tälern und den relativ urtümlich gebliebenen Gebirgsräumen. Der Begriff ‹Weltnaturerbe› impliziert, dass es keine Kulturlandschaften innerhalb des besagten Gebietes gibt. Obwohl der JAB-Perimeter vom zu Grunde liegenden BLN-Perimeter abweicht, damit einige Alpen, Siedlungs- oder potenzielle Erschliessungsgebiete ausgeklammert werden konnten (vgl. oben), gibt es aber doch einige Kulturlandschaften innerhalb des Weltnaturerbes: Das Jungfraujoch (Tourismus und Forschung), Wengeneralp (landw. Nutzung), oberes Lötschental mit dem Stalldorf Kühmatt, Jolital, Bietschtal, Baltschiedertal und Gredetschtal. Diese Gebiete werden zwar auch gezeigt, aber immer von der touristisch interessanten Schokoladenseite her. Indem die landwirtschaftliche Nutzung dieser visuell integriert worden wäre, hätte vermittelt werden können, dass die Nutzung weiterhin erwünscht – und für den ‹Erhalt› unabdingbar – ist. Die soziokulturellen Hintergründe, die Nutzungstraditionen etc., die zur Entstehung und Aufrechterhaltung der kulturellen Artefakte geführt haben, hätten so Wertschätzung erhalten können. Der Prospekt zeigt Einblicke in das Gebiet und er zeigt auch, dass man diese selber erleben kann. Von der (massentouristischen) Ermöglichung dieser Einblicke, der Erschliessung des Weltnaturerbes, handelt der Prospekt nicht. Die in der ‹Charta vom Konkordiaplatz› versprochene nachhaltige Entwicklung über den Perimeter hinaus ist nicht Gegenstand des Prospekts.

---

348 Wie Fn. 347.

UNESCO Weltnaturerbe Jungfrau-Aletsch-Bietschhorn

4.3 «Revue Schweiz» – Aletschregion

Als letzte Publikation zum Fallbeispiel JAB soll die «Revue Schweiz» vom August 1996 betrachtet werden, welche der Aletschregion gewidmet war. Erschienen ist diese «Revue Schweiz» vor der Hauptphase des Weltnaturerbe-Vorhabens, auf das Vorhaben wird denn auch mit keinem Wort eingegangen. Dennoch interessiert das darin gezeigte Bild der Aletschregion, gerade auch im Vergleich mit dem Entlebuch der Entlebucher «Revue Schweiz» (vgl. oben in Kap. ‹VI UNESCO Biosphäre Entlebuch›; siehe auch dort die allgemeinen Mediendaten zur «Revue Schweiz»).

Abb. 65:
Das Titelblatt der «Revue Schweiz» vom 5/1996, welche von der Aletschregion handelte.

Die «Revue Schweiz – Aletschregion» setzt sich zusammen aus einem neunseitigen Artikel über den Grossen Aletschgletscher mit Bildern u.a. von Marcus Gyger, dem Hauptfotografen dieser Ausgabe, der Wiedergabe einer Walliser Sage auf zwei Seiten, einem vierseitigen Artikel über Suonen, einem fünfseitigen Erlebnisbericht einer Massaschluchtexpedition, wiederum illustriert von Marcus Gyger, und auf fünf Seiten Impressionen vom gleichen Fotografen aus dem Aletschwald. Die restlichen Seiten umfassen Werbung, Tourismusinformationen oder Berichte über andere Themen. Auf den untersuchten 29 Seiten befinden sich 31 Bilder, die eine Gesamtbildfläche von 7 705 cm² ausmachen. Das Bild-Text-Verhältnis beläuft sich somit auf 42 % (deutlich weniger als in der Ausgabe zum EB). Interessant ist, dass 45,8 % der BF von Schwarz-Weiss-Aufnahmen herrühren – die «Revue Schweiz – Entlebuch» besteht ausschliesslich aus Farbaufnahmen. Welches Raumbild zeigt sich nun hier?

Wie in Abbildung 66 ersichtlich ist, zeigen 61,5 % der BF *Naturraum*, ein doppelt so hoher Wert wie in der Entlebucher «Revue Schweiz». Addieren wir noch die Bilder der Kategorie Kulturraum mit Naturraum nebensächlich, beläuft sich der Wert der in Szene gesetzten Natur auf gegen 90 % (vgl. Abb. 73). Sämtliche *Erlebnisraum*-Aktivitäten (beachtenswert ist der hohe Anteil an Fun-Sport-Action-BF) finden innerhalb der Naturkulisse statt. Ebenso der grösste Teil der als *Produktionsraum* kategorisierten Bilder, nämlich jene die Bau-, Unterhalt und landwirtschaftlichen Zweck der Walliser Bewässerungskanäle zeigen – ein gleichsam sehr traditionelles Bild des Walliser Wirtschaftsraums. Überhaupt resultiert aus dieser Publikation das hinter dem Artikel der

Die Kraft der Bilder in der nachhaltigen Entwicklung

«Schweizer Familie» traditionellste Raumbild der verglichenen Publikationen (vgl. Abb. 68 in ‹VIII Schlussbetrachtung›). Die Bilder der Kapitalintensitäten mittel und hoch zeigen *Fun-Sport-Action*-Aktivitäten (das Durchstreifen der Massaschlucht in Neoprenanzügen oder das gut ausgerüstete Überschreiten des Aletschgletschers) und in einem Fall den *Mobilitätsraum* vertreten durch ein modernes Postauto.

Abb. 66:
Das Bild der
Aletschregion in
der «Revue
Schweiz», Nr. 5,
1996. Bildana-
lyse nach vorran-
gig sichtbaren
Raumaneignun-
gen (Graphik:
U. M.).

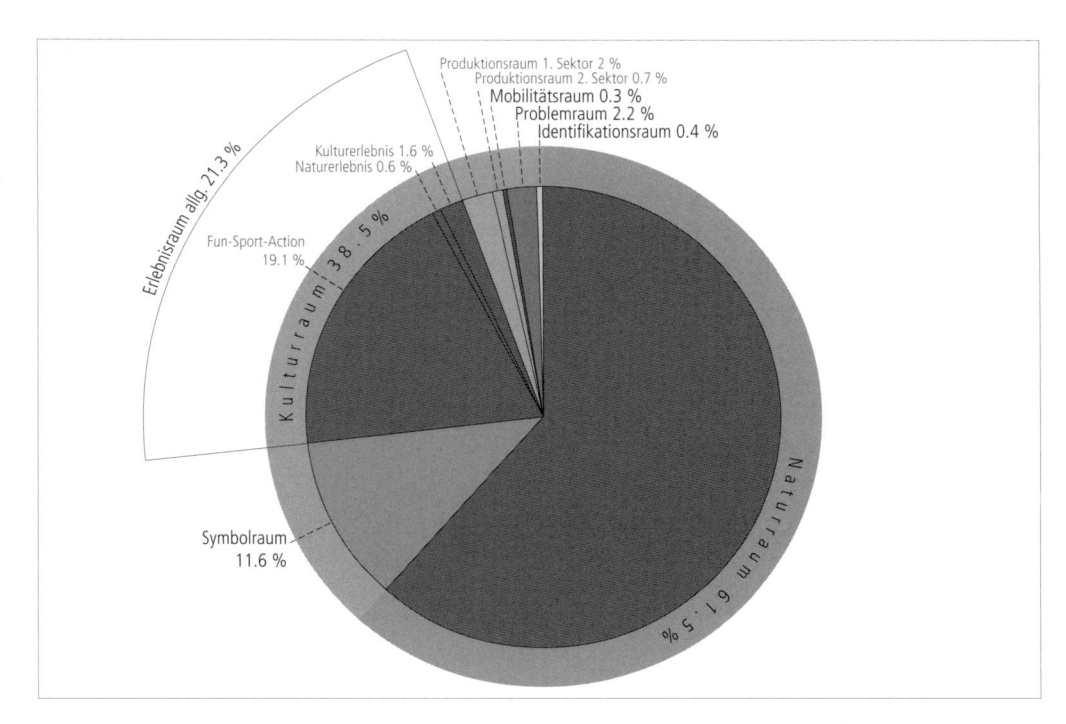

Pie chart labels:
- Erlebnisraum allg. 21.3 %
- Kulturerlebnis 1.6 %
- Naturerlebnis 0.6 %
- Fun-Sport-Action 19.1 %
- Kulturraum 38.5 %
- Produktionsraum 1. Sektor 2 %
- Produktionsraum 2. Sektor 0.7 %
- Mobilitätsraum 0.3 %
- Problemraum 2.2 %
- Identifikationsraum 0.4 %
- Symbolraum 11.6 %
- Naturraum 61.5 %

Der relativ hohe Wert des *Symbolraums* stammt von meist grossflächigen Karten und Graphiken, unter letzten beispielsweise auch eine idealtypisch Veranschaulichung der unterschiedlichen Konstruktionsarten der Suonen. Da Karten keinen *Naturraum nebensächlich* aufweisen, senkt der hohe Anteil an Symbolraum-Bildfläche den diesbezüglichen Wert unter jenen der Publikation «Kandidat UNESCO Weltnaturerbe».

Die beiden wichtigen Themen des Heftes – Suonen und Aletschgletscher – führen auch zu den 2,2 % *Problemraum*-Bildern: Einerseits verweisen alte Graphiken auf das Gefährdungspotenzial, welches (früher) vom Grossen Aletschgletscher ausging. Auf dem Bild drückt die vorrückende Gletscherzunge Bäume um und die sich ausdehnende Gletschermoräne verschüttet den Weg entlang des Gletschers. Der zweite Problemaspekt ist die auf zwei Bildern gut sichtbare – und im Text erwähnte – Lebensgefahr, die der Unterhalt der Suonen entlang senkrecht abfallender Felswände mit sich brachte. Freilich beziehen sich die thematisierten Problemaspekte im Wesentlichen auf die Vergangenheit, gegenwärtige Probleme sind ausgeblendet.

Der Identifikationsraum i.e.S. ist im definierten Sinne in dieser Publikation nur äusserst marginal präsent (0,4 %). Dies überrascht auch nicht, schliesslich wird nicht auf das Weltnaturerbevorhaben eingegangen. Die Broschüre trägt aber weiter dazu bei, den Grossen Aletschgletscher als Identifikationszeichen der Region, als Ikone, zu etablieren (10 der 31 Bilder zeigen auf 30 % der BF den Gletscher).

231

Interessant sind schliesslich noch die Impressionen aus dem Aletschwald. Die fünf Fotografien von Marcus Gyger in schwarzweiss sind aufgenommen bei «unfreundlicher, nasskalter Witterung im Herbst und ... [zeigen] den sonnenverwöhnten Arvenwald von einer ganz neuen, nicht minder schönen Seite» («Revue Schweiz», S. 27). Die fünf Fotografien machen 19 % der BF aus. Wie in der Publikation deklariert sind es regelrechte ‹Schlechtwetteraufnahmen›. Inklusive zwei weiterer solcher Bilder zeigt die Broschüre auf 26,9 % der BF die Aletschregion nicht im Sonnenschein – dies ist, insbesondere für eine Tourismusbroschüre, ein unerwartet hoher Wert. Ästhetisch sind die Bilder aber trotzdem, auch wenn sie teilweise eine «Friedhofsatmosphäre» erzeugen.

Der Prospekt zeigt eindeutig eine touristische Ausrichtung und hält damit, was das Titelbild verspricht (vgl. Abb. 65). Einzig die Hintergrundinformationen zu den Suonen öffnen den Blick auf die (nicht mehr aktuellen) wirtschaftlichen Tätigkeiten der Walliser Bevölkerung.

VIII Schlussbetrachtung

Das Handeln der Menschen basiert auf den Bedeutungen, die die Dinge der Welt für sie haben. Die Bedeutungen sind Konstruktionen, die gemäss Anthony Giddens (1997) als Bestandteil der sozialen Strukturen konzeptualisiert werden können. In Form von Wissen über die Welt fliessen die Strukturen in das individuelle Handeln ein und lenken dieses. Das verinnerlichte Wissen prägt in diesem Sinne die Art und Weise, wie Handelnde mit sich selbst und ihrer Umwelt umgehen. In Form von Bildern im Kopf kanalisiert das Wissen den Blick auf ‹die Realität› und reduziert dadurch ihre Komplexität. Wenn eine Touristin aufgrund eines Reiseführers weiss, welches die anerkannten Sehenswürdigkeiten einer Region sind, wird sie nach diesen Ausschau halten (können), was einem Touristen, der nicht über dieses Wissen verfügt, buchstäblich nicht in den Sinn kommt.

Die Verinnerlichung, die Speicherung und das Wiedererinnern äusserer Erfahrungen verläuft freilich komplex. Das Wissen nährt sich aus gemachten, insbesondere wiederholt gemachten oder intensiv erlebten Erfahrungen (z.B. ständig ähnlich wiederkehrende visuelle Repräsentationsweisen bestimmter Sachverhalte), die jedoch nicht einfach in den mentalen Bereich durchgepaust werden, sondern auf der Basis bereits vorhandener mentaler Bilder aktiv konstruierend einverleibt, d.h. nach den Interessen der Individuen gewichtet und kombiniert werden. Die Art und Weise, wie die einverleibten Bedeutungen und Wertsetzungen in konkreten Handlungen aktualisiert werden, kann je nach Situation, je nach Haltung und Stimmung der Handelnden variieren, sodass keine simplen Reiz-Reaktions-Erklärungen und -Prognosen möglich sind. Pierre Bourdieu (1999) hat jedoch mittels seines Konzepts des Habitus gezeigt, dass die soziale Position der Handelnden wesentlich *mit*bestimmt, welches Wissen, welche Vorstellungen oder mentalen Bilder der Welt, Akteure im Verlauf ihrer Sozialisierung verinnerlichen, sodass Personen ähnlicher Position tendenziell ähnliche Wahrnehmungs-, Interpretations- und Handlungsmuster aufweisen.

Ebenfalls durch die soziale Stellung eines Individuums, d.h. durch die Ressourcen bzw. Kapitalien, über die es verfügt, erklärt sich die Grösse des Einflusses, den das Individuum auf die sozialen Strukturen und die materielle Welt ausüben kann. Zur Auszeichnung von Sehenswürdigkeiten und zu deren Vermarktung – respektive grundsätzlicher zur Inszenierung von Regionen als attraktive Ferienziele – sind nur Akteure mit der dazu nötigen Bestimmungsmacht in der Lage. Auf der Nachfrageseite ist es eine Frage der (v.a. finanziellen) Möglichkeiten der TouristInnen, ob sie eine Ferienregion aufsuchen und in welcher Form sie sich diese aneignen können.

Ein Grossteil des Wissens ist den Handelnden nicht explizit (diskursiv), sondern implizit (praktisch) bewusst. Es sind unreflektierte Gewohnheiten bzw. Routinen, die den Strom alltäglichen Handelns möglichst reibungslos fliessen lassen. Vorstellungen von der Welt (z.B. die ‹schönen›, ‹sehenswerten› Orte) und vom ‹normalen› Handeln (‹man› macht Ferien, ‹man› sucht ‹den Kick›, ‹man› fährt mit dem Auto etc.) sind verinnerlichte soziale Bilder, die der jeweiligen sozialen Position entsprechend für die

Schlussbetrachtung

Handelnden Selbstverständlichkeiten darstellen. Die sozialen Bilder machen die Wahrnehmungs- und Bewertungsgewohnheiten der Handelnden aus, sie leiten das Handeln, richten den Blick, bestimmen, was bedeutungs- und wertvoll ist und motivieren damit zu Handlungen. Die Reflexion der unhinterfragten sozialen Bilder nimmt folglich einen zentralen Stellenwert im Verständnis des Handelns und seiner Folgen ein.

Wie die Bedeutung der materiellen Welt insgesamt, ist auch jene der visuellen Bilder, und damit ihre Wirkung bzw. Macht, durch die verinnerlichten sozialen Bilder beeinflusst. Vermag das auf einer Fotografie Sichtbare keine Werte bzw. Bedeutungssetzungen anzusprechen, erhält es keine Aufmerksamkeit. Die ‹Kraft der Bilder› kommt zum Tragen, wenn die angesprochenen Werte eine Person zu bewegen vermögen, d.h. wenn die Person emotional reagiert und zu Handlungen motiviert wird. Fotografien in touristischen Werbeprospekten sollen ihr Zielpublikum anziehen, indem das ihnen Wertvolle ins Licht gerückt wird. Es ist bekannt, dass ‹Natur› in der (erwachsenen) städtischen Bevölkerung durchschnittlich einen hohen Stellenwert geniesst und diese folglich tendenziell positiv auf Naturraumbilder reagieren wird, während die jüngere Bevölkerung dagegen mehrheitlich eher durch Fun-, Sport- und Actionraumbilder bewegt werden dürfte, freilich nicht des Alters per se wegen, sondern aufgrund ähnlicher Sozialisierungen. Die Art der verinnerlichten sozialen Werte hängt vom soziokulturellen Umfeld ab, kann aber individuell stark variieren je nach biografischen Besonderheiten und momentanen Haltungen und Stimmungen. Gerade die Haltung, die eine Person gegenüber einem visuellen Bild einnimmt, ist entscheidend durch die Verankerung des Bildes geprägt, d.h. durch den Ort, an welchem das Bild publiziert ist (z.B. der Tourismusprospekt) und seine verbalen Zuschreibungen (die verbale Verankerung «Dieses Bild zeigt den Ort X, wie er vor 100 Jahren aussah» lässt ein Bild anders wirken als bspw. «In X können sie noch die ursprüngliche idyllische Schweiz erleben»).

Mit dem Konzept der ‹Affordanzen› wurde die Tatsache gewürdigt, dass die Wirklichkeitskonstruktionen nicht beliebig sein können. Die Bedeutungssetzungen der Individuen müssen sich an den Angeboten der Realität orientieren, wollen die Individuen ihr Überleben sichern. Allerdings nehmen in modernen Zivilisationen die unvermittelten, wörtlichen Bedeutungen der materiellen Welt den Rang eines kontrafaktischen Konstrukts ein, ist doch davon auszugehen, dass sämtliche Bedeutungen vermittelt und somit symbolisch sind. Hinsichtlich der ‹Kraft der Bilder› bleibt bestehen, dass wir nicht glaubhaft kommunizieren können, etwas zu sehen, was gar nicht da ist. Die Affordanzen machen die intersubjektive Überprüfbarkeit der jeweiligen Präsentationen möglich und weisen damit einen idealistischen Konstruktivismus, der alles Sein als Schein entlarvt zu haben meint, in Schranken. Verspricht ein Ferienprospekt eine Idylle, die dem Augenschein vor Ort nicht standhält, werden sich die TouristInnen verschaukelt vorkommen, sie fühlen sich hinters Licht geführt.

1 Fazit zu den Bildanalysen

Die übergeordnete Fragestellung dieser Arbeit, derzufolge die ‹Kraft der Bilder› in der nachhaltigen Entwicklung alpiner Landschaften und Lebensräume zu untersuchen ist, hat uns die Zusammenhänge von materieller, mentaler und sozialer Welt anhand zweier Modellregionen für eine nachhaltige Entwicklung, dem JAB und der UBE, aufzeigen lassen. Es wurde untersucht, in welchen Raumaneignungsweisen die beiden ‹Räume› visuell präsentiert wurden, sodass aus der Analyse der verwendeten materiellen Bilder auf die mentalen Bilder nachhaltiger Entwicklung der Bildproduzierenden und die potenziellen mentalen Bilder der Bildkonsumierenden geschlossen werden konnte. Indem die visuellen und verbalen Bilder der wichtigsten regionalen Informationspublikationen im Vorfeld der Volksbefragungen analysiert wurden, offenbarten sich die Vorstellungen nachhaltiger Entwicklung, denen die betroffenen Bevölkerungen beider Regionen zustimmten.

Darüber hinaus wurde diese ‹Innensicht›, d.h. die visuelle Präsentation der Vorhaben aus der Region selbst für die betroffene Bevölkerung, an ausgewählten ‹Aussensichten› gespiegelt, d.h. an der Art und Weise, wie die (Modell-) Regionen von aussen wahrgenommen (oder auf das auswärtige Zielpublikum hin kommuniziert) werden. Es zeigte sich, dass die Repräsentationen der UBE und des JAB interessante Unterschiede hinsichtlich des Verständnisses nachhaltiger Entwicklung aufweisen, im Falle der UBE fällt aber vor allem der extrem ausgeprägte Kontrast zwischen der Aussen- und der Innensicht auf. Die Ergebnisse der Bildanalyse sollen im Folgenden zusammengefasst und interpretiert werden.

1.1 UNESCO Biosphäre Entlebuch

Innensicht

«Es gibt kaum eine andere Region, die so viele Naturschätze hat wie das Entlebuch» (Beck 2001: 8) – so lautet eine häufige Charakterisierung der UBE[349]. Von diesen Naturschätzen war in der untersuchten Eigendarstellung der Region, in der ‹Innensicht›, jedoch erstaunlich wenig zu sehen (vgl. zusammenfassend Abb. 73). Die UBE wurde aus der und für die Region selbst nicht als (einzigartiger) Naturraum, sondern als relativ moderner Lebens- und Wirtschaftsraum gezeigt (Abb. 68 gibt einen vergleichenden Überblick des Grads der Kapitalintensität und somit der Modernität der auf den Bildern gezeigten Raumaneignungen). Die Gründe, weshalb die Naturschönheiten nicht ins Bild gerückt wurden, sind vielschichtig. Zunächst ist die visuelle Kommunikation des BR-Vorhabens, wie sie für die Bevölkerung der Region geleistet wurde, als Antwort auf die zwei primären Folgen der Rothenthurm-Initiative vom 7. Dezember 1987 zu betrachten:

- Der (fremdbestimmte) Moorschutzauftrag hat in grossen Teilen der Entlebucher Bevölkerung zu einer negativen Haltung gegenüber Naturschutzvorlagen geführt. Zwar werden den direkt betroffenen LandwirtInnen Nutzungseinschränkungen entschädigt, womit der Moorschutz lediglich eine Umorientierung der landwirtschaftlichen Aufgaben von der Nahrungsmittelproduktion hin zur Landschaftspflege bedeutet. Diese Umorientierung entspricht jedoch nicht dem Selbstverständnis der meisten LandwirtInnen, wonach der Sinn ihrer Arbeit und der Zweck ihres Bodens in der Nahrungsmittelproduktion liegt. Die Umorientierung

---

349 Die «Basellandschaftliche Zeitung» titelte in verspäteter Würdigung der Anerkennung der UBE durch die UNESCO gar «Wildnis im Entlebuch» und stellte ein entsprechendes *Naturraum*-Bild beiseite («Basellandschaftliche Zeitung», 1.2.2002, S. 28). Im «Tages-Anzeiger» war zu lesen: «Der schönste Moorsee der Schweiz, die schönsten Schwingrasen, die paar wenigen noch kaum degradierten Hochmoore – all dies findet man im Entlebuch» (Baumgartner 1998: 36).

Schlussbetrachtung

wird folglich als fremdbestimmter Zwang erlebt. Moorschutz wird damit synonym mit Enteignung, und jeder weitere Versuch, Naturelemente zu schützen, wird als kommende Nutzungseinschränkungen antizipiert und emotional bekämpft. Damit das BR nicht als Naturschutzvorlage wahrgenommen wurde, vermieden es die PromotorInnen, das BR-Vorhaben mit Natur- und insbesondere Moorbildern zu visualisieren.

- Der Rothenthurm-Initiative wegen war es auch gar nicht nötig, das BR-Vorhaben als Naturschutzvorlage zu präsentieren. Die wirtschafts- und lebensraumorientierte Präsentation des Vorhabens ist nicht als manipulativ oder unehrlich zu charakterisieren, indem eine Naturschutzvorlage nicht als solche dargestellt worden wäre. Denn die für den Erhalt des Labels erforderlichen Schutzgebiete – 26 % der Gebietsfläche des Entlebuchs wurden infolge der Rothenthurm-Initiative als Hoch-, Flachmoor oder Moorlandschaft unter Schutz gestellt – waren bereits ausgewiesen und spätere einschränkende Eingriffe der UNESCO in die nationale bis lokale Gesetzgebung sind ausgeschlossen. Das Biosphärenvorhaben bringt keine neuen Einschränkungen von aussen, es ist vielmehr der (potenzielle) ‹Gewinn› aus den früher unfreiwillig getätigten ‹Investitionen›.

Aufgrund der Vorgeschichte lässt sich das BR-Vorhaben als Antwort auf die Frage «Was machen wir mit soviel Schönheit?» (Hofstetter 1997) verstehen, denn bei den Schutzgebieten, die der Rothenthurm-Initiative entsprangen, handelt es sich ja um «Moore und Moorlandschaften von besonderer Schönheit und gesamtschweizerischer Bedeutung» (Schweizerische Bundesverfassung, Art. 78 sexies, Abs. 5). Bis zur ‹Auszeichnung› von rund einem Viertel der Fläche des Entlebuchs im Zuge der Umsetzung der Rothenthurm-Initiative dürfte ein Bewusstsein für die Schönheit des Entlebuchs in der breiten Bevölkerung weitgehend gefehlt haben. Bezeichnenderweise lässt sich im Buch von Wicky & Kaufmann (2003), welches Ausschnitte ihrer eindrücklichen Sammlung alter Postkarten wiedergibt, keine Ansichtskarte eines Moores, auch nicht der Schrattenfluh finden. Die Tragweite des Rothenthurm-Artikels liess wohl erste Teile der Bevölkerung aufhorchen und die Schönheiten als Kapital wahrnehmen; in der breiteren Entlebucher Bevölkerung dürften allerdings die Moore bis über die Abstimmungen zum BR-Vorhaben hinaus bloss marginal für schön befunden worden sein.

Dieses lange Zeit fehlende Bewusstsein für die Schönheiten des Entlebuchs äusserte sich auch in einem Mangel an (ästhetischen) Landschaftsfotografien, mit denen zumindest die Abstimmungsbroschüre hätte illustriert werden können. Zwei Jahre später – nicht zuletzt dank der Fotografien, welche Stephan Kölliker 2001 für die Entlebucher Ausgabe der «Revue Schweiz» produzierte – standen stimmungsvolle Landschaftsaufnahmen zur Verfügung. Durch die Produktion und Publikation dieser dürfte das BR-Vorhaben schon nach relativ kurzer Zeit zur Sensibilisierung der Bevölkerung hinsichtlich der Schönheiten und Besonderheiten der Region beigetragen haben, wie folgendes Zitat exemplarisch zeigt: «Der Landwirt arbeitet auf dem Betrieb, findet es schön und beachtet es wahrscheinlich nicht einmal. Es ging mir auch so. Ich bin auf einem Betrieb aufgewachsen und es wäre mir nie aufgefallen, dass wir ein schönes Tal haben. […]. Es gibt jetzt einen gewissen Wandel, wenn plötzlich Leute kommen und sagen, dass wir eine speziell schöne Region sind. Dann stellt man sich schon die Frage warum eigentlich» (Entlebucher Landwirt zit. in Schüpbach 2002: 88). Es bestätigt sich einmal mehr, dass die Selbstidentität ein *soziales* Konstrukt ist, das stark vom Verhalten des Gegenübers abhängt (vgl. Hetlage 2000). Die Entlebucher Bevölkerung verinnerlicht mit der Zeit das von aussen kommende Bild der schönen Region. Sie muss sich aber auch kritische Kommentare gefallen lassen, denn die Modellregion steht nun nicht mehr abseits der öffentlichen Aufmerksamkeit (vgl. Abb. 75).

Um die alltagsnahe Visualisierung des Vorhabens zu verstehen, ist ferner zu beachten, dass das Entlebuch trotz all seiner ‹Naturschätze› im Gegensatz zum JAB (noch) nicht über zu Ikonen gewordene Landschaftselemente verfügt, an denen sich das Vorhaben visuell hätte aufhängen lassen. Zwar sind die Bemühungen unübersehbar, das Vorhandene ästhetisch zu inszenieren und derart Ikonen zu schaffen, doch fehlt den Ausschnitten der einzigartige Inhalt, der über die wechselnden Stimmungen hinaus einen beständigen Eindruck und zuverlässigen Wiedererkennungseffekt hinterlässt (vgl. Abb. 67). Die Affordanzen der Entlebucher Landschaft sind nicht so aufdringlich wie jene des Jungfrau-Aletsch-Bietschhorn-Gebietes mit seinen unverwechselbaren Sehenswürdigkeiten (zu Affordanzen vgl. Kap. ‹Durch Wände sehen?› in ‹II Wirklichkeiten›).

Abb. 67: «Oft lohnt es sich einfach nur hinzuschauen, abzuschalten und ein Glas Wein zu trinken...». Der «Wilde Westen von Luzern» setzt sich mehr und mehr ästhetisch in Szene (Quelle: Journal UNESCO Biosphäre Entlebuch 2005; S. 68f.).

Wie wir anhand der «Revue Schweiz» sahen, ist die Repräsentation des Entlebuchs als moderner Lebens- und Wirtschaftsraum jedoch keinesfalls einzig eine (unbeabsichtigte) Folge fehlenden Bildmaterials bzw. ungeeigneter Affordanzen. Die «Revue Schweiz» wurde bewusst nicht nur mit idyllischen Natur- und Kulturlandschaftsbildern versehen, obwohl der Fotograf der Ausgabe auf einer solchen Bebilderung bestand und das entsprechende Bildmaterial produziert hat. Es war ein Anliegen des Regionalmanagements, das Entlebuch vielfältig zu präsentieren. Schon in der Abstimmungsbroschüre wurde betont, wie das Entlebuch vom BR-Vorhaben profitieren kann und dies auch visuell in Produktions- und Identifikationsraumbildern umgesetzt. Und auch der EA hielt bereits in seinem ersten Artikel zum Vorhaben vom 19. April 1997 fest, dass (der bestehende) Schutz mit Entwicklung zu kombinieren sei. Dass es sich dabei nicht um irgendeine Entwicklung handeln soll, zeigen diverse Identifikationsfiguren, Personen, die sich mit der UBE identifizieren und teilweise vorleben, wie nachhaltige Entwicklung konkret umgesetzt werden kann.

So traten im EA neben dem ständig wiederkehrenden engeren Kreise der BR-PromotorInnen (das sind allen voran die drei Regionalmanager, aber auch die weiteren Vorstandsmitglieder) die wichtigsten Personen aus der regionalen Politik, die so genannten ‹Opinion Leaders›, als BefürworterInnen des Vorhabens auf (von den 99 Identifi-

Schlussbetrachtung

kationsraumbildern mit Personen sind 93 solche der PromotorInnen oder von PolitikerInnen). Indem sich diese Persönlichkeiten hinter das Vorhaben stellten, reduzierten sie für andere Personen die Komplexität der Entscheidung in dem Sinne, dass diese sich den Identifikationsfiguren, sofern sie ihnen vertrauen, anschliessen konnten, ohne sich mit inhaltlichen Fragen selbst auseinander setzen zu müssen. Dass dieser Mechanismus auf der Gegnerseite nicht zum Tragen kam, liegt vor allem daran, dass insbesondere die Schweizerische Volkspartei zum damaligen Zeitpunkt im Entlebuch praktisch über keine prominenten, charismatischen Köpfe verfügte. Das hochgradig emotionalisierende Thema der Fremdbestimmung konnte derart von den Gegnern nicht glaubwürdig kommuniziert werden. Der Kreis der BefürworterInnen war zu umfassend und ihre Leistungen, in direkten Gesprächen Ängste auszuräumen oder zu beschwichtigen, zu überzeugend[350]. Die Intensität dieser direkten (‹Face-to-Face›) Kommunikation – wie auch der teilweise unflätigen Unterstellungen der GegnerInnen – ist dem medialen Diskurs nicht zu entnehmen, weswegen der Stellenwert der mediatisierten Kommunikation zu relativieren ist. Zwar zeigten Analysen von Präsentationsunterlagen (Projektionsfolien etc.), die anlässlich der diversen Informationsveranstaltungen von den PromotorInnen verwendet wurden, dass das dabei vermittelte Bild mit jenem der Abstimmungsbroschüre weitgehend übereinstimmt, die Wirkung der Face-to-Face-Kommunikation (vor allem die Gestik des überzeugten Auftretens), die persönliche Beantwortung von Fragen etc. ist aber sicher ungleich bedeutender als das Versenden von Drucksachen.

Bei den Identifikationsfiguren, die bspw. in der Abstimmungsinformationsbroschüre auftraten, handelte es sich – anders als bei der Gruppe der PromotorInnen und PolitikerInnen – um zwar «weitsichtige» (Beck 2001: 8), aber mehr oder weniger ‹gewöhnliche› BürgerInnen der Region, die Wege aufzeigen, wie konkret aus dem BR-Vorhaben profitiert werden kann. Damit gingen die Identifikationsfiguren auf die ökonomischen Bedürfnisse der Entlebucher Bevölkerung ein; nachhaltige Entwicklung wurde entsprechend alltagsnah kommuniziert. Dass überhaupt solche (Vor-) Bilder glaubwürdig gezeigt werden konnten, lag daran, dass die entsprechenden innovativen Personen auch tatsächlich vorhanden waren. Verglichen mit dem JAB fehlen der UBE zwar die unverwechselbaren Affordanzen im Naturbereich, dafür waren Vorreiter einer nachhaltigen Entwicklung verfügbar. Die UBE konnte glaubwürdige Identifikationsfiguren präsentieren, was im JAB, in welchem zur Zeit der Abstimmungen in den Gemeinden Ried-Mörel und Naters keine solchen Modellprojekte, auch keine partizipativen oder kooperativen Netzwerke vorhanden waren, nicht möglich war. Freilich wäre es möglich gewesen, auf Modellregionen wie die UBE zu verweisen.

---

350 Vgl. die Aussage des Regionalmanagers Bruno Schmid, zit. in: «die grüne», 27.12.2001, S. 30: *Entlebucher Pioniertat*: «Mit dem Begriff Biosphärenreservat waren wir eigentlich nie glücklich. Der Begriff Bio tönt nach Vorschriften und der Begriff Reservat tönt nach Indianerreservat. Dies hat viele Landwirte verunsichert. Weil das Entlebuch als konservativ gilt, war es wichtig, von Anfang an sauber und offen über das Projekt zu informieren und im ständigen Kontakt mit der Bevölkerung über jeden Schritt rechtzeitig und korrekt zu informieren.»

Abb. 68:
Vergleich der Bilder der untersuchten Publikationen nach dem Grad der Kapitalintensität (Graphik: U. M.).

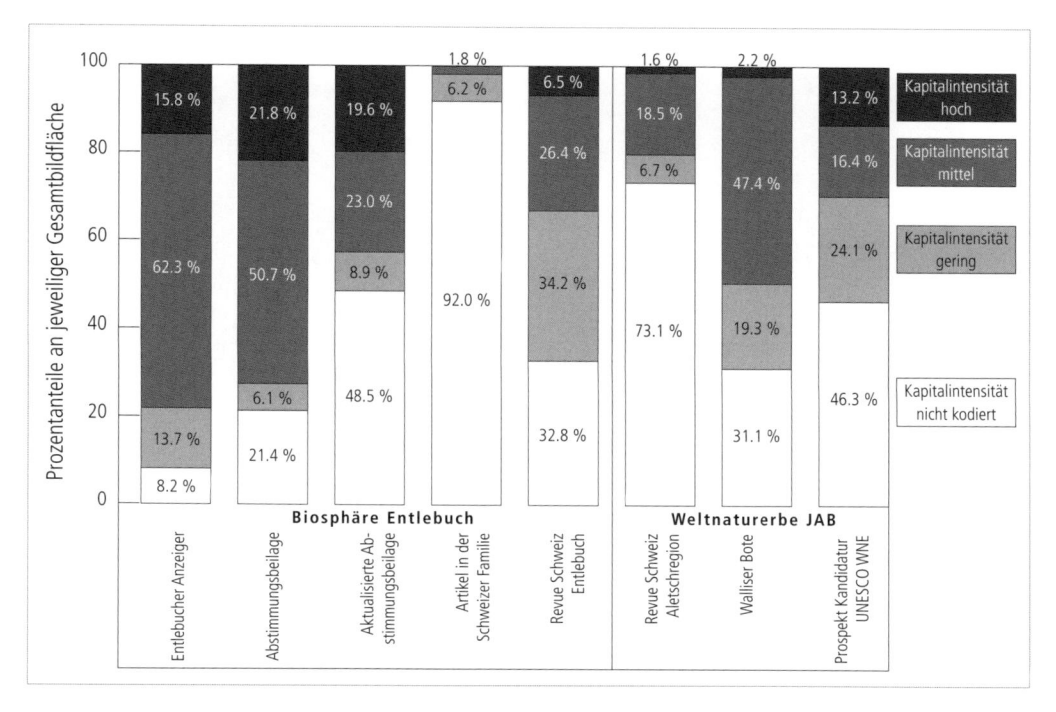

Insgesamt zeigt der hohe Anteil von Personenbildern am gesamten analysierten Bildmaterial und die Verschiedenheit der porträtierten Personen das Erfolgsrezept der UBE: Es konnte eine breite Vielfalt an Personen für das Vorhaben gewonnen werden, sodass die Wahrscheinlichkeit, dass die Bevölkerung sich mit einer der Personen identifizieren und ihr vertrauen und folgen konnte, sehr hoch war. Die Regionalzeitung EA hat einen grossen Anteil daran, dass eine solch alltagsnahe und vielseitige Vermittlung des BR geschah. Dabei ist zu berücksichtigen, dass das hauptsächliche Zielpublikum des EA sich weitgehend mit der Bevölkerung deckt, die vom BR-Vorhaben betroffen ist, eine eingehende und auf die Direktbetroffenen bezogene Auseinandersetzung mit dem Thema UBE folglich nahe lag. Im Wallis dagegen betrifft das JAB nur einige Gemeinden der Reichweite des WB und auch bei diesen auf den ersten Blick nur den naturräumlichen Teil ihres Gemeindegebietes. Aus diesem Grund ist zwar verständlich, dass das JAB im WB einen geringeren Stellenwert einnahm als die UBE im EA. Nichtsdestotrotz hätte die Redaktion des WB den umfassenden Gedanken nachhaltiger Entwicklung, wie er sich beispielsweise in der ‹Charta vom Konkordiaplatz› äussert, aufnehmen und gewichten können, sie hätte von sich aus der Idee gegenüber ein ähnliches Wohlwollen zeigen und ihr folglich mehr Platz einräumen können, wie dies im EA der Fall war. Die Rolle, die der EA bei der Vermittlung der BR-Idee bzw. nachhaltiger Entwicklung spielte, darf deshalb sicher als vorbildlich bezeichnet werden.

Aussensicht

Bis zum BR-Vorhaben war das Entlebuch (zumindest visuell) weitgehend eine ‹Terra incognita›. So wird die Region im «Merian» von 1975 weder genannt noch ist sie auf der Übersichtskarte der Schweiz mit ihren Sehenswürdigkeiten – im Gegensatz beispielsweise zum benachbarten Emmental – eingetragen (vgl. Abb. 69).

Schlussbetrachtung

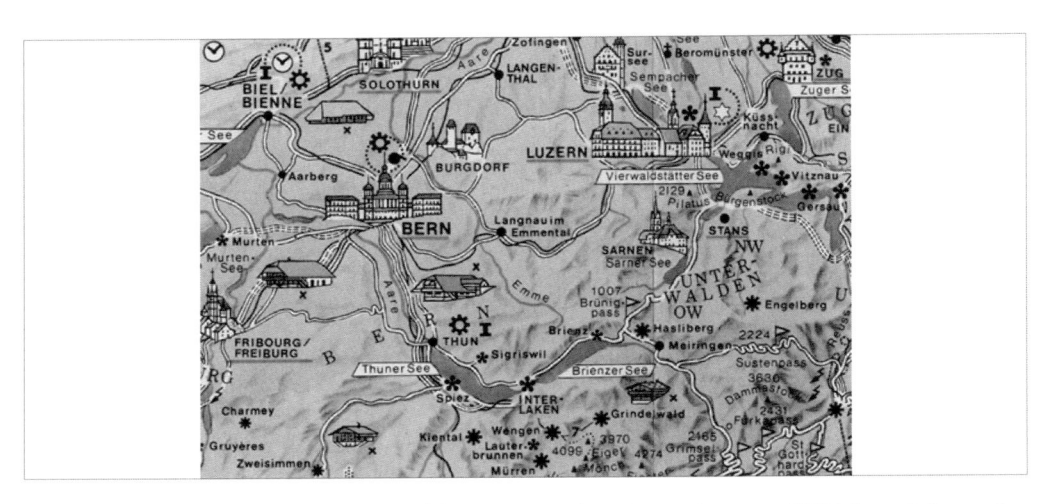

*Abb. 69:
Das Entlebuch:
Offenbar nicht
der Reise und
somit auch nicht
der Nennung
wert (Bild:
Merian – Das
Monatsheft der
Städte und Landschaften: Die
Schweiz, Nr. 1,
Vol. 28 (1975),
Hamburg: Hoffmann u. Campe.
Ausschnitt aus
der Übersichtskarte der Schweiz
im Heftanhang).*

In der nächsten, der Schweiz gewidmeten Merian-Ausgabe von 1991 hat sich an der Vernachlässigung des Entlebuchs nichts geändert[351]. Erstaunlicherweise ist dies auch im jüngsten, nach erfolgter Anerkennung der UBE erschienenen Heft nicht anders: Die Merian-Ausgabe von 2003 bezeichnet zwar das WNE JAB in der Übersichtskarte und nennt es auch bei den Sehenswürdigkeiten der Schweiz, die UBE dagegen bleibt visuell und verbal ausgeblendet[352]. Auch im Geo Special von 2002[353] erhält das JAB einiges mehr an Aufmerksamkeit als die UBE[354]. Das WNE JAB ist aber, man traut seinen Augen kaum, nicht auf der Übersichtskarte als solches eingezeichnet (S. 188f.). Die UBE dagegen fand als «Biosphärenreservat» zwischen Bern und Luzern Eintrag in die Karte (ebd.).

Wenn das Entlebuch für TouristInnen nicht zu existieren schien, so wurde es in der Schweizer Bevölkerung 1984 durch die Forschungsergebnisse der Nationalfondstudie über die regionalen Einkommensunterschiede innerhalb der Schweiz unvorteilhaft bekannt als ‹Armenhaus der Schweiz›. Diese Typisierung nährt die in der Bevölkerung vorhandene klischierte Vorstellung, es handle sich beim Entlebuch um eine rückständige, traditionell landwirtschaftliche Region. Wie wir gesehen haben, beklagen sich die Entlebucher Jugendlichen, dass sie schon in der unweit entfernten Stadt Luzern als «Landeier», als «die vo hende vöre» betrachtet werden (Kap. ‹Sichten auf das Entlebuch und seine Bevölkerung› in ‹VI UNESCO Biosphäre Entlebuch›). Der Imagewan-

---

[351] Merian – Das Monatsheft der Städte und Landschaften: Schweiz, Nr. 4, Vol. 44(1991), Hamburg: Hoffmann u. Campe.

[352] Merian – Die Lust am Reisen: Schweiz, Nr. 12, Vol. 56(2003), Hamburg: Jahreszeiten Verlag. Wird das Entlebuch ausgeblendet, so kommt dem Aletschgebiet in diesem Heft neben dem Vermerk auf der Faltkarte («UNESCO-Welterbe»; S. 139) die Ehre zu, als Zeuge für die Klimaerwärmung mit Bild des Aletschgletschers von 1900 und Vergleichsbild von 2001 («Das ewige Eis des Aletschgletschers schmilzt dahin»; S. 8), als Reisetipp mit Bild («das wohl eindrucksvollste Landschaftserlebnis Europas»; S. 41), in einem Bericht über die Mühen der Landwirtschaft in den Alpen wiederum mit Bild («Die Hirten am Aletschgletscher treiben die Schafe auf einem Saumpfad hinunter zur Belalp. Ein Abenteuer am Rande des Abgrunds» S. 84–93, Zitat S. 88), in den «Merian Top Ten» der Schweiz (Nr. 1: Jungfraujoch; Nr. 5: Aletsch; S. 116), als Sehenswürdigkeit («Aletschgebiet: …»; S. 122) und im Merian-Tipp (S. 145) erwähnt zu werden.

[353] GEO Special – Die Welt erleben: Schweiz, Nr. 2(2002), Hamburg: Gruner & Jahr.

[354] Das JAB erscheint im Bericht mit Bild des Fotoshootings für die Werbekampagne von ‹Schweiz Tourismus› mit Michael Schumacher vor dem Aletschgletscher (S. 10); in der Bildserie «Ein Schweizer Fotograf entdeckt sein Land» mit doppelseitiger Farbaufnahme des Jungfraujochs (S. 24f.); im Bericht über Schweizer Gletscher bzw. ihr «Dahinschmelzen», in welchem der Aletschgletscher ausführlich erwähnt und gezeigt wird (S. 98–104); und im Reisetipp Berner Oberland mit Weltnaturerbe «samt angrenzendem Aletschgletscher» (S. 162).

del weg von dieser negativen Wahrnehmung stellte denn auch – neben den ökonomischen Chancen – das bedeutendste verbale Bild dar, welches die betroffene Bevölkerung mit dem BR-Vorhaben verband (vgl. ‹Verbale Bilder› in ‹VI UNESCO Biosphäre Entlebuch›).

Mit dem BR-Vorhaben wurde die nationale und internationale Medienbühne aufmerksam auf das Entlebuch. Die untersuchten Publikationen der «Revue Schweiz» und der «Schweizer Familie» sind eine direkte Folge des Vorhabens, dank dessen das Entlebuch von ausserhalb der Region als Modellregion wahrgenommen wird. Die Art und Weise, wie das Entlebuch von der Aussensicht (Artikel der «Schweizer Familie») präsentiert wird, unterscheidet sich allerdings frappant von der Innensicht. Wenn auch die «Schweizer Familie» im Text die Bemühungen des Entlebuchs Richtung umfassender nachhaltiger Entwicklung mit den ökonomischen und soziokulturellen Gesichtspunkten würdigt, bleibt die Bildwahl den Klischees eines natürlichen und idyllischen Entlebuchs verhaftet.

Abb. 70:
Die Aussensicht:
Naturraum und
idyllische Kulturlandschaft Entlebuch (Quelle:
http://
www.UNESCO.c
h/work-d/
mab_br.htm,
13.5.2004).

Betrachten wir weitere Zeitungsartikel, die anlässlich der drei bedeutenden Diskursereignisse (Abstimmungsergebnisse, Bekanntgabe der bundesrätlichen Unterstützung der Kandidatur bei der UNESCO und schliesslich die Anerkennung als Biosphärenreservat) in den nationalen Medienerzeugnissen erschienen sind, bestätigt sich das Bild der «Schweizer Familie» und lässt uns bis auf wenige Ausnahmen[355] die Verallgemeinerung treffen, dass die Aussensicht das Bild eines weitgehend natürlichen, idyllischen Entlebuchs tradiert. Insofern die Bildredaktionen jeweils Bilder auswählen, die die Artikel adäquat zu illustrieren vermögen, zeigt die Bildauswahl ihr Verständnis vom BR Entlebuch bzw. nachhaltiger Entwicklung: Aus ihrer Sicht scheint es sich bei diesem Vorhaben um ein Natur- und Landschaftsschutzprojekt, allenfalls um die sanfte Inwertsetzung der noch intakten Entlebucher Bilderbuchlandschaft zu handeln. Mit der gewählten Veranschaulichung werden Eindrücke aus der Modellregion für nachhaltige Entwicklung vermittelt, die die Vorstellung der BildkonsumentInnen dahingehend prägen, dass nachhaltige Entwicklung primär Naturschutz bzw. Musealisierung der kulturlandschaftlichen Juwelen bedeutet. Die umfassende multidimensionale Bedeu-

---

355 Als seltene, aber umso erwähnenswertere Ausnahme sticht die «Basler Zeitung» vom 9.7.1997 ins Auge, die unter der Überschrift *Das Entlebuch will Biosphärenreservat werden* einen äusserst industriell geprägten Einblick ins Entlebuch gewährte.

Schlussbetrachtung

tung nachhaltiger Entwicklung wird derart ausgeblendet, die Modellhaftigkeit der regionalen Entwicklungsbestrebungen vereinseitigt. Nachhaltige Entwicklung scheint gleichbedeutend zu sein mit Bewahren, ihre progressive Seite kommt nicht zur Geltung. Diesbezüglich enttäuschend ist, dass auch die UNESCO-Schweiz auf ihrer Internetseite die UBE visuell ausschliesslich in Anpreisung der Naturwerte präsentiert (Abb. 70).

Wandel von Innen- und Aussensicht

Die Differenz in den Perspektiven von innen und aussen, wie wir sie oben zusammengefasst haben, ist deutlich, aber ebenso deutlich lässt sich seit der Anerkennung der UBE ein Wandel sowohl in der Innen- wie der Aussensicht erkennen. Dabei übernimmt die Aussensicht tendenziell die Innenperspektive und umgekehrt. Die aktualisierte Abstimmungsbroschüre, ein Produkt des Biosphärenmanagements, zeigt zwei Jahre nach den erfolgten Abstimmungen bereits deutlich mehr Natur als zuvor: Einerseits soll mit der Publikation ein Zielpublikum ausserhalb der Region angesprochen werden, sodass ihren Werten Rechnung zu tragen ist, andererseits wird die Absicht verfolgt, die Schönheiten des Entlebuchs auch der einheimischen Bevölkerung bekannt zu machen.

Die ‹Aussensicht› beginnt sich dagegen für den Aufschwung im Entlebuch und die ihn ermöglichenden innovativen Köpfe zu interessieren und trägt damit ein neues, die klischierte Sicht brechendes Bild der Bergbevölkerung und ein umfassenderes Verständnis nachhaltiger Entwicklung nach aussen. Ein Artikel über die UBE im Magazin des «Sonntags Blick» vom 10. Oktober 2004 (S. 1–6) präsentierte das Entlebuch visuell als *Identifikationsraum*, indem der Artikel die «Wegbereiter», die Menschen hinter der «Aufbruchstimmung» zeigt (vgl. Abb. 71 links) und damit Vorstellungen (‹Vorbilder›) vermittelt, was nachhaltige Entwicklung konkret bedeutet. In dieselbe Richtung ging bereits ein dreiseitiger Artikel in der NZZ vom 2./3. November 2002 (S. 85–87), der ebenfalls Personen porträtierte, die die «Chance Biosphärenreservat» packen, wobei allerdings das grösste Bild auf der ersten Seite des Artikels der Artikelüberschrift «Im schönsten Wiesengrund» verhaftet blieb und das Entlebuch bilderbuchschön idyllisch darstellte.

Abb. 71: Die neue Aussensicht auf die UBE: Eine Region lauter «WegbereiterInnen»? (Bild links: Franca Pedrazzetti, Magazin des SonntagsBlick, 10.10.2004, S. 6; Bilder rechts: Christoph Ruckstuhl, NZZ, 2./3.11.2002, S. 86).

Die Kraft der Bilder in der nachhaltigen Entwicklung

Die veränderte ‹Aussensicht› stellt dem Bild rückständiger, träger Agrargesellschaften, die ihr Fortbestehen hauptsächlich den in Form von Subventionen daherkommenden Lebenserhaltungsmassnahmen des Bundes verdanken, das Bild dynamischer, eigenverantwortlicher Unternehmer beiseite. Damit erhält die gegenwärtig geführte Diskussion über die Entvölkerung der Berggebiete einen Kontrast. Nachdem es lange Zeit ein Staatsziel der Eidgenossenschaft war, regionale Disparitäten auszugleichen und in praktisch allen Gebieten des Landes einen möglichst ähnlichen Infrastrukturstandard aufrechtzuerhalten, wechselte die Meinung jüngst in Richtung einer «Entvölkerungsphilosophie» (so bezeichnete Ständerat Carlo Schmid am 11. März 2003 kritisch die Ideen der ‹Avenir Suisse›[356]), wonach die Besiedlung abgelegener Rand- und Berggebiete aufgegeben, die Bevölkerung in einigen Ballungszentren konzentriert und ausserhalb davon vermehrt Wildnisgebiete geschaffen werden sollen. Dank eines finanziellen Anstosses, der die partizipativen und kooperativen Prozesse in Gang setzt, werden im Entlebuch Alternativen zur Zentralisierung der Schweiz vorgelebt und damit ein Leitbild angeboten, dem andere Berggebiete folgen können.

Der in dieser Arbeit bestätigte Kontrast zwischen Innen- und Aussensicht darf somit nicht etwa als Naturgesetz gesehen werden: Regionale (Re-) Präsentationen sind wandelbare Konstrukte. Interessant wäre nun zu untersuchen, wie die gewandelte Repräsentation auf die verschiedenen (regionsinternen und -externen) RezipientInnen wirkt, ob die Repräsentation des Entlebuchs mittels Identifikationsfiguren und -produkten die Kraft hat, sich in der gegenwärtigen «ästhetischen Ökonomie» (Böhme 2001: 21f.) durchzusetzen, weil allenfalls das Zeitalter des Scheins ausläuft und das Entlebuch vom wiedergeborenen Verlangen nach Information und Sinn profitiert (vgl. Lichtl 1999: 172).

Übersicht

Zusammenfassend können wir festhalten, dass die Zustimmung der Bevölkerung zum BR keine revolutionäre Tat darstellt: Das Biosphären-Label war zu einem geringen Preis zu haben, mussten doch ‹dank› der Rothenthurm-Initiative keine neuen Schutzgebiete ausgewiesen werden. Der selbstbestimmte Schritt zur Modellregion für eine nachhaltige Entwicklung verdankt sich folglich dem vorgängigen Akt des fremdbestimmten Moorschutzes.

Die EntlebucherInnen sind nicht lauter ‹Gutmenschen›, die in Harmonie mit ihrer Umwelt leben wollen und ihre Region aus Überzeugung zur Modellregion für eine nachhaltige Entwicklung machten. Während des untersuchten Zeitraums traten keine Anzeichen auf, dass die bislang herrschenden, nun problematisch werdenden Leitbilder grundlegend in Frage gestellt würden. In der visuellen Repräsentation befanden sich keine Schreckensbilder, wie dies bei umweltpolitischen Vorhaben so häufig ist (Ausschnittsbilder von einer sich in den Untergang wirtschaftenden Gesellschaft etc.), keine ‹Gegenbilder› («so nicht weiter!»), die Problemzonen wurden nicht gezeigt (im Gegensatz zur Regionalzeitung EA, in welchem Bilder von Katastrophen im Entlebuch dauernd wiederkehren). Angesichts dieses unkritischen Auftritts erscheint das Biosphärenvorhaben primär als eine Imagekampagne im Dienste wirtschaftlicher Regio-

---

356 Vgl. die Studie der ‹Avenir Suisse› (Schweizer «think tank for economic and social issues»): «Stadtland Schweiz. Untersuchungen und Fallstudien zur räumlichen Struktur und Entwicklung in der Schweiz» (Eisinger & Schneider 2003).

Schlussbetrachtung

nalentwicklung[357]. Die Resultate einer nicht-repräsentativen Strassenumfrage des EA eine Woche nach der Anerkennung der UBE durch die UNESCO fallen denn auch, was die Kenntnisse der Entlebucher Bevölkerung über ‹ihr› BR betrifft, ernüchternd aus: «Tut mir Leid ... keine Ahnung ... ich habe mich nicht damit befasst ... nie davon gehört ... Biosphärenreservat ...?» lauteten die Antworten von «nicht wenigen» der Befragten – nach Jahren intensiver Informationstätigkeit[358]. Jene, die sich unter dem Begriff ‹Biosphärenreservat› etwas vorstellen konnten, verbanden damit vor allem den Image- und Identitäts-Aspekt und äusserten die Hoffnung, das Entlebuch mit seinen Produkten könne sich auf dem Markt nun einheitlicher und somit stärker positionieren (ebd.).

Dieser ernüchternden Sichtweise gilt es jedoch eine positivere, hoffnungsvollere zur Seite zu stellen. Die InitiantInnen und PromotorInnen des Biosphärenreservats haben es geschafft, mindestens eine Stimmenmehrheit der eher konservativen Bevölkerung des Entlebuchs von den Chancen des BR-Labels zu überzeugen und relativ viele Personen zum aktiven Mitmachen (in den Foren, den zertifizierten Produkten etc.) zu bewegen. Ob direkt oder nicht wurde der inklusive Charakter der Nachhaltigkeitsidee betont. Ein nicht-elitäres Leitbild ‹Nachhaltigkeit› oder ‹Biosphärenreservat› bedeutet in erster Linie die Etablierung von Diskurs- und Partizipationsformen, in welchen die betroffene Bevölkerung (gemeinsam mit so genannten Experten) Probleme, Ziele und Massnahmen ausdiskutieren und (nachhaltig weil einsichtig) mittragen kann. Solche argumentativen Diskurse zu erreichen (und zu Taten werden zu lassen), ist eine grosse Herausforderung. Wenn wir davon ausgehen, dass es in der nachhaltigen Entwicklung keine gerechte Alternative zum diskursethischen Weg gibt (vgl. Kap. ‹Diskurse› in ‹II Wirklichkeiten›), verdienen die Leistungen der UBE deshalb durchaus wohlwollende Anerkennung. Das innovative BR-Vorhaben liess Finanzierungsquellen erschliessen, die die Durchführung partizipativer bzw. diskursiver Prozesse ermöglichen[359]. Der Modellregion UBE kommt damit eine grosse Bedeutung im Hinblick auf die Naturparkdiskussion zu, gelang es doch, Eigeninitiativen zu fördern: «‹Lebensraum Entlebuch› ist ein Eigenprodukt der Region. Die Schlagworte unserer Zeit sind bekannt: rasende technische Entwicklung, Wertewandel der Gesellschaft, Globalisierung der Märkte usw. Wenn nun im Entlebuch selbst darüber nachgedacht wird, wie angesichts dieser Umstände die Zukunft zu bewältigen ist, verdient das nicht nur Lob, sondern zugleich Kredit.»[360]

Der Zusammenhang von Rothenthurm-Initiative und späterem BR zeigt auch einmal mehr, dass (klassischer) Naturschutz, wie er beim Moorschutz erfolgte, keines Einbezugs der Betroffenen bedarf, sofern der Einhalt der Schutzbestimmungen kontrolliert und (positiv oder negativ) sanktioniert werden kann, d.h. die hierfür nötigen Ressourcen vorhanden sind. Nachhaltige Entwicklung hingegen ist auf die Beteiligung der Bevölkerung angewiesen und kann somit nicht gegen sie oder an ihr vorbei betrieben wer-

---

357 Die in der Bevölkerung geweckten Erwartungen bezüglich eines finanziellen Aufschwungs gilt es nun allerdings zu erfüllen, will man vermeiden, dass sich Enttäuschung und Verärgerung breit macht (vgl. Schnorr 2002: 92f.).
358 EA, 29.9.2001, S. 5: *Wichtig: Interne Kommunikation*. Kommentar zum Artikel in ebd.: *Stolz, vorsichtiger Optimismus und oft: «tut mir leid – keine Ahnung!»*. Vgl. Kap. ‹Nach der Anerkennung› in ‹VIII Schlussbetrachtung›.
359 Im Jahre 2004 sind dies hauptsächlich Beiträge des Bundes und des Kantons Luzern, die zusammengenommen 700 000 Franken zum insgesamt benötigten Jahresbudget von rund 1,4 Million Franken beisteuern. Die Gemeinden des Biosphärenreservats tragen zusammen gut 130 000 Franken bei, rund 500 000 Franken kommen von Stiftungen, Sponsoren oder Projektgeldern (http://www.biosphaere.ch/pages/b_bio/Budget2004.pdf, 18.8.2005).
360 Kommentar von Joseph Küng im EA, 19.4.1997, S. 1: *Samstagsnotiz – Lebensraum Entlebuch*.

Die Kraft der Bilder in der nachhaltigen Entwicklung

den. Während der Schutz der Moore gegen den Willen vieler Betroffenen durchgesetzt und überwacht werden musste, könnte das BR nun zu einem Verständnis für den Wert der Moore (und weiterer Umweltanliegen allgemein) und damit zu einem selbstbestimmten Erhalt dieser führen.

1.2 UNESCO Weltnaturerbe JAB

Verglichen mit der UBE wurde das JAB in einer deutlich anderen Art von Bildern präsentiert. Es handelt sich um meist ästhetische, professionelle Landschaftsaufnahmen. Die Bildikone Aletschgletscher dominiert das Gesamtbild; mit ihr wird die grosse Sehenswürdigkeit der Region gezeigt, der «Top Brand», der sich «als Alternative zum Matterhorn profilieren» soll[361]. Der Grosse Aletschgletscher ist das Motiv, welches TouristInnen sehen wollen und welches sie ihren Bekannten via Ansichtskarte nach Hause schicken (vgl. Abb. 72).

Abb. 72: Der Grosse Aletschgletscher: früher wie heute die gleiche Anziehungskraft (Quellen: links: aktuelle «Wanderkarte Aletsch und Unteres Goms», 1:25'000. Ohne Jahresangabe; rechts: Ansichtskarte von ca. 1890 bis ca. 1900, Library of Congress Prints and Photographs, http://hdl.loc.gov.pnp/ppmsc.07860).

Dass dies nicht immer so war, hat Stremlow (1998) gezeigt: Die Alpen galten bis ins 18. Jahrhundert als «verdorbene Erde», als «Warzen auf der Erdoberfläche» (Stremlow 1998: 50; vgl. Bätzing 1997: 21f.). Erst zu Beginn des 18. Jahrhunderts wandelte sich die Wahrnehmung der Alpen hin zur Ästhetik des Erhabenen, Malerischen und Romantischen und führte die uns heute selbstverständlichen überhöhten Beschreibungen wie die folgende ein: «Stolze Viertausender, tiefe Täler, schroffe Felsen, abgeschliffene Höcker, zackige Grate, harter Granit, loses Geröll, Furcht erregende Wände, liebliche Firne, zerfurchte Gletscher, mächtige Moränen, tausendjährige Arven, tosende Wasserfälle, sprudelnde Bäche, mediterran anmutende Felsensteppe, grüne Weiden, zarte Pflänzchen, kühn gebaute Wasser-Bisse, dazu Menschen, die karges Land kultivieren, und Tiere, die hier leben – vom Steinbock oder Schneehuhn bis zum winzigen Gletscherfloh: Kein Zweifel, dass das Jungfrau-Aletsch-Bietschhorn-Gebiet ein grossartiges, würdiges Weltnaturerbe ist» (Däpp 2001b: 1). Ab den 1990er Jahren wurden die Alpen schliesslich zur «Sportarena» wobei das Erhabene der Alpen allenfalls betont wird, um die Intensität des Erlebnisses zu steigern (Stremlow 1998: 264ff.). Diese beiden Grundmuster – das ästhetische und das physische Erlebnispotenzial – dominieren die Visualisierungen des WNE JAB. Obwohl das Zielpublikum des WB und des

---

361 Jürg Schmid, Direktor Schweiz Tourismus, in WB, 21.9.2001, S. 21: *Möglichkeiten einer Top-Marke.*

Schlussbetrachtung

KUW-Prospekts nicht (primär) TouristInnen sind, unterscheiden sich die Repräsentationen nicht wesentlich von touristischen Werbeprospekten – ein Bild, das mit dem verbal kommunizierten erhofften touristischen Nutzen des WNE-Labels korreliert.

Der WB und der KUW-Prospekt zeigten die Region deutlich natürlicher und traditioneller als die Entlebucher Entsprechungen (vgl. Abb. 73). War dies nicht zu erwarten, impliziert der Begriff ‹Weltnaturerbe› doch gerade, dass es keine Kulturlandschaften innerhalb des besagten Gebietes gibt? Die Perimetergrenze des JAB trennt tatsächlich die relativ urtümlich gebliebenen Naturräume von den touristisch und anderweitig wirtschaftlich genutzten Hängen und Tälern ab. Der JAB-Perimeter wurde gar gegenüber dem zu Grunde liegenden BLN-Perimeter verkleinert, damit einige Alpen, Siedlungs- oder potenzielle Erschliessungsgebiete ausgeklammert werden konnten[362]. Dennoch beinhaltet das WNE auch einige Kulturlandschaften, die zwar auch gezeigt werden, aber immer von der touristisch interessanten Seite. Geboten werden Einblicke und Verweise, dass man diese selber erleben kann. Von der (massentouristischen) Ermöglichung dieser Einblicke, der Erschliessung des Weltnaturerbes, von der Gefährdung des kulturlandschaftlichen ‹Erbes› durch Agrarreformen etc. handeln die Bilder nicht. Über die Frage hinaus, ob der JAB-Perimeter neben natur- auch kulturlandschaftliche Bestandteile beinhaltet, ist der bedeutendere Aspekt zu betonen, dass spätestens seit der 2002 angenommenen ‹Budapest Deklaration› (UNESCO 2002) Welterbe und nachhaltige Entwicklung explizit zusammengehören. Mit der Unterzeichnung der ‹Charta vom Konkordiaplatz› (Trägerschaft UNESCO-Weltnaturerbe Jungfrau-Aletsch-Bietschhorn 2001) gingen die PräsidentInnen der JAB-Gemeinden noch einen Schritt weiter und verpflichteten sich bereits im März 2001 selbstbestimmt zur nachhaltigen Entwicklung ihrer Gemeinden. Wie ein Blick auf das Dokument zeigt (vgl. ‹X Anhang›) betreffen die Absichtserklärungen Anliegen, die die engen Grenzen des Perimeters sprengen: Angesprochen ist die Entwicklung der ganzen Region, vorweg die Bildung von Kooperationen, das Anstreben sozialer Gerechtigkeit, die Förderung erneuerbarer Energiequellen, die Mitwirkung der Bevölkerung an Entscheidungsfindungsprozessen usw. Der Managementplan für das JAB konkretisiert die Herausforderung, die Sicherung des auf den eigentlichen Perimeter beschränkten Weltnaturerbes mit der Förderung einer darüber hinaus gehenden nachhaltigen regionalen Entwicklung zu vereinen (Wiesmann et al. 2005: 8).

Interpretieren wir die gewählte Repräsentationsweise im Hinblick auf ihren Beitrag zum Verständnis des JAB-Vorhabens bzw. nachhaltiger Entwicklung, lässt sich der Widerstand, der die ständige Wiederholung der Ikone Grosser Aletschgletscher provozierte, verstehen: Ein Leserbriefschreiber wandte sich gegen die «schönen Panoramabilder und unterstreichenden Texte»[363] und kritisierte den Mangel an Information (vgl. Kap. ‹«Walliser Bote» (WB)›). Seine Reaktion erinnert an die Aussage von Pörksen: «Wer den Bau einer Autobahn durchsetzen oder verhindern will, im Zuge der neuen Biotechnik eine neue Ethik und Rechtsordnung fordert, einen Ölkrieg als kleinen, sauberen Eingriff vorführen will, greift zum Visiotyp» (Pörksen 1997: 27; vgl. Kap. ‹Soziale Bilder›). Die Ikone ‹Grosser Aletschgletscher› nahm die Funktion eines Visiotyps ein, umgeben von einem starken Assoziationshof von Gefühlen und Wertungen, welche von den Bildproduzierenden als affirmative Wertungen eingeschätzt wurden

---

362 Gemäss Arealstatistik bestehen rund 88 % des (erweiterten) JAB-Perimeters aus vegetationslosen Flächen und unproduktiver Vegetation (Wiesmann et al. 2005: 21).
363 Leserbrief von Helmut Bammatter, Naters, im WB, 3.11.1999.

Die Kraft der Bilder in der nachhaltigen Entwicklung

und dadurch positiv auf das Vorhaben einstimmen sollten. Mit der Ikone sollte positiv emotionalisiert und damit zur Unterstützung des Vorhabens motiviert werden. Doch Teile der direkt betroffenen Bevölkerung wollten wohl eher wissen, was das WNE im Guten wie im Schlechten bringt, ob es zu Einschränkungen führt, welchen Nutzen es hat etc., als dass sie den emotionalen Appellen folgten.

Abb. 73: Vergleich der Bilder der untersuchten Publikationen nach den Anteilen Naturraum vorrangig und nebensächlich. (Graphik: U. M.).

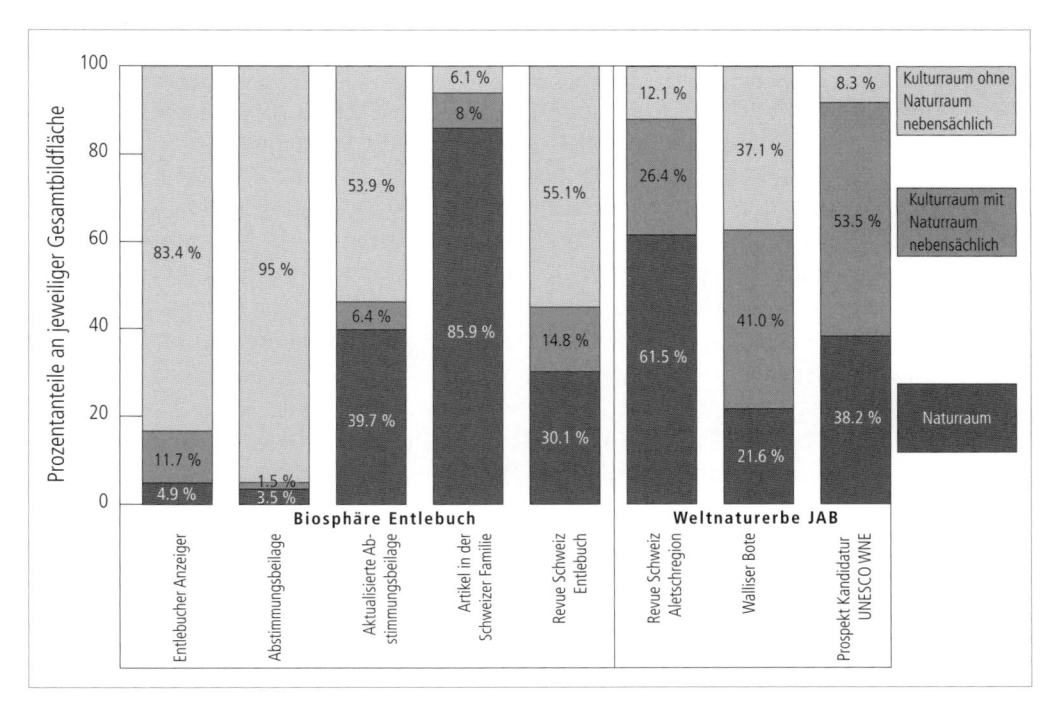

Wie die Bildanalysen und die Zusammenfassung des verbalen Diskurses zeigten, fand das Thema nachhaltige Entwicklung während des untersuchten Zeitraums keinen wesentlichen bzw. keinen differenzierten Eingang in die JAB-Diskussion. Wenn überhaupt wurde nachhaltige Entwicklung in Richtung Schutz interpretiert (vgl. Schwery 2003) – und von den entwicklungsorientierten Kreisen entsprechend abgelehnt. Die öffentliche Diskussion war bestimmt durch die Betonung der touristischen Chancen auf der einen und der Angst vor Einschränkungen bzw. Fremdbestimmung auf der anderen Seite. Schon die (Neu-) Lancierung der WNE-Thematik am 21. Februar 1998 im WB stand im Zeichen befürchteter Einschränkungen: Die Idee, Riederfurka und Belalp mit einer Aletschgletscherbahn zu verbinden, wurde damals von Bahnunternehmungen der Rieder- und der Belalp aufgenommen. Die seit den 1970er Jahren laufenden Bestrebungen, das Gebiet in die Welterbeliste aufzunehmen und damit «einem rigorosen Schutz» zu unterstellen[364], galt es zu unterbinden. Auf die Abstimmungen in Naters und Ried-Mörel hin kam zu den «fragwürdigen Bahn-Visionen»[365] noch die Frage: Warten auf allfällige Einnahmen durch Wasserkraftnutzung oder Verzicht darauf und dafür Abgeltungen erhalten? Die dominante Betonung des Nutzens, den das WNE-Label bringen soll, liessen die Erwartungen der Bevölkerung in die Höhe steigen[366].

---

364 WB, 21.2.1998, S. 11: *Kommt die Aletschgletscherbahn?*
365 WB, 7.10.1999, S. 12: *Soll Naters auf 13 Millionen Franken verzichten?*
366 Vgl. RZ Oberwallis, 3.5.2003, S. 1: *UNESCO Weltnaturerbe Jungfrau-Aletsch-Bietschhorn.*

Schlussbetrachtung

Eine Befragung der Bevölkerungen der JAB-Perimetergemeinden, die von Nicole Schwery im Rahmen ihrer Diplomarbeit Ende 2002 durchgeführt wurde (Schwery 2003), untermauert die aus den Bildanalysen getroffenen Vermutungen. Grundsätzlich ist ernüchternd, wie unverstanden der WNE-Gedanke in der betroffenen Bevölkerung ist. Rund 37 % der 210 Befragten Einheimischen in Welterbegemeinden (50 auf Berner und 160 auf Walliser Seite) war der Begriff ‹UNESCO-Weltnaturerbe› gänzlich unbekannt. Die anderen Befragten, denen der Begriff geläufig war, kannten ihn zum überaus grössten Teil aus den Berichterstattungen in den jeweiligen Regionalzeitungen. Auf die Frage, ob die Gemeinde, in welcher die Befragten wohnen, zum Weltnaturerbe gehöre – eine Frage, die von allen Personen hätte bejaht werden sollen – antworteten 34 % unschlüssig und 15 % mit Nein! 56 % der Befragten, die sich etwas unter dem Begriff vorstellen konnten, verbanden ihn mit dem Schutzgedanken bzw. dem Erhalt des Gebiets für die Nachkommen. Für 7 % bedeutet der Begriff einen Gewinn für den Tourismus (Schwery 2003: 49f.). Bei den erwarteten positiven Folgen durch die Labelvergabe gaben 40 % der Befragten an, sie erwarten einen touristischen Aufschwung, nur 8 % erwarten, dass die Landschaft so bleibt, wie sie ist, um sie an die Nachkommen weitergeben zu können, während 11 % einen besseren Schutz erwarten. Der grosse Rest der Befragten erteilte keine Antwort oder hatte keine Erwartungen (Schwery 2003: 51f.). Das WNE wird von der betroffenen Bevölkerung ähnlich wahrgenommen, wie dies von aussen der Fall ist, nämlich als idyllische Naturlandschaft, die zu erhalten und (vorwiegend rücksichtsvoll) zu nutzen ist. Die Einbettung des JAB in die weiteren sozioökonomischen Zusammenhänge der Regionalentwicklung, wie sie in der ‹Charta vom Konkordiaplatz› formuliert wurden, ist der breiteren Bevölkerung noch weitgehend unbekannt.

Noch Ende 2004 blieb eine mediale Diskussion um eine umfassende nachhaltige Entwicklung der Region aus. Die Kritik diverser Naturschutzorganisationen am JAB-Management[367] ist deshalb die wenig erstaunliche Folge: Man kann nicht Naturschätze und idyllische Kulturlandschaften zeigen, nachhaltige Entwicklung predigen, aber anscheinend einzig den (nicht nachhaltigen) Massentourismus fördern. Zwar ist die Kritik einseitig, insofern die intensiven (und schwierigen) Arbeiten des JAB-Managements an der partizipativen Entwicklung eines Managementplans nicht gewürdigt werden. Sie spiegelt aber das Bild wider, das sich in den untersuchten Medien zeigt, ein Bild, welches nicht auf die Bestrebungen Richtung nachhaltige Entwicklung hinweist. Dass Mitte Dezember 2004 die Diskussion um die Verbindung der Riederalp mit der Belalp neu lanciert wurde, unterstützte die Naturschutzorganisationen freilich nicht im Glauben an die nachhaltige Entwicklung des JAB[368].

---

367 Vgl. beispielsweis die Kritik der Pro Natura: «Weltnatur: erben und verscherbeln?» in Pro Natura Magazin 5/2004, S. 24f.
368 Vgl. NZZ, 16.12.2004, S. 15: *Bau von Bergbahn Riederalp-Belalp 2007?* Und: NZZ, 16.7.2005, S. 14: *Umstrittene Verbindungsbahn.*

2 Fazit zur Methode

Bildanalysen eröffnen einen Zugang zu den oft unreflektierten mentalen Bildern, d.h. den Wertstrukturen und Bedeutungssetzungen der Bildproduzierenden und -rezipierenden, die aus Sicht der Strukturationstheorie die eigentlichen Handlungsmotivationen darstellen (zur Übersicht vgl. Abb. 74). Auf Seiten der Bildproduktion folgt die Bildauswahl in der Regel entweder direkt den verinnerlichten Werten der Bildproduzierenden oder ist strategisch so motiviert, dass die Bilder die vermuteten Werte der Zielpubliken anzusprechen vermögen. Die Bildwirkung ihrerseits hängt vom Vermögen der Bilder ab, Werte anzusprechen, Emotionen zu regen und über die verbale Bildverankerung zu einem bestimmten Handeln zu motivieren. Auf beiden Seiten erlauben die Bildanalysen, die handlungsleitenden Gewohnheiten zu erfassen, ohne dass die Handelnden diese diskursiv auszudrücken brauchten. Bildanalysen stellen somit einen Zugang dar, der Interviews ergänzen kann.

Abb. 74: Zur Veranschaulichung der komplexen Einflussfaktoren auf die Bildwirkung sei die dreiseitige Struktur der Bildbedeutung, die im Kap. ‹III Bilder verstehen› eingeführt wurde, in Erinnerung gerufen (Graphik: U. M.).

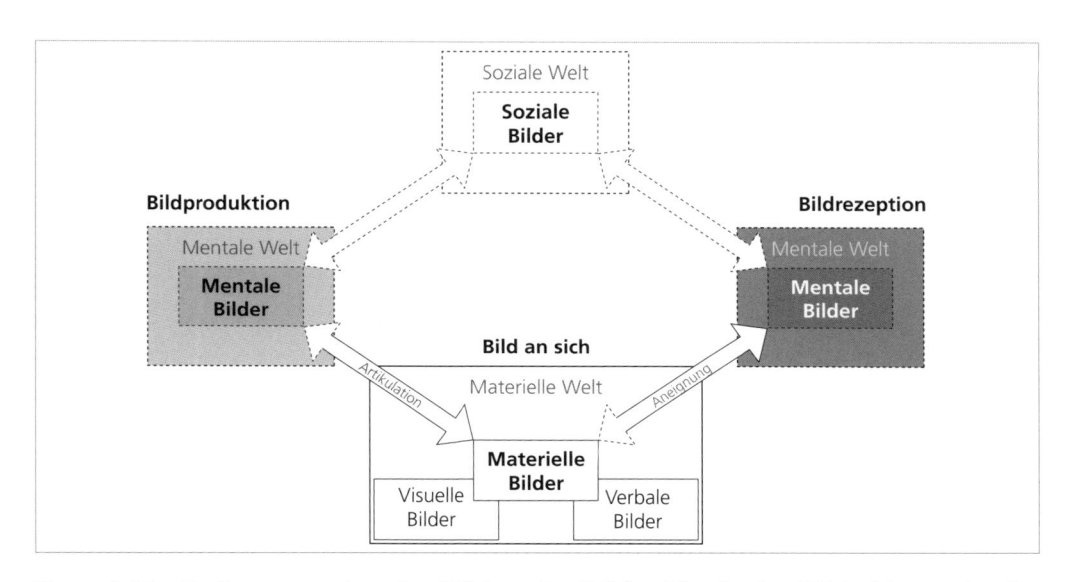

Zentral für die Interpretation des Bildes, der Bildwahl wie der Bildwirkung, ist der Kontext, der bestimmt, ob etwas überhaupt zu einem Bild wird und der die Bedeutungsvielfalt visueller Bilder einschränkt, den Blick der Betrachtenden auf das soziokulturell und individuell Bedeutsame lenkt. Bildanalysen, die losgelöst vom Kontext durchgeführt werden, vermögen folglich die handlungsbeeinflussende Rolle der Bilder nicht zu erfassen. Die umfassende Berücksichtigung des Kontexts stellt in globalisierten Räumen aber eine grenzenlose Herausforderung dar. Und auch wenn es gelingt, die kollektiven Einflussfaktoren zu ermitteln, tritt das Problem hinzu, dass die konkrete Bildwirkung mit wechselnden Stimmungen oder Einstellungen innerhalb der Individuen variiert. Je nach Haltung, Position oder Rolle der Betrachtenden können Bilder unterschiedliche Bedeutungen einnehmen. Das Bild einer idyllischen Kulturlandschaft kann für jemanden, der Ferien plant, sehr anziehend wirken, das gleiche Bild kann die gleiche Person aber auch abstossen, zum Beispiel wenn die Person aus der Position der Familienmutter um gute Ausbildungsplätze für ihre Kinder oder ein reiches Kulturangebot für sich selbst besorgt ist. Aussagekräftige Bildanalysen müssen deshalb eine in der Forschungsliteratur bislang ungenügend thematisierte Komplexität bewältigen.

Schlussbetrachtung

Kategorien der Raumaneignung

Die entwickelte Bildanalysemethodik ist ein Versuch, grosse Mengen an Bildern verarbeiten zu können, ohne dabei weder die kontextrelevanten Bedeutungen noch den engen Bezug zur entwickelten Fragestellung vernachlässigen zu müssen. Während eine ausschliesslich deduktive Herleitung von Analysekategorien droht, die semiotische Dichte visueller Bilder an den tatsächlich (d.h. kontextspezifisch) wirkenden Bildelementen vorbei zu reduzieren, verfehlt eine rein induktive Kategorienentwicklung dagegen den Bezug zur Fragestellung und dem theoretischen Hintergrund. Der gewählte abduktive Weg kann die Vorteile beider Zugangsweisen kombinieren, jedoch um den Preis, dass sich die Kategorienentwicklung sehr aufwändig gestaltet, musste doch im vorliegenden Falle das ganze Bildsample und der soziohistorische Kontext in die Kategorienbildung einbezogen werden.

Weil die Raumaneignungskategorien für zwei Fallbeispiele mit unterschiedlichen Kontexten entwickelt wurden, mussten sie über die jeweils konkreten Besonderheiten hinaus abstrahiert werden. Beispielsweise vermag die Kategorie *Naturraum* nicht zu differenzieren, ob es sich um Moorbilder (UBE) oder Gletscherbilder (JAB) handelt. Um diesen Unterschied in der Interpretation berücksichtigen zu können, muss folglich ein Schritt von der abstrakten Raumaneignungskategorie zu den konkreteren deskriptiven Kategorien zurück gemacht werden, was der hierarchisierten Struktur der Bildkategorisierung wegen problemlos möglich ist. Die Abstraktheit der Raumaneignungskategorien hat den Vorteil, dass sie im Grossen und Ganzen auch für die Analyse weiteren Bildmaterials unter gleicher, auf die Art der Raumaneignung bzw. Raumpräsentation bezogener Fragestellung anwendbar bleiben. Allfällige Lücken im Kategorienset können dabei mit der Kategorie ‹Sonstiges› überbrückt bzw. bei häufigem Auftreten explizit ins Kategorienset aufgenommen werden, während bestehende Kategorien, die an Bedeutung verlieren, auf tiefere Hierarchiestufen versetzt werden können (vgl. ‹Kategorien der Raumaneignung› in ‹V Methodik›). In diesem Sinne lassen sich die entwickelten Kategorien der Raumaneignung auf Raumpräsentationen aus allen Bereichen beispielsweise zu Monitoringzwecken anwenden. Untersuchungen, die die weitere Verwendbarkeit der Raumaneignungskategorien bestätigen, sind aber noch zu leisten.

Weitere Kategorien

Im Verlauf der Forschung hat sich gezeigt, dass die Komplexität des Themas Bild und der unausgereifte Stand der Forschung einen stärkeren interdisziplinären Austausch erfordert hätte als ursprünglich angenommen. Davon hauptsächlich betroffen sind die Versuche, formale Bildanalysekategorien zu entwickeln, namentlich die Erfassung des Grads der Ästhetik eines Bildes. Testkategorisierungen mit Studierenden haben gezeigt, dass es grundsätzlich möglich ist, auf abduktivem Weg Kategorien für formale Bildeigenschaften zu entwickeln, dass der Aufwand für deren verlässliche und nachvollziehbare Definition jedoch gross ist. Eine umfassende Integration verschiedener künstlerischer und psychologischer Sichtweisen im Rahmen einer interdisziplinären Kooperation von Beginn an hätte weiterhelfen können, die formalen Bildeigenschaften präzise zu erfassen und treffend zu definieren. Dies hätte jedoch den Rahmen dieses Projekts gesprengt.

Bildproduktions- und -rezeptionsforschung

Die direkte Erforschung rezipierter Bildbedeutungen konnte in dieser Arbeit nicht geleistet werden. Die im Projekt entwickelte und in der Ausstellung umgesetzte Idee, zu betrachten, wie sich Personen von Bildern leiten lassen, ist diesbezüglich eine Erfolg versprechende Methode, konnte jedoch mangels Ressourcen nicht systematisch angewandt und ausgewertet werden (vgl. Kap. ‹Rezipierte Bedeutung› in ‹V Methodik›).

Auf Seiten der Bildproduktion konnte der zentrale Aspekt der Macht nicht systematisch erforscht werden. Eine vertiefte Analyse der Kapitalien der Akteure, d.h. der Beziehungsnetze (Wer kennt wen? Weshalb werden diese Personen berücksichtigt und andere nicht?) sowie des kulturellen und ökonomischen Kapitals, sprengte den Rahmen dieser Arbeit. Zwar ergaben die Interviews laufend diesbezügliche Anhaltspunkte, die jedoch, um wissenschaftlich verwendet werden zu können, aufwändig hätten weiterverfolgt werden müssen, drängte sich doch bei vielen Aussagen die Vermutung auf, dass es sich dabei zu einem nicht zu unterschätzenden Grad um Unterstellungen handeln dürfte.

Ferner ist zu bedenken, dass die Analyse der Bilder zwar zeigt, wer ins öffentliche Licht gerückt wird, sie kann jedoch keinen Aufschluss darüber geben, wem die Aufmerksamkeit versagt bleibt. Zwar vermitteln die Diskursanalysen sämtlicher verbaler Texte Anhaltspunkte über umstrittene Standpunkte oder legen Widerstände teilweise offen; um die Perspektivenvielfalt umfassend aufdecken zu können, hätte jedoch die Bevölkerung – bzw. aus der Kenntnis des Kontextes hergeleitete soziokulturell repräsentative GruppenvertreterInnen – befragt und hätten ihre Stimmen bzw. Sichtweisen eingeholt werden müssen. Das derart direkt eingeholte Bild hätte sich anschliessend mit jenem der analysierten Medien vergleichen und allfällige Diskrepanzen erkennen lassen. Damit wäre aber im Prinzip jene Arbeit geleistet worden, die Aufgabe der MediatorInnen der partizipativen Prozesse ist. Denn weil Diskurse einer systematischen Verkennung alternativer Perspektiven unterliegen (vgl. Kap. ‹Systematische Verkennung› in ‹II Wirklichkeiten›), kann Partizipation nicht einfach passiv angeboten werden im Glauben, wer wolle, werde sich beteiligen, sondern es müssen aktiv verschiedene Sichtweisen eingeholt, unterschiedlich lange Spiesse gleich zugespitzt und Informationen den verschiedenen Milieus und Interessen angepasst werden, damit sich die normativ begründete Perspektivenvielfalt tatsächlich entfalten kann.

Was die Erfragung der Intentionen der Bildproduzierenden betrifft, zeigte sich früh, dass die Bildproduzierenden rückblickend zwar Absichten formulieren, weshalb sie diese oder jene Bilder auswählten, dass sie dabei aber lediglich versuchen, ihre Seh- und Arbeitsgewohnheiten diskursiv zu begründen. Die Aussage, der Autor bzw. die Autorin ist «tot» (vgl. Barthes 2000; Kap. ‹Rezipierte Bedeutung› in ‹V Methodik›), bewahrheitete sich folglich weitgehend. Wurden die Bildproduzierenden konfrontiert mit alternativen Visualisierungsstrategien, weitete sich ihr Vorstellungsvermögen. Die Gespräche gaben Aufschluss über den Grad der Selbstreflexion und trugen dazu bei, die Reflexion der routinemässig ablaufenden Gewohnheiten zu verstärken. Die fragende Konfrontation mit alternativen Visualisierungsstrategien nahm dabei teilweise die Funktion einer Beratung hinsichtlich einer reflektierteren Bildverwendung in der Zukunft an.

Schlussbetrachtung

3 Ausblick: Die ‹Kraft der Bilder› in der nachhaltigen Entwicklung

Wie kann nun auf der Grundlage des in dieser Arbeit skizzierten Bildverständnisses nachhaltige Entwicklung erfolgreich ins Bild gesetzt werden? Welche Lehren lassen sich aus den Visualisierungen in den beiden Fallbeispielen ziehen? Lassen sich die Erkenntnisse aus den untersuchten Vorhaben überhaupt in Richtung allgemeiner Praxisempfehlungen verallgemeinern? Wo liegt weiterer Forschungsbedarf? Wie in dieser Arbeit mehrfach betont wurde, hängt die ‹Kraft der Bilder› entschieden vom jeweiligen *Kontext* ab, was folglich einerseits intensive Erforschungen der Kontextbedingungen verlangt, andererseits Generalisierungsversuche stark limitiert. In beiden Fallbeispielen beeinflusste die Vorgeschichte wesentlich die Art und Weise, wie die Vorhaben verbal und visuell kommuniziert wurden: *Sowohl die UBE wie auch das JAB wären nicht zu Stande gekommen, wären ihnen nicht quasi fremdbestimmte Entscheidungen vorausgegangen.* Die UBE ist ohne Rothenthurm-Initiative, das JAB ohne das Bundesinventar der Landschaften und Naturdenkmäler von nationaler Bedeutung (BLN) schlicht nicht vorstellbar. Bei diesen beiden nationalen Vorhaben spielte eine andere ‹Kraft der Bilder› als im regionalen Kontext. In Massenmedien, bei der Darstellung von Themen, bei denen die einzelnen Individuen äusserst beschränkte Möglichkeiten haben, sich vom Sachverhalt selbst ein Bild zu machen bzw. weitere Stimmen dazu einzuholen, können Bilder ihre Macht vollumfänglich entfalten. In lokalen und regionalen Kontexten ist die Macht der Medien eingeschränkt durch direkte, unvermittelte Kommunikation der Individuen.

Ohne die fremdbestimmten Regionalisierungen durch Rothenthurm-Initiative und BLN, welche die Nutzungseinschränkungen und somit die heiklen Punkte der Folgevorhaben vorwegnahmen, wäre es (jedenfalls auf basisdemokratischem Wege) nie erfolgreich zum Entstehen von UBE und JAB gekommen. Die ‹Kraft der Bilder› ist vor diesem Hintergrund zu interpretieren, vor allem aber auch zu relativieren: Hätte nämlich nachhaltige Entwicklung als Nutzungseinschränkung kommuniziert werden müssen, ist fraglich, welche Strategien gewählt worden wären und ob diese hätten erfolgreich sein können, denn es ist wohl die grösste Herausforderung nachhaltiger Entwicklung, Verzicht auf Gewohntes erfolgreich zu kommunizieren, auch wenn aus dem Verzicht ein Gewinn an Lebensqualität resultiert (vgl. ‹Visuelle Kommunikation nachhaltiger Entwicklung› in ‹IV Nachhaltige Entwicklung›). Trotz dieser weitreichenden Limitierung von Generalisierungen bleiben einige der Schlussfolgerungen aus den beiden Vorhaben dennoch interessant hinsichtlich weiterer Versuche, Handelnde in Richtung nachhaltiger Entwicklung zu bewegen.

Wert- und Interessensbezogenheit der Bildwirkung

Aufgrund der Wert- und Interessensbezogenheit der Bildwirkung verlangt die visuelle Kommunikation nachhaltiger Entwicklung ein kontextsensitives Vorgehen, das Bezug auf die verinnerlichten Werte der Handelnden nimmt. Gewisse Werte können soziale und kulturelle Unterschiede überspringen, andere bleiben auf einzelne (Klein-) Gruppen eingeschränkt. Das je Wertvolle kann schliesslich eine bloss individuelle Gültigkeit haben, die sich durch biographische Einzigartigkeiten erklärt, beispielsweise die Wirkung von Personenporträts von Familienmitgliedern. Eine wirkungsvolle Verwendung von Bildern hat folglich adressaten- und kontextgerecht zu erfolgen, was die Möglichkeit einschränkt, generelle Empfehlungen zum Gebrauch bestimmter, besonders mächtiger Bilder zu äussern. Jede erfolgreiche visuelle Kommunikation verlangt, dass die Werte des Zielpublikums bekannt sind.

Als ein solcher Wert mit überregionaler Reichweite, der in beiden Fallbeispielen zum Tragen kam, hat sich jener der Freiheit bzw. der Angst vor Fremdbestimmung herauskristallisiert (siehe unten). Die Bedeutung von Identifikationsfiguren war ebenfalls überregional, die konkreten Personen aber den regionalen Bekanntheiten entsprechend unterschiedlich. Der Wert der ‹Natur› spielte vor allem in der Aussensicht eine wichtige Rolle, dies insbesondere auch in der Vorgeschichte der beiden Vorhaben im Rahmen der grundlegenden eidgenössischen Abstimmungen. ‹Erholung› und ‹Erlebnis› sprechen ebenfalls die (touristisch eingestellte) Aussensicht an. Die Innesicht, insbesondere jene des Entlebuchs, hat vor allem gezeigt, dass die Wertevielfalt, wie sie zwangsläufig aus den multiplen alltäglichen Interessen entspringt, am ehesten mit einer Bildervielfalt gewürdigt werden kann. Besuchende der Ausstellung ‹Macht und Kraft der Bilder. Wie für Nachhaltigkeit argumentiert wird›, die Einheimische der beiden Fallbeispielregionen sind, haben deutlich gemacht, dass die Innensicht ‹der Natur› weder grundsätzlich ablehnend noch indifferent gegenüber steht, sondern diese durchaus schätzt, dass aber diese Wertschätzung nie einseitig und auf Kosten anderer lebenswichtiger Raumaneignungsweisen geschieht.

Das Beispiel UBE macht auch deutlich, dass Werte wandel- bzw. beeinflussbar sind. In der Entlebucher Bevölkerung wächst ein Bewusstsein für die Schönheiten ihrer Natur- und Kulturlandschaften, das Veränderungen im Umgang mit dem Raum zur Folge haben wird. Inwieweit weitere nicht-nachhaltige Gewohnheiten und Mythen (vgl. Kap. ‹Wertewandel› in ‹IV Nachhaltige Entwicklung›) durch neue Handlungs- und Wahrnehmungsweisen ersetzt werden können, wird sich zeigen müssen.

Mitbestimmung statt Fremdbestimmung

Wie bereits erwähnt, hat sich in beiden Fallbeispielen die Bewahrung der Freiheit bzw. die Angst vor Fremdbestimmung als ein mächtiger und ambivalenter Wert erwiesen. Die Apotheose der negativen Freiheit verträgt sich nicht mit der partizipativen Idee der nachhaltigen Entwicklung, dem Gedanken gemeinsam zu gestaltender und zu erreichender Freiheiten. Der Wert der negativen Freiheit im schweizerischen Verständnis von Besitzstandwahrung drängt sich im Gegenteil geradezu auf, *gegen* nachhaltige Entwicklung ins Feld geführt zu werden. Um dieser Vereinnahmung zu begegnen, muss gezeigt werden können, dass nachhaltige Entwicklung selbst Sinnbild für Selbstbestimmung, für kollektive Such-, Lern- und Gestaltungsprozesse ist. Einblicke in partizipative Verfahren, in kooperative Zusammenschlüsse oder in Erfolge der gemeinsamen Anstrengungen sind Möglichkeiten, die positive Freiheit nachhaltiger Entwicklung ins rechte Licht zu rücken. Die ‹Kraft der Bilder› ist aber diesbezüglich zu relativieren: Eine nachhaltige Wirkung, die das Vertrauen der Bevölkerung in den Prozess stärkt und ihre Bereitschaft, daran teilzunehmen, erhöht, kann nur erzielt werden, wenn nachhaltige Entwicklung auch wirklich partizipativ und nicht elitär verstanden wird (vgl. Kap. ‹Fremdbestimmung› in ‹IV Nachhaltige Entwicklung›). Damit Einblicke in die Selbstbestimmungsmöglichkeiten gezeigt werden können, müssen diese auch angeboten werden. Der ‹Kraft der Bilder›, nachhaltige Entwicklung als selbstbe-

Schlussbetrachtung

stimmten, die (positive) Freiheit stärkenden Prozess darzustellen, geht somit das Engagement der PromotorInnen nachhaltiger Entwicklung voraus, den Prozess auch entsprechend zu gestalten. Die UBE war diesbezüglich von Beginn an äusserst aktiv, indem eine Vielzahl an Informationsveranstaltungen, Zukunftswerkstätten etc. durchgeführt wurden. Im JAB fand ein vergleichbarer Prozess im Rahmen der partizipativen Erarbeitung des Managementplans erst nach der Anerkennung des WNE statt.

Reflexion der Bildproduktion und -rezeption

Das Verwenden visueller Bilder macht die Kommunikation zweifelsfrei attraktiver. Gerade bislang ‹trocken› daherkommende Informationsschriften von Behörden können durch die Einbindung von Bildern Aufmerksamkeit gewinnen. Dabei stellt sich natürlich die Frage, *welche* Bilder gewählt werden, was oder wer gezeigt wird. Denn visuelle Bilder zeigen immer etwas auf eine konkrete Weise: Sie rücken etwas in ein *bestimmtes* Licht, zeigen, wie etwas aussieht, wie man es sich vorstellen soll. Häufig ist die Bildauswahl von unreflektierten Sehgewohnheiten geleitet und trägt damit zur Reproduktion von Strukturen oder gar Klischees bei. Um dem zu begegnen, ist eine Reflexion der Bildverwendungen angebracht, d.h Routinen, Gewohnheiten sollten hinterfragt werden. Der jeweilige Bildeinsatz muss an Kriterien orientiert sein, die die Bildverwendung den möglichen Sichtweisen gerecht werden lässt. Das in dieser Arbeit entwickelte System, Bilder zu ordnen, kann bezogen auf Raumpräsentationen als Grundlage für die Erarbeitung inhaltlicher Bildwahlkonzepte dienen.

Gerade in Bezug auf aktuelle Diskussionen um neue Naturparks ist die Fremd- bzw. Aussenwahrnehmungen zu reflektieren. Aussensichten (in Form von Naturräumen oder arkadischen Kulturlandschaftsidyllen) übergehen die Probleme und Bedürfnisse, aber auch die Leistungen der Bevölkerungen ländlicher Regionen, deren Produkt die – schützenswerten – Landschaften ja in der Regel sind. Abwehrreaktionen gegen Schutzbemühungen erstaunen deshalb nicht.

Vielfalt der Nachhaltigkeitsthemen

Die Sicherung der Perspektivenvielfalt in der Art und Weise, wie nachhaltige Entwicklung visualisiert wird, ist einerseits ein normatives Muss. Nachhaltige Entwicklung ist ein ganzheitliches Projekt, das auf keine der involvierten Dimensionen vereinseitigt werden darf. Insbesondere auch hinsichtlich der neuen Rolle der Alpen als Modellregionen für eine nachhaltige Entwicklung gilt es, ein umfassendes Bild der Regionen wiederzugeben, in welchem die Alpen als Lebens-, Wirtschafts-, Erholungs- und Naturraum angesprochen» sind (Stremlow 1998: 280). Die idyllische Aussensicht auf die Alpen sei gemäss Bätzing ein «Zerrbild» (Bätzing 1997: 22). Nach seiner Hochrechnung lebten 1990 50–66 % der in den Alpen wohnhaften Bevölkerung in städtischen Agglomerationen (wovon Grenoble mit 450 000 Einwohnern die grösste ist).

Neben diesem normativen Aspekt ist die Perspektivenvielfalt auch von instrumentellem Interesse: Sie stellt eine einladende Strategie dar, unterschiedliche Bevölkerungsgruppen und Individuen mit ihren jeweiligen Werten und Interessen ansprechen zu können. Aus dem Fallbeispiel UBE lässt sich folgern, dass eine möglichst breite und alltagsnahe Visualisierung Erfolg verspricht, die nachhaltige Entwicklung ‹bottom up› mit den Betroffenen wachsen zu lassen. Mit breit ist hier gemeint, dass der Multidimensionalität nachhaltiger Entwicklung Rechnung getragen wird, während eine alltagsnahe Visualisierung die Wertsetzungen der Bevölkerung berücksichtigt. Indem die Bevölkerung ihre Werte angesprochen sieht, soll sie den Nutzen nachhaltiger Entwicklung erkennen können und damit sehen, dass nachhaltige Entwicklung etwas für sie Wertvolles ist. Letztlich werden sich die Handelnden dort engagieren, wo sie einen – nicht zwingend nur ökonomischen! – Nutzen sehen.

Stark emotionalisierende Appelle verstärken unter Umständen bestehende Wertunterschiede und polarisieren dadurch die soziokulturell unterschiedlichen Teilgruppen der Gesellschaft weiter, was für partizipative Prozesse und Kooperationen hinderlich ist. Gelingt es jedoch, die Vielfalt der nachhaltigen Entwicklung zu illustrieren, könnten die unterschiedlichsten Akteurgruppen für den Diskurs gewonnen werden. Die Chance des Hybrids nachhaltige Entwicklung liegt gerade darin, konfligierende Interessen zusammenzuführen (Wöhler 2001: 40).

Stimmungen und Betroffenheit

Auch eine vielfältige Visualisierung, die der Breite der nachhaltigkeitsrelevanten Themen gerecht wird, kann Stimmungen, Atmosphären schaffen, die die Bereitschaft der Bevölkerung fördern, sich auf den Prozess einzulassen. Die inhaltliche Perspektivenvielfalt kann durchaus eine «Hinwendung des Nachhaltigkeitsthemas zum Ästhetischen» (Lucas & Matys 2003: 17) vollziehen, indem Bilder verwendet werden, die formal gefallen. Das neu geschaffene Image des Entlebuchs, der wachsende Stolz auf die Schönheiten der Region, die lustvollen Feste und die weiteren sozialen Treffen können in diesem Sinne die Funktion haben, eine ‹positive Stimmung› zu erzeugen, welche es attraktiv macht, an der Nachhaltigkeitsidee zu partizipieren, und so dem Diskurs dienlich ist. Jedoch dürfte die ausschliessliche Darstellung nachhaltiger Entwicklung als Erlebnis schnell an Glaubwürdigkeit einbüssen, schliesslich handelt es sich beim Prozess (auch) um eine voraussetzungsreiche Arbeit, deren Nutzen sich mitunter erst langfristig abzeichnet.

Bilder, die Bedrohungen wichtiger Werte (im weitesten Sinne) darstellen, machen betroffen und erhöhen damit die Bereitschaft, im verbal empfohlenen Sinne zu handeln. Die den Fotografien inhärente ‹Macht des Analogen› (vgl. Kap. ‹III Bilder verstehen›) lässt die Betrachtenden zu Augenzeugen werden, das Abgebildete als Tatsache erscheinen. In den untersuchten Medien beider Fallbeispiele stiessen wir auf keine solchen Bilder, die als Beweise für Missstände eingesetzt wurden. Das Schweizer Nachrichtenmagazin «FACTS» hingegen publizierte am 19. Februar 2004 Fotografien, die das rechtswidrige Verhalten einer Entlebucher Bauernfamilie festhielten. Die Empörung, die die Bilder auslösten, hatte Folgen: «Auf Grund der Berichterstattung wuchs der Druck auf die Behörden. Sie verlangen von den Felders nachträglich Gesuche für alle ihre illegalen Bauten und Tätigkeiten.»[369] An diesem – wie an vielen anderen Artikeln über das Entlebuch – ist bemerkenswert, dass die UBE nicht mehr ‹Terra incognita› ist, sondern neuerdings die Medien zu interessieren beginnt. Was immer zuvor im Dunkeln der medialen Vernachlässigung geschah, steht nun, seit die UBE als Modellregion für eine nachhaltige Entwicklung ausgezeichnet wurde, potenziell im Rampenlicht der Öffentlichkeit. Die UBE hat an (der gesuchten) Bekanntheit zugelegt, womit sie ins Bewusstsein der überregionalen Bevölkerung tritt. Umgekehrt weitet sich der Kreis der Personen, die auf das Selbstverständnis der EntlebucherInnen Ein-

---

369 FACTS, 14.10.2004, S. 11: *Fertig lustig für eigenwilligen Familien-Clan.*

Schlussbetrachtung

fluss nehmen, indem sie die Modellregion von aussen beobachten und kritisieren, bewerten, loben etc. Kritik von aussen dürfte weniger problematisch sein, als wenn sich Einheimische (sei es nur schon die regionale Zeitung) gegen Einheimische exponieren müssen. Denn Bilder, die auf ‹Unschönheiten› hinweisen und diese thematisieren (z.B. überdüngte Felder vs. Magerwiesen; Zersiedlung vs. angepasste Bauweise), gehen die Gefahr ein, latente Konflikte zu verschärfen. Das Zeigen von ‹Missständen› ist heikel, weil Fotografien konkret sind, also konkret jemandem Verfehlungen vorwerfen. Die regionsinterne Thematisierung ästhetischer Meinungsverschiedenheiten wird deshalb mit Vorteil im Rahmen geführter Diskursveranstaltungen durchgeführt, in denen versucht wird, emotionale (Geschmacks-) Fragen mit einer konstruktiven Lösungssuche zu verbinden.

Abb. 75: Empörung auslösender Fingerzeig auf unhaltbare Zustände in der UBE in FACTS, 19.2.2004, S. 24 und FACTS, 14.10.2004, S. 11.

Vorbilder

Das Handeln von Personen ist grundsätzlich ein bedeutender Aspekt für die Beeinflussung des Handelns anderer Personen (Flury-Keubler & Gutscher 2001: 119). Das Zeigen von Personen, die sich mit nachhaltiger Entwicklung identifizieren, kann auf mehreren Ebenen positiv wirken: Indem Leitfiguren, die in verschiedenen Bevölkerungsgruppen hohes Ansehen und Vertrauen geniessen, für das Vorhaben eintreten, ist die Wahrscheinlichkeit gross, dass ihre AnhängerInnen ihnen folgen werden, ohne dass sie das Vorhaben inhaltlich zu verstehen brauchen. So Erfolg versprechend diese Strategie auch ist, so ambivalent ist sie bezüglich nachhaltiger Entwicklung zu beurteilen: Blinde Gefolgschaft, wie sie so vielmals Idolen entgegengebracht wird, ist kein Wert, der sich mit mündiger Partizipation verträgt. Die Kraft von Vorbildern liegt doch häufig im naiven und unkritischen Glauben an ihr symbolisches Kapital (Bourdieu 1995a: 22). Wie oft orientiert sich die ‹Vernunft› an Personen, wo doch im Sinne der kommunikativen Vernunft alleine die besseren Argumente zählen sollten (Zierhofer 1994: 191)?

Weniger Risiken beinhaltet die Verwendung von Bildern, die ansatzweise zeigen, was nachhaltiges Handeln bedeuten kann (‹Good practice›-Beispiele). In einer selbstbestimmten nachhaltigen Entwicklung kommt Vorbildern, die davon zeugen, dass sich nachhaltige Produkte erfolgreich produzieren und vermarkten lassen, eine zentrale Rolle zu. Es gibt im Prinzip keinen anderen Weg, als durch Beispiele gelungener Praxis weitere Personen zum Umsteigen zu bewegen. Hier kommen aber medienstrukturelle Hindernisse ins Spiel: Sowohl die differenzierte Berichterstattung als auch das Zeigen von (unspektakulären) Vorbildern sind nur möglich, wenn die Medien diesen auch Platz einräumen. Die Rolle, die in der UBE der Entlebucher Anzeiger gespielt hat, kann in der Schweiz wenn überhaupt nur noch von wenigen anderen Medien erwartet werden.

Sowohl das Zeigen von ‹Good practice›-Beispielen wie auch jenes der ‹Opinion Leader› ist nur möglich, wenn diese überhaupt vorhanden sind. Die ‹Kraft der Bilder› an sich hängt auch hier vom Einsatz der PromotorInnen ab, Personen als Vorbilder zu gewinnen. Ist man sich des grossen Aufwands bewusst, der die Überzeugung von Personen verlangt, rückt die Visualisierungsstrategie gegenüber der persönlichen Face-to-Face-Kommunikation in den Hintergrund. Zu fragen wäre folglich, weshalb Vorbilder vorbildhaft handeln? Wieso lassen sie sich auf Neues ein, anstatt Gewohntes zu reproduzieren? usw.

Diskurs und Viskurs

In der nachhaltigen Entwicklung können Bilder zwar einen Diskurs unterstützen, aber sie ersetzen ihn nicht. Und genauso wie sie ihn fördern können, können Bilder bzw. ihre emotionale Wirkung den Diskurs auch hemmen oder blockieren. Folglich ist zu konstatieren, dass Bilder für den Diskurs über nachhaltige Entwicklung erst wirklich fruchtbar werden, wenn ihr Gebrauch wie auch ihre Wirkung *offen* (das heisst wiederum diskursiv) reflektiert und kritisiert werden kann. Entsprechend gehören Diskurs und Viskurs in der nachhaltigen Entwicklung zusammen.

Das Beispiel EB hat gezeigt, dass Probleme/Konflikte/Gegenbilder auch in einer konstruktiven Art gezeigt werden können. Der EA erhielt übrigens Mitte 2003 den Journalistenpreis der ‹Schweizerischen Arbeitsgemeinschaft für die Berggebiete› (SAB) wegen seiner «objektiven und sehr seriös redigierten Artikelserie»[370]. Es liegt deshalb die realitätsfremde Forderung nahe, dass nicht nur die Kulturlandschaft im engeren Sinne, sondern auch die Schweizer Medienlandschaft gepflegt werden sollte. Denn kritische, aber faire Regionalzeitungen als Foren für unterschiedliche Perspektiven sind ein zentrales Medium partizipativer nachhaltiger Entwicklung. Sie ermöglichen eine adressatengerechte, alltagsnahe Kommunikation nachhaltiger Entwicklung. Vor allem aber erlauben sie eine gewisse Kontrolle der manipulativen Kraft von Bildern: Die unterschiedlichsten Interessengruppen an der medialen Bildproduktion partizipieren zu lassen wäre ein interessanter Versuch, um zur Diskussion stehende Themen umfassend beleuchten zu können. Einseitige Verklärungen würden durch eine solche Demokratisierung von Diskurs und Viskurs jedenfalls erheblich erschwert. Und für die Wissenschaft böte dies die Gelegenheit, die Sichtweisen und damit Wertvorstellungen breiterer Bevölkerungskreise untersuchen zu können.

---

370 EA, 2.9.2003: *GV der Schweizerischen Arbeitsgemeinschaft für die Berggebiete – Journalistenpreis für Entlebucher Anzeiger.*

IX Literatur

Afs (Amt für Statistik Kanton Luzern) (Hrsg.) (2004): *Statistisches Jahrbuch des Kantons Luzern 2004*. Luzern: Amt für Statistik.

Aicher, Otl (1991): Die gegenstandslose Welt. In: *du – die Zeitschrift der Kultur*, Nr. 11. S. 16–19 und 95.

Aitchison, Cara; MacLeod, Nicola E. & Shaw, Stephen J. (2000): *Leisure and Tourism Landscapes –* Social and cultural geographies. London: Routledge.

Albrecht, Laudo (1997): *Aletsch – Eine Landschaft erzählt –* Die Reichtümer der Natur im Wallis. Martigny <etc.>: Pillet, Rottenverlag & Umweltdepartement des Kantons Wallis.

Albrecht, Laudo (2001): Entscheid im Dezember? In: *Oberwalliser Umwelt Zitig*, Nr. 54/Mai 2001. S. 3.

Altvater, Elmar (2002): Mehr systemische Intelligenz, bitte! In: *politische ökologie*, Vol. 20, Nr. 76. S. 24–25.

Arendt, Hannah (1998/Orig. 1958): *Vita activa – oder vom tätigen Leben*. München: Piper.

Augé, Marc & Bischoff, Michael (1994): *Orte und Nicht-Orte*. Vorüberlegungen zu einer Ethnologie der Einsamkeit. Frankfurt a. M.: S. Fischer.

Augé, Marc (2000): Orte und Nicht-Orte der Stadt. In: Bott, Helmut; Hubig, Christoph et al. (Hrsg.): *Stadt und Kommunikation im digitalen Zeitalter*. Frankfurt/New York: Campus. S. 177–187.

Augoustinos, Martha (1995): Ideologie und soziale Repräsentation. In: Flick, Uwe (Hrsg.): *Psychologie des Sozialen –* Repräsentationen in Wissen und Sprache. Reinbeck bei Hamburg: Rowohlt. S. 200–217.

Bachmann, Stefan (1999): *Zwischen Patriotismus und Wissenschaft –* Die schweizerischen Naturschutzpioniere (1900–1938). Zürich: Chronos.

Backhaus, Norman (1999): *Zugänge zur Globalisierung –* Konzepte, Prozesse, Visionen. Schriftenreihe Anthropogeographie Vol. 17. Zürich: Geographisches Institut der Universität Zürich.

Backhaus, Norman (2001): Ökotourismus in malaysischen Nationalparks – Methodentriangulation in der sozialgeographischen Asienforschung. In: *Asiatische Studien*, Vol 55, Nr. 4. S. 943–952.

Backhaus, Norman (2003): Non-Place Jungle: The Construction of Authenticity in National Parks of Malaysia. In: *Indonesia and the Malay World*, Vol 31, Nr. 89. S. 151–160.

Backhaus, Norman; Buschle, Matthias; Gorgus, Nina et al. (2006): *Kraft der Bilder. Vorstellungen über Nachhaltigkeit – ein Entscheidungsspiel*. Schriftenreihe Humangeographie, Vol. 21. Zürich: Abteilung Humangeographie, Geographisches Institut der Universität Zürich.

Banks, Marcus (2001): *Visual Methods in Social Research*. London: SAGE Publications.

Barber, Benjamin (1994): *Starke Demokratie*. Über die Teilhabe am Politischen. Hamburg: Rotbuch.

Baringhorst, Sigrid (1995): Die Macht der Zeichen – zur Aufwertung des Symbolischen in der Politik des Medienzeitalters. Eine Einführung. In: Baringhorst, Sigrid; Müller, Bianca et al. (Hrsg.): *Macht der Zeichen – Zeichen der Macht*. Neue Strategien politischer Kommunikation. Frankfurt a. M., Bern <etc.>: Lang. S. 9–21.

Barlow, Horace B. (1990): What does the brain see? How does it understand? In: Barlow, Horace B.; Blakemore, Colin et al. (Hrsg.): *Images and Understanding*. Cambridge: University Press. S. 5–25.

Literatur

Barnes, Trevor J. & Duncan, James S. (1992): *Writing worlds – Discourse, text and metaphor in the representation of landscape*. London & New York: Routledge.

Bärtschi, Regula (2003): *Das UNESCO-Weltnaturerbe Jungfrau-Aletsch-Bietschhorn aus der Sicht der beteiligten Gemeinden*. Bern: Diplomarbeit der Philosophisch-naturwissenschaftlichen Fakultät der Universität Bern.

Barthes, Roland (1993a/Orig. 1961): Le message photographique. In: Marty, Eric (Hrsg.): *Roland Barthes – Oeuvre complètes*. Tome 1: 1942 – 1965. Paris: Editions du Seuil. S. 938–948.

Barthes, Roland (1993b/Orig. 1964): Rhétorique de l'image. In: Marty, Eric (Hrsg.): *Roland Barthes – Oeuvre complètes*. Tome 1: 1942 – 1965. Paris: Editions du Seuil. S. 1417–1429.

Barthes, Roland (1994): *Mythen des Alltags*. Frankfurt a. M.: Suhrkamp.

Barthes, Roland (2000/Orig. 1968): Der Tod des Autors. In: Jannidis, Fotis ; Lauer, Gerhard et al. (Hrsg.): *Texte zur Theorie der Autorschaft*. Stuttgart: Reclam. S. 193.

Bätzing, Werner (1997): Alpenstadt und nachhaltige Entwicklung – Widerspruch oder gegenseitige Aufwertung? In: CIPRA, Internationale Alpenschutzkommission (Hrsg.): *Alpen – Gemeinde – Nachhaltigkeit*. Schaan: CIPRA. S. 21–27.

Bätzing, Werner (2000): Postmoderne Ästhetisierung von Natur versus ‹schöne Landschaft› als Ganzheitserfahrung – von der Kompensation der ‹Einheit der Natur› zur Inszenierung von Natur als ‹Erlebnis›. In: *Hegel-Jahrbuch 2000*, 2. Teil. Berlin: Akademie-Verlag. S. 196–201.

Baumgartner, Hansjakob (1998): Entlebucher werden Reservatsbewohner. In: *Tages-Anzeiger*, 29.7.1998. S. 36.

Beck, Roland (2001): Das Entlebuch wird Modell-Landschaft. In: *Basler Magazin* (Beilage der Basler Zeitung), 22.9.2001, S. 8–9.

Beck, Ulrich (1986): *Risikogesellschaft*. Auf dem Weg in eine andere Moderne. Frankfurt a. M.: Suhrkamp.

Becker, Jörg (2000): Bereichsrezensionen: Bilderwelten – Weltenbilder. In: *geographische revue* 1/2000. S.61–71.

Beilin, Harry (1999): Understanding the Photographic Image. In: *Journal of Applied Developmental Psychology* 20(1). S. 1–30.

Békési, Sàndor & Winiwater, Verena (1997): *Projektbereich Ansichtskarten*. Forschungsschwerpunkt Kulturlandschaft: Kulturlandschaft im Kopf. Wien: iff.

Bell, Philip (2001): Content Analysis of Visual Images. In: van Leeuwen, Theo & Jewitt, Carey (Hrsg.): *Handbook of Visual Analysis*. London <etc.>: SAGE Publications. S. 10–34.

Berger, John (1998): *Sehen – Das Bild der Welt in der Bilderwelt*. Reinbek bei Hamburg: Rowohlt.

Berwert, Adrian; Rütter, Heinz & Müller, Hansruedi (2002): Volkswirtschaftliche Bedeutung des Tourismus im Kanton Wallis. In: *DISP* 149, Nr. 2/2002. S. 4–12.

BfS (2002): *Abstimmungsstatistik*. Neuchâtel: BfS (Bundesamt für Statistik).

BfS; Buwal & ARE (2003): *Nachhaltige Entwicklung in der Schweiz – Indikatoren und Kommentare*. Neuchâtel: BfS (Bundesamt für Statistik).

Bhattacharyya, Deborah P. (1997): Mediating India – An Analysis of a Guidebook. In: *Annals of Tourism Research*, Vol. 24, Nr. 2. S. 371–389.

Bignell, Jonathan (2002): *Media Semiotics – an Introduction*. Manchester and New York: Manchester University Press.

Bissinger, Manfred und Hosfeld, Rolf (1991): Ist die Schweiz am Ende? Ein kontroverses Gespräch mit Adolf Muschg, Michael Ringier und Jean Ziegler. In: *Merian – das Monatsheft der Städte und Landschaften: Schweiz*, Vol. 44, Nr. 4. S. 52–56.

Bittencourt, Irmela; Borner, Joachim & Heiser, Albert (2003): *Nachhaltigkeit in 50 Sekunden – Kommunikation für die Zukunft*. München: Ökom-Verlag.

Boehm, Gottfried (1994a): Die Wiederkehr der Bilder. In: Boehm, Gottfried (Hrsg.): *Was ist ein Bild?* München <etc.>: Fink. S. 11–38

Boehm, Gottfried (1994b): Die Bilderfrage. In: Boehm, Gottfried (Hrsg.): *Was ist ein Bild?* München <etc.>: Fink. S. 325–343.

Boehm, Gottfried (2004): Jenseits der Sprache? Anmerkungen zur Logik der Bilder. In: Maar, Christa & Burda, Hubert (Hrsg.): *Iconic Turn – Die neue Macht der Bilder*. Köln: DuMont. S. 28–43.

Boff, Leonardo (1998): *Der Adler und das Huhn*. Wie der Mensch Mensch wird. Düsseldorf: Patmos.

Böhme, Gernot (1999): *Theorie des Bildes*. München: Fink.

Böhme, Gernot (2001): *Aisthetik* – Vorlesungen über Ästhetik als allgemeine Wahrnehmungslehre. München: Fink.

Bollhalder, Edith (2000): *Das Potential des nachhaltigen Tourismus im zukünftigen Biosphärenreservat Entlebuch*. Freiburg: Diplomarbeit am Geographischen Institut der Universität Freiburg i.Ü.

Bolz, Norbert (1996): Das grosse stille Bild im Medienverbund. In: Bolz, Norbert & Rüffer, Ulrich (Hrsg.): *Das grosse stille Bild*. München: Fink. S. 16–41.

Bolz, Norbert & Rüffer, Ulrich (Hrsg.) (1996): *Das grosse stille Bild*. München: Fink.

Bonfadelli, Heinz (1999a): *Medienwirkungsforschung I* – Grundlagen und theoretische Perspektiven. Konstanz: UVK Medien.

Bonfadelli, Heinz (1999b): *Medienwirkungsforschung II* – Anwendungen in Politik, Wirtschaft und Kultur. Konstanz: UVK Medien.

Bossel, Hartmut (1998): *Globale Wende* – Wege zu einem gesellschaftlichen und ökologischen Strukturwandel. München: Droemer Knaur.

Bourdeau, Philippe (1998): *Die Alpen als Turngerät Europas*. In: CIPRA International (Hrsg.): Alpenreport: Daten, Fakten, Probleme, Lösungsansätze. Bern; Stuttgart; Wien: Haupt. S. 252–259.

Bourdieu, Pierre (Hrsg.) (1981): *Eine illegitime Kunst* – die sozialen Gebrauchsanweisungen der Photographie. Frankfurt: Europäische Verlagsanstalt.

Bourdieu, Pierre (1989): *Satz und Gegensatz* – Über die Verantwortung des Intellektuellen. Berlin: Wagenbach.

Bourdieu, Pierre (1990/Orig. 1982): *Was heisst sprechen?* Die Ökonomie des sprachlichen Tauschs. Wien: Braumüller.

Bourdieu, Pierre (1991): Physischer, sozialer und angeeigneter physischer Raum. In: Wentz, Martin (Hrsg.): *Stadt-Räume*. Frankfurt/New York: Campus. S. 25–34.

Bourdieu, Pierre (1992): *Rede und Antwort*. Frankfurt a. M.: Suhrkamp.

Bourdieu, Pierre (1993/Orig. 1978): Der sprachliche Markt. In: Bourdieu, Pierre (Hrsg.): *Soziologische Fragen*. Frankfurt a. M.: Suhrkamp. S. 115–130.

Bourdieu, Pierre (1995a): Sozialer Raum und ‹Klassen›. In: Bourdieu, Pierre (Hrsg.): *Sozialer Raum und ‹Klassen› / Leçon sur la leçon*. Zwei Vorlesungen. Frankfurt a. M.: Suhrkamp. S. 7–46.

Bourdieu, Pierre (1995b): Leçon sur la leçon. In: Bourdieu, Pierre (Hrsg.): *Sozialer Raum und ‹Klassen› / Leçon sur la leçon*. Zwei Vorlesungen. Frankfurt a. M.: Suhrkamp. S. 47–81.

Bourdieu, Pierre (1998): *Der Einzige und sein Eigenheim*. Hamburg: VSA-Verlag.

Bourdieu, Pierre (1999/Orig. 1979): *Die feinen Unterschiede* – Kritik der gesellschaftlichen Urteilskraft. Frankfurt a. M.: Suhrkamp.

Bourdieu, Pierre (2001): *Die Regeln der Kunst* – Genese und Struktur des literarischen Feldes. Frankfurt a. M.: Suhrkamp.

Bourdieu, Pierre (2002): Habitus. In: Hiller, Jean & Rooksby, Emma (Hrsg.): *Habitus – a sense of place*. Aldershot <etc.>: Ashgate. S. 28–34.

Bozonnet, Jean-Paul (1992): *Des Monts et des Mythes – L'imaginaire social de la montagne*. Grenoble: Presses Universitaires.

Literatur

Brand, Karl-Werner (2000): Vision ohne Herzblut. In: *politische ökologie*, Vol. 18, Nr. 63/64. S. 19–22.

Brandt, Reinhard (2004): Bilderfahrungen – von der Wahrnehmung zum Bild. In: Maar, Christa & Burda, Hubert (Hrsg.): *Iconic Turn – Die neue Macht der Bilder*. Köln: DuMont. S. 44–54.

Brechbühl, Ursula & Rey, Lucienne (1998): *Natur als kulturelle Leistung: zur Entstehung des modernen Umweltdiskurses in der mehrsprachigen Schweiz*. Zürich: Seismo.

Broggi, Mario F. (1999): Grossflächiger Gebietsschutz – welche Zukunft im Spannungsfeld zwischen gesellschaftlichen Ansprüchen und Schutzbestrebungen? In: Weber, Gerlinde (Hrsg.): *Raummuster – Planerstoff*. Wien: Institut für Raumplanung und Ländliche Neuordnung (IRUB) der Universität für Bodenkultur Wien. S. 291–300.

Brune, François (2003): «Développement» – Les mots qui font croire. In: La ligne d'horizon (Hrsg.): *Défaire le développement – Refaire le monde*. Paris: L'Aventurine. S. 37–43.

Büchi, Hansjürg (2000): *Naturgerechte Zukunft*. Konstanz: UVK.

Burkhardt, Lucius (2000): Brache als Kontext – Postmoderne Landschaften – gibt es das? In: Holzer, Anton & Elfferding, Wieland (Hrsg.): *Ist es schön hier. Landschaft nach der ökologischen Krise*. Wien: Turiat Kaut. S. 141–152.

Busch-Lüty, Christiane (1995): Nachhaltige Entwicklung als Leitmodell einer ökologischen Ökonomie. In: Fritz, Peter; Huber, Joseph et al (Hrsg.): *Nachhaltigkeit in naturwissenschaftlicher und sozialwissenschaftlicher Perspektive*. Stuttgart: S. Hirzel. S. 115–126.

Butterwegge, Christoph (2001): Standortnationalismus, Rechtsextremismus und Zuwanderung. In: *Widerspruch – Beiträge zur sozialistischen Politik*, Vol. 21, Nr. 41. S. 53–62.

Buwal (2002): *Umwelt Schweiz – Politik und Perspektiven*. Bern: Buwal (Bundesamt für Umwelt, Wald und Landschaft).

Buwal (2003): *Landschaft 2020 – Analysen und Trends*. Schriftenreihe Umwelt Nr. 352. Bern: Buwal (Bundesamt für Umwelt, Wald und Landschaft).

Carlowitz, Hannss Carl von (2000): *Sylvicultura oeconomica oder hausswirthschaftliche Nachricht und naturmässige Anweisung zur wilden Baum-Zucht*. Reprint der Ausgabe Leipzig: Braun, 1713. Freiberg: TU Bergakademie Freiberg.

Cassirer, Ernst (1977): *Philosophie der symbolischen Formen*. 3. Teil: Phänomenologie der Erkenntnis. Hamburg: Meiner.

Castree, Noel (2001): Socializing Nature: Theory, Practice, and Politics. In: Castree, Noel/Braun, Bruce (Hrsg.): Social Nature – Theory, Practice, and Politics. Oxford: Blackwell Publishers. S. 1–21.

Caujolle, Christian (2002): Die Welt im Rechteck – Eine kleine Geschichte des Fotojournalismus. In: *Le Monde diplomatique* (deutschsprachige Ausgabe), Vol. 8, Nr. 9, Paris (Zürich). S. 16–17.

Caviola, Hugo (2003): *In Bilder sprechen – Wie Metaphern unser Denken leiten*. Bern: h.e.p. Verlag.

Chandler, Daniel (1994): Semiotics for Beginners [online version]. Auf: *http://www.aber.ac.uk/media/Documents/S4B/*, 20.1.2003.

Charlton, Michael & Neumann-Braun, Klaus (1992): Medienthemen und Rezipiententhemen. In: Schulz, Winfried (Hrsg.): *Medienwirkungen* – Einflüsse von Presse, Radio und Fernsehen auf Individuum und Gesellschaft. Weinheim: VCH Verlagsgesellschaft. S. 9–23.

Claivaz, Pascal (2001): Aletsch classé. In: *Le Nouvelliste*, 14.12.2001. S. 9.

Coenen, Reinhard; Kopfmüller, Jürgen & Jörissen, Juliane (2000): *Konkretisierung und Operationalisierung des Leitbilds einer nachhaltigen Entwicklung für den Energiebereich*. Wissenschaftliche Berichte FZKA 6578. Karlsruhe: Forschungszentrum Karlsruhe Technik und Umwelt (FZKA).

Cosgrove, Denis (1994): Contested Global Visions: One-World, Whole-Earth, and the Apollo Space Photographs. In: *Annals of the Association of American Geographers*, Vol. 84, Nr. 2. S. 270–294.

Cosgrove, Denis (1999): *Mappings*. London: Reaktion Books.

Craib, Ian (1992): *Anthony Giddens*. London/New York: Routledge.

Crang, Mike (1997): Picturing practices research through the tourist gaze. In: *Progress in Human Geography*, Vol. 21, Nr. 3 (1997), London. S. 359–373.

Culler, Jonathan (1988/Orig. 1981): Semiotics of Tourism. In: Ders. (Hrsg.): *Framing the Sign: Criticism and Its Institutions*. Norman and London: University of Oklahoma Press. S. 153–167.

Dann, Graham (1996): The People of Tourist Brochures. In: Selwyn, Tom (Hrsg.): *The Tourist Image – Myths and Myth Making in Tourism*. Chichester: John Wiley & Sons. S. 61–81.

Däpp, Walter (1997): Eiger, Mönch, Jungfrau und Aletschgebiet sollen in die «Ehrengalerie» der UNESCO kommen. In: *Der Bund*, 8.8.1997. S. 21.

Däpp, Walter (2000): «Sehr geehrte Bürgerinnen und Bürger von Ried-Mörel». In: *Der Bund*, 4.3.2000. S. 3.

Däpp, Walter (2001a): Krone für «Jungfrau-Aletsch». In: *Der Bund*, 14.12.2001. S. 1.

Däpp, Walter (2001b): Kommentar: Bis zum Gletscherfloh. In: *Der Bund*, 14.12.2001. S. 1.

D'Anna-Huber, Christine (2000a): Bergbahn kommt Welterbe in die Quere. In: *Tages-Anzeiger*, 11.3.2000. S. 9.

D'Anna-Huber, Christine (2000b): Der Walliser «Indianer» und der Wolf. In: *Tages-Anzeiger*, 19.7.2000.

Debarbieux, Bernard (2002): Figures (géo-)graphiques et prospective – Cartes, schémas et modèles au service du projet et de la prospective territoriale. In: Debarbieux, Bernard & Vanier, Martin (Hrsg.): *Ces territorialités qui se dessinent*. La Tour d'Aigues: Editions de l'Aube. S. 161–190.

Demmerling, Christoph (1999): Bedeutung. In: Sandkühler, Hans Jörg (Hrsg.): *Enzyklopädie Philosophie*. Hamburg: Meiner. S. 111–114.

de Coulon, Maurice (1988): *Pourquoi un beau paysage est-il beau? Essai sur l'esthétique du paysage*. Berne: Office central fédéral des imprimés et du matériel.

de Sousa, Ronald (2003): The Stanford Encyclopedia of Philosophy (Spring 2003 Edition): Emotion. Auf: *http://plato.stanford.edu/entries/emotion/*, 18.11.2004.

Di Giulio, Antonietta (2004): *Die Idee der Nachhaltigkeit im Verständnis der Vereinten Nationen*. Münster: LIT.

Doelker, Christian (1997): *Ein Bild ist mehr als ein Bild* – Visuelle Kompetenz in der Multimedia-Gesellschaft. Stuttgart: Klett–Cotta.

Doelker, Christian (1998): Neue Medienkompetenz gefordert. Künstliche Wirklichkeit und Imagination in Konkurrenz. In: Klingler, Walter; Roters, Gunnar; Zöllner, Oliver (Hrsg.): Fernsehforschung in Deutschland: Themen – Akteure – Methoden. Baden-Baden: Nomos Verlagsgesellschaft. S. 729–739. (Hier als PDF: *http://www.mediaculture-online.de*, 25.11.2004. S. 1–13).

Dörfler, Hans-Dieter (2000): Das fotografische Zeichen. In: Schmitt, Julia; Tagsold, Christian et al. (Hrsg.): Fotografie und Realität. Fallstudien zu einem ungeklärten Verhältnis. Opladen: Leske+Budrich. S. 11–52. (Hier als PDF: *http://www.mediaculture-online.de*, 25.11.2004. S. 1–49).

Döring-Seipel, Elke & Lantermann, Ernst-D. (2000): High on Emotion. In: *politische ökologie*, Vol. 18, Nr. 63/64. S. 27–28.

Dorling, Daniel & Fairbairn, David (1997): *Mappings: Ways of Representing the World*. Harlow: Longman.

Dudenredaktion (1999): *Duden – Das grosse Wörterbuch der deutschen Sprache in zehn Bänden*. Mannheim; Zürich: Dudenverlag.

Duncan, James S. & Duncan, Nancy G. (2001): The Aestheticization of the Politics of Landscape Preservation. In: *Annals of the Association of American Geographers*, Vol. 91, Nr. 2. S. 387–409.

Duss-Studer, Heidi (1999): Eine Kindheit in den Hügeln. In: Scagnet, Ernst; Duss-Studer, Heidi et al. (Hrsg.): *Lebenszeiten im Entlebuch*. Schüpfheim: Verlag Druckerei Schüpfheim. o.S.

Literatur

Eagleton, Terry (2000): *Ideologie – Eine Einführung*. Stuttgart: Metzler.
Eco, Umberto (1984): *Semiotics and the Philosophy of Language*. Bloomington: Indiana Univ. Press.
Eco, Umberto (1985/Orig. 1968): *Einführung in die Semiotik*. München: Wilhelm Fink.
Eco, Umberto (1992): *Die Grenzen der Interpretation*. München <etc.>: Hanser.
Eisinger, Angelus & Schneider, Michel (Hrsg.) (2003): *Stadtland Schweiz*. Untersuchungen und Fallstudien zur räumlichen Struktur und Entwicklung in der Schweiz. Basel: Birkhäuser Verlag für Architektur.
Elkana, Yehuda (1996): Brauchen wir eine neue Wissenschaft. In: *Bulletin – Magazin der ETH Zürich*, Nr. 261. S. 49–51.
Englisch, Felicitas (1991): Bildanalyse in strukturalhermeneutischer Darstellung. Methodische Überlegungen und Analysebeispiele. In: Garz, Detlef & Kraimer, Klaus (Hrsg.): *Qualitativ-empirische Sozialforschung*. Opladen: Westdeutscher Verlag. S. 133–176.
Escher, German (1999): UNESCO-Gebiet: Chancen steigen. In: *Regionalzeitung Oberwallis*, 13.8.1999.
Fabrizio, Claude (1997): Der unverzichtbare Entscheid. In: UNESCO Kurier, Nr. 9, Vol 38. S. 4–7.
Felber Rufer, Patricia (2005): *Landschaftsveränderung in der Wahrnehmung und Bewertung der Bevölkerung*. Eine qualitative Studie in vier Schweizer Gemeinden. Dissertation am Geographischen Institut der Universität Bern: (in print).
Fiege, Jürgen (2002): Bildgestaltung, Bildsprache: Komposition. Auf: *http://www.mediaculture-online.de/fileadmin/bibliothek/fiege_augenblick/fiege_augenblick.pdf*, 26.10.2004.
Fischer, Ludwig & Hasse, Jürgen (2001): Historical and Current Perceptions of the Landsapes in the Wadden Sea Region. In: Vollmer, M. et al. (Hrsg.): *Landscape and Cultural Heritage in the Wadden Sea Region – Project Report*. Wilhelmshaven: Common Wadden Sea Secretariat. S. 72–97.
Flick, Uwe (1995): Soziale Repräsentationen in Wissen und Sprache. In: Flick, Uwe (Hrsg.): *Psychologie des Sozialen* – Repräsentationen in Wissen und Sprache. Reinbek bei Hamburg: Rowohlt. S. 7–20.
Flick, Uwe (2000): Triangulation in der qualitativen Forschung. In: Flick, Uwe; Kardoff, Ernst et al. (Hrsg.): *Qualitative Forschung. Ein Handbuch*. Reinbek: Rowohlt. S. 309–318.
Flitner, Michael (1999): Im Bilderwald – politische Ökologie und die Ordnungen des Blicks. In: *Zeitschrift für Wirtschaftsgeographie*, Jg. 43(1999), Heft 3–4, Frankfurt a. M. S. 169–183.
Flury-Keubler, Peter & Gutscher, Heinz (2001): Psychological Principles of Inducing Behaviour Change. In: Kaufmann-Hayoz, Ruth & Gutscher, Heinz (Hrsg.): *Changing Things – Moving People*. Basel; Boston; Berlin: Birkhäuser. S. 109–129.
Foch, Elisabeth (1990): *Berge der Photographen – Photographen der Berge*. Bern: Bentelli Verlag.
Foerster, Heinz von (1990): Wahrnehmen wahrnehmen. In: Barck, Karlheinz; Gente, Peter; Paris, Heidi & Richter, Stefan (Hrsg.): Aisthesis – Wahrnehmung heute oder Perspektiven einer anderen Ästhetik. Leipzig: Reclam. S. 434–443.
Foucault, Michel (1999): *Die Ordnung der Dinge – Eine Archäologie der Humanwissenschaften*. Frankfurt a. M.: Suhrkamp.
Frey, S. (1999): *Die Macht des Bildes – der Einfluss der nonverbalen Kommunikation auf Kultur und Politik*. Bern <etc.>: Huber.
Früh, Werner (1992): Realitätsvermittlung durch Massenmedien. Abbild oder Konstruktion? In: Schulz, Winfried (Hrsg.): *Medienwirkungen* – Einflüsse von Presse, Radio und Fernsehen auf Individuum und Gesellschaft. Weinheim: VCH Verlagsgesellschaft. S. 71–90.
Gamper, Christine; Liska, Gerhard & Strohmeier, Gerhard (1997): *Projektbereich Raumbilder*. Forschungsschwerpunkt Kulturlandschaft: Kulturlandschaft im Kopf. Forschungsschwerpunkt Kulturlandschaft: Kulturlandschaft im Kopf. Wien: iff.

Gast-Gampe, Martina (1993): Einstellungen, Stereotype, Vorurteile. In: Hahn, Heinz & Kagelmann, H. Jürgen (Hrsg.): *Tourismuspsychologie und Tourismussoziologie* – Ein Handbuch zur Tourismuswissenschaft. München: Quintessenz Verlag. S. 127–131.

Gerber, Judith (1997): Beyond dualism – the social construction of nature and the natural and social construction of human beings. In: *Progress in Human Geography*, Vol. 21, Nr. 1. S. 1–17.

Gerig, Manfred & Vögeli, Irene (2003): *Abb. 1: Bilder in der Wissenschaftskommunikation.* Zürich: Hochschule für Gestaltung und Kunst Zürich.

Gibson, James J. (1950): *The perception of the visual world.* Boston: Mifflin.

Gibson, James J. (1986/Orig. 1979): *The ecological approach to visual perception.* Hillsdale, NJ; London: Lawrence Erlbaum Associates.

Giddens, Anthony (1984): *The Constitution of Society* – Outline of the Theory of Structuration. Berkeley and Los Angeles: University of California Press.

Giddens, Anthony (1996): *Konsequenzen der Moderne.* Frankfurt a. M.: Suhrkamp.

Giddens, Anthony (^{3}1997a): *Die Konstitution der Gesellschaft* – Grundzüge einer Theorie der Strukturierung. Frankfurt/New York: Campus.

Giddens, Anthony (1997b): *Jenseits von Links und Rechts.* Die Zukunft radikaler Demokratie. Frankfurt a. M.: Suhrkamp.

Gipper, Helmut (1971): Bedeutung. In: Ritter, Joachim & Gründer, Karlfried (Hrsg.): *Historisches Wörterbuch der Philosophie.* Basel: Schwabe. S. 757–759.

Glauser, Peter & Siegrist, Dominik (1997): *Schauplatz Alpen – Gratwanderung in eine europäische Zukunft.* Zürich: Rotpunktverlag.

Gloor, Daniela & Meier, Hanna (2000): A River Revitalization – Seen Through the Lens of Local Community Members. In: *Visual Sociology*, Vol. 15. S. 119–134.

Grant, Colin (1998): *Myths we live by.* Ottawa: University of Ottawa Press.

Gremminger, Thomas; Keller, Verena; Roht, Ulrich; Schmitt, Hans-Michael; Stremlow, Matthias; Zeh, Walter (Buwal) (2001): *Landschaftsästhetik.* Leitfaden Umwelt Nr. 9. Bern: Bundesamt für Umwelt, Wald und Landschaft (Buwal).

Gruen, Arno (1990): *Der Wahnsinn der Normalität* – Realismus als Krankheit. München: dtv.

Gombrich, Ernst H. (1984): Das Bild und seine Rolle in der Kommunikation. In: Gombrich, Ernst H. (Hrsg.): *Bild und Auge: neue Studien zur Psychologie d. bildl. Darst.* Stuttgart: Klett-Cotta. S. 135–158.

Goodman, Nelson (1995/Orig. 1968): *Sprache der Kunst – Entwurf einer Symboltheorie.* Frankfurt a. M.: Suhrkamp.

Gottdiener, Mark (1995): Semiotics, socio-semiotics and postmodernism: From idealist to materialist theories of sign. In: Ders. (Hrsg.): *Postmodern Semiotics.* Material Culture and the Forms of Postmodern Life. Oxford, Cambridge: Blackwell. S. 3–33.

Graeser, Andreas (2000): *Bedeutung, Wert, Wirklichkeit* – Positionen und Probleme. Bern: Lang.

Gramelsberger, Gabriele (2002): Visuelle Rhetorik. Vortrag gehalten an der FH für Gestaltung Augsburg am 18.12.2002. Auf: *http://www.philart.de/articles/visuelle_rhetorik.html*, 26.4.2004.

Gramelsberger, Gabriele (2001): Die Ambivalenz der Bilder. Auf: *http://www.philart.de/articles/ambivalenz.html*, 26.4.2004.

Grass, Stefan; Gruber, Monika; Hofer, Thomas et al. (1998): *Das Nasengeschäft* – Erfolgreiches Kommunizieren von Umweltanliegen (und…). Chur: <s.n.>.

Grober, Ulrich (2002a): Tiefe Wurzeln: Eine kleine Begriffsgeschichte von «sustainable development» – Nachhaltigkeit. In: *Natur und Kultur*, Vol. 3, Nr. 1. S. 116–128.

Grober, Ulrich (2002b): Konstruktives braucht Zeit. Über die langsame Entdeckung der Nachhaltigkeit. In: Aus Politik und Zeitgeschichte, B 31–32/ 2002. Auf: *http://www.bpb.de/publikationen/*

Literatur

T3OGJX,0,0,Konstruktives_braucht_Zeit_%DCber_die_langsame_Entdeckung_der_Nachhaltigkeit.html, 21.5.2003.

Groh, Ruth & Groh, Dieter (1991): Von den schrecklichen zu den erhabenen Bergen. Zur Entstehung ästhetischer Naturerfahrung. In: Groh, Ruth & Groh, Dieter (Hrsg.): *Weltbild und Naturaneignung – Zur Kulturgeschichte der Natur*. Frankfurt a. M.: Suhrkamp. S. 92–149.

Grosjean, Georges (1986): *Aesthetische Bewertung ländlicher Räume – am Beispiel von Grindelwald im Vergleich mit anderen schweizerischen Räumen und in zeitlicher Veränderung*. Bern: Schlussbericht zum Schweizerischen MAB-Programm Nr. 20.

Grossen, Philippe (1986): *Das Bild der UNO in der Schweizer Tagespresse*. Grüsch: Rüegger.

Gröning, Gert & Herlyn, Ulfert (1996): Zum Landschaftsverständnis im ausgehenden 20. Jahrhundert. In Gröning, Gert & Herlyn, Ulfert (Hrsg.): *Landschaftswahrnehmung und Landschaftserfahrung*. Münster: LIT Verlag. S. 7–27.

Grossen, Philippe (1986): *Das Bild der UNO in der Schweizer Tagespresse*. Grüsch: Rüegger.

Gugerli, David & Orland, Barbara (Hrsg.) (2002): *Ganz normale Bilder – historische Beiträge zur visuellen Herstellung von Selbstverständlichkeit*. Zürich: Chronos.

Guggenberger, Bernd (2001): Die (Wieder-)Entdeckung der Gestaltbarkeit. In: *politische ökologie*, Vol. 19, Nr. 69. S. 41–44.

Gumuchian, Hervé (1988): *De l'Espace au Territoire – Représentation Spatiales et Amenagement*. Grenoble: Université Grenoble 1.

Günter, Roland (2001): Sammelrezensionen: Die Fotographie und ihr Nutzen für die Wissenschaft. In: *geographische revue* 1/2001. S. 43–52.

Haber, Wolfgang (1995): Das Nachhaltigkeitsprinzip als ökologisches Konzept. In: Fritz, Peter; Huber, Joseph et al. (Hrsg.): *Nachhaltigkeit in naturwissenschaftlicher und sozialwissenschaftlicher Perspektive*. Stuttgart: Hirzel. S. 17–30.

Haber, Wolfgang (2001): Ökologie und Nachhaltigkeit. Einführung in die Grundprinzipien der theoretischen Ökologie. In: Di Blasi, Luca; Goebel, Bernd et al. (Hrsg.): *Nachhaltigkeit in der Ökologie – Wege in eine zukunftsfähige Welt*. München: Beck. S. 66–95.

Habermas, Jürgen (1981): *Theorie des kommunikativen Handelns*. Frankfurt a. M.: Suhrkamp.

Habermas, Jürgen (1984): *Vorstudien und Ergänzungen zur Theorie des kommunikativen Handelns*. Frankfurt a. M.: Suhrkamp.

Habermas, Jürgen (1992): *Faktizität und Geltung* – Beiträge zur Diskurstheorie des Rechts und des demokratischen Rechtsstaats. Frankfurt a. M.: Suhrkamp.

Habermas, Jürgen (1995/Orig. 1972): Wahrheitstheorien. In: Ders.: *Vorstudien und Ergänzungen zur Theorie des kommunikativen Handelns*. Frankfurt a. M.: Suhrkamp. S. 127–183.

Habermas, Jürgen (1999): Drei normative Modelle der Demokratie. In: Ders.: *Die Einbeziehung des Anderen*. Frankfurt a. M.: Suhrkamp. S. 277–292.

Häberli, Rudolf; Gessler, Rahel; Grossenbacher-Mansuy, Walter et al. (2002): *Vision Lebensqualität nachhaltige Entwicklung – ökologisch notwendig, wirtschaftlich klug, gesellschaftlich möglich*. Synthesebericht des Schwerpunktprogramms Umwelt Schweiz. Zürich: vdf Hochschulverlag an der ETH Zürich.

Hahn, Achim (1999): Landschaft – Bild, Begriff und Beschreibung. In: *Land-Berichte* – Halbjahresschrift für ländliche Regionen, Nr. 2, Aachen. S. 39–61.

Hall, Stuart (1994a): Reflections upon the Encoding/Decoding Model. In: Cruz, Jon & Lewis, Justin (Hrsg.): *Viewing, Reading, Listening*. Audiences and Cultural Receptions. Boulder: Westview. S. 253–274.

Hall, Stuart (1994b/Orig. 1980): Cultural Studies: Two paradigms. In: Dirks, Nicholas B.; Eley, Geoff et al. (Hrsg.): *Cultur, Power, History. A Reader in Contemporary Social Theory*. Princeton: Princeton University Press. S. 520–538.

Hall, Stuart (1999/Orig. 1980): Kodieren/Dekodieren. In: Bromley, Roger; Göttlich, Udo & Winter, Carsten (Hrsg.): *Cultural Studies – Grundlagentexte zur Einführung*. Lüneburg: zu Klampen. S. 92–110.

Hamann, Christoph (2001): Das Foto und sein Betrachter. In: Berliner Landesinstitut für Schule und Medien (Hrsg.): Bilderwelten und Weltbilder. Fotos, die Geschichte(n) mach(t)en. Berlin/Teetz: Hentrich & Hentrich. S. 16–37. (Hier als PDF: *http://www.mediaculture-online.de*, 25.11.2004. S. 1–41).

Hammer, Thomas (2002): Das Biosphärenreservat-Konzept als Instrument nachhaltiger Regionalentwicklung? Beispiel Entlebuch, Schweiz. In: Mose, Ingo & Weixlbaumer, Norbert (Hrsg.): *Naturschutz: Grossschutzgebiete und Regionalentwicklung*. Sankt Augustin: Academia-Verlag. S. 111–135.

Hammer, Thomas (2003): *Exkursionen im UNESCO-Biosphärenreservat Entlebuch*. Bern: Geographisches Institut der Universität Bern.

Hana, Doris; Hellmich, Elisabeth; Hübner, Helga; Lópes de Vicuña, Amaya & Stampler, Gabriele (2000): Ein Bild sagt mehr als tausend Worte. In: *Medien-Impulse*, Juni 2000. S. 37–47.

Hannig, Michaela (2002): *Auf der Suche nach dem ökologischen Fussabdruck*. München: Ökom-Verlag.

Hard, Gerhard (1994): Regionalisierungen. In: Wentz, Martin (Hrsg.): *Region*. Frankfurt/New York: Campus. S. 53–57.

Hard, Gerhard (1995): *Spuren und Spurenleser: zur Theorie und Ästhetik des Spurenlesens in der Vegetation und anderswo*. Osnabrück: Rasch.

Hartmann, Hans A. (1992): Dieses obscure Objekt der Begierde – oder: Sprachlosigkeit ist angesagt. In: Hartmann, Hans A. & Haubl, Rolf (Hrsg.): Bilderflut und Sprachmagie – Fallstudien zur Kultur der Werbung. Opladen: Westdeutscher Verlag. S. 96–121.

Haubl, Rolf (1992a): ‹Früher oder später kriegen wir euch›. In: Hartmann, Hans A. & Haubl, Rolf (Hrsg.): *Bilderflut und Sprachmagie* – Fallstudien zur Kultur der Werbung. Opladen: Westdeutscher Verlag. S. 9–32.

Haubl, Rolf. (1992b): Blaubarts Zimmer. Körperphantasien in szenischen Interviews. In: Hartmann, Hans A. & Haubl, Rolf (Hrsg.): *Bilderflut und Sprachmagie* – Fallstudien zur Kultur der Werbung. Opladen: Westdeutscher Verlag. S. 71–95.

Hauff, Volker; Brundtland, Gro Harlem; Berenbrinker, Karin et al. (1987): *Unsere gemeinsame Zukunft* [der Brundtland-Bericht]. Greven: Eggenkamp.

Hauptmann, Stefan (2001): Nachhaltigkeit. Ein Leitbild einer reflexiven Gesellschaft? In: Herbold, Ralf (Hrsg.): *Die ‹Lokale Agenda 21› als Gestaltungsmodell gesellschaftlichen Wandels*. IWT-Paper 27. Bielefeld: Institut für Wissenschafts- und Technikforschung der Universität Bielefeld. S. 7–31.

Haus der Geschichte der Bundesrepublik Deutschland (Bonn) (Hrsg.) (2003): *X für U – Bilder, die lügen*. Bonn: Bundeszentrale für Politische Bildung.

Heidenreich, Martin (1998): Die Gesellschaft im Individuum. In: Schwaetzer, Harald & Stahl-Schwaetzer, Henrieke (Hrsg.): *L'homme machine? Anthropologie im Umbruch*. Hildesheim <etc.>: Georg-Olms-Verlag. S. 229–248. Auf: http://web.uni-bamberg.de/sowi/europastudien/dokumente/individualisierung.pdf, 12.2.2002.

Heinemann, Georg & Pommerening, Karla (1989): *Struktur und Nutzung dysfunktionaler Freiräume – Dargestellt am Beispiel der Stadt Kassel*. Notizbuch der Kasseler Schule, Bd. 12. Kassel.

Hepp, Andreas (1999): *Cultural Studies und Medienanalyse – Eine Einführung*. Opladen: Westdeutscher Verlag.

Herdin, Thomas & Luger, Kurt (2001): Der eroberte Horizont – Tourismus und interkulturelle Kommunikation. In: *Aus Politik und Zeitgeschichte*, Nr. 47 (2001). S. 6–19.

Hermann, Michael & Leuthold, Heiri (2003a): *Wirtschaftsnahes Abstimmungsverhalten in der Deutschschweiz* – Arbeitspapier zur Jahresstützpunktkonferenz der Economiesuisse. Zürich: Gruppe sotomo, Geographisches Institut der Universität Zürich.

Hermann, Michael & Leuthold, Heiri (2003b): *Atlas der politischen Landschaften*. Ein weltanschauliches Porträt der Schweiz. Zürich: vdf Hochschulverlag an der ETH Zürich.

Hettlage, Robert (2000): *Identitäten in der modernen Welt*. Opladen: Westdeutscher Verlag.

Hey, Christian & Schleicher-Tappeser, Ruggero (1998): *Nachhaltigkeit trotz Globalisierung* – Handlungsspielräume auf regionaler, nationaler und europäischer Ebene. Berlin <etc.>: Springer.

Hofer, Thomas (2003): *Furchtappelle in der Klima-Kommunikation*. Zürich: Unveröffentlichte Diplomarbeit am Geographischen Institut der Universität Zürich.

Hoffman, Donald D. (2001): *Visuelle Intelligenz*. Wie die Welt im Kopf entsteht. Stuttgart: Klett-Cotta.

Hollis, Martin (1995): *Soziales Handeln – Eine Einführung in die Philosophie der Sozialwissenschaft*. Berlin: Akademie Verlag.

Huber, Joseph (1995): Nachhaltige Entwicklung durch Suffizienz, Effizienz und Konsistenz. In: Fritz, Peter; Huber, Joseph et al. (Hrsg.): *Nachhaltigkeit in naturwissenschaftlicher und sozialwissenschaftlicher Perspektive*. Stuttgart: S. Hirzel. S. 31–46.

Hundsnurscher, Eva (2004): Tourismus in UNESCO-Welterbestätten – Bedrohung oder mögliche Lösung? Auf: *http://www.UNESCO-welterbe.ch/cms/modules.php?name=Content&pa= showpage&pid=8*, 15.2.2005.

Hunziker, Marcel (2000): *Einstellungen der Bevölkerung zu möglichen Landschaftsentwicklungen in den Alpen*. Birmensdorf: Eidg. Forschungsanstalt WSL.

Ipsen, Detlev (1997): *Raumbilder*. Pfaffenweiler: Centaurus.

Ivanova, Natalja (1992): Die Schweiz: «Europäisch, aber immer noch mit ihren Bergen...». In: Koordinationskommission für die Präsenz der Schweiz im Ausland (Hrsg.): *Die Schweiz – Mit den Augen der anderen*. Zürich: Der Alltag/Scalo Verlag. S. 27–39.

Jaar, Alfredo (2001): *Lamento of the Images*. Handout (deutsch) anlässlich der documenta11, Kassel.

Jäger, Siegfried (o.J.): Diskurs und Wissen – Theoretische und methodischeAspekte einer Kritischen Diskurs- und Dispositivanalyse. Auf: *http://www.diss-duisburg.de/Internetbibliothek/Artikel/ Aspekte_einer_Kritischen_Diskursanalyse.pdf*, 15.3.2005.

Jäger, Siegfried (2001): *Kritische Diskursanalyse – Eine Einführung*. Duisburg: Duisburger Institut für Sprach- und Sozialforschung (DISS).

Jacobson, Jens Kristian Steen (1997): The Making of an Attraction – The Case of North Cape. In: *Annals of Tourism Research*, Vol. 24, Nr. 2. S. 341–356.

Janett, Daniel & Zogg, Serge (2004): Die Bilanz ist enttäuschend – Mängel des Inventars schützenswerter Landschaften. In: *NZZ*, 20.4.2004.

Jenkins, Olivia H. (2003): Photography and travel brochures: the circle of representation. In: *Tourism Geography*, Vol 3, Nr. 5. S. 305–328.

Joas, Hans (1997): Einführung – Eine soziologische Transformation der Praxisphilosophie – Giddens' Theorie der Strukturierung. In: Giddens, Anthony: *Die Konstitution der Gesellschaft – Grundzüge einer Theorie der Strukturierung*. Frankfurt/New York: Campus. S. 9–23.

Jonas, Hans (1994): Homo Pictor: Von der Freiheit des Bildens. In: Boehm, Gottfried (Hrsg.): *Was ist ein Bild?* München <etc.>: Fink. S. 105–124.

Jörissen, Juliane; Kopfmüller, Jürgen; Brandl, Volker et al. (1999): *Ein integratives Konzept nachhaltiger Entwicklung*. Wissenschaftliche Berichte FZKA 6393. Karlsruhe: Forschungszentrum Karlsruhe Technik und Umwelt (FZKA).

Jongmanns, Georg (2003): *Bildkommunikation – Ansichten der Systemtheorie*. Bielefeld: Transcript.

Jung, Thomas; Müller-Doohm, Stefan & Voigt, Lothar (1992): Wovon das Schlafzimmer ein Zeichen ist. Text- und Bildanalyse von Schlafraumkultur im Werbemedium. In: Hartmann, Hans A. &

Haubl, Rolf (Hrsg.): *Bilderflut und Sprachmagie* – Fallstudien zur Kultur der Werbung. Opladen: Westdeutscher Verlag. S. 245–266.

Kälin, Walter (2004): *Das Bild der Menschenrechte*. Baden: Lars Müller.

Karger, Cornelia R. (1995): Naturschutz in der Kommunikationskrise? Arbeiten zur Risiko-Kommunikation, Heft 53. Auf: *http://www.fz-juelich.de/mut/publikationen/hefte/heft_53.pdf*, 25.6.2005.

Kaufmann-Hayoz, Ruth (2001): Entdecke die Möglichkeiten. In: *politische ökologie*, Vol. 19, Nr. 69. S. 37–40.

Keller, Raphael (2000): *Regionalwirtschaftliche Analyse des Amtes Entlebuch*. Zürich: Diplomarbeit am Geographischen Institut der Universität Zürich.

Kersten, Bernd (2003): Visuelle Wahrnehmung und virtuelle Welten. Auf: *http://visor.unibe.ch/~bkersten/Texte/VWVW.pdf*, 10.4.2004.

Kianicka, Susanne; Gehring, Katrin; Buchecker, Matthias & Hunziker, Marcel (2004): Wie authentisch ist die Schweizer Alpenlandschaft für uns? Ein Schwerpunkt des NFP48-Projekts «Zielvorstellungen und Konflikte hinsichtlich alpiner Landschaftsentwicklung». In: *Bündner Monatsblatt – Zeitschrift für Bündner Geschichte, Landeskunde und Baukultur*, Nr. 2. S. 196–210.

Kleinhückelkotten, Silke & Neitzke, H.-Peter (2000): Der Unterschied macht's. In: *politische ökologie*, Sonderheft, Nr. 12. S. 19–20.

Klenner, Karsten (2001): Geleitwort. In: *pö_forum (politische ökologie)*, Vol. 19, Nr. 71. S. II.

Köhler, Thomas (2001): *Reflexivität und Reproduktion* – Zur Sozialtheorie der Kultur und Moderne nach Habermas und Bourdieu. Hannover: Offizin.

König, Hans-Dieter (1992): Der amerikanische Traum – Eine tiefenhermeneutische Analyse gesellschaftlich produzierter Unbewusstheit. In: Hartmann, Hans A. & Haubl, Rolf (Hrsg.): *Bilderflut und Sprachmagie* – Fallstudien zur Kultur der Werbung. Opladen: Westdeutscher Verlag. S. 50–69.

Körner, Wilfried & Pilgrim, Christoph (1998): Diskurs und Hegemonie – Deutungsstrategien in der Frankfurter Stadtentwicklung. In: *Geographica Helvetica*, Nr. 3, Zürich. S. 96–102.

Knill, Marcus (2000): Bild und Bildung. Auf: *http://www.rhetorik.ch/Bild/Bild.html*, 4.4.2005.

Knüsel, Paul (2000): Die queren und hellen Köpfe in den Bergen. In: *Pro Natura Magazin* 3/2000. S. 10–13.

Kramer, Dieter (1999): Unerreichbare Berge der Sehnsucht. Neue weisse Flecken auf den Landkarten. In: Becker, Sigfried & Dieterich, Claus-Marco (Hrsg.): *Berg-Bilder – Gebirge in Symbolen – Perspektiven – Projektionen*. Hessische Blätter für Volks- und Kulterforschung, Band 35. Marburg: Jonas Verlag. S. 9–27.

Krauss, Werner & Döring, Martin E. (2003): Zwischen Globalismus und Populismus: Die Debatte um die Anmeldung des Wattenmeers als UNESCO-Welterbe. In: Döring, Martin E.; Engelhardt, Gunther H. et al. (Hrsg.): *Stadt – Raum – Natur*. Die Metropolregion als politisch konstruierter Raum. Hamburg: Hamburg University Press. S. 133–147.

Krieg, Peter (1997): Die Inszenierung des Authentischen. In: Hoffmann, Kay (Hrsg.): Trau-Schau-Wem. Digitalisierung und dokumentarische Form. Konstanz: UVK. S. 85–95. (Hier als PDF: *http://www.mediaculture-online.de*, 25.11.2004. S. 1–13).

Kroeber-Riel, Werner (1993): *Bildkommunikation – Imagerystrategien für die Werbung*. München: Franz Vahlen GmbH.

Kruckemeyer, Frauke (Hrsg.) (1999): *Über «Landschaften» hinter der Landschaft*. Verstehend-hermeneutische Zugänge als Impulse zur Erweiterung des Raumbegriffs in der Physischen Geographie. Urbs et Regio, 70/1999. Kassel: Kasseler Schriften zur Geographie und Planung.

Küng, Josef (1999): «Jene, die gehen und jene, die bleiben». In: Scagnet, Ernst; Duss-Studer, Heidi et al. (Hrsg.): *Lebenszeiten im Entlebuch*. Schüpfheim: Verlag Druckerei Schüpfheim. o.S.

Literatur

Kuprecht, Florian (2004): *Bilder der Alpen im Tourismus am Beispiel zweier UNESCO-zertifizierter Destinationen der Schweiz.* Zürich: Diplomarbeit am Geographischen Institut der Universität Zürich.

Küttel, Meinrad (2001a): Nutzen durch Schützen: UNESCO-Weltnaturerbe. In: *Walliser Bote*, 28.11.2001, S. 9.

Küttel, Meinrad (2001b): Jungfrau-Aletsch-Bietschhorn – Kandidat UNESCO Weltnaturerbe. Auf: http://www.weltnaturerbe.ch/documents/historie.pdf, 7.5.2002.

Lakoff, George & Johnson, Mark (1980): *Metaphors we live by.* Chicago, Ill. <etc.>: University of Chicago Press.

Lange, Eckart; Schroth, Olaf & Wissen, Ulrike (2003): Interaktive Landschaftsentwicklung. In: *DISP*, Nr. 155. S. 29–37.

Lass, Wiebke & Reusswig, Fritz (1999): Worte statt Taten? In: *politische ökologie*, Vol. 17, Nr. 63/64. S. 11–14.

Latour, Bruno (1995): *Wir sind nie modern gewesen.* Versuch einer symmetrischen Anthropologie. Berlin: Akademie Verlag.

Latour, Bruno (2001): *Das Parlament der Dinge* – Für eine politische Ökologie. Edition Zweite Moderne. Frankfurt a. M.: Suhrkamp.

Latour, Bruno (2005): *Von der Realpolitik zur Dingpolitik,* oder, Wie man Dinge öffentlich macht. Berlin: Merve.

Laux, Lukas (2000): Wie real ist die Wirklichkeit? In: *politische ökologie*, Sonderheft, Nr. 12. S. 24–27.

Le Bon, Gustave (1982/Orig. 1873): *Psychologie der Massen.* Stuttgart: Körner.

Leimgruber, Walter (2002): Alpine Kultur: Konstanz und Wandel eines Begriffs. Abstrakt zum gleichnahmigen Referat gehalten am SAGW-Workshop *Kulturelle Diversität im Alpenraum,* Thun, 29./30. November 2002.

Lendi, Martin (2002): Erhalten und Gestalten: Thesen zu Landschaft und nachhaltiger Entwicklung. In: *DISP*, Nr. 149. S. 1–3.

Leonarz, Martina (2004): *Bildanalyse.* Vorlesungsunterlagen Sommersemester 2004, unveröffentlicht. Zürich: Institut für Publizistikwissenschaft und Medienforschung der Universität Zürich.

Lesch, Walter (1996): Zu schön, um wahr zu sein? Neue Perspektiven für die ökologische Ethik. In: Lesch, Walter (Hrsg.): *Naturbilder: ökologische Kommunikation zwischen Ästhetik und Moral.* Basel, Boston, Berlin: Birkhäuser. S. 23–44.

Lester, Paul Martin (2003): *Visual Communication* – Images with Messages. Belmont, Calif.: Wadsworth.

Lichtl, Martin (1999): *Ecotainment: Der neue Weg im Umweltmarketing.* Wien: Ueberreuter.

Link, Jürgen (1997): *Versuch über den Normalismus.* Wie Normalität produziert wird. Opladen: Westdeutscher Verlag.

Linz, Manfred (2000): Wie kann geschehen, was geschehen muss? Ökologische Ethik am Beginn des Jahrhunderts. *Wuppertal Papers* No. 111 (PDF-Fassung). Wuppertal.

Lippuner, Roland (1997): *Symbolische Regionalisierungen der Alltagswelt* – Konzeptionelle Grundzüge einer empirischen Forschungsperspektive. Zürich: Diplomarbeit am Geographischen Institut der Universität Zürich.

Lister, Martin & Wells, Liz (2001): Seeing Beyond Belief: Cultural Studies as an Approach to Analysing the Visual. In: van Leeuwen, Theo & Jewitt, Carey (Hrsg.): *Handbook of Visual Analysis.* London <etc.>: SAGE Publications. S. 61–91.

Litzka, Susanne (2001): *Frauen-Bilder* – Die Konstruktion von Weiblichkeit in österreichischer Magazinwerbung. Wien: Unveröffentlichte Diplomarbeit an der Human- und Sozialwissenschaftlichen Fakultät der Universität Wien. Auf: http://metameta.org/~susi/da/node1.html, 24.8.2004.

Lowenthal, David (1997): Kulturlandschaften. In: UNESCO Kurier, Nr. 9, Vol 38. S. 12–14.

Löw, Martina (2001): *Raumsoziologie*. Frankfurt a. M.: Suhrkamp

Lucas, Rainer & Matys, Thomas (2003): Erlebnis Nachhaltigkeit? Möglichkeiten und Grenzen des Eventmarketing bei der Vermittlung gesellschaftlicher Werte. *Wuppertal Papers* No. 136 (PDF-Fassung). Wuppertal.

Luhmann, Niklas (1996): *Die Realität der Massenmedien*. Opladen: Westdeutscher Verlag.

Lüönd, Karl (2003): Ein Regionalblatt mit Qualitätszertifikat. In: *NZZ*, 11.4.2003, S. 71.

Lutz, Catherine A. & Collins, Jane Lou (1993): *Reading National geographic*. Chicago <etc.>: University of Chicago Press.

Marchal, Christoph; Portmann, Richard et al. (Arbeitsgruppe Moorpfad) (1993): *Moore im Entlebuch – Der Moorpfad bei Finsterwald*. Entlebuch: Einwohnergemeinde Entlebuch.

Markwick, Marion (2001): Postcards from Malta – Image, Consumption, Context. In: *Annals of Tourism Research*, Vol. 28, Nr. 2. S. 417–438.

Maurer, Philipp (1998): Wenn schon, dann eine Kulturlandschaft. In: *Heimatschutz / Sauvegarde*, Nr. 3/98. S. 20–22.

Mayring, Philipp (2000): Qualitative Inhaltsanalyse. In: Flick, Uwe; von Kardoff, Ernst & Steinke, Ines (Hrsg.): Qualitative Forschung – Ein Handbuch. Reinbek bei Hamburg: rowohlts enzyklopädie. S. 468–475.

Mayring, Philipp (2001): Kombination und Integration qualitativer und quantitativer Analyse. Forum Qualitative Sozialforschung, Online Journal, Vol. 2, Nr. 1. Auf: *http://www.qualitative-research.net/fqs-texte/1-01/1-01mayring-d.htm*, 29.6.2005.

Meienberg, François (2002): *Gratwegs ins Entlebuch – 19 Wanderungen im ersten Biosphärenreservat der Schweiz*. Zürich: Rotpunktverlag.

Meier, Stephan & Möckli, Urs (1989): Projekt zum Jubeljahr 1991: Kulturlandschaft Aletsch- und Bietschhorn. In: *Tages-Anzeiger*. S. 65.

Merten, Klaus (1983): *Inhaltsanalyse. Einführung in Theorie, Methode und Praxis*. Opladen: Westdeutscher Verlag.

Merz, Patrick (1999): Ein ‹Natur›raum als kulturelles Phänomen. In: Kruckemeyer, Frauke (Hrsg.): *Über «Landschaften» hinter der Landschaft*. Verstehend-hermeneutische Zugänge als Impulse zur Erweiterung des Raumbegriffs in der Physischen Geographie. Urbs et Regio, 70/1999. Kassel: Kasseler Schriften zur Geographie und Planung. S. 31–77.

Messerli, Bruno (2004): Weltnaturerbe Jungfrau-Aletsch-Bietschhorn: Wie alles begann! In: *Ansichtssache – Macht und Kraft der Bilder – eine Ausstellung*. Sonderbeilage zum Entlebucher Anzeiger, 28.9.2004, Nr. 78. S. 3.

Michelin, Yves (1998): Des appareil photo jetables au service d'un projet de développement: représentations paysagères et stratégies des acteurs locaux de la montagne thiernoise. Auf: *http://www.cybergeo.presse.fr/geocult/texte/michelin.htm*, 12. April 2002.

Michelsen, Gerd & Godemann, Jasmin (2005): *Handbuch Nachhaltigkeitskommunikation – Grundlagen und Praxis*. München: Ökom-Verlag.

Mies, Maria (2000): Hat das Internet das MAI zu Fall gebracht? In: *politische ökologie*, Vol. 18, Nr. 63/64. S. 45–46.

Mitchell, William J. T. (1990/Orig. 1986): Was ist ein Bild? In: Bohn, Volker (Hrsg.): *Bildlichkeit*. Frankfurt a. M.: Suhrkamp. S. 17–68.

Morus, Thomas (1979): *Utopia*. Darmstadt: Wissenschaftliche Buchgesellschaft.

Moscovici, Serge (1995): Geschichte und Aktualität sozialer Repräsentationen. In: Flick, Uwe (Hrsg.): *Psychologie des Sozialen* – Repräsentationen in Wissen und Sprache. Reinbek bei Hamburg: Rowohlt. S. 266–314.

Moscovici, Serge (2001a /Orig. 1998): The History and Actuality of Social Representations. In: Duveen, Gerard (Hrsg.): *Social Representation – Explorations in Social Psychology*. New York: University Press. S. 120–155.

Moscovici, Serge (2001b /Orig. 1994): The Concept of Themata. In: Duveen, Gerard (Hrsg.): *Social Representation – Explorations in Social Psychology*. New York: University Press. S. 156–183.

Mühlethaler, Beatrix (2005): Landschaftsinitiative Ja! In: *WWF magazin* / Einlage Region Zürich, Nr. 1/2005. o.S.

Müller, Marion G. (2003): *Grundlagen der visuellen Kommunikation – Theorieansätze und Analysemethoden*. Konstanz: UVK Verlagsgesellschaft.

Müller, Hanspeter (1986): Kultur, Geschmack und Distinktion. In: Neidhardt, F.; Lepsius, M.R. et al. (Hrsg.): *Kultur und Gesellschaft*. Kölner Zeitschrift für Soziologie und Sozialpsychologie, Sonderheft 27. Opladen: Westdeutscher Verlag. S. 162–190.

Müller, Ulrich (2000): Der Mensch im Mittelpunkt. In: *politische ökologie*, Sonderheft, Nr. 12. S. 8–11.

Müller, Urs; Backhaus, Norman & Müller-Böker, Ulrike (2004): Die Macht der Bilder in der nachhaltigen Entwicklung. In: Backhaus, Norman; Buschle Matthias; Gorgus, Nina & Müller, Urs (Hrsg.): *Ansichtssache: Macht und Kraft der Bilder – eine Ausstellung*. Sonderbeilage zum Entlebucher Anzeiger, 28. 9. 2004. S.1–3.

Müller, Urs & Backhaus, Norman (2004): Regionalisierungen durch Bilder – Das Beispiel der Biosphäre Entlebuch. In: *Schriftenreihe Humangeographie*, Vol. 20. Zürich: Humangeographie, Universität Zürich. (Manuskript).

Müller, Urs & Kollmair, Michael (2004): Die Erweiterung des Schweizerischen Nationalparks – Der Planungsprozess 1995–2000, betrachtet aus partizipationstheoretischer Sicht. In: *DISP*, Nr. 159 (4/2004). S. 44–51.

Müller, Hansruedi & Reichenau, David (2005): Tourismus und Alpinismus. In: Wiesmann, Urs; Wallner, Astrid; Schüpbach, Ursula; Ruppen, Beat; Liechti, Karina & Aerni, Isabelle: *Managementplan für das UNESCO Welterbe Jungfrau-Aletsch-Bietschhorn*. Entwurf für das Konsultativverfahren, 1. Mai 2005. Naters und Interlaken: Trägerschaft UNESCO Welterbe Jungfrau-Aletsch-Bietschhorn.

Müller-Böker, Ulrike (1995): *Die Tharu in Chitawan – Kenntnis, Bewertung und Nutzung der natürlichen Umwelt im südlichen Nepal*. Erdwissenschaftliche Forschung, Band 23. Stuttgart: Franz Steiner.

Müller-Böker, Ulrike & Kollmair, Michael (2000): Livelihood Strategies and Local Perceptions of a New Nature Conservation Project in Nepal – The Kanchenjunga Conservation Area Project. In: *Mountain Research and Development*, Vol. 20, Nr. 4. S. 324–331.

Müller-Doohm, Stefan (1993): Visuelles Verstehen – Konzepte kultursoziologischer Bildhermeneutik. In: Jung, Thomas & Müller-Doohm, Stefan (Hrsg.): *«Wirklichkeit» im Deutungsprozess*. Verstehen und Methoden in den Kultur- und Sozialwissenschaften. Frankfurt a. M.: Suhrkamp. S. 438–457.

Müller-Doohm, Stefan (1997): Bildinterpretation als struktural-hermeneutische Symbolanalyse. In: Hitzler, R. & Honer, A. (Hrsg.): *Sozialwissenschaftliche Hermeneutik – Eine Einführung*. Opladen: Leske & Budrich. S. 81–108.

Münch, Richard (2004a): Die Konstitution der Gesellschaft – Anthony Giddens' Theorie der Strukturierung. In: Münch, Richard (Hrsg.): *Soziologische Theorie – Band 3: Gesellschaftstheorie*. Frankfurt/New York: Campus. S. 475–504.

Münch, Richard (2004b): Habitus, Feld und Kapital – Pierre Bourdieus Theorie der sozialen Praxis. In: Münch, Richard (Hrsg.): *Soziologische Theorie – Band 3: Gesellschaftstheorie*. Frankfurt/New York: Campus. S. 417–454.

Mutter, Christa (1999): Rappenspalterei um ein ‹Weltnaturerbe›. In: *Neue Mittelland Zeitung*, Solothurn, 23.12.1999.

Neiman, Susan (2004): Das Böse verändert sein Gesicht. In: *Tages-Anzeiger*, 26.10.2004.

Nelson, Velvet (2005): Representation and Images of People, Place and Nature in Grenada's Tourism. In: *Geografiska Annaler*, Series B, Vol 87, Nr. 2. S. 131–143.

Nicolini, Maria (1997): Bürgerbeteiligung – Brüche, Brücken, Barrieren. In: Nicolini, Maria (Hrsg.): *Raumplanung und neue Verträglichkeiten – Aushandeln von Widersprüchen im Umgang mit dem Erschöpflichen*. Wien <etc.>: Böhlau. S. 225–263.

Nünning, Ansgar (Hrsg.) (2004): *Metzler Lexikon Literatur- und Kulturtheorie – Ansätze – Personen – Grundbegriffe*. Stuttgart: Metzler.

O'Shaughnessy, John & O'Shaughnessy, Nicholas Jackson (2003): *The Marketing Power of Emotion*. New York: Oxford University Press.

Otto, Kim (2000): Endlich Promi. In: *politische ökologie*, Vol. 18, Nr. 63/64. S. 34–36.

Oxenfarth, Anke (2001): Nachhaltigkeit braucht viele Kanäle. In: *pö_forum (politische ökologie)*, Vol. 19, Nr. 71. S. XXII–XXIII.

Pflegschaft Heiligkreuz (Hrsg.) (1994): *Heiligkreuz im Entlebuch*. Schüpfheim: Druckerei Schüpfheim AG.

Phillips, Nelson & Brown, John L. (1993): Analyzing Communication in and around Organizations: a Critical Hermeneutic Approach. In: *Academy of Management Journal*, Volume 36, Nr. 6 (Dec., 1993). S. 1547–1576.

Poiger, Anke (1998): *'Landschaft' in der Umweltdiskussion – Ein Fallbeispiel aus der Schweiz*. Zürich: Unveröffentlichte Diplomarbeit am Geographischen Institut der Universität Zürich.

Popper, Karl R. (1973): *Objektive Erkenntnis: Ein evolutionärer Entwurf*. Hamburg: Hoffmann und Campe.

Pörksen, Uwe (1997): *Weltmarkt der Bilder – Eine Philosophie der Visiotype*. Stuttgart: Klett-Cotta.

Probst, Luzia (1999): «Irgendwie heimelig» und «manchmal ziemlich langweilig». In: Scagnet, Ernst; Duss-Studer, Heidi et al. (Hrsg.): *Lebenszeiten im Entlebuch*. Schüpfheim: Verlag Druckerei Schüpfheim. o.S.

Putnam, Hilary (1990/Orig. 1975): *Die Bedeutung von «Bedeutung»*. Frankfurt a. M.: Klostermann.

Radloff, Jacob (2000): Blick über den Zeitschriftenrand. In: *politische ökologie*, Vol. 18, Nr. 63/64. S. 39–42.

Raento, Pauliina & Brunn, Stanley D. (2005): Visualizing Finland: Postage Stamps as Political Messengers. In: *Geografiska Annaler*, Series B, Vol. 87, Nr. 2. S. 145–163.

Rajk, Laszlo (1997): Ein Nord-Süd-Graben. In: *UNESCO Kurier*, Nr. 9, Vol 38. S. 26.

Rat für Nachhaltige Entwicklung (Hrsg.) (2002): *Jugend schreibt Zukunft – Gedanken und Bilder zur Nachhaltigkeit*. München: Ökom-Verlag.

Rauch, Theo (1996): Nun partizipiert mal schön. Modediskurse in den Niederungen entwicklungspolitischer Praxis. In: *blätter des iz3w*, Nr. 213. S. 20–23.

Rees, William E. (2002): Nachhaltigkeit: Ökonomischer Mythos und ökologische Realität. In: *Natur und Kultur*, Vol. 3, Nr. 1. S. 3–34.

Reese-Schäfer, Walter (2001): *Jürgen Habermas*. Frankfurt/New York: Campus.

Regionalmanagement Projekt Biosphärenreservat Entlebuch (2000): *Das Entlebuch, ein Biosphärenreservat*. Schüpfheim: Projektleitung Biosphärenreservat Entlebuch.

Reiche, Jürgen (2003): Macht der Bilder. In: Haus der Geschichte der Bundesrepublik Deutschland (Bonn) (Hrsg.): *X für U – Bilder, die lügen*. Bonn: Bundeszentrale für Politische Bildung. S. 10–19.

Reichert, Dagmar (1993): Wie das Tun verstanden wird und was das Tun bewirkt. In: Reichert, Dagmar & Zierhofer, Wolfgang: *Umwelt zur Sprache bringen*. Opladen: Westdeutscher Verlag. S 22–30.

Reichertz, Jo (1992): Der Morgen danach – Hermeneutische Auslegung einer Werbefotographie in zwölf Einstellungen. In: Hartmann, H. A. & Haubl, R. (Hrsg.): *Bilderflut und Sprachmagie – Fallstudien zur Kultur der Werbung*. Opladen: Westdeutscher Verlag. S. 140–163.

Reuter, Wolf (2000): Zur Komplementarität von Diskurs und Macht in der Planung. In: *DISP*, Nr. 141. S. 4–16.

Reutlinger, Christian T. (2003): *Jugend, Stadt und Raum – Sozialgeographische Grundlagen einer Sozialpädagogik des Jugendalters*. Opladen: Leske + Budrich.

Richner, Markus (1996): *Sozialgeographie symbolischer Regionalisierung*. Zürich: Unveröffentlichte Diplomarbeit am Geographischen Institut der Universität Zürich.

Ritter, Joachim (1974/Orig. 1963): Landschaft – Zur Funktion des Ästhetischen in der modernen Gesellschaft. In: Ders. (Hrsg.): *Subjektivität*. Frankfurt a. M.: Suhrkamp. S. 141–163.

Rodewald, Raimund (1997): Kulturlandschaft als UNESCO-Welterbe? Viele Fragen sind noch nicht abgeklärt. In: *NZZ*, 30.10.1997, S. 15.

Rodewald, Raimund; Knoepfel, Peter; Gerber, Jean-David et al. (2003): Die Anwendung des Prinzips der nachhaltigen Entwicklung für die Ressource Landschaft. Workingpaper de l'IDHEAP 7a. Auf: *http://www.idheap.ch/idheap.nsf/0/54e179383d124bc1c1256d52005bef92/$FILE/wp%20 7a-2003%20RR.pdf*, 15.1.2005.

Rogall, Holger (2003): *Akteure der nachhaltigen Entwicklung – Der ökologische Reformstau und seine Gründe*. München: Ökom-Verlag.

Roggen, Rosalie (2001): Natur auf dünnem Eis – Das Aletschgebiet als Weltnaturerbe ist vor allem ein Gewinn für den Tourismus – weniger für die Natur. In: *Cash*, Nr. 51, 21.12.2001.

Rokeach, Milton (1973): *The nature of human values*. New York: Free Press.

Röhl, Klaus F. (o.J.): Bausteine für das Projekt ‹Visuelle Rechtskommunikation›: Bilder. Auf: *http://www.ruhr-uni-bochum.de/rsozlog/Projekte/VisuelleRechtskommunikation/Bilder.pdf*, 25. April 2002.

Röll, Franz Josef (1998): *Mythen und Symbole in populären Medien – Der wahrnehmungsorientierte Ansatz in der Medienpädagogik*. Frankfurt a. M.: Gemeinschaftswerk der Evangelischen Publizistik.

Rolshoven, Johanna & Winkler, Justin (1999): Berge, Menschen und Dinge – Eine Annäherung an Schweizer Alpen-Passionen. In: Becker, Sigfried & Dieterich, Claus-Marco (Hrsg.): *Berg-Bilder – Gebirge in Symbolen – Perspektiven – Projektionen*. Hessische Blätter für Volks- und Kulterforschung, Band 35. Marburg: Jonas Verlag. S. 81–96.

Röper, Monika (2001): Institutionalisierungspfade von Naturschutzgebieten – Drei Fallbeispiele und ein Modell. In *Geographica Helvetica*, Jg. 56 (2001), Nr. 1. S. 48–56.

Rose, Gillian (2001): *Visual Methodologies – An Introduction to the Interpretation of Visual Materials*. London <etc.>: SAGE Publications.

Rosenthal, Gabriele & Fischer-Rosenthal, Wolfram (2000): Analyse narrativ-biographischer Interviews. In: Flick, Uwe; von Kardoff, Ernst et al. (Hrsg.): *Qualitative Forschung – Ein Handbuch*. Hamburg: Rowohlt. S. 456–468.

Rost, Dietmar (2004): Die Produktion der «Brandenburger». Eine Fallstudie zu regionalem Fernsehen und dessen Bemühungen um Stiftung von Landesidentität durch Geschichte. Forum Qualitative Sozialforschung, Online Journal, Vol.5, Nr. 2. Auf: *http://www.qualitative-research.net/fqs-texte/2-04/2-04rost-d.htm*, 29.6.2005.

Roth, Gerhard (2001): *Fühlen, Denken, Handeln*. Wie das Gehirn unser Verhalten steuert. Frankfurt a. M.: Suhrkamp.

Ruoss, Engelbert (2001): The Biosphere Reserve as Living Space: Linking Conservation, Development and Research. In: *Mountain Research and Development*, Vol 21, Nr. 2. S. 128–131.

Ruoss, Engelbert; Scheurer Thomas & Dussling, Judith (1999): *Zukunft der Kulturlandschaften in der Schweiz* – Tagungsbericht Symposium Sörenberg/Entlebuch, 28./29. Mai 1998. Berichte aus der Region Entlebuch 1. Schüpfheim: Regionalmanagement Projekt Biosphärenreservat Entlebuch.

Ruoss, Engelbert; Schmid Bruno; Schnider, Theo; Schmid, Anette & Ammann, Beatrix (2002): *Das Modell Entlebuch – Grobkonzept Biosphärenreservat Entlebuch Januar 2002*. Berichte aus der Region Entlebuch 2. Schüpfheim: Regionalmanagement Biosphärenreservat.

Sachs-Hombach, Klaus (1995): *Bilder im Geiste – Zur kognitiven und erkenntnistheoretischen Funktion piktorialer Repräsentationen*. Amsterdam <etc.>: Rodopi.

Sachs-Hombach, Klaus (1999): Bild/Bildtheorie. In: Sandkühler, Hans Jörg (Hrsg.): *Enzyklopädie Philosophie*. Hamburg: Meiner. S. 183–188.

Sahr, Wolf-Dietrich (1997): Semiotic-Cultural Changes in the Caribbean: A Symbolic and Functional Approach. In: Ratter, Beate M.W. & Sahr, Wolf-Dietrich (Hrsg.): *Land, Sea and Human Effort in the Carribean*. Beiträge zur Geographischen Regionalforschung in Lateinamerika, Band 10. Hamburg: Institut für Geographie der Universität Hamburg. S. 105–119.

Sahr, Wolf-Dietrich (2003): Zeichen und RaumWELTEN – zur Geographie des Kulturellen. In: *Petermanns Geographische Mitteilungen*, 147, 2003/2. S. 18–27.

Saner, Hans (2004): Denkbilder im Spannungsfeld von Einsamkeit und Kommunikation. In: (Ders.): *Erinnern und Vergessen*. Basel: Lenos Verlag. S. 185–214.

Sapir, Edward (1972): *Die Sprache – Eine Einführung in das Wesen der Sprache*. München: Huber.

Sarasin, Philipp (2003): Metaphern in der naturwissenschaftlichen Forschung. In: *GAIA*, Nr. 4 (2003). S. 256–257.

Scagnet, Ernst; Duss-Studer, Heidi et al. (1999): *Lebenszeiten im Entlebuch*. Schüpfheim: Verlag Druckerei Schüpfheim.

Scheff, Thomas Joel (1990): *Microsociology* – Discourse, Emotion, and Social Structure. Chicago, Ill. <etc.>: University of Chicago Press.

Scheller, Andrea (1995): *FRAU MACHT RAUM*. Geschlechtsspezifische Regionalisierungen der Alltagswelt als Ausdruck von Machtstrukturen. Zürich: Anthropogeographie Vol. 16.

Scheunpflug, Annette (2000): Gut (über)leben in der Einen Welt. In: *politische ökologie*, Sonderheft, Nr. 12. S. 15–16.

Schimank, Uwe (2000): Die unmögliche Trennung von Natur und Gesellschaft – Bruno Latours Diagnose der Selbsttäuschung der Moderne. In: Schimank, Uwe & Volkmann, Ute (Hrsg.): *Soziologische Gegenwartsdiagnosen I*. Opladen: Leske & Budrich. S. 157–169.

Schmid, Annette (2004): *UNESCO Biosphäre Entlebuch: Modell für eine nachhaltige Regionalentwicklung? – Konzept Zielerreichungskontrolle*. Zürich: Dissertation an der Mathematisch-naturwissenschaftlichen Fakultät der Universität Zürich.

Schmidiger, Andreas (1999): Ein Hundertstel Schweiz. In: Scagnet, Ernst; Duss-Studer, Heidi et al. (Hrsg.): *Lebenszeiten im Entlebuch*. Schüpfheim: Verlag Druckerei Schüpfheim. o.S.

Schmidt, Aurel (1990): *Die Alpen – schleichende Zerstörung eines Mythos*. Zürich: Benzinger.

Schmidt, Gunnar (2001): Vorwort. In: Ders.: Anamorphotische Körper – Medizinische Bilder vom Menschen im 19. Jahrhundert. Köln: Böhlau. Auf: *http://www.medienaesthetik.de/monogr/voranamo.html*, 30.6.2005.

Schneider, Gerda (1997): Nachhaltigkeit in der Alpengemeinde – mehr als eine konsensstiftende Leerformel? In: CIPRA, Internationale Alpenschutzkommission (Hrsg.): *Alpen – Gemeinde – Nachhaltigkeit*. Schaan: CIPRA. S. 37–54.

Schnider, Theo (2005): Vorwärts leben! In: Biosphärenmanagement (Hrsg.): *UNESCO Biosphäre Entlebuch – Journal 2005*. S. 3.

Schnieper, Walter (2001): Die Natur macht Entlebuch zum Vorbild. In: *Neue Luzerner Zeitung*, 22.9.2001, S. 21.

Schnorr, Katharina (2002): *Partizipation im Projekt Biosphärenreservat Entlebuch*. Zürich: Diplomarbeit am Geographischen Institut der Universität Zürich.

Scholl, Armin (2001): Wissenschaftliche Expertise oder Lobbying für die Umwelt? In: *pö_forum (politische ökologie)*, Vol. 19, Nr. 71. S. V–VI.

Scholz, Oliver R. (1998): Was ist ein Bild? Auf: http://userpage.fu-berlin.de/~sybkram/medium/scholz.html, 26.4.2004.

Scholz, Oliver R. (2004): *Bild, Darstellung, Zeichen*. Philosophische Theorien bildlicher Darstellung. Frankfurt a. M.: Klostermann.

Schön, Waldemar (1999): Geduld des Buwal bald am Ende. In: *Regional Zeitung – Anzeiger für die Agglomeration Brig-Glis, Naters, Visp und Umgebung*, 22.10.1999. S. 6.

Schönbach, Klaus (1992): Transaktionale Modelle der Medienwirkung: Stand der Forschung. In: Schulz, W. (Hrsg.): *Medienwirkungen* – Einflüsse von Presse, Radio und Fernsehen auf Individuum und Gesellschaft. Weinheim: VCH Verlagsgesellschaft. S. 109–119.

Schriewer, Klaus (1999): Landschaftswahrnehmung, Waldbenutzung und Naturschutz. In: *Land-Berichte* – Halbjahresschrift für ländliche Regionen, Nr. 2, Aachen. S. 93–105.

Schröder, Helma (2003): Audiovisuelle Medien. In: Wohlers, Lars (Hrsg.): *Methoden informeller Umweltbildung*. Frankfurt a. M.: Peter Lang. S. 115–129.

Schüpbach, Ursula (2002): *Ein Lebensraum im Spannungsfeld von Schutzgedanke und Nutzung*. Sichtweisen lokaler und institutioneller Akteure im Biosphärenreservat Entlebuch. Bern: Unveröffentlichte Diplomarbeit an der Universität Bern.

Schütz, Alfred (1971): Wissenschaftliche Interpretation und Alltagsverständnis menschlichen Handelns. In: Ders.: *Gesammelte Aufsätze*. Den Haag: Martinus Nijhoff. S. 3–8.

Schweizerischer Bundesrat (2002): *Strategie Nachhaltige Entwicklung 2002*. Bericht des Schweizerischen Bundesrates vom 27. März 2002. Bern.

Schwery, Nicole (2003): *UNESCO-Weltnaturerbe Jungfrau-Aletsch-Bietschhorn*. Zürich: Unveröffentlichte Diplomarbeit in Umweltnaturwissenschaften an der Eidgenössischen Technischen Hochschule Zürich.

Searle, John R. (1992 /Orig. 1984): *Geist, Hirn und Wissenschaft*. Frankfurt a. M.: Suhrkamp.

Searle, John R. (1997): *Die Konstruktion der gesellschaftlichen Wirklichkeit – Zur Ontologie sozialer Tatsachen*. Reinbeck bei Hamburg: Rowohlts Enzyklopädie.

Shurmer-Smith, Pamela (2002): The trouble with theory. In: Shurmer-Smith, Pamela (Hrsg.): *Doing Cultural Geography*. London: SAGE-Publications. S. 11–17.

Siebert, Horst (2000): Natur entsteht im Kopf. In: *politische ökologie*, Sonderheft, Nr. 12. S. 21.

Simmel, Georg (1990/Orig. 1913): Philosophie der Landschaft. In Gröning, gert & Herlyn, Ulfert (Hrsg.): *Landschaftswahrnehmung und Landschaftserfahrung* – Texte zur Konstitution und Rezeption von Natur als Landschaft. München: Minerva. S. 67–79.

Soliva, Reto (2002): *Der Naturschutz in Nepal*. Eine akteurorientierte Untersuchung aus der Sicht der politischen Ökologie. Münster <etc.>: LIT-Verlag.

Sontag, Susan (1978): *Über Fotografie*. München, Wien: Hanser.

Sontag, Susan (2003): *Das Leiden anderer betrachten*. München, Wien: Hanser.

Stadler, Michael (1999): Wahrnehmung. In: Sandkühler, Hans Jörg (Hrsg.): *Enzyklopädie Philosophie*. Hamburg: Meiner. S. 1722–1730.

Stalder, Helmut (1998): Schützt die Schweiz ihr Welterbe zum Nulltarif? In: *Tages-Anzeiger*, 5.10.1998.

Stalder, Helmut (1999): Welterbe in der Hand von Rappenspaltern. In: *Tages-Anzeiger*, 21.5.1999. S. 10.

Stegmann, Bernd-Achim (1997): *Grossstadt im Image*. Eine wahrnehmungsgeographische Studie zu raumbezogenen Images und zum Imagemarketing in Printmedien am Beispiel Kölns und seiner

Stadtviertel. Köln: Selbstverlag Geographisches Institut der Universität zu Köln (Kölner Geographische Arbeiten, Heft 68).

Sternberg, Ernest (1997): The Iconography of the Tourism Experience. In: *Annals of Tourism Research*, Vol. 24, Nr. 4. S. 951–969.

Stremlow, Matthias (1998): *Die Alpen aus der Untersicht – Von der Verheissung der nahen Fremde zur Sportarena*. Kontinuität und Wandel von Alpenbildern seit 1700. Bern <etc.>: Haupt.

Stremlow, Matthias (2004): Der geographische Blick auf die Alpe – Bilder, Vorstellungen und Diskurse aus dem deutschsprachigen Raum. In: Gamerith, Werner; Messerli, Paul et al. (Hrsg.): *Alpenwelt – Gebirgswelten* – Inseln, Brücken, Grenzen. Tagungsberichte und wissenschaftliche Abhandlungen zum 54. Deutschen Geographentag Bern 2003. Heidelberg & Bern: Deutsche Gesellschaft für Geographie. S. 45–53.

Stüdle, Bruno (2005): So stehts ums erste UNESCO-Weltnaturerbe der Alpen. In: *Berner Oberländer Zeitung*, 21.1.2005. S. 29.

Sukale, Michael & Rehkämper, Klaus (1999): Perspektive. In: Sandkühler, Hans Jörg (Hrsg.): *Enzyklopädie Philosophie*. Hamburg: Meiner. S. 998–1002.

Sutter, Sibilla & Iselin, Georg (2002): UNESCO Weltnaturerbe Jungfrau-Aletsch-Bietschhorn. Seminar Wald und Politik I an der ETH Zürich, WS 2001/2002. Auf: *http://www.fowi.ethz.ch/ppo/stud/semiws01_02/weltnaturerbe.htm*, 12.5.2005.

Talbot, William Henry Fox (1998/Orig. 1844): *The pencil of nature*. Budapest: Hogyf Ed.

Tester, Urs (2004): Weltnatur: erben und verscherbeln? In: *pro natura magazin*, 5/2004. S. 24–25.

Thabe, Sabine (2002): *Raum(de)konstruktionen*. Opladen: Leske + Budrich.

Theus, Balz (2001): Bei uns regiert noch das Volk. In: *Das Magazin* – Wochenendbeilage des Tages-Anzeigers, Nr. 23, 9.–15.6.2001. S. 28–39.

Theweleit, Klaus (2002): *der Knall* – 11. September, das Verschwinden der Realität und ein Kriegsmodell. Frankfurt a. M. u. Basel: Stroemfeld.

Thierstein, Alain & Walser, Manfred (2000): *Die nachhaltige Region – ein Handlungsmodell*. Bern: Haupt.

Thomas, Christian (1996): Die Natur im Bilder-Dschungel. In: Lesch, Walter (Hrsg.): *Naturbilder: ökologische Kommunikation zwischen Ästhetik und Moral*. Basel <etc.>: Birkhäuser. S. 45–69.

Trägerschaft UNESCO-Weltnaturerbe Jungfrau-Aletsch-Bietschhorn (2001): *Charta vom Konkordiaplatz*. Interlaken und Naters.

Tucholsky, Kurt (1996/Orig. 1912): Mehr Fotografien! In: Tucholsky, Kurt (Hrsg.): *Gesammelte Werke*, Bd. 1: 1907 – 1918. Reinbek bei Hamburg: Rowohlt. S. 47.

Ullrich, Wolfgang (2004): Bunte Bilder zum Vergessen. In: *Die Wochenzeitung* 23/17 (22. April 2004). S. 17–18.

Umweltbundesamt (2000): *Umweltbewusstsein in Deutschland 2000*. Berlin: Bundesministerium für Umwelt, Naturschutz und Reaktorsicherheit.

UNESCO (1972): Convention Concerning the Protection of the World Cultural and Natural Heritage. Auf: *http://whc.UNESCO.org/archive/convtext.htm*, 19.12.2002.

UNESCO (1994a): Nara Document on Authenticity. Auf: *http://whc.UNESCO.org/archive/nara94.htm*, 17.2.2005.

UNESCO (1994b): Expert Meeting on the ‹Global Strategy› and thematic studies for a representative World Heritage List. Auf: *http://whc.UNESCO.org/archive/global94.htm*, 21.2.2005.

UNESCO (1995): The Seville Strategy for Biosphere Reserves. Auf: *http://www.mabnet.org/publications/seville/seville1.html*, 10.10. 2002.

UNESCO (2002): Budapest Declaration on World Heritage. Auf: *http://whc.UNESCO.org/archive/02budapest-decl.htm*, 16.2.2005.

UNESCO (2005): Operational Guidelines for the Implementation of the World Heritage Convention. Auf: *http://whc.UNESCO.org/archive/opguide05-en.pdf*, 16.2.2005.

UNESCO (o.J.): Frequently asked questions on biosphere reserves. Auf: *http://www.UNESCO.org/mab/nutshell.htm*, 16.9. 2003.

UNESCO World Heritage Center (Hrsg.) (2004): Linking Universal and Local Values: Managing a Sustainable Future for World Heritage. *World Heritage papers 13*. Paris.

Urban, Martin (2002): *Wie die Welt im Kopf entsteht* – Von der Kunst, sich eine Illusion zu machen. Frankfurt a. M.: Eichborn.

van Leeuwen, Theo (2001): Semiotics and iconography. In: van Leeuwen, Theo & Jewitt, Carey (Hrsg.): *Handbook of Visual Analysis*. London <etc.>: SAGE Publications. S. 92–118.

van Leeuwen, Theo & Jewitt, Carey (2001): *Handbook of Visual Analysis*. London <etc.>: SAGE Publications.

van Loon, Monique (2004): *Furchtappelle* – Ein sinnvolles Instrument zur Einstellungs- und Verhaltensänderung? Basel: Unveröffentlichte Bachelorarbeit am Institut für Psychologie der Universität Basel.

von Droste zu Hülshoff, Bernd (1997): Die Welterbekonvention nach 25 Jahren. In: *UNESCO Kurier*, Nr. 9, Vol 38.

von Randow, Gero (1995): Macht der Koordinaten. In: *Die Zeit*, 14. Juli 1995, S. 23–24.

Vogel, Helmer (1993): Landschaftserleben, Landschaftswahrnehmung, Naturerlebnis, Naturwahrnehmung. In: Hahn, Heinz & Kagelmann, H. Jürgen (Hrsg.): *Tourismuspsychologie und Tourismussoziologie – Ein Handbuch zur Tourismuswissenschaft*. München: Quintessenz Verlag. S. 286–293.

Volk, Andreas (Hrsg.) (1996): *Vom Bild zum Text. Die Photographiebetrachtung als Quelle sozialwissenschaftlicher Erkenntnis*. Soziographie. Zürich: Seismo Verlag.

Vonderach, Gerd (1999): Thesen zum Verhältnis von Landschaftswandel und sozialem Wandel. In: *Land-Berichte – Halbjahresschrift für ländliche Regionen*, Nr. 2, Aachen. S. 75–91.

Wagner, Juan Manuel (1999): *Schutz der Kulturlandschaft* – Erfassung, Bewertung und Sicherung schutzwürdiger Gebiete und Objekte im Rahmen des Aufgabenbereiches von Naturschutz und Landschaftspflege. Saarbrücken: Selbstverlag der Fachrichtung Geographie der Universität des Saarlandes.

Wallner, Astrid (2005): *Biosphärenreservate aus der Sicht der Lokalbevölkerung* – Schweiz und Ukraine im Vergleich. Birmensdorf: Eidgenössische Forschungsanstalt für Wald Schnee und Landschaft.

Watzlawick, Paul; Beavin, Janet H. & Jackson, Don D. (1969): *Menschliche Kommunikation Formen, Störungen, Paradoxien*. Bern <etc.>: Huber.

WCED (World Commission on Environment and Development) (1987): *Our Common Future* («Brundtland-Report»). New York: Oxford University Press.

Weichhart, Peter (1990): *Raumbezogene Identität. Bausteine zu einer Theorie räumlich-sozialer Kognition und Identifikation*. Erdkundliches Wissen, Heft 102. Stuttgart: Franz Steiner.

Weischenberg, Sigfried & Scholl, Armin (1992): Dispositionen und Relationen im Medienwirkungsprozess. In: Schulz, Winfried (Hrsg.): *Medienwirkungen – Einflüsse von Presse, Radio und Fernsehen auf Individuum und Gesellschaft*. Weinheim: VCH Verlagsgesellschaft. S. 91–107.

Weizsäcker, Carl Christian von (1999): *Logik der Globalisierung*. Göttingen: Vandenhoeck und Ruprecht.

Welti, Philippe (1998): Schweizer Weltwunder? In: *Sonntag*, Nr. 7, 12.2.1998. S. 20–21.

WEMF AG (2003): MACH Basic. Auf: *http://www.wemf.ch/d/studien/machbasic.shtml*, 10.4.2004.

Werlen, Benno (1988): *Gesellschaft, Handlung und Raum – Grundlagen handlungstheoretischer Sozialgeographie*. Stuttgart: Franz Steiner.

Werlen, Benno (1993): Identität und Raum. Regionalismus und Nationalismus. In: *Soziographie*, Nr. 7. S. 39–73.
Werlen, Benno (1995): *Sozialgeographie alltäglicher Regionalisierungen* – Band 1: Globalisierung, Region und Regionalisierung. Stuttgart: Franz Steiner.
Werlen, Benno (1997): *Sozialgeographie alltäglicher Regionalisierungen* – Band 2: Zur Ontologie von Gesellschaft und Raum. Stuttgart: Franz Steiner.
Werlen, Benno (1998): Wolfgang Hartke – Begründer der sozialwissenschaftlichen Geographie. In: Heinritz, Günter & Helbrecht, Ilse (Hrsg.): *Sozialgeographie und Soziologie*. Passau: L.I.S. Verlag. S. 15–42.
Werlen, Benno (1999): Handlungszentrierte Sozialgeographie. Replik auf die Kritiken. In: Meusburger, Peter (Hrsg.): *Handlungszentrierte Sozialgeogaphie* – Benno Werlens Entwurf in kritischer Diskussion. Stuttgart: Franz Steiner. S. 247–268.
Werlen, Benno (2000): Die Geographie der Globalisierung. Perspektiven der Sozialgeographie. In: *geographische revue*, Nr. 1/2000. S. 5–20.
Wicki, Otto & Kaufmann, Anton (2003): *Aus alter Zeit – Geschichten und Bilder aus dem Entlebuch*. Schüpfheim: Druckerei Schüpfheim AG.
Wiesmann, Urs (1995): *Nachhaltige Ressourcennutzung im regionalen Entwicklungskontext – Konzeptionelle Grundlagen zu deren Definition und Erfassung*. Berichte zu Entwicklung und Umwelt, Nr. 13. Bern: Gruppe für Entwicklung und Umwelt (GfEU) des Geographischen Instituts der Universität Bern.
Wiesmann, Urs; Wallner, Astrid; Schüpbach, Ursula; Ruppen, Beat; Liechti, Karina & Aerni, Isabelle (2005): *Managementplan für das UNESCO Welterbe Jungfrau-Aletsch-Bietschhorn*. Entwurf für das Konsultativverfahren, 1. Mai 2005. Naters und Interlaken: Trägerschaft UNESCO Welterbe Jungfrau-Aletsch-Bietschhorn.
Wildburger, Christoph; CIPRA International & CIPRA International Jahresfachtagung (Hrsg.) (1996): *Mythos Alpen*. CIPRA Jahreskonferenz, 10.–12. Oktober 1996, Igls, Oesterreich. Schaan: CIPRA International Alpenschutzkommission.
Winston, Brian (1990): On Counting the Wrong Things. In: Alvarado, Manuel & Thompson, John O. (Hrsg.): *The Media Reader*. London: British Film Institute. S. 50–64.
Wöhler, Karlheinz (2001): Tourismus und Nachhaltigkeit. In: *Politik und Zeitgeschichte*, Nr. 47 (2001). S. 40–46.
Zaugg Stern, Marc (2006): *Philosophiewandel im schweizerischen Wasserbau. Zur Vollzugspraxis des nachhaltigen Hochwasserschutzes*. Schriftenreihe Humangeographie, Vol. 20. Zürich: Geographisches Institut der Universität Zürich.
Zemp, Thomas (1998): Nur das Wort «Reservat» macht skeptisch. In: *Luzern heute*, Nr. 14 (2.4.1998). S. 5.
Zierhofer, Wolfgang (1993): Wie das Tun verstanden wird. In: Reichert, Dagmar & Zierhofer, Wolfgang: *Umwelt zur Sprache bringen*. Opladen: Westdeutscher Verlag. S.15–21.
Zierhofer, Wolfgang (1994): Ist die kommunikative Vernunft der ökologischen Krise gewachsen? In: Zierhofer, Wolfgang & Steiner, Dieter (Hrsg.): *Vernunft angesichts der Umweltzerstörung*. Opladen: Westdeutscher Verlag. S. 161–194.
Zierhofer, Wolfgang (2002): *Gesellschaft – Transformation eines Problems*. Wahrnehmungsgeographische Studien Band 20. Oldenburg: Bibliotheks- und Informationssystem der Carl von Ossietzky Universität Oldenburg.
Zogg, Serge; Janett, Daniel; Heinis, Hedwig et al. (2003): *Evaluation des Bundesinventar der Landschaften und Naturdenkmäler von nationaler Bedeutung (BLN)*. Bericht zuhanden der Geschäftsprüfungskommission des Nationalrates vom 14. Mai 2003. Bern: Parlamentarische Verwaltungskontrolle (PVK).

Literatur

Zouain, Georges (1997): Worte und Taten. In: *UNESCO Kurier*, Nr. 9, Vol 38. S. 22–25.

X Anhang

1 Leitfaden für Einzelbildanalysen

Einzelbildanalysen im Sinne der struktural-hermeneutischen Methode (vgl. Müller-Doohm 1993; 1997; Hana et al. 2000; Jung et al. 1992; Litzka 2001) umfassen drei Analyseschritte: Deskription, Rekonstruktion und kultursoziologische Interpretation. Der eigentlichen Bildanalyse vorgeschaltet ist eine *Bildersteindrucksanalyse* aller Fälle der Untersuchungsgesamtheit. Sie bezweckt die Selektion der Einzelfälle für die vertiefte Untersuchung. Dabei wird das Material im Hinblick auf ‹Familienähnlichkeiten› gesichtet (Müller-Doohm 1997: 102).

Ist das Material ausgewählt, beginnt die eigentliche Einzelfallanalyse:

1. Analysedurchgang: Deskriptionsanalyse

Bei der Phase der *Deskription* handelt es sich um die verbale Paraphrasierung der Bild-Textbotschaften. «Diese reine Wahrnehmungssprache fungiert wie ein Scanner, der systematisch alle Bild- und Textelemente, auch die des Stils, der Grammatik und der Rhetorik erfasst» (Müller-Doohm 1997: 98). Die Deskription umfasst im Einzelnen:

- die genaue Beschreibung der einzelnen Bildelemente wie z.B. abgebildete Objekte, Personen, Objekt- und Personenarrangements wie auch – wenn vorhanden – szenische und aktionale Elemente;
- die präzise Wiedergabe von Farben, Farbnuancen, Farbkontrasten wie auch perspektivischen und planimetrischen Bildverhältnissen (z.B. Vordergrund, Hintergrund, Zentralität usw.);
- die genaue Kennzeichnung des Stellenwerts und Umfangs von Text und Bild sowie ihr räumliches wie graphisches Verhältnis zu einander;
- die Verbalisierung ästhetischer Elemente wie z.B. Machart des Bildes, verwendete Stilmomente, grafische und fotografische Praktiken (z.B. Lichtverhältnisse bzw. Benutzung des Lichts).

Die einzelnen Schritte der Deskriptionsanalyse sind:

0. Herkunft, Quelle

1. Bildelemente
- Personen- und Objektbeschreibungen (das jeweils Dargestellte)
- räumliche Anordnung der dargestellten Objekte (Komposition)
- szenische Relationen / Situationen
- aktionale Relationen
- zusätzliche Bildelemente im Gesamtbild (z.B. Logos oder Detailaufnahmen bei Gesamtanzeige
  Bei allen Punkten sind auch abwesende und bloss angedeutete Elemente zu berücksichtigen (z.B. ein leerer Raum mit einer offenen Tür, welche die Erwartung erzeugt, dass jemand demnächst den Raum betritt): «Die Gestaltungsqualitäten des suspense beruhen darauf, dass etwas in Schwebe gehalten wird, also dass im gegebenen Fall der Eintritt der Person nicht genau bestimmt werden kann, die Erwartung des Betrachters wird gedehnt. Eine weitere Qualität besteht in der Fesselung der Aufmerksamkeit des

Betrachters, der die Dynamik und Spannung im Bildaufbau dienen, ebenso wie die Gestaltung mit einem Hell/Dunkel-Kontrast.» (Jung et al. 1992: 264) (vgl.: signifikante Leerstellen)

2. Bildräumliche Komponenten
- Bildformat (auch von Bildern im Bild)
  «Vergleicht man die heute üblichen Werbeanzeigen, so fällt in formaler Hinsicht eine Dreiteilung als häufigstes Strukturprinzip auf: Slogan, Bild und Kleingedrucktes. [...]. Dieses Strukturprinzip hat Tradition. Man kann es als emblematische Struktur bezeichnen» (Haubl 1992a: 24).
- allgemeinperspektivische Bedingungen: Was befindet sich im Vordergrund/Hintergrund? Fluchtlinien, Raumperspektiven, planimetrische Bedingungen (Linien, Zentralität etc., z.B. welche Elemente befinden sich auf (konstruierten Hilfs-) Linien), Topologie (Gruppenbildungen von Elementen)
- einzelperspektivische Anordnungen der Objekte
  Ziel kann sein, die Zentralität von wichtigen Bildelementen zu erreichen (z.B. des Gegenstandes der Werbung)

3. Bildästhetische Elemente
- Licht-Schattenverhältnisse (Beleuchtungsweise z.B. Betonung der zentralen Elemente durch das Licht; durch fokussierte Beleuchtung kann der Eindruck erweckt werden, Objekte würden aus sich selbst heraus leuchten)
- Stilelemente / -arten
- Stilgegensätze / Stilbrüche
- grafische / photografische Praktiken
- Druckart, Druckträger
- Farbgebungen / Farbnuancen der Elemente

3. Textelemente (Wiedergabe des zu analysierenden Textes)
- signifikantes Vokabular
- morphologische Besonderheiten (Akronyma, d.h. aus dem Anfangsbuchstaben mehrer Wörter gebildetes Wort wie z.B. ‹AIDS›, Rechtschreibänderungen, Assonanzen, d.h. Gleichklang nur der Vokale am Versende, z.B. ‹haben›; ‹klagen›)
- Phraseologismen (stilistische Mittel, Anspielungen, eigentümliche, gruppen- oder schichtspezifische Redeweisen)
- Isotopiemerkmale, -verhältnisse (Isotopie meint die Einheitlichkeit von Rede und Realitätsebene)
- syntaktische Besonderheiten (Satztyp, Satzgefüge, grammatikalische Funktionen wie Modus, Tempus, Interpunktion etc.)
- massgeblicher Textstil (narrativ, informativ, rhetorisch)
- funktionale Satztypen (perlokutionäre Akte z.B.)
- Schriftarten, Ästhetik des Schriftbildes
- Sekundärinformationen (Preise, Katalognummern, Telefonnummer u.a.)
  z.B.: Superlative (‹das Wichtigste›: «Hier wird mit etwas geworben, und man macht den entsprechenden Gegenstand interessant, indem man ihm mit dem Superlativ höchste Bedeutung zuspricht» (Jung et al. 1992: 264))

5. Bild/Text-Verhältnis
- emblematische Verhältnisse (Überschrift, Bild, Text, Bilderläuterung)
- Grössen- und Mengenverhältnis von Text und Bild
- Lokalisierung der Schrift

6. Bildtotalitätseindruck

Gesamteindruck im Sinne eines ‹Stimmungseindrucks›. Ästhetischer Gesamteindruck: Gefällt mir das Bild? Würde ich es zu Hause an die Wand hängen? Inhaltlicher Gesamteindruck: Spricht mich die Botschaft an?

2. Analysedurchgang: Rekonstruktionsanalyse

In der Phase der *Rekonstruktion*, d.h. der eigentlichen Bedeutungsanalyse, werden die Bedeutungs- und Sinngehalte der Bild-Textbotschaften systematisch rekonstruiert. Es sollen nun jene Vorstellungen (Konnotationen), die die (denotativen) Grundbedeutung eines Bild- oder Textteiles begleiten bzw. hinter diesen stehen, herausgearbeitet werden (welche Verweise sind in einem Bild enthalten?). Die Rekonstruktionsanalyse dringt in die Tiefe von Bild und Text ein und kann durch die genauere Bild-Text-Wahrnehmung die vorgängige Deskription erweitern. «Deskription und Bedeutungsanalyse stehen somit in einem notwendigen Ergänzungsverhältnis» (Müller-Doohm 1997: 99). Die Bedeutungsanalyse umfasst die Rekonstruktion von:

- der Bedeutung von Farbstimmungswerten und perspektivischen wie planimetrischen Anordnungsverhältnissen im Bild,
- der Bedeutung der abgebildeten Objekte, Personen im einzelnen sowie ihre syntaktische Anordnungsweise (was gehört mit wem oder was bedeutsam zusammen?),
- der szenischen oder choreographischen Bedeutung, die sich referentiell auf bereits stattgefundene oder zukünftige Handlungsvollzüge bezieht, also narrative und/oder diskursive Elemente aufweist,
- der bildästhetischen Bedeutung, die sich auf verwendete Stil- und Kunstmittel konzentriert.

Die Rekonstruktionsanalyse beginnt mit der *Bildung einer ersten Bedeutungshypothese*, die möglichst dem Insgesamt der Bild-Textbotschaften gerecht wird. «Diese Bedeutungshypothese muss dann einer vergleichenden Überprüfung unterzogen werden» (Müller-Doohm 1997: 106).

Die konkreten Schritte der Rekonstruktionsanalyse sind:

0. Bedeutung der Herkunft/Quelle

Z.B.: „Ein bezahlte Werbeanzeige bedeutet Werbung für ein Produkt und Ausrichtung auf Verkaufsinteressen."

1. Analyse der Bildelemente (Inhaltsanalyse)

Konnotationen (Bildelement X bedeutet…; Bildelement X ist ein Symbol für…)
- zu dargestellten Personen und Objekten
- zur Komposition der dargestellten Personen und Objekte
- zu erkennbaren Interaktionen/Beziehungen

2. Analyse der bildräumlichen Komponenten (Formanalyse)

Konnotationen
- zum Bildformat (z.B.: Hochformat bedeutet, die Senkrechte zu betonen)
- zu allgemein- und einzelperspektivischen Bedingungen/Anordnungen der Elemente (was ist im Mittelpunkt/Zentrum? was soll dominieren? wieso? etc.)

3. Analyse der bildästhetischen Elemente (Formanalyse)

Konnotationen zu
- Licht- und Schattenverhältnissen (z.B.: helles Licht verweist auf Wärme)

Anhang

- Stilarten, -momenten, -brüchen (falls vorhanden)
- grafischen, fotografischen Praktiken (Computerbearbeitungen etc.)
- Qualität des Druckträgers
- Farbgebungen / Farbnuancen (z.B. Grün verweist auf Natur, Frühling, Hoffnung...; Rot steht für Liebe, Wärme, Leben, Energie, aber auch: Zorn, Wut, Tod, und schliesslich schlicht: Aufmerksamkeit!)

4. Analyse der Textelemente

Konnotationen
- zum signifikanten Vokabular (Inhaltsanalyse)
- zu den Textelementen (Formanalyse) hinsichtlich sprachlicher Auffälligkeiten, rhetorischer Mittel, Stil und Funktionalität
- zur äusseren Gestaltung der Textelemente (Formanalyse)

5. Konnotationen zum Bild-Text-Verhältnis (Inhalts- und Formanalyse)

Meist definiert bzw. fixiert erst der Text das Thema bzw. die werbliche Intention des Bildes

6. Auseinandersetzung mit der ersten Bedeutungshypothese

7. Ergebnis der Rekonstruktionsanalyse

Was ist die gemeinsame und in sich kohärente symbolische Ausdrucksform von Bild und Text?

8. Signifikante ‹Leerstellen›

Wie wird gezeigt, was nicht zu sehen ist? Was ist zwar ‹da›, aber nicht zu sehen? Beispielsweise bei Produktewerbung mit modellhaften Frauen: Was ‹kostet› diese Frauen ihre ‹perfekte› Erscheinung? Wie viele Entbehrungen müssen sie (in der Anpassung an das gesellschaftlich normierte Frauenbild) auf sich nehmen?

3. Analysedurchgang: kultursoziologische Interpretation

Die letzte Phase schliesslich ist die *kultursoziologische Interpretation*, welche eine durchweg theoriegeleitete Deutung der Bild-Text-Elemente ist. Sie «divergiert nach den jeweiligen kultursoziologischen Interpretationsparametern, die in der jeweiligen Forschungsperspektive im Vordergrund stehen» (Müller-Doohm 1997: 99). In dieser letzten Phase der Bildanalyse werden nun die rekonstruierten symbolischen Bedeutungsgehalte verdichtet und synthetisiert, um sie in Hinblick auf bereits vorhandene Theorien (kultursoziologische Forschungsarbeiten über soziale Werte, Normen etc.) als Ausdrucksform kultureller Sinnmuster erscheinen zu lassen. Die kultursoziologische Interpretation orientiert sich an den für eine Untersuchung relevanten Parametern (es kann nicht alles, was sichtbar ist, interpretiert werden!). Die für Bildanalysen häufigen Parameter sind die jeweilig ausgedrückten alltagsästhetischen Schemata (also die Geschmackskultur) und die reproduzierten Lebensstilmuster. Eine an Raumaneignungen orientierte Interpretation kann folgenden Fragen nachgehen:

- Auf welche Zielgruppe ist das vorliegende Material ausgerichtet?
- Welche soziokulturellen Sinn- und Bedeutungsmuster (Normen und Werte) lassen sich aus dem symbolischen Gehalt der Bild- und Textbotschaft(en) erschliessen? Welches sind die durch Bild/Text reproduzierten sozialen Werte und Normen?
- Welche Vorstellungen verbinden sich mit Bild/Text?
- Was sind die soziokulturellen und/oder räumlichen Folgen solcher Vorstellungen?

Die Kraft der Bilder in der nachhaltigen Entwicklung

2 Charta vom Konkordiaplatz

Jungfrau-Aletsch-Bietschhorn
UNESCO Weltnaturerbe
Charta vom Konkordiaplatz

Präambel

Wir, die 15 Gemeinden: Bellwald, Fieschertal, Betten, Ried-Mörel, Naters, Birgisch, Mund, Baltschieder, Eggerberg, Ausserberg, Raron, Niedergesteln, Blatten im Lötschental, Lauterbrunnen und Grindelwald bilden ein Netzwerk der Gemeinden „Jungfrau-Aletsch-Bietschhorn". Als Mitglieder dieses Netzwerks verpflichten wir uns, die Entwicklung der Region nach dem Prinzip der Nachhaltigkeit zu fördern. Wir sind uns bewusst, dass wir in einer Landschaft von aussergewöhnlicher Schönheit leben. Die Region Jungfrau-Aletsch-Bietschhorn weist einen hohen ästhetischen Wert aus und ist von grosser ökologischer und kultureller Bedeutung. Die Charta vom Konkordiaplatz ist das Resultat von Gesprächen und konstruktiven Auseinandersetzungen zu Grundlegendem in den Dimensionen Oekologie, Oekonomie und Soziales der Jungfrau-Aletsch-Bietschhorn-Region. Die Bezeichnung Konkordiaplatz symbolisiert das Zusammenfliessen von Philosophien zur Konkordiaphilosophie – gleich dem Zusammenfliessen der Gletscher zum Grossen Aletschgletscher.

Wir sind stolz darauf, dass unsere Region Jungfrau - Aletsch - Bietschhorn für die Aufnahme in die Liste des Weltnaturerbes der UNESCO nominiert wurde. Diese Nomination belegt, dass wir uns bereits in der Vergangenheit zusammen mit den kantonalen und eidgenössischen Behörden sowie den Regionen und Umweltverbänden für den Schutz, die Erhaltung und Förderung dieser Landschaft eingesetzt haben. Mit dieser Charta bekräftigen wir den Willen, auch weiterhin eine nachhaltige Landschaftsentwicklung anzustreben und zu unter-

Anhang

stützen. Mit der Aufnahme in das UNESCO - Weltnaturerbe würden diese Bestrebungen auf internationaler Ebene belohnt.

Mit der Unterzeichnung dieser Charta gehen wir die Verpflichtung ein, uns auch in Zukunft für die Erhaltung unserer Umwelt zu engagieren und sie nachhaltig zu nutzen, damit wir sie in ihrer Qualität und Vielfalt den zukünftigen Generationen weiter vererben können.

Grundlage

Dieser Charta liegt die Agenda 21, das auf dem UN - Erdgipfel in Rio de Janeiro von 1992 verabschiedete Schlüsseldokument zugrunde. Die im Netzwerk zusammengeschlossenen Gemeinden verpflichten sich, den in der Agenda 21 enthaltenen Auftrag zu erfüllen und mit allen gesellschaftlichen Kräften in unseren Gemeinden - den Bürger/innen, Unternehmen und Interessengruppen - bei der Aufstellung einer lokalen Agenda 21 zusammenzuarbeiten. Das Gemeindenetzwerk verpflichtet sich, in die Prozesse der «lokalen Agenda 21» einzutreten und langfristig Handlungsprogramme mit dem Ziel der Nachhaltigkeit zu entwickeln.

Definition Nachhaltigkeit

Eine Entwicklung ist nachhaltig, wenn sie die Bedürfnisse aller Bevölkerungsgruppen der gegenwärtigen Generationen befriedigt, ohne die Möglichkeiten der künftigen Generationen einzuschränken, ihre eigenen Bedürfnisse zu befriedigen. Gleichzeitig sichert sie den Erhalt der Vielfältigkeit des Lebensraumes inkl. ihrer Tier- und Pflanzenwelt und des kulturgeschichtlichen Erbes. (nach Brundtlandkommission 1987)

Charta vom Konkordiaplatz

Diese Charta bildet die Grundlage für eine nachhaltige, regionale Entwicklung im UNESCO - Weltnaturerbe Jungfrau - Aletsch - Bietschhorn und ist als «regionales Gewissen» der betroffenen Region zu verstehen. Sie steht auf den drei **gleichberechtigten** Säulen Ökologie, Soziales und Ökonomie.

Wir, die Gemeinden, Mitglieder des Netzwerkes Jungfrau - Aletsch - Bietschhorn erklären:

- dass wir als Räume gesellschaftlichen Lebens, als Träger der lokalen Wirtschaft, als Hüter des natürlichen und kulturellen Erbes und der Traditionen fortbestehen wollen. Wir werden langfristige Aktionspläne aufstellen und umsetzen und dadurch die Zusammenarbeit stärken und den Prozess der Nachhaltigkeit mit der Politik, den Kantonen Bern und Wallis, dem Bund und allen Interessierten verknüpfen;
- dass die Familien und Gemeinden die Grundelemente unserer Gesellschaft in Kantonen und Bund sind;
- dass wir uns um soziale Gerechtigkeit, zukunftsbeständige Wirtschaftsysteme und eine nachhaltige Nutzung der natürlichen Umwelt bemühen;
- dass wir uns dafür einsetzen, die Grundbedürfnisse und die Lebensqualität der Menschen mit der Erhaltung der Umwelt zu verbinden;
- dass wir bestrebt sind, Arbeitsplätze zu erhalten und neue zu schaffen, die den Zusammenhalt der Gemeinschaft fördern und den Grundsätzen der Nachhaltigkei entsprechen;
- dass wir Massnahmen zur Verbesserung des Klimas unterstützen und uns für die Förderung von erneuerbaren Energiequellen als nachhaltige Alternativen einsetzen;
- dass wir uns für eine umweltgerechte Entsorgung von nicht vermeidbaren Abfällen einsetzen und vermeiden wollen, dass giftige Substanzen in die Luft, das Wasser, den Boden und die Nahrung abgegeben werden;
- dass wir allen Bürger/innen Zugang zu Informationen ermöglichen und sie an den lokalen Entscheidungsprozessen mitwirken lassen;
- dass wir uns um Information sowie Aus- und Weiterbildung der breiten Öffentlichkeit engagieren;
- dass wir uns für eine Überprüfung der Massnahmen (Erhebung und Verarbeitung von Umweltdaten, usw.) einsetzen, um die Ziele der Nachhaltigkeit zu erreichen. Dies soll uns erlauben, notwendige Korrekturen in den Aktionsplänen vorzunehmen;

Anhang

- in Bezug auf das UNESCO - Weltnaturerbe Jungfrau - Aletsch - Bietschhorn verpflichtet sich das Netzwerk im Speziellen:
  - die für das vorgesehene Weltnaturerbegebiet bereits definierten Schutzziele zu konkretisieren und aufzuzeigen, wie diese Ziele erreicht werden können;
  - nach der Aufnahme des vorgeschlagenen Gebietes allfällige Erweiterungen weiter zu verfolgen und/oder mit Pufferzonen zu ergänzen;
  - sowie die nachhaltige Nutzung der Landschaft, insbesondere in Bezug auf die Land- und Forstwirtschaft sowie auf den Tourismus zu fördern.

Diese Charta kann entsprechend den Diskussionen im Netzwerk der Gemeinden mit weiteren Punkten ergänzt und entwickelt werden.

Gegeben am Konkordiaplatz, den 2001

Unterschriften der Präsidenten (evtl. der Schreiber) der Gemeinden des Netzwerks „Jungfrau-Aletsch-Bietschhorn"

Im gleichen Verlag erschienen:

Norman Backhaus, Claude Reichler, Matthias Stremlow
Alpenlandschaften – Von der Vorstellung zur Handlung
Thematische Synthese zum Forschungsschwerpunkt I
«Prozesse der Wahrnehmung»

Nationales Forschungsprogramm «Landschaften und Lebensräume der Alpen» (NFP 48), Synthesebericht

1. Auflage 2007, 136 Seiten, Format 20 x 24 cm, gebunden, zahlreiche Abbildungen, z.T. farbig, ISBN 978-3-7281-3119-5

Die Alpen! Matterhorn? Eigernordwand? Heidi und Alpöhi? Alpweide oder Skiarena? Trekking, Polo oder Stubete? Herz Europas? Die Alpenlandschaften wecken Emotionen und Sehnsüchte – Heimatgefühle, Freiheitsgefühle, Feriengefühle! Bilder und Vorstellungen der Alpenlandschaften prägen jedoch nicht nur das Landschaftserlebnis. Sie spielen auch bei landschaftsbezogenen Entscheidungen, Aushandlungen und Konflikten eine wichtige Rolle. Städterinnen und Bergler, Einheimische und Touristen, Schweizerinnen und Ausländer sehen die Alpenlandschaften zwar mit jeweils anderen Augen, doch findet sich auch Verbindendes. Darauf stützt sich der politische Dialog ebenso wie die touristische Vermarktung.

In dieser thematischen Synthese werden die Ergebnisse des Nationalen Forschungsprogramms 48 zu den Prozessen der Wahrnehmung und Darstellung von Landschaften und Lebensräumen der Alpen zusammengefasst und mit Blick auf die politische und praktische Umsetzung ausgewertet. Die Autoren entwickeln ein Landschaftsmodell, wonach Landschaft im Spannungsfeld der vier Pole «Natur» und «Kultur» sowie «Individuum» und «Gesellschaft» liegt. Dieses neue Modell hilft zu verstehen, was Landschaften einzelnen Individuen und Gruppen bedeuten: existenziell, sozial, kulturell und wirtschaftlich. Es leistet damit einen Beitrag, bestehende Gemeinsamkeiten zu finden und Hindernisse in Diskussionen zu überwinden.

Jürg Stöcklin, Andreas Bosshard, Gregor Klaus, Katrin Rudmann-Maurer, Markus Fischer
Landnutzung und biologische Vielfalt in den Alpen
Fakten, Perspektiven, Empfehlungen Thematische Synthese zum Forschungsschwerpunkt II
«Land- und Forstwirtschaft im alpinen Lebensraum»

Nationales Forschungsprogramm «Landschaften und Lebensräume der Alpen» (NFP 48), Synthesebericht

1. Auflage 2007, 192 Seiten, Format 20 x 24 cm, gebunden, zahlreiche farbige Abbildungen, Fotos und Tabellen, ISBN 978-3-7281-3128-7

Der Übergang zur intensiven Landbewirtschaftung, die Nutzungsaufgabe von steilen und abgelegenen Flächen sowie die Ausdehnung des Siedlungsraums haben in den vergangenen Jahrzehnten in den Alpen einen beträchtlichen Verlust an Landschaftsqualität und an biologischer Vielfalt verursacht. Im Rahmen des Nationalen Forschungsprogramms NFP 48 «Landschaften und Lebensräume der Alpen» wurden diese Veränderungen eingehend untersucht. Die vorliegende thematische Synthese beschäftigt sich mit der Rolle der Land- und der Forstwirtschaft, die den grössten direkten Einfluss auf Landschaften und Lebensräume haben.

Der anhaltende Rückgang der Landschaftsqualität und der biologischen Vielfalt wird von grossen Teilen der Bevölkerung abgelehnt und widerspricht zudem nationalen und internationalen Verpflichtungen der Schweiz. Die Autoren zeigen, dass dieser Rückgang durch eine konsequent zielorientierte Abgeltung von ökologischen Leistungen der Landwirtschaft gestoppt werden kann, ohne dass zusätzliche Mittel für die Agrarpolitik aufgewendet werden müssen. Die vorgeschlagenen Änderungen des Direktzahlungssystems lassen nicht nur eine Verbesserung der Landschaftsqualität und eine Erhöhung der biologischen Vielfalt und damit eine eigentliche Trendumkehr erwarten, sondern auch eine Verbesserung der wirtschaftlichen Situation der Berglandwirtschaft.

---

vdf vdf Hochschulverlag AG an der ETH Zürich, VOB D, Voltastrasse 24, 8092 Zürich
Fax 044 632 12 32, E-Mail: verlag@vdf.ethz.ch, Internet: www.vdf.ethz.ch

Im gleichen Verlag erschienen:

Helen Simmen, Felix Walter

Landschaft gemeinsam gestalten – Möglichkeiten und Grenzen der Partizipation

Thematische Synthese zum Forschungsschwerpunkt III «Zielfindung und Gestaltung»

Nationales Forschungsprogramm «Landschaften und Lebensräume der Alpen» (NFP 48), Synthesebericht

1. Auflage 2007, 136 Seiten, Format 20 x 24 cm, gebunden, zahlreiche Abbildungen, durchgehend zweifarbig, ISBN 978-3-7281-3113-3

Wie gelingt es, die Landschaften und Lebensräume in den Alpen unter Einbezug aller wichtigen Akteure zu gestalten? Die Auseinandersetzungen um die knappe und wertvolle Ressource Alpenlandschaft und die Konflikte zwischen Schützen und Nutzen werden immer intensiver. Gefragt sind daher Instrumente und Planungsverfahren – von der nationalen bis zur lokalen Ebene –, die eine wirtschaftlich effiziente, gesellschaftlich gerechte und ökologisch verträgliche Nutzung sicherstellen und die die unterschiedlichen Sichtweisen der verschiedenen Akteure einbeziehen.

Die thematische Synthese III befasst sich vor allem mit den Steuerungsinstrumenten und den Möglichkeiten und Grenzen von partizipativen Methoden. Anhand zahlreicher Beispiele zeigt sie, wie Partizipation funktionieren kann. Diese Synthese richtet sich an Interessierte aus Praxis, Planung und Politik. Über ein Dutzend Forschungsprojekte des NFP 48 sind in ihr zusammengefasst und in einen Gesamtrahmen gestellt. Die Projekte haben die Bedeutung der Partizipation wissenschaftlich untersucht, ihre Anwendung in der Praxis erprobt und ihre Einsatzmöglichkeiten dargestellt. Dadurch konnten wesentliche Bausteine für die Entwicklung einer – integral und partizipativ verstandenen – Landschaftspolitik erarbeitet werden.

Helen Simmen, Felix Walter, Michael Marti

Den Wert der Alpenlandschaften nutzen

Thematische Synthese zum Forschungsschwerpunkt IV «Raumnutzung und Wertschöpfung»

Nationales Forschungsprogramm «Landschaften und Lebensräume der Alpen» (NFP 48), Synthesebericht

1. Auflage 2006, 212 Seiten, Format 20 x 24 cm, gebunden, durchgehend farbig, zahlreiche Abbildungen, ISBN 978-3-7281-3080-8

Wie können wir den Wert der Alpenlandschaften nutzen? Die thematische Synthese IV befasst sich mit den ökonomischen Aspekten der Nutzung des Alpenraums: Was sind die Alpenlandschaften wert, und wie kann dieser Wert in Einkommen umgesetzt werden? Wie können die alpinen Landschaften wirtschaftlich am besten genutzt werden, und was ist dabei aus Sicht der Nachhaltigkeit zu berücksichtigen? Über ein Dutzend Forschungsprojekte haben zu diesen Themen – und zum Teil weit darüber hinaus – vielfältige und innovative Beiträge geleistet, die hier zusammengefasst und verdichtet werden.

Antworten auf provokative Fragen:
Jedes Kapitel beginnt mit einem Fragenkatalog, in dem provokative Thesen formuliert werden, die am Schluss des Kapitels wieder aufgegriffen und beantwortet werden. Zum Beispiel:

– Wie viel wären die Bewohnerinnen und Bewohner des Mittellandes bereit für die Bewahrung des Alpenraumes zu zahlen?
– Lebt der Alpenraum überwiegend von Subventionen und dem Finanzausgleich aus der übrigen Schweiz?
– Ist das Angebot öffentlicher Dienstleistungen («Service public») für Unternehmen und Bevölkerung im Alpenraum ein entscheidender Standortfaktor?
– Lebt die alpine Landwirtschaft künftig ausschliesslich von Abgeltungen für die Landschaftsgärtnerei?

---

vdf vdf Hochschulverlag AG an der ETH Zürich, VOB D, Voltastrasse 24, 8092 Zürich
Fax 044 632 12 32, E-Mail: verlag@vdf.ethz.ch, Internet: www.vdf.ethz.ch

Im gleichen Verlag erschienen:

BERNARD LEHMANN, URS STEIGER, MICHAEL WEBER
LANDSCHAFTEN UND LEBENSRÄUME DER ALPEN
ZWISCHEN WERTSCHÖPFUNG UND WERTSCHÄTZUNG
REFLEXIONEN ZUM ABSCHLUSS DES NATIONALEN FORSCHUNGSPROGRAMMS 48

NATIONALES FORSCHUNGSPROGRAMM «LANDSCHAFTEN UND LEBENSRÄUME DER ALPEN» (NFP 48), SCHLUSSBERICHT

1. Auflage 2007, 108 Seiten, Format 20 x 24 cm, broschiert, zahlreiche Abbildungen und Fotos, vierfarbig, ISBN 978-3-7281-3142-3

Die Alpenlandschaften der Schweiz sind nicht nur Wohn- und Lebensraum für eineinhalb Millionen Menschen und natürliche Ressource für die alpine Land- und Forstwirtschaft. Sie sind auch eine wesentliche Grundlage für den Tourismus und generell ein zentrales Element der Marke «Schweiz», Quelle für Identität und Heimatgefühl und ein Hot Spot der Biodiversität. Um sicherzustellen, dass die alpinen Landschaften und Lebensräume die vielfältigen Ansprüche, die an sie gestellt werden, auch künftig erfüllen können, muss ihnen deutlich mehr Aufmerksamkeit zuteilwerden. Sie sind nicht länger als selbstverständliches Nebenprodukt der verschiedenen Nutzungen zu betrachten, sondern als eines der Hauptprodukte des Alpenraumes, das entsprechend zu behandeln ist. Dies verlangt eine räumliche Strategie, die auf den Potenzialen der Regionen aufbaut, und damit eine Abkehr vom «überall alles». Gefordert ist auch mehr Kohärenz in der Landschaftspolitik auf allen Ebenen, eine stärkere Verknüpfung öffentlicher Transfergelder mit Leistungen zugunsten von Kollektivgütern, aber auch ein neues Verständnis der Solidarität zwischen dem Alpenraum und den urbanen Gebieten. Auf der Basis des Nationalen Forschungsprogramms 48 «Landschaften und Lebensräume der Alpen» (NFP 48) reflektiert das Buch Voraussetzungen und Anforderungen für eine nachhaltige Landschaftsentwicklung im schweizerischen Alpenraum und vermittelt Denkanstösse und Empfehlungen für Politik und Praxis.

Mit umfangreicher Literaturliste zu den Projekten des NFP 48 sowie einer entsprechenden CD.

Dieses Buch ist auch französisch und italienisch erhältlich.

vdf Hochschulverlag AG an der ETH Zürich, VOB D, Voltastrasse 24, 8092 Zürich
Fax 044 632 12 32, E-Mail: verlag@vdf.ethz.ch, Internet: www.vdf.ethz.ch